COURS

DE

CHIMIE AGRICOLE

PARIS. — IMPRIMERIE DE E. MARTINET, RUE MIGNON, 2

COURS

DE

CHIMIE AGRICOLE

PROFESSÉ A L'ÉCOLE D'AGRICULTURE DE GRIGNON

PAR

P. P. DEHÉRAIN

DOCTEUR ÈS SCIENCES

LAURÉAT DE L'ACADÉMIE DES SCIENCES (PRIX BORDIN, PHYSIOLOGIE VÉGÉTALE)

PROFESSEUR DE CHIMIE A L'ÉCOLE D'AGRICULTURE DE GRIGNON

AIDE-NATURALISTE DE CULTURE AU MUSÉUM D'HISTOIRE NATURELLE

PARIS

LIBRAIRIE HACHETTE ET Cie

BOULEVARD SAINT-GERMAIN, 79

—

1873

A M. DECAISNE

MEMBRE DE L'INSTITUT,
PROFESSEUR DE CULTURE AU MUSÉUM D'HISTOIRE NATURELLE

A M. FREMY

MEMBRE DE L'INSTITUT
PROFESSEUR DE CHIMIE AU MUSÉUM D'HISTOIRE NATURELLE

Hommage de reconnaissance et d'amitié
de leur élève,

P. P. DEHÉRAIN.

AVERTISSEMENT

En 1865, le regretté M. Mouny de Mornay, alors directeur de l'Agriculture, voulut bien me charger de professer la chimie agricole à l'École de Grignon ; les nécessités de mon enseignement me forcèrent de rechercher dans les recueils scientifiques français et étrangers les nombreux documents qui me paraissaient de nature à éclairer les questions que j'avais à traiter ; ces recherches devinrent encore plus actives l'année suivante, quand M. Wurtz me fit l'honneur de me confier la rédaction des articles de chimie agricole destinés à son *Dictionnaire*, et j'eus ainsi peu à peu entre les mains tous les éléments de l'ouvrage que je publie aujourd'hui.

En l'écrivant, j'ai eu non-seulement le désir de faciliter les études de mes jeunes et sympathiques auditeurs de Grignon, mais aussi d'être utile aux personnes qui s'occupent de travaux agricoles.

J'ai cru remarquer, en effet, dans les différentes parties de la France que j'ai parcourues, que si les cultivateurs avec lesquels j'ai été en relation avaient souvent acquis une grande habileté dans la conduite de leur exploitation, il leur était parfois impossible de trouver les raisons scientifiques de leur mode d'agir; les éléments de la discussion leur faisaient défaut : je me suis efforcé de les leur fournir. C'est pour leur rendre plus accessible l'ensemble des phénomènes très-complexes qui se succèdent devant eux, que j'ai composé cet ouvrage, et si j'ai réussi à être assez clair pour qu'un homme d'une instruction moyenne puisse me lire aisément, j'espère qu'il trouvera dans ce volume des notions précises qui lui faciliteront sa tâche.

Le *Cours de chimie agricole* traite successivement du développement des végétaux, de la terre arable, des amendements et des engrais.

Pour aborder utilement l'étude du sol, pour déterminer la nature des matières qu'il doit renfermer ou que le cultivateur y ajoute pour en tirer d'abondantes récoltes, il convient de connaître le mode d'alimentation des végétaux qui s'y développent. Nous traitons dans les premiers chapitres, de la germination, de l'assimilation du carbone, de l'azote et des matières minérales. Nous décrivons ensuite les principes immédiats formés à l'aide des éléments précédents, en insistant particulièrement sur les propriétés et le mode de dosage de ceux de ces principes qu'utilise l'industrie (sucre, amidon et fécule, tannin, matières grasses, etc.). Le dernier chapitre de cette première partie comprend l'étude des métamorphoses et des migrations des principes immédiats dans les végétaux cultivés; nous constatons l'importance de l'évaporation, celle de la force de diffusion qui entraîne les principes élaborés dans les feuilles jusque dans les graines, les tubercules ou les tiges ligneuses; ils y séjournent pendant la mauvaise saison, puis s'en échappent au moment du réveil de la vie végétale, pour constituer les jeunes organes à l'aide desquels les plantes puisent de nouveau, dans la terre et dans l'air, les éléments nécessaires à leur accroissement régulier.

Outre les travaux déjà anciens de Hales, de Priestley, d'Ingenhousz, de Sennebier, de Th. de Saussure, nous avons mis à profit pour écrire ces chapitres les ouvrages ou les mémoires de MM. Boussingault, Liebig, Decaisne et Le Maout, Duchartre, Fremy, Peligot, Jamin, Cahours, Th. Graham, Is. Pierre, Berthelot, Cloëz, Malaguti, Julius Sachs, Zœller, etc., enfin les mémoires que nous avons publiés nous-mêmes dans divers recueils.

L'étude de la terre arable comprend six chapitres : nous y avons décrit sa formation, ses propriétés physiques, ses propriétés absorbantes, son analyse, sa constitution chimique, enfin nous avons résumé ce qu'on sait aujourd'hui sur les causes qui déterminent sa stérilité ou sa fécondité. Le cours d'agriculture du comte de Gasparin, les recherches de MM. Ebelmen, Daubrée, Hervé Mangon, Schubler, Huxtable, Thomson, Way, Delesse, Vœlcker, Risler, nous ont été particulièrement utiles ; nous avons fait, en outre, connaître les méthodes analytiques que nos élèves de Grignon mettent en pratique depuis plusieurs années.

Si la terre arable renferme habituellement tous les éléments nécessaires au développement des plantes, si même ceux-ci s'y rencontrent en quantités notables, ils y sont presque toujours à l'état insoluble, et ils ne peuvent, par conséquent, servir d'aliments aux plantes, qu'à la condition d'être profondément modifiés ; de là, les diverses méthodes employées par les cultivateurs pour amender leurs terres, c'est-à-dire pour mettre à la disposition des végétaux les matières insolubles qu'elles renferment ; de là, la jachère, pendant laquelle l'air pénètre dans le sol retourné par le soc de la charrue, attaque et rend solubles les matières organiques qui s'y trouvent ; de là encore, l'emploi de la chaux et celui du plâtre. Les travaux de MM. Lawes et Gilbert, Barral, Bineau, Pouriau, Masure, etc., nous ont été particulièrement utiles pour écrire cette troisième partie.

Si énergiques que soient les agents chimiques employés par les cultivateurs pour rendre assimilables les éléments inertes que renferme le sol arable, ceux-ci sont cependant encore insuffisants pour fournir aux besoins de la masse de végétaux de même espèce que portent nos sols cultivés. Toutes ces plantes atteignent simultanément chacune des phases de leur développement, elles ont au même instant les mêmes exigences, et pour y satisfaire il faut ajouter aux sols les matériaux qui viennent remplacer ceux que chaque récolte enlève périodiquement; de là l'emploi des engrais dont l'étude forme la quatrième et dernière partie de notre ouvrage.

Un premier chapitre est consacré à l'étude des engrais d'origine végétale, engrais verts, tourteaux, plantes marines : nous y discutons la question si controversée des plantes améliorantes; dans le second, nous traitons de l'origine de la composition et des emplois de guano; dans le troisième et le quatrième chapitre, nous nous occupons de l'utilisation des matières animales et des matières fécales. L'emploi des eaux d'égout a été, en Angleterre, pendant ces dernières années, l'objet de recherches étendues, et nous avons résumé dans notre cinquième chapitre quelques-uns des résultats publiés par la commission qui s'est occupée, sous la direction de M. Frankland, des moyens d'éviter l'infection des rivières par les immondices des villes; nous avons aussi dans ce chapitre appelé l'attention sur l'instructive métamorphose qu'a subie la culture de la plaine de Gennevilliers depuis qu'elle emploie à hautes doses les eaux de l'égout d'Asnières.

L'étude du fumier de ferme vient ensuite. Conduit par les importants travaux de M. P. Thenard, nous arrivons à comprendre les métamorphoses complexes qui se produisent pendant la confection de cette matière qui, bien qu'on en ait dit, reste la base de toute agriculture régulière.

Après avoir discuté dans notre neuvième chapitre la doctrine des engrais chimiques, et n'avoir reconnu à ceux-ci qu'un rôle analogue à celui du guano, de la poudrette, des phosphates, celui d'engrais complémentaire, nous résumons tous nos travaux sur les engrais; le fumier reste pour nous la matière fertilisante par excellence, de telle sorte que le progrès agricole est lié, à notre avis, au succès des spéculations sur les animaux, par suite à la culture de la betterave dans le nord, à la pratique des irrigations dans le midi ; les engrais des villes jetés dans les eaux d'égout doivent servir surtout à la culture maraîchère, qui s'établit naturellement aux environs de tous les grands centres de consomma-

tion. Nous ne croyons pas qu'il soit possible de faire revenir
économiquement aux campagnes toutes les matières fertilisantes
des villes, et nous cherchons à combler le déficit qui s'établit
ainsi forcément à l'aide de l'azote prélevé sur l'atmosphère pendant la décomposition des matières végétales, à l'aide encore des
phosphates et de la potasse empruntés aux nombreux gisements
actuellement exploités.

Nous avons eu recours, dans la rédaction de cette dernière partie,
aux travaux de l'illustre président de la Société d'agriculture de
France, M. Chevreul, qui a formulé nettement l'idée si exacte de
la nature complémentaire de l'engrais, tellement qu'on pourrait
le définir : la matière utile à la plante qui manque au sol ; nous
avons fait encore, comme dans les autres parties de cet ouvrage,
de nombreux emprunts aux publications des divers savants déjà
cités, et en outre, aux nombreux mémoires insérés dans le *Journal
de la Société d'agriculture d'Angleterre*, dans le *Journal d'agriculture pratique*, dans le *Journal de l'agriculture*, enfin nous
avons souvent consulté l'excellente publication du ministère de
l'agriculture relative à l'enquête sur les engrais industriels si
habilement dirigée par l'illustre secrétaire perpétuel de l'Académie des sciences, M. Dumas. Pour écrire le chapitre qui traite
de l'emploi des phosphates, nous avons mis d'abord à contribu-
tion les remarquables publications de M. Élie de Beaumont qui a
tant contribué à créer cette industrie aujourd'hui florissante, et
qui a ainsi rendu au pays un service signalé ; puis celles de l'infatigable chercheur M. de Molon, qui le premier a exploité en
France les gisements de phosphate fossile ; enfin, nous avons également puisé dans les leçons de chimie agricole récemment
publiées par M. Bobierre. Les ouvrages de M. G. Ville nous ont
fourni les documents nécessaires à l'exposition de la doctrine
des engrais chimiques.

Le lecteur trouvera dans cet ouvrage l'indication de travaux
assez nombreux qui me sont personnels ; les plus anciens (1857)

ont été exécutés au Conservatoire des arts et métiers, les plus récents à l'École de Grignon, et il est de mon devoir de rappeler que l'administration de l'agriculture a singulièrement facilité mes études, en me donnant les moyens de créer les laboratoires de l'École et d'installer les expériences de culture qui y ont été faites pendant la direction de M. F. Bella, et qui continuent sous celle de M. Dutertre. J'ai été aidé dans ces travaux par mes élèves et amis MM. Camille Arnoul, G. Tissandier, E. Landrin, Derome et Maquenne, enfin, par mon ami M. l'ingénieur Millot, chargé du cours de technologie à l'École de Grignon ; je suis heureux de rappeler ici le concours qu'ils m'ont prêté, et de leur adresser mes remercîments.

P. P. D.

Grignon, novembre 1872.

COURS

DE

CHIMIE AGRICOLE

PREMIÈRE PARTIE

DU DÉVELOPPEMENT DES VÉGÉTAUX

CHAPITRE PREMIER

DE LA GERMINATION

Quand une graine vivante est placée dans des conditions convenables d'humidité et de température, quand elle se trouve dans une atmosphère oxygénée, elle se gonfle, se ramollit; l'enveloppe se rompt, les cotylédons sortent de terre; bientôt la tigelle apparaît, en même temps le mamelon radiculaire se développe et s'enfonce de haut en bas dans le sol.

Le naturaliste est frappé depuis longtemps de la structure de la graine, si bien adaptée à son transport par le vent ou par les eaux : le chimiste n'admire pas moins sa composition. La graine renferme tous les éléments nécessaires à la jeune plante; de l'eau et de l'air lui suffisent pour qu'elle s'élance hors de ses enveloppes. Accumulée autour du germe, se trouve une réserve souvent capable de soutenir le jeune végétal, même dans un sol stérile, de façon qu'il y produise à son tour une graine nouvelle, qui, mieux partagée et rencontrant une station plus favorable, s'y multipliera singulièrement. Les phénomènes chimiques qui se succèdent pendant l'acte de la germination sont du plus haut intérêt, et nous résumons ici tous les travaux importants qui peuvent les éclairer.

Une graine germe aussi bien dans une éponge, dans du coton, dans du sable, que dans la terre humide; par conséquent, nous n'avons pas à nous occuper du sol dans lequel a lieu la germination, mais seulement des conditions d'humidité, de température et d'atmosphère qui la favorisent; nous examinerons ensuite les changements qui surviennent dans la composition de l'atmosphère qui entoure la graine, et enfin les métamorphoses que subissent les principes immédiats qu'elle renferme.

§ 1. — INFLUENCE DE L'HUMIDITÉ, DE LA LUMIÈRE ET DE LA CHALEUR SUR LA GERMINATION.

L'humidité est absolument indispensable à la germination; des graines sèches peuvent être conservées longtemps sans altération. Le brasseur mouille les graines dans lesquelles il veut éveiller la vie, le jardinier les arrose; les graines qu'on sème à une époque avancée, comme celles des betteraves, restent souvent sans germer, si la sécheresse suit les semailles. Quand la terre ne contient plus qu'une quantité d'eau très-faible, la germination ne s'y produit que très-irrégulièrement. A Grignon, en 1870, les betteraves ont manqué dans le champ d'expérience, dont la terre, jusqu'à 15 ou 20 centimètres, ne renfermait plus que 5 millièmes d'eau. C'est pour empêcher les graines de se dessécher à l'air, que les cultivateurs soigneux font rouler leurs champs après les semailles, de façon à durcir la couche de terre superficielle et retarder ainsi sa dessiccation.

Les graines simplement exposées à l'air peuvent germer, si cet air est humide, comme on l'observe souvent pendant les années pluvieuses où la moisson reste sur le sol pendant longtemps.

On a cru au siècle dernier, d'après des expériences de Sennebier et d'Ingenhousz, que la lumière était défavorable à la germination; mais en réalité il ne paraît pas qu'il en soit ainsi. En effet, Th. de Saussure (*Recherches chimiques sur la végétation*, p. 23) a reconnu que des graines placées, les unes dans des vases opaques, les autres dans des verres transparents, mais garanties de la lumière directe du soleil, ont germé en même temps; et il est probable que c'est surtout par la dessiccation qu'ils opèrent que les rayons solaires sont nuisibles à la germination. Si une lumière ménagée ne paraît pas défavorable, elle n'est pas non plus utile : les grains germent parfaitement dans l'obscurité, et c'est généralement dans des caves que les brasseurs préparent le malt, c'est-à-dire l'orge germée, employée à la fabrication de la bière.

Soumises à un froid rigoureux, les graines ne germent pas ; mais la température nécessaire pour que la vie s'éveille varie singulièrement avec les espèces : pour le blé d'hiver, l'orge et le seigle, la température minima est de + 7 degrés.

Pour d'autres espèces au contraire, la germination a lieu vers zéro : nous citerons notamment le *Sinapis alba;* le lin peut germer à + 2 degrés. Il existe également une limite supérieure de température au-dessus de laquelle la semence perd ses qualités vitales, pour peu qu'elle y reste exposée pendant un certain temps. Cette limite supérieure varie beaucoup avec l'espèce des graines : des semences de pays tropicaux germent à 45 degrés, ou même 50 degrés, tandis qu'à 38 degrés la semence de la rave devient stérile. La limite supérieure de température peut varier, même pour une seule espèce, avec l'état hygrométrique de l'atmosphère.

MM. Edwards et Colin (*Influence de la température sur la germination*, dans *Ann. des sciences nat.*, 2e série, t. I) ont cherché à déterminer les températures et les différentes conditions de sécheresse ou d'humidité qui détruisent dans les graines la faculté germinatrice. Ils ont trouvé pour le séjour dans l'eau, 50 degrés ; dans la vapeur d'eau, 62 degrés ; dans l'air sec, 75 degrés. Ces résultats supposent que les graines n'ont pas été soumises à ces températures pendant plus d'un quart d'heure.

On doit à M. Knof une intéressante remarque. Ce chimiste, après avoir mis à germer des graines parfaitement saines dans du sable ou du verre pilé, n'en vit qu'une faible portion arriver à la dernière période de la germination, et encore les jeunes plantes s'étiolaient-elles rapidement, même lorsque l'on arrosait avec des dissolutions salines, et particulièrement des nitrates. Cependant des expériences analogues, renouvelées au printemps, à une température de 10 à 15 degrés, réussirent beaucoup mieux que les premières, tentées pendant les chaleurs de l'été.

J'ai observé également que des pommes de terre placées dans du sable humecté convenablement, séjournant dans une pièce où la température moyenne était de 15 degrés, ne germent que très-difficilement à l'automne, tandis qu'au printemps elles poussent rapidement des jets vigoureux. Toute explication rationnelle de ces faits curieux nous paraît aujourd'hui prématurée.

§ 2. — L'OXYGÈNE EST NÉCESSAIRE A LA GERMINATION.

Il suffit de placer des graines humides dans du gaz azote, dans de l'hydrogène, de l'acide carbonique, etc., pour se convaincre que l'oxygène est nécessaire à la germination ; dans tous ces gaz, la graine humide périt rapidement. Th. de Saussure, le premier, a cherché à déterminer le rôle des divers agents nécessaires à la production des phénomènes de la germination, et en particulier celui de l'oxygène. Il a montré, en opérant dans des atmosphères limitées dont il faisait de fréquentes analyses eudiométriques, que l'oxygène convertit une partie du carbone de la graine en acide carbonique ; il a également reconnu que dans la germination sous l'eau, où l'influence de l'oxygène était moins apparente, la présence de ce gaz est encore indispensable. Des semences placées dans de l'eau privée d'air ne germent pas. Il faut, pour que l'embryon puisse accomplir son évolution, que l'air ambiant contienne au moins $\frac{1}{8}$ de son volume d'oxygène ; au-dessous de cette limite, la germination commence quelquefois, mais ne se continue que peu de temps et cesse bientôt. L'atmosphère la plus favorable semblerait devoir se composer d'un tiers d'oxygène pour deux tiers d'azote ; une plus forte dose d'oxygène précipite la germination et affaiblit la plante en lui enlevant trop de carbone.

Ces faits établissent nettement que, pendant la germination, la graine se brûle lentement, et l'on ne saurait s'étonner de voir la température s'élever peu à peu. C'est ainsi que dans les brasseries, au moment où l'on fabrique le malt, on est souvent obligé de remuer les graines pour les empêcher de trop s'échauffer : en Angleterre, on laisse généralement la température monter à la fin de l'opération jusqu'à 30 et même 34 degrés, tandis que pendant les premiers jours on la maintient vers 18 degrés.

Influence du chlore. — D'après les observations de M. de Humboldt, le chlore, au moins dans quelques cas, favorise et hâte la germination. Ce savant a pu faire germer des graines de cresson alénois en six fois moins de temps qu'elles n'en mettent dans les circonstances ordinaires, en les trempant dans de l'eau chlorée. De vieilles graines dont on n'avait pu amener d'aucune manière la germination, en manifestèrent tous les phénomènes après être restées pendant vingt-quatre heures dans l'eau de chlore. Cette action curieuse du chlore sur les graines a, du reste, été peu étudiée jusqu'ici, quoique plusieurs observateurs, et notamment Th. de Saussure, en aient fait usage avec succès pour amener la vie à se manifester dans des embryons inertes. Peut-être le chlore, en décomposant l'eau pour s'emparer de l'hydrogène, met-il en liberté de l'oxygène, dont l'action comburante sur les principes immédiats de la graine est favorisée par la chaleur dégagée au moment de l'union du chlore et de l'hydrogène : cette chaleur dégagée serait suffisante pour déterminer le commencement des phénomènes de combustion qui accompagnent toutes les germinations.

§ 3. — INFLUENCE DE LA GERMINATION SUR L'ATMOSPHÈRE AMBIANTE.

Expériences de Th. de Saussure. — Th. de Saussure paraît être le premier qui ait nettement reconnu l'action qu'exerce la germination sur l'atmosphère ambiante. Lorsqu'on met germer une graine dans du gaz oxygène, dit-il, il disparaît, et il est remplacé en même temps par du gaz acide carbonique ; il remarque, en outre, que le volume d'acide carbonique apparu est sensiblement égal à celui de l'oxygène disparu. Cet acide carbonique paraît être nuisible dans toutes les proportions à un commencement de germination, car lorsqu'on place de la chaux récemment éteinte sous le récipient plein d'air où germent les graines, de manière cependant qu'elles ne soient pas en contact avec cette terre alcaline, l'accroissement de leur radicule en est un peu accéléré. Une quantité de gaz acide carbonique, quelque petite qu'elle soit, ajoutée à l'air commun où germent les graines, retarde plus la germination que ne le fait une quantité semblable de gaz hydrogène ou de gaz azote.

On comprend, d'après ces résultats, que la quantité d'oxygène à introduire dans un récipient où se trouvent des graines humides, doive augmenter à mesure que ces graines fournissent par leur germination une plus grande quantité d'acide carbonique. Th. de Saussure reconnut en effet que les diverses espèces de graines exigent des quantités d'oxygène différentes.

Elles seraient égales, pour le haricot, la fève et la laitue, au centième de leur poids, tandis que la quantité consommée par le froment, l'orge et le pourpier, serait comprise entre la millième et la deuxmillième partie de leur poids.

Des recherches plus récentes dues à MM. Ondemans et Rauwenhoff ont confirmé et étendu ces observations de Th. de Saussure. Ces chimistes ont non-seulement reconnu que les quantités d'acide carbonique produites pendant la germination de différentes graines sont variables, mais encore que, pour une même semence, ces quantités varient avec les diverses périodes du phénomène. Il en est de même de la quantité d'oxygène absorbée ; au début, elle surpasse la quantité d'acide carbonique produite, tandis que pendant la dernière période, c'est au contraire l'acide carbonique qui domine. Dans tous les cas, c'est aux dépens du carbone de la graine que l'acide carbonique prend naissance ; celle-ci doit donc perdre une partie de son poids durant l'acte de la germination. C'est là, en effet, ce que l'on observe, mais sans que le poids du carbone que contient l'acide carbonique dégagé soit équivalent à cette perte : cette dernière est toujours plus considérable. En d'autres termes, la perte de poids ne saurait être représentée exclusivement par de l'acide carbonique, dont l'oxygène ambiant aurait fourni l'un des éléments et la graine l'autre.

Expérience de M. Schultze. — On doit à M. Schultze l'analyse de l'air dans lequel ont germé des graines de *cresson alénois*, de *lupin blanc* et de *fèves de marais*. Voici les résultats auxquels il est arrivé (Schultze, *Journ. für prakt. Chem.*, LXXXVII, 129) :

Composition de l'air dans lequel ont germé les graines de cresson alénois.

	I.	II.	III.	IV.	V.	VI.
Acide carbonique..	26.79	12.99	35.55	36.09	33.05	38.59
Oxygène.........	0.50	14.01	5.01	0.93	3.86	1.12
Hydrogène.......	1.53	0.75	1.35	1.87	1.58	0.66
Azote..........	71.16	72.26	60.08	60.24	61.51	59.63
	99.98	100.01	101.99	99.13	100.00	100.00

Composition de l'air dans lequel ont germé les graines de lupin blanc.

	I.	II.	III.	IV.	FÈVES de marais.
Acide carbonique...........	45.72	59.35	51.53	30.70	74.33
Oxygène................	0.48	»	0.63	0.70	0.10
Hydrogène..............	28.08	0.97	1.01	37.56	6.58
Azote.................	25.72	39.68	46.83	31.03	18.99
	100.00	100.00	100.00	99.99	100.00

L'émission d'hydrogène est, d'après l'auteur de ces recherches, considérable ; jusqu'à lui elle n'avait été signalée qu'en faible quantité, et l'on ne saurait, avant de nouvelles recherches, admettre que ce gaz soit un des produits habituels de la germination, d'autant plus que l'expérience de M. Schultze est évidemment tout à fait anormale. Puisque l'oxygène fait défaut dans l'atmosphère où les graines sont placées et que cet oxygène est nécessaire aux plantes, on peut être certain qu'elles ont péri ; dès lors les gaz qu'on rencontre dans l'atmosphère de la cloche sont dus à la décomposition des tissus aussi bien qu'au phénomène régulier de la germination.

Il serait extraordinaire, en effet, qu'à côté du carbone brûlant assez complétement pour se transformer en acide carbonique, de l'hydrogène restât libre ; il est vraisemblable que dans les expériences précédentes, le dégagement d'acide carbonique et celui d'hydrogène n'ont pas été simultanés, mais que, par suite de la germination, de l'acide carbonique a été produit, puis que l'atmosphère n'étant pas renouvelée, les plantes ont commencé à s'altérer, et que l'hydrogène est un des produits de cette altération. On remarquera en effet que, dans l'expérience n° 2 sur le *cresson alénois*, il reste encore de l'oxygène, l'altération des plantes n'était sans doute pas encore très-prononcée, et la quantité d'hydrogène dégagée est très-faible ; tandis que dans les expériences n° 1 et n° 4 sur le *lupin blanc*, où l'oxygène fait presque complétement défaut, l'hydrogène a été émis en quantité notable.

Pour que les expériences sur la germination soient précises, il faut que toutes les graines employées germent régulièrement, qu'aucune ne pourrisse; c'est là une condition indispensable à la réussite, mais difficile à réaliser, et qui n'est pas complétement remplie dans les expériences de M. Fleury, dont il nous reste à rendre compte.

Expériences de M. Fleury. — Ses recherches ont porté sur la germination des graines oléagineuses (*Ann. de chim. et de phys.*, 4ᵉ série, t. IV, p. 38). Dans un flacon O (fig. 1), sont placées les graines ; elles sont maintenues humides par l'eau du vase D, qui, poussée par le tube P, lorsqu'on souffle en *t*, se déverse par la pomme d'arrosoir O. Dans les conditions ordinaires, la pince P ferme toute communication entre le vase O et le ballon D.

L'air extérieur pénètre par le tube T et se purifie dans l'éprouvette A, renfermant de la ponce sulfurique, et dans le flacon B, rempli de potasse caustique, enfin dans le tube C, garni de fragments de potasse. C'est donc de l'air dépouillé d'acide carbonique qui arrive dans le flacon renfermant les graines.

L'air qui sort du flacon, lorsqu'on fait fonctionner l'aspirateur V, passe d'abord dans l'éprouvette F, renfermant 10 centimètres cubes d'acide sulfurique titré : un essai alcalimétrique à la fin de l'expérience indique s'il s'est dégagé de l'ammoniaque. Viennent ensuite trois tubes en U pleins de chlorure de calcium, réduits à un seul, H, dans notre figure. Le tube K sert de témoin, il ne doit pas changer de poids pendant l'expérience. Les boules de Liebig L renferment une dissolution de potasse caustique ; les tubes en U (M), contenant des fragments de potasse, sont régulièrement pesés avant l'expérience ; N est encore un témoin montrant que l'acide carbonique a été entièrement retenu par L et M. — Le tube G contient de l'oxyde de cuivre qui est porté au rouge par une grille à gaz ; l'eau provenant de la combustion de l'hydrogène pur ou de celle des carbures d'hydrogène est retenue en O. l' et R retiennent l'acide carbonique formé par la combustion de l'oxyde de carbone et des carbures d'hydrogène. S et U renferment encore de la potasse caustique. Enfin en V est l'aspirateur, dont le tube

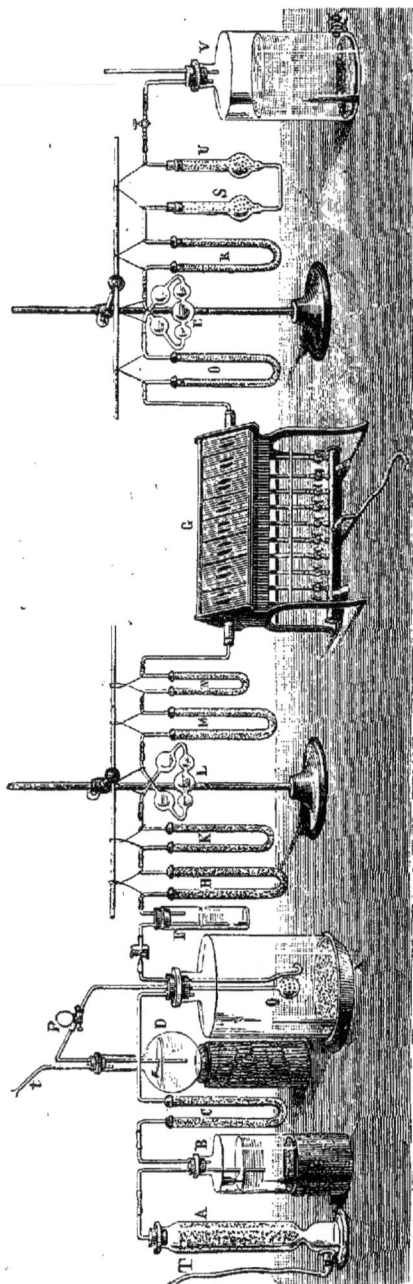

FIG. 1. — Appareil de M. Fleury pour étudier les gaz émis pendant la germination des graines.

droit, servant à introduire le liquide, est bouché avec un caoutchouc et une pince au moment où l'appareil fonctionne.

Les expériences de M. Fleury sont malheureusement atteintes de l'irrégularité signalée plus haut : une partie des graines mises en expérience sont mortes, et les produits gazeux émis pendant leur décomposition sont venus s'ajouter à ceux qu'ont dégagés les graines germées.

D'après M. Fleury, il n'apparaît aucune trace d'ammoniaque pendant la germination ; dans les analyses élémentaires auxquelles il s'est livré, M. Boussingault n'en a pas remarqué davantage.

La quantité d'acide carbonique recueillie a été en croissant depuis le commencement de l'observation jusqu'à la fin, qui est arrivée le trente-septième jour. Les appareils placés à la suite du tube à combustion ont accusé la présence d'une faible proportion de gaz combustible ; l'hydrogène et le carbone s'y sont rencontrés dans la proportion de 1 à 2, de façon qu'il est possible qu'il se soit dégagé du gaz des marais renfermant 3 de carbone pour 1 d'hydrogène, et de l'hydrogène libre, ou simplement de l'hydrogène et de l'oxyde de carbone. — Comme une partie des graines s'est décomposée pendant l'opération, il est non-seulement impossible d'affirmer que ces gaz proviennent d'une germination régulière, mais en outre leur petite quantité suffit à montrer qu'ils ne sont pas des produits normaux de la germination, comme sembleraient l'indiquer les observations de M. Schultze.

Expériences de M. Boussingault. — Au lieu de déterminer la composition de l'atmosphère dans laquelle la graine est plongée, pour en déduire les métamorphoses qu'a subies la plante, on conçoit qu'il soit possible de suivre une marche inverse, et de déterminer les modifications que présentent les graines elles-mêmes pendant la germination. Pour y réussir, il convient de maintenir les graines dans l'obscurité, afin que les phénomènes d'assimilation que présenteraient les jeunes plantes verdissant sous l'influence de la lumière ne viennent pas masquer ceux qui ont trait à la germination. La méthode consiste essentiellement à soumettre à l'analyse un lot de graines semblables à celles qu'on fait germer, puis à analyser les plants développées, de façon à faire jaillir de la comparaison des compositions trouvées les changements qui sont survenus.

C'est à l'aide de cette méthode très-précise, qu'il emploie depuis plusieurs années, que M. Boussingault a étudié récemment (*Ann. de chim. et de phys.*, 4ᵉ série, t. XIII, p. 219) la germination ; les expériences ont été continuées pendant assez longtemps dans la chambre noire; elles sont résumées dans le tableau suivant :

Composition élémentaire de graines et de plants développés dans l'obscurité.

NATURE des plantes.	DURÉE de l'expérience.	NATURE des organes.	POIDS TOTAL.	Carbone.	Hydro- gène.	Oxygène.	Azote.	Matières mi- nérales.
			gr.	gr.	gr.	gr.	gr.	gr.
Pois.	5 mars–1ᵉʳ juill.	Pois (1).. .	2.237	1.040	0.137	0.897	0.094	0.069
		Plants.. . .	1.076	0.473	0.065	0.397	0.072	0.069
		Différences	1.161	0.567	0.072	0.500	0.022	0.000
Froment. . .	5 mai–25 juin.	Graines.. .	1.665	0.758	0.095	0.718	0.057	0.038
		Plants . . .	0.713	0.293	0.043	0.282	0 057	0 038
		Différences	0.952	0.465	0.052	0.436	0.000	0.000
Maïs géant. .	2 juin–22 juin.	Graines.. .	0.5292	0.2355	0.0337	0.2420	0.0086	0.0096
		Plants.. . .	0.2900	0.1448	0.0195	0.1070	0.0085	0.0100
		Différences	0.2392	0.0907	0.0142	0.1350	0.0001	0.0004
Haricots. . .	26 juin–22 juillet	Graines . .	0.926	0.4082	0.0563	0.3747	0.0413	0.0456
		Plants.. . .	0.566	0.2484	0.0331	0.1981	0.0408	0.0456
		Différences	0.360	0.1598	0.0232	0.1766	0.0005	0.0000

(1) Tous les dosages ont eu lieu sur des matières sèches.

En résumant ces expériences, on voit que pendant la germination les graines diminuent toujours de poids; on voit encore que cette perte porte surtout sur le carbone, l'hydrogène et l'oxygène; l'azote se trouve à peu près en même quantité dans la jeune plante et dans la graine dont elle provient. Si l'on veut enfin aller plus loin et conclure, d'après la perte éprouvée par la plante, la nature des gaz émis, on reconnaît que la quantité d'oxygène dégagé est toujours suffisante pour transformer l'hydrogène en eau, de telle sorte qu'on peut représenter sans crainte d'erreur la perte par de l'eau et du carbone; l'oxygène de l'air intervient pour brûler ce carbone et l'amener à l'état d'acide carbonique, et occasionne le dégagement de chaleur qui accompagne toujours la germination.

Sous l'influence de cette combustion, les principes immédiats des végétaux éprouvent à leur tour des modifications profondes qu'il nous reste à étudier.

§ 4. — DES MODIFICATIONS QUE SUBISSENT LES PRINCIPES IMMÉDIATS PENDANT LA GERMINATION.

Pendant la germination, les principes insolubles contenus dans les graines deviennent solubles en se modifiant plus ou moins profondément ; ils atteignent ainsi les points où apparaissent les jeunes organes auxquels ils fournissent les matériaux nécessaires à la constitution des tissus, dans lesquels s'accomplissent les phénomènes réguliers d'assimilation.

Chacun sait, par exemple, que les grains d'orge employés à la fabrication de la bière ne renferment plus guère d'amidon lorsqu'ils ont germé, mais bien du glucose et de la dextrine, et que c'est au moment où cette transformation s'est effectuée qu'il faut arrêter la germination ; sans cela le glucose et la dextrine solubles nouvellement formés s'organisent en cellulose insoluble, ce qui occasionne une perte sensible.

C'est sous l'influence d'un principe azoté particulier, la *diastase*, découvert par MM. Payen et Persoz, que s'effectue la transformation de l'amidon en dextrine et en glucose. D'après ces auteurs, 1 partie de diastase suffit à modifier plus de 2000 parties d'amidon. On a cru pendant longtemps que l'amidon donnait d'abord de la dextrine, puis ensuite du glucose ; mais, d'après les travaux récents de M. Musculus (*Ann. de chimie et de phys.*, 4ᵉ série, t. VI, p. 177), l'amidon donnerait de la dextrine et du glucose simultanément, et l'on pourrait représenter cette transformation par l'équation suivante :

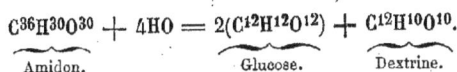

$$\underbrace{C^{36}H^{30}O^{30}}_{\text{Amidon.}} + 4HO = \underbrace{2(C^{12}H^{12}O^{12})}_{\text{Glucose.}} + \underbrace{C^{12}H^{10}O^{10}}_{\text{Dextrine.}}.$$

La première partie du phénomène est donc connue ; quant à la cause qui détermine la transformation ultérieure du glucose ou de la dextrine en cellulose, qui forme les jeunes tissus, elle nous échappe encore absolument ; et bien que nous soyons à chaque instant témoins de semblables modifications, il nous est impossible aujourd'hui d'en préciser le mécanisme.

Les matières grasses subissent elles-mêmes des transformations importantes : elles perdent du carbone et donnent d'abord naissance à du glucose et autres corps semblables, puis ensuite à de la cellulose. La combustion qui accompagne la modification des composés carbonés porte également sur les matières azotées qui donnent de l'*aspa-ragine*, qu'on rencontre dans un grand nombre de jeunes tissus, ou encore de la *solanine*, qui se trouve particulièrement dans les germes des pommes de terre, et qui exerce parfois une action toxique sur les animaux qui se nourrissent de tubercules dont les germes n'ont pas été enlevés.

Les modifications qui surviennent dans les principes immédiats ont été particulièrement étudiées par M. Boussingault pour les graines amylacés, par M. Fleury et par M. Peters pour les graines oléagineuses.

Expériences de M. Boussingault sur les graines amylacées développées dans l'obscurité. — Les nombres suivants se rapportent à une des expériences de M. Boussingault (*Ann. de chim. et de phys.*, 4ᵉ série, t. XIII, p. 219); elle a porté sur des graines et des plants de maïs géant développés dans l'obscurité.

Composition immédiate de graines et de plants de maïs développés dans l'obscurité.

	POIDS total.	AMIDON et dextrine.	GLUCOSE et sucre.	HUILE.	CELLULOSE	MATIÈRES azotées.	MATIÈRES minérales.	SUBSTANCES indéterminées.
	gr.	gr.	gʳ.	gr.	gr.	gr.	gr.	gr.
Graines.......	8.626	6.386	»	0.463	0.516	0.880	0.156	0.235
Plants.......	4.529	0.777	0.953	0.150	1.316	0 8×0	0.156	0.297
Différences...	— 4.107	— 5.609	+ 0.953	—0.313	+ 0.800	0.000	0.000	+0.062

Une autre expérience faite en prenant une seule graine de maïs a donné, après que la plante eut végété pendant un mois dans la chambre obscure, les résultats suivants :

Composition immédiate d'une graine et d'un plant de maïs géant développés dans l'obscurité.

	POIDS total.	AMIDON et dextrine.	GLUCOSE.	HUILE.	CELLULOSE	MATIÈRES azotées.	MATIÈRES minérales.	SUBSTANCES indéterminées.
	gr.	gr.	gr.	gr.	gr.	gr.	gr.	gr.
Graine.......	0.489	0.362	»	0.026	0.029	0.050	0.009	0.013
Plant.......	0.300	»	0.129	0.005	0.090	0.050	0.009	0.017
Différences...	— 0.189	— 0.362	+ 0.129	— 0.021	+ 0.061	0.000	0.000	+ 0.004

On remarquera que le glucose formé et la cellulose apparue sont loin de représenter l'amidon primitif, et que c'est par conséquent sur cet amidon qu'a porté surtout la perte qui se manifeste par le dégagement d'acide carbonique. On a trouvé un même poids de matière azotée, mais on a fait les dosages au moyen de la chaux sodée (1), procédé qui donne seulement l'azote et qui n'indique en aucune façon la nature de la combinaison dans laquelle celui-ci est engagé. Il est vraisemblable qu'une partie de cet azote constituait de l'asparagine, car, dans une autre expérience portant sur des haricots, M. Boussingault a pu retirer, après vingt jours de germination d'un lot pesant 201 grammes, 5^{gr},40 d'asparagine cristallisée.

Expériences de M. Fleury sur les graines oléagineuses. — Dans le mémoire cité plus haut (*Ann. de chim. et de phys.*, 4e série, t. IV, p. 5), M. Fleury a étudié avec beaucoup de soin les transformations que subissent les principes immédiats contenus dans les graines oléagineuses.

Il attribue aux graines de ricin qu'il a employées la composition suivante :

Eau	6,18
Matières minérales........................	3,10
— albuminoïdes....................	20,20
Sucre et corps analogues (pas d'amidon).......	2,21
Matières grasses et résineuses..............	46,60
Cellulose.	17,99
Substances indéterminées.................	3,72
	100,00

Il a suivi les transformations que subissaient les graines de ricin pendant la germination, et il est arrivé aux résultats suivants :

Époques à partir du début.		Matières grasses.	Sucre et analogues.	Cellulose.	Matières albuminoïdes.
Début........	1	46,60	2,21	17,99	20,20
6 jours......	2	45,90	»	»	»
11 jours......	3	41,63	»	»	»
16 jours......	4	33,15	9,95	»	»
21 jours......	5	7,90	18,47	»	»
26 jours......	6	10,3	17,724	»	»
31 jours......	7	10,28	26,90	29,99	20,31

On voit que la matière grasse a été en diminuant d'une façon régulière ; le sucre a singulièrement augmenté, ainsi que la cellulose. La matière azotée n'a pas varié de poids ; mais nous ferons remarquer

(1) Voyez plus loin, pour la pratique de ce procédé, chapitre VI.

encore que l'auteur a simplement dosé l'azote par la chaux sodée, de telle sorte que la matière albuminoïde était peut-être à l'état d'asparagine, sans que le procédé employé pour le dosage permît de le constater. La perte de matière sèche a été de 1,466 pour 100.

L'analyse immédiate du colza, sur lequel l'auteur a fait sa seconde série d'essais, a donné les nombres suivants :

ANALYSE IMMÉDIATE.

Eau	8,081
Matières minérales....................	2,918
Matières albuminoïdes	19,078
Sucre et corps analogues (pas d'amidon).......	7,232
Matières grasses et résines	46,001
Cellulose	8,258
Substances indéterminées	8,432
	100,000

Les graines ont présenté, aux diverses phases de la germination, les compositions suivantes :

Opérations.	Huile.	Sucre et analogues.	Cellulose.	Matières albuminoïdes.
1re	37,93	10,14	11,70	»
2e	35,26	12,73	10,59	»
3e	33,36	11,70	10,23	»
4e	28,35	3,50	18,18	19,37

La matière grasse ne s'est détruite ici qu'avec une certaine lenteur : la plante, longue de 7 à 8 centimètres, contenait encore 30,90 de matière grasse ; les tissus renfermaient donc une véritable émulsion.

D'après M. Fleury, la matière grasse accumulée dans les graines n'a pas seulement pour rôle de servir à cette combustion qui accompagne la germination ; elle est utilisée à la fabrication des nouveaux matériaux qui doivent constituer les jeunes tissus.

La combustion qui a lieu pendant la germination des graines oléagineuses est très-active. M. Fleury calcule que 100 grammes de graine de colza ont perdu en sept jours 17 ^{gr}, 66 de matière grasse, soit 2 ^{gr}, 52 par jour. — Une expérience faite sur le ricin en serre a montré que 100 grammes détruisent en huit jours 36 ^{gr}, 32 de matière grasse, soit 4 ^{gr}, 29 par jour. — Les semences d'*Euphorbia lathyris* ont germé en dix-huit jours et ont transformé 30,69 de matière grasse pour 100 de leur poids, c'est-à-dire 1,70 par jour.

Expériences du docteur Peters. — Le docteur Ed. Peters (cité par M. Sachs, *Phys. végét.*, p. 390) a publié un travail analytique important sur la germination de la courge. Il fit germer les graines dans la sciure de bois, afin de les nettoyer plus facilement, et les examina à trois périodes distinctes.

I. Lorsque les racines principales étaient longues de 2 à 4 centimètres, mais n'avaient pas encore produit de racines secondaires, l'axe hypocotylé était encore très-court, et les cotylédons enfermés dans le testa.

II. Lorsque les cinq ou six premières racines secondaires avaient 2 à 3 centimètres de longueur, l'axe hypocotylé commençait à s'allonger et les cotylédons devenaient verts à la base.

III. Lorsque les cotylédons bien épanouis étaient d'un beau vert, tout le système des racines du germe était développé ; l'axe hypocotylé avait atteint sa longueur finale, et la première feuille commençait à s'épanouir. La dernière période de développement se faisait sous l'influence de la lumière.

Les pertes pendant la végétation représentent :

1re période......... 0,43 pour 100 du poids de la graine.
2e période......... 11,20 —
3e période......... 21,80 —

Composition de 100 parties de la graine et du germe du Cucurbita pepo, *d'après Peters* (1).

PARTIES CONSTITUTIVES.	GRAINE ENTIÈRE.	1re PÉRIODE.			2e PÉRIODE.			3e PÉRIODE.		
		Cotylédons.	Axe hypocotylé.	Racine.	Cotylédons.	Axe hypocotylé.	Racine.	Cotylédons.	Axe hypocotylé.	Racine.
Huile.	49.51	40.48	6.36	4.83	26.40	3.93	3.10	7.20	2.68	2.83
Sucre.	traces	0.84	6.64	8.86	3.42	5.84	6.96	6.40	6.84	2.74
Gomme.	traces	0.82	2.23	2.16	1.22	2.10	3.28	2 94	2.88	2.29
Amidon	0	3.10	5.60	3.80	7.00	7.62	8.21	3.28	2.92	2.12
Cellulose	3.02	2.79	8.77	12.05	3.50	10.13	16.42	7.80	12.40	17.92
Matières albumineuses	39.88	39.88	39.50	40.26	40.26	39.88	38.87	43.93	43.17	43.87
Cendres.	5.10	4.90	9.99	8.08	5 36	10.75	8.20	7.75	11.06	9.20
Principes indéterminés.	2.49	7.29	20.91	19.96	12.84	19.75	14.96	20.70	18.05	19.03

Ces résultats montrent, comme ceux qu'a obtenus M. Fleury, que la cellulose se forme aux dépens des matières grasses ; mais elle con-

(1) Dans toutes ces analyses, le testa est enlevé ; le résultat ne s'applique qu'à l'embryon et au germe.

state la formation de l'amidon aux dépens de cette même matière grasse, transformation curieuse qui n'est pas signalée par M. Fleury.

En résumé, pendant la germination, le grain se comporte comme un animal, ou plutôt comme un œuf pendant la période d'incubation, et dans l'obscurité la plante continue à vivre aux dépens de la réserve qu'elle trouve dans la graine et à brûler les principes immédiats que renferment ses tissus. Elle vit à la façon des animaux jusqu'au moment où elle est frappée par la lumière. Alors tout change : de blanche qu'elle était, elle devient verte; et au lieu d'être le siège d'*oxydations* et d'émettre de l'acide carbonique, la plante absorbe celui-ci et le décompose; au lieu de vivre aux dépens de la graine, elle prépare elle-même, à l'aide de l'acide carbonique, de l'eau, de l'acide azotique, les matériaux qu'elle emploie à l'accroissement de ses tissus.

Cette fonction de réduction est d'une importance capitale : c'est par son exercice que la plante accroît son poids, qu'elle forme du glucose, le principe immédiat d'où dérivent tous les autres; et nous devons l'étudier dans tous ses détails.

CHAPITRE II

ASSIMILATION DU CARBONE PAR LES VÉGÉTAUX

§ 5. — RÉSUMÉ HISTORIQUE.

Expérience de Bonnet (1750). — C'est au naturaliste génevois Bonnet qu'on doit la première observation sur l'émission des gaz par les plantes. « Au commencement de l'été de 1749, dit-il, j'introduisis dans des poudriers pleins d'eau des rameaux de vigne. Dès que le soleil commença à échauffer l'eau des vases, je vis paraître sur les feuilles des rameaux beaucoup de bulles semblables à de petites perles. J'en observai aussi, mais en moindre quantité, sur les pédoncules et sur les tiges... Je fis bouillir de l'eau pendant trois quarts d'heure, afin de chasser l'air qu'elle contenait. Après l'avoir laissée refroidir, j'y plongeai un rameau semblable au précédent. Je l'y tins en expérience environ deux jours ; le soleil était ardent, je ne vis pourtant paraître aucune bulle (1). »

Travaux de Priestley (1772). — Il est vraisemblable que le célèbre chimiste anglais Priestley ignorait ces résultats quand il publia en 1772, dans ses *Recherches sur diverses espèces d'air*, les expériences admirables que nous rapporterons textuellement. Priestley, après s'être occupé des modifications que le séjour des animaux fait subir à une atmosphère limitée, fut en quelque sorte conduit à rechercher l'influence qu'exercent les végétaux sur ces atmosphères viciées.

« J'ai eu le bonheur, dit-il, de trouver par hasard une méthode de rétablir l'air altéré par la combustion des chandelles, et de découvrir au moins une des ressources que la nature emploie à ce grand dessein : c'est la végétation.

« On serait porté à croire que, puisque l'air commun est nécessaire à la vie végétale aussi bien qu'à la vie animale, les plantes et les animaux doivent l'affecter de la même manière. Et j'avoue que je m'attendais au même effet la première fois que je mis une tige de menthe dans une jarre de verre renversée sur l'eau. Mais après qu'elle y eut poussé quelques mois, je trouvai que l'air n'éteignait pas la chandelle et qu'il n'était pas nuisible à une souris que j'y exposai.

« ..... Le 17 août 1771, je mis un jet de menthe dans une quantité d'air où une bougie avait cessé de brûler, et je trouvai que le 27 du même mois une autre bougie pouvait y brûler parfaitement bien. Je répétai cette expérience sans la moindre variation dans le résultat jusqu'à huit ou dix fois pendant le reste de l'été.

« Lorsqu'on expose des jets de menthe dans de l'air corrompu assez fortement par la putréfaction pour transmettre sa puanteur à travers l'eau, ils meurent aussitôt, et les feuilles deviennent noires; mais s'ils ne meurent pas à l'instant, ils y poussent de la manière la plus surprenante. Je n'ai jamais vu, dans aucune circonstance, la végétation aussi vigoureuse que dans cette espèce d'air qui est si funeste à la vie animale.

« Cette observation me conduit à conclure que les plantes, bien loin d'affecter l'air de la même manière que la respiration animale, produisaient des effets contraires, et tendaient à conserver l'atmosphère douce et salubre, lorsqu'elle est devenue nuisible en consé-

(1) *Recherches sur l'usage des feuilles*, par Ch. Bonnet. Gœttingue et Leyde, 1754.

quence de la vie et de la respiration des animaux ou de leur mort et de leur putréfaction... »

Enfin il résume ses observations : « Les preuves d'un rétablissement partiel de l'air par des plantes en végétation, quoique dans un emprisonnement contre nature, servent à rendre très-probable que le tort que font continuellement à l'atmosphère la respiration d'un si grand nombre d'animaux et la putréfaction de tant de masses de matière végétale et animale, est réparé, du moins en partie, par la création végétale ; et nonobstant la masse prodigieuse d'air qui est journellement corrompue par les causes dont je viens de parler, si l'on considère la profusion immense des végétaux qui croissent sur la surface de la terre, dans des lieux convenables à leur nature, et qui, par conséquent, exercent en pleine liberté tous leurs pouvoirs tant inhalants qu'exhalants, on ne peut s'empêcher de convenir que tout est compensé et que le remède est proportionné au mal. »

La découverte de Priestley fit en Angleterre une impression profonde ; il reçut la médaille d'or de Copley, une des plus grandes récompenses que puisse décerner la Société royale de Londres. Et cependant il faut reconnaître que la question était loin d'être complétement élucidée : Priestley n'était pas absolument maître de son admirable expérience. On trouve dans son ouvrage, « qu'une feuille de choux fraîche, mise pendant une seule nuit sous un vaisseau rempli d'air commun, affecta tellement l'air, qu'une chandelle ne put plus y brûler le lendemain matin. » Mais cette observation reste isolée, et c'est au savant hollandais Ingenhousz qu'était réservée la gloire de reconnaître que la décomposition de l'acide carbonique par les feuilles n'a lieu que sous l'influence de la lumière solaire.

Expériences d'Ingenhousz (1780). — C'est en 1780 (1) qu'Ingenhousz établit, de la façon la plus complète, les propositions suivantes :

1° L'air qui se dégage des feuilles plongées dans l'eau provient de l'intérieur de la plante, et il est émis en dehors en vertu d'un acte vital. (Nous savons aujourd'hui que cette proposition est inexacte, et qu'il faut que l'eau soit chargée d'acide carbonique pour que les plantes puissent en dégager un gaz ; mais les deux autres conclusions du célèbre naturaliste sont capitales, en même temps qu'inattaquables.)

2° L'air dégagé, conformément aux premières observations de

---

(1) *Expériences sur les végétaux*, 1780. Voyez, dans le *Journal des savants* de 1856, plusieurs articles de M. Chevreul sur cette question.

Priestley, diffère de l'air commun par l'intensité avec laquelle il fait brûler les corps, et à cause de la forte proportion d'air déphlogistiqué (oxygène) qu'il renferme.

3° L'air déphlogistiqué (oxygène) ne se dégage des feuilles des végétaux qu'autant que celles-ci sont exposées à recevoir l'influence du soleil.

Ainsi les plantes peuvent dégager de l'oxygène lorsqu'elles sont exposées au soleil. Une question importante reste à résoudre cependant, pour élucider les résultats de Priestley et ceux d'Ingenhousz : il reste à démontrer que ces deux observations se complètent l'une par l'autre, et que l'oxygène dégagé par les plantes ne provient pas de leurs tissus mêmes, mais est le résidu de l'acide carbonique avec lequel elles ont été mises en contact ; que les plantes sont de véritables appareils de réduction, fixant le charbon et dégageant l'oxygène.

L'intervention d'un troisième expérimentateur est nécessaire pour donner une esquisse complète du phénomène, et c'est à Senebier, pasteur à Genève, qu'il était réservé de triompher de cette dernière difficulté.

Expérience de Senebier. — On est forcé de reconnaître, dit-il, que, comme l'acide carbonique dissous dans l'eau favorise la végétation et la production du gaz oxygéné qui s'échappe des feuilles au soleil, il faut que l'acide carbonique, dont l'oxygène est un des éléments, soit décomposé au soleil par l'acte de la végétation, pour fournir celui-ci, et que le carbone déposé dans toutes les parties de la plante en provienne.

Bonnet, Priestley, Ingenhousz, Senebier, ont donc brillamment ébauché cet admirable phénomène. Mais il nous faut maintenant enseigner comment il est facile de répéter ces expériences capitales ; puis pénétrer dans le détail, rechercher dans quels rapports sont l'acide carbonique disparu, et l'oxygène dégagé, varier les conditions dans lesquelles agira la lumière, examiner même ce qui aura lieu quand celle-ci fera défaut, et reconnaître enfin quel est le principe immédiat formé pendant cette décomposition de l'acide carbonique.

Premières expériences de M. Boussingault. — Dès 1840, M. Boussingault avait varié les expériences de ses prédécesseurs. Maintenant les plantes dans leurs conditions normales d'existence, il avait démontré à cette époque que si l'on introduit un rameau de vigne dans un ballon exposé au soleil, puis qu'on détermine un courant d'air au travers de l'appareil, on trouve toujours moins d'acide carbonique dans

l'air qui a passé sur les feuilles que dans l'air normal. Dans une observation, on reconnut que l'air atmosphérique, après avoir traversé
le ballon, contenait en volume 0,0002 de gaz acide carbonique ; au
même moment, l'air pris dans la cour où l'appareil fonctionnait en
renfermait 0,00045. Dans une autre expérience, l'air, après avoir
passé sur les feuilles, renfermait 0,0004 de gaz acide carbonique,
l'air de la cour en contenait alors 0,0004.

Expériences de MM. Cloëz et Gratiolet. — Plus tard MM. Cloëz et
Gratiolet (*Ann. de chim. et de phys.*, 3e série, t. XXXII, p. 41)
publièrent sur ce sujet une série d'observations importantes, et indiquèrent le moyen de répéter facilement l'expérience fondamentale
de la décomposition de l'acide carbonique par les plantes, expérience

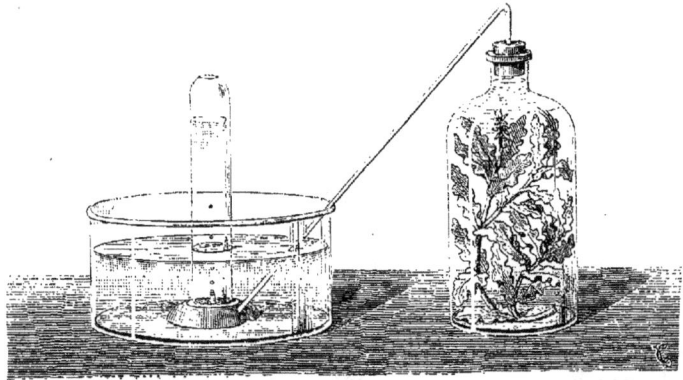

FIG. 2. — Appareil de MM. Cloëz et Gratiolet pour montrer la décomposition
de l'acide carbonique par les plantes aquatiques exposées au soleil.

qui put dès lors être reproduite dans les cours. Dans un grand flacon
de quatre à cinq litres de capacité (fig. 2), on met une dissolution
légère d'acide carbonique, puis on y introduit une plante marécageuse.
MM. Cloëz et Gratiolet opérèrent souvent avec le *Potamogeton perfo-
liatus* ; nous avons nous-même très-bien réussi avec l'*Elodea*, avec le
Potamogeton crispus, etc. On ferme le flacon avec un bouchon percé
d'un trou où s'engage un tube abducteur, et l'on recueille les gaz sur
l'eau. Aussitôt que l'appareil est placé au soleil, on voit les feuilles
se recouvrir de bulles de gaz, et il arrive habituellement qu'après
avoir absorbé, à l'aide de la potasse, l'acide carbonique qui se dégage
par suite de l'échauffement du liquide, on peut obtenir un gaz assez
riche en oxygène pour rallumer les allumettes. Ce gaz toutefois n'est
jamais complétement exempt d'azote, bien que, d'après les observa-

tions de MM. Cloëz et Gratiolet, il aille constamment en s'épurant à mesure que l'opération se prolonge plus longtemps. On voit en effet, dans le travail publié par ces savants, que, tandis que le gaz obtenu le premier jour de l'expérience renfermait seulement, sur 100 parties, 84,30 d'oxygène et 15,70 d'azote, le gaz recueilli d'un appareil en expérience depuis huit jours renfermait 97,10 d'oxygène et seulement 2,90 d'azote.

§ 6. — LE VOLUME D'OXYGÈNE DÉGAGÉ PAR LES FEUILLES EST ÉGAL AU VOLUME D'ACIDE CARBONIQUE DISPARU.

Th. de Saussure (1804). — Th. de Saussure, le premier, chercha à déterminer rigoureusement les quantités d'oxygène dégagé, d'acide carbonique disparu pendant l'exposition des feuilles au soleil (*Recherches chim. sur la végétation*, p. 40 et suiv.). Ses expériences portèrent sur la *pervenche*, la *menthe aquatique*, la *salicaire*, le *pin* et le *Cactus opuntia;* elles le conduisirent à admettre que le volume d'oxygène dégagé n'était jamais aussi considérable que celui de l'acide carbonique disparu : ce qui aurait dû être si le phénomène eût été aussi simple qu'il paraissait d'abord, puisqu'un volume d'acide carbonique renferme un volume d'oxygène ; de plus, il remarqua toujours que le dégagement d'oxygène était accompagné d'une émission d'azote considérable. A l'époque où Th. de Saussure opérait, on n'avait pas, sur la constitution des végétaux, des idées aussi précises que celles que nous possédons actuellement, et l'on pouvait croire que le gaz azote dégagé provenait de la substance même de la plante, bien qu'il soit démontré pour nous aujourd'hui qu'il n'en était rien ; car les quantités d'azote dégagées dans les expériences du célèbre physiologiste sont souvent supérieures à celles qui existent dans la plante elle-même (Boussingault, *Ann. de chim. et de phys.*, 3ᵉ série, 1861, t. LXVI, p. 295).

Nouvelles expériences de M. Boussingault. — Dans ces derniers temps, M. Boussingault a publié, sur l'absorption de l'acide carbonique par les végétaux, un mémoire important (*Ann. de chim. et de phys.*, 3ᵉ série, t. LXVI, p. 295). Comme MM. Cloëz et Gratiolet, M. Boussingault a fait usage de ballons renfermant de l'eau chargée d'acide carbonique dans laquelle étaient immergées les feuilles (fig. 3). Il opérait toujours avec une série de trois ballons, renfermant, le premier l'eau légèrement imprégnée d'acide carbonique dans laquelle on devait faire les expériences; ce ballon ne recevait pas de feuilles, et il servait seulement à déterminer exactement la proportion des gaz dissous dans l'eau, ou *l'atmosphère de l'eau*. Le ballon n° 2 recevait de l'eau semblable à celle du n° 1, et des feuilles, mais celles-ci n'é-

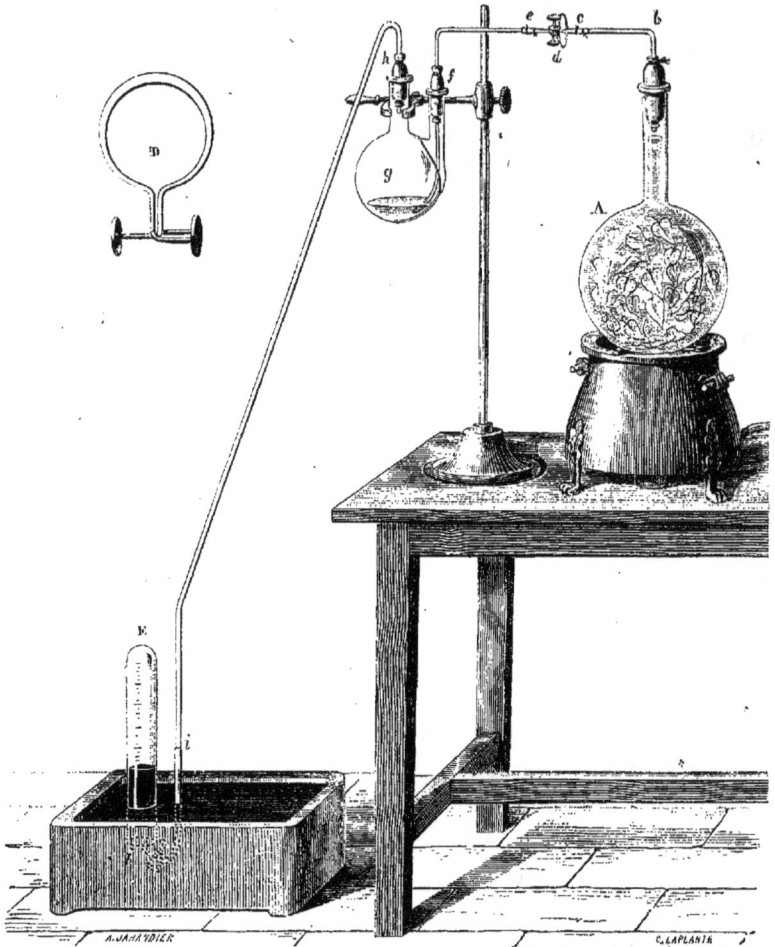

FIG. 3. — Appareil employé par M. Boussingault pour recueillir les gaz émis pendant la décomposition de l'acide carbonique par les feuilles.

taient pas placées au soleil. On extrayait du ballon n° 2 l'atmosphère réunie de l'eau et des feuilles employées dans l'expérience. Enfin le troisième ballon recevait de l'eau et des feuilles semblables à celles qui avaient été placées dans l'appareil n° 2, et il était exposé au soleil.

Pour extraire les gaz des deux premiers ballons, on commençait par écraser le tube de caoutchouc *ec* à l'aide d'une pince *d* (cette pince est représentée en **D**, à gauche de la figure, sous de plus grandes dimensions : on voit que le métal courbé agit comme un ressort, et qu'il suffit de placer les deux doigts sur les disques qui terminent la pince pour ouvrir celle-ci) ; on empêchait ainsi toute communication entre le grand et le petit ballon. Puis on faisait bouillir l'eau contenue dans le petit ballon *g*, dit *bouilleur*, pour chasser tout l'air qui y était d'abord contenu ; quand le vide était fait, ce qu'on reconnaissait à la hauteur du mercure dans le tube de dégagement *hi*, on mettait le bouilleur en communication avec le ballon A, et l'on déterminait l'ébullition en allumant le fourneau. Les gaz passaient dans le bouilleur, puis dans la cloche retournée sous le mercure ; et quand on reconnaissait que l'eau du bouilleur était elle-même assez échauffée pour émettre des vapeurs qui chassaient les gaz, on fermait la communication du ballon A et du bouilleur ; on laissait refroidir, et l'on mesurait les gaz dégagés.

Quant au ballon n° 3, il était exposé au soleil pendant un certain temps : les feuilles décomposaient l'acide carbonique ; l'oxygène dégagé, après avoir rempli le bouilleur, préalablement vidé d'air par l'ébullition, chassait le mercure du tube et se dégageait sous la cloche E. A la fin de l'expérience, on recueillait les gaz contenus en dissolution dans l'eau du ballon, en portant celle-ci à l'ébullition, qui pouvait être prolongée sans inconvénient, grâce à la précaution prise de terminer le tube abducteur par du caoutchouc *i*, pour éviter la rupture du tube de verre échauffé par la vapeur et refroidi par le mercure. (Cet appareil doit être construit avec beaucoup de soin, pour qu'il puisse tenir le vide. M. Boussingault est arrivé à obtenir une fermeture hermétique en *h* et en *f*, en entourant les bouchons de liége d'une feuille de caoutchouc bien fixée sur les tubes du verre en haut et en bas. On reconnaît que l'appareil tient le vide, quand, après le refroidissement du bouilleur *g*, le mercure reste stationnaire dans le tube à une hauteur de 76 centimètres, diminuée de la pression de la vapeur à la température à laquelle on opère.)

En comparant les résultats fournis par l'analyse du gaz extrait de ce troisième ballon avec celle du gaz extrait des deux autres, il est possible de reconnaître ce qui doit être attribué à l'action des feuilles agissant au soleil sur l'acide carbonique dissous. On se met ainsi à l'abri des erreurs qui entachent les mémoires précédents, et l'on n'attribue à l'action réductrice des rayons solaires que ce qui lui appartient réellement.

Nous donnerons textuellement les conclusions de ce mémoire important :

« Sur 41 expériences, il en est 15 dans lesquelles le volume de l'oxygène apparu a été un peu plus grand que le volume de l'acide carbonique disparu. Dans les autres, c'est le contraire qui a eu lieu. Dans treize cas seulement, il y a eu à peu près égalité entre les deux volumes de gaz, du moins la différence n'a pas dépassé $\frac{4}{10}$ de centimètre cube. Le volume de l'oxygène émis par les feuilles d'une même plante a été tantôt supérieur, tantôt inférieur à celui de l'acide carbonique disparu ; c'est ce qui est arrivé pour le pêcher, le pin et le laurier. Les plantes aquatiques, le saule, la carotte, ont toujours donné moins d'oxygène que n'en renfermait l'acide carbonique que l'on n'a plus retrouvé ; mais il est possible que des observations plus nombreuses eussent amené des différences en sens contraire. La disparition d'une partie de l'oxygène constitutif de l'acide carbonique peut être attribuée tout naturellement à une assimilation opérée par l'organisme de la plante, tandis que l'émission d'un volume de ce gaz plus grand que le volume de l'acide gazeux éliminé ne saurait être expliquée qu'en admettant que, sous l'influence de la lumière solaire, les parties vertes des végétaux décomposent l'eau en fixant l'hydrogène. Les cas où le volume d'oxygène a été moindre que le volume de gaz acide disparu ne pourraient pas être invoqués comme une objection, puisque l'oxygène mesuré représenterait la différence entre la totalité de l'oxygène provenant de l'acide carbonique de l'eau et la quantité du même gaz fixé par les feuilles. L'oxygène en excès a été au maximum $2^{cc},4$ pour $48^{cc},6$ d'acide carbonique, soit 5 pour 100; mais généralement cet excès est resté bien au-dessous de cette quantité.

« Si l'on considère l'ensemble des résultats comme ayant été fournis par une observation unique, on trouve qu'il a disparu $1339^{cc},38$ de gaz acide carbonique, et qu'il est apparu $1322^{cc},61$ de gaz oxygène mêlés à $16^{cc},0$ d'autre gaz ; que, par conséquent, 100 volumes de gaz acide carbonique ont fourni 98 $^{vol.}$, 75 de gaz oxygène. »

En examinant le gaz émis par les feuilles après l'absorption de l'oxygène, par l'acide pyrogallique et la potasse, M. Boussingault y découvrit des quantités appréciables de gaz combustible, que l'analyse eudiométrique lui démontra être un mélange d'une quantité notable d'oxyde de carbone avec une bien plus faible proportion d'hydrogène protocarboné.

Dans les expériences qu'il avait faites en 1849 avec Gratiolet, M. Cloëz n'avait pas observé le dégagement de ce gaz combustible; il crut donc devoir répéter ses essais, et, dans une série d'expériences très-judicieusement combinées à l'aide de plantes aquatiques végétant dans de l'eau constamment renouvelée, ou séjournant dans de l'eau non renouvelée et légèrement chargée d'acide carbonique, il reconnut que le gaz restant après l'absorption de l'oxygène ne contenait aucune trace de gaz combustible, et que c'était de l'azote pur (*Compt. rend.*, 1863, t. LVII, p. 355).

M. Corenwinder ne fut pas plus heureux, et ne put découvrir d'oxyde de carbone dans les gaz émis par la décomposition de l'acide carbonique.

Cette différence dans les résultats obtenus par des expérimentateurs habiles serait faite pour étonner, si M. Calvert (*Compt. rend.*, 1863, t. LVII, p. 873) et M. Cloëz (*Compt. rend.*, 1863, t. LVII, p. 875) n'avaient reconnu que l'acide pyrogallique, mis en contact avec la potasse, émet une certaine quantité d'oxyde de carbone. M. Boussingault (*Compt. rend.*, 1863, t. LVII, p. 885) avait lui-même obtenu une réaction semblable; de telle sorte qu'il est probable que l'oxyde de carbone observé par M. Boussingault dans les résidus de l'absorption des gaz dégagés par les feuilles, au moyen de l'acide pyrogallique et de la potasse, provient de la réaction de ces deux agents, et non de la végétation elle-même (M. Calvert, *Compt. rend.*, 1863, t. LVII. p. 875).

§ 7. — LES FEUILLES PLONGÉES DANS L'ACIDE CARBONIQUE PUR NE DÉCOMPOSENT CE GAZ QUE LORSQU'IL EST A UNE FAIBLE PRESSION.

M. Boussingault a reconnu que les feuilles exposées au soleil dans de l'acide carbonique pur ne décomposent pas ce gaz, ou si elles le décomposent, ce n'est qu'avec une excessive lenteur. Les feuilles placées au soleil dans un mélange d'acide carbonique et d'air atmosphérique décomposent au contraire rapidement ce dernier, et l'oxygène de l'air ne paraît pas intervenir dans le phénomène, car les feuilles font rapidement disparaître l'acide carbonique lorsqu'il est mêlé à du gaz azote ou à du gaz hydrogène. Il est remarquable que les circonstances dans lesquelles se produit la décomposition de l'acide carbonique sont analogues à celles dans lesquelles on obtient la combustion du phosphore : on sait, en effet, que le phosphore n'est pas lumineux dans l'oxygène pur à la pression ordinaire, mais qu'il le devient immédiatement dans du gaz oxygène dilué par de l'azote ou de l'hydrogène, ou encore dans l'oxygène pur soumis à une faible pression.

Or, l'analogie se poursuit pour l'action qu'exercent les feuilles sur l'acide carbonique à une pression très-faible : il a été possible de dé-composer un centimètre cube d'acide carbonique avec une petite feuille de laurier-cerise placée dans ce gaz pur, mais amené à la faible pression de $0^m,17$. (Boussingault, *Compt. rend.*, 1865, t. LX, p. 872, expérience du 24 août 1864.)

§ 8. — TOUS LES RAYONS LUMINEUX NE SONT PAS ÉGALEMENT EFFI-CACES POUR DÉTERMINER LA DÉCOMPOSITION DE L'ACIDE CARBONIQUE ; LES RAYONS ROUGES ET JAUNES AGISSENT PLUS ÉNERGIQUEMENT QUE LES BLEUS ET LES VERTS.

Travaux de MM. Daubeny, Draper, Cloëz et Gratiolet, Sachs, Caillctet, Prillieux. — En 1836, M. Daubeny étudia l'action qu'exercent sur les feuilles les rayons lumineux de diverses couleurs ; les feuilles sur lesquelles il expérimentait étaient plongées dans de l'eau chargée d'acide carbonique, et les flacons eux-mêmes étaient immergés dans des dissolutions diversement colorées. Il reconnut que le gaz est tou-jours émis en moindre proportion dans la lumière bleue que dans la lumière rouge et orangée : c'est cette dernière qui présente le maxi-mum d'énergie.

Au lieu d'employer des dissolutions diversement colorées, M. Dra-per, professeur à l'université de New-York, dirigea les rayons du spectre, convenablement dispersés, sur des tubes-éprouvettes rem-plis d'eau distillée chargée d'acide carbonique, dans lesquels étaient placées des plantes de même espèce, assez identiques pour décom-poser sensiblement la même quantité de gaz dans le même temps, sous l'influence de la lumière solaire ordinaire. Il reconnut que c'est entre le *jaune* et le *vert* qu'il faut placer les rayons lumineux qui déterminent avec le plus d'énergie l'action réductrice des végétaux. C'est ce que montrent les résultats suivants :

Noms des rayons.	Volume gazeux dégagé en même temps.	
	1re expér.	2e expér.
Rouge intense	0,33	»
Rouge et orangé	20,00	24,75
Jaune et vert	36,00	43,75
Vert et bleu	0,13	4,10
Bleu	»	1,00
Indigo	»	»
Violet	»	»

MM. Cloëz et Gratiolet (*loc. cit.*) ont également étudié l'action des divers rayons lumineux sur la décomposition de l'acide carbonique dans les végétaux, en plaçant des feuilles provenant de plantes aquatiques aussi semblables que possible dans des flacons renfermant de l'eau chargée d'acide carbonique, et en exposant le tout au soleil dans des cages garnies de verres de diverses couleurs.

Nous donnerons ici les nombres provenant de l'expérience du 29 juillet 1849, qui a duré de dix heures quarante-cinq minutes à deux heures :

NATURE des VERRES.	TEMPÉRATURE de l'eau DES FLACONS	VOLUME du gaz recueilli exprimé en cent. cubes à 0° et sous la pression de 0ᵐ,760.	COMPOSITION du gaz pour 100 parties en volume.			DÉDUCTION faite de l'acide carbonique, 100 vol. du gaz renferment :	
			Acide carbonique.	Oxygène.	Azote.	Oxygène.	Azote.
Verre incolore dépoli. . . .	30°.75	49	20.41	53.08	20.44	76.37	25.63
— jaune	31 .0	45	17.77	60.00	22.22	72.97	27.03
— incolore transparent.	34 .50	30	23.33	48 34	28.33	63 05	36 95
— rouge.	30 .75	22	20 45	43.19	36.36	54.28	45.72
— vert.	31 .0	19	18 43	42.10	39.47	51.61	47.39
— bleu.	29 .50	16	15.63	37.50	46.87	45.62	54.38

Les autres expériences conduisent à des résultats dans le même sens ; le verre incolore dépoli est toujours placé le premier, et les autres couleurs se suivent dans l'ordre qu'elles présentent dans l'expérience précédente.

M. Sachs a donné dans sa *Physiologie végétale* des résultats observés par une méthode particulière que plusieurs physiologistes ont employée dans ces dernières années, et qui ne me paraît présenter aucune garantie d'exactitude. — Quand on place dans une dissolution d'acide carbonique un rameau d'une plante marécageuse récemment coupé, puis qu'on l'expose au soleil, on voit de petites bulles de gaz se dégager de la section fraîche et se suivre rapidement en s'élevant dans le liquide.

M. J. Sachs a proposé de mesurer l'intensité de la décomposition de l'acide carbonique en comptant le nombre de ces bulles de gaz qui se dégagent pendant une minute ; mais je ne pense pas qu'on puisse rien conclure d'un semblable mode d'observation, dans lequel on ne recueille pas le gaz dégagé pour le soumettre à l'analyse, dans lequel on compte des bulles de gaz qui peuvent ne pas avoir la même grosseur, dans lequel enfin on observe pendant un temps extrêmement court.

Quoi qu'il en soit, les résultats fournis par M. Sachs sont d'accord avec ceux de MM. Daubeny, Draper et Cloëz.

M. Louis Cailletet est encore arrivé récemment à des résultats analogues (*Ann. de chimie et de phys.*, 4ᵉ série, 1868, t. XIV, p. 325). Les feuilles, placées dans une éprouvette de verre, étaient disposées dans une lanterne garnie de verres diversement colorés où circulait

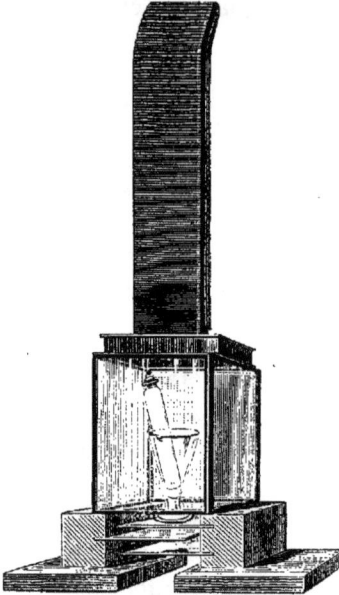

FIG. 4. — Appareil de M. Cailletet pour déterminer l'influence de divers rayons lumineux sur la décomposition de l'acide carbonique par les feuilles. L'air circule constamment dans la cage par suite du tirage déterminé par la cheminée supérieure.

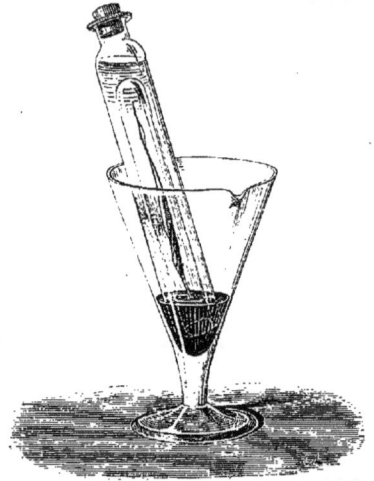

FIG. 5. — Éprouvette à double enveloppe, employée par M. Cailletet pour déterminer l'influence de divers rayons lumineux sur la décomposition de l'acide carbonique. On introduit par l'orifice supérieur le liquide coloré.

constamment un courant d'air froid (fig. 4), ou encore dans une éprouvette à double enveloppe, où l'on introduisait le liquide coloré (fig. 5). — L'auteur a constaté d'abord que les feuilles d'une même plante et de surfaces égales décomposent sensiblement les mêmes volumes d'acide carbonique, lorsqu'elles agissent sur des mélanges gazeux identiques exposés à une même source lumineuse; il a reconnu en outre, comme ses devanciers, que les rayons lumineux jaunes et rouges sont plus efficaces que les bleus et les violets.

Dans l'une de ses expériences, après plusieurs heures d'exposition au soleil, on a trouvé non décomposées les quantités d'acide carbonique qui figurent au tableau ci-après :

	18 p. 100.	21 p. 100.	30 p. 100.	
Air mélangé d'acide carbonique . . .				
Iode dissous dans le sulfure de carbone	18	21	30	— Le papier photographique ne noircit pas.
Verre vert	20	30	37	— Le chlorure d'argent se colore lentement.
— violet.	18	19	28	— Le papier noircit très-rapidement.
— bleu	17	16,50	27	— Le papier se colore très-rapidement.
— rouge.	7	5,50	23	— Ni le papier ni le chlorure d'argent addi- tionné de nitrate ne noircissent.
— jaune.	5	1	18	— Le papier ne noircit pas.
— dépoli	»	»	2	— Le papier se colore très-rapidement.

On voit que les couleurs les plus actives, au point de vue chimique, sont celles qui favorisent le moins la décomposition de l'acide carbonique. La lumière verte ne provoque aucune décomposition ; elle semble même, au contraire, favoriser le dégagement de l'acide carbonique. En plaçant en effet sous une cloche de verre vert éclairée par les rayons directs du soleil une éprouvette contenant de l'air pur et une feuille, on obtient, après plusieurs heures, une quantité d'acide carbonique peu inférieure à celle qui serait produite par les mêmes feuilles dans l'obscurité.

C'est probablement, ajoute l'auteur, en raison de cette singulière propriété de la lumière verte, qui doit produire après un temps assez court l'étiolement des plantes sur lesquelles elle agit , que la végétation est généralement languissante et chétive sous les grands arbres, quoique l'ombre qu'ils portent soit souvent peu intense.

A égale intensité lumineuse, les rayons rouges et jaunes sont plus efficaces pour déterminer la décomposition de l'acide carbonique que les rayons verts et bleus. — Un naturaliste distingué, M. Prillieux, a présenté à l'Académie des sciences, au mois d'août 1869 (*Compt. rend.*, t. LXIX, p. 274), un travail sur l'influence des divers rayons lumineux sur la décomposition de l'acide carbonique. M. Prillieux fait remarquer avec raison que, dans les recherches de ce genre, on ne s'est pas occupé d'obtenir des intensités lumineuses égales, et que, en exposant des feuilles dans des manchons renfermant une dissolution concentrée de sulfate de cuivre ammoniacal ou d'iode dans le sulfure de carbone, on soumet les plantes à une lumière bleue ou violette infiniment moins intense que celle qu'on obtient à l'aide d'une dissolution jaune de chromate neutre de potasse ou rouge de carmin dans l'ammoniaque ; en plaçant des plantes aquatiques dans de l'eau chargée d'acide carbonique, et en immergeant les flacons dans des manchons renfermant diverses dissolutions également transparentes, M. Prillieux a trouvé que dans le même temps la plante émettait la même quantité de gaz.

On conçoit toutefois que le mode d'opérer de M. Prillieux puisse entraîner deux causes d'erreur différentes. La première est la nécessité où l'on se trouve de diluer beaucoup la dissolution bleue pour l'amener au même degré de transparence que la dissolution jaune; et alors il reste à démontrer que la plante est bien placée dans de la lumière bleue, et non dans de la lumière blanche à peine modifiée. On verra, en effet, plus loin que pour obtenir l'égalité entre les dégagements de gaz avec les plantes plongées dans les dissolutions bleues et jaunes, il faut. singulièrement étendre les premières. La seconde cause d'erreur que je signalerai est due à l'emploi fait par l'auteur du mode d'observation imaginé par M. le docteur Sachs, que nous critiquons plus haut. En effet, la quantité de gaz émise par une plante, au moment même où elle est plongée dans une dissolution colorée, n'est pas du tout celle qu'elle donnera quelques instants plus tard (voyez *Ann. des sciences naturelles*, BOTANIQUE, 5ᵉ série, tome XII, p. 5), et je crois qu'on ne peut conclure, dans des questions aussi délicates, qu'après avoir expérimenté pendant un temps assez long et avoir recueilli assez de gaz pour qu'il soit mesuré en centimètres cubes et analysé.

Pour obtenir des dissolutions également transparentes, on a pris des éprouvettes à gaz présentant le même diamètre intérieur, et l'on

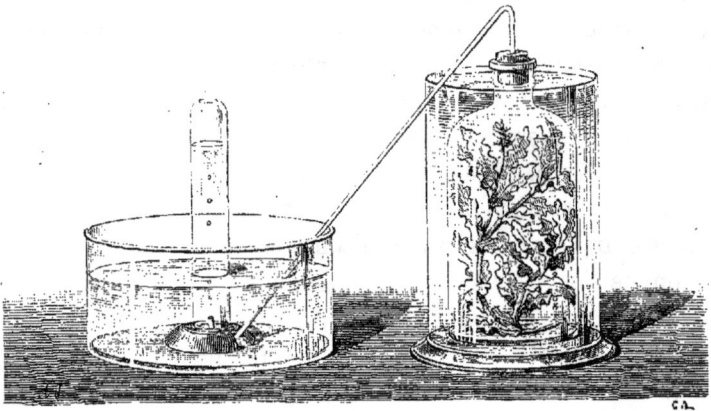

FIG. 6. — Appareil employé par M. Dehérain pour déterminer la quantité des gaz émis par des plantes aquatiques soumises à l'action des rayons lumineux d'égale intensité, mais de diverses couleurs.

a étendu ou concentré les dissolutions jusqu'au moment où, placées à côté l'une de l'autre dans une chambre obscure et éclairée par une bougie, elles ont donné des ombres d'égale intensité. Ce procédé de mesure est certainement défectueux : mais on a toujours un peu exagéré l'opacité de la dissolution rouge orangée de chlorure de fer

que l'on comparait à la dissolution bleue du sulfate de cuivre ammoniacal ; la dissolution rouge vif de carmin dans l'ammoniaque à la dissolution verte du chlorure de cuivre. Les flacons, renfermant un poids déterminé d'une plante aquatique plongée dans l'eau légèrement chargée
d'acide carbonique, étaient complétement immergés dans la dissolution jusqu'au bouchon (fig. 6). Comme dans toutes les expériences
analogues, le tube était lui-même rempli d'eau au commencement de
l'expérience. On a obtenu les résultats réunis dans le tableau suivant :

*Quantités de gaz émis par des plantes aquatiques exposées au soleil pendant une heure
dans des dissolutions différemment colorées, mais également transparentes.*

NUMÉRO DE L'EXPÉRIENCE.	NATURE ET POIDS DE LA PLANTE.	COULEUR de la DISSOLUTION.	QUANTITÉ de gaz dégagé en centimètres cubes.	QUANTITÉ de gaz dégagé pour 100 de plantes.	OBSERVATIONS.
			cc.		
N° 1.	Potamogeton crispus (33 grammes).	Jaune (chlorure de fer).	26.8	81.2	Les flacons de l'ex-périence n° 1 ont été changés de dis-solution pour faire l'expérience n° 2.
		Bleue (sulfate de cuivre ammoniacal).	5.8	17.5	
N° 2.	Id.	Jaune.	41.0	121.0	
		Bleue.	16.17	49.0	
N° 3.	Potamogeton crispus (33 grammes).	Jaune.	31.5	98.0	
		Bleue.	11.2	33.6	Même observation que pour les expé-riences n°° 1 et 2.
N° 4.	Id.	Jaune.	38.0	115.0	
		Bleue.	12.5	37.0	
N° 5.	Potamogeton crispus (33 grammes).	Rouge (carmin dans l'am-moniaque).	45.6	137.0	Même observation que pour les expé-riences n°° 1, 2, 3 et 4.
		Verte. (chlorure de cuivre)	9.1	27.5	
N° 6.	Id.	Rouge.	44.3	134.0	
		Verte.	10.0	30.0	
N° 7.	Potamogeton crispus (20 grammes).	Jaune.	67.0	335.0	Les flacons de l'ex-périence n° 7 ont été exposés au so-leil tous les quatre en même temps.
		Rouge.	43.4	217.0	
		Bleue.	14.1	70.5	
		Verte.	10.4	52.0	

On voit donc que même quand on étend beaucoup les dissolutions
vertes et bleues, elles n'agissent pas avec la même efficacité que les
liqueurs rouges et jaunes ; et il faut en conclure que si divers rayons
lumineux caractérisés par une longueur d'onde déterminée agissent
avec des énergies différentes sur les papiers photographiques, de
même certains autres rayons encore caractérisés par leur longueur
d'onde peuvent agir aussi inégalement sur les feuilles et y provoquer
avec des intensités différentes la décomposition de l'acide carbonique.

§ 9. — LE DÉGAGEMENT D'OXYGÈNE DIMINUE AVEC L'INTENSITÉ LUMINEUSE.
IL S'ARRÊTE DANS L'OBSCURITÉ.

Toutes les personnes qui ont observé le dégagement de gaz produit dans l'eau par les plantes marécageuses ont pu constater que l'émission diminuait aussitôt que la lumière interceptée par un nuage devenait moins vive; et il arrive souvent qu'au moment où l'on soustrait la plante à l'action de la lumière et qu'on la plonge dans l'obscurité, on voit le dégagement de gaz s'arrêter aussitôt. D'après M. Van Tieghem, il persiste cependant quelquefois dans les plantes aquatiques, mais le gaz dégagé renferme peu ou pas d'oxygène.

Cette persistance du dégagement gazeux, quand la plante, après avoir subi une insolation plus ou moins prolongée, est transportée dans l'obscurité, avait fait supposer à ce naturaliste que la lumière pouvait s'emmagasiner dans la plante, comme elle s'emmagasine dans certaines substances minérales, ou même dans un vase métallique hermétiquement clos, ainsi qu'on l'observe dans les expériences de phosphorescence; mais il a reconnu bientôt que cette interprétation était inexacte, et que la décomposition de l'acide carbonique était liée à l'action de la lumière. C'est ce qu'a démontré clairement M. Boussingault dans un de ses derniers travaux (*Comptes rendus*, t. LXVIII, p. 410).

Tandis que dans les plantes aquatiques, le dégagement d'oxygène ne se produit que lorsqu'elles sont directement éclairées par l'action du soleil, il a encore lieu, pour les plantes aériennes, lorsqu'elles sont simplement soumises à l'action de la lumière diffuse; mais il s'arrête aussitôt que la plante est amenée dans l'obscurité.

Pour le démontrer, M. Boussingault a placé dans une atmosphère d'hydrogène et d'acide carbonique une feuille et un bâton de phosphore assez grand pour absorber instantanément l'oxygène dégagé. Le flacon était transporté subitement, d'un endroit où il recevait directement les rayons du soleil, dans une chambre obscure où séjournait depuis quelque temps un observateur dont la vue était ainsi rendue plus sensible. Lorsqu'au soleil la décomposition de l'acide carbonique était assez active pour que le cylindre de phosphore s'entourât d'abondantes vapeurs blanches, on rentrait l'appareil dans la chambre obscure : on n'apercevait pas la moindre lueur. L'appareil étant replacé au soleil, le phosphore répandait immédiatement des vapeurs, signes de sa combustion lente; mais ces vapeurs disparurent toujours instantanément dans l'obscurité. En plaçant ainsi alternativement l'appareil à une vive lumière et dans une obscurité absolue, on acquérait la preuve que l'extinction de la phosphorescence dans la chambre noire n'était pas due à un état morbide de la feuille, mais réellement à ce que, une fois soustraite à la lumière, elle cessait immédiatement d'émettre de l'oxygène.

§ 10. — DANS L'OBSCURITÉ, LES PLANTES VIVENT A LA FAÇON DES ANIMAUX ET ÉMETTENT DE L'ACIDE CARBONIQUE.

Quelques physiologistes distinguent avec soin l'émission d'acide carbonique par les plantes, de la décomposition de ce gaz. Le premier phénomène est pour eux l'analogue de la respiration des animaux, tandis que le second est un phénomène d'assimilation.

En admettant cette distinction, nous pourrions passer sous silence le phénomène d'émission d'acide carbonique, puisque c'est là une question de physiologie qui n'a pas trait au développement du végétal, mais il importe cependant de donner une idée de son importance.

En 1858, M. Corenwinder publia, sur l'assimilation du carbone par les feuilles des végétaux, un mémoire important (*Ann. de chimie et de phys.*, 3ᵉ série, t. LIV, p. 321), qui peut, dans ce cas, nous servir de guide. On sait que la terre arable renferme une quantité considérable d'acide carbonique provenant de la décomposition des matières végétales qui y sont enfouies (*Ann. de chimie et de phys.*, t. XXXVII, p. 5, *Mémoire sur l'air confiné dans la terre arable*, par MM. Boussingault et Lewy). Cet acide carbonique se diffuse peu à peu dans l'air; de sorte que si l'on place, comme l'a fait M. Corenwinder, un pot à fleur ordinaire rempli de terre, sous une cloche C lutée sur une plaque de verre, et qu'on détermine, à l'aide d'un aspirateur A, le passage de l'air de la cloche au travers d'appareils E et F renfermant de l'eau de baryte, on peut déterminer, en pesant le précipité obtenu, la quantité d'acide carbonique contenue dans l'air aspiré (fig. 7).

Dans ses nombreuses expériences, M. Corenwinder agissait sur un pot à fleur garni de terre et de plante, puis sur le même pot dépouillé de végétaux; il admettait que dans le même temps la terre devait dégager la même quantité d'acide carbonique, et que, par

suite, une augmentation ou une diminution dans cette quantité, quand
on opérait avec la plante, était due à un dégagement ou à une absorption d'acide carbonique par la plante elle-même. Cette méthode
n'est certainement pas rigoureuse ; toutefois les différences observées
ont été assez sensibles pour que l'auteur ait pu tirer de ses expériences quelques conclusions importantes.

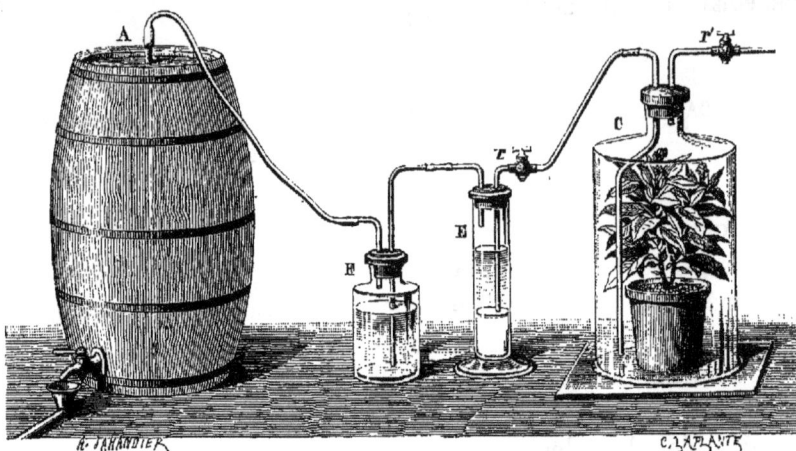

Fig. 7. — Appareil de M. Corenwinder pour déterminer la quantité d'acide carbonique
émise par une plante à l'ombre ou dans l'obscurité.

« 1° Les végétaux exposés à l'ombre, dit-il, exhalent presque tous,
dans leur jeunesse, une petite quantité d'acide carbonique. (Voyez
Germination.)

« 2° Le plus souvent, dans l'âge adulte, cette exhalaison cesse
d'avoir lieu.

« 3° Un certain nombre de végétaux possèdent cependant la propriété d'expirer de l'acide carbonique à l'ombre, pendant toutes les
phases de leur existence.

« 4° Au soleil, les plantes absorbent et décomposent de l'acide
carbonique par leurs organes foliaires avec plus d'activité qu'on ne le
supposait jusqu'aujourd'hui. Si l'on compare la quantité du carbone
qu'elles assimilent ainsi, avec celle qui entre dans leur constitution,
on est obligé de reconnaître que c'est dans l'atmosphère, sous l'influence des rayons du soleil, que les végétaux puisent une grande
partie du carbone nécessaire à leur développement.

« 5° La quantité d'acide carbonique décomposée pendant le jour,
au soleil, par les feuilles des plantes, est beaucoup plus considérable
que celle qui est exhalée par elles pendant la nuit. Le matin, il leur

suffit souvent de trente minutes d'insolation pour récupérer ce qu'elles peuvent avoir perdu pendant l'obscurité. »

Ainsi, le phénomène de combustion, chez les végétaux, n'a pas toute l'importance qu'on a voulu lui donner dans ces derniers temps. Il est certain cependant que les plantes meurent quand elles sont privées d'oxygène, que ce gaz est nécessaire à leur vie; mais il est certain, d'autre part, qu'elles ne s'accroissent, qu'elles ne vivent régulièrement qu'en décomposant l'acide carbonique, que c'est là leur fonction capitale. Et en effet, la plante est essentiellement un appareil réducteur, elle ne dégage pas de chaleur comme les animaux; aussi est-elle habituellement incapable de mouvement. Tous les êtres qui se meuvent sont au contraire des machines à feu plus ou moins parfaites, et c'est précisément parce qu'ils dégagent de la chaleur, qu'ils peuvent aussi produire du mouvement. Si la plante était le siége d'une combustion régulière, elle devrait avoir une température plus élevée que le milieu ambiant ou exécuter des mouvements, et c'est ce qui n'a pas lieu.

La distinction faite par les anciens physiologistes repose donc sur les faits. Les deux règnes sont séparés par la différence de leurs fonctions, qui les rend nécessaires l'un à l'autre : l'un, appareil de réduction, décompose de l'acide carbonique, condense un élément combustible en absorbant la chaleur du soleil; tandis que l'autre, au contraire, muni d'un appareil de combustion, brûle le carbone et utilise la chaleur accumulée dans la plante pour élever sa température et pour se mouvoir. (Voyez, sur ce sujet, dans l'*Annuaire scientifique* de l'auteur, année 1865, l'article *Chaleur solaire et forces terrestres.*)

Absorption complète d'oxygène par les plantes dans l'obscurité. — Dans l'obscurité, les plantes aquatiques émettent de l'acide carbonique, elles consomment peu à peu l'oxygène dissous, et, quand celui-ci fait défaut, elles ne tardent pas à périr asphyxiées. Quand on fait l'analyse de l'eau dans laquelle les plantes ont vécu à l'obscurité, on reconnaît qu'elles ont absorbé jusqu'à la dernière trace d'oxygène (*Bulletin de la Société chimique*, nouv. sér., t. II, p. 136), et que l'eau dans laquelle elles ont péri ne renferme plus que de l'azote et de l'acide carbonique. C'est non-seulement ce qu'il est facile de répéter dans le laboratoire, mais c'est aussi ce qu'il nous a été donné d'observer sur une grande échelle à l'école de Grignon.

Le domaine de Grignon est situé sur les deux versants d'une vallée dont le fond est occupé par un étang d'une certaine étendue. Dans cette eau végètent plusieurs plantes marécageuses complétement submergées, telles que le *Potamogeton pectinatus*, le *Ceratophyllum submersum*, etc. Au mois de juillet 1868 il s'y est développé en outre une telle quantité de la petite plante désignée vulgairement sous le nom de *lentilles d'eau*, que toute la surface de l'étang en était absolument couverte; la plante formait un réseau assez résistant pour que de petits oiseaux pussent y marcher. Bientôt une forte odeur d'hydrogène sulfuré se répandit autour de l'étang, et l'on vit arriver à la surface une grande quantité de poissons morts. On retira de l'étang plusieurs centaines de kilogrammes de poissons de dimensions variées.

Il n'était pas possible d'attribuer à un empoisonnement par l'hydrogène sulfuré la mort de ces animaux, car les oiseaux d'eau n'auraient pas échappé à l'action de ce gaz, et l'étang restait garni de cygnes, de canards et de poules d'eau; mais je pensai que la lentille d'eau avait formé à la surface de l'étang une couverture assez épaisse pour empêcher l'accès des rayons lumineux, et que, dès lors, les plantes submergées, plongées dans l'obscurité, avaient dû absorber l'oxygène dissous, le transformer en acide carbonique; que les poissons enfin, privés d'oxygène, avaient dû périr asphyxiés.

Pour m'en assurer, je prélevai quelques échantillons de l'eau de l'étang, en la puisant dans des bouteilles remplies d'azote, pour que l'eau, en y pénétrant, ne se trouvât pas au contact d'une atmosphère oxygénée (1). Les gaz dissous furent extraits par l'ébullition, puis analysés : on ne trouva que de l'azote et de l'acide carbonique ; il n'y avait pas une trace d'oxygène. (*Comptes rendus*, 1868, t. LXVII, p. 178.)

Il s'est produit dans l'eau de l'étang de Grignon, maintenue à l'obscurité par la couche épaisse de lentilles d'eau, un remarquable exemple de cette concurrence vitale à laquelle l'illustre Darwin fait, avec juste raison, jouer un rôle si important dans la succession des espèces. Dans l'obscurité où ils ont été plongés, animaux et plantes se sont trouvés n'avoir à consommer qu'une quantité limitée d'oxygène; bientôt celui-ci a fait défaut, et les animaux, moins bien organisés pour résister à l'asphyxie, ont péri rapidement.

Il résulte de l'observation précédente que le dépeuplement des étangs, qui peut suivre le développement exagéré de la lentille d'eau, sera facilement évité, si l'on enlève celle-ci de façon à permettre un libre accès à la lumière : les plantes submergées ne sont à craindre qu'autant qu'elles sont plongées dans l'obscurité.

_____

(1) Cette précaution a été indiquée par M. Péligot dans ses recherches sur les eaux.

§ 11. — TEMPÉRATURE A LAQUELLE A LIEU LA DÉCOMPOSITION DE L'ACIDE CARBONIQUE.

D'après MM. Cloëz et Gratiolet, la décomposition du gaz acide carbonique par des plantes submergées dans une eau d'abord à 4 degrés, qu'on laissait s'échauffer peu à peu, ne commença qu'à 15 degrés, et atteignit son maximum vers 30 degrés. En refroidissant l'eau, on remarqua que la décomposition continuait au-dessous de 15 degrés et ne s'arrêtait complétement qu'à 10 degrés. Les plantes aériennes décomposent l'acide carbonique à une température beaucoup plus basse : à l'ombre, il y a eu, d'après M. Boussingault, de l'acide carbonique décomposé par les aiguilles du *pin laricio*, de la température de + 0°,5 à 2°,5, par l'herbe de la prairie (graminées) de + 1°,5 à 3°,5.

Il est vraisemblable, au reste, que cette température, limite au-dessous de laquelle les plantes cessent de décomposer l'acide carbonique, varie beaucoup d'une espèce à l'autre; il ne faudrait pas croire cependant que les plantes que l'on rencontre parfois sur les montagnes soient soumises durant leur période de végétation à des froids excessifs; le sol qui les porte s'échauffe sous l'influence du soleil. M. Martins a vu dans les Alpes le thermomètre placé sur du sable et exposé au soleil, marquer 12 degrés, tandis que l'air, à l'ombre, n'atteignait qu'une température de — 3°,1. « Souvent, dit le savant naturaliste de Montpellier (*Ann. de chimie et de phys.*, 3ᵉ série, 1860, t. LVIII, p. 208), quand on met le pied sur le bord d'un champ de neige, le poids du corps fait rompre une croûte superficielle qui ne repose pas sur le sol, dont la chaleur a fondu la couche de neige en contact avec lui. Quelquefois le voyageur aperçoit avec étonnement, sous ces voûtes glacées, des soldanelles en fleur et les rosettes de feuilles du vulgaire pissenlit. » A travers cette couche de neige, les rayons calorifiques et lumineux du soleil peuvent passer et déterminer les phénomènes qu'ils provoquent dans les circonstances ordinaires.

§ 12. — LES FEUILLES VIVANTES SEULES DÉCOMPOSENT L'ACIDE CARBONIQUE.

Nous venons d'examiner les conditions de lumière, de chaleur, etc., dans lesquelles doivent être placés les végétaux pour pouvoir décomposer l'acide carbonique; il nous reste maintenant à déterminer les conditions physiologiques nécessaires à l'accomplissement du phénomène.

Quand les plantes aquatiques restent plongées pendant un certain temps dans l'obscurité, elles ne tardent pas à périr ; et lorsqu'elles sont de nouveau exposées à l'action de la lumière, elles ont perdu la propriété de décomposer l'acide carbonique, elles sont mortes par asphyxie. Ce fait, que nous avons publié en 1864 dans le *Bulletin de la Société chimique*, a été également observé par M. Boussingault pour des plantes terrestres. Ainsi, une feuille cueillie le 25 juin 1865, à neuf heures du matin, et conservée dans l'acide carbonique jusqu'au 26, à neuf heures du matin, a été ensuite exposée au soleil ; mais on trouva qu'elle avait presque perdu la faculté décomposante. Les feuilles terrestres placées dans l'air et dans l'obscurité ne tardent pas à transformer l'oxygène atmosphérique en acide carbonique, et elles périssent encore. Elles meurent également quand elles séjournent dans l'azote ou l'hydrogène protocarboné.

L'oxygène est donc nécessaire à la vie de la plante, et l'ancienne observation de Th. de Saussure, qui avait vu des plantes maintenues dans l'obscurité périr non-seulement dans l'acide carbonique pur, mais encore dans une atmosphère renfermant de $1/8^e$ à $1/12^e$ de ce gaz, se trouve complétement confirmée.

Quand la feuille a perdu l'eau qu'elle renferme normalement, elle est morte et devient incapable de décomposer l'acide carbonique. En laissant séjourner pendant quelque temps une feuille dans une atmosphère desséchée par de l'acide sulfurique ou de la chaux, on la voit devenir cassante ; mais il est possible, en la maintenant ensuite à l'humidité, de lui donner quelque flexibilité, on ne lui rend pas cependant en même temps la propriété de réduire l'acide carbonique. Ainsi l'émission d'oxygène par la cellule gorgée de matière verte, soumise à l'influence de la lumière, cesse quand elle a perdu l'eau qu'elle retient normalement dans ses tissus, bien différente en cela de la cellule animale, qui est susceptible de revenir à la vie quand on l'humecte convenablement, ainsi que l'ont montré de nombreuses observations sur les infusoires.

§ 13. — LES PARTIES VERTES DES PLANTES JOUISSENT SEULES DE LA PROPRIÉTÉ DE DÉCOMPOSER L'ACIDE CARBONIQUE.

Th. de Saussure (*Recherches chimiques sur la végétation*, p. 56) croyait que les feuilles peuvent décomposer l'acide carbonique, quelle

que soit leur couleur. Il avait observé que les feuilles de la variété de
l'*Atriplex hortensis*, où toutes les parties vertes sont remplacées par
des parties rouges ou d'un pourpre foncé, fournissent au soleil une
quantité notable de gaz oxygène; il en conclut que la matière verte
n'est pas indispensable à la décomposition de l'acide carbonique.
M. Corenwinder soutint aussi la même opinion (*Comptes rendus*,
1863, t. LVII, p. 266), qui a été combattue victorieusement par
M. Cloëz.

Cet habile chimiste a reconnu, en effet (*Comptes rendus*, 1863),
t. LXVII, p. 834, que les feuilles jaunes ou rouges qui décomposent l'a-
cide carbonique et émettent de l'oxygène sont celles qui renferment une
certaine quantité de matière verte, tandis que celles qui en sont complétement privées ne donnent aucun gaz. Pour démontrer ce fait important, M. Cloëz a découpé dans une espèce d'amarante dont les feuilles
sont panachées de vert, de jaune et de rouge, les parties différemment
colorées, en les exposant simultanément dans des conditions aussi semblables que possible à l'action de la lumière dans de l'eau additionnée
d'une petite quantité d'acide carbonique, et il a reconnu que tandis que
12 grammes de parties vertes donnaient au soleil, en douze heures,
245 centimètres cubes de gaz renfermant 210 centimètres cubes de gaz
oxygène, les parties rouges de la même plante n'ont rien donné, non
plus que les parties jaunes. Les feuilles violet-rouge de l'*Amarantus
caudatus* ont donné dans les mêmes circonstances une certaine quantité
de gaz; mais, en les examinant avec soin, on a reconnu qu'elles renfermaient une certaine proportion de matière verte. Il est donc établi
que les feuilles qui décomposent l'acide carbonique renferment de la
matière verte le plus souvent apparente, mais parfois aussi dissimulée
par les autres matières colorantes plus abondantes que contiennent
les tissus. (Voyez, chapitre VI, le § *Chlorophylle*.)

§ 14. — ACTION DIFFÉRENTE DES DEUX CÔTÉS DE LA FEUILLE.

Dans les beaux mémoires qu'il a publiés sur les fonctions des feuilles,
M. Boussingault a étudié l'action qu'exerce sur l'acide carbonique
chacun des deux côtés de la feuille. Cette étude présentait ce genre particulier d'intérêt, qu'elle était de nature à éclairer une des questions les
plus controversées de la physiologie végétale, à savoir : le rôle des stomates. En général ces petites ouvertures ne sont pas distribuées également des deux côtés de la feuille : les feuilles nageant sur l'eau n'ont

de stomates qu'à leur face supérieure en contact avec l'air ; toutes celles qui sont complétement immergées (*Potamogeton*) ont un épiderme qui en est dépourvu ; la plupart des feuilles affectant une situation horizontale n'ont de stomates qu'à la face inférieure ; enfin les feuilles à situation verticale, comme celles des graminées, ont des stomates sur les deux faces.

Si l'absorption des gaz et des vapeurs avait lieu par les stomates, on serait naturellement porté à conclure que le côté du limbe où se trouvent les stomates agit plus énergiquement sur l'atmosphère que le côté opposé où il n'y en a pas. L'expérience n'enseigne pas cependant que les stomates aient l'influence qu'on serait tenté d'abord de leur accorder.

Ingenhousz croyait avoir remarqué que lorsqu'elles sont plongées dans de l'eau de source, les feuilles fournissent un air plus pur, si le soleil donne sur leur surface vernissée, que lorsque leur surface inférieure reçoit l'influence directe de la lumière ; mais cette observation était évidemment faite dans des conditions peu rigoureuses. M. Boussingault, pour constater comment se comporte un seul côté du limbe que l'on expose au soleil dans un milieu gazeux renfermant de l'acide carbonique, plaça l'un d'eux à l'abri de la lumière, soit en y collant à l'aide d'une très-légère couche d'empois une bande de papier noirci et absolument opaque, ainsi qu'on s'en était assuré en plaçant la feuille préparée sur un papier photographique exposé au soleil, soit en prenant deux feuilles de même dimension dont on réunissait les surfaces similaires avec de la colle d'amidon. Dans les deux cas, les feuilles étaient préparées au moment où l'on allait les introduire dans les appareils contenant les mélanges gazeux.

De ses expériences M. Boussingault a tiré les conclusions suivantes : La face supérieure des feuilles épaisses, rigides, des lauriers, a décomposé plus de gaz acide carbonique que la face inférieure, l'envers. Au soleil, la plus grande différence a été dans le rapport de 4 à 1, la plus faible : : 1 $\frac{1}{2}$: 1. Le rapport moyen serait celui de 102 : 46. A l'ombre, la différence n'a pas dépassé 2 : 1, et dans une des expériences, il y a eu égalité. Les trois observations faites à la lumière diffuse donneraient en moyenne et approximativement le rapport 4 : 3.

« Pour les feuilles de laurier, soit au soleil, soit à l'ombre, dans la moitié des observations, la somme des volumes du gaz acide carbonique décomposé par chacune des faces du limbe, agissant séparément, a excédé le volume de l'acide carbonique décomposé par les deux faces du limbe fonctionnant simultanément. Dans l'autre moitié, la somme des volumes d'acide décomposé séparément par chacun des côtés de feuilles placées dans des appareils distincts, a été égale au volume d'acide décomposé par les deux côtés d'une seule et même feuille.

« Le volume d'acide carbonique décomposé par l'endroit et par l'envers de la feuille de framboisier a été : : 2 : 1. Pour la feuille du *Populus alba*, on trouve le rapport de 6 à 1, ce qui n'a pas lieu de surprendre, puisque, à cause de l'enduit cotonneux blanc dont elle est revêtue, la partie inférieure est en quelque sorte à l'abri de la lumière. Pour le framboisier de même que pour les lauriers, la somme des volumes de gaz acide décomposé séparément par la face supérieure et par la face inférieure a excédé de beaucoup le volume d'acide carbonique que les deux faces ont décomposé quand elles appartenaient à une feuille unique.

« Les feuilles à parenchyme très-mince, comme les précédentes, mais ne présentant de différence de teinte sensible sur les deux faces, n'ont pas réduit sensiblement plus d'acide carbonique par leur partie supérieure que par leur partie inférieure. C'est surtout vrai pour les feuilles de maïs, dont la structure anatomique, la nuance, sont les mêmes pour les deux côtés du limbe. »

Pour expliquer cette différence des actions qu'exercent souvent les deux limbes des feuilles, M. Barthélemy (*Comptes rendus*, 1868, t. LXVII, p. 520) a recours aux observations importantes de Graham sur la diffusion colloïdale. L'illustre savant anglais a montré que la vitesse de pénétration [des gaz au travers d'une membrane colloïdale, comme le caoutchouc, était très-variable : tandis que la vitesse de pénétration de l'azote est représentée par 1, celle de l'acide carbonique est 13,5. On sait qu'au contraire les gaz passent au travers de membranes poreuses avec une vitesse qui diminue à mesure qu'ils sont plus denses. Graham a trouvé que cette vitesse est en raison inverse du carré de la densité. On conçoit donc que l'acide carbonique, dont la densité est considérable (1,529), pénètre moins bien au travers de l'envers de la feuille, surface poreuse percée de stomates, qu'au travers de la cuticule qui couvre l'endroit, et que M. Barthélemy considère comme ayant plutôt une structure colloïdale comparable à celle du caoutchouc. On trouverait dans ces considérations ingénieuses l'explication du fait observé par M. Boussingault, à savoir, qu'en général l'envers des feuilles dégage moins d'oxygène que l'endroit.

§ 15. — FORMATION DU GLUCOSE DANS LES VÉGÉTAUX.

Nous venons de suivre dans tous ses détails le remarquable phénomène de la décomposition de l'acide carbonique par les parties vertes
des végétaux ; il nous reste maintenant à faire voir que cette décomposition est liée avec l'accroissement de la plante elle-même, et que l'oxygène est dégagé en même temps qu'apparaît le principe immédiat dont
tous les autres paraissent dériver.

Les expériences citées plus haut établissent que lorsqu'une feuille
fait disparaître un volume d'acide carbonique, elle dégage en même
temps un volume d'oxygène ; or l'analyse démontre que ce volume
d'oxygène est précisément celui qui est contenu dans l'acide carbonique : de telle sorte que l'idée qui se présente naturellement à l'esprit,
est que l'acide carbonique est décomposé intégralement, et que le carbone mis en liberté s'unit à l'eau qui gorge tous les tissus végétaux,
pour former un de ces hydrates de carbone qui sont si abondants dans
les végétaux, et qui représentent le glucose, l'amidon ou la cellulose.

Cette hypothèse n'est cependant pas la seule à l'aide de laquelle on
puisse interpréter le phénomène. Un litre d'acide carbonique, en effet,
est non-seulement représenté par un litre d'oxygène uni à un demi-litre
de vapeur de carbone, mais aussi par un litre d'oxyde de carbone uni
à un demi-litre d'oxygène. Toutefois, si dans le végétal l'acide carbonique se décomposait en oxyde de carbone et en oxygène, il faudrait
que sa décomposition fût accompagnée de celle de la vapeur d'eau, dont
un litre donnerait un litre d'hydrogène et un demi-litre d'oxygène. On
aurait en effet, en réunissant l'oxygène provenant de l'eau à celui que
laisserait la décomposition de l'acide carbonique en oxyde de carbone
et oxygène, précisément un volume d'oxygène égal à celui qui existait
dans l'acide carbonique disparu ; les deux résidus, hydrogène et oxyde
de carbone, donneraient, au reste, en se combinant, un des hydrates
de carbone signalés plus haut.

Ce mode de décomposition peut se représenter aisément par le tableau
suivant :

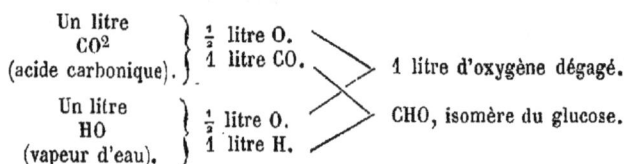

L'hypothèse représentée par le tableau précédent, et proposée par M. Boussingault depuis longtemps, n'est pas purement gratuite. Th. de Saussure, en effet, a reconnu que l'oxyde de carbone n'était pas décomposé par les végétaux (*Rech. chim. sur la végét.*, p. 216), et M. Boussingault a confirmé ce résultat (*Comptes rendus*, 1865, t. LXI, p. 493). Il est donc probable que dans les feuilles l'acide carbonique se décompose en oxyde de carbone, qui résiste à une réduction plus complète, et en oxygène; mais alors, nous le répétons, il est nécessaire que simultanément la vapeur d'eau se réduise en ses éléments, pour que la quantité d'oxygène mise en liberté représente celle qui existe dans l'acide carbonique disparu.

Malheureusement, cette interprétation reste encore à l'état d'hypothèse; elle ne s'appuie sur aucune expérience synthétique, et jusqu'à présent il a été impossible de constater l'union directe de l'oxyde de carbone et de l'hydrogène.

On ne peut pas davantage invoquer les résultats analytiques; car si l'on rencontre très-abondamment dans les jeunes feuilles du glucose dont la composition se représente par de l'oxyde de carbone et de l'hydrogène, cette composition se représente également par du carbone et de l'eau.

Quel que soit, au reste, le mode de formation du glucose, c'est dans les plantes herbacées le premier principe qui apparaît aussitôt que la feuille fonctionne régulièrement, et nous aurons occasion de voir, dans le chapitre VI, que les autres hydrates de carbone semblent en dériver; de telle sorte que la formation du glucose par l'union des résidus de la décomposition de l'acide carbonique et de l'eau décomposée dans les feuilles, nous apparaît comme l'acte fondamental de la vie de la plante, et, à ce titre, cette décomposition mérite les longues études que lui ont consacrées les naturalistes.

C'est aussi un des sujets qui fixent davantage l'attention du chimiste. Les deux substances qui pénètrent dans les feuilles et qui s'y décomposent, acide carbonique et eau, sont extrêmement stables, et dans les conditions ordinaires du laboratoire, l'action d'une chaleur intense est nécessaire pour les réduire; cependant cette décomposition a lieu dans les feuilles et sous la seule influence de la lumière solaire, exerçant là une action toute spéciale et dont nous n'avons aucun autre exemple.

Ainsi ce problème, qui a tant préoccupé les naturalistes, n'est pas encore complétement résolu. Nous ignorons comment se décomposent l'acide carbonique et l'eau; nous ignorons comment s'unissent l'oxyde de carbone et l'hydrogène ; mais si le détail du phénomène nous échappe, la grandeur de son ensemble est fait pour nous frapper.

Nous voyons que l'action n'a lieu que sous l'influence des rayons du soleil : en frappant aujourd'hui les végétaux qui couvrent la surface du globe, ils y déterminent la formation des principes immédiats hydro-carbonés qui sont employés à la nourriture de l'homme et des animaux ou qui fournissent les matières premières de son industrie ; agissant autrefois sur les plantes de la période houillère, ils ont pendant des milliers d'années accumulé ces immenses réserves de combustible qui animent nos machines.

Depuis qu'il est acquis que le mouvement et le travail ne sont qu'une forme particulière de la chaleur, chacun conçoit que c'est en brûlant dans ses tissus la matière organique formée sous l'influence du soleil que l'animal se meut ; que c'est encore en utilisant la chaleur du soleil accumulée dans la houille ou dans le bois que nos machines travaillent, et reconnaît ainsi dans le soleil l'origine de tout le mouvement qui s'exécute sur la terre.

« Ce ne sont pas, disait l'illustre Stephenson en voyant arriver un convoi à toute vitesse, ces puissantes locomotives dirigées par nos habiles mécaniciens qui font avancer ce train ; c'est la lumière du soleil, qui, il y a des milliers d'années, a dégagé le carbone de l'acide carbo-nique pour le fixer dans des plantes qu'une révolution du globe a ensuite amenées à l'état de houille. »

Ce ne sont ni le froment, ni l'avoine, pouvons-nous dire aujourd'hui, qui font mouvoir tous ces êtres qui tourbillonnent autour de nous ; c'est la lumière du soleil qu'accumule lentement, pour fournir à ce mouve-ment, la plante immobile ; elle absorbe la chaleur et la conserve sans en rien distraire, mettant tout en réserve pour ces privilégiés de la nature, les êtres animés, qui consomment et dépensent ces forces accu-mulées. Depuis longtemps on a senti que, sous ses deux formes diffé-rentes, la vie avait deux fonctions diverses ; on a depuis longtemps écrit qu'elles étaient complémentaires. Cette idée trouve ici un nouveau développement, et nous reconnaissons que l'immobilité de la plante, qui lui permet d'accumuler la chaleur, est nécessaire à la mobilité de l'animal, qui dépense la force ainsi mise en réserve en transformant cette chaleur en mouvement. (Voyez, sur ce sujet, *Annuaire scienti-fique*, 1864 : *la Chaleur animale*.)

ASSIMILATION DE L'HYDROGÈNE

§ 16. — HYPOTHÈSES DIVERSES SUR LE MODE DE FORMATION
DES COMPOSÉS HYDROGÉNÉS.

On rencontre dans les végétaux des substances, comme les résines, les essences, les sucs propres (caoutchouc, etc.), qui sont exclusivement formées de carbone et d'hydrogène, et l'on a beaucoup discuté au commencement du siècle la question de savoir si elles pouvaient être formées directement par l'union du carbone et de l'hydrogène provenant, l'un de la décomposition intégrale de l'acide carbonique, l'autre de celle de l'eau.

Cette formation impliquerait la décomposition de l'eau par les feuilles, que niait Th. de Saussure; mais nous sommes loin aujourd'hui de partager son opinion, et nous avons vu que l'hypothèse qui admet la décomposition simultanée de l'eau et de l'acide carbonique, déterminant la formation du glucose en même temps que le dégagement de l'oxygène, présente de grandes probabilités. Toutefois, pour qu'il se formât directement dans les feuilles des carbures d'hydrogène par cette réaction du carbone de l'acide carbonique sur l'hydrogène de l'eau, il faudrait que pour un volume d'acide carbonique disparu, il se dégageât non plus un volume d'oxygène, mais un volume et demi d'oxygène, et c'est ce qu'on n'a jamais observé : les excès d'oxygène dégagés sont toujours très-faibles.

Il est infiniment plus probable que la décomposition de l'eau a lieu comme nous l'avons vu plus haut, en même temps que celle de l'acide carbonique; qu'il se produit d'abord du glucose, et que la formation des combinaisons riches en hydrogène et en carbone est le résultat d'une réduction secondaire s'exerçant sur des hydrates de carbone déjà formés.

Les travaux de M. Berthelot établissent que les formiates, représentés par de l'oxyde de carbone et de l'eau, donnent des carbures d'hydrogène sous l'influence d'une température élevée, il est vrai; mais cette condition ne doit pas nous empêcher d'admettre dans les végétaux une réduction semblable, car la décomposition de l'acide carbonique et de l'eau qui se réalise dans la feuille frappée par les rayons lumineux ne peut être reproduite dans le laboratoire qu'à l'aide des chaleurs excessives que M. H. Sainte-Claire Deville a su employer si habilement dans ses expériences de dissociation.

Au lieu donc de supposer que les carbures d'hydrogène qui existent dans les végétaux sont formés par l'union directe du carbone et de l'hydrogène, nous admettrons que le végétal est le siége de réductions successives des hydrates de carbone. Quand ces réductions sont incomplètes, nous voyons apparaître des produits renfermant encore de l'oxygène, comme les corps gras; tandis que lorsqu'elles sont complètes, ce sont les résines et les essences qui sont formées.

Quant à imaginer que les plantes résineuses prendraient directement dans le sol des composés complexes riches en carbone qui seraient comme la matière première des carbures d'hydrogène, c'est là une hypothèse qui ne repose sur aucune donnée sérieuse. On n'a aucune preuve que les matières complexes solubles du fumier ou du terreau, que les principes organiques enfouis dans le sol, soient assimilés; il est probable que, s'ils le sont, c'est toujours en faible quantité, et l'on sait au reste que les arbres résineux et les oliviers prospèrent dans des localités où ils ne reçoivent aucun engrais, et où le sol ne paraît pas renfermer une notable proportion de matières organiques.

On voit que, si un grand nombre de travaux importants sont venus éclairer les points essentiels qui touchent à l'assimilation du carbone, il n'en a pas été de même pour l'assimilation de l'hydrogène, et que l'étude de cette question importante est encore des plus incomplètes.

CHAPITRE III

ASSIMILATION DE L'AZOTE

§ 17. — PRÉSENCE DES COMPOSÉS AZOTÉS DANS LES VÉGÉTAUX.

En calcinant certains organes des végétaux, et notamment les graines, on obtient des vapeurs douées de cette odeur nauséabonde qui accompagne la décomposition ignée des matières animales; si la calcination a lieu en présence de la chaux sodée, l'odeur et les réactions caractéristiques de l'ammoniaque apparaissent, et ne laissent aucun doute sur la présence de l'azote dans l'organe étudié.

Sous quelle forme cet azote pénètre-t-il dans les plantes? Quelle est son origine? Telles sont les questions que nous devons maintenant essayer de résoudre.

Il n'est pas douteux que l'air atmosphérique ne soit le gisement en quelque sorte inépuisable où les végétaux, et par suite les animaux, trouvent l'azote qui entre dans leurs tissus. Un grand nombre de pâturages ne reçoivent jamais aucun engrais, et fournissent cependant une quantité notable de matières azotées qui passent dans les tissus des animaux qui s'y nourrissent, ou dans les produits qu'on tire de ces animaux. Les récoltes obtenues d'une terre cultivée renferment habituellement une quantité d'azote supérieure à celle qui existait dans les engrais employés, et c'est encore dans l'atmosphère qu'a dû être pris cet élément.

C'est donc dans l'air que les êtres vivants puisent l'azote qu'ils renferment. Mais avant de pénétrer dans l'organisme végétal, doit-il être engagé en combinaison? Les formes sous lesquelles cet azote se rencontre dans notre atmosphère ou dans la terre arable sont variées, et nous examinerons successivement quelles sont les combinaisons azotées qui sont assimilées par les végétaux. Nous passerons donc en revue :

1° L'assimilation de l'azote à l'état de nitrates.

2° L'assimilation à l'état de sels ammoniacaux.

3° L'assimilation sous forme de matières azotées autres que les nitrates et les sels ammoniacaux.

4° L'assimilation de l'azote libre.

§ 18. — ASSIMILATION DES NITRATES PAR LES PLANTES.

Dygbee au XVII⁰ siècle, Heushan, cité par l'abbé de Vallemont au XVIII⁰ siècle, estiment que le salpêtre est un engrais très-efficace. L'importance du salpêtre comme engrais est connue depuis longtemps, et le commerce énorme qui se fait actuellement de l'azotate de soude du Pérou démontre que les plantes bénéficient de son emploi. Toutefois les réactions qui se passent dans la terre arable sont assez complexes, et les phénomènes de réduction y sont assez fréquents pour qu'on ait pu supposer qu'il se produit dans les couches situées à une certaine profondeur une décomposition des nitrates semblable à celle qui a lieu au contact de l'hydrogène naissant : cette opinion a été longtemps soutenue par un chimiste agronome éminent, M. Kuhlmann.

Si cette réduction a lieu parfois, elle n'est pas nécessaire pour que l'azote des nitrates soit assimilé, et les expériences entreprises dans ces dernières années par M. Boussingault et par M. G. Ville démontrent que les nitrates peuvent être absorbés directement.

Expériences de M. Boussingault. — Ces deux savants ont opéré sur des plantes semées dans un sol absolument privé de matières organiques, et dans lequel, par conséquent, on ne pouvait soupçonner aucune réduction. — L'assimilation de l'azote du nitrate est, dans les expériences de M. Boussingault, tellement évidente, qu'on voit en quelque sorte le poids de la matière végétale formée être proportionnel à la quantité de nitrate qui a pénétré dans la plante. On en jugera par les chiffres suivants, obtenus dans des expériences où le poids de nitrate de potasse mis à la disposition des plantes a été en augmentant régulièrement. Dans chacun des quatre vases employés étaient placés 145 grammes de sable calciné et deux graines d'*Helianthus argophyllus* pesant 0^{gr},110. La végétation a duré cinquante jours, du 15 août au 4 octobre inclusivement.

L'eau d'arrosement, exempte d'ammoniaque (1), tenait environ le quart de son volume d'acide carbonique. Les plantes ont cru en plein air, à l'abri de la pluie.

Numéros des expériences.	Poids des plantes desséchées.	Poids des plantes en défalquant la semence.	Rapport du poids de la plante à la semence.
N° 1. Sans nitrate.........	0,507	0,397	4,6
N° 2. 0^{gr},02 de nitrate	0,830	0,720	7,6
N° 3. 0^{gr},04 de nitrate	0,240	1,130	11,3
N° 4. 0^{gr},16 de nitrate	3,390	3,280	30,8

Dans une autre expérience, M. Boussingault a fait intervenir dans le sable calciné non-seulement un nitrate, mais encore les matières minérales nécessaires aux plantes, et l'influence que peut exercer la présence du nitrate dans un sol absolument stérile y est remarquable.

Expériences.	Poids de la récolte sèche, la graine étant 1.	Matière végétale élaborée.	Acide carbonique décomposé en 24 heures.	Acquis par les plantes en 86 jours de végétation.	
				Carbone.	Azote.
		gr.	gr.	gr.	gr.
A. Le sol n'ayant rien reçu...	3,6	0,285	2,45	0,114	0,0023
B. Le sol ayant reçu phosphate, cendre, nitrate de potasse..	198,3	21,111	182,00	8,446	0,1666
C. Le sol ayant reçu phosphate, cendre, bicarb. de potasse.	4,6	0,291	3,42	0,156	0,0027

Il est difficile de trouver des résultats plus concluants que ceux que présente cette expérience ; la quantité d'azote contenue dans les plantes de l'expérience B est, au reste, un peu plus faible que celle qui existait dans le sol lui-même (*Agronomie, Chimie agricole*, t. I, p. 222 ; ou *Ann. de chimie et de phys.*, 1856, t. XLVI, p. 1). Des expé-

---

(1) M. Boussingault a reconnu que pour avoir de l'eau complétement exempte d'ammoniaque, il était nécessaire de rejeter le premier tiers du liquide distillé.

riences entreprises sur le nitrate de soude ont encore donné des résultats semblables, et il faut remarquer, en outre, que la quantité de potasse ou de soude existant dans les cendres correspond à la quantité d'azote fixée par les plantes elles-mêmes; ce qui est une nouvelle démonstration de l'assimilation de l'azotate. On peut donc considérer comme un fait démontré que les plantes fixent dans leurs tissus l'azote qui leur est fourni à l'état de nitrate; il est vraisemblable que l'acide azotique est réduit au moment de sa fixation sur les hydrates de carbone, et que c'est par cette combinaison et cette réduction simultanées que se produisent les matières albuminoïdes. (Voyez chapitre VII.)

§ 19. — ASSIMILATION DE L'AZOTE A L'ÉTAT DE SEL AMMONIACAL.

Si les expériences précédentes démontrent clairement que l'azote des nitrates concourt à la formation des principes immédiats des végétaux, puisque ces nitrates ont été présentés dans des circonstances qui excluent toute idée de réduction préalable dans la terre arable, et s'il demeure ainsi acquis que les nitrates pénètrent en nature dans les plantes, où leur présence peut souvent être dévoilée, on n'a plus d'opinion aussi arrêtée sur l'absorption des sels ammoniacaux.

Opinions de M. Bouchardat et de M. Cloëz. — La plupart des chimistes pensent que les plantes peuvent aussi bien puiser leur azote dans l'ammoniaque que dans l'acide azotique; toutefois, en 1843, M. Bouchardat communiqua à l'Académie des sciences un *Mémoire sur l'influence des composés ammoniacaux sur la végétation*, où il formulait les conclusions suivantes :

1° Les dissolutions des sels ammoniacaux communément employés ne fournissent pas aux végétaux l'azote qu'ils s'assimilent.

2° Lorsque ces dissolutions à un millième sont absorbées par les racines des plantes, elles agissent comme des poisons énergiques.

M. Cloëz partage cette manière de voir, et rappelle que dans ses expériences sur les plantes submergées, il les a toujours vues périr lorsqu'elles recevaient des dissolutions de sels ammoniacaux à la dose de 0,0001. (*Leçons professées devant la Soc. chim. en* 1861, p. 167.)

Expériences de Davy, Lawes et Gilbert, Hellriegel, etc. — Les objections, toutefois, se présentent en foule, et d'abord, pour l'action qu'exerce l'ammoniaque sur les plantes marécageuses, nous citerons les expériences curieuses de Bineau (*Ann. de chim. et de phys.*, 1856, t. XLVI, p. 66), qui montrent que des conferves, loin de périr

dans une eau légèrement ammoniacale, ont au contraire fait disparaître peu à peu l'alcali volatil, très-probablement en se l'assimilant.

On doit à sir H. Davy une très-ancienne observation sur l'efficacité
des vapeurs ammoniacales sur la végétation des graminées : en dirigeant les gaz émanés d'une masse de fumier en fermentation placée dans
une cornue, sous les racines d'un gazon, il a vu la plante prospérer
rapidement. — En cultivant dans du sable calciné des plantes amendées avec des nitrates ou des sels ammoniacaux, M. G. Ville les a vues se
développer les unes et les autres tout autrement que s'il n'y avait pas
d'azote assimilable dans le sol (*Ann. de chim. et de phys.*, 3ᵉ sér., 1857,
t. XLIX, p. 183). Enfin à ces expériences de laboratoire vient s'ajouter
la réussite incontestée des sels ammoniacaux dans la grande culture,
qui, essayés d'abord par MM. Kuhlmann et Is. Pierre, en France, par
MM. Lawes et Gilbert, en Angleterre, sont devenus aujourd'hui un
engrais universellement employé. Il est peu de cultivateurs éclairés
qui n'aient fait usage avec profit du sulfate d'ammoniaque, dont le prix
s'est singulièrement élevé depuis qu'il est l'objet de la faveur générale.
Faut-il prendre exactement l'opinion contraire à celle qu'avait formulée autrefois M. Kuhlmann, et admettre avec M. Cloëz que, dans tous
ces essais, l'ammoniaque a toujours été oxydée, et que c'est seulement
après cette oxydation et la transformation de l'ammoniaque en acide
azotique que l'assimilation a lieu? Sous cette forme absolue, cette opinion est sans doute inexacte, mais elle renferme probablement, toutefois, un fond de vérité.

On sait, en effet, que la transformation de l'ammoniaque en acide
nitrique se réalise très-aisément dans le laboratoire, sous l'influence
d'un corps poreux, comme la mousse de platine, et il est très-probable
qu'elle a lieu dans la terre arable bien aérée par les labours ; il est donc
vraisemblable que si quelques plantes de la famille des graminées
bénéficient sensiblement de l'azote à l'état de sel ammoniacal, d'autres,
parmi lesquelles il faudrait compter les céréales, utilisent surtout
l'azote des engrais ammoniacaux après leur transformation préalable
en nitrates. Cette idée purement hypothétique, il faut le reconnaître,
expliquerait la curieuse observation du docteur Hellriegel, qui, dans
les spécimens de culture de l'orge entreprise dans des sols stériles sous
l'influence de diverses matières, avait reconnu que « l'ammoniaque
n'est pas un engrais pour l'orge » (1).

(1) M. Hellriegel avait exposé en 1867, dans le compartiment prussien de l'Exposition
universelle, les spécimens de ses cultures entreprises sous l'influence de divers engrais ;
c'est là que nous avons vu énoncée la proposition citée plus haut, appuyée d'un exemple.

§ 20. — ASSIMILATION DE L'AZOTE SOUS DES FORMES AUTRES QUE LES SELS
AMMONIACAUX ET LES NITRATES.

On sait qu'au commencement de ce siècle, Th. de Saussure pensait
que les plantes absorbent les principes solubles du terreau, et il écrivait dans ses *Recherches chimiques sur la végétation* : « Si l'azote est
un être simple, s'il n'est pas un élément de l'eau, on doit être forcé de
reconnaître que les plantes ne se l'assimilent que dans les *extraits végétaux et animaux*, et dans les vapeurs ammoniacales ou d'autres composés solubles dans l'eau qu'elles peuvent absorber dans le sol et dans
l'atmosphère. » On conçoit, toutefois, combien il est difficile d'affirmer
que c'est l'extrait même de terreau que les plantes absorbent ; non pas
que nous pensions que les racines soient capables de repousser les
substances solubles avec lesquelles elles sont en contact, mais parce
que cet extrait de terreau est formé de substances complexes qui se
transforment avec une grande facilité en produits plus simples, tels
que les nitrates et les sels ammoniacaux. M. Paul Thenard a reconnu,
il est vrai, que les fumates insolubles répandus dans le sol arable se
transforment en perfumates solubles, et l'on comprendrait que ces
perfumates devinssent une source d'azote pour les plantes, si le même
chimiste éminent n'avait reconnu de plus que ces perfumates passaient
bientôt, sous l'influence oxydante du peroxyde de fer, à l'état de
nitrates ; et c'est peut-être plutôt sous cette forme que sous celle de sels
à acide organique azoté, que sont habituellement absorbés les principes azotés des fumiers. (*Comptes rendus*, 1859, t. XLVIII, p. 722 ;
t. XLIX, p. 289.)

Une très-ancienne observation de la culture permet cependant de
supposer que certaines matières azotées complexes sont l'aliment pré-
féré de quelques familles végétales importantes, notamment des légumineuses. Tous les cultivateurs savent que les engrais ammoniacaux
ou les nitrates n'exercent sur la luzerne, le trèfle ou le sainfoin qu'une
influence très-médiocre ; on en conclut généralement que ces plantes
puisent l'azote directement dans l'atmosphère. Mais, outre que cette
absorption n'a jamais été montrée par une expérience positive, on ne
comprendrait pas alors pourquoi le cultivateur se garde de faire revenir
la luzerne à de courts intervalles sur la même terre. Quand on défriche
une luzerne après quatre, cinq ou six ans, on juge que le sol est épuisé
des principes utiles à cette plante, et en effet une nouvelle luzernière ne

réussit guère au même endroit avant qu'une vingtaine d'années se soient écoulées. On ne saurait expliquer cette pratique, religieusement observée par les agriculteurs habiles, en disant que le sol est épuisé non pas de matières azotées, mais seulement de matières minérales; car il est bien connu qu'on ne rétablit pas une vieille luzerne en lui prodiguant les engrais de potasse ou le plâtre. C'est ce que j'ai eu occasion d'observer à Grignon en 1866 (*Bullet. de la Soc. chim.*, nouv. série, t. VIII, p. 18), et ce que savent également les praticiens. Dans une de ces études si importantes qu'ils ont publiées dans le *Journal de la Société d'agriculture d'Angleterre*, vol. XXI, part. I (*Report of Experiments on the growth of red Clover by different manures*), MM. Lawes et Gilbert rappellent, à ce propos, l'opinion du chimiste allemand Mulder, qui nous paraît devoir être prise en sérieuse considération.

D'après lui, les matières organiques carbonées qui se forment dans la terre arable par la décomposition lente des détritus végétaux, éprouvent une série de métamorphoses avant d'être transformées en acide carbonique. Il suppose que, parmi ces composés complexes, quelques-uns sont acides et susceptibles de se combiner, soit avec l'ammoniaque, soit avec les alcalis fixes, pour former des sels, qui constitueraient l'alimentation la plus favorable au développement du trèfle ou de la luzerne. Des observations récentes, que nous résumons dans la seconde partie de ce volume, nous permettent d'affirmer que ces composés organiques solubles dans la potasse sont azotés; il ne serait donc pas nécessaire qu'ils rencontrassent dans le sol de l'ammoniaque pour fournir aux légumineuses l'azote nécessaire à la formation de leurs tissus; il suffirait qu'ils fussent en contact avec des alcalis pour être dissous, et pénétrer ainsi dans la plante. Si ces considérations sont exactes, les engrais de potasse auraient non-seulement pour effet d'apporter aux légumineuses une matière minérale nécessaire à leur développement, ils seraient encore le dissolvant qui déterminerait l'assimilation de la matière azotée. Ces composés carbazotés s'accumuleraient dans le sol pendant des années, sans être assimilés par les céréales ou les racines qui prennent leur azote à l'état de nitrate ou de sel ammoniacal, mais seraient absorbés au contraire par les légumineuses, qui, laissant sans emploi les nitrates ou les sels ammoniacaux, seraient, après une, deux ou trois saisons, très-avantageusement remplacées par les céréales.

L'hypothèse de M. Mulder est certainement très-ingénieuse, et elle mérite d'être soumise à une sérieuse vérification expérimentale.

Dans quelques-uns de ses nombreux essais, M. G. Ville a soumis des plantes à l'action de diverses matières azotées, de façon à comparer l'action de chacune d'elles : les plantes ont reçu du nitrate de potasse, de l'urée, de l'acide urique, de l'urate de chaux, du sel ammoniac et de l'oxalate d'ammoniaque renfermant des quantités d'azote égales, et les récoltes ont été assez différentes. Ce résultat peut s'expliquer, ou bien en admettant que les matières azotées solubles absorbées en nature sont décomposées plus ou moins facilement par les plantes, et, par suite, peuvent servir à des degrés différents à constituer des principes immédiats ; ou bien elles montrent que ces composés sont amenés plus ou moins lentement à l'état d'azotates, forme sous laquelle l'azote peut certainement servir à former dans les plantes les principes immédiats azotés. Il est remarquable, au reste, que parmi les composés dérivés de l'ammoniaque, les uns agissent sur la végétation comme l'ammoniaque elle-même, tandis que les autres, au contraire, ne paraissent avoir aucune influence : c'est ainsi que, d'après M. G. Ville, la méthylamine (1) et l'éthylamine (2), employées à l'état de chlorhydrate, ont donné sur la végétation des résultats analogues à ceux de l'ammoniaque elle-même ; que l'urée (3) a produit de meilleurs effets que le carbonate d'ammoniaque, dont elle ne diffère que par les éléments de l'eau, tandis que l'éthylurée (4) n'a produit aucun effet.

§ 21. — ASSIMILATION DE L'AZOTE A L'ÉTAT LIBRE PAR LA VÉGÉTATION.

Nous venons de voir qu'il est vraisemblable que l'azote pénètre dans les plantes sous trois formes différentes : à l'état de nitrate, de sel ammoniacal, enfin à l'état de combinaison organique plus ou moins complexe. Peut-il encore y pénétrer à l'état libre ? Peut-il se produire, dans les réactions qui prennent naissance dans la plante même, quelques composés dans lesquels s'engage l'azote libre de l'air atmosphérique ? Les discussions dont cette question a été l'objet se sont prolongées pendant longtemps sans arriver à une solution, mais des recherches récentes permettent aujourd'hui de la résoudre.

Il est incontestable qu'il existe une cause occulte capable de fournir aux végétaux l'azote contenu dans leurs tissus. Si, comme l'a fait M. Boussingault, on détermine rigoureusement la quantité d'azote donné comme engrais au commencement d'une rotation, puis la quan-

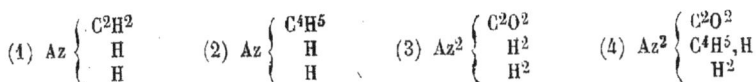

$$(1)\ Az \begin{cases} C^2H^2 \\ H \\ H \end{cases} \quad (2)\ Az \begin{cases} C^4H^5 \\ H \\ H \end{cases} \quad (3)\ Az^2 \begin{cases} C^2O^2 \\ H^2 \\ H^2 \end{cases} \quad (4)\ Az^2 \begin{cases} C^2O^2 \\ C^4H^5,H \\ H^2 \end{cases}$$

tité prélevée sur le sol par les récoltes qui se succèdent pendant l'assolement, on trouve une différence toute au bénéfice de la végétation; en d'autres termes, l'azote contenu dans la récolte est supérieur en poids à l'azote de l'engrais. Est-ce le sol qui, en s'épuisant peu à peu de ses richesses primitives, a fourni l'excédant? Non ; car on remarque, au contraire, que des sols très-anciennement cultivés à l'aide du fumier de ferme renferment des quantités d'azote accumulé extrêmement considérables : c'est ainsi que dans nos champs d'expérience de Grignon on trouve 2 grammes d'azote par kilo de terre à la surface, et $1^{gr},5$ jusqu'à $1^m,50$ et 2 mètres de profondeur. Cette richesse provient évidemment des réactions que favorisent dans le sol les fumiers et des débris laissés par la végétation; le sol s'enrichit donc en matière azotée au lieu de s'appauvrir : et cependant la végétation puise constamment dans cette réserve, chacune des récoltes exportée de la ferme entraîne au dehors une partie de l'azote du sol, et il faut forcément qu'une cause encore mal déterminée vienne chaque année combler le vide que fait l'exportation de la récolte.

Nous reconnaîtrons au chapitre *Jachère* qu'on ne saurait invoquer, pour expliquer l'accroissement incontestable d'azote organique d'un sol bien cultivé, les faibles quantités d'acide azotique et d'ammoniaque qu'apportent les météores, pluie, neige, rosée, etc.; elles compensent au plus la perte qu'occasionne la diffusion de l'ammoniaque des fumures dans l'air et la déperdition des nitrates par les eaux de pluie : l'origine de l'excès d'azote de la récolte sur celui de l'engrais doit être cherchée ailleurs.

Examinons donc en détail les travaux qui ont été accumulés sur ce sujet.

Premières expériences de M. Boussingault. — La méthode imaginée par M. Boussingault, dès ses premières recherches (1837-1838), pour reconnaître si les plantes peuvent s'emparer de l'azote libre de l'atmosphère, consiste essentiellement à faire végéter des plantes dans un sol dépouillé par la calcination de toutes les matières organiques. Pour reconnaître si le végétal fixe l'azote de l'air, on analyse des graines semblables à celles qui ont été semées; puis, à la fin de l'expérience, on analyse la récolte, sans négliger les débris restés dans le sable; on fait la balance de l'azote dans la plante et dans la graine, et l'on voit s'il y a eu gain d'azote pendant la végétation.

Dans ses premiers travaux, M. Boussingault avait trouvé que le trèfle et les pois avaient fixé une très-légère quantité d'azote, tandis que le froment ne présentait aucun gain, et que la quantité d'azote contenue dans la récolte était sensiblement égale à celle qu'on rencontrait dans la graine. Ces premiers résultats démontraient seulement que les légumineuses avaient pris une certaine quantité d'azote contenu dans l'air, mais n'indiquaient rien sur la nature même de la matière azotée qui avait été assimilée : ce pouvait être sans doute de l'azote libre, mais ce pouvaient être également les vapeurs ammoniacales qui se rencontrent aussi dans l'atmosphère, et cette dernière hypothèse était d'autant plus probable que le gain était très-faible; ce qui s'accorde bien avec ce qu'on sait sur la minime proportion d'ammoniaque contenue dans l'air, et nulle-lement avec la quan-tité énorme d'azote gazeux que renferme notre atmosphère Quoi qu'il en soit, ces premières recherches avaient conduit à des théories très-sédui-santes sur les rota-tions généralement suivies dans les cul-tures européennes ; mais on s'était trop hâté de s'emparer des nombres obtenus dans cinq expériences seu-lement, ainsi qu'on le vit lorsque M. Bous-singault publia les résultats de ses nou-velles recherches.

Fig. 8. — Appareil disposé par M. Boussingault pour recon-naître si les plantes maintenues dans une atmosphère con-finée fixent l'azote gazeux de l'atmosphère.

Expériences exécu-tées dans une atmo-sphère confinée. — Les expériences de 1851, continuées jusqu'en 1853, ont eu lieu dans une atmosphère confinée. L'appareil employé (fig. 8) consiste en une cloche de verre A, d'une capacité de 35 litres, reposant sur trois dés de porcelaine, b, b, b, placés dans l'intérieur d'une cuvette de verre C.

Sur un support de verre S formé par un cristallisoir renversé, se trouve un vase de cristal E, dans lequel on entretient de l'eau pour arroser par voie d'imbibition le sol contenu dans le vase q, où la plante se développe.

Dans la grande cuvette C, il y a de l'eau assez fortement acidifiée par de l'acide sulfurique; l'orifice de la cloche A plonge de 2 à 3 centimètres dans la liqueur acide.

Au moyen du tube recourbé ii, on peut introduire de l'eau dans le vase E. Le tube hh', muni d'un robinet, est mis en relation, quand cela est nécessaire, avec un générateur de gaz acide carbonique.

La graine est plantée en q, dans un creuset-pot renfermant une substance terreuse, habituellement de la pierre ponce, qui a subi l'action du feu; elle ne reçoit, comme engrais, que des cendres de fumier. L'appareil, ainsi disposé, est placé dans un jardin et couvert d'un linge au moment des grandes chaleurs.

On a mis fin aux expériences quand les feuilles du bas commençaient à se flétrir. En général, les récoltes furent très-chétives : les plantes sèches ne pesaient que de une à deux fois la semence, et l'on dut conclure que le gaz azote de l'air n'avait pas été assimilé pendant la végétation. Les expériences ont porté sur de l'avoine, du cresson et du lupin.

Expériences exécutées dans une atmosphère renouvelée. — Dans cette seconde série d'expériences, exécutées encore par M. Boussingault (*Agr. et chim. agricole*, t. I; voyez aussi *Ann. de chim. et de phys.*, 3ᵉ série, 1854, t. XLI, p. 5, et 1855, t. XLIII, p. 149), pour reconnaître si les plantes peuvent assimiler l'azote gazeux de l'atmosphère, les graines ont été placées dans un sol de pierre ponce calcinée mêlée de cendres et humectée d'eau pure; elles se sont développées dans une cage C, d'une capacité de 124 litres (fig. 9), formée par un assemblage de glaces fixées sur des châssis de fer vernis et scellée à demeure sur un socle de marbre.

La face A de la cage est divisée, à 2 décimètres de la partie inférieure, par une bande de fer verni dans laquelle sont pratiquées trois ouvertures c, d, e, garnies de douilles ou gorges pouvant recevoir des bouchons enduits de suif. Par c, on fait arriver du gaz acide carbonique; par d, de l'air atmosphérique; c'est par l'ouverture F qu'on arrose les plantes, qu'on enlève les feuilles quand elles se détachent de la plante. La petite glace F est maintenue avec du mastic, de manière qu'il soit facile de l'enlever et de la replacer rapidement : c'est en quelque sorte la porte de la cage, qu'on ouvre lorsqu'on veut introduire ou retirer les plantes.

La face postérieure de la cage est aussi divisée en deux par une bande de fer verni, au milieu de laquelle est un ajutage O, lié à un tube de caoutchouc établissant la communication de l'appareil avec un aspirateur d'une contenance de 500 litres établi près d'une source.

L'air qui arrive dans la cage A par l'ouverture d, lorsque l'appareil fonctionne, est pris en h; il traverse d'abord le tube h, rempli de

FIG. 9. — Appareil de M. Boussingault, disposé pour reconnaître si les plantes placées dans une atmosphère renouvelée assimilent l'azote atmosphérique.

gros fragments de ponce imbibés d'acide sulfurique, et ensuite l'éprouvette E, contenant aussi de la ponce sulfurique. De l'éprouvette E, l'air, dépouillé de toute trace d'ammoniaque, se rend dans le flacon barboteur K, où il y a de l'eau distillée ; là il reprend la vapeur qu'il a abandonnée pendant son trajet à travers la ponce acide, dont le développement en longueur est de $1^m,50$.

Le gaz acide carbonique qui entre en c est produit dans le flacon L. Le tube T contient des fragments de craie préalablement chauffés ; cette craie est mise là pour arrêter la buée acide entraînée par le gaz. Dans le flacon n, il y a une dissolution de bicarbonate de soude, où le gaz est lavé, et, pour plus de sûreté, ce gaz, avant d'arriver dans la cage, traverse encore de la ponce n' mouillée avec la même dissolution alcaline. Le flacon P verse au moment convenable de l'acide chlorhydrique sur le carbonate de chaux du flacon L.

Les graines furent plantées dans des pots d'une contenance de

4 décalitres, pleins de ponce en fragments mélangée avec des cendres ; chaque pot était isolé dans un vase de verre au fond duquel on entretenait de l'eau (fig. 10).

Les expériences faites à l'aide de cet appareil furent au nombre de dix : quatre eurent lieu sur des haricots, trois sur des lupins, une sur le froment, une sur l'avoine et une sur le cresson.

FIG. 10. — Disposition des pots employés dans les expériences de M. Boussingault au moment de l'arrosement.

Une troisième série d'expériences fut encore instituée pour contrôler les résultats négatifs obtenus précédemment. Cette fois, les plantes furent simplement placées dans une cage de verre (fig. 11) où l'air circulait librement ; elles étaient ainsi à l'abri de la pluie et arrosées avec de l'eau exempte d'ammoniaque.

En résumant toutes ces dernières expériences, on trouve que le poids des semences employées a été de $4^{gr},965$; sèches, elles auraient pesé $4^{gr},270$. Les plantes

FIG. 11. — Appareil employé par M. Boussingault pour reconnaître si les plantes exposées à l'air libre fixent l'azote atmosphérique.

récoltées sèches ont pesé $18^{gr},73$. L'analyse y a constaté $0^{gr},2006$ d'azote, soit 1,1 pour 100.

Dans le sol, unis à des débris de végétaux, particulièrement au chevelu des racines, il y avait $0^{gr},049$ d'azote représentant $4^{gr},45$ de matière végétale sèche. On a donc, pour $4^{gr},27$ de graines semées, $23^{gr},18$ de plantes développées, ou, pour 1 gramme de semence, $5^{gr},42$ de récolte. Le gain en azote a été de $0^{gr},019$, c'est-à-dire à peu près insignifiant. Il est remarquable, au reste, qu'aussitôt que, dans les expériences disposées comme les précédentes, on fait intervenir l'engrais azoté, aussitôt aussi la plante acquiert un développement remarquable, ce qui n'a pas lieu tant qu'elle doit prendre l'azote de l'air (voy. § 17).

Expériences de MM. Lawes, Gilbert et Pugh. — En Angleterre, des expériences conçues sur le même plan que celles de M. Boussingault furent entreprises par MM. Lawes, Gilbert et Pugh (*On the Sources of the nitrogen of vegetation*, in *Philos. Transactions*, 1861, part. I : M. Boussingault a donné les conclusions de ce travail dans le deuxième volume de son *Agronomie et chimie agricole*). Les résultats furent analogues aux précédents : il n'y eut pas de gain sensible d'azote, et la conclusion des auteurs fut que, puisque les plantes ne prennent pas l'azote libre de l'air pour l'utiliser à la formation des principes immédiats, la source à laquelle la végétation emprunte l'excès d'azote pendant les cultures normales est encore inconnue.

Expériences de M. G. Ville. — Nous avons fait remarquer que les plantes récoltées dans les expériences de M. Boussingault ou dans celles des chimistes anglais restent maigres, et que leur poids ne représente que 2, 3 ou 5 fois la semence, et c'est précisément à leur faiblesse que M. G. Ville attribue leur impuissance à fixer l'azote atmosphérique ; il reconnaît, avec MM. Boussingault, Lawes, Gilbert et Pugh, que les plantes placées dans un sol stérile ne fixent pas l'azote atmosphérique. Mais, d'après lui, il en est tout autrement si l'on commence par amender le sol stérile avec une petite quantité de nitrate, qui, d'après l'auteur, doit atteindre 1 gramme environ. Les récoltes, dans ces nouvelles conditions, se développent normalement ; elles atteignent un poids qui est 300, 400, 700 fois celui de la semence, et la quantité d'azote prélevée sur l'atmosphère est considérable.

On ne trouve, dans les nombreuses expériences exécutées par M. Boussingault dans des sols stériles, sous l'influence d'engrais azotés soigneusement pesés, qu'une seule culture poursuivie dans les conditions que M. G. Ville assure être favorables à la fixation de l'azote atmosphérique, et cette expérience est négative. Des *Helianthus* qui avaient reçu $1^{gr},4$ de nitre se sont développés vigoureusement comme ils auraient pu le faire dans la bonne terre; mais à l'analyse on n'a trouvé dans leurs tissus qu'une quantité d'azote plus faible que celle que contenait l'engrais.

MM. Lawes, Gilbert et Pugh ont fait, en revanche, un nombre assez considérable d'expériences en donnant aux plantes cultivées, céréales, légumineuses ou autres espèces, des sels ammoniacaux et des nitrates en quantités telles que la récolte devint 8, 12 et 30 fois ce qu'elle était quand les plantes ne reçurent pas d'engrais azoté, et la quantité d'azote assimilé fut aussi, dans tous les cas, très-supérieure et parfois 30 fois plus grande à celle qui se trouvait dans les plantes qui n'avaient pas reçu d'engrais azoté. Il est donc évident que les conditions favorables à la végétation ont été réalisées, et cependant jamais on ne put constater d'assimilation de l'azote gazeux.

Au reste, M. G. Ville n'attaque pas seulement l'opinion soutenue par M. Boussingault, à l'aide de ses propres expériences, il veut encore trouver des arguments dans les travaux mêmes de son adversaire; il intitule la troisième partie de son mémoire, Sur le rôle des nitrates dans l'économie des plantes (Ann. de chim. et de phys., 1857, t. XLIX, p. 185) : « Comment la nature des produits qui se forment pendant la décomposition des fumiers prouve que les plantes absorbent l'azote gazeux de l'atmosphère. » L'auteur rappelle d'abord que les expériences de M. Reiset, ainsi que les siennes propres, établissent que lorsqu'une matière organique azotée se décompose, elle émet une partie de son azote à l'état d'ammoniaque et une autre partie à l'état gazeux.

Plusieurs séries d'expériences ont été également établies par MM. Lawes, Gilbert et Pugh pour confirmer ce fait important (loc. cit.).

Dans la première série, du blé, de l'orge, de la farine de fèves furent mêlés à de la pierre ponce et à de la terre préalablement calcinées, et soumis pendant plusieurs mois à la décomposition dans un courant d'air qui abandonnait l'ammoniaque provenant de la décomposition dans des liqueurs titrées. Le résultat obtenu fut que, dans cinq cas sur six, il y eut une perte d'azote libre, montant dans deux cas à plus de 12 pour 100 de l'azote contenu primitivement dans la matière organique.

Dans la seconde série, comprenant neuf expériences, les graines furent parfois employées entières; on les laissa germer, puis se pourrir et se décomposer; tantôt, au contraire, on fit usage de graines concassées et de farines. Dans tous les cas, les expériences durèrent plusieurs mois et ne furent interrompues que lorsque 60 ou 70 pour 100 du carbone avaient disparu.

Dans huit de ces expériences sur neuf, une perte d'azote libre fut constatée. Dans plusieurs cas, la perte monta à environ un septième ou un huitième, et une fois à 40 pour 100 de l'azote primitif. Dans toutes ces expériences, la décomposition de la matière organique fut très-complète, et la quantité de carbone brûlée fut à peu près semblable.

Ainsi, d'après les chimistes de Rothamsted, s'il arrive parfois que la décomposition de la matière organique azotée ait lieu sans dégagement d'azote libre, très-habituellement, au contraire, ce dégagement accompagne l'oxydation de la matière organique; il est à remarquer, au reste, que cette décomposition n'a lieu que sous une influence oxydante assez puissante. Ainsi, il est impossible de constater le dégagement de l'azote dans des graines abandonnées à elles-mêmes dans une cloche convenablement humide retournée sur le mercure, ne renfermant pas d'oxygène libre; et cependant cette émission, qui eût permis de mesurer l'azote gazeux dégagé, aurait été l'argument le plus décisif à faire valoir. Avant d'adopter les conclusions précédentes, il convient de remarquer que, dans ces expériences, on a dosé l'azote dans les graines par la chaux sodée, l'azote dans les résidus encore par le même procédé; on a recueilli dans une liqueur titrée acide l'ammoniaque qui a pu se dégager, et l'on a compté enfin comme azote dégagé à l'état libre celui qui n'a pas été retrouvé. — Voici l'expérience la plus remarquable de MM. Lawes, Gilbert et Pugh : 168 grains d'orge renfermant $0^{gr},1247$ d'azote combiné se sont décomposés; après la décomposition, il restait dans les tissus $0,0746$ d'azote, il en avait été recueilli à l'état d'ammoniaque gazeuse $0^{millig.},5$; il y a donc eu une perte de $0^{gr},0501$, ou $40,20$ pour 100. Mais cette perte a-t-elle été entièrement faite à l'état d'azote gazeux? Je regrette infiniment que les chimistes anglais n'aient pas cru devoir rechercher les nitrates dans les liquides qui humectaient les graines. Dans une série d'expériences dont je donnerai le détail dans la seconde partie de cet ouvrage, j'ai établi que la combustion lente du carbone d'une matière organique entraîne très-souvent la combustion des éléments de l'air eux-mêmes et la formation de composés azotés, de telle sorte que si, dans l'expérience de MM. Lawes, Gilbert et Pugh, il y a eu une perte dans l'azote de la matière organique, rien ne démontre que la combustion qui a déterminé la destruction de la matière végétale n'ait pas déterminé la production, aux dépens mêmes de cet azote, d'une certaine quantité d'acide nitrique que le procédé employé n'a pas permis de constater.

Revenons maintenant à l'argumentation de M. G. Ville, et cherchons s'il a le droit de s'emparer des expériences sur le dégagement de l'azote libre des matières végétales pour en tirer la preuve que les plantes sont susceptibles d'absorber l'azote gazeux de l'atmosphère.

Il discute, ainsi que nous l'avons dit, une expérience du savant chimiste du Conservatoire, dans laquelle trois graines de lupin semées dans du sable calciné reçurent comme engrais six graines de lupin blanc privées de leur faculté germinative par leur immersion dans l'eau bouillante. Dans ces conditions, les lupins poussèrent beaucoup mieux que dans le sable calciné pur; la récolte accusa un gain d'azote considérable sur celui de la semence; mais, tout compte fait, l'engrais se trouva avoir perdu un peu plus d'azote que les plantes n'en avaient gagné. S'il était démontré que tout l'azote provenant des lupins en voie de décomposition a été émis sous forme d'ammoniaque, la conclusion que M. Boussingault tire de son expérience, à savoir qu'il n'y a pas eu d'azote gazeux absorbé, serait inattaquable; mais comme, d'après les travaux cités plus haut, une partie importante de l'azote contenu dans les lupins servant d'engrais a dû se dégager à l'état d'azote libre, qu'enfin la quantité d'azote dégagée à l'état d'ammoniaque est bien inférieure à celle qui a été fixée par la plante, il faut, d'après M. G. Ville, en conclure que cet azote a été absorbé à l'état gazeux.

Cette conclusion paraîtra sans doute singulièrement prématurée, car rien ne prouve qu'il ne se soit pas formé de nitrates qui auraient fourni à la plante l'azote qu'elle renferme et qui ne préexistait pas dans la graine ou dans l'engrais. Mes expériences récentes apportent un solide appui à cette manière de voir, puisque, je le répète, elles démontrent que la combustion lente d'une matière organique carbonée entraîne la fixation de l'azote de l'air dans des matières noires résultant de cette oxydation; on conçoit donc que pendant la durée de la végétation du lupin, pendant que les graines mortes se sont décomposées et brûlées, des nitrates aient pu se former, et aussitôt que cette probabilité existe, il faut renoncer à tirer de cette expérience aucune conclusion dans un sens ou dans l'autre. M. G. Ville a toujours très-bien compris que cette formation possible des nitrates détruisait tous ses raisonnements; prévoyant cette objection et rappelant le gain d'azote qu'il observe dans les cultures où les plantes amendées avec du salpêtre se sont développées vigoureusement, il demande pourquoi cette formation de nitre n'a pas lieu lorsqu'on ajoute au sable qui sert de support aux plantes $0^{gr},50$ de sel, et pourquoi elle se produit au contraire lorsqu'on en porte la quantité à 1 gramme, puisque, dans le second cas, les plantes accusent un gain d'azote qui n'a pas lieu dans le premier.

« On peut dire encore, ajoute l'habile professeur du Muséum, que l'excédant d'azote vient de l'ammoniaque de l'air. Cette fois encore je demande pourquoi l'influence de l'ammoniaque se fait exclusivement sentir sur les pots qui reçoivent 1 gramme de nitre, et pourquoi elle est sans action sur ceux qui n'en reçoivent que $0^{gr},50$? »

Cette objection, cependant, peut se retourner contre son auteur, car on ne voit pas non plus pourquoi les plantes, incapables de prendre l'azote atmosphérique quand elles ont une faible taille et sont encore très-jeunes, acquerraient tout à coup cette propriété quand elles seraient plus développées ; mais on peut aujourd'hui aller plus loin. Pour que des nitrates se forment, la condition est que de la matière organique se brûle ; si la plante est vigoureuse, elle abandonnera pendant la durée de sa végétation une plus grande masse de débris que lorsqu'elle sera chétive, et dès lors la formation du nitrate sera favorisée. Ce serait là peut-être l'explication de l'expérience de M. G. Ville, en supposant que cette expérience soit exacte, ce qui n'est nullement démontré, puisque personne jusqu'à présent n'a réussi à la reproduire. M. G. Ville assure, il est vrai, n'avoir pas pu constater de formation de nitrate dans le sol où végétaient ses plantes, ni de gain d'azote ammoniacal dans les pots qui n'avaient pas de végétaux ; mais les nitrates ne restent pas accumulés dans un sol renfermant des débris organiques ou des plantes, ils entrent en combinaison ou sont assimilés, et de ce qu'on n'en a pas trouvé, on ne peut pas affirmer qu'il ne s'en est point formé.

A ces arguments, tirés des expériences de laboratoire, M. G. Ville veut en ajouter d'autres reposant sur les observations de la grande culture. Pour y réussir, il étudie une récolte de luzerne, calcule la quantité d'azote qu'elle renferme dans ses tissus ; puis, d'autre part, il détermine les cendres, et dans celles-ci la proportion de bases qui ne se trouve pas en combinaison avec des acides fixes. Sur la quantité totale de potasse ou de chaux trouvée à l'analyse, il prélève celle qui est unie à l'acide phosphorique, à l'acide sulfurique, etc., puis il suppose que ces bases, qui, dans les cendres, sont saturées par de l'acide carbonique provenant de la décomposition ignée des acides végétaux, ont pénétré dans la plante à l'état d'azotates, et que l'azote contenu dans ces sels a été employé intégralement à la formation des principes albuminoïdes. Il semble donc donner à l'opinion qu'il combat les chances les plus favorables ; et cependant cette quantité d'azote n'étant pas encore suffisante pour expliquer le gain qu'a fait la plante, il faut forcément qu'elle ait puisé l'azote à une autre source.

Pour M. G. Ville, cette source, c'est l'atmosphère. La luzerne serait une de ces plantes capables de fixer directement l'azote atmosphérique ; ce serait là l'explication du peu d'effet qu'exercent sur elle les engrais azotés. Au point de vue de l'azote, au moins, cette plante mériterait complétement le nom de plante améliorante ; abandonnant dans le sol des débris dont l'azote lui a été fourni par l'atmosphère, elle augmen- terait la fertilité de la sole qui l'a portée, et l'on trouverait dans sa pro- priété spéciale de fixer l'azote libre de l'atmosphère l'explication du fait bien connu que la récolte de céréales qui suit une luzerne ou un trèfle est généralement meilleure que celle qui les précède.

On peut objecter, sans doute, que la luzerne plonge ses racines dans le sol à une grande profondeur ; que, par suite, elle peut bénéficier des engrais enfouis, et ne profite au contraire que médiocrement de ceux qui sont placés à la surface ; que, si elle améliore le sol, ce n'est pas parce qu'elle lui ajoute de nouveaux éléments, mais tout simplement parce qu'elle ramène à la surface des principes entraînés par les eaux à une profondeur que les racines des céréales n'atteignent pas. Mais il faut tenir compte surtout de l'assimilation par les légumineuses des matières noires dissoutes dans la potasse ou dans l'ammoniaque. Nous avons vu que Mulder estimait qu'elles avaient une part importante dans l'alimentation des légumineuses, et bien que le fait ne soit pas dé- montré, il suffit qu'il soit possible pour faire planer un doute absolu sur l'argumentation de M. G. Ville : car si la luzerne a absorbé un sel ammoniacal renfermant un acide azoté, il est clair que les cendres ne garderont aucune trace de son passage.

§ 22. — RÉSUMÉ DE LA DISCUSSION. — LA FIXATION DE L'AZOTE LIBRE
PAR LES VÉGÉTAUX EST PEU VRAISEMBLABLE.

On ne saurait, en définitive, admettre les conclusions de M. G. Ville ; il serait nécessaire, pour que l'absorption de l'azote libre par les végé- taux fût considérée comme démontrée, que plusieurs observateurs habiles, répétant les expériences de M. G. Ville, fussent arrivés à des résultats semblables aux siens : c'est ce qui n'a pas eu lieu. Tant que cette confirmation n'aura pas été donnée, l'opinion des physiologistes doit rester en suspens, d'autant plus que la réaction qui donnerait naissance aux albuminoïdes par fixation d'azote libre dans les végétaux est contraire à tout ce que nous enseigne la chimie.

Pour triompher des résistances passives de l'azote, il faut des réactions énergiques : sous l'influence de l'étincelle électrique, sous celle des combustions vives ou lentes, l'azote s'unit à l'oxygène pour fournir des composés nitrés ; au rouge, l'azote et le carbone se combinent. Mais jusqu'à présent on n'a constaté l'union de l'azote libre avec une matière organique complexe qu'au moment où cette matière se brûle sous l'influence de l'oxygène ; et si l'on conçoit qu'une semblable réaction puisse avoir lieu dans la terre arable (voy. *Comptes rendus de l'Académie des sciences*, 1871, t. LXXIII, p. 1352), où l'action oxydante de l'air s'exerce constamment, on ne saurait admettre l'existence, dans la plante, de réactions capables de fournir la chaleur nécessaire à l'union de l'azote libre avec l'oxygène. Les mots vagues de *corps à l'état naissant* sont aujourd'hui abandonnés : un corps qui se dégage d'une combinaison profite parfois de la chaleur mise en jeu par les réactions pour exercer des actions plus énergiques, pour affecter même un état plus ou moins transitoire pendant lequel ses affinités sont plus puissantes ; mais dans la plante ces dégagements de chaleur n'ont pas lieu, puisqu'au contraire la fonction capitale du végétal est d'absorber de la chaleur. Nous n'avons enfin aucune raison de croire qu'il se produise dans les êtres vivants une réaction absolument différente de celle que nous réalisons dans le laboratoire, car, à mesure que nos connaissances s'étendent, nous voyons au contraire que les réactions qui prennent naissance dans les végétaux sont de même nature que celle que nous réalisons dans nos matras et nos cornues.

Concluons donc, en finissant ce chapitre, qu'il est très-peu vraisemblable que les plantes puissent s'assimiler directement l'azote libre ; mais que probablement au contraire elles prennent leur azote dans les nitrates, dont le mode de formation sera indiqué plus loin aussi complétement que le comporte l'état actuel de nos connaissances, ou encore dans ces composés complexes riches en carbone et en azote, dont la production dans le sol et dans les fumiers a été particulièrement étudiée par M. P. Thenard : peut-être le rôle qu'ils jouent dans la végétation est-il plus important que ne le suppose la science actuelle, et faut-il revenir dans une certaine mesure à l'ancienne opinion de Th. de Saussure, qui professait que les plantes absorbent directement les principes solubles de l'humus.

CHAPITRE IV

COMPOSITION DES CENDRES DES VÉGÉTAUX

Nous venons d'indiquer, dans les chapitres précédents, à quelles sources les plantes puisent le carbone, l'hydrogène, l'oxygène et l'azote nécessaires à la formation de leurs tissus ou à celle des principes immédiats contenus dans leurs cellules; mais ces tissus, ces principes immédiats laissent, à la calcination des parties fixes, des cendres, et l'expérience de la culture a montré que quelques-uns des principes minéraux qui existent dans la plante sont indispensables à son complet développement. La question de l'assimilation ne serait donc pas complète si nous n'étudiions la composition des cendres des plantes et le mécanisme de l'assimilation des substances minérales. C'est là l'objet du présent chapitre et du suivant.

§ 23. — QUANTITÉS DE CENDRES LAISSÉES PAR LES DIVERS ORGANES DES VÉGÉTAUX.

On désigne sous le nom de cendres végétales les parties fixes que laissent les végétaux à l'incinération. Le poids de ces parties varie avec la nature des organes incinérés, avec leur âge, et naturellement avec leur état de dessiccation.

Cendres dans les feuilles.— D'après Th. de Saussure et M. L. Garreau, la quantité de cendres augmente dans les feuilles avec l'âge des organes incinérés (*Ann. sciences nat.*, 4e série, 1860, t. XIII, p. 163). Ce dernier naturaliste a incinéré dans dix-sept espèces végétales différentes les deux premières feuilles du bourgeon; puis, quinze jours après l'épanouissement, les deux premières feuilles de l'axe; puis enfin les deux premières feuilles de l'axe prises le 1.er juillet et le 30 septembre: il a vu les quantités de cendres, pour 100 de matière sèche, passer de 7,115 à 7,875, à 8,790 et enfin à 10,08. Les mêmes faits ressortent encore très-nettement du dosage des matières minérales fixes contenues dans chaque feuille d'une pousse de l'année recueillie le 30 septembre: on trouve toujours que les feuilles les plus anciennes sont les plus riches

en matières minérales. Ainsi, dans un tilleul, la première feuille prise
à la base du rameau renfermait, pour 100 de matière sèche, 9,60 de
cendres, et la huitième 7,60. Dans un orme, la feuille la plus ancienne
renfermait 16, et la plus jeune 9,50 de cendres. Dans un abricotier,
la différence a été encore plus considérable, puisque les cendres ont
passé, pour 100 de matière sèche, de 7,65 à 14,38. M. le docteur
Zoeller, de son côté, a analysé des feuilles de hêtre provenant du
jardin botanique de Munich à différentes périodes de leur développement, tandis que les feuilles cueillies le 16 mai renfermaient après
dessiccation une quantité de cendres variant de 4,65 à 5,76 ; les
feuilles prises le 18 juillet en accusaient 7,57, et, le 15 octobre,
10,15 (*Les lois naturelles de l'agriculture*, par le baron Justus de
Liebig, t. II, Appendice).

M. Garreau a signalé aussi ce fait très-intéressant, que dans les
végétaux aquatiques submergés, où par conséquent il n'y a pas d'évaporation, les feuilles les plus anciennes sont encore les plus chargées
de cendres ; la différence est souvent considérable : habituellement de
moitié entre les feuilles de la région moyenne de l'axe et celles de la
partie supérieure ; elle peut être parfois du triple.

Th. de Saussure avait montré que les feuilles des arbres verts, qui
évaporent moins que celles des arbres à feuilles caduques, renferment
moins de cendres ; toutefois cette quantité va en augmentant avec l'âge,
et cela dans une proportion assez considérable.

Cendres dans le bois. — Quand on incinère le bois en distinguant
l'écorce, l'aubier et le cœur, on trouve des quantités de cendres très-
différentes. Ainsi, d'après Th. de Saussure, 1000 parties de bois de
chêne sec séparé de l'aubier renfermeraient seulement 2 de cendres ;
l'aubier en donnerait 4, et l'écorce des troncs de chêne précédents, 60 ;
1000 parties de tronc écorcé de peuplier renfermeraient 8 de cendres,
tandis que l'écorce en donnerait 72.

Nous avons eu nous-même occasion de vérifier le fait. Ainsi nous
avons trouvé 0,287 de cendres pour 100 de cœur de chêne, 0,550 de
cendres pour 100 d'aubier du même chêne ; tandis que l'écorce renfermait, sur 100 parties, 5,637, quantité vingt fois et dix fois plus
forte que celles qu'on trouve dans le cœur et dans l'aubier.

Cendres dans les racines. — Les quantités de cendres contenues
dans les racines sont en général plus faibles que celles fournies par
les organes aériens. Ainsi le professeur Johnston a trouvé que, pour
1 kilogramme de matière sèche, les racines de turneps fournissaient 80
de cendres et les feuilles 130 ; les tubercules de pommes de terre 40,

et les feuilles 180; les racines de tabac 70, et les feuilles 230. M. Garreau a remarqué que les cendres diminuaient dans les racines terrestres avec l'âge : ainsi les fibrilles âgées de topinambour fournissaient 12,70 de cendres, tandis que les jeunes en donnaient 15,90. On trouvait des résultats analogues pour le *Ribes rubrum* et le *Mercurialis annua;* mais le fait devenait encore plus saillant quand il était observé sur des racines de noyer : une jeune racine de 5/10ᵉˢ de millimètre de grosseur laissait 4,30 de cendres, et une racine de 1 décimètre de grosseur, 1,56 seulement.

Dans les betteraves, la recherche des cendres a un grand intérêt, car on sait que les matières salines qui s'y rencontrent empêchent la cristallisation du sucre. Habituellement, les racines de betterave à l'état normal renferment par kilog. 6 grammes de cendres ; mais quand les betteraves ont été amendées avec les engrais chimiques, cette quantité peut atteindre 8 grammes.

Cendres dans les tiges. — Les tiges des plantes vertes renferment plus de cendres que l'aubier et le bois ; les proportions s'élèvent facilement à 1/100 des plantes vertes et à près de 1/10 des plantes sèches. Si l'on étudie la manière dont varient les cendres à mesure que la plante devient plus âgée, il importe, pour se mettre à l'abri des erreurs, de tenir compte de l'humidité des parties incinérées et de l'augmentation de la matière organique qui a lieu pendant la végétation. Si l'on dose simplement sur les plantes normales, il semble au premier abord que la quantité de cendres augmente : c'est ainsi que Th. de Saussure a trouvé 16 grammes de cendres dans 1 kilogramme de fèves vertes, le 23 mai, et que cette proportion avait atteint 20 grammes le 23 juin; dans 1 kilogramme de tournesol vert, le 10 juillet, on avait trouvé 13 grammes de cendres; la proportion était devenue 23 grammes à la fin de septembre, au moment de la maturité. Mais cette augmentation n'est pas réelle, elle est due à la dessiccation qui s'est opérée dans la plante entière, et, si l'on fait les dosages non plus sur les plantes vertes, mais bien sur les plantes sèches, on trouve que la proportion de cendres a diminué au contraire. Le 23 mai, 1 kilogramme de fèves sèches renfermait 150 grammes de cendres, et seulement 122 grammes le 22 juin; 1 kilogramme de tournesol sec donnait 187 grammes de cendres le 23 juillet, et seulement 163 grammes à l'époque de la maturité. Cette diminution est toutefois purement relative, et la quantité réelle de cendres augmente au contraire jusqu'à la maturité; mais les principes hydrocarbonés détruits au moment de la calcination augmentent encore davantage, et la proportion centésimale de cendres se trouve ainsi plus faible : c'est ce qui apparaît très-nettement dans le mémoire de M. Isid. Pierre sur le colza (*Etude sur le colza*, dans *Ann. de chim. et de phys.*, 1860, t. XL, p. 151). La richesse en principes minéraux des sommités des rameaux portant leurs fleurs ou leurs siliques pleines, éprouve une diminution sensible pendant tout le cours de la végétation, puisque 1 kilogramme de matière sèche renferme, le 22 mars, 102 grammes de cendres, et seulement 75 grammes le 20 juin ; et cependant, si l'on détermine la quantité de cendres laissées par la récolte d'un hectare, on trouve que la proportion due aux sommités des rameaux est de 21 kilogrammes au 22 mars, et de 377 kilogrammes le 20 juin.

§ 24. — NATURE DES SUBSTANCES QUI CONSTITUENT LES CENDRES.

Les substances minérales que renferment les végétaux sont assez nombreuses. Les analyses précises exécutées sur les végétaux terrestres ont montré qu'on rencontre dans leurs cendres, en quantités notables, de la chaux et de la magnésie ; la potasse y existe en proportions souvent considérable, elle est même habituellement retirée des cendres des plantes terrestres ; et les anciens chimistes la désignaient sous le nom d'*alcali terrestre*, par opposition à la soude, qu'ils appelaient *alcali marin*, parce qu'ils l'extrayaient des plantes marines.

Un travail important publié récemment par M. Péligot a montré que la soude est beaucoup moins abondamment répandue dans les végétaux qu'on ne le croyait généralement (*Comptes rendus*, 1867, t. LXV, p. 729). On sait qu'on dose habituellement la soude par différence, c'est-à-dire que l'on considère comme représentant la proportion de soude le nombre qu'il faut ajouter au chiffre de la potasse trouvée pour compléter la quantité d'alcalis qui a été déterminée ; mais on conçoit que si l'on a laissé, ce qui arrive souvent, de la magnésie dans ces alcalis, on peut croire à la présence de la soude, tandis qu'il n'y aura qu'une simple erreur d'analyse.

M. Péligot propose, pour caractériser cet alcali dans les cendres, d'éliminer toutes les bases alcalino-terreuses au moyen de la baryte, d'enlever l'excès de celle-ci par un courant d'acide carbonique, de saturer la liqueur filtrée après ébullition par de l'acide azotique, et de faire cristalliser par refroidissement la plus grande quantité de l'azotate de potasse. L'azotate de soude, qui est, comme on sait, beaucoup plus soluble, se trouve dans l'eau-mère qui accompagne les cristaux de nitre. C'est donc dans celle-ci que la soude doit être cherchée.

Dans ce but, cette liqueur est traitée par l'acide sulfurique. Le résidu provenant de son évaporation est fortement calciné, de manière à avoir les sulfates à l'état neutre. On reprend par l'eau et l'on sépare à l'état cristallisé la majeure partie du sulfate de potasse; l'eau mère qui reste après la séparation de ces cristaux est abandonnée à l'évaporation spontanée. Si les cendres sont exemptes de soude, elles fournissent des prismes transparents de sulfate de potasse; dans le cas contraire, le sulfate de soude, qui cristallise le dernier, apparaît sous forme de cristaux qui s'effleurissent peu à peu et qui, par leur aspect mat et farineux, se distinguent facilement des cristaux limpides de sulfate de potasse. Quelquefois la soude a été cherchée dans le résidu insoluble dans l'eau; elle pouvait en effet s'y rencontrer sous forme de silicate. Pour l'en séparer, on a fait usage d'acide sulfurique concentré qu'on a ensuite précipité par l'eau de baryte. Le résultat a toujours été négatif.

En soumettant à ce mode particulier de recherches un certain nombre d'échantillons de cendres provenant de végétaux variés, M. Péligot n'a pas trouvé de soude dans les cendres provenant des produits végétaux qui suivent :

Le blé (grain et paille examinés séparément) ; l'avoine (id.); la pomme de terre (tubercules et tiges) (1) ; les bois de chêne et de charme; les feuilles de tabac, de mûrier, de pivoine, de ricin; les haricots, le souci des vignes, la pariétaire, le *Gypsophila pubescens;* le panais (feuilles et racines).

---

(1) En soumettant à l'analyse spectrale un échantillon de cendres de pommes de terre, l'auteur de cet ouvrage est arrivé à un résultat différent : la soude existait dans les cendres en quantité appréciable. Il ne faudrait pas croire, au reste, que la soude soit repoussée par certaines plantes et qu'elle n'y puisse pas pénétrer. En arrosant pendant un mois une pomme de terre dans un pot de fleur ordinaire avec un mélange de phosphate et d'azotate de soude, et en recherchant la soude dans les cendres des tubercules et des tiges qui avaient pris un développement considérable, on a pu constater la présence d'une quantité sensible de cet alcali. Pour y réussir, on a légèrement modifié le procédé de M. Péligot: au lieu de transformer les alcalis en sulfates après élimination de la baryte, on les a laissés à l'état de chlorures, puis on a précipité à l'aide du chlorure de platine, et l'on a évaporé et repris par l'alcool, qui dissout le chloroplatinate de sodium; par l'évaporation spontanée, celui-ci apparut sous forme de beaux cristaux en aiguilles rouge doré très-différentes des octaèdres du chloroplatinate de potasse. Toutefois il faut bien reconnaître que la soude n'a aucune tendance à pénétrer dans les pommes de terre; car dans un autre essai où l'on en a cultivé dix pieds en pleine terre en les arrosant fréquemment avec de l'azotate, du sulfate, du phosphate de soude ou du sel marin, on n'a pas trouvé dans les plantes de quantités sensibles de soude; il est vraisemblable que dans ce cas la soude a disparu par diffusion dans le sol.

Il est à remarquer qu'en incinérant des plantes sans avoir la précaution de les laver d'abord, on constate de la soude dans les cendres ; mais celle-ci paraît être surtout à l'état de sel marin disséminé sur les organes extérieurs, et ne pas faire partie intégrante de la plante elle-même.

Un certain nombre de plantes appartenant à la famille des atriplicées et des chénopodiées renferme au contraire de la soude ; on a trouvé cette base dans les cendres de l'arroche, de l'*Atriplex hastata*, du *Chenopodium murale*, de la tétragonie, ainsi que dans les betteraves.

L'élégant procédé de l'analyse spectrale a permis de constater dans un certain nombre de végétaux la présence de la lithine. Cette base a été signalée dans la cendre de tous les bois de l'Odenwald, dans les potasses commerciales de la Russie, dans les cendres des feuilles de vigne, de tabac, de raisin, dans les cendres des céréales du Palatinat. On a trouvé aussi récemment des traces d'un nouvel alcali, l'oxyde de rubidium, dans les cendres d'un grand nombre de variétés de tabac ; on l'a rencontré encore dans le café et dans la betterave (*Ann. de chim. et de phys.*, 1863, t. LXVII : *Recherches du rubidium et du cæsium dans les eaux minérales, les végétaux et les minéraux*, par M. L. Grandeau). Si la présence de l'alumine dans les cendres est douteuse, celle des oxydes de fer et de manganèse y est parfois très-évidente, et il est rare de brûler du bois, des fruits ou des feuilles, sans voir les cendres présenter une teinte rougeâtre due à l'oxyde de fer, ou verdâtre, qu'il faut attribuer à la formation de petites quantités de caméléon minéral (manganate de potasse).

Le manganèse et le fer paraissent être plus abondants encore dans les plantes aquatiques. Le docteur Zoeller a constaté la présence de ces métaux dans les *Nymphæa cœrulea, dentata* et *lutea*, l'*Hydrocharis Humboldti*, le *Nelumbium asperifolium*, le *Victoria regina*, qui renferment du manganèse dans le pétiole, et du fer, surtout dans les feuilles.

Le zinc même existe, dit-on, dans les cendres de quelques espèces végétales, et l'on assure que le *Viola calaminaria* est si caractéristique pour les gisements de zinc des environs d'Aix-la-Chapelle, que ses stations ont servi de guide dans la recherche des mines de ce métal (*Les lois naturelles de l'agriculture*, t. II, p. 66) (1).

---

(1) Cette observation, qui aurait sans doute besoin de confirmation, est attribuée à Alex. Braun.

M. Meyer, de Copenhague, affirme que les graines de froment et de seigle renferment, comme élément constant, une trace de cuivre, et M. L. Grandeau a reconnu par l'analyse spectrale que le cuivre se rencontre, en effet, dans les cendres de plusieurs espèces végétales. Il n'est pas bien démontré, toutefois, que ce métal n'a pas été entraîné dans les cendres par les flammes du gaz léchant d'abord des brûleurs de cuivre.

Au nombre des acides, on trouve dans les plantes l'acide silicique, où il affecte quelquefois la forme de concrétions transparentes ayant quelque analogie avec l'opale, ainsi que l'a annoncé M. Guibourt, qui a consacré, il y a quelques années, une notice intéressante à l'étude du tabaschir, excroissance siliceuse du grand bambou des Indes (*Journal de pharmacie*, mars, avril 1855). L'acide sulfurique est toujours en bien plus faible proportion dans les cendres; on sait, en effet, que les sulfates ne persistent pas longtemps dans la terre arable, mais y sont rapidement réduits, puis amenés à l'état de carbonates.

Depuis que l'attention des chimistes s'est portée sur l'acide phosphorique, on n'a pas tardé à le trouver en quantité notable dans diverses parties des végétaux, et notamment dans les graines. L'acide carbonique se trouve aussi dans les végétaux : ce serait cependant une faute grave que de supposer que tous les carbonates qu'on rencontre dans les cendres préexistaient dans les plantes ; ces carbonates proviennent surtout de la décomposition par le feu des acides organiques unis dans la plante avec les alcalis.

Le chlore et l'iode se trouvent dans les végétaux unis aux métaux alcalins, et l'on sait qu'aujourd'hui encore, l'iode employé dans les arts est presque entièrement extrait des cendres des plantes marines, où il ne se rencontre cependant qu'en faible quantité.

Si l'on compare les unes aux autres les analyses de cendres provenant de végétaux d'une seule et même espèce ayant crû sur des sols différents, on trouve que la composition des cendres ne varie que médiocrement, surtout si l'analyse porte sur des végétaux cultivés qui se sont développés sur des sols toujours amendés à peu près d'une façon analogue : c'est ainsi qu'en faisant l'analyse de la cendre de la paille de froment, on trouve toujours qu'elle renferme de 65 à 70 pour 100 de silice (1). En examinant les cendres de la graine de

_____

(1) Nous disons *paille* et non *tige*, car les jeunes feuilles et les jeunes tiges renferment moins de silice. (Voyez Isidore Pierre, *Mémoire sur le éveloppement du blé*. Paris, 1866.

cette même céréale, on les trouve encore à peu près uniquement formées de phosphates ; mais les différences deviennent plus sensibles quand on examine des plantes entières venues sans culture sur des sols de diverses origines.

La constance est encore suffisante cependant pour qu'on ait admis que les plantes de certaines familles ont une préférence marquée pour tel ou tel principe minéral.

C'est ainsi que les analyses de MM. Malaguti et Durocher établissent que les graminées, les fougères et les bruyères renferment des quantités considérables de silice. Cet acide diminue considérablement dans les légumineuses, tandis qu'au contraire la potasse s'y accumule, et que, dans des terrains calcaires, la chaux y atteint une proportion énorme, analogue à celle qui existe dans les arbres. (Voyez, dans le travail de MM. Malaguti et Durocher, *Ann. de chim. et de phys.*, 3ᵉ sér., 1858, t. LIV, le tableau D, p. 296.)

Les analyses portant sur les cendres fournies par des plantes entières n'ont plus cependant l'intérêt qu'on leur attribuait autrefois ; on avait supposé à priori que les différents éléments minéraux qu'on y rencontre présentent une importance égale ; mais des expériences directes sont bientôt venues démontrer que ces conclusions étaient très-exagérées : et l'insuccès que nous avons éprouvé en amendant des cultures qui prélèvent sur le sol une quantitité notable d'alcalis, telles que celles des betteraves et des pommes de terre, avec des sels de potasse ; l'influence remarquable, au contraire, qu'a exercée cet alcali sur le froment, où la potasse n'existe cependant qu'en minime proportion, nous ont démontré qu'il était impossible de déduire de la composition des cendres d'une plante la nature des engrais qu'il convenait de lui donner (*Comptes rendus*, 1867, t. LXIV, p. 863 et 971, et 1868, t. LXVI, p. 322 et 494).

Cette conclusion, qui a une grande importance, puisqu'elle attaque la doctrine de la restitution absolue de tous les éléments enlevés au sol par la culture, a été formulée précisément dans les mêmes termes par MM. Lawes et Gilbert, à la suite d'expériences continuées pendant plus de vingt ans (*Revue des cours scientifiques*, 1868, p. 192), et enfin soutenue encore par M. Cloëz dans un travail plus récent (*Bull. de la Soc. chim.*, 1869, t. XII, p. 32).

En se reportant au chapitre suivant, le lecteur reconnaîtra en effet que si les substances minérales, telles que les phosphates, et dans quelques cas la potasse, paraissent être indispensables au développement de la plante, dans d'autres cas, au contraire, la détermination de la composition des cendres qui existent dans les bois ou dans les feuilles n'a pas plus d'intérêt que n'en aurait pour l'ingénieur l'analyse des sels qui se déposent dans une chaudière à vapeur.

Les plantes sont des appareils d'évaporation ; les eaux chargées de principes minéraux contenus dans le sol y pénètrent, s'y évaporent, et abandonnent ces principes minéraux qui, souvent, n'ont aucune influence sur la marche de la végétation ; et les idées qu'on s'était faites à priori sur l'utilité de certains principes minéraux n'ont pas résisté aux expériences régulières entreprises pour les vérifier : c'est ainsi notamment que les expériences de M. Isid. Pierre et celles de M. Velter ont démontré que l'abondance de silice n'exerçait aucune action favorable sur la rigidité des pailles et ne réussissait nullement à empêcher la verse.

Nous ne transcrirons donc pas dans cet ouvrage toutes les analyses de cendres qui ont été faites depuis quarante ans ; nous nous bornerons à placer sous les yeux du lecteur les tableaux indiquant la richesse des cendres de différents organes en certains principes minéraux déterminés, nous réservant de revenir plus loin sur l'épuisement du sol par suite de l'exportation de certaines substances minérales, question dont on a singulièrement exagéré l'importance.

On reconnaîtra, à la lecture des tableaux ci-joints, que les phosphates dominent singulièrement dans les graines ; que les substances insolubles dans l'eau pure, mais solubles dans l'eau chargée d'acide carbonique, telles que le carbonate de chaux ou la silice, existent en proportions très-notables dans les feuilles, et qu'elles y augmentent avec l'âge ; qu'il en est de même dans les bois ; mais qu'au contraire il est impossible d'établir rien de précis quant à la composition des cendres des tiges herbacées ou des racines.

Tableau n° 1.

RICHESSE EN PHOSPHATES DE 100 PARTIES DE CENDRES

(analysées de M. Berthier).

DÉSIGNATION DES PHOSPHATES.	GRAINS A L'ÉTAT NATUREL.												GRAINS DÉCORTIQUÉS.		
	Blé blanc, dit blé chartrain.	Blé d'Égypte.	Seigle.	Orge.	Avoine.	Riz de la Camargue.	Maïs de Menours.	Haricots de Soissons.	Haricots flageolets.	Pois verts.	Lentilles de la grande espèce.	Moutarde blanche.	Gruau.	Orge perlée.	Riz de la Caroline.
Phosphate de potasse..........	50.00	51.70	48.50	52.50	7.50	24.10	41.50	42.70	76.80	66.70	61.70	26.30	50.00	36.60	57.00
Phosphate de chaux..........	22.00	20.00	29.20	15.00	16.50	24.10	18.50	8.40	9.70	22.20	6.50	39.80	15.40	25.00	21.00
Phosphate de magnésie.......	28.00	28.30	»	25.00	20.00	24.10	38.00	14.30	6.40	6.60	19.60	23.90	33.10	21.60	20.00
Phosphate de manganèse.......	»	»	18.30	»	»	»	»	»	»	»	»	»	»	»	»
Total des phosphates........	100.00	100.00	96.00	92.50	44.00	72.30	98.00	65.40	92.90	95.50	87.80	90.00	98.50	83.20	98.00

Tableau n° 2.

RICHESSE EN CARBONATE DE CHAUX ET EN SILICE DE 100 PARTIES DE CENDRES

(analyses de M. Berthier et de M. Zoeller).

SUBSTANCES DOSÉES.	BOIS.		FEUILLES VIVANTES.				FEUILLES MORTES.							FEUILLES DU HÊTRE À DIFFÉRENTES ÉPOQUES DE SA CROISSANCE.			
	Mûrier Morelli.	Pin de Bordeaux.	Mûrier Lhou.	Pin de Bordeaux.	Vigne de Nemours.	Maïs à bec.	Mûrier Lhou.	Pin de Bordeaux.	Noyer de Nemours.	Marronnier d'Inde.	Platane.	Peuplier suisse.	Vigne de Nemours.	1re période. 16 mai 1861.	2e période. 18 juillet 1861.	3e période. 14 octob. 1861.	4e période. Fin nov. 1861.
Carbonate de chaux	47,93	68,74	53,00	65,82	51,00	11,00	53,73	84,90	73,17	48,30	54,00	84,80	62,62	47,55	47,25	60,80	60,94
Silice	»	6,43	27,70	2,60	10,20	33,00	26,19	1,60	4,74	24,00	»	7,00	6,63	1,19	13,37	20,68	24,37
Acide phosphorique														24,21	5,18	3,48	1,05
Total	47,93	75,17	80,70	68,42	61,20	44,00	79,92	86,50	77,91	72,80	54,00	91,80	69,25				

Tableau n° 3.

COMPOSITION DES CENDRES DE QUELQUES RACINES ET TUBERCULES.

SUBSTANCES DOSÉES.	Racine de garance.	TUBERCULES.		
		Topinambours.	Pommes de terre.	Oignons.
Carbonate de potasse et de soude	31,41	31,50	42,43	21,60
Chlorure de potassium	3,14	7,50	4,00	2,20
Chlorure de sodium	»	»	»	»
Sulfate de potasse	3,93	6,00	2,80	4,00
Phosphate de potasse	»	30,00	34,70	»
Carbonate de chaux	35,01	»	2,80	12,00
Carbonate de magnésie	4,13	16,50	»	10,00
Phosphate de chaux	9,71	8,50	6,78	33,00
Phosphate de magnésie	»	»	2,50	»
Phosphate de fer	5,09	»	1,70	»
Silice	7,88	»	2,50	»

SUBSTANCES DOSÉES.	Pommes de terre.	Betteraves champêtres.	Navets.	Topinambours.
Acide carbonique	13,4	16,1	14,0	14,0
Acide sulfurique	7,41	1,6	1,6	2,2
Acide phosphorique	41,3	6,0	6,1	10,8
Chlore	2,7	5,2	2,9	1,6
Chaux	4,8	7,0	10,9	2,3
Magnésie	7,4	4,4	4,3	1,8
Potasse	54,5	39,0	33,4	44,5
Soude	traces	6,0	4,1	traces
Silice	5,6	8,0	6,4	13,0
Oxyde de fer	0,5	2,5	1,2	5,2
Charbon, humidité, perte	0,7	4,2	5,5	7,6

ANALYSES DE DIFFÉRENTES TIGES (100 PARTIES DE CENDRES)
(analyses de M. Berthier).

SUBSTANCES DOSÉES.	Vignes de Nemours.	Millet à épis.	Lin.	Lin roui.	Roseaux de Nemours.	Paille de froment.	Paille de seigle.	Foin de Nemours.	Luzerne de Nemours.	Haricots du Canada.	Cannes à sucre.
Potasse..............	»	3,50	»		»	3,40	»	»	»	»	22,00
Carbonates de potasse et de soude.	16,40	29,40	32,68		»	»	18,50	12,20	14,44	15,52	»
Chlorure de potassium......	2,20	1,10	1,64		0,78	2,90	3,00	3,64	1,90	1,94	»
Sulfate de potasse........	4,40	4,00	6,68		3,40	0,30	5,00	1,30	2,66	1,94	»
Phosphate de potasse	»	2,00	»		»	»	0,40	»	»	»	»
Silicate de potasse........	»	»	»		4,00	»	»	»	»	»	»
Chaux	»	»	»		»	15,70	»	»	»	»	10,00
Carbonate de chaux	49,82	8,20	33,04		6,00	»	0,50	22,62	64,26	65,38	»
Carbonate de magnésie......	3,85	»	3,54		»	»	»	7,29	6,07	»	»
Acide carbonique.........	»	»	»		1,00	»	»	»	»	»	»
Oxyde de fer...........	»	»	»		»	2,60	»	»	»	»	»
Phosphate de chaux	15,70	7,40	20,06		6,60	9,00	9,10	11,31	8,43	5,80	»
Phosphate de magnésie......	»	»	»		»	»	»	»	»	2,17	»
Phosphate de fer.	1,83	0,90	»		»	»	»	1,64	»	1,45	»
Phosphate de manganèse.	»	»	»		»	»	»	»	»	»	»
Acide phosphorique	»	»	»		»	1,20	»	»	»	»	»
Silice...............	5,80	43,20	2,36		78,22	73,90	61,50	39,80	2,24	5,80	68,00

(Colonne « Lin roui » : Le lin roui ne contient plus de substances minérales.)

CHAPITRE V

ASSIMILATION DES SUBSTANCES MINÉRALES PAR LES PLANTES

§ 25. — DE L'ÉTAT DES SUBSTANCES MINÉRALES DANS LES VÉGÉTAUX.

Pour arriver à pénétrer le mécanisme de l'assimilation des substances minérales par les plantes, il ne nous suffit pas d'avoir rappelé les travaux des analystes qui ont établi la composition des cendres et de les avoir groupés de façon à montrer que des organes semblables renfermaient souvent des principes identiques; il nous faut aller plus loin, et chercher à déterminer à quel état ces principes minéraux se trouvent contenus dans les plantes.

Les essais auxquels nous nous sommes livrés sur cette question nous ont conduit à distinguer les substances minérales engagées dans de véritables combinaisons ou retenues par simple affinité capillaire, de celles qui paraissaient déposées par l'évaporation de l'eau chargée d'acide carbonique qui les tenait en dissolution.

Nous passerons successivement en revue les substances minérales les plus abondantes dans les plantes, en cherchant à déterminer l'état sous lequel on les y rencontre.

Potasse. — Il n'est pas douteux que cette base se rencontre souvent dans les plantes combinée avec les acides végétaux : on la trouve dans les *Rumex Acetosa* unie à l'acide oxalique ; dans les raisins, à l'acide tartrique ; dans les pommes de terre, combinée sans doute avec l'acide citrique ; dans les betteraves, unie à l'acide oxalique et à l'acide malique ; et l'on comprendra qu'elle n'ait pas toujours l'importance qu'on voulait lui attribuer naguère. Nous démontrerons plus loin que si un acide se développe dans une plante, son apparition détermine l'absorption élective des bases, et l'on conçoit que si l'acide sécrété n'est lui-même qu'un principe secondaire n'ayant qu'une importance médiocre pour la végétation, la potasse qui le sature peut n'avoir qu'une très-faible influence sur le développement de la plante elle-même, de sorte que celle-ci ne profiterait que très-peu de l'abondance de la potasse qu'elle rencontrera dans le sol.

Dans d'autres cas, cependant, la potasse paraît avoir une influence notable sur la récolte, notamment quand on cultive du froment ou des légumineuses, et il est possible que, dans ce cas, unie à l'acide phosphorique, elle entre dans la formation des principes albuminoïdes, dont l'importance, pour l'économie de la végétation, n'est pas douteuse, ou encore qu'elle favorise la solubilité, puis l'assimilation par les plantes de ces acides riches en carbone et en azote, dont M. P. Thenard, le premier, a signalé l'importance, et dont il a montré la formation dans les fumiers.

Chaux. — La chaux, comme la potasse, se trouve aussi très-souvent combinée avec les acides végétaux, suivant Turpin (*Mémoires sur les Biforines*, 1836) et M. Schleiden (*Beiträge zur Anatom. der Cacteen*, 1839) ; on la rencontre notamment à l'état d'oxalate. M. Payen a fait de cette question une étude approfondie, et il a reconnu l'oxalate de chaux dans un grand nombre de plantes phanérogames (*Cinquième Mémoire sur le développement des végétaux : Concrétions et incrustations minérales*, par M. Payen, dans *Mémoires des savants étrangers*). « On rencontre ordinairement, dit-il, l'oxalate de chaux en cristaux transparents, irradiés ou groupés en sphéroïdes, hérissés de pointes, appartenant en apparence à des rhomboèdres, des octaèdres ou des prismes rectangulaires, et terminés soit par des pyramides à quatre faces, soit par des faces irrégulières ou gradins anguleux. Ces cristaux ne sont pas régulièrement déterminables. » L'oxalate de chaux a été reconnu dans les feuilles des *Citrus* et *Limonium*, dans celles du *Juglans regia*, du *Juglans nigra* et du *Juglans cinerea*. M. Payen assure avoir trouvé dans un cactus desséché 70 pour 100 du poids net en oxalate de chaux.

Si la chaux se trouve ainsi combinée avec les acides sécrétés par l'organisation végétale, elle existe souvent aussi à l'état de carbonate et simplement déposée par évaporation. En effet, si on lave des feuilles avec de l'acide chlorhydrique étendu, on finit par leur enlever toute la chaux qu'elles renferment, et si l'on opère, comme l'a fait M. Payen, sous le champ du microscope, on peut observer le dégagement de l'acide carbonique. « On coupe en tranches très-minces le parenchyme vert par un plan perpendiculaire aux faces de la feuille, ou les nervures par un plan parallèle à leur axe : on remarque alors, en observant au microscope, des incrustations brunes dans les coins, entre les cellules et même irrégulièrement étendues autour de leurs parois. Les cellules ainsi incrustées se montrent en nombre plus ou moins considérable, suivant l'âge des feuilles et l'espèce de la plante, sans doute aussi suivant la nature du sol.

» Quoi qu'il en soit, il suffit parfois de mettre de l'acide chlorhydrique étendu de 10 volumes d'eau en contact avec ces tranches, pour voir le carbonate de chaux se dissoudre et le gaz enfermé dans les méats presser et entourer les cellules. »

Cette observation de M. Payen, exécutée sur les feuilles de *Mesembrianthemum cristallinum*, de *Maclura aurantiaca*, de *Forskalea tenacissima* (nervures), de *Juglans regia*, sur les feuilles du *Solanum tuberosum*, de *Sorocea*, de *Polygonum Fagopyrum*; cette observation, disons-nous, est importante, car elle montre que si les carbonates qu'on rencontre avec abondance dans les cendres peuvent provenir de la décomposition ignée de sels à acides organiques, ils existent souvent aussi tout formés dans les végétaux.

Silice. — La silice se trouve encore dans les plantes à deux états différents : tantôt elle semble engagée dans une combinaison assez fixe pour résister à l'action des réactifs faibles; tantôt, au contraire, ceux-ci la dissolvent parfaitement.

On a d'abord étudié l'état de la silice dans des tiges de diverses natures. Elles ont été soumises à l'action d'une dissolution de soude ou de potasse étendue marquant 1 degré au pèse-sel et bouillante; on avait soin de renouveler l'eau à mesure qu'elle s'évaporait; on terminait l'opération par un lavage à l'acide chlorhydrique étendu pour enlever l'alcali, et enfin par des lavages à l'eau pure jusqu'à disparition de la réaction acide. On a ainsi trouvé les résultats suivants :

Silice contenue dans différentes tiges avant et après les lavages avec une dissolution de potasse étendue et bouillante.

Noms des plantes en expérience.	Silice dans 100 de cendres de la plante normale.	Silice dans 100 de cendres de la plante lavée.
Seigle en fleur (mai 1865)................	38,2	68,00
Blé vert non encore en fleur (mai 1865)...	40,0	87,00
Paille de froment (août)...............	70,0	93,00
Bois de chêne.....................	21,0	0,00
Bagasse de canne à sucre.............	67,6	25,92
Bagasse de canne à sucre.............	67,6	53,42

On voit que les tiges des céréales ont abandonné à la lessive de soude et à l'acide chlorhydrique étendu, employés dans les lavages, presque toutes les matières minérales autres que la silice, mais que celle-ci au contraire a persisté jusqu'à former presque la totalité des cendres. On voit en même temps que le bois de chêne a au contraire perdu toute la silice qu'il renfermait, et que la bagasse de canne à sucre a perdu une quantité notable de cette silice, qui a disparu plus rapidement que les autres éléments. Comme les expériences ont été tout à fait comparatives, qu'elles ont duré le même temps et qu'on a employé les mêmes dissolutions, on peut conclure que la silice se trouve dans les pailles des céréales, dans le bois et dans la canne à sucre, sous des états très-différents. Est-on autorisé à admettre que la silice est combinée avec la cellulose dans un des cas, ou au moins retenue par *affinité capillaire*, tandis qu'elle ne l'est pas dans l'autre? ou bien peut-on croire que cette silice qui affecte, comme chacun sait, de nombreux états isomériques, est dans la paille d'une nature différente de celle qu'elle affecte dans le bois ou dans la bagasse? Nous penchons pour la première hypothèse, car cette silice se dissout très-facilement dans la potasse ou dans la soude en dissolution un peu plus concentrée; si l'on attaque la paille avec une lessive marquant 4 à 5 degrés, il ne reste bientôt plus de cendres dans la fibre désagrégée qui résiste à cette action.

Toutefois il est vraisemblable que l'évaporation, dans les feuilles, de l'eau chargée d'acide carbonique favorise le dépôt de la silice, qui est ensuite retenue par la cellulose des céréales plus énergiquement que par les tissus des autres végétaux.

En examinant, en effet, la quantité de silice contenue dans les cendres des feuilles et dans celles des tiges, et notamment des entre-nœuds, M. Isidore Pierre nous a fourni les éléments d'une comparaison des plus intéressantes : la quantité de silice va en augmentant assez régulièrement des feuilles supérieures aux inférieures ; les plus anciennes sont les plus chargées de silice. Ainsi on trouve que, sur 100 de cendres, les premières feuilles, à partir du sommet, renferment 68 pour 100 de silice ; les deuxièmes, 60 ; les troisièmes, 63 ; les quatrièmes, 67 ; les cinquièmes, 75 : quantités, comme on le voit, considérables et qui s'accroissent régulièrement, à une exception près. Or, les entre-nœuds, les tiges, ne renferment qu'une proportion de silice moindre : car les premiers entre-nœuds donnent, sur 100 de cendres, 50 de silice ; les seconds, 27 ; les troisièmes, 20 ; les quatrièmes, 20. Ces résultats s'accorderaient bien avec l'idée que si une partie de la silice est combinée avec la matière végétale, l'autre a été d'abord simplement déposée par évaporation ; les tiges, en effet, ne paraissent pas avoir une puissance évaporatoire comparable à celle des feuilles, et dès lors la silice qui s'y accumule à mesure qu'elles avancent en âge n'y atteint jamais une quantité aussi grande que dans les feuilles.

On rencontre dans ces derniers organes des poids de silice très-variables : tandis que cet acide est très-abondant dans les fougères, il n'existe qu'en proportion plus faible dans les feuilles d'autres plantes, bien qu'il s'y accumule à mesure que leurs feuilles vieillissent. Il importait donc de soumettre ces organes aux essais analytiques qui nous avaient donné des résultats importants sur les feuilles des céréales, et après nous être procuré des feuilles de diverses provenances, nous les avons fait encore bouillir avec la lessive de soude caustique à 1 degré, en observant les précautions signalées plus haut.

On a obtenu ainsi les résultats suivants :

Détermination des quantités de cendres et des quantités de silice qui existent dans 100 grammes de feuilles normales séchées à l'air, et dans 100 grammes des mêmes feuilles lavées avec de la soude caustique étendue et bouillante.

ESPÈCES AUXQUELLES APPARTIENNENT LES FEUILLES INCINÉRÉES.	CENDRES		SILICE		SILICE dans 100 de cendres	
	dans les feuilles normales.	dans les feuilles lavées.	dans les feuilles normales.	dans les feuilles lavées.	de feuilles normales.	de feuilles lavées.
Chêne..................	6,40	1,00	0,80	0,000	12,5	0,0
Lilas..................	5,00	1,00	0,50	0,030	10,0	3,0
Sapin (*Abies Picea*)........	2,44	2,24	0,26	0,130	10,0	5,0
Marronnier..............	7,40	0,80	1,40	0,030	18,0	37,0
Fougère (*Pteris aquilina*)...	12,70	2,60	4,10	0,193	32,3	74,2
Fougère................	12,70	2,70	4,10	0,180	32,3	66,6

La silice paraît donc être dans les feuilles à deux états différents : tandis que celle qui existe dans le chêne cède facilement à l'action de la soude caustique, celle au contraire qu'on trouve dans le marronnier, et surtout dans la fougère commune, résiste beaucoup mieux ; et pendant que les autres éléments sont en partie enlevés par la lessive alcaline, la silice persiste et se trouve en définitive plus abondante dans 100 parties de cendres des feuilles lavées que dans les cendres des feuilles normales.

Phosphates. — Tous les chimistes qui ont dosé à la fois l'azote et les phosphates dans les graines ont été frappés de voir ces deux matières augmenter à peu près parallèlement. Le lecteur qui voudra se reporter au tableau de la page 75 reconnaîtra que les graines, qui sont la partie de l'organisme végétal la plus riche en matières azotées, ont des cendres presque complétement composées de phosphates. Aussi, dans son *Economie rurale*, M. Boussingault s'exprime ainsi : « On aperçoit une certaine relation entre la proportion d'azote et celle de l'acide phosphorique contenus dans les substances alimentaires : généralement, les plus azotées sont aussi les plus riches en acide ; ce qui semble indiquer que dans les produits de l'organisation végétale, les phosphates appartiennent particulièrement aux principes azotés et qu'ils les suivent jusque dans l'organisme des animaux. »

M. Mayer arrive aux mêmes conclusions dans un mémoire important, publié en extrait dans les *Ann. de chimie et de phys.*, 3ᵉ série, 1857, t. LVI, p. 185.

M. Corenwinder, enfin, énonce la même opinion dans son mémoire *Sur les migrations du phosphore dans les végétaux* (1). « Depuis longtemps, dit-il, on a constaté que les bourgeons naissants et les jeunes végétaux sont riches en matières azotées. Celles-ci sont toujours accompagnées d'une proportion relativement considérable de phosphore, et il n'est pas douteux que ces deux éléments sont unis dans le tissu végétal suivant un mode de combinaison encore mystérieux. »

La démonstration de cette combinaison sera faite si l'on reconnaît que l'acide phosphorique, au contact des matières albuminoïdes, ne présente plus ses réactions habituelles. Si nous faisons voir, par exemple, que l'acide phosphorique reste en dissolution, en présence de la chaux, *dans une liqueur neutre*, nous comprendrons que la matière organique doit intervenir ; si, en lavant des farines, nous

(1) *Annales de chimie et de physique*, 1860, t. LX, p. 105, et *Ann. sciences nat.*, 4ᵉ série, t. XIV, p. 39.

entraînons, en même temps que de l'acide phosphorique, de la chaux, et que ces deux éléments restent en présence dans une liqueur limpide sans se précipiter, nous croirons à cette intervention de la matière organique, qui sera encore évidente quand nous montrerons que l'acide phosphorique combiné avec des bases qui forment avec lui des sels solubles résiste cependant à l'action de lavages multipliés.

Or, si l'on râpe des tubercules de pommes de terre, puis qu'on passe le jus au travers d'un linge, et enfin qu'on filtre, il sera aisé de constater dans le liquide la présence de la chaux et de l'acide phosphorique, qui restent en dissolution tant que la matière albuminoïde est soluble ; mais si l'on coagule celle-ci par la chaleur, une grande partie du phosphate de chaux se précipite, et si on lave la matière albuminoïde jusqu'à ce qu'elle ne cède plus rien à l'eau, puis qu'on la calcine, on trouve des cendres à peu près exclusivement composées de phosphate de chaux.

Ainsi ce sel est resté en dissolution tant que la matière albuminoïde a été maintenue liquide ; mais il se précipite au contraire avec celle-ci, et devient en partie insoluble aussitôt que la coagulation a lieu, en participant toujours de l'état de la matière azotée et l'accompagnant sous les différents états qu'elle prend.

On ne s'est pas au reste contenté de ces expériences qualitatives ; nous rapporterons ici différents essais qui montrent encore que les phosphates contenus dans les farines ne présentent pas les réactions qu'ils possèdent lorsqu'ils ne sont plus en présence des matières organiques.

Pour reconnaître si les phosphates sont, dans les graines, unis aux matières végétales, on a déterminé d'abord la quantité de chaux et d'acide phosphorique contenue dans 100 grammes de diverses farines ; on voulait ainsi connaître non-seulement quelle était la proportion d'acide phosphorique renfermée dans ces graines, mais encore déterminer la proportion de cet acide phosphorique qui, uni à la chaux, aurait dû être insoluble dans l'eau, s'il avait présenté ses propriétés habituelles. On sait, en effet, que le phosphate de magnésie, qui existe dans toutes les graines, est loin d'être insoluble dans l'eau pure ; et comme les 100 grammes de graines employés étaient traités au moins par un litre d'eau qui devait dissoudre seulement de $0^{gr},5$ à 2 grammes de phosphate, on pouvait compter que le phosphate de chaux seul serait insoluble. Il s'est trouvé, au reste, que cette prévision était inexacte, car dans l'eau de lavage de graines qui ne renfermaient d'autre acide que l'acide phosphorique, on a trouvé plusieurs fois des

quantités assez notables de chaux. On déterminait généralement l'a-
cide phosphorique entraîné par l'eau de lavage en le précipitant à
l'état de phosphate ammoniaco-magnésien. On pouvait, ou bien calciner la matière organique entraînée, ou bien former le phosphate
ammoniaco-magnésien dans le liquide renfermant une petite quantité
de matière organique, car on a reconnu, dans les deux expériences
suivantes, qu'en dosant dans la cendre des résidus d'évaporation ou
dans l'eau de lavage elle-même, on obtenait des résultats semblables.

On a en effet divisé en deux parties égales l'eau de lavage de la
farine de froment; on a évaporé l'une des portions du liquide à sec,
on a brûlé le résidu et dosé $0^{gr},055$ d'acide phosphorique; on a, d'autre
part, dosé ce même acide dans la liqueur non évaporée, on a obtenu
$0^{gr},058$, c'est-à-dire précisément la même quantité. En divisant en
deux parties égales l'eau de lavage de farine de pois, on a trouvé
0,028 dans les cendres de l'eau de lavage normale, et 0,023 dans les
cendres de l'eau de lavage évaporée et privée de matière organique
par la calcination.

Pour s'assurer encore plus complétement de l'exactitude de la méthode employée dans ces expériences, on a dosé comparativement
l'acide phosphorique dans les cendres d'un poids déterminé de farine
normale, puis dans l'eau de lavage et dans le résidu lavé d'une quantité de farine égale à la première. Une expérience faite dans ces conditions a conduit aux résultats suivants : on a trouvé dans 100 gram.
de farine de froment $0^{gr},800$ d'acide phosphorique; l'eau de lavage
d'une quantité de farine semblable avait entraîné 0,566 d'acide et
il en restait $0^{gr},215$ dans le résidu. $0^{gr},215 + 0^{gr},566 = 781$ au lieu
de $0^{gr},800$; la perte est donc assez faible pour qu'on puisse considérer ces expériences comme exactes.

Dans 100 grammes de farine de haricots, on trouve $0^{gr},870$ d'acide
phosphorique et 0,300 de chaux ; dans l'eau de lavage provenant de
100 grammes de cette même farine on a dosé $0^{gr},474$ d'acide phosphorique et $0^{gr},151$ de chaux : il est donc resté $0^{gr},396$ d'acide phosphorique dans la graine. Cet acide phosphorique n'était pas rendu insoluble
seulement par sa combinaison avec une base, car la combinaison la moins
soluble sous laquelle il se présente dans les végétaux est le phosphate
de chaux, et nous venons de voir que la moitié de la chaux avait passé
dans l'eau de lavage ; en admettant même que les $0^{gr},149$ de chaux
restant dans la farine lavée eussent retenu une quantité correspondante d'acide phosphorique, comme ces deux corps se combinent dans
le rapport de $\dfrac{PhO^5}{3CaO} = \dfrac{71}{84}$, il resterait toujours $0^{gr},271$ d'acide phos-

phorique à l'état de phosphate soluble qui aurait été cependant retenu par les principes végétaux de la graine.

Dans 100 grammes de chènevis, on a dosé 2^{gr},09 d'acide phosphorique et 0^{gr},19 de chaux ; l'eau de lavage a enlevé 0^{gr},351 et 0^{gr},079 de chaux : il est donc resté encore plus des trois quarts de l'acide phosphorique dans la graine lavée avec un litre d'eau (1).

Ces premières expériences, où nous trouvons l'acide phosphorique résistant à l'action de l'eau, bien qu'il soit engagé en combinaison avec une base qui le laisse à l'état soluble, où nous trouvons au contraire de la chaux et de l'acide phosphorique entraînés par les lavages, encore que les phosphates de chaux à réaction neutre soient complétement insolubles, démontrent que les phosphates sont combinés avec quelques-uns des principes immédiats de la graine. On ne révoquera pas en doute la conclusion que nous tirons de ces essais, car elle nous paraît identique avec celle qu'a déduite M. Chevreul d'expériences très-analogues insérées dans ses recherches sur la teinture : « Quant à la matière colorante qui restait adhérente au ligneux, dit l'illustre directeur du Muséum, il me serait impossible d'affirmer que la totalité y était combinée ; cependant j'affirmerai qu'une grande partie s'y trouvait dans cet état, car en recourant à l'alcool froid et à l'alcool bouillant, à l'eau bouillante, à l'eau de potasse, et en faisant concourir avec ces moyens les moyens mécaniques, je ne parvins pas à décolorer le coton. »

M. Chevreul, on le voit, ne se contente pas, pour reconnaître la combinaison d'un principe immédiat avec une matière colorante, d'employer les réactifs neutres ; il fait encore usage de substances plus actives. Nous avons, de notre côté, pour démontrer plus complétement l'adhérence des phosphates aux substances végétales, attaqué les farines obtenues de différents grains, non plus seulement avec de l'eau pure, mais avec de l'acide chlorhydrique étendu (1 partie d'acide chlorhydrique fumant pour 9 parties d'eau), et nous avons prolongé ensuite les lavages à l'eau pure jusqu'à ce que toute trace d'acide chlorhydrique ait été enlevée. Nous ne prétendons pas, au reste, que la seule quantité de phosphate qui soit combinée avec les principes immédiats de la graine soit celle qui persiste après ces lavages ; nous voulons seulement montrer que les phosphates, solubles sans excep-

---

(1) Ces résultats indiquant qu'une partie des phosphates existant dans les graines peut être entraînée par l'eau, confirment une communication intéressante faite par M. Terreil à la Société chimique, le 15 mai 1862 (voy. *Bulletin de la Société chimique*, 1862, p. 56). Ce même fait a été encore observé récemment par M. Calvert, qui, à tort, le donne comme nouveau (*Comptes rendus*, 1867, t. LXV, p. 1150).

tion dans l'acide chlorhydrique, lorsqu'ils sont isolés, ne se dissolvant plus entièrement lorsqu'ils appartiennent à l'organisme végétal, doivent exister dans cet organisme à l'état de combinaison.

Or, on a trouvé que sur $0^{gr},800$ d'acide phosphorique contenus dans 100 grammes de farine de froment, l'eau acidulée n'enlevait que $0^{gr},566$ dans un cas et $0^{gr},718$ dans un autre ; que sur $1^{gr},400$ d'acide phosphorique contenus dans la farine de pois, il en restait, après un lavage prolongé à l'acide chlorhydrique, $0^{gr},205$.

On arrive encore à constater que les phosphates sont retenus parfois avec une grande énergie dans les graines, en constatant leur présence dans le résidu lavé à l'acide chlorhydrique : on trouve ainsi que 100 grammes de farine de lentilles lavée à l'acide chlorhydrique renfermaient $3^{gr},099$ d'acide phosphorique ; que 100 grammes de farine de froment donnaient $1^{gr},596$ d'acide phosphorique, et qu'il en existait $0^{gr},573$ dans 100 grammes de farine de haricots également lavée à l'acide chlorhydrique. Dans une autre circonstance cependant, le résultat n'a pas été le même, et l'on n'a plus retrouvé d'acide phosphorique dans la farine d'avoine lavée à l'acide chlorhydrique.

Ainsi, dans ces dernières expériences, il s'est produit un fait très-curieux : la matière organique a disparu en plus grande quantité que les phosphates, de telle sorte qu'on arrive à ce résultat qui semble paradoxal, que, après les lavages à l'acide chlorhydrique, on trouve dans les farines une proportion d'acide phosphorique plus grande que celle qui se trouvait dans la farine normale.

Tous les résultats précédents sont résumés dans les tableaux suivants :

Sur l'état de l'acide phosphorique et de la chaux dans les graines.

NOMS des graines expérimentées.	ACIDE phosphorique dans 100 de graine.	CHAUX dans 100 de graine.	ACIDE phosphorique enlevé par l'eau.	CHAUX enlevée par l'eau.	ACIDE phosphorique dans la graine lavée.	CHAUX dans la graine lavée.
Froment.....	0,800	»	0,566	»	0,215	»
Haricots.....	0,870	0,300	0,474	0,151	0,396	0,149
Chènevis.....	2,090	0,190	0,351	0,079	1,658	0,111
Pois.........	1,400	»	1,195	»	0,205	»

Acide phosphorique contenu dans 100 de graines lavées avec une dissolution d'acide chlorhydrique (1 d'acide fumant pour 10 d'eau).

Noms des graines.	Acide phosphorique.
Froment................................	1,596
Lentilles...............................	3,099
Haricots...............................	0,573

Iodures. — Quand les végétaux marins renferment des iodures en quantités assez notables pour qu'il soit possible d'y reconnaître l'iode sans traiter des masses trop considérables, on trouve cet iode dans les cendres ; mais il est impossible de le caractériser dans l'extrait aqueux obtenu de la plante. En calcinant le *Fucus vesiculosus*, on peut, à l'aide du chlore, puis du chloroforme ou du sulfure de carbone, obtenir la coloration caractéristique de l'iode ; mais il n'a pas été possible d'obtenir la moindre réaction en traitant de la même façon l'extrait aqueux. Ainsi l'iodure de potassium est probablement engagé, dans ces plantes, dans une combinaison assez intime pour résister à l'action de l'eau bouillante ; on sait cependant que ce sel est tellement soluble dans l'eau, qu'il est déliquescent.

Sulfates et chlorures. — C'est surtout en étudiant l'état des sulfates et des chlorures dans les végétaux marins, que nous pourrons constater que les principes minéraux sont parfois liés aux fibres végétales par simple affinité capillaire. Quand on compare les analyses de l'eau de mer à celles des cendres d'un *Fucus*, un fait frappe d'abord : tandis que les deux tiers du résidu salin laissé par l'eau de mer sont formés de chlorure de sodium, les cendres des *Fucus* n'en renferment qu'un quart de leur poids au plus, et parfois seulement un sixième ; le sulfate de magnésie est bien moins abondant dans l'eau de mer que le chlorure de sodium, et cependant les sulfates sont en quantités considérables dans les cendres des *Fucus*.

Il est facile de montrer que toutes ces matières ne se trouvent pas au même état dans toutes les plantes marines. Si, en effet, on prend quelques-unes de celles-ci et qu'on les coupe, puis qu'on les fasse bouillir avec de l'eau, de façon à enlever les sels solubles, on est parfois très-frappé de voir que l'eau enlève des chlorures et presque pas de sulfates. L'expérience a été faite sur le *Fucus vesiculosus* : on a trouvé, dans un essai fait d'abord sur $0^{gr},944$ de cendres provenant de la plante lavée, une si faible quantité de chlore, qu'il a été impossible de faire le dosage ; dans un autre essai, $6^{gr},332$ de plante sèche ont donné 0,980 de cendres, dans lesquelles on n'a dosé que $0^{gr},007$ de chlore, tandis qu'elles contenaient une proportion notable d'acide sulfurique.

Dans un essai qui a porté sur le *Fucus serratus*, on a trouvé que 100 parties de plante lavée à l'eau bouillante et séchée donnaient $8^{gr},10$ de cendres. Le *Fucus serratus* normal donnait, pour 100 de cendres, 22,222 d'acide sulfurique et 6,040 de chlore ; tandis qu'après le lavage on trouvait 34,5 d'acide sulfurique pour 100 de cendres, et que les chlorures y étaient devenus complétement indosables. Nous ne saurions trop insister sur ce fait qui nous paraît capital : l'eau enlève au *Fucus vesiculosus* presque tous les chlorures en laissant les sulfates ; l'eau enlève de même au *Fucus serratus* tous ses chlorures, et ne laisse que des sulfates. Il est donc certain que les chlorures et les sulfates n'existent pas dans ces plantes au même état, et que les uns y sont en combinaison, tandis que les autres, au contraire, semblent y être encore dissous dans l'eau qui gorge la plante.

Toutes les fucacées ne donnent pas des résultats semblables ; dans toutes, les sulfates ne sont pas retenus par la matière organique plus énergiquement que les chlorures. On verra, au contraire, d'après les chiffres suivants, que le *Halidrys siliquosa* perd au lavage une plus grande quantité de sulfate que de chlorure.

On a trouvé dans la plante normale séchée à l'air 10,650 de cendres, et seulement 5,585 dans la plante lavée ; celle-ci avait donc perdu plus de cendres que de matières végétales. Au reste, l'acide sulfurique y avait été enlevé en quantité aussi considérable que le chlore ; 100 de cendres de la plante normale renfermaient, en effet, 24,252 d'acide sulfurique et 1,190 de chlore, et 100 de cendres de la plante lavée renfermaient 20,115 d'acide sulfurique et 0,900 de chlore.

Ces résultats si différents donnés par ces deux fucacées sont résumés dans le tableau suivant :

NOMS DES PLANTES EXPÉRIMENTÉES.	SUR L'ÉTAT DU CHLORE ET DE L'ACIDE SULFURIQUE DANS LES PLANTES MARINES			
	NORMALES.		LAVÉES.	
	CHLORE dans 100 de cendres.	ACIDE sulfurique dans 100 de cendres.	CHLORE dans 100 de cendres.	ACIDE sulfurique dans 100 de cendres.
Fucus serratus.............	6,040	22,222	indosable	34,500
Halidrys siliquosa..........	1,190	24,252	0,900	20,115

Si nous résumons maintenant les faits établis dans les pages précédentes, nous reconnaissons que les substances minérales existent dans les végétaux à des états très-différents :

1° Elles peuvent y être simplement déposées par évaporation : tel paraît être le carbonate de chaux dans les feuilles ; il disparaît, en effet, par un simple lavage à l'acide chlorhydrique ; tel il paraît être aussi dans les arbres, où il cède encore sans difficulté aux acides. La silice, dans les feuilles d'un grand nombre d'arbres, se dissout encore dans les alcalis étendus.

2° Elles peuvent être retenues en combinaison :

A. Avec des principes immédiats à réactions parfaitement tranchées. M. Payen a vu l'oxalate de chaux dans les cactus. Chacun sait qu'on extrait de l'oxalate de potasse des oseilles, le tartrate de potasse et de chaux des raisins, le citrate de potasse des citrons. Nous avons extrait nous-même l'acide citrique des pommes de terre, où il était vraisemblablement combiné avec la potasse, de même que l'acide oxalique dans les betteraves.

B. Mais les substances minérales peuvent être aussi unies aux principes immédiats neutres, les phosphates aux matières albuminoïdes, la silice à la cellulose des tiges de graminées ou de fougères, les sulfates et les iodures aux tissus des fucacées. Ces dernières combinaisons n'ont plus le caractère nettement défini des précédentes ; l'adhérence des principes minéraux aux tissus végétaux est variable : tantôt capable de résister à l'action des réactifs énergiques, elle peut parfois céder à des lavages multipliés, ainsi que nous l'avons remarqué pour les sulfates et les chlorures dans quelques plantes marines. Des exemples de ces combinaisons encore mal définies, dans lesquelles les éléments peuvent être retenus, non plus par la force énergique qui est mise en jeu par le contact d'une base ou d'un acide, mais par cette force affaiblie et dégénérée, jusqu'à devenir, suivant l'expression de M. Chevreul, une simple affinité capillaire, nous sont fournis à profusion par l'art de la teinture. Nous savons que les mordants adhèrent aux tissus et résistent aux lavages ; nous savons que les matières colorantes se fixent également sur ces tissus mordancés, et ces alliances durables après le mordançage, éphémères, au contraire, quand la matière colorante est mise directement en contact avec la fibre végétale, nous paraissent avoir de profondes analogies avec les unions plus ou moins stables que contractent les substances minérales avec les tissus appartenant aux plantes encore vivantes.

§ 26. — EXAMEN DES ANCIENNES HYPOTHÈSES PROPOSÉES POUR EXPLIQUER LA COMPOSITION DES CENDRES.

L'analyse des cendres démontre que les plantes choisissent, dans la dissolution complexe que renferme le sol, certaines substances mi-

nérales, et s'en emparent, se les assimilent à l'exclusion de certaines
autres. Qu'on sème dans la même terre du trèfle et du blé, ainsi qu'on
le fait souvent, et à l'analyse on ne trouvera pas aux cendres la même
composition : le blé renfermera surtout de la silice et des phosphates, le
trèfle de la potasse et de la chaux. Quel est le mécanisme de cette sélection ? c'est ce qui nous reste à étudier.

Examen des organes d'absorption. — L'hypothèse la plus simple
qu'on puisse faire pour expliquer le choix qu'exécutent les végétaux consiste à supposer que les tissus des racines ne présentent pas
la même structure dans les espèces différentes; que les organes d'absorption du blé sont aptes à se laisser pénétrer par la silice ou les
phosphates, tandis que ceux du trèfle, qui refuseront la silice, absor-
beront au contraire la potasse et la chaux. Il suffit presque d'énoncer
cette hypothèse pour voir combien elle est singulière et peu d'accord
avec ce qu'enseigne la science actuelle, ennemie des causes occultes.
La répugnance qu'inspire cette hypothèse est, au reste, justifiée par
l'examen des faits : en soumettant à un examen microscopique attentif
les organes, il est impossible d'y découvrir les moindres différences
correspondant aux différences qu'on remarque dans la composition
des cendres des plantes auxquelles ils appartiennent. (Voyez, sur l'absorption des liquides par les racines, Duchartre, *Traité de botanique*,
page 237, qui relève une erreur généralement répandue.) Au reste,
pour démontrer qu'il n'existe pas dans les racines une faculté de
sélection suffisante pour produire les effets constatés par l'analyse
des cendres, on peut avoir recours, comme l'a fait depuis longtemps
Trinchinetti, à des expériences directes (*Sulla facolta assorbente
delle radice de vegetabili*, Milano, 1863).

**Les racines absorbent tous les éléments solubles qui sont mis en
contact avec elles.** — Ce naturaliste a reconnu, en plongeant pendant
quelque temps des plantes munies de leurs racines en bon état dans
des dissolutions salines variées, que toutes les matières dissoutes
pénétraient dans les tissus. Ces expériences paraissent mériter toute
confiance, car Trinchinetti eut soin de caractériser, à l'aide de réactifs
appropriés, les sels qui avaient pénétré dans la plante, et le fait de
l'absorption d'une dissolution saline quelconque pourra être considéré
comme démontré, quand nous aurons signalé la cause d'une anomalie
connue depuis longtemps.

Si l'on fait l'analyse des cendres des plantes qui ont végété dans un
sol plâtré, on reconnaît que celles-ci renferment plus de chaux et de
potasse que les plantes qui se sont développées dans un sol non amendé

avec du sulfate de chaux, mais que la proportion d'acide sulfurique qui existe dans les cendres est loin d'être suffisante pour saturer la chaux et la potasse, et l'on pourrait avoir quelque peine à comprendre un fait semblable et être tenté, par suite, de l'attribuer encore à une faculté particulière aux racines, si l'on n'avait constaté, d'une part, qu'une plante semée dans du coton et arrosée avec de l'eau chargée de sulfate de chaux absorbe très-bien ce sel, et, d'autre part, que le sulfate de chaux enfoui dans le sol ne tarde pas à s'y transformer en carbonate. C'est sous cette nouvelle forme que les bases pénètrent dans la plante ; de telle sorte que si l'on ne remarque pas habituellement de sulfate de chaux dans les cendres d'une plante développée sur un sol plâtré, c'est tout simplement parce que ce sulfate de chaux n'y persiste que pendant peu de temps.

Excrétions des racines. — Nous reconnaissons donc, d'une part, que tous les sels pénètrent dans les plantes ; de l'autre, que ces principes ne sont pas tous simplement en dissolution dans l'eau qui gorge la plante, mais que quelques-uns d'entre eux sont combinés avec les divers principes immédiats. Si nous pouvions reconnaître dans les plantes la faculté d'excrétion, nous arriverions facilement à comprendre le mécanisme suivant lequel se fait le choix constaté par l'analyse. Supposons, en effet, qu'une dissolution complexe, comme celle qui existe dans le sol, pénètre dans la plante et se répande dans tout l'organisme, elle arrive au contact de différents tissus ; quelques-unes des substances minérales introduites perdent leur solubilité, et les autres, après un séjour plus ou moins long dans le végétal, sont expulsées au dehors par les racines : de telle sorte que lorsqu'on analyse la plante, on n'y trouve plus, bien que tous les éléments solubles contenus dans le sol y aient pénétré, que ceux qui sont capables de contracter quelque combinaison.

Pour que nous puissions admettre cette hypothèse, il nous faudrait démontrer que les plantes sont capables d'excrétion. Cette idée n'est pas nouvelle ; elle a été soutenue par plusieurs esprits distingués, et notamment par De Candolle (1), qui avait cru pouvoir baser une

---

(1) *Physiologie*, p. 248, etc. — Il faut remarquer que s'il est impossible de constater l'excrétion d'une substance minérale par les racines, il est vraisemblable que celles-ci émettent un acide fixe au moment de la germination, et très-habituellement de l'acide carbonique. En faisant germer des graines sur du papier de tournesol, on reconnaît facilement que celui-ci se teint en rouge dans tous les points où il a été en contact avec les racines ; de plus, celles-ci exercent une action dissolvante remarquable sur les calcaires.
Les expériences qui tendent à le montrer sont insérées par M. J. Sachs dans son *Traité de physiologie végétale* (page 210), et l'on a pu en voir les résultats à l'exposition de 1867. Des

théorie des assolements sur cette propriété hypothétique ; toutefois toutes les expériences directes qui ont été faites sur ce sujet ont conduit à des conséquences négatives.

On sait que Walter, notamment, a contribué à faire rejeter l'idée de l'existence d'une exosmose régulière, en faisant végéter une plante munie de plusieurs racines dans deux vases différents, de sorte que quelques-unes des racines plongeaient dans l'un des vases renfermant de l'eau distillée, les autres pénétraient dans une dissolution saline. Si les racines sont des organes de sécrétion, si elles peuvent rejeter quelques-uns des principes qu'elles ont pris d'abord, il est probable que la dissolution saline absorbée par l'une des racines se répandra dans toute la plante, puis sera rejetée au dehors, et qu'on retrouvera dans l'eau pure le sel contenu dans l'autre vase. Les expériences furent faites à l'aide du sel marin, du sulfate de soude et de l'acétate de plomb, et conduisirent toujours à des résultats négatifs ; dans le dernier cas, il fut facile de reconnaître le sel de plomb dans la plante et même dans les racines plongées dans l'eau pure, mais on ne put en retrouver dans cette eau.

Nous avons nous-même exécuté quelques expériences analogues. Des plantes aquatiques, des lentilles d'eau (*Lemna minor*) furent placées dans des dissolutions très-étendues de sulfate de cuivre et de sel ammoniac ; on y laissa les plantes quatre ou cinq jours ; puis, après les avoir bien lavées, on les remit dans l'eau distillée, qui fut examinée après quelques jours. Il fut impossible d'y découvrir la moindre trace de sel de cuivre ou de chlorure, et l'on sait cependant qu'il existe, pour reconnaître ces substances, des réactifs d'une admirable sensibilité.

Ainsi, l'explication de l'accumulation dans les plantes d'un principe minéral, à l'exclusion d'un autre, ne peut s'appuyer sur l'idée que les principes non combinés, non retenus dans la plante, sont éliminés par les racines, et une autre manière de voir doit être proposée.

---

graines de différentes plantes (*Phascolus multiflorus*, *Cucurbita Pepo*, *Triticum vulgare*, etc.) sont semées dans du sable contenu lui-même dans de petites caisses de marbre ; les racines se développent et atteignent bientôt le marbre, sur lequel elles rampent dans différents sens. Quand on met fin à l'expérience, on voit très-distinctement, sur la surface polie du marbre, la trace de plusieurs racines et de leurs ramifications : les limites de ces empreintes sont nettes ; elles sont en moyenne larges d'un demi-millimètre et ressemblent à un trait légèrement marqué avec un burin à pointe large. Les empreintes sont aussi visibles sur de la dolomie ; mais sur le plâtre, au lieu d'être en creux, elles sont en relief : les racines ont protégé le plâtre contre l'action dissolvante de l'eau.

§ 27. — DES PHÉNOMÈNES DE DIFFUSION.

Pour arriver à la solution, il nous faut maintenant abandonner l'étude directe des plantes et rappeler les faits découverts par Dutrochet et Th. Graham, relatifs à l'endosmose et à la diffusion. Cette marche, qui paraît détournée, est celle cependant qui nous conduira le plus rapidement au but que nous nous proposons d'atteindre.

Rappelons d'abord une des expériences fondamentales de Th. Graham. On sait que ce savant a démontré que si, au fond d'une éprouvette étroite remplie d'eau, on dépose une dissolution concentrée d'un sel soluble, celui-ci finit par se répandre dans toute la masse : les molécules salines, triomphant de la force de pesanteur, qui semblait devoir les maintenir près du fond du vase, s'élèvent jusqu'en haut de l'éprouvette ; elles sont animées d'un mouvement de transport tout à fait indépendant du mouvement du liquide lui-même, et tendent à se répandre dans tout le liquide, comme un gaz se répand dans tout l'espace qui s'offre à lui.

Une paroi poreuse n'oppose qu'une très-faible résistance à cette diffusion ; on peut s'en assurer par l'expérience suivante. Dans un vase de verre renfermant une dissolution saline, on immerge un vase poreux semblable à ceux qu'on emploie dans la pile de Bunsen. Ce vase renferme de l'eau distillée, et le niveau du liquide est le même des deux côtés de la paroi ; il n'y a, par conséquent, aucun transport de liquide, et cependant l'analyse a démontré que le sel se diffuse au travers de la paroi poreuse, et après quelques jours, si l'on emploie des dissolutions étendues, on trouve que des quantités égales d'eau prises dans le vase poreux ou en dehors renferment des quantités de sels semblables : l'équilibre est établi.

La présence d'un sel dans l'eau du vase poreux s'oppose à la diffusion du même sel, mais n'apporte qu'un très-faible obstacle à la diffusion d'un sel d'une autre nature. Supposons, pour préciser les idées, que nous ayons placé une dissolution de chlorure de potassium dans le vase de verre et dans le vase poreux ; cette dissolution présente, des deux côtés de la paroi poreuse, la même concentration, et, par suite, il ne se fait aucun mouvement de sel d'un vase vers l'autre. On ajoute alors dans le vase extérieur une certaine quantité de sulfate de soude solide : celui-ci se dissout, et bientôt chemine au travers de la paroi poreuse et pénètre dans le vase intérieur.

Plaçons maintenant dans le vase extérieur un mélange de deux sels, et, par un moyen quelconque, amenons l'un des deux à l'état insoluble aussitôt qu'il aura pénétré dans le vase poreux, nous prévoyons facilement ce qui arrivera : les deux sels se diffusent d'abord dans l'eau du vase poreux en quantités que nous supposons égales, et, après quelques jours, l'eau intérieure se trouve avoir une concentration semblable à l'eau extérieure, et les choses persistent dans cet état si aucune cause perturbatrice n'intervient. Mais nous supposons, au contraire, que l'un des deux sels est amené à l'état insoluble, l'eau intérieure est donc débarrassée de ce sel, et dès lors la diffusion en entraîne dans le vase poreux une nouvelle proportion pour remplacer celui qui a disparu ; une nouvelle précipitation sera bientôt suivie d'un nouvel afflux destiné à rétablir l'équilibre toujours détruit. L'un des deux sels appelé par ces précipitations successives entrera donc dans le vase poreux à différentes reprises, et l'expérience terminée, on l'y trouvera en plus forte proportion que le sel non précipité, qui a cessé de pénétrer dans l'eau intérieure aussitôt qu'elle a été chargée au même degré que l'eau extérieure.

Cette accumulation d'un sel dans le vase intérieur se réalise, par exemple, très-aisément avec du sulfate de cuivre, auquel on ajoute peu à peu, à mesure qu'il se diffuse dans l'eau du vase poreux, de l'eau de baryte. Dans une expérience où le vase extérieur renfermait au commencement $0^{gr},990$ de sulfate de cuivre, on a trouvé à la fin, dans le vase extérieur $0^{gr},293$, et dans le vase intérieur $0^{gr},697$. Dans un autre, l'eau du vase extérieur renfermait d'abord $1^{gr},082$ de sulfate de cuivre, et à la fin de celle-ci $0^{gr},464$, tandis qu'il y avait dans le vase intérieur $0^{gr},718$ de sulfate de cuivre.

§ 28. — EXPLICATION DE L'ACCUMULATION DES PRINCIPES COMBINÉS A L'ÉTAT INSOLUBLE DANS LES VÉGÉTAUX.

Cette expérience va nous permettre d'expliquer facilement l'accumulation des principes minéraux qui sont fixés en combinaison par les matières végétales. Nous avons vu que, dans le *Fucus serratus*, les sulfates sont retenus à l'état insoluble, tandis que les chlorures sont facilement enlevés par l'eau. Or, nous pouvons comparer la mince pellicule qui recouvre les tissus de la plante à la paroi poreuse de notre vase de porcelaine dégourdie, et admettre qu'il y aura diffusion des sels contenus dans l'eau au travers de cette paroi, comme il y avait diffusion des sels de la dissolution extérieure dans l'eau du vase poreux. Les tissus du fucus vont dès lors exercer leur action sur ces sels ; les sulfates se combinent ; solidifiés par cette union, ils sont soustraits à la dissolution, comme l'était le sel précipité dans l'expérience précédente, et, par suite, une nouvelle quantité de sulfate pénétrera par diffusion dans l'eau qui gorge le tissu, tandis que le chlorure non combiné, se trouvant au même degré de concentration dans l'eau de la mer et dans le liquide de la plante, n'y pénétrera pas de nouveau. On comprend donc que, bien qu'il y ait dans l'eau de la mer plus de chlorures que de sulfates, les sulfates puissent s'accumuler dans le fucus en plus grande quantité que les chlorures.

Ce même raisonnement peut encore s'appliquer aux iodures, qu'on trouve toujours engagés dans des combinaisons insolubles avec les tissus des fucacées, tellement que, pour les caractériser dans ces plantes, il faut d'abord les brûler ou les désorganiser par l'action oxydante de l'acide azotique.

Assimilation de la silice combinée. — L'accumulation des principes minéraux combinés dans les plantes terrestres peut être expliquée par un mécanisme analogue. Supposons qu'un grain de froment germe. L'amidon, d'abord liquéfié par la diastase, transformé en dextrine, puis en glucose, éprouve enfin une dernière transformation, et donne naissance à de la cellulose ; celle-ci possède une certaine affinité pour la silice, est capable de la rendre insoluble, et nous avons vu qu'une dissolution de soude étendue et bouillante est impuissante à détruire la combinaison formée. Si donc une dissolution complexe, appelée par l'évaporation qui se produit dans la jeune feuille, pénètre par endosmose dans les tissus, la silice qu'elle renferme va être solidifiée. Que cette combinaison se forme au moment même où la cellulose s'organise, ou bien qu'elle se fixe sur la cellulose déjà formée, comme une teinture adhère peu à peu à une fibre végétale déjà filée ou tissée, peu importe ; le point qu'il faut mettre en lumière, est que la séve est appauvrie de silice, et que, dès lors, un nouvel afflux de la silice contenue dans l'eau qui baigne les racines va pénétrer dans la plante pour remplacer celle qui est devenue insoluble, comme le sulfate de cuivre précipité par l'eau de baryte, devenu insoluble dans l'expérience citée plus haut, était bientôt remplacé par une nouvelle quantité. Aussitôt donc que l'équilibre est rompu, que l'eau qui gorge la plante ne renferme plus la même quantité de silice que l'eau extérieure, une nouvelle quantité doit pénétrer pour remplacer celle qui a été précipitée.

Certainement, en même temps que la silice sont entrées dans la jeune plante, avec l'eau qu'appelle l'évaporation, les diverses matières solubles contenues dans la terre arable, mais celles-ci restent en dissolution dans la séve, et opposent, par leur présence, un obstacle invincible à l'arrivée de nouvelles quantités.

Ce dernier point est important et nous y insistons. Nous pensons que le lecteur est convaincu qu'une matière qui devient insoluble dans la plante, par suite de la combinaison qu'elle y contracte avec un tissu ou un principe immédiat, doit s'y accumuler, et l'expérience faite avec le sulfate de cuivre et la baryte est, à ce point de vue, démonstrative. Or, si nous avons démontré par l'expérience un des points relatifs à la question que nous traitons actuellement, à savoir, que la présence dans un vase poreux d'un sel en dissolution aussi concentrée que la dissolution extérieure formée, s'oppose absolument à l'arrivée d'une nouvelle quantité de ce sel, nous n'avons pas encore indiqué d'expérience démontrant que si l'eau qui tient le sel en dissolution s'évapore peu à peu, de telle sorte que la dissolution intérieure se concentre, l'eau pourra pénétrer pour remplacer celle qui a disparu, en laissant au dehors le sel qu'elle tenait en dissolution.

Ainsi, dans les expériences précédentes, nous avons vu le sel se déplacer sans que l'eau l'accompagnât dans son mouvement; maintenant nous devons assister encore à une séparation entre le corps dissous et le dissolvant, mais le dissolvant seul se déplacera, abandonnant le corps dissous.

Expériences de Th. de Saussure. — La preuve de cette séparation nous est donnée par Th. de Saussure dans ses expériences classiques sur l'absorption des diverses dissolutions par les plantes (*Recherches chimiques sur la végétation*, p. 247). On sait que l'illustre physiologiste plaça des pieds de *Polygonum Persicaria* ou de *Bidens cannabina*, bien pourvus de leurs racines, dans des dissolutions, et qu'il les y a maintenus jusqu'au moment où ils avaient fait disparaître par évaporation la moitié de l'eau dans laquelle ils végétaient. Th. de Saussure analysa l'eau restant dans les vases, quand l'expérience fut terminée; il constata que « les plantes avaient absorbé toutes les substances qui leur avaient été présentées, mais qu'elles avaient sucé l'eau en beaucoup plus grande raison que les corps qui étaient dissous ». Cette expérience nous donne donc la démonstration dont nous avions besoin; elle nous prouve que lorsqu'un sel se trouve dans les liquides qui gorgent la plante en quantité égale à celle qui existe dans la dissolution extérieure, il cesse de pénétrer dans la plante, sans que cependant le mouvement de l'eau soit interrompu.

Il est bien clair que, plus les sels qui se trouvent dans l'eau y sont en dissolution concentrée, plus aussi la quantité qui pénètre dans la plante est grande : aussi rencontre-t-on dans les plantes tropicales des quantités parfois considérables de salpêtre ; les betteraves venues sur des terres très-salées se chargent également de sel ; et enfin, lorsque les eaux que renferme le sol se concentrent par évaporation, les plantes cessent de pouvoir y vivre.

Diffusion des matières solubles au travers des colloïdes. — Dans les pages précédentes nous étendons à une plante fixée dans la terre par ses racines les résultats obtenus avec des dissolutions ; l'assimilation est-elle possible ? Peut-on admettre que la diffusion aura lieu au travers de la terre arable et au travers des tissus de la plante, comme au travers de l'eau et d'un vase poreux ? Pour être convaincu que cette assimilation est légitime, on n'a qu'à rappeler un des faits constatés par Th. Graham dans ses mémorables recherches sur la diffusion. On sait qu'il a été conduit à diviser, par rapport à cette propriété, tous les corps en deux grandes classes : les matières colloïdes, telles que la gomme, la gélatine, etc., et les matières cristalloïdes, qui, ainsi que leur nom l'indique, sont susceptibles de prendre des formes cristallines. Les corps cristalloïdes se diffusent, non-seulement très-bien dans l'eau, c'est-à-dire qu'ils s'y déplacent, comme nous l'avons dit déjà, en dehors de tout mouvement du liquide, mais encore ils se diffusent également bien dans les colloïdes. Ainsi, qu'on place, à l'imitation de Th. Graham, dans une éprouvette étroite, une gelée d'amidon, puis qu'on dépose au fond du vase une dissolution colorée, et l'on verra cette dissolution monter dans l'amidon et le colorer peu à peu ; dans toute autre matière gélatineuse, la dissolution eût cheminé de même, et l'on est en droit d'affirmer que la plupart des sels se diffusent encore avec la même facilité dans un sol argileux.

Il est un point, cependant, sur lequel il importe d'insister : les colloïdes en dissolution ne se diffusent pas au travers des masses colloïdales comme au travers de l'eau. Ainsi, s'il est possible de faire cheminer du chromate de potasse au travers de la gelée d'amidon, on ne réussirait pas à y diffuser de la gomme, et l'on pourrait se demander si la silice, facile à obtenir en gelée, n'est pas un colloïde, et, par suite, si la terre argileuse, colloïdale elle-même, n'opposera pas un obstacle absolu à sa diffusion. Cette objection serait sérieuse pour une dissolution concentrée de silice ; mais on voit, dans les expériences de dialyse de Th. Graham (*Ann. de chim. et de phys.*, 3ᵉ série, 1862, t. LXV, p. 169), que l'acide silicique soluble et très-dilué a toujours traversé la membrane colloïdale, et cette expérience suffit à expliquer comment les dissolutions extrêmement étendues, répandues dans la terre arable, peuvent y circuler.

Une objection plus spécieuse peut être faite à la théorie que nous proposons. Nous attribuons l'accumulation de la silice, dans les graminées, à la combinaison que cette silice contracte avec la cellulose, et l'on peut se demander pourquoi tous les végétaux ne renferment pas de la silice, puisque tous renferment de la cellulose. Pour que cette objection fût fondée, il faudrait admettre que le squelette de toutes les plantes est formé par la même variété de cellulose; mais cett opinion n'est plus soutenable, aujourd'hui que M. Fremy a constaté que les tissus des végétaux sont constitués par des matières isomériques, mais non identiques, et très-diversement attaquées par le réactif de Schweizer, obtenu en dissolvant le cuivre dans l'ammoniaque.

Il nous paraît donc probable que si les graminées se chargent de silice, tandis que les légumineuses n'en prennent pas, cette différence est due à l'existence, dans les premières, d'une cellulose capable de se combiner avec la silice, tandis que la cellulose des légumineuses, isomère, mais non identique à la précédente, ne peut contracter une union semblable.

§ 29. — ASSIMILATION DANS LES VÉGÉTAUX DES PHOSPHATES ET DES BASES.

Si les bases se rencontraient toujours dans les végétaux à l'état insoluble, comme la chaux à l'état d'oxalate ou de carbonate, leur accumulation serait produite par des causes semblables à celles qui déterminent l'assimilation de la silice par les graminées; mais, en réalité, il n'en est pas ainsi, et l'on rencontre souvent dans les tissus des matières minérales en quantités notables, bien qu'elles y soient en dissolution : le tartrate de potasse dans les raisins, le citrate et l'oxalate de potasse dans les pommes de terre, l'oxalate de potasse encore dans les betteraves et dans les oseilles, sont en dissolution dans les liquides qui gorgent les cellules; il en est de même des phosphates, qui, dans les feuilles ou dans les tubercules, restent solubles, et ne se précipitent que lorsque l'albumine qu'ils accompagnent se coagule.

Pour comprendre le mécanisme de l'assimilation des matières minérales qui sont en combinaison dans les végétaux, mais qui y forment des combinaisons solubles, nous allons recourir encore une fois aux expériences exécutées à l'aide de vases inertes.

Supposons qu'on place de l'eau distillée dans un vase poreux de la pile de Bunsen, et qu'on immerge celui-ci dans une dissolution complexe, formée, par exemple, de bicarbonate de soude et de chlorure de potassium : on reconnaîtra, après quelques jours, que les deux sels sont entrés en quantités égales dans l'eau intérieure, ils se sont diffusés avec la même rapidité. Changeons maintenant le liquide contenu dans le vase poreux et plaçons à l'intérieur un acide, et voyons ce qui arrivera. L'expérience a porté sur un mélange de 3^{gr},111 de bicarbonate de potasse et de 3^{gr},111 de sel marin dissous dans les 150 centigrammes du vase extérieur ; intérieurement, on avait placé 50 centimètres cubes d'acide sulfurique très-dilué. Après vingt-quatre heures, on a trouvé que la liqueur extérieure avait perdu 0^{gr},825 de bicarbonate de potasse et seulement 0^{gr},210 de sel marin ; on a reconnu que la diffusion avait eu lieu du vase extérieur vers l'acide intérieur, car la liqueur extérieure ne renfermait que des traces d'acide sulfurique.

On peut conclure de ces essais que la présence dans le vase poreux d'une substance capable de se combiner avec l'un des sels contenus dans le vase extérieur détermine la diffusion plus abondante de celui-ci. Cette cause perturbatrice modifie donc profondément les lois de la diffusion ; tous les éléments solubles n'entrent plus avec la même vitesse : l'un s'accumule rapidement dans le vase poreux, tandis que l'autre, sollicité seulement par la force de diffusion, n'y pénètre qu'avec une certaine lenteur ; et si l'on met fin à l'expérience après un certain temps, on pourra dire que le vase poreux renfermant un acide *a fait une sorte de choix* dans les substances qu'il avait à sa disposition, et qu'il a pris l'une en plus grande quantité que l'autre.

Revenons maintenant aux plantes, et considérons une pomme de terre dont les tubercules sont enfouis dans une terre meuble suffisamment humide et renfermant, par exemple, du carbonate de potasse et du sel marin. Par suite probablement d'un phénomène d'oxydation de l'amidon contenu dans les tissus, des acides, tels que l'acide citrique ou l'acide oxalique, apparaissent ; ils s'unissent au carbonate de potasse qui a pénétré par diffusion dans les cellules de la pomme de terre, comme l'acide sulfurique s'unirait au carbonate de potasse qui est entré dans le vase poreux. Aussitôt, au reste, que la combinaison est faite, l'eau qui gorge les tissus du tubercule est moins riche en carbonate de potasse que l'eau du sol, et une nouvelle quantité doit pénétrer par diffusion pour remplacer celle qui a contracté une combinaison avec les acides formés.

On expliquerait par des considérations analogues l'assimilation des phosphates qui se rencontrent à l'état soluble dans les jeunes feuilles, dans les tubercules, et qui s'y trouvent en combinaison, ainsi que nous l'avons vu plus haut, § 25. On se rappelle qu'on trouve, en effet, dans du jus de pomme de terre par exemple, avant que l'albumine ait été coagulée par l'ébullition, une proportion sensible de chaux et d'acide phosphorique, qui ne pourraient rester en dissolution dans une liqueur neutre, s'ils n'y étaient maintenus par une combinaison ; et c'est précisément à l'existence de celle-ci que nous attribuons la pénétration des phosphates qu'on rencontre toujours associés aux matières azotées et qui sont peut-être nécessaires à leur formation.

§ 30. — ACCUMULATION DANS LES FEUILLES DE SUBSTANCES SOLUBLES DANS L'EAU CHARGÉE D'ACIDE CARBONIQUE ET INSOLUBLES DANS L'EAU PURE.

Il existe un certain nombre de matières susceptibles de se dissoudre dans l'eau chargée d'acide carbonique, mais insolubles dans l'eau pure ; ce sont précisément ces matières qui finissent par former entièrement les cendres contenues dans les feuilles, et il était important de reconnaître ce qui arriverait lorsqu'on soumettrait à l'évaporation spontanée un mélange d'une de ces matières et d'un sel soluble dans l'eau pure. On se servit comme appareil d'évaporation d'une bande de gaze ou d'une mèche de coton, dans lesquelles le liquide monte facilement par capillarité, ainsi qu'il est facile de le constater en mouillant la bande de gaze et en la plaçant dans une dissolution colorée.

Pour reconnaître si cette évaporation pouvait faciliter le dépôt des substances insolubles dans l'eau, mais solubles dans l'acide carbonique, on dispose l'expérience suivante : Dans deux vases de verre de forme semblable on plaça respectivement des dissolutions de bicarbonate de chaux et de sel marin ; des bandes de gaze plongeaient par l'une de leurs extrémités dans les liquides, et les deux sels s'élevaient dans le tissu.

L'expérience fut arrêtée après quelques jours, et l'on dosa les sels restant dans les deux dissolutions. On connaissait le titre primitif, on put ainsi déterminer quelles étaient les quantités de sels qui s'étaient fixées sur les bandelettes ; on reconnut que la dissolution de sel marin avait perdu 27 pour 100 du sel primitif, et le bicarbonate de chaux 62 pour 100. La raison de cette différence nous paraît analogue à celle que nous avons donnée plus haut : pour que l'équilibre d'une dissolution soit établi, il faut que le sel obéissant à la force de diffusion existe en quantité semblable dans tous les points du liquide ; si cet équilibre est rompu par une cause quelconque, si le sel disparaît en un point, une nouvelle quantité de sel se dirige vers le point où s'est manifestée la cause perturbatrice. Or, le bicarbonate de chaux en dissolution dans l'eau est un corps très-facile à décomposer : exposé à l'évaporation, l'acide carbonique en excès se dégage et du carbonate de chaux se précipite ; les stalactites, si abondantes dans les grottes des pays calcaires, n'ont pas une autre cause. Le sel marin, au contraire, est très-stable et ne se décompose nullement par l'évaporation. On conçoit donc que, dans les deux vases, il se produise des effets très-différents. Dans l'un, l'eau chargée d'acide carbonique et de carbonate de chaux va s'élever dans les bandes de tulle ; mais bientôt l'acide carbonique, abandonnant le carbonate de chaux, celui-ci devient insoluble et se précipite. Dès lors l'équilibre est rompu ; de l'eau plus pauvre en carbonate de chaux que celle de la dissolution existe dans les bandes de gaze, et une nouvelle quantité de bicarbonate de chaux va être attirée pour combler le vide qu'a causé l'évaporation. Cette nouvelle quantité de carbonate de chaux se précipitera à son tour, et le même phénomène se reproduisant constamment, la liqueur s'appauvrira rapidement au profit des bandes de gaze qui se chargent d'une quantité croissante de carbonate de chaux.

Il n'en sera pas de même du sel marin : l'eau, en s'évaporant dans les bandes de gaze, va y laisser une dissolution plus concentrée que celle qui existe dans l'eau même, et cette concentration retardera l'arrivée d'une nouvelle quantité de sel ; il y aura même reflux du sel marin des bandelettes vers la liqueur, et, si celle-ci s'appauvrit, c'est probablement par suite d'une sorte d'adhérence capillaire exercée par la gaze sur le sel marin.

Si nous mélangeons dans le même verre des dissolutions de sel marin et de bicarbonate de chaux, et que nous y disposions des bandes de gaze comme il a été dit plus haut, nous obtiendrons encore des résultats semblables à ceux de l'expérience précédente : sur 100 parties de bicarbonate de chaux contenues dans la dissolution, 22 disparaissent, tandis que la liqueur ne perd dans le même temps que 5 de sel marin.

Dans une troisième expérience, on a trouvé que la dissolution avait perdu par l'évaporation dans les bandelettes 14 pour 100 du bicarbonate de chaux qu'elles renfermaient et 7 pour 100 de sel marin.

Des résultats analogues furent encore obtenus avec la silice et le sel marin placés dans un vase de verre garni de bandelettes de gaze : pendant que la liqueur ne perdait que 2,2 pour 100 du sel marin qu'elle renfermait, elle s'appauvrissait de 26 pour 100 de silice.

Enfin, le phosphate de chaux et le sel marin donnent encore des résultats semblables : tandis que la liqueur renfermait à la fin de l'expérience la même quantité de sel qu'au commencement, car on avait eu soin de tordre la mèche de coton servant d'organe d'évaporation pour en exprimer la dissolution concentrée qu'elle renfermait, on trouva que 11 pour 100 du phosphate de chaux avait disparu.

Nous avons donné la composition des feuilles de hêtre à diverses époques de sa croissance, et nous avons reconnu que dans les vieilles feuilles il n'existe plus que du carbonate de chaux et de la silice. Examinons d'abord comment cette accumulation peut avoir lieu, nous reviendrons plus loin sur la disparition des phosphates et de la potasse, qui, abondants dans les cendres des jeunes feuilles, font défaut au contraire dans les cendres des feuilles plus âgées.

Le raisonnement que nous avons appliqué à la concentration dans les mèches de coton et dans les bandes de gaze des matières insolubles dans l'eau pure, mais solubles dans l'eau chargée d'acide carbonique, s'appliquera également à leur accumulation dans les feuilles ou dans l'écorce. Qu'une dissolution de silice ou de bicarbonate de chaux pénètre en effet dans un végétal, elle tendra à se répandre uniformément dans toute sa masse; elle arrivera aux feuilles, là elle éprouvera une modification particulière. En effet, l'acide carbonique, qui tenait les sels en dissolution, sera évaporé ou décomposé, et par suite le carbonate ou la silice seront précipités; la liqueur qui gorge la feuille ou l'écorce sera donc appauvrie de ces sels solubles dans l'eau chargée d'acide carbonique, mais insolubles dans l'eau pure, et à mesure que la feuille aura plus longtemps fonctionné comme appareil d'évaporation, à mesure elle se sera enrichie de silice ou de carbonate de chaux.

Nous pouvons encore tirer des faits précédents l'explication d'une ancienne observation de Th. de Saussure : « Les cendres de l'écorce contiennent, dit-il, une beaucoup moins grande proportion de sels alcalins que les cendres du bois et de l'aubier. » — « Les cendres de l'écorce contiennent une énorme proportion de carbonate de chaux », ajoute-t-il plus loin. Et enfin, quand il s'agit d'interpréter ce fait, il écrit : « L'écorce ne se renouvelle que très-lentement; elle est exposée pendant toute l'année au lavage de la pluie et des rosées, elle doit plus qu'aucune partie être dépouillée de sels solubles. » Th. de Saussure reconnaît au reste que cette explication est insuffisante ; mais nous n'aurons pas de peine à tirer de nos expériences précédentes la raison du fait qu'il énonce.

L'écorce, comme les feuilles, fonctionne comme un appareil d'évaporation ; c'est donc là que l'acide carbonique va se dégager et abandonner le carbonate de chaux qu'il tenait en dissolution ; et comme c'est dans l'écorce que la séve s'appauvrit de carbonate de chaux, c'est vers ce point que le carbonate de chaux se dirigera pour venir rétablir un équilibre à chaque instant rompu. Il n'en sera pas de même des dissolutions alcalines ; elles ne se décomposent pas par l'évaporation, elles ne subissent dans l'écorce qu'une concentration encore accusée par la quantité d'alcalis que laisse cet organe à la calcination, mais qui ne forme qu'une faible fraction de la masse totale des cendres. A l'intérieur du bois, la séve est soustraite à toute cause d'évaporation, et elle doit renfermer surtout les principes solubles, dont la proportion centésimale se trouve singulièrement augmentée par suite du transport dans l'écorce des principes insolubles dans l'eau pure, mais solubles dans l'eau chargée d'acide carbonique.

On voit donc que l'explication de l'accumulation du carbonate de chaux dans l'écorce, que le partage inégal qui se fait des sels alcalins et des sels de chaux entre l'écorce et le bois, reposent encore sur les expériences faites avec le bicarbonate de chaux et le sel marin dans les vases où plongeaient les bandelettes de gaze.

Tel est, d'après les travaux que nous avons poursuivis pendant plusieurs années, le mécanisme de l'assimilation des substances minérales par les plantes (1). Bien des points restent encore à élucider ; nous n'avons d'autre prétention que d'avoir esquissé l'ensemble des phénomènes, en nous appuyant sur les remarquables expériences de diffusion de Th. Graham, qui dès leur publication nous avaient vivement frappé (2).

_____

(1) Mémoire couronné par l'Académie des sciences, prix Bordin, 1865. — Le mémoire est inséré aux *Annales des sciences naturelles* (*Botanique*, 1868). — M. Landrin, licencié ès sciences, nous a prêté pendant ce travail le concours le plus dévoué.

(2) Voyez, dans l'*Annuaire scientifique de* 1864, l'article ABSORPTION ET SÉCRÉTION CHEZ LES ÊTRES VIVANTS.

§ 31. — DISCUSSION SUR L'INFLUENCE DES SUBSTANCES MINÉRALES
SUR LE DÉVELOPPEMENT DES VÉGÉTAUX.

C'est une idée très-généralement répandue aujourd'hui parmi les
agronomes, que les substances minérales ont une influence marquée
sur le développement des plantes, et qu'un agriculteur soigneux doit
se préoccuper constamment de rendre au sol les principes minéraux
qu'enlèvent les récoltes, car l'appauvrissement du sol se traduirait
bientôt par une diminution dans le rendement, et plus tard par la
stérilité.

Cette opinion nous paraît tout à fait exagérée, et comme elle touche
à une question importante, nous voulons, en nous appuyant sur les
connaissances que nous venons d'acquérir, la discuter dans ce paragraphe avec tout le soin qu'elle comporte.

Principes déposés par évaporation. — L'expérience nous démontre
que la composition des cendres des feuilles varie singulièrement avec
leur âge. Tandis que les jeunes feuilles renferment des quantités notables de potasse et d'acide phosphorique, les vieilles feuilles au contraire ont perdu ces éléments, en même temps sans doute que les matières albuminoïdes, et, au moment où elles tombent, leurs cendres
sont presque exclusivement formées de silice et de carbonate de chaux.
Ne semble-t-il pas que si la potasse et l'acide phosphorique, qui accompagnent l'albumine et qui peut-être sont unis avec elle, ont une
importance manifeste pour le développement du végétal, la silice
et le carbonate de chaux, qui augmente dans les feuilles à mesure
qu'elles ont fonctionné plus longtemps comme appareils d'évaporation, en ont peu ou pas? Les expériences citées au § 30 établissent qu'il suffit de laisser des bandes d'une étoffe légère exposées à
l'action de l'air pour les voir se charger du carbonate de chaux ou de
la silice dissoute dans l'eau où baigne leur extrémité, et le dépôt produit dans les feuilles, au travers desquelles circule une énorme quantité d'eau (voy. chap. VII, les paragraphes relatifs à l'évaporation), n'a
sans doute aucune influence sur la marche de la végétation.

Il est donc vraisemblable qu'en ce qui concerne la silice et le carbonate de chaux, la restitution absolue est inutile; c'est, au reste, ce
qu'a reconnu depuis longtemps la pratique agricole, qui ne s'est jamais
préoccupée de rendre au sol de la forêt la chaux contenue dans le bois
enlevé au moment de l'exploitation. Sans doute la chaux n'est pas

toujours un simple produit d'évaporation; l'influence qu'elle exerce sur certains sols est manifeste : aussi n'avons-nous pas l'idée de défendre une opinion exactement contraire à celle que nous attaquons. Nous croyons fermement, et les expériences que nous citerons plus loin en donnent la preuve, que les phosphates, la potasse et même la chaux, ont souvent une importance du premier ordre ; mais cette importance varie avec la plante cultivée, et, nous le répétons, il ne suffit pas qu'une substance se rencontre dans les cendres d'une espèce déterminée pour qu'on puisse affirmer à priori que cette substance aura une influence quelconque sur le développement du végétal dont elle provient.

Principes combinés. — Quelques-uns des principes minéraux combinés avec les tissus végétaux peuvent même n'avoir qu'une influence très-faible. On avait cru longtemps que la silice qui se rencontre dans les pailles des céréales contribuait à leur donner une rigidité suffisante pour qu'elles puissent supporter le poids de leurs épis et échapper à la verse ; on tira naturellement de cette première idée la conclusion que les céréales qui versaient, ne renfermaient pas assez de silice et qu'il pouvait être utile de leur en fournir. En examinant la question de près, M. Isidore Pierre arriva bien vite à reconnaître sur quelles illusions est basée cette prétendue utilité de la silice. Quand on examine séparément les feuilles, les nœuds et les tiges des céréales, on reconnaît que la silice est beaucoup plus abondante dans les feuilles que dans les autres organes. Or, cette feuille présente deux parties différentes : une gaîne allongée qui, partant du nœud correspondant, enveloppe la tige sur une longueur d'environ 10 à 12 centimètres ; cette gaîne doit protéger la portion de tige qu'elle entoure, comme le fourreau d'une épée en protège la lame, et, à ce point de vue, la silice peut avoir dans la feuille où elle s'accumule une influence utile. Mais, dans les blés exposés à la verse, le limbe qui surcharge la tige de son poids a subi un accroissement considérable, tandis que la gaîne protectrice de la tige n'a pas sensiblement varié dans ses dimensions ; l'équilibre naturel peut donc tendre à se rompre par suite de cette luxuriante végétation, malgré la présence d'une plus forte proportion de silice dans la plante : « de telle sorte que, s'il était possible de rogner les feuilles d'un blé trop fort, il y aurait quelque chance de prévenir la verse en privant le blé d'une partie de la silice que contiendrait la feuille. » (Isid. Pierre, *Recherches expérimentales sur le développement du blé.*)

Quant aux alcalis, leur utilité est douteuse dans le cas où ils

sont combinés avec les acides végétaux, ainsi que nous aurons occasion de le voir quand nous parlerons des engrais minéraux; dans quelques cas, au contraire, ils paraissent intervenir avec les phosphates
dans la constitution des matières azotées, et alors leur utilité n'est pas
contestable. Ces exemples suffisent pour faire comprendre sur quelles
bases peu solides était établie la théorie de la restitution absolue des
matières contenues dans les cendres des végétaux au sol sur lequel ils
se sont développés. Nous aurons, au reste, à revenir encore sur cette
question dans la quatrième partie de cet ouvrage, au moment où nous
traiterons des engrais minéraux.

CHAPITRE VI

DES PRINCIPES IMMÉDIATS CONTENUS DANS LES VÉGÉTAUX CULTIVÉS ET DE LEUR DOSAGE

Nous avons indiqué, dans les chapitres précédents, comment le carbone, l'hydrogène, l'oxygène et l'azote, qui s'unissent pour former les
tissus des végétaux ou les principes immédiats qu'ils renferment, pénètrent dans les plantes; nous avons donné la composition des cendres
laissées à la calcination par leurs divers organes, et esquissé le mécanisme de l'assimilation élective des substances minérales par les
végétaux.

Il nous reste actuellement à étudier les principes immédiats formés
par les plantes, à donner aux lecteurs des méthodes précises pour les
reconnaître et les doser; enfin à inscrire dans de nombreux tableaux
les résultats analytiques auxquels sont arrivés les chimistes qui, depuis
une trentaine d'années, ont accumulé sur la composition des végétaux
cultivés des travaux importants dont les cultivateurs éclairés, pour qui
nous écrivons, ne peuvent manquer de tirer parti.

§ 32. — PROPRIÉTÉS ET MODE DE DOSAGE DES MATIÈRES SUCRÉES.

La cellulose, la matière constitutive du végétal, peut être représentée par la formule $C^{12}H^{10}O^{10}$, c'est-à-dire que l'oxygène et l'hydrogène

y sont unis dans les proportions où ils se combinent pour former l'eau : de là le nom d'*hydrate de carbone* qu'on donne à la cellulose et à ses isomères découverts par M. Fremy : fibrose, vasculose, etc. Le glucose ($C^{12}H^{12}O^{12}$), le sucre de canne ($C^{12}H^{11}O^{11}$), l'amidon ($C^{12}H^{10}O^{10}$), ont encore la même constitution. L'histoire de ces hydrates de carbone constitue donc un des chapitres les plus importants de la chimie végétale, et il est d'autant plus utile de commencer nos études par la description de leurs propriétés, que tous les autres principes immédiats paraissent dériver, par des modifications plus ou moins importantes, du glucose, qui le premier apparaît dans les jeunes organes.

Glucose. — Les composés isomères représentés par la formule $C^{12}H^{12}O^{12}$ sont assez nombreux. C'est ainsi qu'il faut distinguer du glucose cristallisable celui qu'on rencontre dans certains végétaux et qui ne cristallise pas ; le glucose du lait n'est pas non plus identique avec celui qu'on rencontre dans nombre de fruits sucrés. Toutefois cette distinction, importante pour éclairer certaines questions théoriques, n'a pas pour l'agriculteur un intérêt suffisant pour nous arrêter, et nous renverrons le lecteur désireux d'approfondir l'histoire chimique des matières sucrées aux ouvrages de chimie, et particulièrement aux *Leçons* professées en 1863 par M. Berthelot devant la Société chimique (Hachette).

Le glucose, qui paraît être formé directement dans les feuilles par la combinaison de l'oxyde de carbone provenant de la décomposition de l'acide carbonique avec l'hydrogène dégagé de l'eau, est extrêmement soluble dans l'eau ; il cristallise beaucoup moins facilement que le sucre de canne ; il a une saveur moins sucrée et plus farineuse ; il est altérable par l'action de la chaleur et par celle des acides et des alcalis ; l'acide azotique peut le convertir en acide oxalique. Employés sans ménagement, les acides attaquent violemment le glucose, qui noircit, et donne des produits ulmiques. L'ammoniaque peut se fixer sur le glucose chauffé à 100 degrés, et donner le glucose azoté étudié par M. P. Thenard, et qui présente un grand intérêt au point de vue de la formation des principes azotés contenus dans le fumier. Le glucose se reconnaît aisément à la facilité avec laquelle il fermente directement sous l'influence de la levûre de bière, en donnant naissance à de l'alcool et à de l'acide carbonique, et à la réaction qu'il donne avec la liqueur de Fehling.

Dosage du glucose par fermentation. — Quand le glucose fermente sous l'influence de la levûre, il se détruit d'après l'égalité suivante :

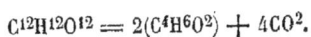

$$C^{12}H^{12}O^{12} = 2(C^4H^6O^2) + 4CO^2.$$

On voit que 180 de glucose donnent 92 d'alcool ; de telle sorte que si l'on a mesuré un certain volume d'un jus renfermant du glucose, qu'on le fasse fermenter, puis qu'on distille la liqueur, et qu'on recueille le tiers de la liqueur dans laquelle est venu se concentrer tout l'alcool, plus volatil que l'eau, on pourra, à l'aide d'un alcoolomètre, reconnaître la quantité d'alcool formé, et par suite en déduire la proportion de glucose existant dans le jus primitif. On a remarqué que la fermentation se fait plus facilement quand le jus sucré est débarrassé de matières étrangères, En précipitant, à l'aide du sous-acétate de plomb, les matières analogues au tannin, éliminant avec l'hydrogène sulfuré l'excès de plomb, filtrant, puis faisant bouillir avec du noir animal pour décolorer, et ramenant enfin cette liqueur à son volume primitif, on réussira mieux que si l'on plaçait directement dans le jus sucré la levûre de bière. Il est rare, au reste, que ce procédé donne des résultats exacts ; il est difficile de déterminer la fermentation complète d'une petite quantité de matière : presque toujours une partie du glucose échappe à la fermentation, et l'on trouve des nombres trop faibles.

Dosage par la liqueur de Fehling. — Le procédé que nous allons décrire est d'une exécution beaucoup plus facile : il repose sur la réduction de l'oxyde de cuivre dans une liqueur alcaline. Cette liqueur, désignée sous le nom de *liqueur de Fehling*, est généralement préparée en dissolvant à chaud 50 grammes de crème de tartre, 40 grammes de carbonate de soude dans un tiers de litre d'eau ; on ajoute ensuite dans la dissolution 30 grammes de sulfate de cuivre. On fait bouillir le mélange, on l'additionne de 40 grammes de potasse caustique dissoute dans l'eau, et l'on étend la liqueur jusqu'au volume d'un litre.

La présence de l'acide tartrique dans ce mélange empêche la précipitation de l'oxyde de cuivre par la potasse ; mais si l'on ajoute du glucose et qu'on fasse bouillir, on voit immédiatement la liqueur se troubler, il se fait un dépôt rouge d'oxydule de cuivre, et la liqueur, qui était d'un bleu intense, se décolore complétement.

Pour titrer cette liqueur, on prend un gramme de sucre de canne bien pur et bien desséché, et on le dissout dans quelques centimètres cubes d'eau ; on ajoute quelques gouttes d'acide chlorhydrique, et l'on fait bouillir. Sous l'influence de l'acide, le sucre de canne est métamorphosé en glucose, et acquiert la propriété de réduire la liqueur de Fehling. On ajoute, après l'ébullition, quelques gouttes de potasse pour saturer l'acide, puis de l'eau, de façon à former 100 centimètres cubes.

Il est clair que chaque centimètre cube d'une pareille liqueur renferme $0^{gr},01$ de sucre de canne, ou $0^{gr},0105$ de glucose (1).

Le liquide sucré ainsi préparé sert à *titrer* la liqueur de Fehling. Pour exécuter cette opération, on place dans un petit ballon 10 centimètres cubes de liqueur de Fehling, dans une burette graduée le liquide sucré, et l'on verse celui-ci goutte à goutte dans la liqueur bleue, constamment maintenue à l'ébullition. Elle se trouble peu à peu par suite de l'apparition du précipité d'oxydule, qui, d'abord jaune, devient bientôt d'un rouge vif et se rassemble au fond du ballon. C'est seulement quand la liqueur est complétement décolorée qu'on cesse de verser. On lit alors sur la burette le nombre de divisions employées, et l'on inscrit ce nombre sur le flacon renfermant la liqueur de Fehling. Imaginons, pour fixer les idées, qu'il ait fallu $32^{cc},5$ de dissolution sucrée pour décolorer 10 centimètres cubes de liqueur de Fehling, nous en conclurons qu'il faudra $0^{gr},325$ de sucre de canne, ou $\frac{325 \times 0,0105}{0,010}$, ou $0^{gr},341$ de glucose, pour décolorer 10 centimètres cubes de liqueur. C'est ce nombre qu'on écrit sur le flacon renfermant la liqueur de Fehling. Il est bon de fermer ce flacon avec un bouchon de liége traversé par l'extrémité d'une burette graduée à 10 centimètres cubes qui y est fixée à demeure. La liqueur bleue est assez altérable à la lumière ; on fera bien de la conserver dans une armoire obscure.

La liqueur de Fehling étant titrée, le dosage du glucose nécessite les opérations suivantes : Le jus sucré mesuré est porté à l'ébullition pour coaguler les matières albuminoïdes, s'il en renferme, puis il est filtré ; on ramène le volume à ce qu'il était d'abord, on introduit le liquide dans la burette graduée, et l'on procède au dosage comme il a été dit plus haut. Quand on a décoloré complétement la liqueur de Fehling, ce qu'on voit en laissant reposer un instant le précipité et en regardant le jour au travers du liquide, afin de découvrir s'il conserve encore une légère teinte bleue, on lit le nombre de divisions employées. On en conclut que cette quantité de liqueur renfermait $0^{gr},341$ de glucose : d'où il sera facile de calculer ce que renferment 100 centimètres cubes.

Ce procédé est excellent quand il s'agit de doser le glucose dans une liqueur qui ne renferme pas d'autres matières capables de réduire

(1) $C^{12}H^{11}O^{11}$, le sucre de canne a pour équivalent 171; celui du glucose, $C^{12}H^{12}O^{12}$, est 180. On voit que 1 de sucre de canne équivaut à $\frac{180}{171}$ de glucose, c'est-à-dire à 1,05.

la liqueur de Fehling. Malheureusement, il n'en est pas toujours ainsi, et un chimiste italien, M. Pollacci, a reconnu récemment (1) que le tannin, qui se rencontre très-souvent dans les liquides végétaux, et notamment dans le vin, avait la propriété de réduire la liqueur de Fehling ; de telle sorte qu'on a souvent pris pour du glucose du tannin qui était mélangé avec lui. Pour éviter cette cause d'erreur, M. Pollacci conseille d'ajouter à la liqueur dans laquelle on veut faire le dosage une certaine quantité de sous-acétate de plomb, qui précipite le tannin ; on porte à l'ébullition, on filtre, puis on précipite l'excès d'acétate à l'aide du carbonate de soude, et l'on termine enfin l'opération comme il a été dit plus haut.

§ 33. — SUCRE DE CANNE.

Il existe plusieurs composés isomères de la formule $C^{12}H^{11}O^{11}$, ou d'une formule multiple, si l'on admet que le sucre de canne, comme l'enseigne M. Berthelot, provient de la combinaison de 2 molécules de glucose avec élimination d'eau.

Ce sucre cristallise aisément, et l'on peut réussir à l'extraire des betteraves, du maïs, etc., par de simples manipulations de laboratoire. En faisant bouillir du jus de betterave avec un lait de chaux, précipitant la liqueur filtrée par de l'acide carbonique, puis portant à l'ébullition pour décomposer le bicarbonate de chaux formé ; filtrant de nouveau, commençant l'évaporation au bain-marie, et décolorant à l'aide du noir animal ; filtrant encore, et évaporant au bain-marie dans un appareil où l'on a fait le vide, on obtient un liquide sirupeux qui, après quelques jours, abandonne des cristaux quand on le laisse refroidir sous une cloche renfermant de l'acide sulfurique. C'est une manipulation que réussissent très-habituellement les élèves de l'école de Grignon, et qui a l'avantage de retracer les principales phases de l'extraction industrielle.

Si l'on peut ainsi obtenir le sucre de canne des végétaux qui le renferment, ce procédé ne permet pas de le doser exactement, car les cristaux sont toujours baignés d'un liquide sirupeux, d'une mélasse qui retient beaucoup de sucre.

On peut certainement extraire le sucre qui y est contenu en em-

---

(1) *De un fatto chimico che rileva gli errori commetti nella ricerca del glucoso*, Sienne, 1869 (extrait de la *Rivista scientifica de Fisiocritici*). M. Boussingault indique depuis long-temps cette cause d'erreur dans son cours du Conservatoire.

ployant la méthode de M. Margueritte; mais, même en faisant cette décomposition, on ne peut doser exactement le sucre : on arrive seulement à une approximation sur la quantité contenue dans un liquide déterminé (1).

Dosage du sucre de canne. — La méthode la plus simple de doser le sucre de canne consiste à le métamorphoser en glucose par une ébullition de quelques minutes à l'aide de l'acide chlorhydrique. S'il faut, par exemple, déterminer la quantité de sucre contenue dans une betterave, on râpe celle-ci, puis on presse la pulpe pour en extraire le jus ; on mesure une certaine quantité de celui-ci : 10 centimètres cubes suffisent. On y ajoute de l'eau et quelques gouttes d'acide chlorhydrique ; on fait bouillir pendant quelques instants, puis on verse la liqueur, qui renferme dès lors du glucose, dans une éprouvette graduée renfermant déjà quelques centimètres cubes d'eau, et l'on étend de façon à faire 100 centimètres cubes. C'est le liquide ainsi préparé qu'on place dans la burette graduée, de façon à décolorer 10 centimètres cubes de liqueur de Fehling ; il faudra naturellement multiplier le nombre trouvé par 10 pour avoir la quantité de sucre contenu dans le jus de betterave (2).

En opérant de cette façon et en répétant les dosages sur un grand nombre de betteraves, on arrive à se convaincre que les betteraves renferment habituellement 10 pour 100 de sucre ; on rencontre encore des teneurs de 11 à 12 pour 100 de sucre : les chiffres plus élevés sont rares dans les betteraves cultivées en France, mais au contraire assez communs dans les betteraves développées de l'autre côté du Rhin. (Voyez plus haut les tableaux où est inscrite la composition des betteraves.)

---

(1) La méthode de M. Margueritte consiste à dissoudre la mélasse dans de l'alcool mélangé d'acide sulfurique, de façon à métamorphoser les chlorures qui empêchent la cristallisation du sucre en sulfates insolubles dans l'alcool, qui se précipitent; on filtre sur un linge qu'on presse ; on ajoute dans la liqueur filtrée qui ne renferme plus en dissolution que du sucre et des acides minéraux une nouvelle proportion d'alcool ; puis, pour faciliter la cristallisation, une petite quantité de sucre préalablement pesée. Le sucre contenu dans la mélasse ne tarde pas à se séparer à peu près complétement en le desséchant à l'étuve ; puis, en retranchant de son poids celui du sucre qu'on a ajouté pour déterminer la cristallisation de la liqueur sursaturée, on obtient le poids du sucre qui était contenu dans la mélasse étudiée.

(2) Il arrive quelquefois que les betteraves renferment une matière qui précipite directement par la liqueur de Fehling ; cette matière est peut-être du tannin, car il est facile de s'en débarrasser au moyen du sous-acétate de plomb. Nous avons eu occasion d'observer cette précipitation directe pendant l'automne de 1871, en étudiant au laboratoire de Grignon des betteraves destinées à l'alimentation du bétail ; nous n'avons pas observé de réaction semblable dans les betteraves de la variété Silésie, dans laquelle, les années précédentes, nous avions nombre de fois dosé le sucre de canne.

On peut encore rechercher le sucre de canne par une autre méthode, un peu plus longue que la précédente, mais qui a l'avantage de donner le sucre total contenu dans la betterave, tandis que la méthode précédente ne donne que le sucre contenu dans le jus. On ne commet pas cependant, en recherchant le sucre dans le jus, une grosse erreur, car on a remarqué que la pulpe de betterave renfermait sensiblement autant de sucre que la betterave elle-même, c'est-à-dire que si 100 de betterave, à 10 pour 100 de sucre, laissent 20 de pulpe, ces 20 de pulpe renfermeront 2 de sucre, 10 pour 100 comme la betterave elle-même. Les 80 de jus renfermeront par conséquent 8 de sucre, c'est-à-dire encore 10 pour 100, comme la betterave.

Pour rechercher le sucre de canne total, il faut opérer sur des betteraves bien sèches. On découpe les racines en tranches fines qu'on place dans une soucoupe tarée, on pèse; puis on dessèche à 110 degrés, jusqu'à ce que les betteraves ne perdent plus d'eau. On trouve en général de 83,5 à 84 pour 100 d'eau. Les betteraves ainsi desséchées sont pulvérisées avec soin, puis traitées par l'alcool bouillant à 83 degrés; on dessèche de nouveau la poudre de betterave, on la pulvérise une seconde fois, puis on recommence un second traitement par l'alcool bouillant. Cette opération doit être répétée une troisième fois pour acquérir la certitude qu'on a enlevé tout le sucre. On réunit alors l'alcool provenant de tous les lavages, on le place sous une cloche renfermant de la chaux vive, et, après quelques jours, on recueille le sucre cristallisé, mêlé quelquefois à des cristaux de salpêtre. On calcine une partie du sucre, on pèse les cendres formées de carbonate de potasse, qu'on ramène par le calcul à l'état d'azotate (1), et l'on retranche du poids du sucre celui de cet azotate. On contrôle, au reste, le nombre ainsi obtenu en pesant la pulpe pulvérisée provenant du traitement par l'alcool; son poids, ajouté à celui du sucre et du salpêtre, doit reproduire celui de la substance sèche sur laquelle on a opéré.

Saccharimétrie optique. — Biot a reconnu le premier qu'une dissolution sucrée est susceptible de faire tourner le plan de polarisation d'un rayon lumineux, et il en a déduit une méthode d'analyse extrêmement ingénieuse.

L'appareil le plus habituellement employé est celui qui a été construit par M. Soleil (fig. 12). Il comprend d'abord un prisme A, qui est

(1) $CO^2KO = 69.$ $AzO^5KO = 101.$
        ‿‿‿   ‿‿‿
        Carbonate   Azotate
        de potasse.   de potasse.

construit de telle sorte que la lumière d'une lampe qui tombe sur lui se trouve polarisée en deux rayons différents, dont l'un est complétement réfléchi, tandis que l'autre traverse le prisme A et vient tomber

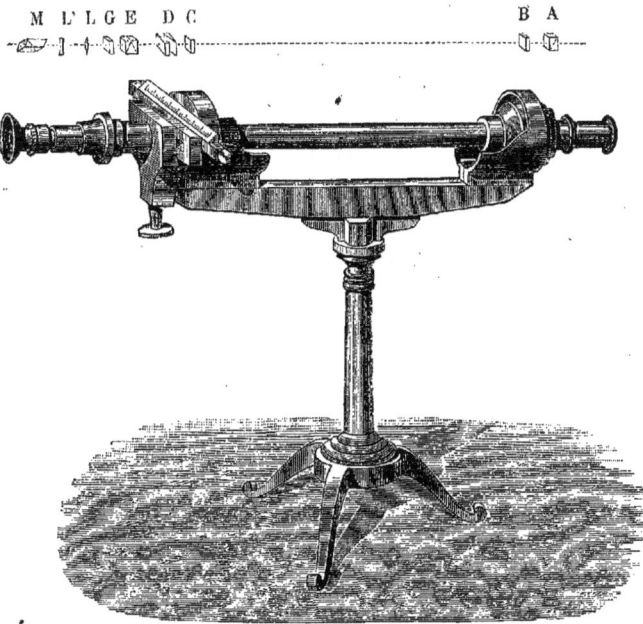

Fig. 12. — Saccharimètre de Soleil.

sur une plaque de quartz B formée de deux demi-disques de même épaisseur, l'un de rotation droite, l'autre de rotation gauche. Si le grand tube intérieur est vide ou ne renferme qu'une matière qui n'agit pas sur la lumière polarisée, le rayon qui le traverse arrive en C, où il rencontre une plaque de quartz à rotation simple.

Après avoir franchi cette plaque, la lumière traverse en D deux lames prismatiques, encore taillées dans du quartz, mais de signe contraire à celui de la plaque C qui les précède. Ces deux lames sont ajustées dans une coulisse, de manière à pouvoir glisser l'une devant l'autre de gauche à droite et de droite à gauche, au moyen d'une crémaillère qui se manœuvre par le bouton placé à gauche de la figure; en même temps qu'elle déplace les lames, la crémaillère déplace également une échelle horizontale régulièrement divisée, qui se voit nettement dans la figure, au-dessous de l'analyseur E.

La lumière traverse encore celui-ci, atteint une plaque de quartz G, puis pénètre dans une lunette de Galilée dont les lentilles se voient en L et L', et arrive enfin à un dernier analyseur M.

L'appareil étant disposé et une lampe placée devant l'ouverture A,
on aperçoit, en regardant en M, l'ouverture divisée en deux parties
par une ligne médiane et verticale qui correspond aux deux quartz B ;
les deux moitiés sont colorées également en violet, par exemple : l'instrument est alors au zéro.

Si, à ce moment, on remplace l'eau du tube par une dissolution sucrée, on observe que les deux moitiés de l'ouverture A sont de teintes
très-différentes, et il faudra faire tourner la crémaillère à droite ou
à gauche pour retrouver l'égalité de teinte dans les deux moitiés
de disque. On dit que la matière qui détermine ce mouvement dans
la direction du rayon polarisé tourne à droite ou à gauche. Le sucre
de canne tourne à droite, le glucose à gauche.

Pour graduer l'instrument, on se sert d'une dissolution de sucre de
canne renfermant 16,470 pour 100 centimètres cubes : une semblable
liqueur placée dans un tube de 20 centimètres de long exerce exactement le même pouvoir rotatoire qu'un quartz droit d'un millimètre
d'épaisseur. On remplit donc le tube avec cette dissolution, on visse la
glace supérieure, puis on place le tube dans l'appareil, et l'on fait avancer les quartz à droite jusqu'au moment où l'on obtient l'égalité des
teintes pour les deux disques. On marque 100 au point de l'échelle
mobile qui est à ce moment devant le zéro fixe, et l'on divise l'espace
compris entre ces deux points en 100 parties égales.

Le dernier prisme M est dit producteur de teinte sensible ; on peut le
tourner autour de son axe, et il permet de changer à volonté la couleur du rayon lumineux : de telle sorte que, si l'on opère sur un
liquide légèrement coloré, ou si l'on fait usage d'une lumière artificielle habituellement teintée en jaune, on pourra neutraliser la teinte
du liquide ou de la lumière, et retomber dans les conditions d'une
dissolution incolore et d'une lumière blanche.

Analyse des sucres bruts. — Pour doser la quantité de sucre pur
qui existe dans les sucres bruts, on pèsera 16^{gr},470 de l'échantillon à
analyser, parfaitement desséché, et on les fera dissoudre dans 50 centimètres cubes d'eau ; on décolorera le liquide par le sous-acétate
de plomb, qui présente l'avantage de précipiter toutes les matières
qui agissent sur la lumière polarisée, l'acide tartrique par exemple ;
on filtrera, puis on amènera le volume à 100 centimètres cubes,
et l'on remplira le tube préalablement bien desséché. Les glaces, parfaitement nettoyées, sont placées sur le liquide de façon à ne pas
laisser de bulle d'air ; puis on verra de combien de divisions il faudra
faire avancer l'échelle vers la droite pour obtenir l'égalité de couleur

des deux disques; on notera la division à laquelle on arrive. Si l'on atteint 50 divisions, c'est que l'échantillon renferme la moitié de son poids de sucre pur.

Quand les dissolutions sont très-colorées, on ne réussit pas à les obtenir incolores par une simple précipitation par le sous-acétate de plomb; il faut faire suivre celle-ci d'une filtration sur le noir animal, ou même d'une ébullition plus ou moins prolongée avec ce réactif.

Si le sucre brut analysé renferme du glucose, on obtiendra, en opérant comme nous venons de l'indiquer, un résultat inexact; puisque le sucre de canne dévie à droite, le glucose à gauche, le nombre obtenu est la différence entre les deux pouvoirs rotatoires. Pour obtenir le titre exact, on fait une observation comme il vient d'être dit, on note le nombre de divisions trouvé, puis on transforme tout le sucre cristallisable, en glucose, en faisant bouillir la solution avec quelques gouttes d'acide chlorhydrique. On fait alors une seconde observation : l'égalité des teintes se trouve cette fois en faisant tourner l'appareil vers la gauche; on note la nouvelle indication donnée, on détermine également la température du liquide, et l'on cherche sur les tables dressées par M. Clerget, qui accompagnent habituellement les appareils, la quantité de sucre cristallisable correspondant au chiffre trouvé.

La méthode d'analyse des sucres par les procédés optiques peut être employée pour les betteraves ou les raisins. On prépare le jus en coupant les betteraves, et en pressant les pulpes, en écrasant les raisins, décolorant par le sous-acétate de plomb, puis introduisant dans l'appareil. On sait que 100 divisions correspondent à $16^{gr},470$ dans 100 centimètres cubes : il est clair que a divisions donneront la quantité x de sucre contenu dans les 100 centimètres cubes en expérience.

Le jus de raisin donne une rotation vers la gauche. M. Bouchardat a reconnu que 3 divisions un tiers de l'appareil Soleil correspondent à 1 pour 100 d'alcool dans le vin provenant du moût analysé.

§ 34. — PROPRIÉTÉS ET MODE DE DOSAGE DES MATIÈRES AMYLACÉES.

Amidon ou fécule. — L'amidon renferme moins d'eau que le glucose et le sucre de canne : tandis que le premier se formule $C^{12}H^{12}O^{12}$, le second $C^{12}H^{11}O^{11}$, l'amidon ou fécule est représenté par $C^{12}H^{10}O^{10}$. Il diffère essentiellement des produits précédents par son insolubilité dans l'eau et par sa structure, qui ne présente aucun indice de cristallisation.

L'amidon est très-aisément caractérisé par la réaction qu'exerce sur lui l'iode en dissolution dans l'alcool ou dans l'eau. MM. Collin et Gaultier de Claubry ont montré qu'aussitôt que l'iode atteint l'amidon, il le colore nettement en bleu. Cette réaction est utilisée journellement dans les recherches de physique végétale : il suffit, en effet, pour constater la présence de l'amidon dans un tissu, de faire une coupe assez fine pour qu'elle soit facilement traversée par la lumière, puis de glisser quelques gouttes d'eau iodée entre les deux lames du microscope : les grains, arrondis, colorés en bleu, apparaissent avec la plus grande netteté.

Une des propriétés remarquables de l'amidon est de se gonfler dans l'eau en une masse mucilagineuse, l'empois, employé en grande quantité pour donner au linge de la rigidité. L'iode communique nettement sa teinte bleue à l'empois; mais si l'on chauffe davantage et qu'on maintienne l'ébullition pendant quelques instants, la coloration bleue disparaît. L'iode n'est cependant pas entraîné par la vapeur d'eau, car, par le refroidissement, la couleur primitive se manifeste de nouveau.

L'amidon est un produit maintenu en réserve, accumulé par les végétaux dans les tissus pour fournir au développement des jeunes organes : aussi, à certaines époques, se rencontre-t-il en abondance dans les tubercules, les graines ou même dans le bois; puis, en d'autres saisons, il disparaît en se métamorphosant en dextrine et en glucose, qui donnent eux-mêmes plus tard de la cellulose.

La recherche de l'amidon s'exécute par différentes méthodes, suivant les matières avec lesquelles il est mélang. Quand il se trouve dans les pommes de terre, où il est seulement associé à des matières solubles et à de la cellulose, on arrive à un dosage approximatif en recueillant la fécule directement. Pour y réussir, on râpe avec soin un poids déterminé de tubercules bien lavés, et, si l'on ne peut arriver à râper les dernières portions devenues trop menues pour être facilement appuyées contre la râpe, on les pèse de nouveau pour les défalquer du poids primitif. La pulpe est recueillie sur un tamis très-fin, et on l'agite sous un filet d'eau à l'aide d'une spatule de porcelaine ou de bois; on continue à agiter tant que l'eau passe laiteuse. On recueille les eaux de lavage dans une grande terrine, car la quantité d'eau à employer est considérable, puis on abandonne la masse au repos pendant quelques heures; la fécule se rassemble très-bien. On lave à plusieurs reprises par décantation, puis on fait tomber, à l'aide d'une fiole à jet, la fécule dans une capsule. On sèche sous une cloche en présence de l'acide sulfurique, et l'on achève la dessiccation à l'étuve : on trouve toujours ainsi un nombre trop faible.

Quand on veut déterminer la richesse en amidon des *farines*, il faut procéder autrement que pour les tubercules. En effet, l'amidon insoluble est mélangé à du gluten également insoluble, mais non formé de grandes fibres qui restent sur le tamis, comme la cellulose de la pomme de terre. On commence par malaxer la farine avec de l'eau, de façon à en faire une pâte bien homogène et bien liée, avant de commencer le lavage. Ce travail exige une certaine dextérité. Il faut mêler d'abord la farine avec très-peu d'eau, et cependant employer peu à peu toute la quantité pesée, pour la réduire en une petite boule bien plastique qu'on abandonne à elle-même pendant quelque temps ; on procède ensuite au lavage sous un filet d'eau, en malaxant constamment la pâte entre les doigts jusqu'au moment où l'eau passe absolument incolore. On lave par décantation l'amidon recueilli, et, si l'on a de la peine à le rassembler, on filtre, ce qui exige un temps assez long, et l'on sèche enfin le filtre sous le vide sec.

Ce procédé, employé pour la première fois par Baccari, médecin de Bologne, à qui l'on doit la découverte du gluten, est difficile à mettre en pratique régulièrement, et très-habituellement on le remplace par un autre beaucoup plus exact, en transformant l'amidon en glucose. Quand on maintient pendant deux ou trois heures l'amidon, en présence de l'acide sulfurique étendu, à une température voisine de 100 degrés, obtenue en faisant arriver dans le vase où l'on opère un courant de vapeur d'eau, on transforme tout l'amidon en glucose. On peut donc, quand cette transformation est accomplie, ce que l'on reconnaît aisément à l'aide de l'iode, qui ne donne plus de coloration bleue, saturer la liqueur par une lessive étendue de soude ou de potasse, étendre d'eau pour former un volume déterminé, 500 centimètres cubes par exemple, puis remplir de cette liqueur une burette graduée, et procéder à la réduction de 10 centimètres cubes de liqueur de Fehling. Quand on aura obtenu la décoloration complète, on arrivera à déterminer l'amidon, en se rappelant que la formule $C^{12}H^{10}O^{10}$ représente 162, et correspond à 171 de sucre de canne.

Bien que l'amidon extrait des farines des céréales ait exactement la même composition que la fécule qu'on tire des tubercules, il n'a pas la même apparence : la fécule se présente habituellement en poudre, tandis que les pains d'amidon, au moment de leur dessiccation, se fendillent et forment des prismes irréguliers ; de là le nom d'*amidon en aiguilles*, sous lequel on désigne habituellement cette matière dans le commerce.

Les grains de fécule sont sensiblement plus gros que les grains d'amidon, et cette propriété peut être mise à profit pour les distinguer les uns des autres. Si l'on triture, en effet, à l'aide d'un pilon, les grains d'amidon dans un mortier, qu'on filtre et qu'on ajoute de l'iode, on n'obtient aucune coloration. Il n'en est plus de même lorsqu'on opère sur la fécule : les grains de celle-ci n'échappent pas à l'action du pilon, ils sont broyés, leurs fragments passent au travers du filtre et se colorent par l'iode.

La fécule et l'amidon retiennent constamment de l'eau : la fécule égouttée en renferme environ 45 pour 100 ; la fécule séchée à l'air humide, 25 pour 100 ; celle qui est conservée dans des magasins secs, 18 pour 100.

Pour distinguer immédiatement une fécule à 35 pour 100 d'eau d'une fécule à 18 pour 100, on les jette sur une plaque métallique chauffée à 100 degrés : celle qui contient 35 pour 100 se soude à elle-même de façon à former des globules assez analogues au *tapioca* ; l'autre reste pulvérulente.

Les proportions d'eau contenues dans l'amidon sont à peu près semblables à celles que retient la fécule : simplement égoutté, l'amidon renferme 45 pour 100 d'eau ; séché à l'air humide, 37 pour 100 ; séché à l'air sec, 18,8. Conservé à 15 degrés sous une cloche renfermant de l'acide sulfurique concentré, et dans laquelle on a fait le vide, on enlève à l'amidon la plus grande partie de son eau : il n'en renferme plus que 10 pour 100 ; mais, pour le dessécher complète-ment, il faut le maintenir dans le vide sec en le chauffant de 100 à 120 degrés.

En Europe, on n'extrait l'amidon que des céréales, et la fécule que des pommes de terre ; mais il existe plusieurs plantes tropicales qui renferment des fécules aujourd'hui très-répandues dans le commerce : la racine du manihot renferme notamment une fécule habituellement désignée sous le nom de *tapioca*. Les racines qui la fournissent renfer-ment souvent de l'acide cyanhydrique à un degré de concentration suffisant pour donner la mort ; cet acide étant très-volatil et très-soluble, la fécule cuite ou lavée ne présente aucun danger : celle que nous recevons en Europe a reçu une demi-cuisson qui a déterminé son agglutination en petites masses irrégulières.

Aux Moluques et aux Philippines, la moelle de certains palmiers donne une sorte de fécule qui, desséchée et tamisée, constitue le *sagou* du commerce.

Inuline. — Les racines des dahlias et des topinambours renferment un principe immédiat isomère de l'amidon, mais qui en diffère par sa solubilité dans l'eau bouillante : c'est l'inuline, qui se transforme facilement en dextrine et en glucose par l'action des acides forts, et même de l'acide acétique, qui n'exerce aucune action sur l'amidon. L'inuline, donnant du glucose par l'action des acides, fournit facilement de l'alcool par la fermentation, et nos départements du Centre exploitent déjà avec grand profit les topinambours, qui renferment, outre une petite quantité d'inuline, une proportion de glucose assez considérable. Les distilleries de topinambours, encore peu nombreuses, sont certainement destinées à beaucoup se multiplier.

Dextrine. — Quand on fait agir le principe actif de l'orge germée, la *diastase*, sur l'amidon, on métamorphose celui-ci en *dextrine* et en glucose. La dextrine est une matière blanche, soluble dans l'eau, dans laquelle elle forme un mucilage qui, dans un grand nombre de circonstances, remplace avantageusement la gomme. La dextrine présente exactement la même composition que l'amidon, dont elle dérive ; elle se rencontre toute formée dans les grains, notamment dans le blé ; elle exerce sur la liqueur de Fehling une réaction analogue à celle du glucose, et souvent on l'a confondue avec lui ; mais elle en peut être séparée par l'action de l'alcool. En faisant agir l'alcool faible sur de la farine, puis en ajoutant au liquide qui a servi à épuiser celle-ci une certaine quantité d'alcool concentré, on sépare la dextrine, qui y est insoluble ; on la dissout de nouveau pour la précipiter encore une fois, et on l'obtient assez pure pour la dessécher et la peser.

Diastase. — La diastase est une matière azotée qui prend naissance dans tous les grains au moment de la germination ; elle jouit de la propriété curieuse de métamorphoser en dextrine et en sucre une quantité d'amidon qui atteint 2000 fois son poids.

En faisant digérer de l'orge germée avec de l'eau à 25 ou 30 degrés, puis portant la liqueur filtrée à 75 degrés pour coaguler l'albumine, et ajoutant de l'alcool, on obtient la diastase, qu'il faut redissoudre dans l'eau, puis précipiter de nouveau pour l'avoir à l'état de pureté. Elle est incristallisable et, ainsi que nous venons de le voir, insoluble dans l'alcool.

§ 35. — GOMME ET MANNITE.

Gomme. — Les gommes sont des substances qui donnent avec l'eau un liquide mucilagineux, insoluble dans l'alcool ; elles donnent, par l'action de l'acide azotique, un acide particulier, l'acide mucique. La gomme existe dans un grand nombre de végétaux; elle transsude du tronc ligneux et de l'écorce de plusieurs arbres, particulièrement des légumineuses et des rosacées. Son mode de formation est encore peu connu.

M. Fremy, à qui l'on doit un important travail sur la nature des gommes, a reconnu que cette matière était considérée à tort comme une substance neutre, et qu'elle était réellement formée par la combinaison de la chaux avec un acide particulier, soluble dans l'eau, l'*acide gummique*, dont la composition diffère peu de celle du sucre; sous l'influence de la chaleur, l'acide gummique éprouve une modification isomérique, et se transforme en *acide métagummique* insoluble.

Pour rechercher la gomme dans un extrait végétal, il faut le concentrer de façon à faire cristalliser les sels qu'il peut renfermer, puis décanter et ajouter de l'alcool; le précipité floconneux obtenu est redissous dans l'eau, précipité de nouveau, filtré, séché à 110 degrés, et pesé. Pour être certain que la matière ainsi obtenue est bien de la gomme et non de la dextrine, qui est aussi insoluble dans l'alcool, on l'attaque par de l'acide azotique moyennement étendu, et l'on rapproche la liqueur pour la faire cristalliser. L'acide *mucique* qui se produit par l'action de l'acide azotique sur la gomme cristallise en tables incolores à base carrée : on cherchera à reconnaître sa forme au microscope; en outre, on ajoutera à la liqueur incolore et concentrée quelques gouttes d'acide sulfurique, qui devront se colorer en rouge cramoisi.

Mannite. — La mannite ($C^{12}H^{14}O^{10}$) se rencontre dans la manne, suc récolté sur deux espèces de frênes nommés *Fraxinus rotundifolia* et *Fraxinus Ornus*, qui croissent en Sicile et dans la Calabre; elle existe également dans un grand nombre de tissus végétaux, d'où elle peut être extraite par l'action de l'alcool bouillant; elle cristallise dans la liqueur alcoolique concentrée et refroidie.

La mannite se distingue aisément du sucre à l'aide de l'acide sulfurique, qui la dissout à chaud sans la colorer. La potasse ne la noircit pas, tandis qu'elle attaque toujours la dissolution du glucose; enfin elle n'agit ni sur la lumière polarisée, ni sur la liqueur de Fehling.

§ 36. — PRINCIPES GÉLATINEUX DES FRUITS ET DES RACINES.

Pectose. — On désigne sous ce nom une substance insoluble dans l'eau, l'alcool et l'éther, qui accompagne presque constamment la matière cellulosique dans le tissu des végétaux.

La pectose existe principalement dans les pulpes de fruits verts et de certaines racines, telles que les carottes et les navets. Elle est caractérisée par la propriété de se transformer, sous l'influence des acides et de la chaleur, en un corps soluble dans l'eau, qui est la *pectine;* par l'ébullition avec la chaux, elle se métamorphose en acide métapectique. Il est possible que son importance physiologique soit considérable, mais nous n'avons sur ses métamorphoses que des connaissances encore incomplètes.

Pectine. — La pectine, dont on doit la découverte à Braconnot, ne se trouve toute formée que dans les fruits dont la maturité est avancée. Elle prend naissance artificiellement quand les fruits sont soumis à l'influence de la chaleur; sa formation est due alors à l'action des acides citrique et malique, qui réagissent sur la pectose, et la transforment en pectine. Pour s'en assurer, il suffit d'exprimer la pulpe d'une pomme verte afin d'en extraire le jus : le liquide qu'on retire ne retient pas de pectine; mais si on le fait bouillir pendant quelques instants avec les pulpes du fruit, on voit bientôt la pectine apparaître et donner à la liqueur une viscosité qui caractérise le jus de presque tous les fruits cuits.

La pectine, sous l'influence d'un ferment particulier, la *pectose*, se change en un acide gélatineux, l'acide *pectosique*.

Pectase. — La pectase se rencontre dans les végétaux à l'état soluble et à l'état insoluble; on l'obtient sous la première forme, des carottes nouvelles, en précipitant le jus par l'alcool.

La pectase, introduite dans une dissolution de pectine, jouit de la propriété remarquable de transformer en peu de temps la pectine en un corps gélatineux et insoluble dans l'eau froide, l'acide *pectosique*.

Acide pectosique. — L'acide pectosique paraît être un produit intermédiaire entre la pectine et l'acide pectique : il donne, en effet, facilement naissance à ce dernier corps sous l'influence de l'eau bouillante, de la pectase ou des alcalis employés en excès.

Acide pectique. — L'acide pectique a été découvert par Braconnot. Il prend naissance par l'action de la pectase sur la pectine. Si l'on abandonne, en effet, pendant quelque temps, à la température de 30 degrés, une dissolution de pectine tenant en suspension de la pectase, la pectine se transforme d'abord en acide pectosique, puis en acide pectique. Les alcalis en excès décomposent très-facilement l'acide pectique et le transforment en un acide très-soluble, l'acide *métapectique*.

Acide métapectique. — Cet acide se formule $C^8H^5O^7.2HO$. Il prend naissance dans une dissolution de pectine abandonnée à elle-même pendant quelques jours; elle cesse alors de précipiter par l'alcool, et devient très-nettement acide.

L'acide métapectique se produit surtout très-aisément quand on fait agir la chaux sur la pectose qui existe dans le tissu utriculaire des racines et des fruits. M. Fremy l'a obtenu facilement à l'état de pureté en faisant agir pendant une heure, à l'ébullition, un lait de chaux sur de la pulpe de betterave bien lavée; on soumet à la presse, on filtre, puis on précipite la chaux par l'acide oxalique.

§ 37. — PRINCIPES IMMÉDIATS QUI COMPOSENT LES TISSUS DES VÉGÉTAUX (1).

Corps cellulosiques. — On donne le nom de *corps cellulosiques* à un ensemble de principes immédiats qui se trouvent dans presque tous les organes élémentaires des végétaux, quelquefois à l'état de pureté, et plus souvent à l'état d'association avec d'autres substances organiques ou minérales.

Les corps cellulosiques constituent les membranes utriculaires, les poils, etc. Tous les corps cellulosiques avaient été jusqu'à présent confondus entre eux et étudiés sous le nom de *cellulose*. Ils sont liés entre eux, en effet, par des caractères spécifiques du même ordre que ceux qui rapprochent les gommes, les sucres, les matières amylacées, les corps albumineux.

Ils paraissent isomériques et sont ramenés au même état par l'action des réactifs. La formule générale de ces corps est $C^{12}H^{10}O^{10}$, ou un multiple.

On distingue dans ce groupe :

1° La *xylose*, qui se trouve dans le coton, dans les fibres corticales,

---

(1) Nous empruntons ce paragraphe au *Traité général de chimie* de MM. Pelouze et Fremy ; c'est, en effet, à ce dernier savant qu'on doit l'ensemble des connaissances importantes que nous possédons aujourd'hui sur ce sujet difficile.

dans le tissu utriculaire des racines, des feuilles, des fleurs et des fruits. Ce principe immédiat est caractérisé par sa solubilité immédiate dans un réactif précieux découvert par M. Schweitzer, et qui porte son nom. M. Péligot a heureusement modifié sa préparation en faisant passer un courant d'air, bien dépouillé d'acide carbonique, dans de l'ammoniaque concentrée où l'on a placé de la tournure de cuivre : il se forme un mélange d'azotite d'ammoniaque et d'azotite de cuivre qui présente une belle couleur bleu foncé.

La xylose est soluble à froid et sans coloration dans l'acide sulfurique concentré, soluble à chaud dans l'acide chlorhydrique, insoluble dans la potasse, dans l'acide azotique légèrement étendu, dans les hypochlorites.

2° La *paraxylose* constitue certains tissus utriculaires, tels que ceux de la moelle ; elle est insoluble dans le réactif ammoniaco-cuivrique, mais se transforme en xylose sous de faibles influences, telles que l'eau bouillante, les acides ou les alcalis. La paraxylose, métamorphosée en xylose, devient alors soluble dans le réactif de Schweitzer.

3° La *fibrose* existe dans les fibres du bois ; les réactifs ne la modifient qu'avec une extrême lenteur ; elle résiste à l'action des dissolutions alcalines.

4° La *médullose* forme les cellules des rayons médullaires, et présente une grande analogie avec la fibrose ; elle est plus altérable qu'elle par l'action des alcalis, de l'acide azotique ou des hypochlorites alcalins.

5° La *dermose* constitue les cellules épidermiques. Les réactifs la modifient encore plus difficilement que la fibrose : ainsi, l'acide chlorhydrique, qui dissout avec tant de facilité les premiers corps cellulosiques, ne désagrége pas la dermose ; l'acide sulfurique concentré exerce seul une action immédiate sur la dermose.

En définitive, nous voyons que si ces principes immédiats diffèrent nettement les uns des autres, s'ils constituent des espèces chimiques distinctes, ces espèces sont extrêmement voisines les unes des autres, elles ont beaucoup de caractères communs. Tous ces principes immédiats sont en effet attaqués par l'acide azotique, qui les transforme en pyroxyline ou coton-poudre ; tous sont transformés par l'acide sulfurique moyennement concentré en dextrine et en sucre, comme l'amidon lui-même, et ce n'est pas sans étonnement que nous voyons avec quelle simplicité procède la nature, qui forme, avec le charbon et l'eau, les matières ternaires qui constituent la majeure partie des organes des végétaux.

$C^{12}H^{12}O^{12}$, le glucose et ses isomères, paraît se transformer en perdant de l'eau, ainsi que nous le verrons plus loin, et donner

$C^{12}H^{11}O^{11}$, le sucre de canne ; celui-ci est encore un produit transitoire destiné à disparaître, pour fournir

$C^{12}H^{10}O^{10}$, l'amidon, réserve de la plante pour former de nouveaux organes au moment du retour de la vie active, et constituer

$C^{12}H^{10}O^{10}$, la cellulose et ses isomères.

Dosage de la cellulose. — Dans les laboratoires de chimie agricole, on a souvent à doser la cellulose, et, pour y réussir, on met habituellement à profit son insolubilité dans les réactifs qui dissolvent les autres matières avec lesquelles elle est mélangée. En attaquant un organe végétal successivement par l'éther pour enlever les matières grasses et la matière verte, par l'eau bouillante pour dissoudre les matières sucrées et les acides, par l'acide chlorhydrique étendu pour métamorphoser en sucre l'amidon et dissoudre les matières azotées, par la potasse étendue pour dissoudre les résines et transformer la pectose en acide pectique soluble dans les alcalis, on peut considérer comme cellulose le résidu lavé et séché. On calcine, après la pesée, afin de déduire du poids de la cellulose les matières minérales retenues par les fibres végétales ; on trouve souvent ainsi un nombre trop faible, la cellulose se transformant partiellement en glucose par l'ébullition avec les acides.

Ce dosage peut être contrôlé par l'emploi du réactif de Schweitzer. En effet, les actions précédentes suffisent pour transformer les corps cellulosiques en xylose, et par conséquent pour les rendre attaquables par la liqueur ammoniaco-cuivrique. On procède donc à cette dissolution, puis on précipite la cellulose dissoute par l'acide chlorhydrique étendu ; on lave à l'eau bouillante jusqu'à ce que le ferrocyanure de potassium ne donne plus, dans la liqueur légèrement acide, la moindre trace de coloration brune ; on filtre, on dessèche et l'on pèse : si les deux nombres concordent, on a opéré régulièrement.

L'emploi de la liqueur de Schweitzer permet de distinguer la cellulose de la pectose. Quand on la fait agir sur un tissu utriculaire, la cellulose disparaît et le composé pectique persiste à l'état insoluble ; il a toutefois, en général, éprouvé une modification importante : la pectose s'est transformée en acide pectique et est devenue soluble dans les alcalis fixes, d'où les acides peuvent ensuite le précipiter.

Matière incrustante. — Quand on compare l'analyse du bois à celle de la cellulose ou de ses isomères, on reconnaît que le bois est sensiblement plus riche en carbone et en hydrogène que la cellulose ; il faut donc que le tissu ligneux renferme une matière différente de la cellulose et plus chargée qu'elle en matières combustibles. Cette substance, étudiée d'abord par Mohl et Payen, a été désignée par eux sous le nom de *ligneux* ou *matière incrustante ;* mais cette dénomination n'a pas été acceptée par M. Fremy, qui, dans ces dernières années, a réussi à démontrer qu'on avait confondu en une seule espèce un certain nombre de matières appartenant certainement au même genre, mais cependant distinctes les unes des autres.

Les corps *épiangiotiques* (c'est le nom sous lequel M. Fremy désigne la matière incrustante du bois) diffèrent des corps cellulosiques par leur composition et toutes leurs propriétés. Lorsqu'on les soumet à l'analyse élémentaire, on reconnaît qu'ils contiennent plus de carbone que la cellulose, et que l'hydrogène s'y trouve en trop grande quantité pour que la matière puisse être représentée par du carbone et de l'eau.

Les corps épiangiotiques se reconnaissent aux caractères suivants : Ils sont insolubles dans les dissolvants neutres, mais sont attaqués plus facilement que les corps cellulosiques par une dissolution de potasse très-concentrée. La chaleur les modifie plus facilement que les corps cellulosiques, et les transforme en acide ulmique immédiatement soluble dans les alcalis.

Les corps épiangiotiques paraissent en général recouvrir les membranes cellulosiques et ne les incrustent pas. En effet, lorsqu'on enlève dans un tissu végétal les corps cellulosiques qui s'y trouvent au moyen de l'acide sulfurique concentré, on obtient comme résidu un tissu épiangiotique qui présente à tel point l'organisation première du tissu primitif, que, en l'examinant au microscope, on pourrait croire que l'acide sulfurique ne lui a enlevé aucune substance ; et cependant, en opérant sur du tissu ligneux, l'acide sulfurique dissout plus de 70 pour 100 du corps cellulosique. Cette conservation de la forme prouve bien que les corps épiangiotiques n'incrustent pas les membranes cellulosiques, mais qu'ils les recouvrent.

Cuticule. — On désigne sous ce nom le tissu qui forme l'épiderme des feuilles. Pour l'obtenir à l'état de pureté, on fait bouillir l'épiderme de la feuille avec de l'acide chlorhydrique étendu; cette action est prolongée pendant une demi-heure; on lave les membranes à grande eau, et on les soumet à l'action du réactif cuivrique, qui dissout la xylose. Ces membranes sont traitées ensuite successivement par l'eau, par l'acide chlorhydrique qui enlève l'ammoniaque et l'oxyde de cuivre, par une dissolution étendue de potasse qui dissout les matières albumineuses et l'acide pectique, par l'alcool et l'éther qui entraînent tous les corps gras. Examinée au microscope, la cuticule ainsi préparée offre l'aspect d'une membrane continue ne présentant pas d'apparence d'organisation, et conservant des ouvertures correspondant aux stomates.

A l'analyse, la cuticule des pommes, qu'on prépare facilement, présente la composition suivante :

Carbone	73,66
Hydrogène	11,37
Oxygène..........................	14,97
	100,00

Cette composition remarquable, qui établit une si grande différence entre la cuticule et les autres tissus des végétaux, place en même temps cette substance à côté des corps gras. En effet, la membrane épidermique, soumise à l'action de la potasse concentrée et bouillante, perd, à un moment, son aspect membraneux et se saponifie comme un corps gras. Il faut donc reconnaître que la cuticule est formée par un principe immédiat particulier auquel M. Fremy a donné le nom de *cutose*.

Analyse immédiate du bois. — MM. Fremy et Terreil ont donné une méthode générale de dosage des principes immédiats du bois, de la cuticule ligneuse, de la cellulose et de la matière incrustante (*Comptes rendus*, 1868, t. LXVI, p. 459). On prend un gramme de sciure de bois desséchée à 130 degrés, et, pour y doser la matière cellulosique, on l'introduit dans un flacon d'un litre rempli d'eau de chlore ; on laisse l'action se prolonger pendant trente-six heures.

Le chlore dissout la cuticule ligneuse et certaines parties de la matière incrustante ; il laisse à l'état insoluble la substance cellulosique mêlée à une partie de la matière incrustante que le chlore a transformée en un acide complétement soluble dans la potasse. Reprenant donc le résidu par une dissolution alcaline, le lavant à l'acide, puis à l'eau, et le desséchant à 130 degrés, on obtient la substance cellulosique dans un état de pureté absolue.

Il résulte des déterminations exécutées au Muséum, que le bois de chêne contient environ 40 pour 100 de substance cellulosique ; on en trouve 39 pour 100 dans le bois de frêne.

Pour doser la cuticule ligneuse, on soumet pendant trente-six heures un gramme de sciure de bois à l'action de l'acide sulfurique qui contient 4 équivalents d'eau : sous cette influence, les parties cellulosique et incrustante se dissolvent complétement ; la cuticule ligneuse reste seule en suspension dans la liqueur. Dans quelques cas, il est convenable de remplacer l'acide à 4 équivalents par un autre qui ne contient que 2 équivalents d'eau ; le résidu est lavé à l'eau ordinaire et à l'eau alcaline jusqu'à ce que les liqueurs de lavage ne soient plus colorées ; il est soumis ensuite à la dessiccation.

Le dosage de la cuticule se fait ainsi avec exactitude. On constate que la cuticule est pure en essayant de la dissoudre dans l'eau de chlore ou dans l'acide azotique, où elle doit disparaître sans laisser de résidu. On en a trouvé 20 pour 100 dans le bois de chêne et 17,5 dans le frêne.

La matière incrustante se dose par différence ; toutefois, on peut y distinguer plusieurs substances et la séparer en matières solubles dans l'eau bouillante, en substances solubles dans les alcalis, en corps transformés en acides par l'action du chlore humide.

En résumé, l'analyse d'un tissu ligneux comme celui du chêne se présenterait comme suit :

Cuticule ligneuse...................	20	
Substance cellulosique..............	40	
		Matière soluble dans l'eau.......... 10
Matière incrustante.................	40	Corps soluble dans les alcalis...... 15
		Corps transformé en acide par l'action du chlore humide. 15

§ 38. — ACIDES VÉGÉTAUX.

On rencontre dans les feuilles, dans les fruits, dans la séve, des acides végétaux libres ou combinés avec des bases, telles que la potasse, la chaux ou la magnésie. Sans entrer, sur ces combinaisons, dans des détails qu'on trouvera dans tous les traités de chimie, nous devons indiquer ici les principales propriétés de ces acides et les procédés employés pour les caractériser et les doser.

Acide formique ($C^2H^2O^4$). — L'acide formique se rencontre dans les orties, qui lui doivent leurs propriétés irritantes, et aussi dans les fourmis rouges, d'où on l'a extrait d'abord. En distillant de l'eau dans laquelle on a placé des fourmis rouges broyées, on obtient une petite quantité d'acide formique ; mais on le prépare plus facilement par l'oxydation des matières organiques neutres, telles que le sucre ou l'amidon, et surtout par la décomposition de l'acide oxalique sous l'in·

fluence de la glycèrine. Enfin il peut être produit directement par synthèse, en déterminant l'union de l'oxyde de carbone et de l'eau (M. Berthelot).

Sa recherche dans les végétaux ne se présente que rarement, et nous n'y insistons pas.

L'acide formique est volatil, corrosif; son odeur rappelle celle du vinaigre; quand on le fait bouillir avec de l'oxyde d'argent ou de l'oxyde de mercure, il les réduit en dégageant de l'acide carbonique :

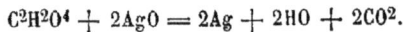

$$C^2H^2O^4 + 2AgO = 2Ag + 2HO + 2CO^2.$$

Ces propriétés suffisent à le caractériser.

Acide acétique ($C^4H^4O^4$). — L'acide acétique se rencontre dans la séve de toutes les plantes; il y est combiné avec la potasse ou la chaux. On le rencontre dans les fruits parfois combiné avec les alcools, et constituant des éthers dont l'odeur est caractéristique. On sait qu'on peut préparer artificiellement un liquide dont l'odeur rappelle absolument celle de la poire, et qui est formé d'alcool amylique et d'acide acétique.

L'acide acétique est volatil ; il est corrosif lorsqu'il est concentré. Pour le caractériser dans un tissu végétal, on devra faire un extrait aqueux, précipiter la plupart des autres acides par la chaux, puis distiller la liqueur filtrée à une douce chaleur avec de l'acide sulfurique. On distinguera dans le produit distillé l'acide acétique de l'acide formique par l'action réductrice que ce dernier exerce sur l'oxyde d'argent.

Acide oxalique ($C^4H^2O^8$). — L'acide oxalique est solide, cristallin, transparent, soluble dans l'eau.

Il se rencontre abondamment dans certains végétaux, notamment dans les cactus, où il est uni à la chaux. On l'extrait habituellement du *Rumex Acetosa* ou *grande oseille*, où il est combiné avec la potasse.

Pour rechercher l'acide oxalique dans le tissu des végétaux, on doit les attaquer par de l'acide sulfurique étendu et bouillant : on formera du sulfate de chaux peu soluble, du sulfate de potasse et de l'acide oxalique; on filtre la liqueur, et l'on y ajoute de l'acétate neutre de plomb, qui précipite l'acide oxalique à l'état d'oxalate de plomb. Le précipité est lavé, mis en suspension dans l'eau, et décomposé par l'hydrogène sulfuré. On continue le courant jusqu'au moment où le précipité se rassemble au fond du vase; on filtre, et l'on évapore doucement la liqueur. Quand elle est suffisamment rapprochée, on la laisse refroidir, et l'on achève la concentration sous une cloche garnie d'acide sulfurique : on ne tarde pas à voir se déposer des cristaux qui, redissous dans l'eau, donnent avec les sels de chaux un précipité blanc, soluble dans l'acide chlorhydrique et insoluble dans l'acide acétique.

Acide tartrique $(C^8H^4O^{10}.2HO)$. — L'acide tartrique est solide, blanc, cristallin. Il se rencontre en abondance dans un grand nombre de fruits, de feuilles ou de racines; il se trouve notamment dans les raisins et dans le vin, combiné avec la potasse et la chaux : les tartrates se déposent peu à peu au fond des tonneaux et constituent une grande partie de la lie.

Pour rechercher l'acide tartrique dans un tissu végétal, on doit opérer comme pour l'acide oxalique, c'est-à-dire faire bouillir la matière avec de l'eau aiguisée d'acide sulfurique, de façon à décomposer les sels de chaux et de potasse, et à mettre l'acide tartrique en liberté. On le précipite ensuite à l'aide de l'acétate de plomb; on lave le précipité, qu'on décompose par l'hydrogène sulfuré; la liqueur, rapprochée, est mise à cristalliser sous une cloche renfermant de l'acide sulfurique concentré.

Les cristaux obtenus, dissous dans l'eau bouillante et mis en contact avec de la potasse, fournissent un précipité cristallin de bitartrate de potasse; avec l'eau de chaux, ils donnent un précipité qui n'apparaît que par l'agitation et qui se fixe sur les raies tracées sur le verre par l'agitateur.

Acide citrique $(C^{12}H^5O^{11}.3HO)$. — Cet acide est solide, soluble dans l'eau et dans l'alcool, insoluble dans l'éther. On le rencontre dans un grand nombre de fruits acides, tels que les citrons, les oranges, les tamarins, les groseilles à maquereau vertes, les groseilles communes rouges, les fraises, les tomates, etc.

Le procédé employé pour séparer les acides précédents réussit également pour l'acide citrique, qu'on distingue des acides précédents, parce qu'il ne donne pas avec la potasse un sel cristallin peu soluble, et parce qu'il fournit avec la chaux un sel qui n'est insoluble qu'à chaud.

Acide malique $(C^8H^4O^8 2HO)$. — L'acide malique se présente sous forme de mamelons qui sont composés de prismes à quatre ou à six faces réunis en faisceaux. Ces cristaux sont déliquescents à l'air; ils n'ont pas d'odeur, leur saveur est acide et agréable; ils sont solubles dans l'eau et dans l'alcool.

L'acide malique se rencontre dans l'organisation végétale, soit isolé, soit combiné avec les bases. Il existe dans presque tous les fruits rouges, dans les pommes, les prunelles, les prunes vertes et les groseilles vertes, les poires, les baies de sureau, les baies du sorbier des oiseaux, dans les feuilles de joubarbe, dans l'ananas, l'épinard, la gaude, l'absinthe, etc.

La méthode de recherche précédente peut être employée. Les cristaux obtenus par l'évaporation de la liqueur provenant de la décomposition du malate de plomb par l'hydrogène sulfuré se distinguent des cristaux d'acide oxalique, d'acide tartrique et d'acide citrique, parce qu'ils présentent une réaction acide prononcée, et que cependant ils ne précipitent l'eau de chaux ni à chaud ni à froid.

M. Schlœsing a en outre indiqué une méthode très-ingénieuse d'extraire les acides végétaux : Le tissu, desséché et pulvérisé, est divisé dans une matière inerte, puis mélangé à de l'acide sulfurique étendu de façon à former une sorte de bouillie, qu'on introduit dans l'appareil à déplacement avec de l'éther; celui-ci entraîne les acides végétaux. On continue les lavages à l'éther pendant vingt-quatre heures; quand les acides sont rassemblés dans l'éther, on agite avec un peu d'eau, qui enlève les acides à l'éther; on fait ensuite évaporer le mélange sous le vide sec.

Dosage des acides végétaux précédents mélangés. — Il est rare que les végétaux ne renferment que l'un des acides précédents : ils sont habituellement mélangés; leur séparation est laborieuse, et nous renverrons le lecteur qui désire l'opérer aux traités de chimie analytique (voy. *Bullet. de la Soc. chim.*, t. XIII, p. 51). Mais nous pouvons indiquer ici, sans sortir de notre cadre, une méthode simple de dosage qui permet de déterminer approximativement la proportion d'acide libre et combinée contenue dans les végétaux.

50 grammes de la substance à étudier sont d'abord épuisés par l'eau bouillante jusqu'à ce que celle-ci ne présente plus de réaction acide; on mesure exactement le liquide; on en prélève 50 centimètres cubes, on ajoute quelques gouttes de teinture de tournesol, et l'on procède à un essai acidimétrique avec la liqueur alcaline décime (1) qui sert aux dosages d'azote (voy. plus loin, § 43). Imaginons que $32^{cc},5$ de cette liqueur saturent 10 centimètres cubes de l'acide titré qui renferment $0^{gr},0615$ d'acide sulfurique, et que, pour saturer les 10 centimètres cubes de la liqueur acide provenant de l'extrait, il faille employer $24^{cc},8$; nous dirons qu'il y a dans ces 10 centimètres cubes une quantité d'acide qui équivaut à $\dfrac{0,0615 \times 21,8}{32,5}$ (*a*) d'acide sulfurique.

_____

(1) On désigne ainsi une liqueur dix fois plus étendue que la liqueur normale. On prépare facilement la liqueur dont il est question en ajoutant à 100 centimètres cubes de la liqueur alcaline normale, employée pour le dosage d'azote, assez d'eau pour faire un litre.

Mais ce n'est pas de l'acide sulfurique qui se trouvait dans l'eau qui a servi au lavage de l'organe végétal étudié, c'est un mélange d'acide dont nous ignorons la nature exàcte. Si cependant nous avons fait un dosage qualitatif et que nous ayons vu quel est l'acide dominant, nous admettrons que celui-là seul existe, et nous calculerons sa quantité à l'aide des équivalents : si c'est, par exemple, de l'acide oxalique qui est en plus grande quantité, nous écrirons que x' (quantité d'acide oxalique contenue dans la liqueur) $x' = \frac{x9.0}{49}$; 90 et 49 étant respectivement l'équivalent de l'acide oxalique et de l'acide sulfurique, et x étant le poids sulfurique trouvé par l'équation (a), nous inscrirons au tableau de l'analyse : *acides évalués en acide oxalique : x'*.

Pour apprécier l'acide combiné, on prendra la matière épuisée par l'eau bouillante, on l'épuisera de nouveau par l'eau aiguisée d'acide chlorhydrique, et l'on précipitera par l'acétate de plomb, qui, comme nous l'avons vu plus haut, détermine la précipitation de tous les acides végétaux fixes (oxalique, tartrique, malique et citrique). Le filtre sera bien lavé de façon à enlever l'acide acétique et l'acide chlorhydrique, et, quand l'eau de lavage sera neutre, on relèvera le précipité du filtre, et, après l'avoir mis en suspension dans l'eau, on décomposera par l'hydrogène sulfuré, on filtrera la liqueur, on la rapprochera; puis, quand elle sera réduite à 200 ou 300 centimètres cubes, on la mesurera avec soin, on prélèvera encore 50 centimètres cubes, et l'on procédera à un nouveau dosage alcalimétrique. On trouvera un nombre qui, évalué par un calcul analogue au précédent, donnera l'*acide combiné* évalué en acide oxalique, ou tartrique, suivant qu'on introduira dans l'équation 90, équivalent de l'acide oxalique, ou 150, équivalent de l'acide tartrique, ou enfin les équivalents respectifs des acides citrique ou malique.

§ 39. — TANNIN.

On désigne sous ce nom une matière ternaire, astringente, solide, blanche, sans odeur, soluble dans l'eau, dans l'alcool et dans l'éther, et incristallisable. Les propriétés les plus remarquables du tannin sont de donner, avec les sels de fer au maximum, un précipité noir, qui est l'encre ordinaire, et de former avec les peaux des combinaisons imputrescibles.

On distingue plusieurs variétés de tannin : celui des noix de galle s'extrait facilement à l'aide de l'éther aqueux qu'on fait filtrer sur les noix réduites en poudre et placées dans une allonge. On recueille dans le récipient un liquide formé de deux couches : l'une, supérieure, éthérée, ne renferme que des traces de tannin ; celle qui est au-dessous est une dissolution assez concentrée de tannin qu'on sépare par l'évaporation à une douce chaleur.

Le tannin du chêne diffère du tannin de la noix de galle : en effet, il ne donne pas par fermentation de l'acide gallique comme le précédent, ni par distillation sèche l'acide pyrogallique ; enfin il peut servir à la préparation d'un véritable cuir, puisqu'il produit avec la gélatine un précipité presque imputrescible.

M. Wagner a donné récemment (*Bulletin de la Société chimique*, 1866, t. VI, p. 461) un procédé de dosage du tannin qui est important à faire connaître, car la recherche du tannin dans les laboratoires de chimie agricole est assez fréquente.

Le procédé repose sur l'insolubilité du tannate de cinchonine (base tirée de l'écorce de quinquina) et sur la coloration que donne le tannin dans les sels de rosaniline.

La liqueur titrée dont se sert M. Wagner est préparée en dissolvant dans un litre d'eau $4^{gr},528$ de sulfate de cinchonine, et colorant en rouge par l'addition de $0^{gr},08$ à $0^{gr},10$ d'acétate de rosaniline. Un centimètre cube de cette solution correspond à $0^{gr},01$ de tannin, ou à 1 pour 100, si l'on opère sur un gramme de la substance tannante.

Il est avantageux d'ajouter à la solution environ $0^{gr},50$ d'acide sulfurique, la présence de cet acide favorisant le dépôt et augmentant l'insolubilité du précipité de tannate de cinchonine.

Dans toutes les déterminations faites d'après cette méthode, on opère comme il suit : On épuise 10 grammes de substance tannante par l'ébullition avec l'eau distillée ; on filtre, et l'on s'arrange de manière à obtenir 500 centimètres cubes de décoction. On en prend 50 centimètres cubes (correspondant à un gramme de substance), et l'on précipite par la dissolution titrée de sulfate de cinchonine rouge, jusqu'à ce que la liqueur, surnageant le précipité floconneux, ne se montre plus louche, mais assez claire, et présente une légère teinte rosée. L'expérience permet bientôt de reconnaître, d'après l'aspect du précipité et la facilité avec laquelle il se dépose, si l'on approche de la fin de l'essai, parce qu'à ce moment le précipité s'agglomère de plus en plus, et la liqueur apparaît plus limpide.

Si l'on veut retrouver la cinchonine précipitée dans ces analyse, on n'a qu'à rassembler les précipités, les laver et les faire bouillir avec un excès d'acétate de plomb jusqu'à ce que leur couleur rouge ait viré au brun et que toute la cinchonine soit entrée en dissolution. On filtre pour séparer le sulfate de plomb, on fait passer un courant d'hydrogène sulfuré pour séparer l'excès de plomb, et l'on a en dissolution de l'acétate de cinchonine avec lequel on régénère le sulfate primitif.

§ 40. — MATIÈRES GRASSES.

Constitution des matières grasses. — Depuis les travaux de M. Chevreul et ceux de M. Berthelot, la constitution des matières grasses est parfaitement définie : il faut les considérer comme des éthers d'un alcool particulier, la glycérine, qui présente la propriété de se combiner avec 3 atomes d'acide. La glycérine est donc un *alcool triatomique.*

Pour bien spécifier cette propriété, il faut remonter jusqu'à l'alcool ordinaire $C^4H^6O^2$. Celui-ci, maintenu en présence d'un acide, comme l'acide acétique $C^4H^4O^4$, dans des conditions convenables, s'unit à cet acide pour fournir l'acétate d'oxyde d'éthyle $C^4H^5O.C^4H^3O^3$, avec élimination de 2 parties d'eau, d'après l'équation

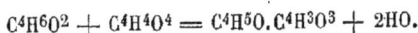

$$C^4H^6O^2 + C^4H^4O^4 = C^4H^5O.C^4H^3O^3 + 2HO.$$

Cette combinaison est la seule qui puisse prendre naissance entre l'alcool et l'acide acétique ; quelles que soient les proportions dans lesquelles on réunisse les deux matières ou les conditions dans lesquelles on les fasse agir, on ne peut obtenir de combinaison dans laquelle l'alcool et l'acide acétique s'unissent dans d'autres rapports.

À côté de l'alcool ordinaire, on doit placer le *glycol éthylique* $C^4H^6O^4$, découvert par M. Wurtz. Celui-ci est autrement constitué : il est susceptible, en effet, de s'unir à 2 parties d'acide acétique en perdant 2 parties d'eau, ainsi que le montre l'équation suivante :

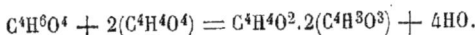

$$C^4H^6O^4 + 2(C^4H^4O^4) = C^4H^4O^2.2(C^4H^3O^3) + 4HO.$$

A cause de cette propriété de s'unir à 2 parties d'acide, le glycol est dit un alcool diatomique.

Enfin, la *glycérine*, qui existe dans tous les corps gras, combinée avec l'acide acétique, donnera la triacétine, dans laquelle 3 parties d'acide acétique sont unies à la glycérine, qui elle-même a perdu 3 parties d'eau :

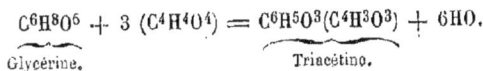

$$C^6H^8O^6 + 3 (C^4H^4O^4) = C^6H^5O^3(C^4H^3O^3) + 6HO.$$

Glycérine.　　Triacétine.

Cette équation, comparée aux deux précédentes, fait bien voir le caractère triatomique de la glycérine, essentiellement différent de la biatomicité du glycol et de la monoatomicité de l'alcool ordinaire. Dans toutes les combinaisons précédentes, l'acide acétique perd lui-même une partie d'eau au moment de son union avec les alcools.

Les matières grasses sont formées par le mélange en diverses proportions de la tristéarine ($C^6H^5O^3 . 3C^{36}H^{35}O^3$), de la trimargarine ($C^6H^5O^3 . 3C^{34}H^{33}O^3$), et de la trioléine ($C^6H^5O^3 . 3C^{34}H^{35}O^3$), c'est-à-dire de combinaisons de la glycérine avec les acides stéarique, margarique et oléique; les matières grasses solides renferment surtout la tristéarine et la trimargarine, tandis que dans les huiles domine la trioléine.

Ces principes immédiats ne sont pas les seuls qu'on rencontre dans les graines ou les fruits oléagineux : c'est ainsi que la noix de coco renferme l'huile de palme, dans laquelle la glycérine est unie à l'acide palmitique $C^{32}H^{32}O^4$; mais ils constituent presque exclusivement les *huiles grasses*

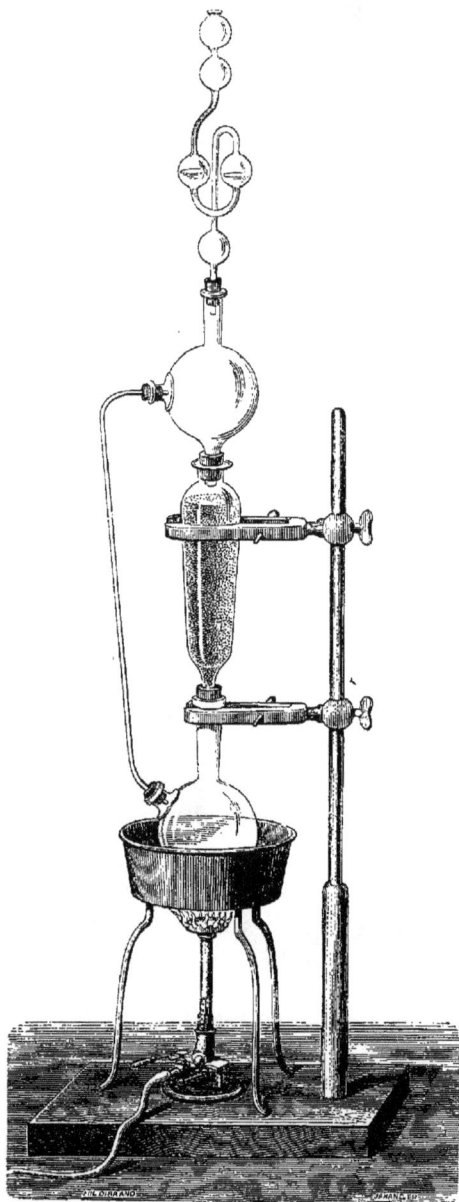

Fig. 13. — Digesteur de M. Payen, employé pour extraire les matières grasses des graines oléagineuses.

récoltées en Europe. Les *huiles siccatives*, employées dans la peinture, et qui ont la propriété de se résinifier au contact de l'air en absorbant de l'oxygène, renferment cependant l'acide linoléique, différent des précédents; mais les procédés de recherche et de dosage de ces matières grasses sont toujours les mêmes.

Propriétés et dosage des matières grasses. — Les matières grasses sont complétement insolubles dans l'eau, très-peu solubles dans l'alcool, mais au contraire solubles dans l'éther, dans l'essence de térébenthine et dans le sulfure de carbone; on met à profit cette propriété dans les laboratoires pour doser la matière grasse dans les graines oléagineuses ou dans les tourteaux. On emploie souvent à cet effet le digesteur de M. Payen (fig. 13). Dans une allonge de verre, on place la farine de la graine oléagineuse bien desséchée; on verse par le tube à boules le dissolvant à employer, éther anhydre ou sulfure de carbone; il passe au travers de la farine, entraînant la matière grasse dans le récipient inférieur, plongé dans un bain-marie dont l'eau est maintenue à une température supérieure au point d'ébullition du dissolvant: celui-ci, réduit en vapeur, s'élève par le tube placé à la gauche du dessin, et vient se condenser dans le ballon supérieur, d'où il retombe sur la farine. Avec une quantité limitée d'éther ou de sulfure de carbone, on peut ainsi épuiser la farine de toute la matière grasse qu'elle renferme.

Ce procédé est excellent quand il s'agit d'obtenir assez de matière grasse pour pouvoir l'étudier; quand au contraire on veut simplement déterminer la proportion d'huile contenue dans une graine ou dans un tourteau, soit pour déterminer la valeur nutritive d'un aliment destiné au bétail, soit pour établir d'une façon rationnelle un marché portant sur des graines oléagineuses, soit enfin pour contrôler les opérations d'un moulin à huile, il est avantageux de n'employer que quelques grammes de matière bien sèche, qu'on dispose dans un petit tube de verre muni d'un bon bouchon. On y verse de l'éther bien sec, et on laisse digérer pendant quelque temps; puis on décante ou l'on filtre, et l'on réunit le liquide dans une petite capsule abandonnée à l'évaporation spontanée; on répète les lavages jusqu'à ce qu'une goutte évaporée sur une lame de verre ne laisse plus aucun résidu, on lave le filtre à l'éther, et l'on pèse d'une part la capsule avec la matière grasse bien séchée sur l'acide sulfurique, de l'autre le tube lui-même renfermant la matière dépouillée de matière grasse et desséchée par un séjour d'une heure à l'étuve. On a ainsi un contrôle précieux, car il est clair que le poids de la matière grasse trouvée doit être exactement le poids perdu par la farine.

§ 41. — CHLOROPHYLLE.

On désigne sous le nom de *chlorophylle* la matière colorante verte qui est répandue avec profusion dans les végétaux et qui donne aux feuilles leur couleur habituelle. De nombreux travaux ont été publiés sur la nature et la formation de la chlorophylle dans les plantes par Pelletier, Caventou, Berzelius, Müller, Marquart, Hugo Mohl, MM. Fremy, Cloëz et Verdeil. Plus récemment, M. Filhol a résumé dans un mémoire important ses recherches sur la matière verte des feuilles, et nous prendrons son travail pour guide dans les pages suivantes (*Ann. de chim. et de phys.*, 4ᵉ série, 1868, t. XIV, p. 332).

Décomposition de la chlorophylle en plusieurs matières colorantes. — Pour isoler la matière verte des feuilles sans la décomposer, il faut faire usage de dissolvants neutres ; les acides ou les bases la décomposent toujours en plusieurs matières diverses dont nous verrons bientôt le mode de préparation. En faisant usage d'alcool bouillant à 60 degrés, on extrait aisément des feuilles la matière verte, qui se dépose par le refroidissement ; on la redissout à plusieurs reprises pour la purifier, mais il n'est pas possible cependant d'en séparer une matière grasse qui y reste obstinément attachée. La chlorophylle est très-altérable par l'action de la lumière : il suffit de l'exposer au soleil pendant quelques heures pour lui voir prendre une couleur brune analogue à celle des feuilles mortes.

Quand on fait agir sur la matière verte un acide organique comme l'acide tartrique ou l'acide oxalique, on la voit perdre sa couleur primitive : il se sépare une matière noire en flocons et la liqueur prend une belle teinte jaune.

La matière jaune se dédouble elle-même, au contact de l'acide chlorhydrique concentré, en une substance solide jaune qu'on peut isoler par filtration, et une substance bleue qui reste dissoute. Cette dernière devient jaune quand on sature l'acide sous l'influence duquel on l'a produite.

La substance solide jaune qui se sépare au moment où l'acide chlorhydrique détermine l'apparition de la couleur bleue contracte la propriété de bleuir elle-même sous l'influence des acides, après qu'on l'a fait bouillir pendant quelques minutes avec une petite quantité de potasse, de soude ou de baryte ; c'est par l'action de cette dernière base sur la matière colorante verte que M. Fremy est arrivé à obtenir la matière colorante jaune et la matière bleue dans une jolie expérience où l'on voit apparaître simultanément ces deux matières. On fait agir à l'ébullition de la baryte caustique sur de la chlorophylle qui donne une belle coloration jaune; cette liqueur est alors introduite dans un flacon renfermant de l'éther et de l'acide chlorhydrique qu'on a fortement agités ensemble : l'éther surnageant se colore alors en jaune, tandis que l'acide chlorhydrique, qui forme la couche sous-jacente, présente une belle teinte bleue.

D'après M. Filhol, il existe donc dans les végétaux deux substances jaunes, l'une restant en dissolution dans l'acide chlorhydrique et se colorant en bleu, tandis que l'autre se précipite par l'action de l'acide. On peut même tirer des feuilles les substances jaunes sans l'intervention des acides. Il suffit pour cela de traiter les solutions de matière verte des feuilles par du noir animal employé en quantité insuffisante pour décolorer entièrement le liquide. On arrive, après quelques tâtonnements, à trouver la dose convenable et à obtenir un liquide filtré franchement jaune.

Les jeunes feuilles de certaines variétés de fusain qui sont cultivées comme plantes d'ornement, et dont les pousses terminales sont d'un beau jaune au printemps, contiennent les deux substances jaunes et pas une trace de substance verte.

La matière solide brune qui se produit quand on ajoute de l'acide oxalique à une solution de chlorophylle est riche en azote, et devient identique avec celle qui a été considérée autrefois par Müller et Morot comme constituant la chlorophylle pure.

Les solutions de matière brune présentent la remarquable propriété dichroïque des solutions de chlorophylle dans l'alcool, qui paraissent rouges par transparence; la matière brune dissoute prend, sous l'influence des alcalis caustiques, une teinte jaune orangé qui ne dure que quelques instants; elle se colore ensuite en vert en absorbant l'oxygène de l'air.

Matières colorantes rouge et jaune des feuilles au printemps et à l'automne. — Les jeunes pousses d'une multitude de plantes affectent au printemps une coloration rose, rouge ou violette, plus ou moins intense; assez souvent les feuilles complétement développées présentent sur toute leur surface une couleur rouge, brune ou violette, sans la moindre apparence de couleur verte; il y a même plusieurs plantes dont les feuilles ont pendant toute la durée de leur végétation une couleur rouge assez vive.

M. Filhol démontre aisément qu'en général ces feuilles renferment cependant de la matière verte dont la couleur est masquée par la couleur rouge des cellules superficielles ; pour y réussir, il plonge les jeunes pousses ou les feuilles rougeâtres dans un mélange d'éther et d'acide sulfureux : la couleur rouge disparaît en quelques instants, et la feuille apparaît d'une belle couleur verte. — Cette expérience réussit très-bien avec les *Atriplex* ou les *Coleus ;* elle exige plus de temps quand on emploie les feuilles de hêtre pourpre.

Les feuilles d'automne sont aussi colorées en rouge dans une multitude de plantes. Quelquefois même leurs nuances sont très-vives. C'est ce qui a lieu, par exemple, pour les *Cratægus glabra* et *glauca*, pour certains *Berberis*, et pour plusieurs espèces de *Rhus*. La dissolution d'acide sulfureux mélangée d'éther permet de montrer que les feuilles ne sont rouges qu'à la surface, qu'elles sont jaunes par dessous, car il suffit de quelques minutes d'action de ce mélange pour leur faire prendre une couleur d'un jaune éclatant. La couleur rouge, au reste, n'est que momentanément détruite par l'acide sulfureux, et l'on peut rendre aux feuilles leur coloration rouge primitive en les faisant sécher à la température ordinaire et les chauffant ensuite avec un fer à repasser qui volatilise l'acide sulfureux. On peut, de cette manière, avoir une feuille moitié jaune et moitié rouge, si l'on ne fait chauffer que la moitié de la feuille.

Il semble que la matière brune ait disparu de la feuille pendant l'automne et que la matière jaune susceptible de se colorer en bleu par les acides ait été détruite ; car en agitant leur extrait alcoolique avec de l'acide chlorhydrique et de l'éther, on n'obtient plus la coloration bleue de l'acide.

Dosage. — Il est difficile d'isoler la chlorophylle à l'état de pureté. Dans les recherches de chimie agricole, on dose habituellement simultanément la chlorophylle et les matières grasses en épuisant les feuilles séchées et pulvérisées par l'éther ; s'il y avait intérêt à faire la séparation, on y réussirait dans une certaine mesure, en traitant les feuilles par l'alcool bouillant et laissant refroidir, puis traitant ensuite les feuilles épuisées de matière colorante par l'éther.

§ 42. — RÉSINES.

On donne le nom de *résines* à des matières très-combustibles, brûlant avec une flamme fuligineuse, insolubles dans l'eau, mais solubles dans l'alcool bouillant, dans l'éther et dans les essences. On les obtient habituellement en entaillant le tronc de certains arbres.

La *térébenthine* est la résine la plus importante qu'on récolte en France; on la tire du pin sylvestre et du pin maritime. La récolte se fait de mai en septembre. On choisit les pins de $0^m,35$ à $0^m,40$ de diamètre, et avec une hache on enlève près du pied une bande d'écorce de $0^m,12$ de largeur et de $0^m,50$ de hauteur; puis avec une espèce d'herminette bien tranchante, on fait au bas de cette partie dénudée une incision de $0^m,007$ de profondeur, de $0^m,03$ de hauteur et de la largeur de la bande d'écorce enlevée d'abord. Tous les huit jours on entaille de nouveau; la térébenthine qui s'écoule de l'arbre est reçue dans un vase ou simplement dans une petite fosse creusée à cet effet.

Cette matière est séparée en deux produits par l'action d'une douce chaleur produite par l'exposition au soleil ou par l'influence de la vapeur d'eau : la matière qui s'écoule ainsi est dite *térébenthine au soleil;* quant au résidu, il est soumis à l'action de la vapeur d'eau qui entraîne l'essence dite de térébenthine, dont la composition est représentée par $C^{20}H^{16}$. Le produit qui reste dans les alambics après la séparation de la térébenthine est désigné sous le nom de *colophane;* ce n'est plus un carbure d'hydrogène comme la matière précédente, il renferme en outre de l'oxygène.

§ 43. — MATIÈRES AZOTÉES.

Les matières azotées contenues dans les végétaux sont neutres ou alcalines. Tandis que les premières se rencontrent avec une constitution presque identique dans tous les végétaux et forment une famille très-homogène, qu'on désigne souvent sous le nom de *matières protéiques,* à cause des facilités avec lesquelles elles se métamorphosent, les autres constituent un groupe redoutable par ses propriétés toxiques ou précieux pour la thérapeutique : ce sont les *alcaloïdes;* leur histoire n'est pas de notre ressort, et nous examinerons seulement dans ce paragraphe les matières protéiques.

On rencontre dans les graines une matière azotée insoluble dans l'eau froide, qu'on sépare facilement de la farine de froment lorsqu'on la malaxe entre les doigts sous un filet d'eau; la matière plastique qui reste dans les mains de l'opérateur après la séparation de l'amidon est le *gluten.*

Presque tous les extraits végétaux faits à froid, le jus des pommes de terre, celui des betteraves, renferment une matière azotée qui se coagule facilement par l'action du feu : par l'ensemble de ses propriétés, cette matière rappelle complétement l'albumine de l'œuf; elle a reçu le nom d'*albumine végétale*.

Enfin, quand on traite la farine de pois, de haricots, en général des graines de légumineuses par l'eau à froid, on peut en séparer une matière qui se précipite par l'addition de l'acide acétique. Cette matière est désignée sous le nom de *caséine végétale* ou de *légumine*.

Quand on détermine la composition élémentaire de ces matières, on est très-frappé de voir qu'elles présentent presque une composition identique, et que surtout le gluten offre la même composition que la fibrine, dont il partage la plasticité, ce qui le fait parfois désigner sous le nom de *fibrine végétale*; que l'albumine des plantes est identique avec celle des liquides animaux; enfin, que la légumine offre précisément la même composition que la caséine du lait. On en jugera par les résultats analytiques suivants :

	Fibrine des deux règnes.	Caséine des deux règnes.	Albumine des deux règnes.
Carbone............	52,25	53,56	53,47
Hydrogène.........	6,99	7,10	7,17
Azote.............	16,57	15,87	15,72
Oxygène...........	23,69	23,47	23,64
	100,00	100,00	100,00

À ces premiers travaux, qui ont largement esquissé l'ensemble de la constitution de ce groupe de corps si importants, sont venus ensuite s'en ajouter d'autres qui ont permis de montrer que les matières précédentes renferment souvent une certaine quantité d'autres principes moins abondants.

C'est ainsi que M. Ritthausen (*Bulletin de la Soc. chimique*, 1863, p. 110) a montré que du gluten on pouvait tirer, par l'action de l'alcool bouillant, de la caséine végétale qui se précipite au moment du refroidissement, et de la *gélatine*, qui se dépose après l'évaporation de la plus grande partie de l'alcool. L'étude des matières azotées de la farine de seigle l'a conduit à des résultats différents de ceux que fournit l'étude de la farine de froment (*Bullet. de la Soc. chim.*, 1867, t. VIII, p. 132).

Enfin, il a reconnu que la légumine extraite des pois et des haricots différait de celle qu'on peut extraire des amandes douces et amères et du lupin bleu ou jaune.

On en jugera par le nombre suivant que nous empruntons à la traduction du mémoire de M. Ritthausen, publié par le *Bullet. de la Soc. chim.*, 1868, t. X, p. 298.

Légumine des amandes douces, etc., ou conglutine.

	Amandes douces.	Amandes amères.	Lupin jaune.	Lupin bleu.
Carbone.	48,91	50,00	50,10	49,53
Hydrogène. . .	6,63	6,70	6,82	6,85
Azote	17,89	17,75	18,12	16,37
Soufre	0,44	0,39	0,90	0,44
Oxygène.	23,47	23,93	22,61	25,10
Cendres	2,66	1,23	1,45	1,71

Quant à la légumine des pois, vesces et lentilles, **M.** Ritthausen la juge comme étant encore différente de celle des haricots ; il donne de ces deux principes les analyses suivantes :

	Légumine des pois, vesces, lentilles, etc.	Légumine des haricots.
Carbone	51,48	51,48
Hydrogène	7,02	6,96
Azote	16,77	14,71
Oxygène	24,33	26,35
Soufre	0,40	0,45
	100,00	100,00

Ces faits sont importants ; mais les recherches de chimie agricole, qui ont surtout pour but d'établir la composition des végétaux au point de vue de l'alimentation du bétail, peuvent conserver l'ancienne distinction des matières protéiques en trois grandes espèces, dont nous indiquerons le mode de préparation.

Préparation de la caséine, de l'albumine et de la fibrine végétale. — Pour extraire la caséine, on réduit en farine la graine à essayer. On la laisse macérer pendant une heure dans de l'eau, puis on exprime dans une toile. Par le repos, le liquide exprimé dépose de la fécule ; on filtre pour avoir une liqueur claire, et l'on ajoute peu à peu l'acide acétique étendu de dix fois son volume d'eau, et la caséine se précipite sous forme d'une masse nacrée, insoluble dans l'alcool et l'éther, et qu'il faut purifier des matières grasses qu'elle entraîne habituellement à l'aide de ces dissolvants qu'on fait agir sur la matière préalablement séchée.

L'albumine qu'on rencontre dans un grand nombre de tissus végétaux, dans les jeunes feuilles, dans les tubercules, dans les racines, est facilement séparée des liquides obtenus par la macération à froid ou par la pression, à l'aide d'une douce chaleur qui la rend insoluble dans l'eau ; elle entraîne souvent avec elle des matières grasses et de la chlorophylle, de telle sorte que lorsqu'on veut déterminer son poids en la recueillant sur un filtre, il faut, après l'avoir séchée et pulvérisée, la traiter par de l'éther, puis la sécher de nouveau.

On profite généralement de la propriété plastique du gluten pour en former une pâte qu'on débarrasse ensuite de l'amidon qui y est habituellement mêlé par une trituration prolongée sous un filet d'eau, ainsi que nous l'avons vu plus haut.

En desséchant les matières ainsi obtenues sous le vide sec, on peut les peser et apprécier ainsi la quantité qu'en renfermaient les tissus étudiés; toutefois ces procédés sont loin d'avoir l'exactitude du dosage de l'azote, dont nous allons décrire la pratique avec d'autant plus de soin qu'il est d'un usage constant dans les laboratoires de chimie agricole.

Dosage de l'azote dans les matières organiques. — On connaît deux procédés de dosage de l'azote dans les matières organiques : l'un qui est d'un emploi général et qui s'applique aussi bien aux matières azotées d'origine végétale ou animale qu'aux substances artificielles renfermant de l'azote provenant de l'acide azotique; l'autre qui, au contraire, convient seulement à la détermination de l'azote des matières végétales et animales : ce dernier, d'un emploi très-facile et très-sûr, est seul en usage dans les laboratoires de chimie agricole.

Il repose sur ce fait démontré par l'expérience, qu'une matière organique azotée, chauffée au contact de la chaux sodée, dégage tout l'azote qu'elle renferme à l'état d'ammoniaque. Celle-ci, recueillie dans un volume déterminé d'acide sulfurique titré, est dosée au moyen d'une liqueur alcalimétrique (1).

On prépare la chaux sodée en éteignant 2 parties de chaux vive au moyen d'une dissolution concentrée de 1 partie de soude caustique, chauffant le mélange dans un creuset à une bonne température rouge, laissant refroidir, et enfermant dans un flacon à l'émeri la matière dure, verdâtre, à moitié vitrifiée, qui résulte de la calcination.

L'acide sulfurique titré est préparé à l'aide de 61^{gr},250 d'acide préalablement bouilli et refroidi sous une cloche où a séjourné de la chaux vive; on mêle l'acide à de l'eau distillée, de façon à former un litre. En prenant les équivalents par rapport à l'oxygène = 100, on voit facilement que 61,25 représente un dixième d'un équivalent d'acide $SO^3.HO$.

10 centimètres cubes de cette liqueur renferment 0^{gr},6125 d'acide

---

(1) Il est important de se rappeler que M. Fremy a démontré qu'un nitrate mélangé à une matière organique et à la chaux sodée donne naissance à une quantité notable d'ammoniaque; il y a là une cause d'erreur qu'il faut éviter en extrayant de la matière dont on veut déterminer l'azote les nitrates par des lavages prolongés à l'eau bouillante.

sulfurique, qui sont neutralisés par un poids de gaz ammoniac représenté par le nombre $0^{gr},2125$. En effet $Az = 175$; $H^3 = 3 \times 12,5 = 37,5$; $175 + 37,5 = 212,5$. Si donc, après avoir chauffé un certain poids de la matière à analyser avec de la chaux sodée, et avoir recueilli dans 10 centimètres cubes de l'acide précédent tout le gaz ammoniac dégagé, on trouvait que l'acide est parfaitement neutralisé et qu'il n'y a pas d'ammoniaque en excès, que la liqueur laisse sans changement le tournesol vineux, on en pourrait conclure que le poids de la matière étudiée renferme $0^{gr},175$ d'azote; mais très-habituellement les choses ne se passent pas ainsi, et l'on prend un poids de la matière à analyser assez faible pour qu'à la fin de l'opération il reste encore une partie de l'acide libre.

Si l'on détermine rigoureusement cette partie d'acide non saturée, on pourra en réduire celle qui est saturée, et par suite l'ammoniaque dégagée qui la neutralisera, c'est-à-dire qui sera avec cette partie dans le rapport de 212,5 à 612,5; pour faire cette détermination on emploie une liqueur alcaline, une dissolution étendue de soude, qu'on *titre* exactement. Cette opération s'exécute en plaçant dans un vase à fond plat, posé sur une feuille de papier blanc, 10 centimètres cubes d'acide sulfurique titré, ajoutant 1 centimètre cube de tournesol étendu, puis versant goutte à goutte la dissolution alcaline jusqu'au moment où la teinte est franchement bleue, en ayant soin d'agiter constamment avec une baguette de verre.

On lit alors sur la burette graduée le nombre de divisions employées, et on l'écrit sur une étiquette qui est fixée au flacon qui renferme la dissolution. Cette opération n'a plus besoin que d'être répétée de loin en loin, pour s'assurer que le titre n'a pas changé; et il ne change pas si l'on a la précaution de puiser dans le flacon la liqueur à l'aide d'une pipette fixée dans le bouchon et qui sert à remplir la burette.

Indiquons maintenant comment on procède au dosage.

On ferme à une extrémité un tube de verre vert de 50 à 60 centim. de long; on l'essuie, à l'intérieur, à l'aide d'un morceau de papier fixé à l'extrémité d'une baguette ou d'une tige de laiton; puis on y fait couler, au moyen d'une main de cuivre, un mélange de chaux sodée et d'acide oxalique préalablement desséché à 100 degrés. Ce mélange dégage à la fin de l'opération de l'hydrogène (1), dont le courant chasse du tube les dernières traces d'ammoniaque. Une courte colonne de chaux sodée est placée au-dessus du mélange qui renferme l'acide

---

(1) $C^4H^2O^8 + 4(NaO,HO) = 4(CO^2NaO) + 4HO + 2H.$

oxalique, puis on introduit la matière à analyser mélangée à la chaux sodée (fig. 14).

Le poids de matière bien sèche à analyser doit contenir moins de $0^{gr},175$ d'azote, c'est-à-dire que si c'est une matière albuminoïde ren-

FIG. 14. — Remplissage du tube pour le dosage de l'azote.

fermant 16 pour 100 d'azote, il doit être inférieur à 1 gramme; mais si c'est une matière végétale renfermant 10 à 15 pour 100 de *matière azotée*, on pourra, sans inconvénient, employer 4 ou 5 grammes. Les matières très-pauvres, comme les pailles, devront même être prises en plus grande quantité, mais alors il faudra employer un tube de 70 à 80 centimètres de long.

On achève de remplir le tube avec de la chaux sodée; on place à l'extrémité du verre pilé, lavé, puis séché, ou un tampon d'amiante; puis on adapte un bouchon de liége et l'on enroule sur le tube une feuille de clinquant recuit, pour l'empêcher de se déformer sous l'influence du feu. Le clinquant étant maintenu à l'aide d'un fil de laiton, on enlève le bouchon ordinaire, on le remplace par un bouchon qui porte le petit appareil à boules désigné dans les laboratoires sous le nom de *boules de Warrentrapp;* on y fait couler 10 centimètres cubes d'acide sulfurique titré, et l'on place le tube sur la grille à analyse, comme le montre la figure 15.

Dans presque tous les laboratoires on emploie aujourd'hui, pour chauffer, le gaz d'éclairage. Il arrive à l'appareil par un caoutchouc et se distribue dans un gros tube horizontal, d'où il s'élève dans une série de tubes verticaux munis de robinets et de gaînes métalliques. Celles-ci portent un orifice mobile qui, placé en face d'une ouverture pratiquée dans chacun des brûleurs, y laisse pénétrer de l'air; c'est alors un mélange de gaz et d'air qui brûle à l'extrémité du tube, et la température est très-élevée. Si au contraire on tourne la gaîne de façon à empêcher l'air de se mêler au gaz, on n'a plus qu'une flamme moins chaude, qui sert à porter doucement le tube à la température rouge, qu'il doit acquérir, pour que la décomposition de la matière organique soit complète.

On commence à chauffer le tube par l'extrémité A voisine du bouchon. On ouvre successivement les becs de gaz, de façon à porter au rouge tout le tube; mais il faut conduire le feu assez lentement pour que les bulles se succèdent régulièrement et ne soulèvent pas tumultueusement le liquide, car un dégagement rapide entraînerait infailliblement la perte d'un peu d'ammoniaque. A la fin de l'opération, on chauffe le mélange d'acide oxalique et de chaux sodée; on obtient ainsi un dégagement d'hydrogène qui balaye le tube complétement et chasse devant lui toutes les vapeurs ammoniacales dans l'acide sulfurique.

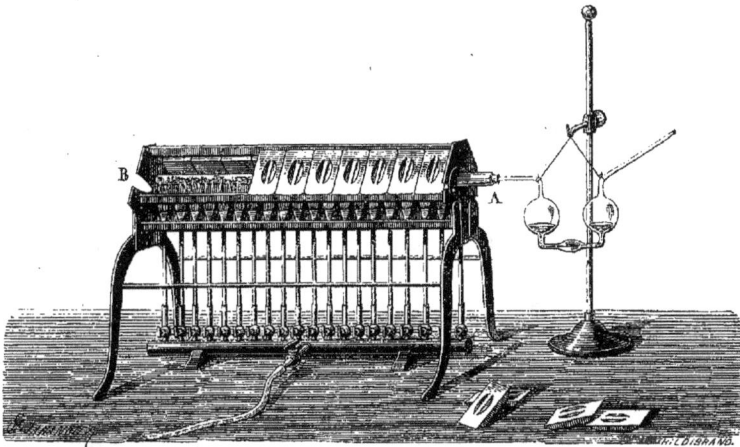

Fig. 15. — Appareil disposé sur une grille à gaz, pour le dosage de l'azote des matières organiques.

Quand le tube est entièrement porté au rouge et qu'il ne dégage plus de gaz, on le casse près du bouchon, en lançant, à l'aide d'une pipette, quelques gouttes d'eau sur le verre. On détache les boules de Warrentrapp, et l'on verse dans un vase à précipité le liquide qu'elles contiennent, en ayant bien soin de n'en perdre aucune goutte. On lave à deux ou trois reprises différentes, jusqu'à ce que l'eau de lavage n'ait plus la moindre réaction acide; on ajoute un centimètre cube de tournesol, puis on procède à la neutralisation avec la dissolution alcaline titrée.

Supposons que $32^{cc},5$ de celle-ci soient nécessaires pour neutraliser les 10 centimètres cubes d'acide sulfurique normal, et que dans l'expérience que nous venons de terminer, le tournesol bleuisse quand on aura ajouté 17 centimètres cubes. Il est clair que l'ammoniaque sortie du tube a produit le même effet, équivaut à $32^{cc},5 - 17 = 15^{cc},5$ de la dissolution alcaline. Or, $32^{cc},5$ de la dissolution de soude neutrali-saient 10 centimètres cubes d'acide sulfurique comme $0^{gr},212$ d'am-moniaque; ils *équivalaient* donc à $0^{gr},212$ d'ammoniaque, et nous pourrons poser la proportion $\dfrac{32,5}{0,212} = \dfrac{15,5}{x}$. D'où l'on voit que

$x = \dfrac{15,5 \times 0,212}{32,5} = 0^{gr},101$ d'ammoniaque renfermant $\dfrac{0,101 \times 0,175}{0,212}$ d'azote.

Ce procédé de dosage imaginé par les chimistes allemands Will et Warrentrapp a été perfectionné par M. Péligot; il est très-exact, et conduit à des résultats très-satisfaisants pour apprécier la quantité de matière albuminoïde contenue dans les végétaux.

Il faut cependant, pour qu'il donne des indications précises, que ces principes immédiats soient seulement ceux qui renferment 16 pour 100 d'azote, comme l'albumine ou la fibrine, ou 18 pour 100, comme la caséine; car il est clair que si ces principes sont mélangés à d'autres matières azotées, on arriverait à des résultats complètement fautifs, en calculant leur poids comme ceux des matières précédentes, d'après la formule $x = \dfrac{100\,a}{16}$, a étant le poids d'azote trouvé.

Asparagine. — Nous avons vu, dans le premier chapitre de cet ou-vrage, que les graines, pendant la germination, éprouvent une véritable combustion lente; les principes immédiats qu'elles renferment perdent constamment du carbone, et la graine diminue de poids d'une façon très-sensible. C'est seulement quand les parties vertes se sont formées, que la plante commence à prélever dans l'air et dans le sol les élé-ments nécessaires à la formation de nouveaux principes; dans l'obs-curité, la plante dégage de l'acide carbonique, comme la graine pendant la germination, et, dans l'un et l'autre cas, la combustion porte non-seulement sur les principes ternaires, mais aussi sur les ma-tières quaternaires, sur l'albumine, et le produit qui se forme le plus habituellement est l'asparagine, qu'on rencontre aussi bien dans les graines germées que dans les jeunes pousses d'asperges, de hou-blon, etc.

L'asparagine est solide, cristalline; elle présente la formule $C^8H^8Az^2O^6$; elle renferme donc beaucoup moins de carbone, mais sen-siblement plus d'oxygène que les matières albuminoïdes. Pour extraire l'asparagine des jeunes pousses d'asperges, on exprime le suc de celles-ci, on le porte à l'ébullition pour coaguler l'albumine; on filtre,

puis on évapore doucement à consistance sirupeuse : par refroidissement, l'asparagine cristallise.

§ 44. — MARCHE A SUIVRE DANS LE DOSAGE DES DIVERS PRINCIPES IMMÉDIATS CONTENUS DANS LES VÉGÉTAUX.

Pour compléter l'étude des procédés employés dans les laboratoires
pour doser les principes immédiats contenus dans les végétaux, nous
indiquerons la marche à suivre dans ces sortes d'analyses, en nous
bornant, bien entendu, aux méthodes qui peuvent être employées dans
les laboratoires de chimie agricole, comme dans celui de l'école de
Grignon, où l'on veut surtout apprécier les matières qui existent dans
les plantes destinées à l'alimentation du bétail. Quand il s'agit d'entreprendre des recherches de chimie végétale, il faut non-seulement
prendre pour guide les ouvrages de chimie analytique, mais surtout
faire un long apprentissage dans un laboratoire d'analyse, sous les
ordres d'un chimiste expérimenté, car la séparation des principes
contenus dans les végétaux est une des opérations les plus délicates
de la chimie, et son étude complète ne rentre pas dans le cadre que
nous nous sommes tracé.

Préparation de l'échantillon. — Il est de la plus haute importance
de composer avec tout le soin possible l'échantillon moyen sur lequel
devra porter l'analyse. Le mélange des grains ne présente pas de difficultés, mais il n'en est pas de même des plantes herbacées. Elles
devront être bien mêlées sur une grande feuille de papier, après
avoir été séchées à l'air, puis coupées en menus fragments ; mêlées
de nouveau, séchées complétement, et enfin pulvérisées, soit dans un
mortier, soit dans un petit moulin.

Si ce sont des racines qu'il faut analyser, on en choisira un certain
nombre de diverses grosseurs, on en coupera des tranches à différentes
hauteurs, puis on les séchera à l'étuve, et on les pulvérisera comme il a
été dit plus haut.

C'est sur les échantillons ainsi préparés que portera l'analyse.

Dosage de l'humidité. — L'eau contenue dans la matière végétale à analyser devra être déterminée sur un échantillon frais de quelques grammes, qui sera maintenu à l'étuve jusqu'à ce que deux pesées
faites à une heure d'intervalle n'indiquent plus de changements de poids.
On cherchera également l'eau restée dans l'échantillon préparé pour
l'analyse, qu'il y a avantage à analyser après dessiccation complète,

mais qui peut cependant être étudié quand il renferme encore quelques
centièmes d'eau.

La dessiccation a lieu dans une étuve. Dans les laboratoires bien
installés, on fait construire des étuves à plusieurs étages, chauffées à
la houille ; elles sont munies à la partie inférieure de bains de sable, et
plus haut de plaques de zinc percées de trous, où la température n'est
jamais très-élevée. On place les échantillons sur des soucoupes de porcelaine ou sur des papiers, et l'on peut ainsi dessécher rapidement une.
quantité notable de matière.

Quand on n'a pas à sa disposition une étuve semblable, on peut faire
usage de l'étuve de Gay-Lussac (fig. 16), qu'on remplit d'huile et qu'on

Fig. 16. — Étuve de Gay-Lussac pour dessécher les matières organiques.

munit d'un thermomètre. On maintient facilement la température à
110 degrés quand on dispose du gaz de l'éclairage ; quand on emploie,
au contraire, le charbon, le chauffage exige une surveillance attentive,
car si la température s'élève notablement au-dessus de 110 degrés, la
matière brûle, l'huile peut même déborder, tomber sur le feu et occasionner des accidents. Le mieux est d'employer, pour maintenir la
température constante, un feu de charbon de Paris.

Dosage de la matière grasse. — Le dosage des matières grasses
s'opère sur la matière bien séchée et à l'aide d'éther anhydre. On opère
sur un poids variant de 5 à 10 grammes. La matière grasse est générale-
lement mêlée à la chlorophylle, qui est aussi soluble dans ce dissol-

vant ; il n'y a généralement pas intérêt à séparer ces deux matières l'une de l'autre, car lorsqu'elles sont mêlées, elles ne se rencontrent qu'en petite quantité ; quand la matière grasse existe en proportion notable dans un tissu, la chlorophylle a disparu.

Dosage des matières solubles dans l'eau. — Le dosage des matières solubles dans l'eau s'exécute habituellement sur la matière lavée à l'éther ; quelquefois cependant on commence par opérer le lavage de l'échantillon avec l'eau froide avant de faire le dosage des matières grasses. Cette dernière manière d'opérer présente cet avantage, qu'il n'est plus nécessaire d'employer pour le dosage des matières grasses de l'éther anhydre, mais il faut dessécher la matière lavée à l'eau avant de procéder au traitement par l'éther.

La matière doit être épuisée par l'eau froide jusqu'à ce que celle-ci n'enlève plus rien à l'échantillon ; ce qu'on reconnaîtra, en recueillant une dernière goutte de liquide découlant du filtre dans lequel on termine le lavage, sur une lame de platine et en la faisant brûler. Si le liquide, à la fin de son évaporation, noircit en abandonnant une matière qui se boursoufle, prend feu en laissant un résidu de charbon, c'est que le lavage n'est pas fini.

Les matières solubles dans l'eau peuvent être :

De l'albumine, de la caséine;

De l'asparagine, de la solanine, de la diastase ;

Du glucose, du sucre ;

De la dextrine ;

De la gomme ;

De la pectine ;

Du tannin ;

Des acides végétaux.

Il est bien rare toutefois que toutes ces matières soient réunies dans le même échantillon, et l'on devra se guider, dans les recherches, d'après une analyse qualitative aussi rigoureuse que possible. Si ce sont des graines qu'on étudie, on aura à y rechercher seulement l'albumine ou la caséine ; l'asparagine et la diastase, dans le cas où elles seront germées ; les matières grasses, l'amidon et la dextrine, enfin la cellulose ; mais on n'y rencontre pas les composés pectiques, qui se trouvent, au contraire, dans les racines ou dans les fruits.

Dosage des matières azotées solubles. — L'albumine est facilement séparée en portant la liqueur à l'ébullition; elle se coagule, devient insoluble, et peut être séparée par le filtre, séchée et pesée. Mais il vaut mieux prélever un volume déterminé de la liqueur totale provenant du lavage, bien mêlée et bien mesurée, évaporer à sec, et doser l'azote dans le produit ; on aura ainsi l'albumine soluble.

Si après la coagulation de l'albumine par l'action de la chaleur, une petite partie de la liqueur séchée dans une capsule, puis calcinée dans un tube avec de la chaux sodée, donne encore un dégagement d'ammoniaque, c'est qu'il reste une matière azotée soluble ; on traite alors la liqueur suffisamment rapprochée par de l'acide acétique, pour reconnaître si l'on peut en précipiter la caséine. Si l'on en rencontre une certaine quantité, et qu'après la précipitation par l'acide acétique, la liqueur ne renferme plus de matière azotée, on évaporera à sec une portion de la liqueur et l'on y dosera l'azote, d'où l'on calculera facilement la caséine. Si, au contraire, l'acide acétique ne donne pas de précipité, il faudra encore évaporer la liqueur à sec et doser l'azote, mais en déduire l'asparagine. Il convient, toutefois, de n'admettre la présence de cette substance dans la matière analysée qu'autant qu'en évaporant une certaine quantité de liqueur, on sera arrivé à voir au microscope quelques cristaux d'asparagine. Si l'on étudie des pommes de terre germées, il faut y rechercher la solanine.

Toutefois cette série de manipulations est d'une exécution difficile, et il est préférable de doser l'azote dans l'échantillon normal, puis dans une portion de l'échantillon épuisé par l'eau après l'avoir séché à l'étuve. On portera au tableau de l'analyse, comme gluten ou fibrine végétale, la matière azotée insoluble, comme albumine, caséine ou asparagine, la matière azotée enlevée par l'eau, suivant que l'analyse qualitative aura indiqué la présence de l'une ou de l'autre des matières. Il sera bon, quand on prendra cette méthode, de laver de 10 à 15 grammes de matière, si celle-ci renferme une proportion notable de substance soluble dans l'eau, de façon à conserver une quantité suffisante pour le dosage de l'amidon et de la cellulose.

Dosage des matières ternaires solubles. — La détermination des diverses matières solubles dans l'eau doit être conduite comme suit : Une partie de la liqueur, bien mesurée, est traitée par le sous-acétate de plomb pour se débarrasser du tannin. Après filtration, on précipitera le reste du sous-acétate de plomb par une dissolution de carbonate de soude ; on filtrera de nouveau, on portera la liqueur à l'ébullition pour chasser l'excès de liquide, puis on ramènera la liqueur à son volume primitif, soit par concentration, soit par addition d'eau, et l'on procédera au dosage à l'aide de la liqueur de Fehling. On trouvera ainsi le glucose et la dextrine ; mais on se rappellera que celle-ci est précipitée par l'alcool, de telle sorte que le liquide qui a servi au dosage à la liqueur de Fehling étant rapproché par évaporation, puis traité par l'alcool, donnera un précipité s'il renferme de la dextrine; ce précipité sera recueilli, filtré et desséché, et son poids retranché du poids du glucose. Cette détermination est surtout importante dans l'analyse des grains. On pourra contrôler ce résultat en faisant un nouveau dosage avec la liqueur de Fehling dans le liquide privé de dextrine par l'alcool; mais il faudra avoir soin de chasser celui-ci par l'évaporation, et se rappeler que 160 de dextrine équivalent à 180 de glucose.

Pour doser le tannin on prendra une nouvelle portion de la liqueur, et l'on emploiera la méthode volumétrique indiquée plus haut, § 37.

Dosage des acides solubles. — Si l'extrait aqueux a une réaction acide, on fera un dosage acidimétrique à l'aide d'une liqueur titrée, et l'on évaluera l'acide en acide oxalique, tartrique, etc., suivant qu'une recherche qualitative aura indiqué la présence de l'un ou de l'autre de ces acides en plus grande proportion : si une portion de la liqueur distillée était acide, ce serait la preuve qu'elle renferme de l'acide acétique, et il faudrait alors en distiller un certain volume à sec, au bain d'huile, puis doser l'acide dans le liquide distillé.

Dosage du sucre de canne et de la gomme. — On aura ainsi déterminé quatre des éléments, glucose, dextrine, tannin et acides ; il reste à trouver la gomme et le sucre de canne. Pour apprécier ce dernier, on fera bouillir un certain volume de la liqueur avec quelques gouttes d'acide chlorhydrique pendant deux ou trois minutes; on neutralisera, et l'on procédera de nouveau au dosage, à l'aide de la liqueur de Fehling. On trouvera un nombre plus fort que dans le dosage primitif, et l'excès représentera le sucre de canne.

En évaporant enfin 50 centimètres cubes de la liqueur primitive au bain-marie, et séchant le précipité, on aura le poids de toutes les matières solubles, matières azotées, glucose, sucre de canne, dextrine, tannin et gomme; et comme on a déterminé les autres principes, la différence entre le poids total et la somme des quatre principes dosés directement donnera la gomme.

Dosage de l'amidon. — Les tissus végétaux, et notamment les graines et les tubercules, renferment encore des matières insolubles dans l'eau, qu'il est facile de doser à l'aide de la liqueur de Fehling, en les transformant en glucose : tels sont l'amidon et l'inuline. La matière épuisée par l'eau devra donc être soumise à l'action de l'acide chlorhydrique bouillant pendant une demi-heure environ; après filtration, on étendra la liqueur jusqu'à un volume déterminé; on prélèvera une partie de cette liqueur pour remplir la burette graduée, et l'on fera le dosage comme il a été dit plusieurs fois.

Dosage des acides combinés. — Le tissu normal renfermant les acides combinés est traité par l'acide chlorhydrique étendu, de façon à séparer les acides végétaux. On ajoute à la liqueur filtrée du sous-acétate de plomb, et l'on recueille sur un filtre le précipité, qui est bien lavé, pour enlever l'excès de sous-acétate et le chlorure de plomb. On décompose le précipité par l'hydrogène sulfuré, et l'on partage la liqueur en deux parties : dans l'une on dose le tannin par le sulfate de cinchonine, si ce dosage n'a pas été fait déjà ; l'autre est additionnée d'albumine étendue qui précipite le tannin, puis on procède au dosage alcalimétrique ; on retranche du nombre trouvé celui qui correspond aux acides libres.

Dosage de la cellulose. — Il ne reste plus à doser que la cellulose, et la pectose, quand on agit sur des fruits ou des racines. On y parviendra en traitant la matière primitive par de l'acide sulfurique à 6 équivalents d'eau, c'est-à-dire mêlé avec un poids d'eau à peu près égal au sien, qui dissout les matières azotées, transforme l'amidon en dextrine et en glucose. On maintient la liqueur entre 70 et 80 degrés, et on la renouvelle jusqu'à ce qu'elle cesse de précipiter par un excès d'eau. On lave sur un filtre la matière ainsi traitée, d'abord à l'eau bouillante, puis avec une lessive étendue de potasse caustique ; on lave de nouveau avec de l'eau aiguisée par de l'acide acétique, on sèche, et l'on fait agir successivement de l'alcool et de l'éther. On dessèche enfin la matière, qui est formée de cellulose pure, dont on reconnaît facilement la structure au microscope (1).

La liqueur de Schweizer permet d'arriver plus exactement et de doser directement la cellulose. On attaque alors le résidu précédent par cette liqueur ; on précipite la dissolution par de l'acide chlorhydrique ; on lave à l'eau bouillante pour enlever le chlorure de cuivre formé, on dessèche, et l'on pèse le précipité.

S'il fallait faire l'analyse d'une racine ou d'un fruit avant la maturité, il faudrait séparer la cellulose de la pectose. Pour y réussir,

---

(1) D'après M. Poggiale, le procédé indiqué plus haut pour doser la cellulose serait tout à fait défectueux : il affirme que si, après avoir dissous l'amidon et la dextrine contenus dans le blé, en faisant agir successivement la diastase et l'eau, on attaque de nouveau le produit avec de l'acide chlorhydrique étendu de dix fois son volume d'eau, on retrouve encore du glucose qui provient de la transformation de la cellulose. (*Compt. rend.*, 1859, t. XLIX, p. 128.)

Pelouze est arrivé aux mêmes résultats : il a reconnu que, par une ébullition prolongée, l'eau aiguisée d'acide chlorhydrique ou sulfurique transforme la cellulose en glucose. (*Comptes rendus*, 1859, t. XLVIII.)

on utilisera la propriété qu'a la pectose de se transformer en pectine soluble dans l'eau par une ébullition de quelques instants avec l'acide chlorhydrique ; et l'on conçoit que si une pulpe épuisée par l'eau froide, et qui ne renferme pas d'amidon, est soumise à l'action d'un acide, elle laissera un résidu exclusivement composé de cellulose. Si donc on a déterminé le poids de la pulpe avant le traitement par l'acide, puis après ce traitement, on pourra considérer comme pectose la perte de poids constatée.

Dosage des cendres. — Les cendres sont généralement dosées sur la matière primitive. C'est là une opération généralement assez lente et qui exige beaucoup de patience, si elle est faite dans les conditions ordinaires, c'est-à-dire à l'air libre ; car il arrive habituellement que les phosphates qui sont habituellement contenus en quantité notable dans les tissus végétaux fondent, et forment à la surface de la matière charbonnée un vernis imperméable à l'air, qui empêche la combustion de continuer. Il faut alors retirer la capsule du feu, la laisser refroidir et pulvériser de nouveau la masse noircie ; la traiter par l'eau pour dissoudre les sels solubles, garder en réserve l'eau de lavage, et continuer la calcination en recommençant les broyages et les lavages autant de fois que cela sera nécessaire. A la fin de l'opération, on réunit toutes les eaux de lavage et on les évapore à sec, puis on les calcine au rouge pour enlever les dernières traces de charbon.

On réussit mieux cette opération en plaçant la matière à brûler dans une nacelle de porcelaine qu'on introduit dans un tube également de porcelaine et garni de clinquant ; on fait passer un courant d'oxygène en même temps qu'on chauffe le tube au rouge : généralement, en une demi-heure, on obtient des cendres parfaitement blanches.

Quand on procède à la combustion d'une matière végétale dans une *capsule de platine*, il faut se garder d'employer une quantité de matière considérable, qui empêcherait l'air de pénétrer jusqu'au fond de la capsule. Dans ce cas, en effet, les phosphates contenus dans la matière végétale sont facilement réduits par les matières organiques ; le phosphore s'unit au platine et forme une combinaison très-fusible : la capsule est percée. En la plaçant près de l'œil, devant une fenêtre, on aperçoit quelques petits trous qui ne permettent plus de l'employer, puisque les cendres fondues passent au travers, se répandent sur le fond extérieur de la capsule, et peuvent se détacher au moment de la pesée.

En ne plaçant dans la capsule, au moment de la combustion, qu'une petite quantité de matière qu'on agite avec un ringard de platine, on réussit à brûler toute la matière organique, qui se trouve toujours au milieu d'une atmosphère oxydante dans laquelle les phosphates ne peuvent être réduits.

Analyse abrégée des tissus végétaux. — L'analyse des végétaux a souvent pour but de déterminer leur valeur alimentaire : on se contente alors de doser la matière azotée par un dosage d'azote (on admet que la matière azotée renferme 16 pour 100 d'azote), les matières grasses par l'éther ; la cellulose, appréciée en pesant le résidu du traitement par les acides et les bases étendues, et l'humidité ; on dose les *glucosides*, sucre, glucose, gomme, etc., par différence. La manipulation est ainsi très-facile, et permet cependant d'indiquer la valeur nutritive d'un fourrage avec une exactitude suffisante pour les besoins de la pratique.

§ 45. — COMPOSITION DES DIVERS ORGANES VÉGÉTAUX.

Les procédés que nous venons de décrire ont permis d'établir la composition de diverses parties des végétaux sur lesquelles s'établissent habituellement les spéculations agricoles.

On doit à **M.** Péligot un travail très-important sur la composition du blé ; il y établit que la composition moyenne du grain non séparé du son est la suivante (*Ann. de chim. et de phys.*, 3ᵉ série, t. XXIX, p. 1) :

Eau..	14,0
Matière grasse.................................	1,2
Matières azotées insolubles (gluten)............	12,8
— solubles (albumine).............	1,8
Dextrine..	7,2
Amidon..	59,7
Cellulose.......................................	1,7
Sels minéraux...................................	1,6
	100,0

On verra par le tableau suivant que les nombres précédents présentent des variations assez sensibles dans les divers échantillons analysés.

Composition de divers blés (grains), d'après M. Péligot.

VARIÉTÉS ANALYSÉES.	GLUTEN et albumine.	MATIÈRES grasses.	AMIDON.	DEXTRINE.	CELLULOSE.	SELS.	EAU.	OBSERVATIONS.
Blé blanc de Flandre.	10,7	1,0	61,0	9,2	1,8	1,7*	14,6	Dauphiné, année 1841.
Blé hardy white..	12,5	1,1	59,1	10,5	1,5	1,7*	13,6	Verrières, année 1842.
Blé tonselle blanche de Provence.	9,9	1,3	62,7	8,1	1,7*	1,7*	14,6	Blé tendre, année 1842.
Blé polish Odessa..	14,3	1,5	59,6	6,3	1,7*	1,4	15,2	Blé ailé, Pologne russe.
Blé hérisson.	11,7	1,2	63,7	6,8	1,7*	1,7*	13,2	Blé de mars 1842.
Blé poulard roux.	10,6	1,0	63,3	7,8	1,7*	1,7*	13,9	Loire-Inférieure, 1840.
Blé poulard bleu conique.	15,6	1,0	59,9	7,2	1,5	1,9	14,4	Verrières, 1844.
Idem.	18,1	1,2	58,0	5,9	1,7*	1,9	13,2	Verrières, 1846, année sèche.
Blé mitadin du Midi..	16,0	1,4	59,8	6,4	1,4	1,7	13,6	Avignon.
Blé de Pologne.	21,5	1,5	50,4	. 6,8	1,7*	1,9	13,2	Très-dur, Verrières, en 1844.
Blé du Banat.	13,4	1,1	62,2	5,4	1,7*	1,7	14,5	Hongrie.
Blé d'Égypte.	20,6	1,1	55,4	6,0	1,7*	1,7	13,5	Dur, grains petits et rouges.
Blé d'Espagne.	10,7	1,8	61,9	7,3	1,7*	1,4	15,2	Mélange de blé dur et tendre.
Blé de Taganrok.	13,6	1,9	57,9	7,9	2,3	1,6	14,8	Très-dur.

Les chiffres marqués d'un astérisque n'ont pas été obtenus directement ; on a pris, pour les établir, les moyennes des déterminations faites sur les autres variétés de blé.

La proportion de matière grasse, qui est peu variable dans presque tous les échantillons, atteint cependant 1,8, 1,9 dans les blés d'Espagne et de Taganrok, bien supérieure à la moyenne 1,2 des autres : mais M. Péligot fait remarquer qu'il ne faut pas attribuer à cette proportion considérable une trop grande importance, car il est connu que des négociants peu scrupuleux mouillent souvent leurs blés avec de l'huile pour leur donner un aspect glacé, qui en rend le débit plus avantageux.

La même variété de blé présente, suivant les années, une composition assez différente. Ainsi le blé Poulard de 1844 renferme 15,6 de gluten, et celui de 1846, année très-sèche, 18,1, c'est-à-dire 1,5 de plus. Il ne faudrait pas croire que tous les blés durs soient particulièrement riches en gluten, ainsi qu'on l'admet souvent. Si, en effet, le blé très-dur de Pologne, récolté à Verrières en 1844, renferme 21,5 de gluten, et le blé d'Égypte, dur également, en donne 20,6, nous voyons que le blé de Taganrok, signalé comme très-dur, ne donne cependant que 13,6 de gluten.

Composition des graines des céréales et des légumineuses. — Nous joindrons aux renseignements précédents sur la composition du blé ceux que nous fournissent les analyses de M. Boussingault sur les graines des autres céréales.

Composition des grains de diverses céréales, d'après M. Boussingault.

NATURE DU GRAIN ANALYSÉ.	Gluten et albumine	Amidon et dextrine.	Matières grasses.	Ligneux et cellulose.	Substances minérales.	Eau.	OBSERVATIONS.
Seigle	9,0	67,5	2,0	3,0	1,9	16,6	Récolté à Bechelbronn.
Orge	13,4	63,7	2,8	2,6	4,5	13,0	Id.
Avoine.......	11,9	61,5	5,5	4,1	3,0	14,0	Id.
Maïs..	12,8	60,5	7,0	1,5	1,1	17,1	Récolté à Haguenau.
Riz.........	7,5	76,0	0,5	0,9	0,5	14,6	— en Piémont.

A côté de ces analyses portant sur les graines des céréales viennent se placer naturellement celles qui ont trait aux graines des légumineuses, que nous résumons dans le tableau suivant :

Composition des grains de diverses légumineuses, d'après M. Boussingault.

NATURE DES GRAINS ANALYSÉS.	Légumine.	Amidon et dextrine.	Matières grasses.	Ligneux et cellulose.	Sels.	Eau.
Haricots blancs ...	26,9	48,8	3,0	2,8	3,5	15,0
Pois jaunes......	23,9	59,6	2,6	3,6	2,0	8,9
Lentilles	25,0	55,7	2,5	2,1	2,2	12,5
Fèves de marais...	24,4	51,5	1,5	3,0	3,6	16,0
Féveroles........	31,9	7	2,0	2,9	3,0	12,5
Vesces.........	27,3	48,9	2,7	3,5	3,0	14,6

Composition de diverses graines oléagineuses. — La composition immédiate des graines de colza varie beaucoup, suivant les provenances.

	Graines d'Alsace.	Graines de Saumur.	Graines de Belle-Ile.
Huile	50,0	30,12	38,50
Matières organiques non azotées	12,4		
Matières organiques azotées..	17,4	61,36	55,44
Ligneux.	5,3		
Sels minéraux	3,9	4,17	3,50
Eau	14,0	4,35	2,56
	100,0	100,00	100,00

On ne retire, en moyenne, de cette plante, dans l'industrie, que 32 pour 100 d'huile, et il reste dans le tourteau :

Huile...	14,1
Matières organiques................................	66,2
Sels minéraux......................................	6,5
Eau...	13,2
	100,0

Ces matières organiques renferment, d'après MM. Soubeyran et Girardin, 5,5 d'azote, c'est-à-dire 34 pour 100 de matières albuminoïdes excellentes comme aliment. Les cendres de tourteaux de graines de colza renferment 46 pour 100 d'acide phosphorique.

On doit à M. Cloëz la détermination de la teneur en huile de diverses espèces de graines oléagineuses ; nous reproduisons les résultats qu'il a obtenus dans le tableau suivant (*Bull. de la Soc. chim.*, 1865) :

Richesse en huile de cinquante espèces de graines oléagineuses.

NOMS DES PLANTES.	POIDS de l'hectolitre de grain.	MATIÈRE GRASSE		PERTE en eau à 100°.
		en poids pour 100 parties.	en volume par hectolitre.	
	kil.	gr.	lit.	
Coprals	57,84	69,300	42,900	5,04
Cardon..........................	64,80	20,010	14,005	9,02
Bardane........................	51,64	19,032	10,559	11,12
Madi...........................	45,69	32,700	16,079	8,34
Hélianthe.......................	44,00	21,810	10,374	9,30
Ram-till........................	66,80	35,100	25,414	7,94
Douce-amère....................	48,75	23,86	12,524	7,44
Stramoine......................	68,475	25,00	15,940	8,56
Paulonie	6,70	21,98	1,592	10,18
Sésame blanc de l'Inde........	62,20	53,95	36,311	5,24
Moldavique	64,00	21,32	14,634	5,68
Olives	67,10	39,45	28,883	29,20
Houx...........................	59,80	25,905	16,796	7,62
Cotonnier.......................	63,00	23,675	15,931	9,30
Épurge	56,82	43,75	26,842	7,34
Bancoul (décortiqué)..........	46,873	62,12	31,166	5,14
Ricin (décortiqué)	56,10	68,81	40,073	3,76
Croton.........................	48,73	37,03	19,142	6,48
Lin	69,62	37,95	28,253	7,84
Pistaches......................	62,60	5,40	35,034	8,10
Marron d'Inde.................	57,40	5,245	3,243	12,65
Fusain.........................	57,60	44,80	26,961	7,74
Thlaspi	73,14	18,45	14,619	12,76
Camelime.......................	67,04	31,64	22,784	8,84

NOMS DES PLANTES.	POIDS de l'hectolitre de graine.	MATIÈRE GRASSE		PERTE en eau à 100°.
		en poids pour 100 parties.	en volume par hectolitre.	
	kil.	gr.	lit.	
Cresson alénois	75,39	23,975	19,507	10,40
Colza de printemps	62,25	39,50	26,997	8,84
— de saison.............	68,80	43,425	32,770	7,64
Chou cavalier................	69,87	39,25	20,724	8,84
Rutabagas	66,60	39,10	28,428	8,44
Navette d'hiver	66,79	40,975	29,894	8,70
— d'été..............	69,93	40,625	30,986	8,72
Navet (turneps)	70,70	37,60	29,094	9,10
Moutarde champêtre	72,55	25,70	20,244	7,74
— blanche	75,425	31,275	25,592	8,42
Radis oléifère................	68,60	36,13	26,579	8,40
Glaucier jaune...............	65,00	37,75	26,842	6,84
— rouge........	65,84	27,083	19,268	7,24
Œillette.	60,80	42,30	27,743	7,40
Chènevis	56,00	31,50	18,952	8,80
Courge..................	38,70	39,225	16,236	6,47
Amandes douces	58,92	55,69	35,88	5,64
Arachides (décortiquées)......	62,15	50,50	34,184	5,26
Noix sans coques............	44,166	64,325	30,588	4,68
Faînes (décortiquées).........	63,45	43,52	30,054	9,14
Noisettes des bois sans coques..	54,45	60,85	28,375	6,64
Épicéa...................	55,00	32,40	19,056	9,12
Pin pignon sans coques.......	54,80	44,736	26,308	4,10

NOTA. — M. Cloëz a publié récemment un tableau encore plus complet dans le *Dictionnaire de chimie* de M. Wurtz (t. II, p. 41).

§ 46. — COMPOSITION DES TUBERCULES ET DES RACINES.

Tubercules de pomme de terre. — Les tubercules de la pomme de terre présentent des couleurs assez différentes à l'extérieur ; leur forme est tantôt allongée et tantôt arrondie.

Les chimistes qui se sont occupés de déterminer leur composition ont trouvé les nombres suivants :

Fécule...................................	23
Albumine.................................	2
Gomme et sels minéraux........	6
Eau	69
	100

(M. Sacc.)

Pomme de terre (patraque jaune).

Fécule amylacée...............................	20,00
Substances azotées............................	1,60
Matières grasses, huile essentielle.............	0,11
Substances sucrées............................	1,09
Cellulose (épid. et tissu).....................	1,64
Pectates, citrates, phosphates, silicates de chaux, magnésie, potasse, *soude*................	1,56
Eau...	74,00
	100,00

(M. PAYEN.)

Pommes de terre.

	Rouges.	De Paris.
Fécule.....................	15,00	13,30
Albumine...................	1,40	0,92
Gomme......................	4,10	3,30
Fibre végétale.............	7,00	6,80
Acide et sels..............	5,10	1,40
Eau........................	75,00	73,12
	(M. EINHOFF.)	(M. HENRY.)

Pommes de terre.

	Jaune pâle.	Rouges.
Fécule et substances non azotées......................	20,2	25,2
Albumine...................	2,5	3,0
Matière huileuse...........	0,2	0,3
Ligneux et cellulose.......	0,4	0,6
Sels.......................	0,8	0,9
Eau........................	75,9	70,0
	100,0	100,0

(M. BOUSSINGAULT.)

Batate.

Batate (Convolvulus Batatas).

	Batate rouge.	Batate jaune.
Fécule amylacée............	16,05	9,42
Sucre......................	10,20	3,50
Albumine et autres matières azotées...................	1,50	1,10
Matières grasses...........	0,30	0,25
Cellulose..................	0,45	0,54
Acide pectique et autres matières organiques..........	1,10	1,30
Sels et silice.............	2,90	3,25
Eau........................	67,50	79,64
	100,00	100,00

(M. PAYEN.)

Composition des tubercules de topinambour.

Analyse de Braconnot.

Eau..	77,05
Gomme.......................................	1,22
Sucre..	14,80
Inuline......................................	3,00
Albumine.....................................	0,99
Matières grasses.............................	0,09
Citrates de potasse et de chaux..............	1,15
Phosphates de potasse et de chaux............	0,20
Sulfate de potasse...........................	0,12
Chlorure de potassium........................	0,18
Malate et tartrate de potasse et de chaux.......	0,05
Ligneux	1,22
Silice	0,33
	100,00

Analyse de MM. Payen, Poinsot et Féry.

Eau..	76,04
Glucose et autres matières sucrées...........	14,70
Albumine et autres matières azotées..........	3,12
Cellulose....................................	1,50
Inuline	1,86
Acide pectique	0,92
Pectine	0,37
Matière grasse et traces d'huile essentielle......	0,20
Matières colorantes violacées sous l'épiderme....	traces
Cendres.....................................	1,29
	100,00

On voit que les topinambours sont singulièrement plus riches en matières fermentescibles que les betteraves. **M.** Payen a reconnu, il y a quelques années, qu'une partie du sucre du topinambour était cristallisable. Bien que la quantité d'inuline ne soit pas très-considérable, les distillateurs de topinambour ont avantage, pour la convertir en glucose, à faire infuser les pulpes pendant quelques jours avec de l'orge germée, puis de l'acide sulfurique étendu, avant de la faire fermenter.

Composition de la carotte.

Cette racine contient, d'après M. Sacc :

Sucre cristallisable	8,13
Fécule......................................	1,38
Inuline.....................................	1,00
Albumine	0,86
Cellulose...................................	4,63
Eau..	84,00
	100,00

Composition des betteraves. — Un grand nombre de chimistes se sont occupés de la composition des betteraves : en France M. Pelouze, puis M. Péligot, ont donné les premiers leur richesse en sucre ; depuis cette époque, de nombreux travaux sont venus s'ajouter aux leurs, nous les résumerons dans les tableaux suivants.

M. Robert Hoffmann (*Bull. de la Soc. chim.*, 1864, t. II, p. 393) a donné la composition des feuilles et des racines à diverses époques de leur croissance, et, en outre, le rapport qui existe entre le poids des feuilles et celui des racines aux moments où ont eu lieu les analyses.

Poids par pied en moyenne.

	30 juin.	31 août.	30 octobre.
	gr.	gr.	gr.
Feuilles	99,8	248	750
Betteraves	50,8	304	802
	150,6	752	1,552

Les feuilles fraîches ont donné à l'analyse les résultats suivants :

	30 juin.	31 août.	30 octobre.
Eau	88,50	87,91	87,00
Cendres	4,10	3,60	3,80
Substances azotées......	2,12	2,33	2,83
Cellulose.............	1,20	2,20	1,60
Substances organiques non azotées.	4,08	3,96	4,77
	100,00	100,00	100,00

Les betteraves fraîches contenaient :

	30 juin.	31 août.	30 octobre.
Eau	89,20	83,20	75,20
Cendres	0,66	0,90	1,30
Substances azotées......	1,00	1,64	2,20
Cellulose.............	1,01	1,50	2,07
Sucre......:	4,00	9,62	15,00
Substances organiques non azotées (matières grasses, colorantes, pectiques)	4,13	3,34	4,23
	100,00	100,00	100,00

Il est bien à regretter que M. R. Hoffmann n'ait pas spécifié la nature des substances organiques non azotées qui se trouvaient dans les feuilles, et qu'il n'ait pas indiqué, comme nous l'avons observé nous-même, que les feuilles renferment surtout du glucose, tandis qu'on n'en trouve que peu ou pas dans les racines, dans lesquelles on rencontre au contraire souvent une proportion notable de tannin.

Les analyses données par les chimistes allemands accusent toujours, dans les racines récoltées de l'autre côté du Rhin, une plus grande richesse en sucre que celle des betteraves cultivées en France. A Grignon, j'ai cultivé pendant deux ans la betterave blanche de Silésie, et j'ai trouvé en moyenne 10,3 pour 100 de sucre ; c'est aussi le rendement attribué généralement en France aux betteraves à sucre. Ce rendement, toutefois, varie singulièrement, ainsi que cela ressort des observations de M. Corenwinder. Il a donné, il y a quelques années, la composition d'un certain nombre de betteraves cultivées dans diverses contrées, on y reconnaîtra des compositions très-différentes.

Analyse des betteraves et de leurs cendres.

	EAU.	SUCRE.	ALBUMINE, cellulose, etc.	MATIÈRES minérales.	CARBONATE de potasse.	CARBONATE de soude.	SULFATE de potasse.	CHLORURE de potassium.	PHOSPHATE de soude.	MATIÈRES insolubles.
1. Betteraves sans engrais récoltées à Quesnoy-sur-Deule	85,52	10,09	3,644	0,716	33,362	20,499	4,963	10,861	4,249	26,066
2. Betteraves fumées avec de l'engrais flamand à Quesnoy-sur-Deule	85,30	9,73	4,167	0,803	27,832	22,745	5,160	15,522	4,614	24,157
3. Betteraves fumées avec des tourteaux à Quesnoy-sur-Deule	85,65	9,53	4,091	0,729	25,618	26,268	6,923	11,309	4,543	25,339
4. Betteraves fumées avec du guano à Quesnoy-sur-Deule	86,00	8,80	4,532	0,668	31,241	19,756	6,917	8,108	4,551	29,427
5. Collets de betteraves n° 3	86,76	6,60	5,773	0,867	6,126	30,612	10,813	9,069	1,920	41,440
6. Betteraves des marais de Saint-Omer fumées avec du limon	88,74	6,82	3,418	0,972	»	34,456	4,767	33,877 NaCl. 7,492	4,172	15,236
7. Betteraves des relais de mer de Dunkerque, fumées	87,26	7,15	4,542	1,078	7,714	39,644	3,760	30,971	3,813	14,068
8. Betteraves de Lille fumées avec beaucoup d'engrais flamand	89,70	5.22	4,209	0,871	18,399	30,277	4,468	20,807	3,313	22,736
9. Betteraves de Nevers fumées avec du fumier et de l'engrais liquide	84,72	11,00	3,510	0,770	54,428	4,031	4,084	14,471	0,747	22,239
10. Betteraves de l'Aisne fumées avec du fumier et de l'engrais liquide	78,50	13,75	6,450	1,300	44,999	5,562	6,037	18,145	0,585	2 4,6

OBSERVATION. — La matière insoluble se compose de phosphate de chaux et de phosphate de magnésie, de carbonate de chaux, silice, fer, etc.

M. Corenwinder ajoute encore dans son mémoire (*Comptes rendus*, 1865, t. LX, p. 154) que les variations du sucre sont encore plus grandes que ne l'indiquent les chiffres précédents : le savant chimiste de Lille a eu occasion d'examiner des betteraves qui ne renfermaient que 2 à 3 pour 100 de sucre ; au contraire, il en a trouvé venant d'Allemagne qui avaient une richesse saccharine de 15 à 18 pour 100.

En général, la richesse des betteraves à sucre est en raison inverse de leur grosseur ; c'est au moins ce qui ressort des spécimens exposés en 1867, au Champ de Mars, par M. Violette, dans l'espace réservé à l'agriculture du département du Nord, où nous avons relevé le tableau suivant :

Poids des betteraves. kil.	Eau dans les betteraves.	Sucre dans les betteraves.
2,200	84	9,05
1,100	84	10,70
0,900	82	9,88
0,650	79	16,82
0,280	80	14,50
0,036	78,5	16,00

Les betteraves récoltées en Angleterre paraissent avoir une composition analogue à celle des betteraves de France, si l'on en juge au moins par les nombreuses analyses données par M. A. Voelcker dans un mémoire sur lequel nous aurons occasion de revenir plus loin (*On the chemistry of the Silesian sugar-Beets*, in *the Journ. of the Royal Agric. Soc. of England*, 2ᵉ sér., t. VI, p. 347). (Voyez à la fin de la 4ᵉ partie du présent ouvrage le paragraphe de l'influence des engrais sur la production des principes immédiats.)

Nous terminerons ce chapitre en indiquant encore la composition du foin d'après MM. Lawes et Gilbert, et enfin la richesse en tannin de diverses écorces et tissus végétaux.

Richesse en tannin de diverses substances, d'après M. Wagner.

Écorce de jeunes chênes...........	10 p. 100 de tannin.
— de chêne ordinaire.........	6,25
— de pin................	7,33
— de hêtre..............	2,00
Sumac 1ʳᵉ qualité..............	16,50
— 2ᵉ qualité..............	13,00
Vélanède 1ʳᵉ qualité............	26,75
— 2ᵉ qualité............	19,00
Dividivi.................	12,00
Acacia arabica..............	14,50
Pepins de raisin privés d'huile.......	6,50
Houblon (récolte de 1865).........	4,25

Composition du foin, d'après Lawes et Gilbert (1).

Matières azotées.........................	8,87
Matière grasse soluble dans l'éther...........	2,58
Cellulose.............................	23,90
Sucre, amidon, etc................	42,08
Cendres.............................	6,26
Eau.................................	16,33
	100,00

CHAPITRE VII

FORMATION, MÉTAMORPHOSES ET MIGRATION DES PRINCIPES IMMÉDIATS DANS LES VÉGÉTAUX.

Nous connaissons les principes immédiats contenus dans les tissus des végétaux ; nous savons les reconnaître et les doser, nous savons encore comment les éléments qui les composent pénètrent dans les plantes ; mais il nous reste à étudier le mode de formation de ces principes immédiats, à les suivre d'un point du végétal à l'autre, depuis le moment où la vie s'éveille jusqu'à celui où la graine mûrit, depuis l'apparition des premières feuilles au printemps jusqu'à la chute des dernières à l'approche de l'hiver. Ces questions seront présentées dans les paragraphes suivants :

De l'absorption de l'eau par les racines ;

De l'évaporation de l'eau par les feuilles ;

De la composition de la séve ascendante ;

De la formation des principes immédiats dans les feuilles ;

De la migration des principes immédiats dans les plantes herbacées ;

De la migration des principes immédiats dans les végétaux ligneux et de la séve élaborée ;

De la maturation des fruits.

§ 47. — DE L'ABSORPTION DE L'EAU PAR LES RACINES.

On trouve communément dans nos climats des arbres s'élevant jusqu'à 20 ou 30 mètres ; en Californie, le *Sequoia gigantea* atteint une centaine de mètres ; les *Eucalyptus* d'Australie, les *Calamus*

---

(1) Nous aurons occasion de revenir sur la composition du foin, à propos de l'action qu'exercent différents engrais sur la prairie.

de l'Inde, sont encore des végétaux très-élevés : mais, malgré leur hauteur, l'eau puisée dans le sol par les racines s'élève jusqu'à la cime, et il est clair que la pression atmosphérique poussant l'eau dans les tissus pour combler le vide fait par l'évaporation ne saurait seule expliquer son ascension, puisque la pression atmosphérique ne peut soutenir dans le vide qu'une hauteur d'eau de 10 mètres environ.

Si l'évaporation de l'eau par les feuilles intervient dans le mouvement ascensionnel de la séve, celle-ci doit être déterminée par une autre cause; c'est ce dont on est bien vite persuadé quand, au printemps, au moment de la taille, on voit s'écouler abondamment un liquide des branches de la vigne bien avant l'apparition des feuilles. Les racines fonctionnent ici par elles-mêmes, en dehors de toute action des feuilles; elles possèdent une propriété analogue à celle de la graine, qui, placée dans la terre humide, ne tarde pas à s'y gonfler et à pousser, en dehors de ses téguments distendus, une petite radicelle destinée à ournir à la jeune plante l'eau nécessaire à son évolution.

L'absorption de l'eau par la racine paraît être ainsi la première manifestation de l'activité vitale; elle a dès longtemps frappé les observateurs, qui ont commencé son étude dès le XVIIIᵉ siècle.

Expériences de Hales. — La force ascensionnelle de l'eau dans les racines est considérable. Au mois d'avril 1725, Hales coupa un cep de vigne au niveau du sol, et, s'apercevant qu'une grande quantité d'eau s'échappait de la plaie, il essaya de l'arrêter en appliquant à l'extrémité coupée un fragment de vessie fortement lié ; mais la membrane, poussée en dehors, se gonfla et creva quelque temps après. Il remplaça alors la vessie pur un tube de verre vertical qui fut parfaitement fixé sur la branche ; bientôt l'eau monta dans ce tube jusqu'à une hauteur de 7 mètres environ.

L'explication du phénomène qui se produit dans ces circonstances se trouve dans l'exposé de ce fait fondamental, qu'un liquide se trouvant dans un milieu poreux formé d'espaces de diverses étendues abandonne toujours les espaces larges pour pénétrer dans les plus étroits. Cette propriété est utilisée chaque jour dans les laboratoires, quand on dépose sur des briques ou des plaques de porcelaine dégourdie les précipités qu'on veut sécher.

Expériences de M. Jamin. — La force mise en jeu dans ce cas est considérable, ainsi que l'a démontré M. Jamin, auquel nous empruntons la description de ses expériences sur les corps poreux imbibés d'eau (*Leçons professées devant la Société chimique*, séance du 8 mars 1861. — Hachette). « Je prends d'abord, dit-il, un bloc de craie A (fig. 17), dont la forme est quelconque et dont le volume est égal à un litre environ. Après l'avoir bien desséché, j'y creuse un trou cylindrique vertical, pénétrant jusqu'au centre O, et j'y plonge un tube à conduit étroit OBCD, que je scelle sur la craie avec du mastic de fontenier. Ce tube est recourbé en S ; il y a du mercure en BCB′, et l'es-

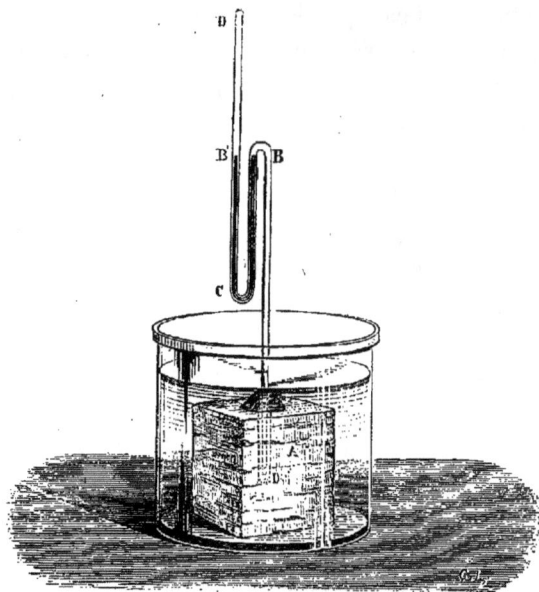

Fig. 17. — Expérience de M. Jamin pour reconnaître l'énergie avec laquelle l'eau pénètre dans un bloc de craie.

pace B′D, qui est fermé et divisé, contient de l'air à la pression ordinaire : c'est un véritable manomètre. Il est clair que si un excès de pression venait à se développer à l'intérieur du bloc, en O, il ferait monter le mercure en B′, et l'on mesurerait cet excès par la diminution de longueur de la colonne d'air B′D. Cela étant compris, plongeons la masse de craie dans un vase plein d'eau.

» On prévoit que le liquide va pénétrer dans la craie par capillarité, qu'il chassera l'air devant lui ; que celui-ci, s'accumulant en OB, comprimera le mercure, et que la pression finale indiquée par le manomètre sera égale à la force d'imbibition du liquide. Or, on trouve, ce qui ne laisse pas que d'être fort étonnant, que cette pression s'élève progressivement jusqu'à 3 ou 4 atmosphères.

» La plupart des corps poreux homogènes et à pores suffisamment étroits donnent les mêmes résultats avec des intensités variables : la

pression s'est élevée jusqu'à 3 atmosphères dans une bille de
billard et jusqu'à 5 avec un bloc de pierre lithographique, mais le
marbre n'a rien produit.

» Lorsqu'on veut opérer avec des substances pulvérulentes, on les
tasse dans un vase poreux de pile AA (fig. 18), au moyen d'un man-
drin et à coups de maillet ; on dispose le manomètre OBB'D dans leur

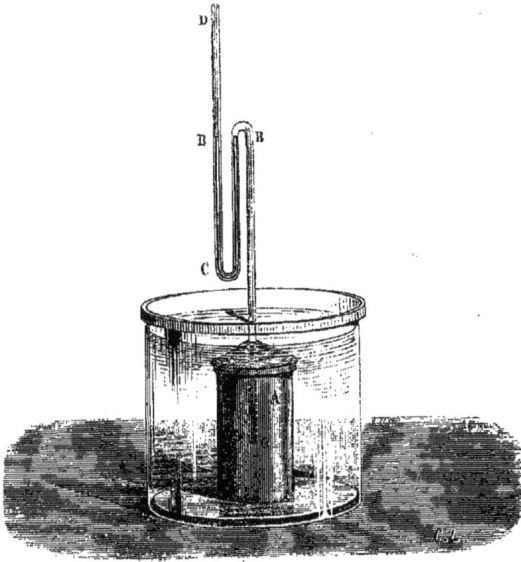

FIG. 18. — Expérience de M. Jamin pour démontrer l'énergie avec laquelle l'eau
pénètre dans un corps pulvérulent.

intérieur, comme on l'a fait précédemment pour la craie, et l'on ferme
l'ouverture du vase avec un bouchon de bois GG, que l'on mastique
avec le plus grand soin. L'expérience se fait comme avec les corps
solides, en plongeant tout l'appareil dans l'eau, et le manomètre
monte de la même manière jusqu'à 3 atmosphères et demie environ,
avec de la terre ou du blanc d'Espagne, et presque à 5 avec l'oxyde de
zinc. L'amidon a produit rapidement une pression égale à 6 atmosphères, et qui continuait encore à s'élever lorsque, la nuit sur-
venant, j'ai quitté le laboratoire. Elle a dû s'accroître considérablement ensuite, car, au matin suivant, j'ai trouvé le vase brisé, ses
éclats et la poudre projetés au loin, et la plupart des objets voisins
renversés. »

Ces expériences nous dévoilent ce qui arrive quand la graine germe
et qu'elle pousse dans la terre ses premières racines : le tissu très-fin,

très-délié, qu'elle présente, exerce, vis-à-vis de la terre humide, le rôle
de la brique ou de la porcelaine dégourdie sur l'eau d'un précipité,
le rôle de la terre de la pipe sur l'humidité de la bouche ; l'eau pénètre
ainsi dans l'intérieur de la plante avec une énergie remarquable, et
l'action ne cesse qu'autant que les tissus gorgés d'eau opposent à
l'arrivée d'une nouvelle quantité de liquide une force égale à celle qui
est mise en jeu dans la racine.

Pleurs de la vigne. — Si l'on cherche, en s'appuyant sur les considérations précédentes, à concevoir le mécanisme de l'écoulement de la
séve que présentent certains arbres au premier printemps, on remarquera qu'au moment où la végétation se réveille, elle détermine dans
ces végétaux l'apparition d'un nouveau chevelu, dont les tissus, extrêmement fins et déliés, se trouvent, par rapport à la terre arable, dans
les mêmes conditions que le plâtre sur lequel on dépose l'amidon pour
le faire sécher. Il y a transport de l'eau de l'amidon au plâtre, comme
de la terre à la racine ; l'attraction capillaire détermine le mouvement,
et l'eau pénètre dans les pores étroits du tissu nouveau, comme elle
s'introduit dans la bille d'ivoire ou dans la pierre calcaire employée
par M. Jamin ; le courant s'établit, et si l'on diminue tout à coup la
résistance qu'il rencontre dans les tissus des branches en faisant une
section, on ne tardera pas à voir se produire cet écoulement désigné
sous le nom de *pleurs*, et qui se remarque particulièrement au moment de la taille de la vigne (1).

§ 48. — DE L'ÉVAPORATION DE L'EAU PAR LES FEUILLES (2).

Le mouvement élévatoire de l'eau est encore activé par la puissance
d'évaporation que possèdent les feuilles : cette fonction importante
a été étudiée depuis longtemps, car les premières expériences, dues
à S. H. Woodward, datent du xviie siècle (*Philosophical Transactions*,
n° 253).

Travaux de Woodward. — Dans des flacons remplis d'eau qu'on
renouvelait à mesure qu'elle s'évaporait, le physiologiste anglais plaça
diverses plantes aquatiques qui furent exposées les unes et les autres

---

(1) Le lecteur désireux de poursuivre ce sujet lira avec avantage la *Statique des végétaux* de Hales, la *Physique des arbres* de Duhamel, enfin les deux leçons de M. Jamin, auxquelles nous avons emprunté plusieurs passages de ce paragraphe.
(2) Nous n'avons pas craint de donner à ce sujet un assez grand développement, car les
résultats publiés en Angleterre par M. Lawes, dans the *Journal of the Horticultural Society of London*, vol. VI, part. III et IV, paraissent peu connus en France.

à l'action du soleil, sur une fenêtre. Pour empêcher l'évaporation de la surface libre du liquide, on recouvrit les vases d'un disque percé d'une ouverture étroite donnant passage à la plante, dont les racines étaient plongées dans le liquide.

Les expériences durèrent du 20 juillet 1691 au 5 octobre de la même année; on obtint dans une des séries d'essais les nombres suivants :

Noms des plantes et nature de l'eau dans laquelle elles végétaient.	Poids primitif de la plante en grammes.	Poids final en grammes.	Eau évaporée en grammes.
Menthe dans l'eau de source......	1,72	2,68	163,6
— dans l'eau de pluie........	1,79	2,88	192,3
— dans l'eau de la Tamise. ...	1,79	3,45	159,5
Morelle des jardins dans l'eau de source....................	4,41	6,78	235,3
Lathyrus dans l'eau de source.....	6,27	6,46	160,0

Un des points importants étudiés dans ce travail est relatif à l'influence qu'exerce la composition des eaux sur l'évaporation et sur la croissance des plantes qui y végètent. Six plants de menthe furent laissés dans des flacons d'eau préalablement pesés, pendant huit semaines; on obtint les résultats suivants :

Augmentation de poids et évaporation des jets de menthe dans des eaux de diverses compositions.

NATURE DES EAUX.	POIDS primitif des plantes.	AUGMENTATION.	EAU évaporée.	RAPPORT de l'accroissement à l'évaporation.
	gr.	gr.		
Eau de Hyde-Park.......... .	8,028	8,092	908,160	1 à 110
Id.	7,040	9,796	840,860	1 à 94
Eau de Hyde-Park avec 18 grammes de terre..................	4,864	10,752	663,784	1 à 63
Eau de Hyde-Park avec 18 grammes de terre de jardin..........	5,888	11,768	956,600	1 à 52
Eau distillée.	7,286	2,624	563,392	1 à 214
Eau de Hyde-Park concentrée par évaporation	5,184	6,043	278,016	1 à 46

Dans les expériences précédentes, le n° 6 est celui qui a manifesté le plus grand accroissement pour la quantité d'eau évaporée; mais le quatrième présentait la végétation la plus luxuriante, et c'est aussi celui qui a évaporé la plus grande quantité d'eau par rapport à son poids.

La plante qui reçut de l'eau distillée s'accrut très-médiocrement, tandis que celle qui avait reçu la terre de jardin présentait au contraire une croissance plus active.

Expériences de Hales. — On doit à Hales de nombreuses et intéressantes observations sur la puissance évaporatoire des feuilles; il les publia en 1727, dans le premier volume de ses célèbres *Essais statiques*. Celles qui ont plus particulièrement trait au sujet que nous étudions se trouvent dans le premier chapitre, intitulé : « Sur la quantité d'humidité absorbée et évaporée par les plantes et les arbres. » La plus célèbre expérience de Hales fut faite en 1724 sur un beau pied d'*Helianthus* arrivé à toute sa croissance, qui avait plus d'un mètre de haut et qui avait été planté encore jeune dans un pot à fleur, précisément pour servir aux expériences.

La terre était recouverte d'une lame métallique portant une ouverture par laquelle on pouvait faire couler l'eau d'arrosement; deux pesées faites chaque jour indiquaient quelles étaient les quantités d'eau que la terre perdait par l'évaporation. On trouva que la plante transpirait en moyenne 220 grammes d'eau par jour de douze heures; le maximum fut de 330 grammes. Les expériences de Hales portèrent également sur un chou, une vigne, un jeune pommier et un oranger. Le résultat de ces expériences est réuni dans le tableau suivant :

	Surface entière des feuilles.	Eau évaporée en 12 heures.	Rapport de l'évaporation à la surface de la plante (1).
	Cent. carrés.	Gram.	
Helianthus.........	35 100	220	$\dfrac{1}{165}$
Chou............ ...	17 100	209	$\dfrac{1}{80}$
Vigne........... ...	11 375	60,5	$\dfrac{1}{191}$
Pommier..........	9 833	99	$\dfrac{1}{109}$
Oranger...........	15 974	113,3	$\dfrac{1}{218}$

La conclusion pratique tirée de ces expériences fut que le chou évapora la plus grande quantité d'eau et l'oranger la plus petite. En répé-

(1) Nous avons pris les rapports donnés par l'auteur anglais; ceux qu'on trouverait en calculant les nombres inscrits dans le tableau sont un peu différents, à cause de petites inexactitudes résultant des conversions des mesures anglaises en mesures françaises.

tant ces observations sur d'autres plantes, Hales trouva que dans tous les cas les arbres verts évaporent moins d'eau que les arbres à feuilles caduques.

A l'instigation de Hales, une autre série d'expériences fut faite par Miller, en 1726, au jardin botanique de Chelsea. Elles portèrent sur un bananier, sur un aloès et un jeune pommier : on trouva que les plantes évaporaient plus le matin que dans l'après-midi, qu'elles absorbaient très-souvent de l'humidité par les feuilles pendant la nuit (1), et que la quantité d'eau évaporée était en général proportionnelle à la température du jour.

Bien que Bonnet et Duhamel du Monceau aient publié, au xviiie siècle, des travaux qui ont trait aux fonctions des feuilles, on ne trouve, ni dans les *Usages des feuilles*, ni dans la *Physique des arbres*, ouvrages remarquables l'un et l'autre, aucun travail digne d'être mentionné au point de vue de l'évaporation.

Travaux de Guettard. — Il n'en est pas de même des expériences insérées par Guettard aux *Mémoires de l'Académie des sciences* de 1748 et 1749. Son mode d'observation, que j'ai suivi plus tard, sans me douter que je ne faisais qu'imiter ce naturaliste, dont la réputation est loin d'atteindre le mérite, consistait à enfermer pendant un certain temps des feuilles adhérentes aux plantes dans des ballons de verre qui étaient ensuite pesés avec soin ; on déterminait le poids des feuilles, et l'on pouvait ainsi savoir ce qu'une certaine quantité de feuilles avait fourni d'eau dans les circonstances variées où avait lieu l'expérience.

Guettard ne tarda pas à reconnaître que les plantes évaporent plus d'eau pendant le jour que pendant la nuit, et qu'il fallait qu'elles fussent directement frappées par les rayons du soleil pour atteindre leur maximum d'évaporation.

L'influence de ces rayons est particulièrement marquée dans l'expérience suivante : « J'ai mis trois branches de la morelle grimpante ordinaire, ou *Dulcamara*, en expérience le 10 septembre, à sept heures du matin, et on les a retirées le 16 à pareille heure, ce qui fait six jours. Le ballon dans lequel une des branches était placée était à découvert ; celui de la seconde était à l'ombre d'une serviette portée sur quatre pieds, auxquels les quatre coins de la serviette étaient noués ; la serviette de la troisième était appliquée dessus. La branche du ballon

---

(1) D'après M. P. Duchartre, les plantes n'absorbent pas l'humidité par leurs feuilles. (*Compt. rend.*, 1858, t. XLVI, p. 205.)

découvert avait transpiré 82^{gr},83, elle pesait 13^{gr},45; celle du ballon qui était seulement à l'ombre pesait 13^{gr},39, et elle avait donné, par la transpiration, 43^{gr},92; celle dont le ballon était exactement couvert n'avait transpiré que 14 grammes, et elle pesait 13^{gr},41. On voit donc que celle de ces branches qui a été privée le plus des rayons du soleil a moins transpiré, puisque les branches qui étaient dans les ballons couverts ont donné beaucoup moins de liqueur, quoiqu'elles pesassent davantage. Je ne m'attendais pas cependant à avoir une différence si considérable entre le poids de la liqueur transpirée de la branche du ballon qui était à l'air libre et de celle que contenait celui qui était seulement à l'ombre; je pensais que l'air, en circulant autour de ce ballon, ne devait pas être beaucoup moins chaud que celui qui entourait l'autre ballon, et lorsque je vis le résultat de l'expérience, je m'imaginai que l'action immédiate du soleil pouvait être nécessaire pour augmenter la transpiration, et qu'une plante qui serait dans un lieu plus chaud, mais privé des rayons du soleil, pourrait transpirer moins qu'une qui serait dans un endroit plus froid et qui recevrait ses rayons. »

En vernissant la surface supérieure des feuilles d'une branche et la face inférieure des feuilles d'une autre branche, et en exposant les organes ainsi disposés à l'action du soleil, Guettard reconnut que la surface supérieure évapore plus d'eau que l'inférieure.

Nous verrons plus loin que nos observations confirment de tout point celles que nous venons d'exposer, mais qu'elles démontrent ce que Guettard ne fait que soupçonner, à savoir, que c'est la lumière qui est la cause déterminante du phénomène d'évaporation.

Travaux de M. Lawes. — On doit au célèbre agronome anglais M. Lawes une importante série d'expériences qui portèrent sur de jeunes arbres appartenant aux espèces suivantes : frêne, mélèze et sycomore, qui avaient une touffe de petites branches, tandis que les deux épines-vinettes, les lauriers et l'if étaient en buisson (*Evaporation of evergreen and deciduous trees*, from *the Journ. of the Hortic. Soc. of. London*, 1851, vol. VI, part. III et IV, et *the Rothamsted Memoirs*, vol. I). Les plantes furent placées dans des pots qu'on pesa régulièrement, de façon à déterminer la quantité d'eau évaporée pendant une période d'une semaine; on arrosait autant qu'il était nécessaire. Les résultats obtenus sont insérés dans le tableau suivant :

NOMS DES PLANTES.	POIDS des plantes.	EAU ÉVAPORÉE				Rapport de l'eau évaporée au poids de l'arbre
		du 22 déc. au 24 avril.	du 24 avril au 22 août.	du 22 août au 31 déc.	TOTAL.	
	gr.	gr.	gr.	gr.	gr.	
Sapin.	160	2710	3981	2037	8728	54
Laurier de Portugal		2781	7282	3711	13772	
Épine-vinette à feuilles persistantes. . .	160	1715	5964	3283	10962	68
If.	330	3878	7182	5444	16504	50
Houx.	10	1666	2352	1414	5423	543
Laurier commun.	260	3038	9058	2982	15078	57
Chêne vert.	280	812	210	98	1110	3
Mélèze.	170	805	2675	3514	7994	48
Chêne	370	595	2450	2590	5635	15
Épine-vinette à feuilles caduques.	240	819	7147	4620	12586	52
Frêne.	40	553	5733	1778	8064	203
Sycomore.	24	679	5281	3381	6341	222

On voit facilement, en résumant ce tableau, qu'en général les arbres à feuilles persistantes donnent beaucoup moins d'eau que les arbres à feuilles caduques. On remarque en outre, entre les diverses plantes, des différences notables dans l'influence qu'exerce la température sur l'énergie de l'évaporation, indépendamment de la sécheresse ou de l'humidité de l'air. En comparant les tableaux dont nous n'avons donné qu'un résumé, on trouve que, dans le cas du laurier de Portugal, du houx, du mélèze et du sycomore, le maximum d'évaporation se produit en même temps que le maximum de température, c'est-à-dire entre le 23 juillet et le 22 août. Ceci, cependant, ne se reproduit pas pour les autres plantes. Dans le cas du chêne et de l'épine-vinette à feuilles caduques, le maximum de l'évaporation se rencontre après la plus grande chaleur : la plus grande quantité d'eau a été en effet évaporée par ces plantes du 22 août au 21 septembre, bien que la température moyenne ait été de 4 degrés inférieure à ce qu'elle était dans les semaines précédentes. C'est exactement l'inverse qui a eu lieu pour les autres plantes, le sapin, l'épine-vinette à feuilles persistantes, l'if, le laurier et le frêne, chez lesquels le maximum d'évaporation a précédé le maximum de chaleur. On voit en effet, en consultant les nombres donnés par Lawes, que l'épine-vinette à feuilles persistantes a donné par jour une perte de poids de 70 grammes, du 23 juin au 23 juillet, la température étant en moyenne au-dessous de 16°,4, tandis que le mois suivant, où la température fut en moyenne supérieure à 16°,4, l'évaporation ne fut plus que de 56 grammes par jour. On observa un fait analogue pour le houx. En juillet, avec une température au-dessous de 16°,4, la perte par jour fut de 84 grammes, et en août, avec une température supérieure à 16°,4, la perte journalière fut seulement de 56 grammes.

Dans un autre travail, inséré au *Journal de la Société d'horticulture de Londres* (vol. V, p. 1, 1850), et qu'il a reproduit dans la collection de ses mémoires (*the Rothamsted Memoirs*), M. Lawes a encore déterminé la quantité d'eau évaporée par quelques-unes des plantes habituellement cultivées pendant la durée de leur croissance.

Voici les résultats auxquels il est arrivé :

		Perte d'eau totale du 19 mars au 7 sept.
Blé	Cultivé sans engrais	7945ᵉʳ·
	Avec des engrais minéraux seulement	6860
	Avec des engrais minéraux et des sels ammoniacaux	3913
Orge	Sans engrais	8400
	Engrais minéraux	8981
	Engrais minéraux et sels ammoniacaux	4357
Haricots	Sans engrais	7854
	Engrais minéraux	8246
	Engrais minéraux et sels ammoniacaux	mort
Pois	Sans engrais	7630
	Engrais minéraux	6768
	Engrais minéraux et sels ammoniacaux	mort
Trèfle	Sans engrais	3850
	Engrais minéraux	3759
	Engrais minéraux et sels ammoniacaux	952

On ne saurait manquer d'être frappé de voir dans cette expérience, comme dans celle qui a été faite autrefois par Woodward, la plante évaporer d'autant moins d'eau qu'elle trouve dans celle-ci des principes nutritifs plus abondants.

Expériences de MM. Daubeny et Julius Sachs. — Au lieu de rechercher les quantités d'eau totales émises par les plantes pendant une saison ou une semaine, le docteur Daubeny s'était efforcé, dès 1836, de déterminer à quelle cause il fallait surtout attribuer le phénomène d'évaporation.

Il avait non-seulement étudié l'action de la lumière blanche, mais celle de diverses lumières colorées; ses conclusions sont toutefois peu précises. D'après lui, l'évaporation par les feuilles est due « à l'action combinée de la chaleur et de la lumière, réunies à ces influences mécaniques qui opèrent aussi bien sur la matière organique après sa mort que pendant sa vie ». (*Philosophical Transactions*, 1866, p. 159.)

Plus récemment enfin, M. Julius Sachs, à qui on doit un important *Traité de physiologie végétale* auquel nous avons fait et nous ferons encore de fréquents emprunts, a repris l'étude de l'évaporation. « La lumière, dit-il (1), est un des agents qui agisent le plus efficacement sur la transpiration ; mais on ne peut dire si elle agit par elle-même ou par son union intime avec une élévation de température. Il est facile de constater qu'une plante exposée alternativement au soleil et à l'ombre transpire beaucoup plus dans la première des positions ; l'effet est visible après quelques minutes, mais est peut-être dû à l'échauffement des tissus. »

Le docteur Sachs opérait avec des plantes entières qui étaient pesées au commencement et à la fin des expériences : c'était là un mode d'observation que la nature même de mes recherches m'interdisait d'employer. Je voulais comparer la puissance évaporatoire des feuilles appartenant à un même végétal, et je devais imaginer un appareil propre à déterminer la quantité d'eau qu'elles transpiraient dans le même temps. Les feuilles encore adhérentes à la plante furent d'abord placées dans un manchon de verre parcouru par un courant d'air qui se desséchait à l'entrée et à la sortie ; mais bientôt cette disposition compliquée fut abandonnée, quand on reconnut que l'évaporation se continuait indéfiniment dans une atmosphère saturée.

Expériences exécutées à l'école de Grignon. — En faisant tout simplement usage, en effet, d'un ballon de verre très-léger, à col large et court, ou encore, quand on veut opérer sur des feuilles longues et étroites comme celles des graminées, d'un tube d'essai ordinaire, maintenu par un support (fig. 19), on peut constater du premier coup ce fait important : l'évaporation de l'eau par les feuilles des plantes se continue presque aussi bien dans une atmosphère saturée qu'à l'air libre.

Ce résultat fut constaté par l'expérience suivante : Une feuille de blé adhérente à la tige est fixée par un bouchon fendu dans un tube de verre préalablement pesé ; le tout est placé au soleil, et l'expérience est commencée à 1 heure : à 1 heure 30 minutes, il y avait dans le tube $0^{gr},141$ d'eau condensée. On replace le tube à 2 heures, sans le vider : à 2 heures 30 minutes, l'augmentation de poids est de $0^{gr},130$. On recommence l'expérience à 3 heures, sans vider le tube, qui renferme par conséquent $0^{gr},271$ d'eau ; à 3 heures 30 minutes, on pèse de nouveau, l'augmentation de poids est de $0^{gr},121$: la feuille, à la fin de

(1) *Physiologie végétale*, traduction de Micheli, p. 250. Nous n'avons pas cru devoir citer en détail les expériences de M. Sachs, qu'on pourra trouver dans son excellent ouvrage, tandis que celle de M. Lawes n'avait pas encore été traduite en français.

l'expérience, pesait 0^{gr},390. Ainsi la quantité d'eau émise a été à peu près constante, malgré la présence dans le tube d'eau liquide en proportion notable.

Pendant le même temps, on avait placé au soleil, dans un petit ballon renfermant de l'eau, une mèche de coton qui, traversant un

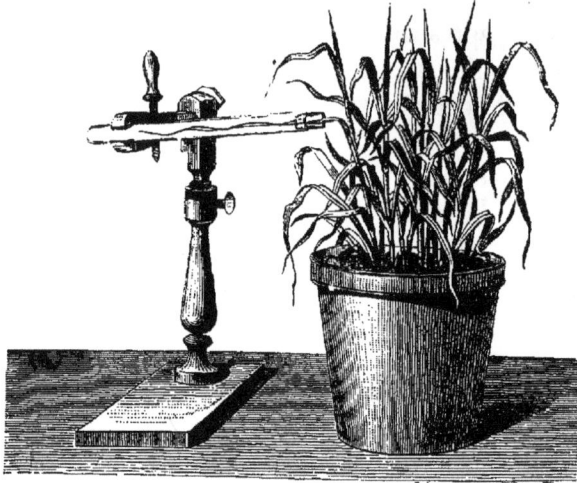

Fig. 19. — Appareil employé par M. Dehérain pour déterminer la quantité d'eau émise par les feuilles.

tube de dégagement, venait s'épanouir dans un tube d'essai. Après deux heures, la quantité d'eau condensée dans le tube était de 0^{gr},076; après trois heures d'exposition au soleil, 0^{gr},086; après quatre heures, encore 0^{gr},086, c'est-à-dire que la quantité d'eau émise restait bientôt stationnaire.

Ces essais préliminaires montraient : que l'évaporation de l'eau par les feuilles est complétement différente de celle d'une surface humide quelconque; qu'il n'était pas nécessaire, comme avaient cru devoir le faire quelques-uns de mes devanciers, et comme je l'avais fait d'abord moi-même, de dessécher l'atmosphère dans laquelle avait lieu l'évaporation; qu'enfin le tube de verre employé pour condenser l'eau évaporée, commode à transporter au milieu des cultures, pouvait être employé avec sécurité pour déterminer la quantité d'eau émise par les feuilles appartenant à des espèces végétales variées ou soumises à des actions diverses.

Il importait toutefois d'établir d'abord que cette évaporation présente elle-même quelque fixité, quand on l'étudie dans les mêmes circonstances, sur des feuilles appartenant à la même espèce.

Pour reconnaître si des feuilles de même âge, appartenant à la même espèce, dégagent dans le même temps, quand elles sont placées dans des circonstances identiques, des quantités d'eau semblables, il fallait trouver un terme de comparaison. Il eût été sans doute à désirer que cette comparaison fût établie sur des surfaces égales ; mais la difficulté de donner à ce genre de mesure une précision suffisante nous a conduit à prendre comme unité des poids égaux.

Les nombres obtenus sont résumés dans le tableau suivant :

Quantité d'eau évaporée en une heure par les feuilles exposées au soleil.

DATES de L'EXPÉRIENCE.	NATURE de la plante.	TEMPÉRATURE de l'air.	POIDS de l'organe.	POIDS de l'eau recueillie.	POIDS de l'eau recueillie pour 100 de feuilles.
			gr.	gr.	
23 avril 1869	Colza.....	25°	15,600	0,210	1,3
			12,100	0,186	1,5
			18,400	0,200	1,0
30 avril	Colza.....	36°	4,500	0,550	12,0
			3,225	0,385	11,0
			6,430	0,760	12,0
8 juin.............	Blé	28°	2,410	2,015	88,2
		19°	1,510	1,120	74,2
		22°	1,850	1,330	71,8
2 juin....	Seigle	36°	0,053	0,055	100,0
			0,055	0,053	99,0
			0,065	0,060	92,0

Le fait qui frappe d'abord à l'inspection du tableau précédent, c'est que la quantité d'eau évaporée est comparable quand les feuilles appartiennent à la même espèce et sont à peu près de même poids ; mais qu'au contraire la quantité d'eau recueillie varie singulièrement d'une espèce à l'autre, et dans la même espèce avec le poids de la feuille : plus la feuille est jeune, plus le poids d'eau qu'elle évapore est relativement considérable. Ainsi les grandes feuilles de colza ont donné, relativement à leur poids, une quantité d'eau beaucoup plus faible que les plus petites, qui étaient en même temps plus jeunes. On a donc été naturellement conduit à rechercher par des expériences directes si l'âge d'une feuille avait une influence sur sa puissance évaporatoire.

Les jeunes feuilles évaporent plus d'eau que les vieilles.—Les expériences ont été faites sur des feuilles de seigle ; elles ont porté simultanément sur des feuilles prises en haut de la tige et très-récemment développées, sur des feuilles du milieu, et enfin sur des feuilles du pied ; les trois observations étaient toujours simultanées. On a obtenu les résultats suivants :

Quantité d'eau évaporée par des feuilles de seigle de différents âges exposées pendant une heure au soleil.

DATES de L'EXPÉRIENCE.	TEMPÉRATURE au soleil.	PLACE des feuilles sur la tige.	POIDS des feuilles.	POIDS de l'eau recueillie.	POIDS d'eau pour 100 de feuilles.
			gr.	gr.	
2 juin 1869	19°	Haut	0,053	0,055	100
		Milieu	0,189	0,190	100
		Bas	0,135	0,055	40
3 juin	21°	Haut	0,055	0,053	99
		Milieu	0,195	0,190	97,9
		Bas	0,180	0,135	76
6 juin	36°	Haut	0,065	0,060	92
		Milieu	0,201	0,163	81
		Bas	0,132	0,099	75
8 juin	28°	Haut	0,051	0,051	100
		Milieu	0,185	0,122	66
		Bas	0,112	0,085	78
9 juin	36°	Haut	0,049	1,048	92
		Milieu	0,153	0,120	78
		Bas	0,133	0,105	71

On reconnaît, à l'inspection des chiffres précédents : 1° que les jeunes feuilles du sommet récemment développées ont toujours évaporé plus d'eau que les feuilles du bas, et que souvent les différences ont été très-considérables ; 2° que si une fois la feuille du milieu a fourni un poids égal à celui qu'a évaporé la feuille du haut, dans les quatre autres expériences la feuille du milieu a donné moins d'eau que celles du sommet ; 3° enfin, que, dans quatre expériences sur cinq, les feuilles du pied ont donné moins d'eau que les feuilles du milieu. Ces résultats ont, comme nous le verrons plus loin, une grande importance pour expliquer la migration des principes immédiats solubles dans les plantes herbacées.

Influence de la lumière sur l'évaporation. — Ainsi que nous l'avons vu plus haut, Guettard, puis le docteur Sachs, ont remarqué que les plantes placées au soleil évaporent beaucoup plus d'eau que celles qui sont à l'ombre ; mais comme M. Daubeny, ce dernier ignore « s'il faut attribuer l'effet obtenu à la lumière, ou s'il n'est pas dû à l'échauffement des tissus ». Enfin, résumant nos connaissances sur ce sujet, M. Duchartre écrit dans son *Traité de Botanique* : « Malheureusement aucune observation n'a démontré jusqu'à ce jour que la lumière agisse dans ce cas par elle-même, indépendamment de la chaleur qui l'accompagne. »

Pour reconnaître s'il était possible de lever ces incertitudes et de décider à quel agent il fallait attribuer le maximum d'influence sur l'évaporation, nous avons opéré sur du blé et de l'orge placés successivement au soleil, à la lumière diffuse et à l'obscurité complète. Les résultats obtenus sont réunis dans le tableau suivant :

Quantité d'eau évaporée en une heure par les feuilles exposées à la lumière diffuse et à l'obscurité.

NUMÉROS de l'expérience et nature de la plante.	CIRCONSTANCES de l'expérience.	TEMPÉRATURE.	POIDS de la feuille.	POIDS de l'eau recueillie.	POIDS d'eau pour 100 de feuilles.
			gr.	gr.	
N° 1. Blé....	Soleil...........	28°	2,419	2,015	88,2
	Lumière diffuse....	22	1,920	0,340	17,7
	Obscurité........	22	3,012	0,042	1,1
N° 2. Orge...	Soleil...........	19	1,510	1,120	74,2
	Lumière diffuse. ..	16	1,215	0,210	18,0
	Obscurité........	16	1,342	0,032	2,3
N° 3. Blé....	Soleil...........	22	1,850	1,330	71,8
	Obscurité........	16	2,470	0,070	2,8
N° 4. Blé....	Soleil...........	25	1,750	1,320	70,3
	Lumière diffuse...	22	1,810	0,110	6,0
	Obscurité........	22	1,882	0,045	0,7

Il paraît difficile de ne pas admettre, d'après les résultats précédents, que la lumière a sur l'accomplissement du phénomène une influence décisive. On remarquera, en effet, que dans l'expérience n° 2, la température au soleil n'était que de 19 degrés, tandis qu'elle était, dans l'expérience n° 1, de 22 degrés dans l'obscurité ; et cependant, dans l'expérience au soleil, la quantité d'eau émise par 100 de feuilles est 74,2, et seulement 1,1 pour 100 de feuilles dans l'obscurité.

Toutefois, comme ce point : *l'évaporation de l'eau par les feuilles est surtout déterminée par la lumière*, nous parut avoir une grande importance, on dut multiplier les essais, afin de vérifier les résultats précédents. Dans un manchon de verre entourant le tube où était fixée la feuille, on dirigea pendant toute la durée de l'expérience un courant d'eau froide (fig. 20). Quand une feuille de blé du poids de $0^{gr},171$ fut placée dans l'appareil au soleil, elle donna en une heure $0^{gr},168$ d'eau, c'est-à-dire sensiblement son poids ; quand, au contraire, le

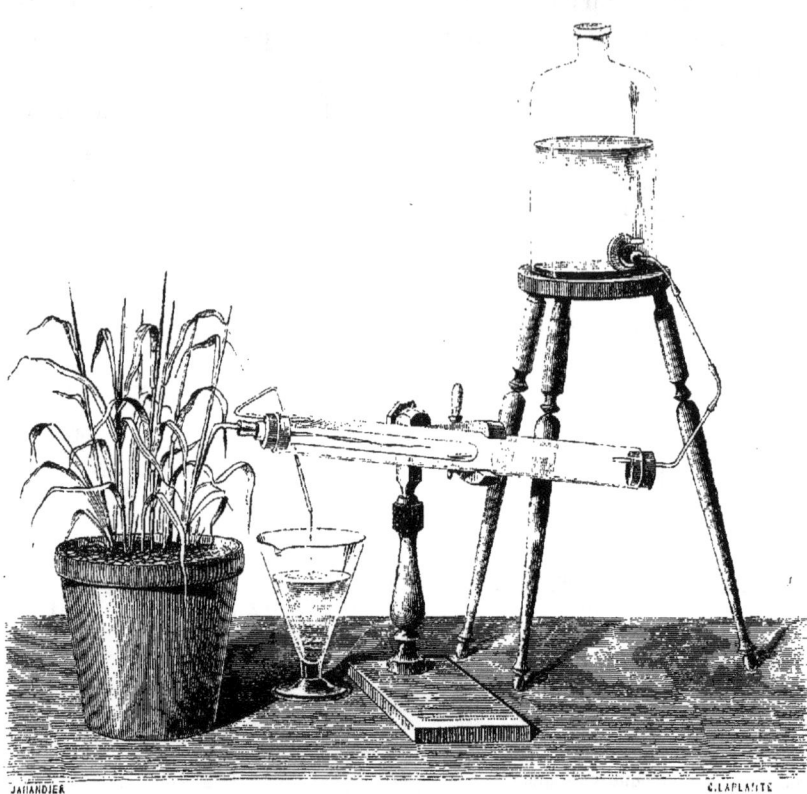

Fig. 20. — Appareil employé par M. Dehérain pour montrer que l'évaporation de l'eau par les feuilles est due à la lumière, et non à la chaleur.

manchon fut recouvert de papier noir, elle donna seulement $0^{gr},001$ d'eau. Une autre feuille de blé pesant $0^{gr},182$ donna dans le même appareil, au soleil $0^{gr},171$ d'eau, et $0^{gr},003$ à l'obscurité ; pendant toute la durée de l'expérience l'eau était à 15 degrés.

Dans une autre expérience, l'eau à 15 degrés fut remplacée par de la glace fondante. Comme l'appareil était au soleil, la glace fondait très-vite, et à la partie inférieure du manchon où était placée la feuille la température oscillait autour de 4 degrés ; la feuille pesait $0^{gr},170$. Elle donna en une heure $0^{gr},185$ d'eau, c'est-à-dire 108 d'eau pour 100 de feuilles : c'est le poids le plus considérable qu'on ait obtenu. On ne saurait déduire de cette expérience que la chaleur n'a aucune action sur l'évaporation ; mais il faut reconnaître que cette action est assez faible pour qu'il y ait avantage à refroidir l'appareil, et à obtenir ainsi une condensation plus complète de la vapeur d'eau émise par la plante.

On sait qu'une dissolution d'alun, bien qu'à peu près transparente, est très-athermane : si l'on représente par 100 la chaleur qu'elle reçoit, 9 seulement peuvent la traverser ; en remplaçant l'eau ou la glace du manchon par une dissolution d'alun, on trouva encore qu'une feuille du poids de $0^{gr},185$ donna en une heure au soleil $0^{gr},175$ d'eau. Ainsi l'expérience fut semblable à celle qui avait eu lieu dans l'eau pure, bien qu'une partie notable de la chaleur eût été arrêtée.

Expériences de 1870. — La première partie de la funeste année 1870 a été remarquablement sèche, le soleil était éclatant, la lumière très-intense, et il était intéressant de rechercher si, par suite du manque d'eau qui se faisait cruellement sentir, les plantes donneraient à l'évaporation moins de liquide que l'année précédente, qui avait été plus humide, ou si, au contraire, l'influence de la lumière serait prépondérante et forcerait la plante à tirer du sol l'eau qu'il renfermait, jusqu'à la dernière goutte. C'est ce dernier effet qui se produisit. Le 6 juillet, on fit une expérience sur l'orge : les jeunes feuilles donnèrent en une heure 133 et 120 d'eau pour un poids de feuilles représenté par 100 ; les feuilles plus âgées donnèrent 76,9 d'eau pour 100 de feuilles. Le 7 juillet, on opéra sur du maïs ; on obtint en une heure, de 100 de feuilles, 229, 187, 179 et 178 d'eau : ce sont les nombres les plus forts qu'on ait encore trouvés, ils sont doubles des nombres obtenus en 1869.

Il n'avait pas plu cependant depuis un mois, et la terre à la surface était dure et sèche, mais à une profondeur de 20 centimètres elle renfermait encore 9 pour 100 d'eau.

Le 14 juillet, le temps était couvert, on fit encore un essai sur les feuilles de maïs : en une heure 100 de feuilles donnèrent 29,2 d'eau. C'est donc là une nouvelle preuve que la lumière a sur l'évaporation une influence prépondérante.

Influence des divers rayons lumineux. — Ainsi que l'a vu Daubeny, tous les rayons lumineux ne sont pas également efficaces pour déterminer l'évaporation de l'eau. En opérant sur des feuilles placées dans des tubes entourés de manchons renfermant diverses dissolutions colorées, on arrive facilement à s'en convaincre. On obtient encore les mêmes résultats en prenant des dissolutions de couleurs différentes, mais présentant à peu près la même transparence.

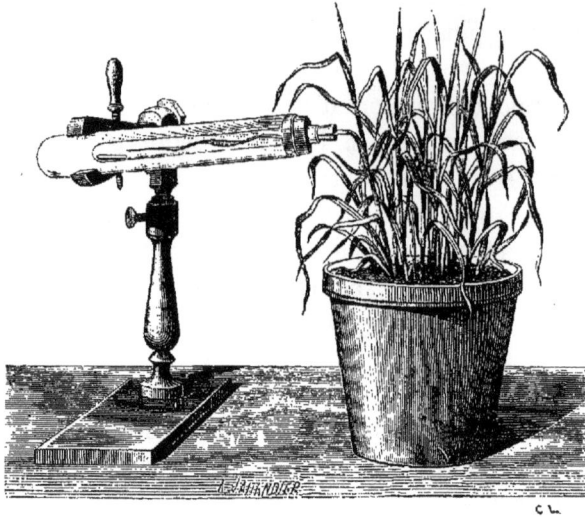

FIG. 21. — Appareil employé par M. Dehérain pour reconnaître l'influence des rayons lumineux diversement colorés sur l'évaporation de l'eau par les feuilles.

Les expériences furent faites au mois d'octobre 1869, à l'aide de feuilles de maïs (fig. 21) ; elles ont fourni les résultats suivants :

Évaporation des feuilles de maïs exposées pendant une heure au soleil dans des manchons renfermant des dissolutions diversement colorées.

COULEUR DE LA DISSOLUTION.	POIDS de la feuille.	POIDS de l'eau recueillie.	POIDS D'EAU pour 100 de feuilles.
	gr.	gr.	
Jaune orange (chlorure de fer)	0,335	0,201	60,6
Rouge (carmin dans l'ammoniaque)	0,200	0,103	51,0
Bleu (sulfate de cuivre ammoniacal)..........	0,320	0,130	40,6
Vert (chlorure de cuivre)...................	0,300	0,100	33,3

En 1870, on fit usage des rayons du spectre pour reconnaître si les différences signalées plus haut se poursuivaient encore; malheureusement, bien qu'on opérât par des journées éclatantes de juillet, la réflexion de la lumière sur le miroir de l'héliostat (fig. 22), son passage au travers du prisme, diminuent tellement son intensité, que les résultats obtenus sont très-faibles. C'est ainsi qu'après une exposition de deux heures dans les rayons jaune et rouge, une feuille de maïs de 0^{gr},432 donna 0^{gr},010 d'eau, et qu'une autre feuille de maïs du poids de 0^{gr},390, maintenue dans la lumière bleue et violette, n'aban-

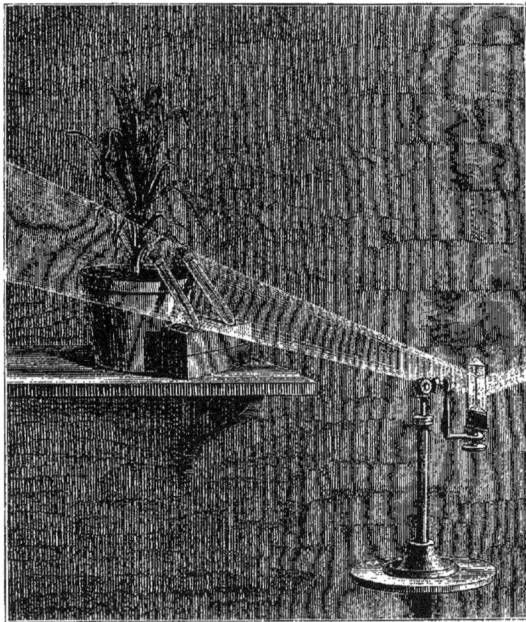

FIG. 22. — Appareil employé par M. Dehérain pour reconnaître l'influence des divers rayons du spectre solaire sur l'évaporation de l'eau par les feuilles.

donna dans son tube que 0^{gr},001 d'eau : la différence était bien dans le sens indiqué précédemment, mais le peu d'eau recueillie montre combien la lumière était affaiblie.

Évaporation de l'eau par les deux côtés de la feuille. — Dans les expériences variées qu'il exécuta sur l'évaporation, Guettard reconnut que l'endroit des feuilles, la partie supérieure, évaporait plus d'eau que la partie inférieure; il opéra sur le cornouiller blanc. Plus récemment, M. Unger et M. Garreau ont repris cette question. Dans toutes les expériences, à l'exception de celle qui porta sur la guimauve (*Althœa officinalis*), où les deux côtés de la feuille donnèrent la même quantité d'eau, la partie inférieure de la feuille évapora plus que la supérieure ; ces résultats furent très-sensibles sur le dahlia et le canna.

J'ai répété, de mon côté, ces expériences, mais en opérant sur du seigle et en vernissant successivement l'une et l'autre face avec du collodion ; j'ai toujours obtenu plus d'eau quand la face supérieure évaporait. Les nombres trouvés sont inscrits au tableau ci-après :

*Évaporation comparée de l'envers et de l'endroit de feuilles de seigle
placées au soleil pendant une heure.*

TEMPÉRATURE.	PARTIE DE LA FEUILLE ÉVAPORANT.	POIDS de la feuille.	POIDS de l'eau recueillie.	POIDS de l'eau pour 100 de feuilles.
		gr.	gr.	gr.
36°	Partie supérieure (endroit).	0,251	0,150	59,2
32	—	0,340	0,238	70,0
35	—	0,112	0,075	66,9
35	—	0,205	0,145	70,7
36	Partie inférieure (envers).	0,321	0,121	37,7
32	—	0,230	0,089	38,6
35	—	0,211	0,073	34,6
35	—	0,155	0,060	38,7

§ 49. — EAU ÉVAPORÉE PAR LES CULTURES HERBACÉES.

En s'appuyant sur les nombres obtenus dans les expériences exécutées sur l'évaporation, les physiologistes ont souvent essayé de calculer la quantité d'eau évaporée par un hectare de terre couvert d'une
récolte luxuriante, et il est possible, comme nous allons le voir, de
faire ce calcul pour une journée claire et pour une journée sombre ;
mais les difficultés sont insurmontables quand il s'agit d'évaluer la
quantité d'eau évaporée par une plante pendant la durée de sa
croissance.

Nous avons trouvé, à Grignon, que, dans un champ de maïs médiocrement garni, on comptait 30 pieds par mètre carré ; le poids des
feuilles, le 9 juillet, était environ de 242 grammes par mètre carré.
Ces feuilles, par une journée claire, donnaient au minimum 150 pour
100 d'eau en une heure, ou en dix heures 1500 d'eau pour 100 de
feuilles. Les 242 grammes devaient donc donner 3630 grammes d'eau.

Ainsi, en une journée de dix heures, un mètre carré jetait dans l'air
plus de 3 kilogrammes d'eau ; un hectare donnait donc 30 tonnes. Ce
chiffre peut paraître énorme, mais j'ai mis sous les yeux du lecteur
tous les éléments du calcul, et je rappellerai qu'il n'est pas beaucoup
plus fort que celui qu'on déduit des expériences de Hales, puisqu'on
en peut tirer qu'un hectare planté en choux émettrait en une journée
de douze heures 20 mètres cubes d'eau. Le botaniste Schleiden a
déterminé au moyen de pesées directes la quantité d'eau évaporée,

par un mélange d'avoine et de trèfle semé dans une caisse de tôle remplie de terre. Il l'avait trouvée égale à 3 284 000 kilogrammes par hectare, du 12 avril au 19 août. En comptant 129 jours pour cette période, on trouve que $\frac{3284}{129} = 25$ tonnes par jour, nombre peu différent de celui auquel je suis arrivé.

Ces nombres paraissent tout à fait exagérés quand on les compare à la quantité d'eau qui existe dans le sol; on peut admettre que la terre arable a dans le champ de maïs 50 centimètres de profondeur, elle était desséchée jusqu'à 20 centimètres environ, et ne renfermait dans cette couche superficielle que 5 grammes d'eau par kilogramme, mais plus profondément on trouvait 90 grammes d'eau par kilogramme.

Cette terre pèse environ 1200 grammes par litre; nous avons donc, pour la première couche de 20 centimètres sur 1 mètre carré, un poids de 240 kilogr. de terre renfermant seulement 1200 grammes d'eau. Mais les 30 centimètres placés au-dessous, pesant 360 kilogr., renfermaient 33 kilogr. d'eau. Ainsi on avait un total de 38 kilogr. par mètre carré, ou 380 tonnes par hectare. On calculait donc qu'en treize jours, avec une évaporation semblable à celle du 9 juillet, toute l'eau de la terre serait épuisée. Mais il faut bien remarquer que toutes les journées sont loin de donner la même quantité d'eau évaporée: ainsi, le 14 juillet, le temps était couvert, 100 de feuilles donnaient seulement 29 d'eau; d'où les 242 grammes de feuilles auraient seulement donné en une heure 110 grammes d'eau, et en dix heures 1100 grammes, au lieu de 3 kilogrammes. L'hectare n'aurait alors évaporé que 11 tonnes d'eau au lieu de 30.

L'épuisement est donc dans les jours couverts beaucoup moindre que dans les jours éclatants; mais toutefois ce calcul indique qu'il faut nécessairement que la terre reçoive de l'eau par capillarité des couches plus profondes; si les végétaux ne trouvaient pas cette ressource, ils périraient infailliblement sous l'influence des sécheresses prolongées comme celles qu'a supportées la France en 1870.

Il est extrêmement difficile d'arriver à calculer même approximativement ce qu'une culture évapore d'eau pendant le temps qu'elle reste sur le sol; cette évaporation dépend non-seulement de l'éclat de la lumière, mais encore du nombre des feuilles, de leur âge, et chacune de ces quantités variant à chaque instant, on ne peut introduire de moyenne qui ait quelque chance de représenter exactement le phénomène. Toutefois il est remarquable que presque tous les calculs conduisent à ce résultat, que la quantité d'eau évaporée est supérieure à celle que fournit la pluie. Il est vraisemblable que la rosée vient combler partiellement le déficit, mais il reste encore sur ce sujet d'importantes recherches à exécuter. (Voyez, dans le numéro de novembre 1871 des *Archives des sciences de la Bibliothèque universelle de Genève,* un mémoire intéressant de M. E. Risler.)

§ 50. — LES RAYONS LUMINEUX EFFICACES POUR DÉTERMINER LA DÉCOMPOSITION DE L'ACIDE CARBONIQUE SONT AUSSI CEUX QUI DÉTERMINENT L'ÉVAPORATION.

Nous avons vu (§ 8) que les feuilles éclairées par les rayons jaunes et rouges agissent sur l'acide carbonique avec infiniment plus d'énergie que celles qui reçoivent les rayons verts, bleus ou violets. Nous venons d'indiquer (page 182) que ces mêmes rayons sont aussi ceux qui déterminent l'évaporation ; on jugera du parallélisme de ces deux actions par le tableau suivant :

Influence comparée de divers rayons lumineux sur la décomposition de l'acide carbonique et sur l'évaporation de l'eau des feuilles.

Le manchon renferme.	Quantité d'acide carbonique décomposé en une heure par une feuille de blé pesant 0gr,180.	Quantité d'eau évaporée en une heure par une feuille de blé pesant 0gr,175.
	L'atmosphère renfermait 38,8 d'acide carbonique pour 100 de gaz.	
Dissolution jaune de chromate neutre de potasse.......	cc 7,7	gr. 0,111 d'eau.
Dissolution bleue de sulfate de cuivre ammoniacal......	1,5	0,011
Dissolution violette d'iode dans le sulfure de carbone	0,3	0,001
	La température était de 37°.	La température était de 38°.
	La feuille pesait 0gr,172 ; l'atmosphère renfermait 22,2 d'acide carbonique.	La feuille pesait 0gr,172.
Dissolution rouge de carmin dans l'ammoniaque......	cc 15,1	gr. 0,161 d'eau.
Dissolution verte de chlorure de cuivre	La feuille a émis 0cc,9 d'acide carbonique (1).........	0,010

Ainsi, l'évaporation active de la plante cesse à l'obscurité, comme la décomposition de l'acide carbonique ; les rayons rouges et jaunes

(1) A la fin de l'expérience, on trouva 23,1 d'acide carbonique au lieu de 22,2.

favorisent l'évaporation, ils favorisent aussi la décomposition; les verts et les bleus sont sans efficacité sur ces deux actions, et les différences se maintiennent si l'on s'efforce d'opérer à l'aide de rayons présentant la même intensité lumineuse; enfin l'endroit des feuilles décompose mieux l'acide carbonique que «l'envers (voyez page 184); de même, d'après les observations de Guettard et d'après les miennes, dans certaines plantes au moins, l'évaporation est plus active par la face supérieure que par l'inférieure : il semble donc qu'il y ait entre ces deux actions une liaison occulte qui avait jusqu'à présent échappé aux physiologistes.

§ 51. -- COMPOSITION DE LA SÈVE ASCENDANTE.

La puissance d'absorption des racines, les actions capillaires qui se produisent dans les fibres du bois, l'évaporation enfin, suffisent à expliquer le mouvement ascensionnel de l'eau dans la plante; mais il importe d'insister maintenant sur la composition du liquide qui traverse le végétal pour venir s'évaporer dans la plante.

Quand on examine la sève au premier printemps, on la trouve, en général, très-peu chargée de principes solubles; elle est presque uniquement formée d'eau pure, et présente parfois une ressource précieuse au voyageur altéré. M. Boussingault rapporte que dans les régions équinoxiales on boit avec plaisir la sève du *Guaduas*, gigantesque graminée qui atteint souvent l'énorme hauteur de 20 à 30 mètres ; à l'analyse, cette sève n'a présenté en effet que des traces de sulfates, de chlorures et de matière animale.

D'après Knight, la sève croît en densité à mesure qu'elle s'élève davantage dans les arbres : la sève d'un *Acer platanoides* recueillie à l'aide d'une incision pratiquée au bas du tronc avait, selon cet habile observateur, une densité de 1,004 ; à 3 mètres de hauteur, la densité était de 1,008 ; à 4 mètres, 1,012. Knight en conclut que pendant sa marche ascensionnelle, la sève entraîne des substances déposées dans le bois et susceptibles de fournir les matériaux des bourgeons et des feuilles. En 1833 (*Nouvelles Archives du Muséum*, t. II), M. Biot étudia la sève de différents arbres, qu'il se procurait en pratiquant des trous dans les arbres à différentes hauteurs ; le résultat le plus remarquable de ses recherches fut que les sèves renferment habituellement du glucose ou du sucre de canne dans les noyers et les sycomores, et du glucose dans les lilas.

Il remarqua que la première émission de séve est toujours la plus chargée. Nous avons eu occasion d'observer le même fait en étudiant à Grignon les pleurs de la vigne plusieurs jours de suite ; tandis que les premières quantités recueillies renfermaient manifestement du sucre de canne, il ne fut plus possible de le déceler à l'aide du réactif de Fehling quelques jours plus tard.

Ces différences dans la composition de la séve expliquent comment différents observateurs ont obtenu, en l'étudiant, des résultats variés ; comment M. Langlois a trouvé que la séve de la vigne ne renferme pas de sucre, mais seulement du phosphate et du tartrate de chaux dissous à la faveur de l'acide carbonique ; de l'albumine, des nitrates et du sulfate de potasse ; des lactates alcalins, du chlorhydrate d'ammoniaque. L'idée qui se présente naturellement à l'esprit pour expliquer ces différentes observations, est que la séve renferme non-seulement les matières solubles de la terre arable, mais que, de plus, ainsi que le supposait Knight, elle dissout au moment de son passage au travers des tissus les matières qui s'y trouvent déposées, qu'elle se concentre ainsi à mesure qu'elle s'élève et qu'elle se charge d'une plus grande quantité de ces matériaux. Cette manière de voir rend compte encore de l'observation de M. Biot, vérifiée à l'école de Grignon, à savoir, que c'est pendant les premiers jours de son écoulement que la séve est le plus chargée, tandis qu'ensuite elle devient de plus en plus pauvre en principes organiques.

L'explication de ces derniers faits est facile, quand on remarque qu'il existe une quantité assez notable d'amidon dans le tissu ligneux avant que la séve se soit mise en mouvement, mais qu'au contraire cet amidon disparaît absolument aussitôt que l'ascension commence. Nous verrons plus loin que dans les graminées, les principes immédiats hydrocarbonés se succèdent dans l'ordre suivant : glucose, sucre, amidon, et il semble que dans les arbres nous assistions, au moment du réveil de la végétation, à une transformation précisément inverse, et que l'amidon donne successivement du sucre de canne et du glucose.

La réaction de l'iode sur l'amidon est tellement nette, que nous ne croyons pas que notre observation puisse être révoquée en doute, et elle nous paraît avoir ce grand intérêt, qu'elle nous indique l'origine des matériaux employés par la plante à la formation des premiers bourgeons. Ce qui a lieu dans les végétaux ligneux est donc tout à fait comparable à ce qu'on observe dans les végétaux herbacés pourvus de tubercules : dans l'un et l'autre cas ce serait dans une tige plus ou moins modifiée qu'existerait le dépôt d'amidon destiné à se transformer d'abord en glucose, pour cheminer aisément jusqu'aux points où, s'organisant en cellulose, il forme les premiers bourgeons, puis les feuilles.

Il est vraisemblable également que la matière albuminoïde que tous les observateurs ont constatée dans la séve de printemps est utilisée à la formation de la matière verte, dont un des principes est azoté.

.Ainsi, soit dans la graine, soit dans les tubercules, soit dans le bois, la plante trouve les éléments nécessaires à la formation des feuilles ; aussitôt qu'elles sont constituées, leur travail commence : elles déterminent par l'évaporation de l'eau un apport constant de matières azotées, elles décomposent l'acide carbonique, et mettent en œuvre les matériaux nécessaires à la formation des nouveaux organes.

§ 52. — APPARITION DE LA CHLOROPHYLLE DANS LES FEUILLES.

Les réactions qui déterminent la métamorphose du glucose ou de la dextrine en cellulose nous sont inconnues. Nous voyons dans la tige, comme dans le tubercule, comme dans la graine, l'amidon disparaître, les hydrates de carbone solubles prendre naissance, puis disparaître au moment où s'organise la cellulose des nouveaux bourgeons ; mais nous ignorons le mécanisme de cette transformation, ainsi que celui de la formation des principes qui donnent la matière susceptible de verdir au soleil ou sous l'influence de la lumière électrique.

Formation de la matière verte. — La lumière électrique produit, en effet, sur des plantes étiolées développées dans l'obscurité, le même effet que la lumière solaire (Hervé Mangon, *Comptes rendus*, 1861, p. 263). Mais pour que la chlorophylle apparaisse en un point de ces feuilles, il faut que ce point-là même soit éclairé ; l'influence de la lumière est tout à fait locale.

Si, d'après M. J. Sachs, on fixe une petite lame de plomb sur une feuille blanche développée dans l'obscurité, le reste de la feuille se colorera, tandis que la partie protégée par la lamelle restera incolore. Mais il faut, pour réussir cette expérience, que l'écran soit exactement appliqué : s'il peut pénétrer la moindre lumière par dessous, la partie protégée verdira, même avant les autres, à cause de la température plus élevée, favorable au développement de la chlorophylle, que maintiendra en ce point la lamelle de plomb.

Pour que les plantes restent d'un blanc jaunâtre, il faut qu'elles soient dans une obscurité absolue; quand elles sont insuffisamment protégées contre la lumière, elles verdissent. On peut élever du maïs dont les feuilles présentent la coloration verte normale, en recouvrant d'un cornet de papier le vase dans lequel on l'a mis à germer. Ce dernier résultat est important, car il explique comment les embryons de certaines graines verdissent, bien qu'ils ne reçoivent pas directement la lumière du soleil, et qu'ils soient protégés contre elle par des gousses ou des siliques.

Tous les rayons lumineux ne sont pas également efficaces pour déterminer la formation de la chlorophylle. M. Guillemin, puis M. J. Sachs, ont reconnu que les rayons jaunes et rouges, qui favorisent dans les feuilles la décomposition de l'acide carbonique mieux que les verts et les bleus, sont aussi ceux qui déterminent plus énergiquement le verdissement des plantes.

Les grains de chlorophylle, qui ont besoin de la lumière pour apparaître, ont aussi besoin d'être éclairés pour se maintenir à leur état normal, et dans l'obscurité les feuilles d'un certain nombre de plantes phanérogames deviennent d'abord vert clair, se couvrent de taches, et enfin jaunissent complétement. La privation de lumière est dans ce cas mortelle pour les feuilles.

Nous avons donné (§ 36) le résumé des travaux exécutés par les chimistes pour déterminer la nature de la chlorophylle, et nous avons reconnu que, parmi les principes qu'on en pouvait extraire, se trouvait une matière azotée. Nous savons encore (§ 13) que c'est seulement dans les cellules renfermant de la chlorophylle qu'a lieu la décomposition de l'acide carbonique, et nous comprenons dès lors que le gain en carbone d'une plante soit lié à la quantité d'azote que le sol peut lui fournir. Dans les expériences exécutées dans les sols stériles, on voit les jeunes plantes ne faire de nouveaux organes qu'en utilisant les matériaux contenus dans ceux qui se sont développés les premiers ; le développement d'une nouvelle feuille entraîne le dépérissement d'une feuille ancienne, et dans ces conditions la plante n'augmente que très-médiocrement son poids ; la décomposition de l'acide carbonique n'a lieu qu'avec une certaine lenteur. Aussitôt, au contraire, que l'azote de l'engrais intervient, tout change, l'élaboration de la matière végétale augmente rapidement ; c'est qu'en effet la plante possède alors les éléments nécessaires pour produire la chlorophylle, sans laquelle la décomposition de l'acide carbonique ne saurait avoir lieu. La production de cette chlorophylle est très-nettement liée avec la richesse du sol, et les cultivateurs ont observé depuis longtemps combien con-

traste le vert sombre des plantes luxuriantes développées sur un sol
bien fumé, avec le vert jaunâtre des plantes chétives qui croissent sur
les terres appauvries.

§ 53. — FORMATION DES PRINCIPES IMMÉDIATS DANS LES FEUILLES.

Nous avons vu (§ 15) que l'acide carbonique, décomposé en oxyde
de carbone et en oxygène, que l'eau, décomposée à son tour en hydrogène et en oxygène, s'unissaient pour produire du glucose, et c'est en
effet ce principe qu'on rencontre dans toutes les jeunes feuilles. Quelle
que soit l'espèce qu'on examine au printemps, on y trouve toujours
des quantités notables de glucose ; nous avons constaté sa présence
non-seulement dans les graminées qui ont été l'objet particulier de
nos études, mais encore dans le colza, le lilas, etc. On trouve encore
dans les jeunes feuilles du tannin, dont l'origine n'est plus aussi facile
à imaginer et qui n'appartient plus au groupe des glucosides ; une
variété de cellulose forme les tissus de la jeune feuille, qui renferme
enfin de l'albumine végétale facile à coaguler par la chaleur.

Quel est le mode de formation de ces différents principes immédiats ? Quelles sont les réactions, impossibles jusqu'à présent à reproduire dans le laboratoire, qui leur donnent naissance dans les feuilles ?
Ce sont là des questions encore à peine ébauchées, et nous ne pourrons donner au lecteur, sur ce sujet capital, que des hypothèses. Il
est utile, toutefois, de signaler les lacunes de nos connaissances, de
façon à exciter les recherches et à indiquer nettement les points sur
lesquels elles doivent porter.

C'est seulement quand la plante a formé sa matière verte qu'elle
commence à utiliser les principes qu'elle trouve dans l'atmosphère et
qu'elle puise dans le sol ; et le premier point qu'il conviendrait d'élucider serait le mode de formation même de la chlorophylle. M. J. Sachs
(*Phys. vég.*, p. 9) nous apprend que les grains de chlorophylle n'apparaissent qu'autant que la lumière a frappé les tissus, et que c'est seulement au moment où celle-ci intervient que les grains déjà formés se
colorent, mais nous ignorons absolument leur mode de formation.

Quant au glucose, qu'il est facile de caractériser dans les feuilles
des plantes herbacées, il paraît être formé, comme nous l'avons dit
déjà, (§ 15) par l'union de l'oxyde de carbone provenant de la
décomposition de l'acide carbonique avec l'hydrogène produit par la
décomposition de l'eau, ou peut-être encore, surtout pendant les pre-

miers temps de la végétation, par une métamorphose de l'amidon qui, abondant dans les graines, dans les tiges ou dans les tubercules, avant le réveil de la végétation, ne tarde pas à disparaître quand les feuilles se produisent. L'origine du tannin est plus difficile à découvrir ; il ne se représente plus par du carbone et de l'eau, comme le glucose, le sucre, l'amidon ou la cellulose, il renferme un excès de carbone et très-peu d'hydrogène ($C^{54}H^{22}O^{34}$), et s'il dérive du glucose, c'est par une métamorphose assez compliquée dont il nous est impossible aujourd'hui de dévoiler le mécanisme.

Hypothèse sur la formation de l'albumine. — Comment l'albumine soluble apparaît-elle dans les jeunes feuilles ? C'est ce qu'on ne saurait encore établir d'une façon précise. L'albumine appartient probablement à la famille des ammoniaques composées, et l'on sait que ces matières sont produites, soit par la combinaison directe de l'ammoniaque avec des composés carbonés, ainsi que cela a lieu dans la synthèse de l'urée par le procédé de M. Wœhler, où il unit de l'acide cyanique et de l'ammoniaque, soit par la combinaison des carbures d'hydrogène avec l'acide azotique ; puis la réduction ultérieure de celui-ci, ainsi qu'on l'observe dans la formation de l'aniline, qu'on obtient en attaquant d'abord la benzine par l'acide azotique, puis réduisant la nitrobenzine par l'hydrogène.

Ce second mode de production de l'albumine présente plus de probabilité que le premier, d'abord parce que les plantes sont avant tout des appareils de réduction, et que si la réduction de l'acide carbonique, qui exige l'intervention d'une dépense de chaleur considérable, s'y exécute sans difficulté, celle de l'acide azotique s'y fera sans doute plus aisément encore ; et enfin parce qu'il y a certains cas dans lesquels les plantes ne paraissent pas avoir profité des engrais ammoniacaux avec autant de facilité que des nitrates.

Lorsqu'on maintient à l'ébullition un mélange de glucose et de nitrate, celui-ci est réduit, si l'azote de l'acide azotique se fixe sur la matière carbonée pour former un véritable composé azoté. Cette expérience présente une importance considérable pour faire comprendre le mode de formation des matières albuminoïdes, qui prennent peut-être naissance dans les feuilles par une réaction analogue. L'acide nitrique serait là réduit sous l'influence de la lumière solaire, et, en même temps que son oxygène se porterait sur un des éléments combustibles du glucose, l'azote s'engagerait en combinaison avec le résidu de cette combustion incomplète du glucose. Il est à remarquer, en effet, que la quantité d'oxygène dégagée par les feuilles correspond à celle de l'acide carbonique décomposé, et qu'elle devrait être plus grande si l'oxygène provenant de la réduction de l'acide azotique venait s'ajouter à l'oxygène dû à la décomposition de l'acide carbonique. Il est donc probable que l'oxygène de l'acide azotique réduit attaque un des hydrates de carbone. On remarquera en effet que si l'on compare la composition du glucose et de l'acide azotique, qu'on suppose réagir l'un sur l'autre, à celle de l'albumine, on trouve qu'au moment de la réaction, il a dû se séparer de l'acide carbonique et de l'eau.

Hypothèses sur l'origine des matières cellulosiques, des acides végétaux, etc. — Il est vraisemblable que c'est du glucose formé directement dans les feuilles que dérivent les principes hydrocarbonés qu'on y rencontre, la cellulose et ses modifications, cutine, cuticule, matière incrustante, etc., et même les acides organiques qui existent dans les feuilles et qui paraissent provenir également de l'oxydation du glucose : tel est notamment l'acide oxalique, qu'on prépare si aisément dans le laboratoire par l'oxydation des hydrates de carbone (sucre, glucose, amidon, cellulose). La synthèse des autres acides qu'on trouve dans les feuilles, acide malique, acide citrique, etc., n'a pas encore été effectuée ; il est possible qu'ils dérivent de l'oxydation de matières plus complexes, telles que les composés pectiques dont le mode de formation nous est encore inconnu.

Quant à l'acide formique, qui donne aux feuilles d'ortie leurs propriétés corrosives, on conçoit non-seulement qu'il provienne de l'oxydation des hydrates de carbone, et alors son mode de formation dans les plantes serait analogue à celui qu'on suivait autrefois dans le laboratoire quand on oxydait l'amidon pour l'obtenir, mais encore qu'il soit formé directement par l'union de l'oxyde de carbone et de l'eau, d'après la réaction mise en lumière par M. Berthelot.

Le mode de formation des bases qui existent dans les feuilles est complétement inconnu. Si nous prenons un exemple dans le tabac, nous n'avons pas, jusqu'à présent, plus de raison pour admettre que la nicotine provient d'une modification de l'albumine plutôt que de l'action de l'acide nitrique sur un composé carboné produisant une matière quaternaire bientôt privée d'oxygène par réduction ultérieure.

Il est vraisemblable que toutes les bases organiques se forment dans les feuilles, et que lorsqu'il y a intérêt à les extraire des grains, c'est tout simplement parce qu'on profite, dans ce cas, de la concentration dans ces organes de tous les principes élaborés pendant la durée de la végétation.

La recherche du mode de formation des principes immédiats dans les feuilles a été à peine entreprise jusqu'à présent, et, comme on vient de le voir, nous ne pouvons énoncer sur ce sujet que des probabilités, sans apporter aucune preuve à l'appui des opinions émises.

§ 54. — MIGRATION DES PRINCIPES IMMÉDIATS DANS LES VÉGÉTAUX.

Les feuilles sont le laboratoire de la plante ; c'est dans leurs cellules qu'ont lieu la décomposition de l'acide carbonique et de l'eau, la réduction des nitrates, et que les hydrates de carbone et les albuminoïdes prennent naissance. Si ces substances séjournent pendant quelque temps dans les feuilles, elles n'y persistent pas cependant indéfiniment ; dans les plantes herbacées elles abandonnent successivement les feuilles du bas, qui jaunissent et tombent, pour s'accumuler dans les feuilles supérieures, puis enfin dans la graine. La conservation de l'espèce est dès lors assurée, l'individu se flétrit et meurt.

Dans les plantes vivaces, le réceptacle des principes immédiats est non-seulement la souche, mais encore le bois, dans lequel on découvre facilement de l'amidon, qui, résorbé au premier printemps, se transforme en glucose, puis en cellulose, pour former les jeunes feuilles à l'aide desquelles la plante va puiser de nouveau dans l'air ses aliments carbonés. Enfin, dans certains cas, c'est dans les tiges souterraines, tubercules ou rhizomes, ou même dans les racines, que s'accumulent les principes immédiats élaborés par les feuilles pendant la belle saison.

Les substances minérales se déplacent aussi d'un point de la plante à l'autre ; il convient même de commencer l'étude des migrations qui se succèdent dans les végétaux par celle des substances minérales, car la démonstration du fait même de la migration est plus facile pour des substances indestructibles que pour les matières combustibles, qu'on peut supposer disparaître en un point par combustion lente, et être formées de nouveau de toutes pièces en un autre point, avec l'acide carbonique, l'eau, etc. Cette opinion n'est certainement pas très-sérieuse, car on ne comprendrait pas pourquoi, dans les plantes herbacées, la formation de la graine n'a lieu qu'à la fin de la végétation et non au commencement, si cette graine élaborait elle-même les principes qu'elle renferme, et si elle ne bénéficiait pas du travail accompli par les feuilles ; mais, sans avoir recours à ce mode de raisonnement, on peut démontrer l'existence de ces migrations en déterminant à diverses époques la composition des cendres des différentes parties de la plante. Leur destruction, puis leur formation, ne sauraient être invoquées comme elles le sont pour les principes combustibles; et si nous constatons la présence des phosphates, par exemple, en quantités notables dans les feuilles à un certain moment, puis qu'après avoir reconnu leur disparition des feuilles, nous les trouvions ensuite dans les graines, nous serons obligés de convenir qu'ils ont passé de l'un à l'autre.

Or, si l'on jette les yeux sur le tableau de la page 76, où sont résumées les analyses exécutées par M. le docteur Zoeller sur les cendres des feuilles de hêtre prises à diverses époques, on reconnaîtra que la composition de ces cendres a singulièrement varié du printemps à l'automne, et que la potasse et l'acide phosphorique, qui étaient abondants au mois de mai dans les feuilles, ne se rencontrent plus dans les cendres des feuilles cueillies en octobre.

Ce fait n'est pas isolé : il apparaît avec la plus grande netteté dans les plantes herbacées, quand on a la précaution d'en examiner successivement les organes; il ressort notamment très-clairement du beau mémoire de M. Isidore Pierre *Sur le développement du blé.*

Migration de l'acide phosphorique pendant le développement du blé. — Voici les résultats trouvés pour la quantité d'acide phosphorique contenue dans les feuilles à diverses époques du développement de la plante :

Proportion d'acide phosphorique par kilogramme de matière sèche.

DÉSIGNATION DES PARTIES.	11 mai.	8 juin.	22 juin.	6 juillet.	25 juillet.
	gr.	gr.	gr.	gr.	gr.
Troisièmes feuilles.........	6,63	3,51	2,64	2,90	3,33
Quatrièmes feuilles.........	5,68	2,57	3,06	1,99	2,34
Cinquièmes feuilles.........	5,66	2,67	3,31	1,48	1,14

La diminution est donc bien sensible, et elle l'est encore plus qu'elle ne le paraît dans les nombres précédents. En effet, au 25 juillet, les feuilles ont non-seulement perdu de l'acide phosphorique, mais aussi du glucose qui s'est transformé d'abord en sucre de canne, puis s'est condensé dans la graine sous forme d'amidon ; de l'albumine, qui est devenue du gluten : et l'on conçoit que si la perte des matières organiques subie par la plante est plus grande que la perte des matières minérales, celle-ci ne soit pas sensible, ou qu'elle soit au moins singulièrement amoindrie quand on présente les résultats comme nous l'avons fait plus haut, bien qu'elle soit très-réelle cependant.

C'est ce que M. Is. Pierre a très-bien fait voir en comparant la quantité d'acide phosphorique contenue dans les épis et dans les feuilles développées sur un hectare à diverses périodes de la végétation.

Poids total d'acide phosphorique par hectare.

DÉSIGNATION DES PARTIES.	11 mai.	3 juin.	22 juin.	6 juillet.	25 juillet.
	kil.	kil.	kil.	kil.	kil.
Épis pleins...............	»	2,43	4,33	8,31	10,88
Troisièmes feuilles.........	1,90	0,59	1,05	0,85	0,86
Quatrièmes feuilles	1,42	0,97	0,72	0,34	0,40
Cinquièmes feuilles.........	0,86	0,67	0,16	0,35	0,05

Le transport est donc ici bien certain ; l'épi a gagné ce que les feuilles ont perdu.

Les mêmes faits se reproduisent pour la migration de l'acide phosphorique dans le colza (Mémoire de M. Is. Pierre, *Ann. de chim. et de phys.*, 1860, t. LX, p. 129).

Nous donnerons deux des tableaux dans lesquels cette migration apparaît avec le plus d'évidence :

Acide phosphorique contenu dans la récolte de colza obtenue d'un hectare.

ÉPOQUES des OBSERVATIONS.	RACINES.	TIGES effeuillées et étêtées.	SOMMITÉS des rameaux avec fleurs ou siliques.	FEUILLES vertes.	FEUILLES mortes.	RÉCOLTE entière.
	kil.	kil.	kil.	kil.	kil.	kil.
22 mars 1859....	7,67	9,59	3,77	17,56	»	38,59
2 avril.........	8,00	14,64	5,09	15,65	1,58	44,96
6 mai.........	10,35	31,14	23,23	12,06	6,53	83,31
6 juin	8,30	14,50	47,34	0,84	0,95	71,93
20 juin.........	8,32	10,45	64,66	»	»	83,43

Dans le tableau suivant, le fait de la migration est encore, s'il est possible, plus nettement établi :

Aliquote par kilogr. d'acide phosphorique imputable à chacune des parties de la plante.

ÉPOQUES des OBSERVATIONS.	RACINES.	TIGES effeuillées et étêtées.	SOMMITÉS des rameaux avec fleurs ou siliques.	FEUILLES vertes.	FEUILLES mortes.	PLANTE entière.
22 mars 1859	199	248	97	456	»	1000
2 avril	178	326	11	368	35	1000
6 mars	124	374	279	145	78	1000
6 juin	115	202	658	12	13	1000
20 juin	100	125	775	»	»	1000

Les commentaires sont inutiles ; il est bien évident que tandis que sur 1000 grammes d'acide phosphorique contenus dans la plante le 22 mars, les feuilles en accusaient 456, et les tiges ajoutées aux sommités des rameaux 345, au 6 juin les feuilles en contenaient 25 grammes, et le haut des tiges et les sommités des rameaux 860 grammes. Il est donc certain que l'acide phosphorique passe d'un point de la plante à l'autre.

M. Garreau a fait en 1859 des observations dans le même sens que les précédentes ; il a reconnu que les cendres des axes et des jeunes feuilles, des bourgeons, sont riches en acide phosphorique au premier printemps, mais qu'au contraire les tiges herbacées, après maturation des graines, donnent des cendres qui n'en renferment plus que de faibles proportions.

Les mêmes faits s'observent pour les pois. M. Corenwinder a trouvé, dans de jeunes tiges de 7 centimètres de hauteur, 27,46 d'acide phosphorique pour 100 de cendres, et, après maturité des graines, il a trouvé, dans les cendres des tiges sèches, acide phosphorique 4,44 pour 100.

Dans les cendres de jeunes fèves dont les deux premières feuilles seulement étaient épanouies, il a trouvé 24,62 pour 100 d'acide phosphorique, et seulement des traces dans ces mêmes tiges après maturité des graines.

La migration de l'acide phosphorique, son transport d'un organe à l'autre, n'est donc pas douteuse. On pourrait citer des faits tout aussi concluants relativement à la migration de la potasse, car, en général, il ne reste dans les vieilles feuilles que les éléments minéraux solubles dans l'eau chargée d'acide carbonique, mais insolubles dans l'eau pure, qui s'y sont déposés par l'évaporation ou la décomposition de l'acide carbonique. C'est ce qui apparaît notamment dans les analyses du docteur Zoeller insérées page 76.

Migration des principes azotés. — Il y a longtemps que les cultivateurs ont observé que lorsqu'on laisse monter un fourrage à graine pour récolter celle-ci séparément, il a une valeur nutritive beaucoup moindre que s'il avait été consommé avant la formation et la maturité des grains. Cette ancienne observation de la pratique se trouve justifiée par les travaux récents sur la maturation du blé et du colza, de M. Is. Pierre, que nous citons plus haut.

Dans le travail sur le colza (*Ann. de chim. et de phys.*, 3ᵉ série, 1860), M. Is. Pierre donne plusieurs tableaux indiquant la quantité d'azote contenue dans les diverses parties de la plante à l'état vert et à l'état sec; mais le fait du transport des matières azotées pendant la durée de la végétation est mis plus complétement en lumière dans le tableau suivant, où nous voyons l'azote, d'abord contenu en plus grande quantité dans les feuilles et les racines, les abandonner pour s'accumuler dans les sommités des rameaux.

Aliquote par kilogramme d'azote total imputable aux diverses parties de la plante.

ÉPOQUES des OBSERVATIONS.	RACINES.	TIGES effeuillées et étêtées.	SOMMITÉS des rameaux avec fleurs ou siliques.	FEUILLES vertes.	FEUILLES mortes.	PLANTE entière.
22 mars 1859....	117	210	135	588	»	1000
2 avril	116	233	174	451	26	1000
6 mai	74	272	378	199	77	1000
6 juin	61	183	688	13	55	1000
20 juin........	51	114	835	»	»	»

On remarquera, dit M. Is. Pierre, que les sommités des rameaux, au moment de la maturité, contiennent plus des quatre cinquièmes de l'azote de la récolte entière.

Dans le tableau suivant, nous voyons la quantité d'azote contenue dans la récolte totale d'un hectare atteindre un certain maximum, puis retomber à un chiffre un peu plus bas; mais nous voyons encore tous les organes s'appauvrir peu à peu aux dépens de la sommité des rameaux avec fleurs ou siliques.

Azote combiné renfermé dans la récolte produite par un hectare.

ÉPOQUES des OBSERVATIONS.	RACINES.	TIGES effeuillées et étêtées.	SOMMITÉS des rameaux avec fleurs ou siliques.	FEUILLES vertes.	FEUILLES mortes.	RÉCOLTE entière.
	kil.	kil.	kil.	kil.	kil.	kil.
22 mars 1859....	10,28	18,42	11,84	47,30	»	87,84
2 avril.........	10,86	21,75	16,26	42,02	2,33	93,22
6 mai	9,73	35,83	49,63	26,16	10,07	131,40
6 juin	7,53	22,69	85,52	1,60	6,86	124,19
20 juin	5,96	13,41	99,77	»	»	117,11

Dans les tiges étêtées, dépouillées de leurs feuilles, la quantité totale d'azote augmente jusqu'à l'époque de la formation des graines, puis diminue ensuite, et tombe au-dessous de la quantité trouvée au moment de la première observation, tandis que le poids de la matière sèche triple dans le même laps de temps.

Les sommités des rameaux seules offrent un accroissement constant et toujours considérable depuis la première jusqu'à la dernière observation. Ainsi le 20 juin les sommités des rameaux renferment près de 100 kilogrammes d'azote combinés sur les 117 que renferme la récolte totale, tandis que le 22 mars, sur les 87 kilogrammes que renfermait le colza, les sommités des rameaux n'en contenaient pas tout à fait 12.

« Si dans la récolte entière on voit, à partir de l'observation du 6 mai, la quantité totale d'azote diminuer, il est naturel de l'attribuer à ce que, dans les dernières observations, une partie des feuilles mortes a disparu et n'a pu être recueillie.

» Il est curieux de voir qu'en négligeant, dans l'observation du 6 juin, la quantité d'azote contenue dans les feuilles mortes, on retrouve exactement la même quantité totale d'azote dans la récolte du 6 juin et dans celle du 20 juin, malgré les grandes différences que l'on observe dans les différentes parties ; ce qui semble indiquer qu'à partir de la première de ces deux époques, les principes azotés de l'organisme de la plante, abstraction faite des transformations qu'ils y peuvent encore subir, n'éprouvent plus d'accroissement important, mais obéissent à une action qui tend à les entraîner de la base de la plante vers la partie supérieure. »

Nous extrayons encore du mémorable travail de M. Is. Pierre, sur le développement du blé, le tableau suivant, dans lequel nous voyons la matière sèche d'abord, contenue pour moitié dans les feuilles, arriver ensuite aux tiges et aux sommités des rameaux.

Matière sèche produite sur un hectare (blé).

DATES des OBSERVATIONS.	RACINES.	TIGES effeuillées et étêtées.	SOMMITÉS des rameaux avec fleurs ou grains.	FEUILLES vertes.	FEUILLES mortes.	RÉCOLTE entière.
22 mars 1869....	kil. 816	kil. 943	kil. ˙208	kil. 1745	kil. »	kil. 3712
2 avril	898	1310	323	1610	150	4291
6 mai	1285	3861	1493	911	907	8457
6 juin	1156	3278	3887	66	814	9201
20 juin	1189	2987	5018	»	»	9194

Migration des matières organiques dans le blé. — Les conclusions du travail du savant doyen de la Faculté des sciences de Caen ont une telle importance, que nous les reproduisons en entier (Delagrave, *Recherches expérimentales sur le développement du blé*, 1866) :

» 1° Quinze à vingt jours au moins avant la moisson, le poids total de la récolte, prise en masse et dans son ensemble, cesse d'augmenter.

» 2° Pendant ces quinze à vingt jours, l'épi emprunte aux différentes parties de la tige qui le supporte à peu près tout l'accroissement de poids qu'il éprouve.

» 3° Il semble résulter de là que, plusieurs semaines avant la moisson, la vie de la plante est une vie tout intérieure, dans laquelle l'intervention du sol, et en général des agents extérieurs, doit être peu importante (1), que la plante doit contenir alors toute sa provision de substance, et que les derniers efforts de la vie végétative ne semblent plus avoir alors d'autre but et d'autre effet qu'un complément d'élaboration et une répartition différente des principes nutritifs de la plante, principalement au profit de la graine.

(1) Nous verrons plus loin que nous différons ici d'opinion avec M. Is. Pierre, et que c'est pour nous, sous l'influence de l'évaporation déterminée par la lumière, qu'a lieu le transport des éléments dans la plante. Il est possible, au reste, que, dans l'esprit de M. Is. Pierre, le mot « agent extérieur » doive s'entendre surtout des engrais qui ne peuvent avoir à ce moment aucune utilité sur le développement de la plante, ainsi que la pratique agricole l'a reconnu depuis longtemps.

» 4° Dans les feuilles considérées à part et toutes ensemble, la diminution de poids, quelle qu'en soit l'explication, paraît commencer environ quatre semaines avant la moisson.

» 5° Une diminution analogue se manifeste également dans les entre-nœuds supérieurs dépouillés de leurs feuilles. »

Quant aux migrations de l'azote, voici à quels résultats ont conduit les nombreux dosages exécutés :

« La proportion d'azote contenue dans un kilogramme de chacune des parties de la plante éprouve une diminution graduelle et rapide à mesure que la plante avance vers la maturité. (Les épis pleins et complets forment une exception, sur laquelle nous reviendrons plus loin.)

» Si au lieu de suivre une même subdivision de la plante aux diverses époques successives d'observation, nous comparons, à une même époque quelconque, les subdivisions de même nature, soit les diverses feuilles entre elles, soit les nœuds entre eux, soit les entre-nœuds, en descendant du sommet de la plante vers la base, nous observons également une diminution progressive de richesse dans les entre-nœuds successifs, aussi bien que dans les feuilles et dans les nœuds, en sorte que les parties ayant terminé le plus anciennement leur développement sont toujours les plus pauvres en azote.

» Cet appauvrissement ne peut pas être attribué uniquement, comme on pourrait être tenté de le faire, à une augmentation du poids des parties, augmentation par suite de laquelle la même quantité d'azote, répartie entre un plus grand nombre de kilogrammes, en fournirait naturellement moins à chacun d'eux ; en effet, le poids total des feuilles, celui des nœuds et celui des entre-nœuds éprouvent eux-mêmes, pendant les quatre dernières semaines qui précèdent l'époque de la moisson, une très-notable diminution.

» C'est surtout l'absorption due au développement de l'épi qui est la principale cause de l'appauvrissement que nous venons de signaler dans les autres parties.

» **Poids total de l'azote.** — Pendant le dernier mois, certaines parties en ont perdu les trois quarts de ce qu'elles en contenaient auparavant, principalement les parties supérieures, les plus jeunes, celles dans lesquelles les phénomènes de la vie s'accomplissent avec le plus d'activité (1).

» Mais, tandis que les autres parties de la plante perdent ainsi la

_____

(1) Les épis ne sont pas compris dans cette appréciation.

majeure partie de leur azote, l'épi en gagne énormément pendant le même temps. (Dans les expériences exécutées par M. Is. Pierre, en 1864, il en a gagné, pendant le dernier mois, environ 200 pour 100.) *C'est donc par suite d'un phénomène de transport vers l'épi que le reste de la plante perd, pendant les dernières semaines, les deux tiers de son azote.* Le poids total de l'azote contenu dans la récolte entière (épis compris) paraît atteindre son maximum environ un mois avant la maturité du blé. Le poids total de l'azote contenu dans la totalité des *feuilles* ou dans la totalité des *tiges nues*, après avoir progressé jusques après la floraison, commence à décroître ensuite d'une manière continue plus de six semaines avant la moisson. »

A ces résultats si nets et si précis, nous pourrions ajouter ceux que nous ont donnés nos recherches sur la migration des principes hydro-carbonés, mais nous préférons ne les résumer que lorsque nous aurons étudié les causes mêmes de cette migration.

§ 55. — DU MÉCANISME DE LA MIGRATION DANS LES VÉGÉTAUX HERBACÉS.

Les faits précédents établissent nettement que les principes immé-diats formés dans un des organes de la plante n'y persistent pas indé-finiment, mais abandonnent cet organe pour pénétrer dans un autre. La feuille, ainsi que nous l'avons dit plus haut, nous apparaît donc comme le laboratoire dans lequel prennent naissance les principes immédiats, et sans doute aussi comme le réservoir dans lequel ils séjournent provisoirement pour arriver enfin jusqu'à la graine.

Toutefois, si les considérations précédentes établissent nettement le fait de la migration, elles n'indiquent en aucune façon le mécanisme de celle-ci, et nous devons nous efforcer de le découvrir.

Le mouvement des principes immédiats solubles dans les plantes monocotylédones herbacées, comme les céréales, que nous avons par-ticulièrement étudiées, est dû pour nous à la différence de puissance évaporatoire des feuilles dans le jeune âge et à une époque plus avancée de leur maturité.

Nous avons reconnu, en effet (page 178) que les feuilles du bas des tiges de seigle évaporent dans le même temps et à la même lumière une quantité d'eau infiniment plus faible que les feuilles du haut : la différence pouvait aller du simple au double ; nous avons reconnu le

même fait dans les feuilles de maïs, dans celles de colza, et il n'y a
aucune raison pour qu'il n'en soit pas ainsi dans toutes les plantes
herbacées. C'est de cette différence d'évaporation que nous voulons
tirer l'explication du transport des principes immédiats des feuilles
du pied à celles du sommet, et nous aurons recours d'abord, pour
éclairer la question, à une expérience exécutée à l'aide d'appareils
de laboratoire.

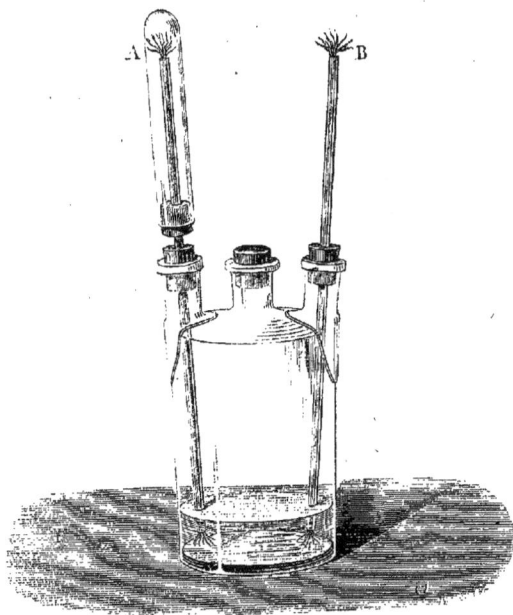

Fig. 23. — Appareil employé par M. Dehérain pour démontrer le transport d'un sel
dissous, d'une mèche qui n'évapore pas à une mèche qui évapore bien.

Dans un flacon renfermant une petite quantité d'eau, plongent deux
mèches de coton assujetties dans des tubes de verre (fig. 23). L'une, B,
est imprégnée de sulfate de cuivre, et son extrémité supérieure s'épa-
nouit librement à l'air ; l'autre, A, a été trempée dans une dissolution de
ferrocyanure de potassium, et son extrémité libre est enfermée dans
un tube d'essai, dont l'atmosphère, bientôt saturée de vapeur d'eau,
empêche toute évaporation. Il n'en est pas de même pour la mèche à
sulfate de cuivre : elle évapore constamment. Après quelques jours,
une partie notable du sulfate de cuivre qu'elle renfermait est venue
cristalliser à son extrémité, et un peu plus tard de larges taches
brunes, produites par la réaction du ferrocyanure de potassium sur le

sulfate de cuivre, annoncent que le sel soluble contenu dans la mèche A, appelé par le courant ascensionnel que détermine l'évaporation de B, a quitté la mèche dans laquelle il avait été placé; il s'est transporté au travers de l'eau jusqu'à la mèche où l'évaporation est active.

La différence d'évaporation a donc suffi pour déterminer, dans cet appareil, un mouvement analogue à celui qui a lieu dans le végétal gorgé d'eau, lorsque l'évaporation, activée par la lumière éclatante des longues journées d'été, lance dans l'air les quantités énormes d'eau que nous avons signalées dans les paragraphes précédents.

Quand le sol se dessèche, durcit, que son humidité s'épuise, les jeunes feuilles ne peuvent suffire à leur dépense incessante qu'en puisant l'eau de tous côtés : c'est alors qu'elles dépouillent les feuilles plus anciennes, chez lesquelles la force d'évaporation est déjà affaiblie, de l'eau qu'elles renferment et des principes que celle-ci tient en dissolution; c'est alors aussi que la maturation avance.

Dans les régions septentrionales, l'été est court, mais les jours sont d'une grande longueur, et l'évaporation fonctionnant plus activement que dans les régions où le soleil ne reste pas aussi longtemps au-dessus de l'horizon, les plantes accomplissent en un temps plus court leur cycle de végétation.

Quand les années sont sèches, que le soleil se montre chaque jour avec une implacable sérénité, l'évaporation est trop active et les récoltes ne sont pas aussi abondantes que dans les années où la lumière est moins éclatante. Pendant l'année 1870, les mois de mai et de juin ont été presque constamment beaux, et la végétation a été trop hâtée : l'avoine avait à peine à Grignon la moitié de sa hauteur ordinaire; les feuilles ont vécu trop vite; elles ont été desséchées trop tôt par une évaporation trop active, et elles n'ont pas pu former, pendant leur vie de courte durée, la même quantité de principes immédiats que si elles avaient fonctionné pendant un temps plus prolongé.

Si au contraire le temps est couvert, que la pluie soit fréquente, que la terre soit gorgée d'eau, tout s'arrête; le transport n'a pas lieu. Les feuilles, en effet, trouvent dans ce cas, dans le sol, des quantités d'eau notables; les plus jeunes n'enlèvent pas aux plus anciennes l'eau qu'elles évaporent, et l'on ne voit plus les principes immédiats émigrer d'un organe à l'autre, pour venir s'accumuler dans les feuilles supérieures. Ce sont là les saisons, comme chacun sait, favorables aux herbages, mais non à la culture des plantes dont on veut obtenir des graines.

Ainsi, d'après nous, l'évaporation, plus active chez les jeunes feuilles que chez les anciennes, est la cause déterminante du mouvement des principes immédiats nécessaire à la maturation ; et comme cette évaporation est produite par la lumière et non par la chaleur, on conçoit que deux années également chaudes pourront être inégalement favorables à la végétation, si elles sont inégalement lumineuses (1).

§ 56. — MÉTAMORPHOSES DES PRINCIPES IMMÉDIATS DANS LES PLANTES HERBACÉES.

Nous avons vu déjà que le glucose paraissait être le premier principe formé par les feuilles dans les premiers temps de la végétation, et qu'il était probable qu'il prenait naissance par l'union directe de l'oxyde de carbone et de l'hydrogène ; avec le tannin, il forme la plus grande partie de la matière ternaire, soluble au premier printemps dans les feuilles de blé.

C'est ce que démontre l'analyse suivante des feuilles de blé recueillies le 25 mars :

Eau	72,20
Matière azotée totale.....	6,14
Glucose............................	3,10
Tannin.............................	2,30
Matière verte soluble dans l'alcool.............	2,50
Cendres	2,50
Cellulose (par différence)...........	11,16 (2)
	100,00

Une grande partie de l'albumine était soluble dans l'eau ; il est facile de s'assurer qu'il en est habituellement ainsi, en faisant au printemps un extrait des feuilles, et en le portant à l'ébullition : on voit

(1) Nous tenons de M. Thenard que les années 1865 et 1866 ont donné en Bourgogne des vins très-différents : ceux de 1865 étaient excellents, ceux de 1866 détestables : cependant la quantité de chaleur que le sol avait reçue était la même pendant les deux années ; mais en 1865 le ciel avait été habituellement clair, tandis qu'il avait été couvert en 1866. Il existe en Bourgogne une locution qui vient encore confirmer les faits précédents. On désigne la *bise* comme *la mère nourricière des coteaux.* Or, la bise est le vent du nord-est, vent froid, mais qui chasse les nuages et laisse au soleil tout son éclat.

(2) En dosant la cellulose à l'aide du réactif de Schweitzer, on a trouvé 12,34 ; il y aurait donc des éléments dosés trop haut. Mais les personnes qui ont eu occasion de faire des recherches de ce genre savent qu'il est difficile d'arriver tout à fait exactement, d'autant plus que la matière verte soluble dans l'alcool est en partie azotée et qu'elle est comptée, dans l'analyse précédente, comme matière azotée et comme matière verte, et qu'elle force ainsi un peu les nombres.

se produire un abondant précipité qui entraîne habituellement la matière verte. Si l'on continue l'examen du blé vers la fin du mois de juin, quand les feuilles qui se sont développées les premières commencent à jaunir, on observe une métamorphose importante : le glucose disparaît peu à peu, et au contraire on voit apparaître du sucre de canne.

Il semble que tant que la plante forme de nouveaux organes, qui exigent pour leur formation de la cellulose, le glucose soit le seul hydrate de carbone qu'on rencontre ; mais que plus tard, au contraire, quand la maturité avance et que la plante commence à former ses graines, ce soit le sucre de canne qui se produise.

Le 1ᵉʳ juillet 1869 on a prélevé simultanément, dans un champ de blé, des feuilles au bas de la tige, des feuilles en haut de la tige, et l'on a analysé également le haut des tiges, et enfin les grains eux-mêmes. Voici les résultats obtenus :

Analyse du froment récolté le 1ᵉʳ juillet 1869.

	FEUILLES DU BAS.	FEUILLES DU HAUT	HAUT DES TIGES.	GRAIN.
Eau.	78,1	85,1	84,3	86,5
Sucre de canne.	1,9	4,1	4,2	0,2
Glucose et dextrine.	0,6	1,8	0,6	3,6
Amidon.	»	»	»	4,6

On reconnaît qu'à cette époque, dans les organes autrefois si riches en glucose, le sucre de canne domine ; que le glucose et la dextrine y ont singulièrement diminué, mais qu'ils reparaissent en partie dans les grains. Dans ceux-ci, au contraire, on ne trouve guère de sucre de canne.

Ce fait n'est pas particulier au froment. On constate dans le maïs des faits tout à fait analogues, qui ont été observés depuis longtemps, et notamment par E. Pallas, en 1837. En examinant le maïs avant la maturité des grains, on a trouvé dans 100 de matière sèche 7 de glucose, et des traces à peine sensibles de sucre dans les feuilles, et au même moment, dans 100 parties de tiges sèches, des traces de glucose et 27 pour 100 de sucre de canne.

Quand l'amidon apparaît dans l'épi, le sucre devient moins abondant dans les tiges et finit par disparaître complétement ; il suffit de mâcher des tiges encore vertes de maïs, de froment ou de seigle quelque temps avant la maturité ou quand celle-ci a eu lieu, pour rester convaincu de cette disparition du sucre de canne au moment où l'amidon se concentre dans les grains.

On sait encore, d'après les observations de M. Péligot, que le sucre de canne tenu en réserve pendant l'hiver dans la betterave, disparaît absolument au printemps au moment où la plante se développe, et il est vraisemblable qu'une partie du sucre disparu a été employée à la fabrication de l'amidon qu'on trouve dans la graine.

Le sucre de canne nous paraît donc être un produit intermédiaire entre le glucose et l'amidon; le glucose, formé directement dans les feuilles par l'union de l'oxyde de carbone et de l'hydrogène, donnerait, en s'unissant à lui-même, sous l'influence de la chaleur solaire, le sucre de canne avec élimination d'eau, comme deux molécules d'alcool réagissent l'une sur l'autre pour former l'éther :

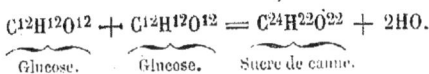

$$C^{12}H^{12}O^{12} + C^{12}H^{12}O^{12} = C^{24}H^{22}O^{22} + 2HO.$$

Glucose.   Glucose.   Sucre de canne.

Le sucre de canne, enfin, pourrait se transformer plus ou moins rapidement en amidon ; dans quelques plantes, la transformation serait assez lente pour que l'extraction fût facile, et la betterave, plante bisannuelle qui, semée tardivement, ne peut, la première année, qu'accumuler les éléments nécessaires à la formation de la graine et ne les utilise que l'année suivante, est particulièrement favorable à cette extraction.

Dans les céréales, au contraire, la transformation est très-rapide, et le sucre de canne n'est qu'une forme transitoire ; il est vraisemblable qu'en agissant sur une nouvelle quantité de glucose, le sucre de canne s'unit à lui avec élimination d'eau pour fournir une matière encore plus complexe ($C^{36}H^{30}O^{30}$), l'amidon.

L'idée que ces différents corps peuvent dériver les uns des autres n'est pas absolument nouvelle. C'est ainsi que M. Berthelot professe depuis longtemps que le sucre de canne dérive du glucose, et que c'est par l'union de ce sucre de canne et du glucose que l'amidon doit se former (*Leçons professées devant la Société chimique en* 1862); mais, jusqu'à présent, le travail du laboratoire a été impuissant à reproduire ces métamorphoses, et l'on n'a pas de procédé pour passer du glucose au sucre et à l'amidon. Il est donc intéressant de voir ici l'observation attentive des faits physiologiques démontrer que les principes immédiats se succèdent dans les végétaux dans l'ordre que faisait prévoir une théorie éclairée (1).

§ 57. — ACCUMULATION DANS LES GRAINS DES MATÉRIAUX FORMÉS DANS LES FEUILLES. — MATURATION DES CÉRÉALES.

Quand on examine les feuilles et les tiges du blé ou du seigle après que la maturation a eu lieu, on n'y rencontre plus aucun des principes immédiats, ou, si on les trouve encore, c'est en très-faible quantité. Les analyses de paille montrent que les matières azotées solubles n'y sont qu'en petite quantité, et que les principes sucrés ont eux-mêmes disparu; en même temps les phosphates et la potasse ont émigré. Les nombreuses expériences de M. Is. Pierre donnent la netteté d'une observation régulière à un fait observé depuis long-temps.

Toutefois, s'il n'est pas douteux que c'est aux dépens des feuilles et des tiges que l'épi se nourrit; s'il est démontré que pendant les derniers jours de sa vie la plante herbacée ne prend plus rien au sol ou à l'air, mais accumule seulement dans sa graine les principes déjà élaborés, on n'avait pas, avant nos travaux, indiqué quel est le mécanisme de cette accumulation.

Pour le faire comprendre, remarquons que, dans les graines des céréales au moins, tous les éléments sont insolubles : on y trouve, en effet, surtout de l'amidon et du gluten, l'un et l'autre insolubles dans l'eau. C'est de cette insolubilité que nous allons tirer l'explication de l'accumulation.

(1) Un physiologiste distingué, M. J. Sachs, professe que l'amidon se forme presque toujours en même temps que la chlorophylle, qu'il accompagne habituellement. Toutefois il n'affirme pas que l'amidon soit le premier produit formé. Il s'exprime, en effet, dans les termes suivants : « Lorsque j'ai dit que l'amidon était un des premiers produits de l'assimilation dans la chlorophylle, je n'ai pas voulu prétendre que les molécules d'eau et d'acide carbonique produisissent directement de l'amidon après l'élimination de l'oxygène. Il y a probablement, au contraire, entre ces deux points extrêmes, une longue série de modifications et de transformations chimiques compliquées. » (Phys. végét., trad. Micheli, p. 356.) Il est probable que les feuilles des plantes étudiées par M. Sachs renferment de l'amidon; mais je puis affirmer l'avoir cherché sans succès dans les plantes herbacées que j'ai étudiées. Sans doute on le trouve dans les tiges des pommes de terre, comme dans le bois d'un grand nombre d'arbres; mais, quand on le recherche au microscope ou par l'analyse dans les feuilles des graminées, on ne peut l'y découvrir; tandis que les réactifs accusent immédiatement la présence du glucose. Il y a donc, entre M. Sachs et nous, cette différence d'opinion, que, pour nous, l'ordre dans lequel les principes hydrocarbonés apparaissent est le suivant : glucose, sucre de canne, amidon; tandis que, sans l'affirmer, M. J. Sachs paraît croire que l'amidon est le premier hydrate de carbone bien défini qu'on observe dans les cellules à chlorophylle.

Essayons encore de reproduire dans un appareil inerte les phénomènes de transport dont nous voulons donner l'explication, et rappelons pour cela une expérience déjà citée § 28 : Dans un vase poreux de porcelaine dégourdie, semblable à ceux dont on fait usage dans la pile de Bunsen, plaçons de l'eau distillée, puis immergeons ce vase dans un verre renfermant une solution de sulfate de cuivre, et nous ne tarderons pas à reconnaître que ce se sel, diffusant au travers de la paroi poreuse, a pénétré dans le vase intérieur. A ce moment, ajoutons dans celui-ci quelques gouttes d'eau de baryte, qui détermine la précipitation du sel intérieur et détruit l'égale concentration des liqueurs des deux côtés de la paroi poreuse, que la diffusion tendait à établir. Aussitôt que la précipitation a eu lieu et que l'équilibre est rompu, la diffusion s'exerce de nouveau ; une nouvelle quantité de sulfate de cuivre pénètre dans le vase poreux, où il est précipité par l'addition de l'eau de baryte : et l'on conçoit qu'en renouvelant plusieurs fois ces précipitations, on puisse faire pénétrer dans le vase poreux tout le sulfate de cuivre de la solution extérieure, par cette seule raison que, dans ce vase, ses éléments deviennent insolubles.

Ainsi, quand dans un système gorgé de liquide il est un point où les éléments dissous deviennent insolubles, ils s'acheminent vers ce point et s'y accumulent.

Or, nous avons vu que, dans la graine, les principes immédiats sont insolubles ; c'est donc dans la graine qu'ils doivent s'accumuler. Le végétal est, en effet, gorgé d'eau, et les phénomènes de diffusion doivent s'y produire comme dans l'appareil précédent. Au moment où l'ovaire apparaît, une petite quantité des principes qui existent dans la tige et dans les feuilles y pénètre ; mais, par suite d'une transformation dont nous ignorons encore le mécanisme, ces principes y deviennent insolubles, et l'eau qui existe dans ce jeune organe ne renferme plus les principes immédiats en aussi grande quantité que l'eau extérieure : l'équilibre tend donc à s'établir de nouveau ; un afflux de ces matières solubles pénètre dans l'ovaire, y devient insoluble, et un courant régulier ne tarde pas à s'établir, qui amène les éléments solubles, et détermine leur accumulation au point même où ils deviennent insolubles (1).

_____

(1) Nous trouvons cette idée développée dans la *Physiologie végétale* de M. Sachs, et l'on pourrait croire que nous la lui avons empruntée ; ce serait une erreur. Nous avons indiqué dans l'*Annuaire scientifique* de 1867, page 408, que la raison de l'accumulation des matières azotées et des phosphates dans les graines était due à l'insolubilité qu'ils y acquièrent. Or cet ouvrage, publié dans les premiers jours de 1867, a été écrit en 1866, et la traduction du livre de M. Sachs est de 1868 ; il nous était inconnu avant la traduction de Micheli. Il

Ce dernier travail peut s'accomplir sans que l'eau du végétal se déplace : il est donc essentiellement différent de celui qui avait déterminé le transport des principes immédiats d'une feuille à l'autre ; il peut avoir lieu quand la plante est séparée de ses racines, et il justifie la pratique assez répandue de moissonner avant une maturité complète.

Maturation de quelques autres plantes herbacées. — L'explication que nous venons de donner de la maturation du blé, de l'avoine, du seigle, de l'orge, du maïs, en un mot de toutes les plantes herbacées dans lesquelles les éléments contenus dans les graines sont insolubles, ne s'applique pas aussi bien aux plantes qui portent des semences dont les éléments sont encore solubles. C'est ainsi que, dans les pois, les haricots, on rencontre une matière azotée soluble, la légumine, et nous ne comprenons plus aussi bien le mécanisme de son accumulation ; il est possible cependant que ce soit sous forme d'albumine insoluble que l'accumulation ait lieu, et que ce soit seulement après cette accumulation qu'ait lieu la transformation de l'albumine en légumine. Quant aux graines oléagineuses, il ne nous a pas été possible jusqu'à présent de suivre complétement leur maturation. Nous indiquerons cependant les points que nos études nous ont permis d'éclairer.

On trouve dans les jeunes feuilles de colza ou de radis des quantités sensibles de glucose, comme dans les plantes étudiées précédemment ; puis, quand les fleurs apparaissent, la métamorphose du glucose en sucre de canne a lieu. Enfin, quand la plante passe fleur, que les siliques se forment, le glucose disparaît à peu près entièrement des feuilles, mais on en trouve une certaine quantité dans les graines, où l'on rencontre en même temps de l'amidon. C'est ainsi que, le 4 juin, on a trouvé dans les feuilles de colza :

Eau	85,7
Sucre	3,1
Glucose	0,7

et dans les graines :

Eau	84,5
Glucose et dextrine	5,7
Amidon	2,5

On ne trouve dans les graines, à cette époque, aucune trace de ma-

est donc certain que M. Sachs et moi, nous nous sommes rencontrés sur cette interprétation, et en même temps que c'est un honneur pour moi, c'est peut-être aussi la preuve que cette interprétation est exacte.

tière grasse ; le contenu de cet organe paraît d'abord tout à fait liquide et l'on y distingue aisément au microscope les globules d'amidon ; mais bientôt ceux-ci disparaissent à mesure que l'embryon s'étend et occupe une place de plus en plus grande. Il semble que, dans ce cas, on assiste à la transformation de l'amidon en cellulose, probablement en passant par la dextrine, ainsi qu'on le remarque souvent ; ce qu'on peut au moins certifier, c'est que contrairement à ce qui a lieu pour les graines amylacées, où l'amidon persiste, dans les graines oléagineuses l'amidon n'a qu'une durée très-éphémère et qu'il est bientôt remplacé par un embryon très-vivement coloré en vert. C'est seulement au moment où l'embryon est formé qu'on peut dissoudre, à l'aide de l'éther, un peu de matière grasse ; quand la graine est mûre et qu'elle renferme une quantité notable de matière grasse, la coloration verte de l'embryon est remplacée par une coloration jaune : il n'y a aucune preuve que la matière grasse provienne de la matière verte qui a disparu ; on peut seulement dire que, dans les graines de radis et de colza, la matière grasse n'est abondante que lorsque la matière verte a disparu.

En 1870, la récolte de colza a manqué absolument à l'école de Grignon, de telle sorte que nous n'avons pas eu les éléments de poursuivre ce travail d'une façon complète.

Si dans les crucifères l'apparition de la matière grasse coïncide avec la disparition de la matière verte, il n'en est pas ainsi dans nombre d'autres plantes, où la matière grasse prend naissance dans un embryon incolore, ainsi qu'on peut le constater dans les amandes, les noix, le ricin, les composées, etc. ; nous n'avons encore que des renseignements très-incomplets sur ce sujet, toutefois nous devons signaler un travail important de M. de Luca sur la formation des matières grasses dans les olives (*Comptes rendus*, 1861 et 1862, et notamment tome LV, p. 566).

Après avoir montré qu'on extrait facilement de la mannite des feuilles de l'olivier quand elles sont en pleine végétation, M. de Luca reconnaît que la mannite disparaît quand les feuilles se dessèchent, et qu'elle est généralement absente des feuilles tombées de l'arbre. On rencontre encore la mannite dans les fleurs de l'olivier, puis dans les jeunes olives ; mais cette matière ne se trouve en forte proportion que pendant la période de développement ; ensuite elle diminue progressivement à l'accroissement des olives ; enfin, lorsque ces fruits sont parfaitement mûrs et ont perdu leur teinte verte, ils ne contiennent plus traces de mannite.

La chlorophylle ou matière verte analogue qu'on rencontre en abondance dans les feuilles et dans les jeunes olives accompagne toujours la mannite et disparaît avec elle, de manière que les vieilles feuilles et les olives mûres ne contiennent ni chlorophylle ni mannite.

Ces observations importantes de M. de Luca laissent, comme on voit, la question indécise. La mannite remplit-elle dans l'olivier le même rôle que le glucose, et sert-elle à former la cellulose des jeunes olives, comme l'amidon formait la cellulose de l'embryon dans la graine de radis et dans celle du colza, ou bien peut-elle donner directement, par réduction, la matière grasse? Celle-ci, au contraire, ne prend-elle naissance que par une métamorphose d'un des principes habituellement confondus sous le nom de chlorophylle? C'est ce que l'état de la science laisse encore dans la plus complète indécision.

§ 58. — DE L'ACCUMULATION DES PRINCIPES IMMÉDIATS DANS LES RACINES.

Nous avons étudié, dans les paragraphes précédents, le mécanisme de la maturation dans les plantes herbacées, et nous voyons que dans certains cas importants, l'ensemble du phénomène est complétement esquissé ; il n'en est malheureusement pas ainsi pour quelques autres plantes, où tout est encore à trouver.

Dans les plantes herbacées bisannuelles ou vivaces, l'accumulation des principes immédiats dans les racines est parfaitement manifeste ; mais, jusqu'à présent, nous ignorons complétement les causes qui la déterminent.

Nous savons, par exemple, que l'asperge donne, la première année, une plante d'une médiocre hauteur, qui emploie presque toute son activité à développer sa partie souterraine. L'année suivante, celle-ci émet une plante plus vigoureuse, mais les tiges, après s'être développées, se dépouillent au moment où les feuilles se flétrissent, et presque tous les matériaux élaborés sont encore mis en réserve dans les racines, tellement que la troisième année celle-ci peut émettre des tiges charnues, riches en matières azotées et en phosphates, et recherchées comme aliment. La plante est alors devenue assez riche pour que la suppression de cinq ou six de ces tiges par pied puisse avoir lieu sans nuire à son développement, et cela pendant plusieurs années.

Dans les plantes bisannuelles, comme les betteraves, il se passe un phénomène analogue : pendant la première année, la plante développe ses feuilles ; celles-ci élaborent des principes immédiats qui s'accumulent dans la racine, et l'année suivante, cette provision emmagasinée est tout entière employée à former la tige et les graines. La série de métamorphoses que nous avons suivie dans les graminées ou dans le maïs, production du glucose, transformation de celui-ci en sucre de canne, puis enfin en amidon, se reproduit peut-être avec quelques intermédiaires ; mais le grand avantage qu'on trouve à cultiver la betterave est précisément dû au temps prolongé pendant lequel le sucre de canne s'y maintient, tandis que dans les graminées ou le maïs, il se métamorphose en amidon si rapidement, que son extraction serait très-pénible.

Les diverses périodes d'activité des plantes cultivées pour leurs racines ont été très-bien mises en lumière par M. Anderson, dans un travail sur les turneps, qu'il a inséré au *Journal of Agric. and Transactions of the Highland Society*, nᵒˢ 68 et 69.

Il a déterminé la masse totale des turneps produits sur une acre de terrain, et les a récoltés à quatre périodes différentes de leur croissance : le 7 juillet, le 11 août, le 1ᵉʳ septembre et le 5 octobre. Le tableau suivant indique en livres anglaises le poids des feuilles et des racines calculé pour une acre à la fin de chaque récolte.

		Poids	
		des feuilles.	des racines récoltées.
I. Récolte au bout de	32 jours.	249	7,2 liv. de 454 gram.
II. —	67	12 793	2 762
III. —	87	19 200	14 400
IV. —	122	11 208	36 792

Ainsi, après soixante-sept jours, le poids des feuilles est près de six fois le poids des racines ; puis, après quatre-vingt-sept jours, les racines se sont tellement accrues, que leur poids est près des trois quarts de celui des feuilles. Enfin, pendant la dernière période, les feuilles s'étiolent, se dépouillent, et les racines acquièrent un poids qui leur est trois fois supérieur ; les feuilles ont au contraire diminué de poids ; elles sont retombées au-dessous de ce qu'elles étaient à la deuxième période. On trouve donc encore dans cette observation la preuve manifeste que les principes immédiats élaborés par les feuilles viennent s'accumuler dans les racines.

§ 59. — DE LA SÈVE ÉLABORÉE DANS LES VÉGÉTAUX LIGNEUX.

La distinction que nous faisons ici entre les végétaux herbacés et les végétaux ligneux n'a d'autre raison que de faciliter l'exposition d'une question délicate et encore très-peu connue ; car nous allons reconnaître que les phénomènes se produisent dans tous les végétaux sous l'influence des forces dont nous avons essayé de pénétrer le mode d'action dans les paragraphes précédents.

Quand, dans les plantes dicotylédonées ligneuses, on enlève un anneau d'écorce sur le tronc, le bourrelet ligneux se produit au-dessus de la partie blessée ; quand on pratique une forte ligature sur un arbre encore jeune, on voit un renflement apparaître au-dessus de la ligature. Enfin, il est clair que les racines ne peuvent s'accroître, que les tubercules ne peuvent prendre naissance qu'autant qu'ils utilisent les principes élaborés par les feuilles, et il n'est pas douteux que ces principes ne suivent, dans le végétal, une marche inverse à celle de l'eau elle-même, qui, entraînée par le vide que détermine l'évaporation, s'élève des racines vers les feuilles.

L'opinion généralement répandue parmi les physiologistes est même que ces principes immédiats, qui descendent des feuilles vers les racines, sont entraînés par un courant liquide qui, suivant une marche inverse de la sève ascendante, mériterait le nom de sève descendante.

Avant d'admettre l'existence de la sève descendante, il importe de soumettre les arguments qu'on fait valoir en faveur de son existence à une sérieuse critique, et il faut remarquer d'abord qu'avant les expériences de Graham sur la diffusion, on ignorait qu'une matière dissoute pût être animée d'un mouvement quelconque dans son dissolvant en dehors de tout mouvement de ce dissolvant lui-même ; on ne concevait donc pas comment les principes immédiats nécessaires à la formation des racines, des tubercules, du bois, auraient pu arriver jusqu'aux organes où ils sont employés par l'activité végétale, si un courant liquide ne les y eût amenés. Oon reconnaît aujourd'hui que l'existence de ce courant n'est pas nécessaire, et que si le transport des principes dissous a lieu certainement, si parfois il est déterminé par le courant liquide lui-même, il peut se produire également en dehors de tout mouvement du liquide ; il n'est pas plus difficile de concevoir une molécule dissoute se transportant des feuilles aux racines en dépit du mouvement de la séve ascendante, que d'imaginer un bateau remontant le courant d'une rivière.

Sans doute, pour que le bateau remonte le courant, il est nécessaire qu'une force intervienne ; de même, pour qu'une molécule organique chemine en sens inverse du mouvement du liquide, il faut qu'une force soit mise en jeu, et cette force c'est la diffusion qui tend à établir le même degré de concentration dans toutes les parties d'un liquide, et par conséquent à diriger vers le point où elles deviennent insolubles les molécules dissoutes. Si donc c'est dans les tubercules des pommes de terre que le sucre de canne se transforme en fécule insoluble, le sucre de canne se transportera des feuilles et des tiges dans lesquelles on le rencontre d'abord, vers les tubercules, quel que soit le mouvement du liquide qui le renferme ; dans ce cas, le mouvement a lieu de haut en bas, suivant la direction attribuée à la séve descendante. Mais, quand a lieu la maturation du blé et que les feuilles se vident pour transmettre à l'épi les principes élaborés, le mouvement a lieu en sens inverse ; dans ce cas, la séve élaborée est ascendante.

Bien que nous ne puissions pas suivre avec la même netteté la transformation des matières sucrées en cellulose, il n'est guère douteux que le même phénomène se produit, et que le bourrelet qui apparaît au-dessus d'une ligature ou au-dessus d'une blessure est dû à la formation, en ce point, d'un centre d'activité qui détermine l'arrivée par diffusion des molécules dissoutes, qui y deviennent insolubles, en dehors de tout mouvement du liquide lui-même.

L'idée que l'eau s'élève à travers le bois, des racines aux feuilles, se charge, dans celles-ci, de principes élaborés, puis redescend entre l'écorce et le bois, de façon à former un circuit complet, est née des rapprochements qu'on a voulu établir entre les végétaux et les animaux. De ce qu'une circulation complète existait chez ceux-ci, on a voulu en découvrir une analogue chez ceux-là ; on a cru, au reste, que la séve descendante avait non-seulement pour mission d'apporter aux divers organes les matériaux nécessaires à leur accroissement, mais encore de rejeter dans le sol, par sécrétion, toutes les matières inutiles. C'est ce qui apparaît très-nettement dans le *Cours d'agriculture* de M. de Gasparin. Cet illustre agronome calcule la quantité d'eau qui a circulé au travers d'un chou pendant la durée de sa croissance; il suppose que l'eau qui a traversé la plante présente une composition analogue à celle de la séve déterminée par Vauquelin, et, trouvant enfin que le chou, à la fin de sa croissance, est loin de renfermer les substances minérales que les considérations précédentes indiquaient, il en conclut qu'*il y a une forte élimination des matières transportées par la séve, et qu'elle ne peut avoir lieu que par le moyen des excrétions.*

On voit que les expériences de Saussure, qui avait reconnu en faisant végéter des plantes dans des dissolutions salines, que l'eau avait toujours été absorbée en beaucoup plus grande quantité que le sel, n'avaient pas été appréciées à leur importance, et qu'on ne concevait pas que les mouvements des liquides et des matières dissoutes pussent être indépendants l'un de l'autre.

Nous savons aujourd'hui qu'il n'y a pas d'excrétions par les racines; nous savons en outre qu'une matière peut se transporter d'un point de la plante à l'autre sans être entraînée par un courant liquide, de telle sorte que l'existence d'un courant régulier de la séve, allant des feuilles vers les racines, ne nous apparaît plus comme nécessaire. Nous n'avons pas de preuves convaincantes qu'il n'y ait'pas normalement de mouvement de la séve, du haut du végétal vers le bas ; mais comme nous voyons que tout s'explique sans admettre ce courant, que de plus il est bien difficile de concevoir quelle est la cause de ce transport de l'eau en sens inverse de celui que provoque l'évaporation, nous pensons que l'existence de la séve descendante, telle qu'on l'admet généralement, peut être parfaitement révoquée en doute.

Au reste, des expériences récentes dues à M. Faivre démontrent clairement que le mouvement de la séve élaborée, ou plutôt des principes immédiats contenus dans celle-ci, se produit aussi bien de bas en haut que de haut en bas, aussi bien au travers du bois qu'entre le bois et l'écorce.

M. Faivre a opéré sur le *Ficus elastica* (*Comptes rendus*, t. LVIII, p. 962). On enlève les feuilles d'une bouture de cette plante, en réservant seulement quatre d'entre elles à la partie inférieure, près du collet; on prive ensuite la portion supérieure dénudée par l'ablation des feuilles de tout le suc qu'elle peut contenir, par des incisions profondes, par la section de l'axe qui porte le bourgeon terminal, et l'on s'assure par des piqûres réitérées que tout le suc a disparu. Les choses sont laissées dans cet état, et quelques heures après le début de l'expérience, les ponctions sont renouvelées. On constate alors que les portions de l'axe naguère dépourvues de sucs colorés en sont maintenant gorgées ; il faut nécessairement que le suc propre se soit porté de la base vers le sommet de l'axe.

« Cette expérience, variée et répétée à diverses reprises, a donné des résultats constants; elle conduit l'auteur à admettre un courant du latex du bas vers le haut. »

M. Faivre tire encore de ses expériences cette conclusion, que ce mouvement n'a pas toujours lieu par l'écorce, comme on le suppose habituellement, mais qu'il peut se faire par la moelle et le bois. Pour le prouver, on pratique sur le *Ficus* dépouillé de ses feuilles supérieures une profonde incision annulaire, de telle sorte que la partie supérieure ne soit en relation avec le tronc qui porte encore des feuilles que par le bois lui-même ; on procède aux ponctions comme il a été dit plus haut, de façon à dépouiller la partie supérieure de suc propre : mais, après quelques heures, on reconnaît, en procédant à de nouvelles ponctions, que le suc propre s'est transporté de nouveau vers la partie supérieure de la tige, et que, par suite, non-seulement il a suivi un chemin inverse de celui qu'il parcourt habituellement, mais que, de plus, il a passé par le bois et non entre le bois et l'écorce.

Ces expériences et celles qui suivent encore, dues à **M.** Faivre, démontrent que la sève du caoutchouc s'élabore dans les feuilles (*Comptes rendus*, 1864, t. LVIII, p. 969). Si, en effet, on prive un pied de *Ficus elastica* de ses feuilles et du bourgeon terminal, on voit apparaître des jeunes bourgeons latéraux, qui accomplissent hâtivement leur évolution normale. A peine développés, ils s'ouvrent et étalent des feuilles dont le diamètre est de beaucoup inférieur à celui des feuilles ordinaires. Si la tige est assez vigoureuse, l'ablation de ces bourgeons est suivie de la production de bourgeons nouveaux plus restreints encore dans leur évolution.

Si, dans ces conditions, on pique ou l'on incise les parties supérieures de la tige, on n'y aperçoit plus de sève laiteuse ou latex, mais celle-ci existe au contraire à la base des jeunes bourgeons. Peu de jours après l'ablation totale des feuilles et des bourgeons, il s'opère un changement très-marqué dans le suc nourricier que contenait la tige. Au lieu d'un latex très-coloré, très-riche en substances coagulables et en globules, on retire de la tige, dans ses parties supérieures, une lymphe abondante, aqueuse, incolore, pauvre en globules, pauvre en matières coagulables : ainsi, l'ablation totale des feuilles du *Ficus elastica* arrête dans leur élongation les bourgeons déjà produits, et en même temps le suc blanc est graduellement remplacé par une lymphe incolore, aqueuse, distincte du latex proprement dit.

Il est vraisemblable que les résultats précédents s'appliquent aux arbres résineux qu'on dépouille de leur sève élaborée pour en extraire la résine. On sait, en effet, que si l'on peut pratiquer sur l'arbre arrivé à un certain développement quelques incisions au-dessous desquelles on recueille le liquide qui s'en écoule, on ne saurait, sans porter un préjudice sérieux à l'arbre, multiplier les blessures, et c'est seulement quand on juge que l'arbre doit bientôt être abattu que, suivant la locution consacrée, il est *gemmé à mort*.

Les faits relatifs aux arbres qui fournissent les principes immédiats formés seulement de carbone et d'hydrogène, comme la térébenthine ou le caoutchouc, soulèvent deux questions dignes d'intérêt : 1° Dans les feuilles des arbres qui fournissent des carbures d'hydrogène, la décomposition de l'acide carbonique est-elle analogue à celle qu'on observe dans les arbres qui donnent seulement des hydrates de carbone ? 2° Comment les carbures d'hydrogène qui, d'après l'observation de M. Faivre, semblent servir à la formation des feuilles, peuvent-ils produire de la cellulose ?

Dans les nombreuses analyses de gaz émis par les feuilles soumises à l'action du soleil, qu'il a insérées dans ses mémoires (voy. § 6), M. Boussingault a cité la quantité d'oxygène émise par les aiguilles de pin maritime, et dans les deux expériences relatées on trouve que l'oxygène apparu dépasse un peu l'acide carbonique disparu ; cependant cet excès d'oxygène est très-faible, et l'on peut être assuré que la décomposition de l'acide carbonique et de l'eau n'a pas été complète et qu'un carbure d'hydrogène n'a pas pris naissance directement, car, s'il en était ainsi, on devrait avoir, pour un volume d'acide carbonique disparu, un volume et demi d'oxygène apparu, puisque

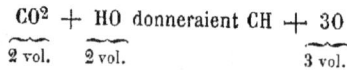

$$\underbrace{CO^2}_{2\ \text{vol.}} + \underbrace{HO}_{2\ \text{vol.}} \text{ donneraient } CH + \underbrace{3O}_{3\ \text{vol.}}$$

Il est plus vraisemblable que le glucose formé par la réaction habituelle est ensuite réduit dans la feuille et amené à l'état de carbure d'hydrogène par élimination d'oxygène ; ce serait cet oxygène éliminé lentement qui aurait déterminé le léger excès constaté dans l'expérience de M. Boussingault.

De semblables transformations n'ont rien d'insolite ; il est clair que la force chimique qui détermine dans les feuilles la décomposition de l'acide carbonique et de l'eau, décomposition qui ne se produit dans le laboratoire qu'à des températures très-élevées, est suffisante pour produire les réactions pyrogénées étudiées par M. Berthelot, et dans lesquelles des substances oxydées ont souvent donné naissance à des carbures d'hydrogène complexes tels que la naphtaline.

Cette difficulté n'est pas la plus grande de celles que soulève l'étude des séves riches en carbures d'hydrogène ; en effet, d'après l'observation très-nette de M. Faivre, la séve laiteuse du caoutchouc, qui renferme une très-faible quantité d'hydrates de carbone, et au contraire une proportion notable de caoutchouc, favorise singulièrement la formation des feuilles, formation qui exige de la cellulose.

Faudrait-il donc croire que le caoutchouc, dans le *Ficus elastica*, comme la résine, dans les conifères, seraient susceptibles de s'oxygéner pour régénérer de la cellulose? Nous avons vu (§ 4) que, d'après M. Fleury, les matières grasses peuvent, pendant la germination, donner naissance à de la cellulose, et il n'est pas impossible que les carbures d'hydrogène s'oxydent à leur tour pour fournir les hydrates de carbone nécessaires à sa formation; l'oxydation des résines est en effet facile, on sait qu'elle se produit à froid et qu'elle est probablement l'origine des baumes.

Nous n'avons toutefois, sur la transformation des résines en glucosides, aucun renseignement sérieux, et l'on peut considérer l'étude de ces métamorphoses comme une des plus dignes d'intérêt qu'on rencontre dans cette partie de la physique végétale.

La composition des séves élaborées a été particulièrement étudiée par M. Boussingault, auquel nous emprunterons les renseignements suivants :

Séves sucrées. — On rencontre le sucre dans la séve d'un très-grand nombre de plantes, et notamment de celles qui croissent sous les tropiques ; le sucre y est souvent assez abondant pour servir à la fabrication de liqueurs spiritueuses.

La séve d'un assez grand nombre de palmiers (dit M. Boussingault, *Economie rurale*, t. I, p. 128) renferme une quantité considérable de matières sucrées. A Java, par exemple, on extrait du sucre cristallin de l'*Arenga saccharifera*. Dans plusieurs autres localités, le suc des palmiers (*Phœnix*, etc.) est soumis à la fermentation pour préparer des liqueurs vineuses.

Le *Cocos butyracea* (*palma de vino*) donne une séve sucrée qui, par la fermentation, produit une liqueur assez alcoolique pour être enivrante. Pour se la procurer, les Indiens commencent par abattre les palmiers, en ayant soin, lorsque l'arbre est couché, de lui donner une légère inclinaison vers le pied; ensuite ils font à la base du tronc un trou d'une capacité de 8 à 10 litres, dont ils ferment l'orifice avec des feuilles. Après dix ou douze heures, la cavité est pleine d'un liquide d'une odeur vineuse fortement prononcée, et d'une saveur aigrelette, due probablement à l'acide carbonique qui se dégage en abondance : un palmier de 15 à 20 mètres de hauteur, et dont le tronc, vers la base, a de 50 à 60 centimètres de diamètre, fournit de 12 à 18 litres de vin en vingt-quatre heures, pendant dix à douze jours.

L'agave mexicain donne aussi une séve sucrée qui sert à préparer le pulqué. M. Boussingault décrit de la façon suivante la récolte de la séve. Au moment où l'agave va fleurir, ce qui arrive dix ou douze ans après sa plantation, on doit couper le bourgeon qui produirait les hampes couvertes de fleurs, qui atteignent parfois 12 à 15 mètres de hauteur, pour recueillir la séve élaborée par la plante pendant des années, et qui renferme les éléments nécessaires à la formation des fleurs.

Si au contraire on laisse la hampe se développer, elle s'élève rapidement, se couvre de fleurs, et toutes les feuilles de la plante deviennent flasques et molles ; elles ont donné à la formation de la hampe toutes les matières qui gorgeaient leurs tissus. On observe souvent cet exemple remarquable de transport des principes immédiats chez l'*Agave americana* cultivé dans les jardins de la France méridionale, Toulon, Marseille, Nice, etc.

Au moment de l'abatage, le bourgeon de l'agave présente l'aspect d'un cône à pointe acérée, dont la base a de 50 à 55 centimètres de diamètre. Pénétrer jusqu'à lui n'est pas sans quelque danger, défendu qu'il est par des feuilles garnies sur leurs deux côtés d'épines crochues, agissant sur la peau comme des hameçons. Après avoir pratiqué une trouée à l'aide d'un coutelas (*machete*), en évitant le contact d'une matière visqueuse extrêmement caustique, suintant des coupures pratiquées sur les feuilles, l'Indien abat le bourgeon destiné à devenir le pédoncule de la fleur. L'attaque d'un maguey est terminée en quelques minutes, y compris le temps nécessaire pour meurtrir la section mise à nu en la frappant avec une batte de bois dur. L'ablation opérée laisse une plaie qui bientôt se cicatrise en se couvrant d'une épaisse croûte noire. Huit ou dix mois, quelquefois un an après, la cicatrice est enlevée à l'aide d'un instrument de fer, le *rapsador*, et à l'aide d'une cuiller à bords tranchants on pratique dans le cœur du maguey une excavation cylindrique ayant 15 à 20 centimètres de diamètre, sur une profondeur de 12 à 15 centimètres. C'est dans cette cavité que se rassemble la séve élaborée. Selon la vigueur de la plante, un maguey fournit, en moyenne, de 1 à 10 litres de liquide par jour pendant trois, quatre et même six mois. (Boussingault, *Agronomie*, t. IV, p. 23.)

Séve laiteuse de l'*Hura crepitans* (ajuapar). — Le suc de l'*Hura crepitans* est justement redouté, et les personnes qui sont exposées à son action sont atteintes de graves indispositions. Ce lait ressemble à celui de l'arbre de la vache, mais il est un peu plus jaunâtre ; il n'a pas d'odeur ; sa saveur, très-peu marquée d'abord, fait bientôt éprouver une irritation très-forte ; il rougit la teinture de tournesol.

Suc laiteux du pavot (opium). — Cette matière, qu'on obtient en faisant des incisions longitudinales dans les capsules du pavot, se concrète facilement ; elle renferme plusieurs bases organiques, dont les unes sont vénéneuses et les autres seulement somnifères.

Séve de l'arbre à caoutchouc. — Un certain nombre d'arbres du Choco (*Siphonia Hevea*) et des forêts de l'Équateur donnent une séve visqueuse qui, exposée à l'action de l'air, se coagule, surtout si l'on élève légèrement la température. Cette matière est le caoutchouc, carbure d'hydrogène formé de 87,5 de carbure et de 12,5 d'hydrogène.

D'après Faraday, la séve de l'*Hevea* renferme sur 100 parties :

Eau...	56
Caoutchouc..................................	32
Albumine végétale...........................	2
Substance azotée soluble dans l'eau et l'alcool.......	7
Substance carbonée soluble dans l'eau et l'alcool (sucre)...	3
	100

Suc de l'arbre à vache ou galactodendron. — Il est un peu visqueux ; sa saveur, agréable, est un peu balsamique. Quant à ses propriétés chimiques, elles diffèrent sensiblement de celles qui sont particulières au lait animal. Ainsi les acides ne le caillent pas ; l'alcool le coagule à peine. Par l'action d'une douce chaleur, on voit se former à la surface du lait végétal de légères pellicules. En l'évaporant au bain-marie, on obtient un extrait qui ressemble à la *frangipane*, et si l'on continue pendant un certain temps l'action du feu, on remarque des gouttes huileuses, qui augmentent à mesure que l'eau se dégage ; elles finissent par former un liquide d'apparence graisseuse, dans lequel nage une substance fibrineuse qui se dessèche et se racornit à mesure que la température augmente. Alors se répand l'odeur la mieux caractérisée qu'il soit possible, de viande qu'on fait frire dans la graisse.

Le lait de l'arbre à vache (*Galactodendron*) renferme donc une matière grasse assez solide, fusible à 40 degrés, soluble dans l'alcool, et, d'autre part, une matière qui, par l'ensemble de ses propriétés, se rapproche de la fibrine. A l'analyse, ces matières ont donné les résultats suivants :

Fibrine, albumine végétale	3,73
Cire, résine, principes solubles, sels.............	23,41
Eau.......................................	72,86
	100,00

§ 60. — DE LA MATURATION DES FRUITS.

Le lecteur trouvera dans les traités de botanique la description des formes variées que présentent les fruits. Nous indiquerons seulement ici la composition du fruit et les modifications que subit cette composition pendant la maturation.

La quantité d'eau contenue dans le péricarpe d'un fruit est considérable : elle varie de 75 à 90 pour 100; elle augmente généralement pendant la maturation pour diminuer ensuite.

Matières gélatineuses. — On rencontre dans les fruits verts une matière insoluble dans l'eau, l'alcool et l'éther, et qui est désignée sous le nom de *pectose*. Sous l'influence des acides végétaux, cette matière se transforme en *pectine*, qui existe en proportion notable dans les fruits qui sont dans un état de maturation avancée. Pour reconnaître la transformation de la pectose en pectine sous l'influence des acides et de la chaleur, il suffit d'exprimer la pulpe d'une pomme verte afin d'en extraire le jus; le liquide qu'on retire ne contient pas de trace de pectine, mais, si on le fait bouillir pendant quelques instants avec les pulpes du fruit, on voit bientôt la pectine apparaître et donner à la liqueur une viscosité qui caractérise le jus de presque tous les fruits cuits. La pectine peut elle-même éprouver diverses modifications qui ont été décrites plus haut; mais il est à remarquer que, d'après M. Frémy, il se développe aussi dans les fruits un ferment particulier, la *pectase*, qui transforme aisément la pectose en acide pectosique insoluble et gélatineux.

Il arrive souvent que le suc de groseille se transforme très-rapidement en gelée quand on le mélange avec du suc de framboise. Cette production instantanée de gelée est facile à comprendre. En effet, le suc de framboise contient une quantité considérable de pectase; ce ferment réagit sur la pectine qui se trouve dans le suc de groseille et la transforme en acide pectosique gélatineux.

Gommose. — On trouve dans les fruits, d'après M. Fremy, une substance neutre transparente, insoluble dans l'eau et qui est interposée dans les cellules du péricarpe. Sous l'influence des matières azotées agissant comme ferment, et peut-être par l'action des acides, cette gommose se modifie, se change en gomme, qui se transforme ensuite en sucre dans l'intérieur du péricarpe. C'est l'excès de cette gomme qui vient se solidifier sur la peau du fruit. Ainsi, une goutte de gomme qui sort du fruit se trouve toujours en communication, par un conduit particulier, avec un dépôt de gommose placé dans l'intérieur du fruit, entre les cellules du péricarpe. Il est probable que la matière gommeuse, que l'on trouve en si grande quantité dans les tiges du prunier, de l'abricotier, du cerisier, etc., se forme dans les mêmes circonstances.

Acides. — Un des faits les plus curieux de la maturation des fruits, est la disparition des acides libres. Comme on ne rencontre pas dans un fruit mûr une plus grande quantité de base que dans un fruit vert, qu'à l'essai avec les liqueurs titrées on trouve moins de sucre dans le fruit mûr que dans le fruit vert, il faut conclure que les acides contenus dans les fruits ne sont ni saturés ni masqués par la présence d'autres matières, mais qu'ils sont brûlés par combustion lente ; nous verrons plus loin, au reste, que pendant la maturation, les fruits émettent constamment de l'acide carbonique.

Pour déterminer la quantité d'acide qui existe dans les fruits, M. Buignet (*Ann. de phys. et de chim.*, 3ᵉ sér., 1861, t. LXI, p. 283), qui on doit un travail important sur la maturation des fruits, procède à des essais alcalimétriques à l'aide de l'eau de baryte titrée, et il suppose à l'acide existant dans le fruit l'équivalent 70, qui représente à peu près la moitié de celui de l'acide malique, de l'acide citrique et de l'acide tartrique, et par suite la quantité qui sature 76 de baryte, puisque ces acides sont bibasiques. Les quantités d'acide et de sucre contenus dans les fruits sont résumées dans le tableau suivant :

	Acide pour 100 de fruits.	Sucre total pour 100 de fruits.
Citrons	4,706	1,466
Pêches vertes	3,940	5,990
Raisin vert	2,485	1,600
Abricots	1,864	8,785
Groseilles blanches	1,574	6,400
Framboises	1,380	7,230
Prunes de mirabelle............	1,288	8,760
Prunes de reine-Claude.........	1,208	5,552
Pommes de reinette grise nouvelle ...	1,148	13,997
Pêches	0,783	1,991
Cerises	0,661	10,000
Pommes de reinette d'Angleterre.....	0,633	7,648
Bigarreaux	0,608	8,250
Raisin nouveau venu de Fontainebleau.	0,558	9,420
Fraises (colline d'Ehrhardt)........	0,550	11,310
Ananas (Montserrat)	0,547	13,300
Oranges.......................	0,448	8,578
Raisin conservé................	0,404	16,500
Pommes de reinette grise conservées..	0,403	16,830
Raisin venu en serre...........	0,345	18,370
Poires nouvelles (madeleine)........	0,887	7,844
Pommes de Calville conservées......	0,253	6,250
Poires de Saint-Germain...........	0,115	8,781
Figues violettes du Midi...........	0,057	11,550

Sucres. — On doit à M. Buignet non-seulement la détermination de la quantité totale de sucre contenu dans les fruits, ainsi qu'on le voit par le tableau précédent, mais encore une étude approfondie des variétés de sucre qu'on y rencontre. Les procédés qu'il a suivis pour déterminer la quantité de sucre que renferment les fruits sont au nombre de trois : 1° fermentation ; 2° emploi de la liqueur de Fehling ; et 3° détermination du pouvoir rotatoire des dissolutions sucrées. Deux grammes de pulpe écrasée étaient parfaitement divisés dans 2 ou 3 centimètres cubes d'eau ; on y mêlait une petite quantité de levûre de bière, et l'on introduisait le tout dans un petit tube gradué rempli de mercure et renversé sur ce métal. On maintient l'appareil à 25 ou 30 degrés pendant quarante-huit heures, et l'on mesure avec soin le gaz dégagé, en tenant compte de celui qui demeure en dissolution dans le liquide après la fermentation. Comme on a observé qu'à la température de + 10 degrés et à la pression de 760 millimètres, 1 centimètre cube d'acide carbonique correspond sensiblement à 0,004 de sucre $C^{12}H^{12}O^{12}$, il suffit de ramener à ces conditions le volume de gaz pour calculer le sucre total. Ce procédé est peu précis. En employant la liqueur de Fehling avant et après l'interversion par les acides, on arrive plus sûrement à déterminer la quantité de sucre de canne et de glucose existant dans les jus sucrés.

Voici les résultats obtenus par M. Buignet pour les quantités de sucre réducteur et non réducteur dans 100 grammes de fruits :

	Proportion du sucre réducteur.
Raisin venu en serre.	17,26
Raisin conservé	16,50
Pommes de reinette grise conservées.	12,63
Figues violettes du Midi.	11,55
Cerises anglaises.	10,00
Raisin nouveau venu de Fontainebleau.	9,42
Pommes de reinette grise nouvelles.	8,72
Poires de Saint-Germain conservées.	8,42
Bigarreaux.	8,25
Poires nouvelles (madeleine).	7,16
Groseilles blanches.	6,40
Fraises (Princesse royale).	5,86
Pommes de Calville conservées.	5,82
Pommes de reinette d'Angleterre.	5,45
Framboises nouvelles.	5,22
Fraises (colline d'Ehrhardt).	4,98
Oranges.	4,26
Prunes de reine-Claude.	4,33
Prunes de mirabelle.	3,43
Abricots.	2,74
Ananas (Montserrat).	1,98
Raisin vert.	1,60
Pêches.	1,07
Citrons.	1,06

	Proportion du sucre non réducteur avant l'emploi des acides.
Ananas (Montserrat)	11,33
Fraises (des collines, d'Ehrhardt)	6,33
Abricots	6,84
Pommes de reinette grise nouvelles	5,28
Prunes de mirabelle	5,24
Oranges	4,22
Pommes de reinette grise conservées	3,20
Pommes de reinette d'Angleterre	2,19
Framboises	2,01
Prunes de reine-Claude	1,23
Pêches	0,92
Poires (madeleine)	0,68
Pommes de calville conservées	0,43
Citrons	0,41
Poires de Saint-Germain conservées	0,36

Le raisin, les groseilles blanches, les cerises anglaises, les bigarreaux, les figues violettes du Midi, ne renferment pas de sucre non réducteur.

On remarque que dans les fruits acides il peut exister une proportion notable de sucre non réducteur. Cette proportion s'élève à plus des deux tiers du sucre total dans l'abricot et la pêche, à près de la moitié dans l'orange, à plus du quart dans le citron et la framboise, et à plus du cinquième dans la pomme de reinette grise conservée et la prune de reine-Claude.

Si les travaux précédents permettent d'établir que les fruits renferment une proportion notable de sucre réducteur et non réducteur, ils n'indiquent pas quelle est la nature de ces sucres. Pour la connaître, M. Buignet a recherché leurs propriétés optiques. Il remarque d'abord que les acides qu'on peut rencontrer dans les jus ont un trop faible pouvoir rotatoire pour qu'il soit nécessaire d'en tenir compte. Pour opérer facilement, on exprime dans un linge fin la pulpe pure ou délayée dans un peu d'eau, on ajoute le tiers du volume de noir animal, et l'on filtre après douze heures de contact et d'agitation. Souvent il arrive, quand le suc est très-riche en pectine, que la masse entière se prend en gelée au bout de quelque temps, et que la filtration devient impossible; mais on y remédie par l'addition d'une nouvelle quantité d'eau et par une agitation vigoureuse qui rend à la masse sa liquidité primitive. L'étude des propriétés optiques a conduit M. Buignet aux conclusions suivantes : La matière sucrée qui existe dans les fruits est, outre le sucre de canne que l'auteur a pu isoler à l'état de pureté, une variété lévogyre différente par conséquent du sucre dextrogyre qu'on obtient par l'action de l'acide sulfurique ou de l'orge germée sur l'amidon, différente aussi du sucre de fruit de M. Dubrunfaut, qui dévie de 106 degrés à la température de + 15 degrés. C'est réellement du sucre interverti, constitué peut-être par un mélange des deux glucoses lévogyre et dextrogyre, mais doué d'un pouvoir rotatoire défini et constamment le même pour tous les fruits qui ont été examinés.

On voit que le mot *sucre de raisin* appliqué au sucre d'amidon est une expression impropre, puisque le sucre contenu dans le raisin est du sucre interverti déviant de — 26 degrés à la température de 15 degrés, tandis que le sucre dextrogyre obtenu de l'amidon dévie de + 53 degrés à la même température.

Tannin. — M. Buignet, contrairement à l'opinion généralement répandue à tort, n'a pas rencontré d'amidon dans les fruits verts, mais il y a trouvé une matière qui a la propriété d'absorber l'iode et de former avec ce métalloïde un composé parfaitement incolore. Ce principe est de nature astringente, et paraît se rapprocher des tannins par la plupart de ses propriétés. Son dosage peut être établi avec tout autant de facilité que celui de la matière sucrée elle-même, en remarquant que l'iode ne commence à bleuir l'amidon qu'après avoir saturé le tannin ; on reconnaît que la proportion de ce principe diminue progressivement à mesure qu'augmente la proportion de la matière sucrée, et l'on serait tenté de croire qu'elle en dérive, si l'on ne remarquait que le sucre que fournit le tannin de la noix de galle sous l'influence de l'acide sulfurique moyennement concentré et d'une température convenable, est un glucose dextrogyre ayant exactement le même pouvoir rotatoire que le glucose d'amidon, et qu'enfin le sucre que fournit le tannin des fruits verts dans les mêmes conditions est également du glucose dextrogyre identique avec le sucre d'amidon ; tandis qu'ainsi qu'on l'a dit plus haut, le sucre contenu dans les fruits est lévogyre, et jouit par conséquent de propriétés optiques toutes différentes.

On ignore donc encore quelles sont les transformations qui déterminent la disparition du tannin et l'apparition du sucre dans les fruits.

Transformation du sucre de canne en sucre interverti. — Toutefois il est un point qu'il est important de signaler : c'est que les acides contenus dans les fruits n'intervertissent le sucre de canne qui y est contenu qu'avec une très-grande lenteur, et qu'il faut plutôt attribuer la transformation qu'on observe souvent, à la présence dans les fruits d'une matière azotée qui pourrait y jouer le rôle de ferment (1). L'influence comparée de l'acide et du ferment est rendue manifeste par deux expériences parallèles faites sur un même jus de fruits : l'une dans laquelle on précipite la matière azotée par l'alcool ; l'autre dans laquelle on neutralise l'acide par le carbonate de chaux. Dans la première, la matière sucrée subsiste pendant un temps très-long, sans modification sensible ; dans la seconde, au contraire, elle est totalement transformée, même au bout de vingt-quatre heures.

La même conséquence résulte encore des expériences faites sur le fruit du bananier. A quelque période de la végétation qu'on examine son suc, on n'y trouve aucune trace d'acide libre. Et cependant on trouve dans les bananes mûries artificiellement près des deux tiers de la matière sucrée à l'état de sucre interverti.

M. Buignet a non-seulement publié un travail d'ensemble sur la maturation, il a aussi étudié particulièrement la fraise (*Comptes rendus*, 1859, t. XLIX, p. 276). Il résulte de son travail que les espèces Princesse royale et Elton, qui sont les variétés comestibles de beaucoup les plus répandues, constituent un groupe de fraises très-aqueuses, très-acides et très-peu sucrées. Ce sont certainement les espèces les moins agréables. La fraise des bois et la fraise des Alpes sont caractérisées par la grande quantité de graines qui recouvrent leur surface et qui sont très-riches en matière insoluble. Elles sont d'ailleurs beaucoup plus sucrées que les précédentes, peu aqueuses et moyennement acides. Enfin les fraises caperon, des collines (d'Ehrhardt) et Bargemont constituent un groupe de fraises très-peu aqueuses, très-peu acides et très-riches en sucre. On remarque surtout qu'une proportion considérable de ce sucre se trouve à l'état de sucre de canne (le tiers environ pour les fraises Bargemont et caperon, la moitié et même davantage pour la fraise des collines, d'Ehrhardt). Ces trois espèces sont incontestablement les meilleures.

On doit à M. Beyer (*Bull. de la Soc. chim.*, 1867, t. VII, p. 192) un travail sur la maturation des groseilles à maquereau, dans lequel il arrive aux conclusions suivantes :

A mesure que la maturation fait des progrès, la proportion d'eau diminue. La quantité de sucre va toujours en augmentant.

A l'époque moyenne de sa maturation, le fruit renferme la quantité maximum d'acide libre ; dans la dernière période, la diminution de cette quantité n'est sensible que si l'on considère la matière sèche.

---

(1) Le lecteur n'ignore pas que la levûre de bière renferme une matière particulière qui transforme aisément le sucre de canne en glucose.

La quantité de matières minérales diminue progressivement, que l'on considère le fruit à l'état frais ou seulement après dessiccation.

La quantité de substance azotée éprouve les mêmes variations que la quantité d'acide; elle augmente d'abord pour diminuer ensuite, et cette diminution est surtout notable si l'on n'envisage que la totalité des substances solides.

La matière grasse augmente d'une manière continue, si l'on ne tient compte que de la masse totale du fruit; mais si l'on rapporte les calculs au poids des substances solides, elle est à son maximum dans la période moyenne et ne diminue ensuite que d'une manière insensible.

Respiration des fruits. — La respiration des fruits, ou plutôt les modifications que les fruits font subir à l'atmosphère ambiante ont été étudiées par M. Cahours (*Comptes rendus*, t. LVIII, p. 495 et 653 ; *Bull. de la Soc. chim.*, 1864, t. I, p. 254). Il s'est non-seulement préoccupé des changements qui surviennent dans l'air où le fruit séjourne, mais encore de la proportion et de la composition des gaz contenus dans son parenchyme. Il a reconnu que des oranges, des citrons, des pommes, arrivés à l'état de maturité complète et placés dans des cloches remplies d'oxygène pur ou d'un mélange d'oxygène et d'azote, mélange où dominait l'oxygène, ou enfin d'air atmosphérique, respirent en consommant une certaine quantité d'oxygène et fournissant une quantité sensiblement égale de gaz carbonique. La proportion de ce dernier gaz est toujours plus considérable à la lumière diffuse que dans l'obscurité. Le dégagement a lieu régulièrement jusqu'à une certaine époque à partir de laquelle il augmente considérablement. La face interne de la peau qui touche le fruit présente alors une certaine altération. Qu'on opère à la lumière diffuse ou dans une obscurité complète, on observe constamment que la proportion d'acide carbonique formé croît avec la température du milieu dans lequel le fruit respire.

Dans l'intervalle compris entre le point de maturité complète et la période de décomposition, le fruit agit sur le milieu qui l'enveloppe de la même manière que depuis l'époque où il a perdu sa coloration verte jusqu'à celle où il a atteint sa maturité; mais dès que la période de décomposition commence, la proportion d'acide carbonique produit s'accroît d'une manière très-rapide : on rentre alors dans l'étude des phénomènes chimiques qui se produisent toutes les fois qu'une substance organique privée de la vie est soumise à l'influence des agents atmosphériques.

Pour déterminer la quantité de gaz contenu dans le parenchyme des fruits, M. Cahours exprime le jus au moyen de la presse, et l'introduit dans un petit ballon qu'il remplit jusqu'au col; il y adapte un bouchon muni d'un tube qui se remplit de liquide, et recueille le gaz sur la cuve à mercure.

Les oranges arrivées à maturité donnent, par l'expression, un jus qui laisse dégager environ 8 pour 100 de son volume d'un gaz uniquement formé d'acide carbonique et d'azote. Cette proportion de gaz dégagé par l'ébullition du liquide est sensiblement constante lorsqu'on opère sur des fruits au même degré de maturité, quelle que soit leur provenance. Le gaz ainsi recueilli présente toujours à peu près la même composition : pour 4/5es d'acide carbonique, il renferme 1/5e d'azote.

Les citrons à maturité fournissent, comme les oranges, un jus trouble, mais très-fluide, qui laisse dégager, par l'action de la chaleur, un gaz dont la proportion s'élève à 6 pour 100 environ du volume de liquide employé. Le rapport de l'acide carbonique à l'azote est sensiblement constant dans ce mélange : il est de 7 à 3 environ.

Le jus des grenades mûres et parfaitement fraîches fournit une proportion de gaz moindre que celle qu'on retire des oranges et des citrons; elle s'élève à 5 pour 100 environ du volume du liquide employé. Le rapport de l'acide carbonique à l'azote est sensiblement le même que pour les citrons.

Les poires donnent moins de gaz que les fruits précédents. Les pommes de reinette, de calville, d'api, fournissent un jus épais, qui laisse dégager à peine 3 pour 100 de son volume de gaz, lequel renferme une moyenne de 40 à 45 pour 100 d'acide carbonique. Il a été impossible de découvrir de l'oxygène dans aucun des gaz obtenus; l'hydrogène, l'oxyde de carbone, les gaz carburés, ne s'y rencontrent pas davantage.

Quand on abandonne un fruit mûr sous une cloche remplie d'oxygène, on remarque que le volume du gaz augmente, que l'oxygène a disparu, et qu'il est apparu, au contraire, de l'acide carbonique en quantité notable; dans ces circonstances la proportion de gaz contenue dans les fruits est beaucoup plus grande que dans les conditions ordinaires.

Si l'on remplace, dans ces expériences, l'air par des gaz entièrement inertes, tels que l'azote et l'hydrogène, par exemple, et qu'on abandonne dans ces atmosphères des fruits arrivés à maturité complète, en mettant fin à l'expérience bien avant que la période de décomposition soit atteinte, on voit le volume du gaz augmenter d'une manière graduelle, et l'analyse y constate de jour en jour des quantités croissantes d'acide carbonique.

En mesurant, puis analysant le gaz extrait d'un lot de six oranges au commencement d'une expérience, puis le gaz contenu dans un autre lot de six oranges semblables après leur séjour dans une atmosphère d'azote, M. Cahours est arrivé à se convaincre que l'augmentation considérable de gaz acide carbonique constatée devait être attribuée, non pas à une simple combustion intérieure, mais à une véritable fermentation, puisqu'il y avait eu production d'acide carbonique en l'absence de l'oxygène. Le même phénomène se produit, mais sur une moindre échelle, avec les citrons.

En résumé, les travaux de M. Cahours et ceux de MM. Decaisne et Fremy démontrent que les fruits traversent trois périodes qui se distinguent les unes des autres par des phénomènes chimiques très-tranchés et par des actions différentes sur l'air atmosphérique (*Compt. rend.*, t. LVIII, p. 656).

Pendant la première période, qui est celle du *développement*, le fruit présente en général une couleur verte, agit sur l'air atmosphérique à la manière des feuilles, décompose l'acide carbonique sous l'influence solaire et dégage de l'oxygène.

Dans la seconde période, qui est celle de la *maturation*, la couleur verte du fruit est remplacée par une coloration jaune, brune ou rouge ; le fruit agit alors sur l'air en transformant rapidement l'oxygène en acide carbonique ; il se produit dans les cellules du péricarpe une série de combustions lentes qui font disparaître successivement les principes immédiats solubles qui s'y trouvent : le tannin se détruit le premier, puis viennent les acides. C'est ce moment que l'on choisit en général pour manger les fruits. Si l'on attend plus longtemps encore, le sucre lui-même disparaît et le fruit devient fade.

La troisième période est celle de la décomposition : elle a pour effet final de détruire complétement le péricarpe et de mettre la graine en liberté. A ce moment l'air entre dans les cellules ; en agissant d'abord sur le sucre, il détermine une fermentation alcoolique caractérisée par un dégagement d'acide carbonique et par la formation d'alcools qui, en s'unissant aux acides, donnent naissance à de véritables éthers auxquels les fruits doivent leur arome. L'ananas présente une odeur remarquable d'éther éthylbutyrique ; le parfum de la poire et celui de la pomme sont dus également à des combinaisons éthérées qu'il est aisé de reproduire artificiellement. L'air atmosphérique porte ensuite son action destructive sur la cellule même; il colore en jaune les membranes azotées qui s'y trouvent. Ce phénomène, qui n'est autre que le *blessissement*, ne décompose pas seulement les cellules, mais il oxyde et fait disparaître certains principes immédiats qui ont résisté à la maturation : tout le monde sait qu'une nèfle qui était d'abord très-acide et astringente. perd son acide et son tannin, et n'est réellement comestible que lorsqu'elle est blette.

La période de décomposition du péricarpe commence donc par la fermentation, elle passe par le blessissement, et arrive à la destruction des cellules. On voit que, pendant toutes ces transformations, le dégagement d'acide carbonique produit par un fruit peut être dû, soit à un phénomène d'oxydation, soit à un phénomène de fermentation.

M. Chatin ne paraît pas disposé cependant à admettre avec M. Cahours qu'il se produit habituellement, dans un fruit qui se ramollit, une véritable fermentation alcoolique, et il attribue la production de l'acide carbonique observé par M. Cahours et par lui-même plutôt à la combustion lente de matières tanniques qu'à une fermentation qui aurait pour effet de diminuer la proportion de sucre et de faire apparaître l'alcool, modifications qui n'ont pas été, d'après lui, complétement démontrées (*Compt. rend.*, t. LVIII, p. 276).

DEUXIÈME PARTIE

On désigne sous le nom de *terre arable* le mélange de sable, d'argile, de calcaire et de débris végétaux attaquable par la charrue et par la bêche, sur lequel se développent les végétaux.

La qualité de la terre arable a toujours été une des préoccupations du cultivateur, qui sait distinguer une bonne terre d'une mauvaise, sans qu'il lui soit possible de préciser à quelles causes sont dus les avantages qu'il tire de l'une ou les mécomptes qu'il supporte de l'autre ; la science, cependant, a accumulé sur le mode de formation de la terre arable, sur sa composition et ses propriétés, enfin sur les causes auxquelles il faut rapporter la fertilité de certains terrains, la stérilité des autres, des connaissances positives que nous résumons dans cette partie du cours.

CHAPITRE PREMIER

FORMATION DE LA TERRE ARABLE

A l'origine, le globe terrestre nous apparaît comme une grosse sphère incandescente entourée d'une épaisse couche de gaz et de vapeurs, et suivant déjà autour du soleil, dont il émane, sa course régulière. Dans son mouvement au milieu d'espaces plus froids que lui, le globe terrestre abandonne une partie de sa chaleur primitive ; les combinaisons y deviennent possibles ; les gaz, d'abord séparés comme ils le sont encore dans le soleil, s'unissent les uns aux autres, l'oxygène se fixe, les roches siliceuses prennent naissance, et, plus légères, recouvrent la grosse masse de fer qui probablement forme le noyau central. La surface de la terre, d'abord fluide comme la lave qui s'élance du cratère, ou comme le laitier qui s'épanche hors du haut fourneau, se fige par places, se resserre, se fendille, laissant libre passage à de nouvelles matières incandescentes qui surgissent de ces fissures. Soumise à la poussée du liquide qui bouillonne au-dessous d'elle, la surface se renfle, s'aplatit, se bosselle. A travers les âges, le refroidissement continue; il détermine la formation d'une couche continue solide qui sépare la masse intérieure encore fluide, de l'atmosphère dense, lourde, qui accompagne la terre dans sa migration. Cette enveloppe gazeuse participe bientôt elle-même au refroidissement général; quelques-uns de ses éléments quittent l'état gazeux, se condensent en liquides, et tombent sur la croûte solide, qu'ils refroidissent encore : l'air, l'eau, la terre, sont séparés.

Les roches dures, cristallines, brillantes, granites, gneiss, résultats de la solidification de la matière incandescente primitive, sont dès lors soumises à l'action érosive de la masse d'eau produite par l'immense quantité de vapeur qui existait d'abord dans l'atmosphère.

Dans sa condensation, celle-ci a entraîné avec elle les gaz acides (1) auxquels elle était mélangée; réunis, ils exercent leurs ravages sur les roches primitives, en dissolvent les éléments, les entraînent, les charrient, puis les laissent déposer pendant les périodes de tranquillité, et donnent ainsi naissance aux terrains de sédiments.

La masse incandescente intérieure est loin cependant d'avoir terminé son rôle : elle réagit souvent sur ces dépôts, les disloque, les bouleverse, les perce, et fait surgir au-dessus d'eux d'immenses massifs constitués par des roches primitives, comme on peut le voir dans les Pyrénées ou les Alpes, ou par des roches sédimentaires, quand la poussée intérieure, suffisante pour redresser les dépôts, n'a pas été capable de les percer pour s'épancher au-dessus d'eux (Jura).

Les géologues distinguent les révolutions qu'a subies le globe terrestre par l'apparition de chaînes de montagnes, mais ils admettent qu'entre ces cataclysmes se sont écoulés de longs espaces de temps,

---

(1) Ampère supposait que l'atmosphère primitive de la terre renfermait une énorme quantité d'acide nitrique, qui, décomposé par les matériaux de la croûte terrestre, leur aurait cédé son oxygène, tandis que son azote dégagé formerait les 4/5es de l'atmosphère actuelle du globe. (*Lettres sur les révolutions du globe*, d'Alexandre Bertrand, note 3.)

pendant lesquels des agents analogues à ceux que nous voyons en œuvre aujourd'hui ont pu attaquer les roches, les exfolier, les décomposer et concourir à la formation de ces terres meubles sur lesquelles s'exerce l'industrie agricole. Pour bien saisir leur mode de formation, nous devons examiner, d'une part les actions qui ont modifié les roches sur place, et de l'autre celles qui ont transporté, soit les terres meubles déjà formées, soit même des fragments de rochers, et qui les ont profondément modifiées pendant ce transport même.

§ 61. — DÉCOMPOSITION DES ROCHES SUR PLACE.

Décomposition spontanée. — Certains corps formés à une température élevée, puis refroidis brusquement, sont dans un état d'équilibre instable, et se brisent, se pulvérisent brusquement : les larmes bataviques sont connues de tout le monde. Tous les chimistes qui ont coulé sur une surface métallique du borate de soude fondu, ou de l'acide borique, l'ont vu se briser violemment pendant le refroidissement, et il n'est pas impossible que la tendance à la pulvérisation qui existe dans certaines roches soit due à leur brusque refroidissement après leur arrivée à la surface. D'après Fournet (*Ann. de chim. et de phys.*, 2e série, 1833, t. LV), certains feldspaths semblent passer d'un état moléculaire où leur décomposition était très-lente, à un autre où l'altération est beaucoup plus rapide ; il se déterminerait dans leur masse un mouvement analogue à celui qu'on observe dans l'acide arsénieux, qui de vitreux devient opaque ; qu'on observe encore dans la silice en gelée, qui, d'abord soluble, devient insoluble peu à peu. Les feldspaths relativement modernes, qui se trouvent dans les filons, présentent une tendance à la décomposition particulièrement sensible.

Influence de la gelée. — La force expansive que manifeste l'eau au moment où elle se gèle est considérable ; on en fait voir la puissance, dans les cours de chimie, à l'aide d'un tube de verre qu'on soude à la lampe après l'avoir rempli d'eau, puis qu'on dépose dans un mélange réfrigérant : la congélation du liquide ne tarde pas à produire la rupture complète du tube.

Aussitôt qu'une roche présente une fissure dans laquelle l'eau peut pénétrer, elle s'exfolie par la gelée, se fend et tombe en fragments plus ou moins volumineux. Cette action s'exerce sur les roches très-dures, et *à fortiori* sur les masses sédimentaires plus friables.

Darwin rapporte que, dans ses voyages aux Andes et à la Terre de Feu, il a observé que partout où les roches étaient couvertes de neige pendant la plus grande partie de l'année, elles étaient brisées en petits fragments de formes anguleuses. Scoresby a observé le même phénomène au Spitzberg. On cite en Finlande un granite qu'il faut renoncer à employer dans les constructions, à cause des petites fissures qui s'y développent bientôt et qui favorisent l'action de la gelée. Nous étudierons plus loin, avec détail, la marne, si employée comme amendement en France et dans d'autres pays, mais nous pouvons rappeler ici que c'est encore grâce à sa porosité, qui facilite son imbibition par l'eau, qu'elle se désagrége complétement pendant les froids de l'hiver.

On conçoit donc qu'une roche d'abord compacte se pulvérise peu à peu, et donne un *sable* qui sera siliceux si la roche qui s'est altérée renfermait du quartz; qui sera calcaire, au contraire, si la roche décomposée était surtout formée de carbonate de chaux. Et nous voyons déjà comment la seule action de la gelée peut déterminer la formation d'une masse pulvérulente sur laquelle des végétaux ne tardent pas à apparaître.

Action de l'oxygène et de l'acide carbonique sur les roches. — A ces actions purement mécaniques s'ajoute, au reste, l'influence de l'oxygène et de l'acide carbonique sur des roches complexes renfermant des alcalis ou des éléments incomplétement oxydés. On sait que les combustions qui se produisent spontanément dans certaines roches les métamorphosent rapidement : les argiles mélangées de pyrite blanche se brûlent lentement à l'air; il se forme du sulfate de fer, du sulfate d'alumine, et il reste un produit pulvérulent riche en oxyde de fer, employé comme amendement, sous le nom de *cendres de Picardie.* On conçoit de même que l'oxygène, en se fixant sur le protoxyde de fer d'un labrador ou d'une amphibole, les altère profondément et amène leur désagrégation.

L'action de l'acide carbonique est plus fréquente que celle de l'oxygène, et nous allons l'étudier avec d'autant plus de soin qu'elle a été une des causes les plus actives de la formation des *argiles*.

Bien que des travaux importants aient été faits sur la transformation du feldspath en kaolin, par Berthier, ce n'est que depuis les mémoires publiés par Ebelmen, en 1846 et 1848, dans les *Annales des mines,* qu'on a bien compris le mode de formation des masses argileuses si répandues à la surface du globe. On croyait, avant ces recherches, que le silicate de potasse du feldspath était soluble dans l'eau et pouvait s'en séparer peu à peu. Ebelmen reconnut que c'était surtout à l'influence de l'acide carbonique en dissolution dans l'eau qu'était due la décomposition des roches.

La perte que subissent les feldspaths, les basaltes et les trapps porte surtout sur la silice et la potasse.

Les analyses suivantes indiquent, au reste, les différences de composition que présentent les roches normales et les produits de leur altération :

	Feldspath.	Kaolin.	Composition du kaolin rapportée à 18,4 d'alumine.
Silice	64,2 p. 100.	46,8 p. 100.	23,1
Alumine...............	18,4	37,3	18,4
Potasse............	17,0	2,5	1,1
Eau.	0,0	13,0	6,4
Perte	0,4	0,4	
	100,0	100,0	

	Basalte.	Basalte altéré.	Composition du basalte altéré rapportée à 13,2 d'alumine.
Acide silicique..........	46,1 p. 100.	36,7 p. 100.	15,9
Alumine	13,2	30,5	13,2
Chaux................	7,3	8,9	3,8
Magnésie.	7,0	0,6	0,3
Sesquioxyde de fer.......	16,6	4,3	1,9
Alcalis.	4,5	1,5	0,6
Eau.	4,9	16,9	7,2
Perte...........	0,4	0,6	
	100,0	100,0	

Depuis Ebelmen, plusieurs observateurs ont confirmé les faits précédents. Il existe, en divers points de l'Erzgebirge, du basalte transformé en argile sur 20 centimètres de profondeur ; l'analyse indique que la perte a porté surtout sur la silice, la chaux, la magnésie, la potasse et la soude.

Des analyses de trapps à l'état normal et ayant subi de profondes altérations, insérées par Ebelmen dans ses mémoires, démontrent encore que toutes les roches ignées renfermant de l'alumine laissent, par leur décomposition, un résidu argileux plus ou moins pur, plus ou moins mélangé d'oxyde de fer, suivant la nature de la roche et suivant les circonstances dans lesquelles son altération a eu lieu.

Dans presque toutes les argiles, on rencontre au reste une certaine quantité d'alcali qui reste comme un témoin de leur origine ; c'est après cette décomposition que la masse, devenue friable, facile à délayer, a pu être transportée par les eaux et former, aussitôt que leur mouvement a cessé, ces dépôts qu'on rencontre dans les terrains sédimentaires.

Ebelmen remarque en outre, dans ces mémoires importants qui font époque dans la géologie agricole, que la décomposition des roches plutoniques a dû avoir une influence marquée sur la composition de notre atmosphère. Il est clair, en effet, que les roches amphiboliques et pyroxéniques, en se décomposant, absorbent de l'oxygène au moment où le protoxyde de fer qu'elles renferment passe à l'état de peroxyde ; il est clair encore que la masse considérable d'alcalis séparés des feldspaths, des basaltes, etc., a dû fixer une quantité notable d'acide carbonique, et par suite diminuer la proportion de ce gaz qui existait dans l'atmosphère primitive du globe, sans que cependant la quantité ainsi soustraite soit comparable à celle qui a été décomposée par les végétaux de la période houillère.

Nous avons indiqué plus haut, en effet, que le feldspath renferme 17 pour 100 de potasse, qui doivent absorber 7,8 d'acide carbonique. Or, la densité de l'orthose étant 2,5 environ, on voit qu'un mètre cube de ce minéral fixe, en se décomposant complétement, 195 kilogrammes d'acide carbonique. La pression due à l'acide carbonique n'est que de $1^{kil},24$ par mètre carré de surface; si l'on admet que l'atmosphère en renferme 4,5 dix-millièmes, on en déduit qu'il suffirait d'une épaisseur de 0,007 de feldspath orthose se décomposant sur toute la surface du globe pour absorber tout l'acide carbonique contenu dans l'air.

En songeant à la quantité énorme d'argile ainsi formée, on pourrait être étonné qu'il restât encore de l'acide carbonique dans notre atmosphère, si l'on ignorait que les dégagements incessants de ce gaz, qui se produisent par les orifices volcaniques, balancent les pertes qu'occasionne la fixation de l'acide carbonique par les alcalis des roches plutoniques. Il semble en effet, à voir l'abondance avec laquelle l'acide carbonique se dégage des volcans en activité ou même des fissures qui persistent dans les contrées où l'activité volcanique est épuisée depuis des siècles, que les masses incandescentes qui forment les couches profondes de notre planète tiennent en dissolution des quantités énormes d'acide carbonique qui s'échappent à mesure que leur refroidissement a lieu, comme de l'oxygène s'échappe de la litharge ou de l'argent fondu au moment où ils se solidifient.

L'action qu'exerce l'acide carbonique sur les roches est établie par les analyses d'Ebelmen ; toutefois il est intéressant d'appuyer l'opinion du savant ingénieur par des expériences directes, et il est possible qu'il eût lui-même entrepris ces travaux, si une mort prématurée n'était venue l'enlever à la science. En Allemagne, MM. Polstorf et Wiegmann constatèrent que du sable maintenu pendant trente jours dans de l'eau saturée d'acide carbonique, lui abandonna de la potasse, de la chaux et de la magnésie; mais ils ne donnèrent aucun nombre qui pût indiquer les quantités ainsi dissoutes.

M. Daubrée a récemment comblé cette lacune; mais l'exposé de ses travaux sera mieux placé au paragraphe où nous traitons de la formation des terres de transport.

Les *schistes micacés* se détruisent assez facilement à leur surface, soit par la suroxydation du fer, soit par la tendance du silicate d'alumine à attirer l'humidité, soit par l'eau qui parvient à s'interposer entre les feuillets et qui les sépare lorsqu'elle se gèle. Les débris de mica sont doux au toucher, et constituent un excellent sol, ni trop sec, ni trop humide; mais, quand le quartz est abondant, il peut aisément devenir trop sec et trop ferme.

Aux environs de Toulon, dans la presqu'île de Tamaris, le schiste est abondant et donne un sol passable, où la culture de la vigne est possible sur les collines; dans les vallées, où les débris sont accumulés, la terre est devenue argileuse et peut être défoncée à plus de 60 centimètres pour planter la vigne. Nous donnons plus loin la composition d'un sol de cette nature.

Les *trachytes*, les *basaltes*, sont d'une dureté qui les rend difficiles à altérer par une action mécanique; mais il suffit d'avoir parcouru les pays à volcans anciens pour avoir vu des basaltes profondément altérés, quelques-uns entièrement changés en une masse argileuse, et d'autres où cette modification est commencée à la surface.

La nature de la roche soumise à ces causes multiples de décomposition influe notablement sur la qualité de la terre formée. Ainsi le *quartz pur*, le *pétrosilex*, le *porphyre quartzifère*, ne se décomposent que mécaniquement; ces roches ne fournissent que peu de terre et une terre siliceuse peu fertile. Les *gneiss* ne se décomposent encore que médiocrement, et donnent presque toujours un sol complétement stérile. Certains granites se décomposent plus facilement que d'autres : les granites de l'Auvergne s'altèrent plus vite que ceux des Alpes.

Quand le *granite* est très-siliceux, les terres qui en résultent sont mauvaises. Dans la Corrèze et dans les Cévennes, dans la Bretagne, l'abondance du quartz communique une grande stérilité au pays. Le roc dur ne fournit point de terre argileuse ; il ressort presque partout au travers d'une mince couche de sable impropre à la végétation. « Là, dit M. de Gasparin, tout est solitude ; on fait souvent plusieurs kilomètres sans trouver une habitation, et l'on ne rencontre que de loin en loin des châtaigniers improductifs.

» Dans quelques contrées privilégiées, comme au nord de Pompadour, le granite, presque entièrement feldspathique, donne une couche de terre végétale de plus de 0m,33 d'épaisseur, d'une admirable fertilité. Aussi la végétation y déploie toute sa splendeur ; les châtaigniers et les chênes y acquièrent des dimensions généralement inconnues au reste du pays, et les magnifiques prairies de Pompadour nourrissent les plus beaux bœufs du Limousin. »

Les *roches calcaires* pures primitives résistent aux agents mécaniques en raison de leur plus ou moins de dureté ; mais elles sont attaquées par les eaux pluviales et terrestres chargées d'acide carbonique. On trouve à leur surface une couche terreuse peu épaisse, qui contient toujours des bicarbonates et qui nourrit quelques plantes labiées, le thym, le serpolet, la lavande.

Si la roche présente des fissures, on y trouve des romarins, des genévriers, et même de grands arbres comme le pin. Celui-ci s'accommode bien du calcaire, même compacte. Ainsi les essais de reboisement des montagnes calcaires de la Provence ont passablement réussi sur les versants nord, où les jeunes pins échappent à l'ardeur dévorante du soleil ; à l'exposition du sud, le roc est entièrement dénudé, ainsi qu'on peut le voir sur le Faron, qui domine Toulon.

Les *calcaires* plus ou moins sablonneux et argileux sont plus facilement attaqués par les agents extérieurs. Les couches terreuses provenant de ces roches ont généralement peu d'épaisseur, et les récoltes y sont souvent médiocres : la Champagne en est un exemple. Dans la craie, les plantes annuelles réussissent mieux que les arbres : sur le versant de la vallée de Grignon exposé au midi, se trouve la pièce de la Défonce, elle donne par les années humides des récoltes passables, quand elle est bien fumée ; mais la Côte aux Buis, qui est placée à côté et qui est encore boisée, n'est couverte que de rares bouleaux ; les arbres verts cependant pourraient y prospérer, si les semis n'étaient ravagés par le gibier.

Les *grès purement siliceux* sont durs et ne se désagrégent pas plus facilement que le quartz ; mais les *grès verts*, qui contiennent de la chlorite, de l'argile et du fer oxydé, tombent facilement en poussière, et forment des couches assez fertiles pour les prairies, quand l'eau est abondante. Dans les points plus élevés, ils ne portent que des forêts : les environs de Nogent-le-Rotrou, la région du Nord-Est, en fournissent des exemples.

Détritus organiques. — Au sable provenant de la désagrégation mécanique des roches quartzeuses ou calcaires, aux argiles dues à la décomposition des roches feldspathiques sous l'influence de l'acide carbonique, à l'oxyde de fer enlevé aux basaltes, aux amphiboles, aux pyroxènes, etc., viennent s'ajouter, dans la terre arable, les résidus des végétations qui s'y succèdent. Ces résidus, qui ont une influence si marquée sur les qualités des terres arables, ne sont pas indispensables cependant pour que les végétaux puissent se développer ; il suffit de parcourir un pays de montagnes pour voir des arbres s'accrocher dans les anfractuosités des rochers, et y acquérir une assez grande hauteur. Les mousses, les lichens, recouvrent les roches les plus stériles, pourvu qu'elles y reçoivent de temps à autre un peu d'humidité, et l'apparition de ces humbles végétaux favorise singulièrement le développement des plantes d'une organisation plus complexe. Chaque végétal qui se développe sur un sol y meurt et s'y décompose, l'enrichit de sa dépouille ; pendant sa vie, il fixe une certaine quantité de carbone, il s'assimile de l'azote, et, après sa mort, ces éléments soumis à l'action lente de l'oxygène atmosphérique et sans doute à une fermentation particulière, donnent ces produits noirs et complexes désignés sous le nom d'*humus*.

C'est ainsi qu'une roche, en s'altérant, en s'exfoliant, se recouvre d'une surface meuble qu'enrichissent les végétations qui s'y succèdent, et se transforme en terre arable. Mais il faut reconnaître cependant que ces terres ainsi formées sur place sont loin de présenter la fertilité des terres de transport, et l'on conçoit en effet que, parmi les éléments de la roche primitive, peuvent manquer quelques-unes des matières nécessaires au développement normal des récoltes : quand l'élément qui fait défaut est apporté, les terres acquièrent par cette seule addition une fertilité moyenne et peuvent être cultivées avec profit. On sait avec quel avantage le noir animal et les phosphates fossiles sont employés sur les terres granitiques de la Bretagne provenant de roches dont le phosphore ne fait pas partie.

Si la culture est possible sur les terres formées par l'altération des roches sous-jacentes, elle est infiniment plus profitable sur les terres de transport, dont il nous reste à indiquer le mode de formation.

§ 62. — TERRES DE TRANSPORT.

Action des glaciers. — Les géologues ont remarqué depuis longtemps, dans les vallées qui avoisinent les Alpes, les Pyrénées, les
Vosges, les montagnes de la Suède et de la Norvége, de gros blocs
qui proviennent des chaînes voisines : ces pierres ont été transportées sans secousse par les glaciers, jusqu'à leur limite inférieure,
d'où elles ont roulé dans la plaine ou la vallée. Accumulées là, elles
forment les moraines, si fréquentes dans tous les pays de hautes montagnes. Si le glacier se bornait à transporter les roches sans les modifier, il n'aurait qu'un rôle insignifiant sur la formation de la terre
arable ; mais s'il amène sans les briser les blocs qui reposent à sa surface, il exerce au contraire une action profonde sur la roche qui
forme son lit. « Lorsqu'un glacier, dit M. Martins (*Lettres sur les
révolutions du globe*, d'A. Bertrand, note 20), descend dans une
vallée, on conçoit qu'il exerce une profonde friction sur son fond et
sur ses parois : il use, il polit, il arrondit, il strie toutes les roches
avec lesquelles il se trouve en contact ; il agit à la façon d'un immense
polissoir. Les fragments de roches, réduits à l'état de sable et de gravier, jouent le rôle d'émeri. » Cette action a été mise en évidence par
M. Daubrée, dans une série d'expériences justement célèbres (*Compt.
rendus*, 1857, t. XLIV, p. 997). Pour imiter autant que possible les
conditions dans lesquelles les stries se sont produites, on a fait frotter
de la glace, du sable, des galets et des fragments anguleux de roche
sur une autre roche. Ces matériaux étaient pressés par des blocs de
bois et pouvaient marcher à des vitesses et sous des pressions variées
et tourner sur eux-mêmes. La masse à frotter étant granitique comme
les roches les plus dures et les fragments frotteurs de diverses
natures, on a reconnu que non-seulement les matériaux de même
dureté mordent parfaitement l'un sur l'autre, mais même qu'une
roche relativement molle peut strier une roche dure, si elle est animée
d'une vitesse suffisante. A chaque instant les fragments frotteurs
subissent des changements : on les voit s'user avec rapidité et souvent s'écraser sur les angles, de telle sorte que si l'appareil leur
permet de tourner sur eux-mêmes, d'anguleux qu'ils étaient d'abord,
ils s'arrondissent bientôt. Après avoir buriné une strie sur la roche,
ils y creusent ensuite un sillon. Les produits de la désagrégation sont
des galets, du sable et du limon.

Si l'on réfléchit que des étendues considérables de la surface du globe, telles que la Scandinavie et l'Amérique du Nord, portent les marques des stries faites par les glaciers ; si l'on se rappelle que dans toutes les vallées des Alpes, des Pyrénées, etc., il y a eu autrefois des glaciers infiniment plus étendus que ceux qui y existent aujourd'hui, tellement que leurs moraines s'étendent à des distances considérables des points que les glaces atteignent actuellement, puisqu'elles ont atteint des pays plats très-éloignés des pays de montagnes où les géologues ont découvert des fragments de roches de grande dimension dont les arêtes sont vives et non émoussées comme celles des fragments roulés par les eaux, on reconnaîtra que les glaciers ont pu avoir sur le transport des roches, et par suite sur leur pulvérisation et la formation des sables et des détritus meubles, une importance considérable. Elle est moindre encore cependant que le grand mouvement des eaux qui a creusé les vallées.

L'existence de profondes vallées d'érosion parfois parsemées de blocs arrachés aux roches avoisinantes, parfois aussi provenant de régions très-éloignées, puisqu'on trouve dans les plaines de la Russie et de la Prusse des blocs erratiques appartenant aux Alpes Scandinaves, et jusque dans les environs de Paris des sables feldspathiques qui paraissent en provenir, accuse à la fin de la période glaciaire une gigantesque inondation boueuse assez dense pour porter des roches sans les rouler. Elle paraît avoir couvert une partie des plaines aujourd'hui cultivées ; souvent leur surface est recouverte par une couche épaisse de terre meuble formée de sable et d'argile qui ne semble nullement provenir de la désagrégation de la roche sous-jacente, mais bien avoir été entraînée par les eaux, puis déposée pendant le repos qui a précédé leur écoulement.

L'origine de ces boues de transport qui forment aujourd'hui, en beaucoup de points, la terre arable, est difficile à pénétrer ; on ignore à quel cataclysme il faut attribuer l'arrivée sur la surface d'une grande partie de l'Europe d'une masse d'eau charriant ces dépôts meubles qui constituent nos terres de meilleure qualité. Quant à ces boues elles-mêmes, elles n'ont pas été produites seulement par la pulvérisation des roches sur lesquelles les glaciers ont glissé pendant des années, mais aussi par les chocs multipliés des fragments entraînés par les torrents boueux qu'a produits la fonte d'immenses quantités de glaces ou de neige. Les travaux de M. Daubrée, que nous résumons dans les paragraphes suivants, mettent dans tout leur jour l'influence des chocs souvent répétés au sein de l'eau sur la décomposition des roches.

Effets des chocs multipliés au sein de l'eau sur la désagrégation des roches. — Par des chocs multipliés au sein de l'eau, les roches éprouvent des décompositions manifestes; elles sont non-seulemen réduites en poudre, elles sont de plus modifiées profondément dans leur composition (*Comptes rendus*, t. XLIV, p. 997; *Annales des mines*, 5ᵉ série, t. XII). Dans un vase cylindrique mobile autour de son axe placé horizontalement, M. Daubrée a introduit diverses roches en fragments angulaires et une certaine quantité d'eau; le liquide était animé d'un mouvement de rotation à peu près dans les mêmes conditions de vitesse qu'offrent les eaux courantes, c'est-à-dire qu'il parcourait environ 2550 mètres à l'heure.

Le feldspath orthose ($3SiO^3Al^2O^3, SiO^3KO$) en fragments anguleux se brise et donne une quantité notable de limon : dans une des expériences de M. Daubrée, 3 kilogrammes de feldspath, après un mouvement prolongé pendant cent quatre-vingt-douze heures, correspondant à un parcours de 460 kilomètres, ont formé une quantité de limon du poids de 2^{kil},720. Les 5 litres d'eau dans lesquels s'était opérée la trituration renfermaient 12^{gr},60 de potasse.

On a calculé que pour 25 kilomètres parcourus, les fragments anguleux perdaient 4/10es de leur poids, tandis que les fragments arrondis n'en perdaient qu'une quantité beaucoup plus faible, évaluée de 1/100ᵉ à 1/400ᵉ.

Quand l'eau contenue dans le cylindre où se meuvent les fragments de feldspath est saturée d'acide carbonique, l'effet produit est plus prononcé. Dans une expérience où M. Daubrée employa 2 kilogrammes de cailloux bien arrondis et 3 litres d'eau saturée d'acide carbonique, on a trouvé, après dix jours pendant lesquels l'acide carbonique a été renouvelé une fois et les cailloux avaient fait un nombre de tours équivalant à 142 kilomètres, 40 grammes de limon; l'eau renfermait 0^{gr},270 de potasse libre et 0^{gr},750 de silice : c'est-à-dire que les cailloux perdirent 2/100es de leur poids, au lieu de 1/100ᵉ, nombre maximum de l'expérience exécutée avec l'eau pure.

Le limon obtenu est extrêmement ténu. Mouillé, il présente une certaine plasticité et ressemble à de l'argile à pâte courte; mais une fois desséché, il s'en distingue en ce qu'il devient pulvérulent. Il est resté anhydre et fusible; il résiste à l'action des acides et des alcalis : ce n'est qu'une boue feldspathique. Il est à remarquer cependant qu'une partie de la potasse arrachée par ces triturations aux roches primitives est dès lors soluble, et pourra, par suite, pénétrer dans les végétaux.

En résumé, nous voyons que l'action de la gelée, que celle de l'oxygène et de l'acide carbonique, déterminent la pulvérisation et la décomposition des roches sur place ; qu'en outre les glaciers et les eaux, en transportant les fragments de roches, aident également à leur pulvérisation ; et nous concevons que les cataclysmes qui se sont succédé pendant des milliers d'années aient déterminé le dépôt, sur un grand nombre de points de la surface du globe, des matériaux meubles sur lesquels s'exerce l'industrie agricole.

Ces matières meubles de transport ne se sont pas déposées dans tous les points de notre pays, sans qu'il soit toujours facile de comprendre quelles sont les causes qui ont déterminé leur répartition. En Champagne, le dépôt argileux n'existe pas, la craie est à peine recouverte d'une mince couche de terre meuble peu fertile ; plus au sud, le Sancerrois, le Nivernais, la maigre Sologne, sont également privés des dépôts de transport ; enfin, tandis qu'ils fécondaient la Beauce comme les plaines du Nord, la Picardie et la Normandie, le Perche n'a pas été recouvert, non plus que la Bretagne.

On remarquera, ainsi que nous l'avons dit plus haut, que les contrées les plus fertiles de notre région septentrionale sont précisément celles qui ont été couvertes par les limons de transport.

Le midi de la France ne paraît pas avoir été atteint par les limons diluviens ; les terres meubles accumulées dans les vallées proviennent des montagnes voisines et présentent une composition analogue à la leur.

§ 63. — FORMATION ACTUELLE DES TERRES D'ALLUVION.

Si les eaux entraînant dans leur course les fragments de roches favorisent leur désagrégation et leur décomposition ; si elles ont ainsi une influence décisive sur la formation de terres arables nouvelles, elles contribuent d'autre part à enlever celles qui sont déjà formées, à les entraîner dans les torrents et les rivières, et ce n'est qu'au prix des plus grands efforts que les cultivateurs des pays de montagnes parviennent à retenir sur les pentes les terres souvent précieuses par leur bonne exposition. En Provence, on compte parfois dans les montagnes dix, douze, quinze étages de murs de pierres sèches, qui retiennent les terres qui portent les oliviers et les pins. A Menton, où ces travaux sont exécutés avec un grand soin et où les murs maçonnés présentent des rigoles destinées à faire descendre les eaux du sommet

de la montagne jusqu'à la vallée, on voit les citronniers et les orangers occuper les premières assises de la montagne au bord de la mer ;
à une certaine hauteur, ils sont remplacés par les oliviers ; puis,
plus haut encore, ceux-ci disparaissent, et le pin est seul cultivé.

Quand les terres ne sont pas maintenues par des constructions ou
par le lacis des racines d'un gazon ou d'une forêt, elles sont entraînées
par les torrents jusqu'aux rivières et aux fleuves, qui les conduisent à
la mer ; mais, à leur embouchure, les eaux s'arrêtent au moment où
la marée est haute, et les limons se déposent : ils forment ainsi ces
deltas au travers desquels les fleuves se divisent pour gagner péniblement la mer. Il suffit de jeter les yeux sur une carte pour voir que le
Rhin, le Rhône, le Nil, le Gange, l'Amazone, ont des bouches nombreuses, et qu'ils se sont créé eux-mêmes des obstacles qu'ils ont
aujourd'hui quelque peine à franchir.

Les anciens ports situés actuellement à quelque distance de la
mer sont nombreux : les ruines de Carthage sont dans l'intérieur des
terres ; le rivage de la mer est aujourd'hui à 25 000 mètres d'Adria,
et paraît s'en être éloigné environ de 10 mètres par an, depuis deux
mille ans.

Les quantités de limons transportés par les fleuves sont réellement
énormes. La crue considérable qui survient dans le Nil est régularisée
aujourd'hui par un immense barrage ; elle inonde tout le pays et
transporte une masse solide évaluée à 22 millions de mètres cubes, qui
élève le niveau du sol d'un décimètre par siècle environ. Les villes de
Rosette et de Damiette, bâties au bord de la mer il y a moins de mille
ans, en sont aujourd'hui à plus d'une lieue.

Les atterrissements, le long des côtes de la mer du Nord, se forment
avec rapidité dans le pays de Groningue. On sait positivement qu'en
1570, des digues furent construites devant la ville, et que cent ans
après, on avait déjà gagné trois quarts de lieue en dehors de ces
travaux.

Les particules solides que les fleuves charrient se déposent aussi
sur leur fond et l'exhaussent assez promptement. Aussi est-il parfois
nécessaire de contenir les eaux entre des digues, pour les empêcher de
se déverser sur les pays voisins. M. de Prony a reconnu, pendant le
premier empire, que la surface des eaux du Pô était déjà plus haute
que les toits des maisons de Ferrare. Grâce à ces atterrissements,
le rivage a gagné, à son embouchure, plus de 6600 toises depuis
l'année 1604, ce qui fait 150, 180, et en quelques endroits 200 pieds
par an. (Al. Bertrand, *Lettres sur les révolutions du globe.*)

On doit à M. Hervé Mangon des travaux importants sur les limons charriés par les cours d'eau. Ses observations ont porté sur plusieurs rivières différentes. De novembre 1859 à la fin d'octobre 1860, il a fait mesurer chaque jour la quantité de matières tenues en suspension dans un certain volume d'eau de la Durance, et a pu calculer la masse totale transportée pendant une année : il a trouvé ainsi que le poids total charrié par cette rivière devant Mérindol (*Expériences sur les eaux d'irrigation*, 1869, p. 141), pour un débit total de 13 188 880 000 mètres cubes d'eau, a été de 17 723 331 tonnes de 1000 kilogrammes.

« En admettant, ajoute **M. H.** Mangon, que ces limons déposés sur le sol pèsent en moyenne 1600 kilogrammes le mètre cube, ce qui ne doit pas s'éloigner beaucoup de la réalité, leur volume serait de 11 077 071 mètres cubes.

» Un volume équivalant à un cube de 220 mètres de côté environ a donc été enlevé aux terrains supérieurs, et entraîné, sous forme de limon, dans les parties basses du cours de la rivière jusqu'à la mer.

» Si ce limon se déposait entièrement sur le sol, il recouvrirait en un an, d'une couche de $0^m,01$ d'épaisseur, l'énorme surface de 110 770 hectares. S'il était amené sur la Camargue, il pourrait en combler les marais et la transformer en une plaine des plus fertiles en moins d'un demi-siècle.

» Plusieurs des régions les plus riches du département de Vaucluse ont été formées, sans aucun doute, à des époques plus ou moins anciennes, par des colmatages naturels de la Durance. Les terres si fertiles des communes du Cheval-Blanc, de Cavaillon, etc., ne doivent leur richesse qu'à une couche de limons semblables à ceux qui sont encore transportés aujourd'hui, déposée sur des terrains cailloutteux d'une date plus ancienne. L'étendue de cette couche de limons est environ de 25 000 hectares.

» On regarde comme très-fertile, dans le département de Vaucluse, les terres arables qui possèdent $0^m,30$ d'épaisseur de ces précieuses alluvions ou 3000 mètres par hectare. Le volume de limon entraîné en une année par la Durance, à Mérindol, représente donc la terre arable de $\frac{11\,077\,071^{mc}}{3000} = 3692$ hectares de ces sols de première qualité, très-supérieurs à la moyenne de nos terres de première classe, ou près des $2/100^{es}$ de la surface arable d'un département moyen. En cinquante ans, les eaux de la Durance entraînent donc une quantité de sol arable égale à celle d'un département français. »

M. Hervé Mangon n'a pas borné ses observations à la Durance ; il s'est encore occupé de plusieurs autres fleuves. De septembre 1864 à août 1865, le Var, qui, comme la Durance, descend rapidement à la mer, a entraîné 12 000 000 de mètres cubes de limons de 1600 kilogrammes.

Les rivières qui parcourent lentement les pays de plaines ne transportent pas autant de limons que les rivières torrentueuses comme le Var ou la Durance. Ainsi, le poids moyen de limon contenu dans un mètre cube d'eau de la Marne n'atteint pas la cinquantième partie de la quantité de terre contenue dans un mètre cube d'eau du Var : le volume total du limon transporté chaque année par la Marne est environ de 105 000 mètres cubes.

La fertilité des terres formées par ces limons est presque toujours exceptionnelle. Les atterrissements des bouches de l'Elbe, désignés sous le nom de *polders*, ont été endigués par les Hollandais, et leur culture est aujourd'hui extrêmement avantageuse.

Le poids total de limon charrié par la Seine, en amont de l'embouchure de la Marne, est d'environ 207 463 tonnes, représentant un volume de 129 600 mètres cubes. Ces limons, réunis à ceux de la Marne et des autres rivières que reçoit le fleuve avant d'arriver à la mer, ont été utilisés. Les endiguements submersibles de la basse Seine ont donné naissance, sur les deux rives, à de vastes surfaces évaluées à 8600 hectares d'excellents herbages, valant aujourd'hui plus de 20 millions de francs.

D'après les travaux exécutés en Amérique, le débit du Mississippi étant à son embouchure de 552 123 000 000 de mètres cubes par an, il jette dans le golfe 368 000 000 de tonnes de matières solides, formant un volume de 190 000 000 de mètres cubes, capable d'occuper 19 025 hectares sur un mètre d'épaisseur. Les barres du Mississippi ont avancé de 79^m,85 par an, de 1838 à 1851. Si le régime actuel des eaux n'a pas changé depuis l'origine, il faut attribuer au delta du Mississippi un âge de 4000 ans. Les auteurs américains qui ont étudié ces questions dignes d'intérêt ont joint à leur travail des coupes transversales des vallées sous-marines voisines de l'embouchure du Mississippi. Ces dessins, basés sur les sondages, offrent les plus curieuses ressemblances avec les coupes de beaucoup de vallées terrestres, et montrent bien comment les terres arables ont pu se déposer par l'action de courants analogues à ceux que nous observons encore aujourd'hui.

Les exemples précédents suffisent à faire voir comment les eaux peuvent déterminer la formation des terres arables par l'accumulation des limons qu'elles transportent ; ils font comprendre comment, pendant l'immense inondation qui a terminé la période glaciaire et qui a déterminé le creusement des vallées actuelles, des roches, des débris, entraînés des parties élevées, sont tombés dans les parties basses, en même temps qu'étaient transportées les masses énormes de boues qui ont formé ce diluvium sur lequel s'exerce aujourd'hui l'industrie agricole. Remarquons en finissant que les meilleures terres, réservées au jardinage, sont celles qui se sont ainsi formées au sein des eaux et qui sont habituellement désignées sous le nom de marais.

Lorsque nous aurons étudié la composition chimique de la terre arable et que nous donnerons la composition des limons actuellement transportés par les eaux, nous reconnaîtrons comment il est possible de les utiliser pour améliorer les sols faciles à submerger, et le *colmatage* nous apparaîtra comme une des pratiques agricoles les plus importantes à généraliser.

Dunes. — Si les eaux sont souvent les auxiliaires de la culture et favorisent la formation de terres arables d'excellentes qualités, les vents ont parfois, au contraire, une influence des plus fâcheuses, lorsque sur le bord de la mer ils déterminent la formation des dunes. Pour que celles-ci apparaissent, plusieurs conditions sont nécessaires : il faut que, sur une côte basse, du sable fin soit rejeté par la mer et soit aggluliné dans une certaine mesure par les pluies ; dans les pays où il ne pleut que rarement, les sables sont transportés par le vent, mais ils ne peuvent durcir suffisamment pour créer des dunes.

En France, les dunes formées de sables rejetés de l'Océan occupent, entre les embouchures de l'Adour et de la Gironde, une bande de 75 lieues, sur une élévation moyenne de 20 mètres. Les dunes avancent dans l'intérieur des terres de plusieurs mètres par an, car le vent d'ouest les écime, les écrête, rejette du côté de l'est les parties arrachées au sommet, et les dispose en talus, sur lequel vient bientôt s'étendre une nouvelle couche de sable qui, comme la première, a franchi la cime sous l'impulsion du vent. La partie intérieure, plus humide, résiste pendant un certain temps ; mais bientôt sa surface se dessèche à son tour, devient pulvérulente, mobile, et passe pardessus le sommet. Quand le vent souffle de l'ouest pendant plusieurs jours de suite, les dunes avancent rapidement, et créent ainsi un notable danger pour le pays.

Les dunes qui bordent nos départements des Landes et de la Gironde ont eu, en outre, une influence des plus fâcheuses, en posant un obstacle absolu à l'écoulement des eaux que les pluies fréquentes de l'hiver y accumulent, et qui ne peuvent arriver à la mer, car les dunes forment sur le littoral une ceinture infranchissable ; aujourd'hui des travaux d'assainissement importants ont été faits en pratiquant des fossés d'écoulement qui dirigent les eaux vers le bassin d'Arcachon, et en outre la marche des dunes a été arrêtée par des plantations.

On sait que c'est à l'ingénieur Brémontier qu'est due l'idée de planter les dunes : les premiers travaux furent exécutés sur la partie de là côte qui sépare l'Océan de la base des dunes ; des semis de graines de pin et de genêt furent protégés d'abord par des branchages fixés en terre et inclinés dans la direction du vent; les graines purent germer et former bientôt un fourré épais qui posa un premier obstacle au passage des sables ; derrière cette plantation, après cinq ou six ans, une seconde fut établie sur une largeur de 60 à 100 mètres, puis on commença à planter la dune elle-même.

Les travaux de Brémontier, commencés en 1787, furent couronnés du plus grand succès. En 1809, les semis s'étendaient sur 3700 hectares, et aujourd'hui on peut voir des plantations vigoureuses sur les dunes, dont le sable est désormais fixé par les racines qui le pénètrent de toutes parts.

CHAPITRE II

PROPRIÉTÉS PHYSIQUES DES TERRES ARABLES

Nous avons vu dans le chapitre précédent que les roches laissent, par leur désagrégation, deux variétés de résidus. Les calcaires compactes, les quartzites, se fendillent, se brisent, tombent en poussières dures et grenues, vulgairement désignées sous le nom de *sable ;* les roches alumineuses éprouvent, sous l'influence de l'eau, de l'acide carbonique, des forces mécaniques, une altération plus complète : elles se décomposent et se réduisent en *argile.* Or, ces deux matières ont des propriétés non-seulement différentes, mais opposées : l'un est pulvérulent, l'autre plastique ; l'un laisse filtrer l'eau et se dessèche aisément, l'autre lui oppose un obstacle absolu et la conserve ; l'un est mobile,

facile à travailler, à échauffer, l'autre est tenace, il résiste au socle
de la charrue, sa température est lente à changer. On conçoit donc
que les propriétés physiques de la terre arable varient suivant la proportion dans laquelle ces deux principes opposés s'y rencontrent; elles
sont encore modifiées dans une certaine mesure par l'abondance ou la
rareté du calcaire et de l'humus, et il importe, avant d'aborder l'étude
dés propriétés physiques de la terre arable, d'examiner à l'aide de
quels procédés on peut déterminer les proportions dans lesquelles sont
mélangées ces diverses matières, sable, argile, calcaire, humus, qui
constituent le sol.

§ 64. — ANALYSE PHYSIQUE DE LA TERRE ARABLE.

Prise d'échantillons. — Quand on veut déterminer la composition
d'une terre, il faut en prélever des échantillons en plusieurs points,
à diverses profondeurs, les bien mélanger ; puis prendre au milieu de
la masse devenue homogène un poids de 2 à 3 kilogrammes, que l'on
conserve pour toutes les opérations à exécuter.

Avant de commencer l'analyse, on laisse généralement les terres se
dessécher jusqu'au moment où elles conservent l'empreinte de la main
sans s'émietter ou sans adhérer aux doigts.

Séparation du sable et de l'argile. — On prélève sur une terre ainsi
préparée 500 grammes environ, on les passe dans un tamis à mailles
un peu larges, pour séparer les cailloux, qu'on recueille séparément
et dont on détermine le poids ; puis on verse la terre tamisée dans un
vase à précipité renfermant une certaine quantité d'eau ordinaire, et
l'on agite vivement. Le gravier tombe au fond, et l'on décante l'eau
bourbeuse qui surnage. On remplace l'eau, on lave de nouveau le
sable tombé au fond du vase, on décante, et l'on répète ces lavages
jusqu'au moment où, malgré une agitation prolongée, l'eau reste
claire. On jette alors le sable sur un filtre double obtenu en pliant
ensemble deux feuilles de papier semblables, puis en rognant les filtres
jusqu'au moment où ils présentent le même poids ; ces deux filtres,
placés l'un dans l'autre, reçoivent le gravier qu'on y fait tomber à l'aide
d'une fiole à jet. On laisse les filtres se dessécher pendant un ou deux
jours, sous une cloche renfermant de l'acide sulfurique ; on les sépare,
on les place dans la balance, et l'on détermine facilement le poids du
sable. On reconnaît sa nature au moyen de l'acide chlorhydrique
faible : s'il détermine une effervescence, on peut être certain que le

sable est calcaire ; si au contraire on n'observe aucun dégagement de gaz, le sable est siliceux.

L'argile qu'on laisse se déposer dans un grand vase où sont réunies toutes les eaux de lavage est elle-même traitée par l'acide chlorhydrique, afin d'y reconnaître la présence du carbonate de chaux terreux entraîné par l'eau en même temps que l'argile.

Procédé de M. Masure. — Le procédé que nous venons de décrire a été perfectionné par les chimistes allemands, et aussi par M. Masure,

Fig. 24. — Appareil de M. Masure pour l'analyse physique des terres arables.

qui l'a rendu facile à employer dans les laboratoires. Une allonge de verre B (fig. 24), disposée verticalement sur un support, porte à sa partie inférieure un petit tampon de coton sur lequel on fait couler l'échantillon de terre dont on veut faire l'essai ; à l'orifice inférieur, l'allonge est fermée par un bouchon qui porte un tube recourbé, légèrement incliné, comme le montre la figure 24. L'eau du vase A pénètre par la partie inférieure de l'allonge, soulève devant elle la terre, arrive jusqu'au tube B, s'y engage, et s'écoule jusqu'au verre C, entraînant avec elle l'argile. On continue l'opération jusqu'au moment où l'eau passe claire.

On démonte alors l'appareil, on verse le sable de l'allonge dans un filtre, on dessèche, et l'on pèse comme il a été dit plus haut.

Ces procédés ne donnent pas avec toute l'exactitude désirable les proportions de sable et d'argile, car il y a toujours une petite quantité de sable entraînée, mais ils sont cependant suffisants pour les besoins de la pratique.

Dosage du calcaire. — Le dosage du calcaire peut se faire sur la terre normale ou sur chacun des produits séparés de l'opération précédente; ce qui permet de distinguer le sable calcaire, qui reste mêlé au sable siliceux, du calcaire terreux entraîné par les lavages en même temps que l'argile.

L'attaque de quelques grammes de matière indique d'abord, par la vivacité de l'effervescence, si le carbonate de chaux est rare ou abondant; il conduit, par suite, à fixer le poids de terre qu'il convient de prendre pour l'analyse. Si la terre est très-calcaire, 5 ou 6 décigrammes suffisent; si elle l'est peu, le poids à attaquer ne doit pas être moindre de 10 grammes.

L'échantillon pesé est introduit dans une fiole de 250 centimètres cubes; on y verse peu à peu de l'acide chlorhydrique dilué, jusqu'à ce que toute effervescence ait disparu, même après une agitation prolongée et l'addition d'un excès d'acide; puis on porte à l'ébullition, et l'on filtre.

La liqueur filtrée, réunie aux eaux de lavage du filtre, est maintenue chaude pour recevoir une dissolution d'ammoniaque, qu'on ajoute jusqu'au moment où la réaction du liquide est franchement alcaline. On précipite ainsi l'alumine et l'oxyde de fer dissous par l'acide chlorhydrique; ces deux bases entraînent avec elles l'acide phosphorique; la silice dissoute par l'acide est également précipitée. On filtre, et, après avoir porté la liqueur à l'ébullition, on y verse de l'oxalate d'ammoniaque, qui détermine la précipitation de la chaux à l'état d'oxalate. Par le repos, la liqueur s'éclaircit; on y fait couler encore quelques gouttes d'oxalate d'ammoniaque. Si toute la chaux est précipitée, la liqueur ne se trouble pas; si, au contraire, on voit apparaître un précipité, il faut en conclure qu'il reste de la chaux dans la liqueur. On devra donc ajouter de l'oxalate d'ammoniaque, faire bouillir, puis abandonner au repos. Quand la liqueur sera éclaircie, on essayera de nouveau l'action de l'oxalate d'ammoniaque, jusqu'à ce qu'on soit bien convaincu qu'il ne détermine plus aucun trouble; on abandonne alors la liqueur pendant vingt-quatre heures. On recueille le précipité sur un petit filtre qui est lavé, puis desséché à l'étuve; le précipité séparé du filtre est calciné au rouge sombre dans un creuset de platine; par l'action du feu, l'oxalate de chaux se transformera en carbonate, qu'on pèse après y avoir ajouté les cendres du filtre, brûlé lui-même à la partie supérieure du creuset.

Il faut s'assurer, après la pesée, que l'action de la chaleur n'a pas été assez vive pour produire de la chaux vive, en versant dans le creuset quelques gouttes d'eau, puis en y trempant un papier de tournesol rouge, qui ne doit pas bleuir. S'il accuse, au contraire, une réaction alcaline, c'est que la calcination a été poussée trop loin; la pesée est mauvaise, car elle porte sur un mélange de carbonate de chaux et de chaux vive, et par conséquent le nombre trouvé est trop faible. L'analyse n'est cependant pas perdue : on la rétablit en faisant couler dans le creuset de l'acide sulfurique étendu d'eau au moyen d'une pipette effilée dont la pointe est introduite entre le creuset et le couvercle; on verse assez d'acide pour que toute la masse soit bien imbibée, on dessèche doucement, puis on calcine de nouveau jusqu'au rouge vif; enfin, avant de peser, on place dans le creuset un petit fragment de carbonate d'ammoniaque destiné à décomposer le bisulfate de chaux qui a pu se former, on chauffe au rouge jusqu'à ce que toute odeur ammoniacale ait disparu, et l'on pèse. La matière que renferme le creuset est du sulfate de chaux, à l'aide duquel on calcule le calcaire primitif, en sachant que 68 de sulfate de chaux correspondent à 50 de carbonate (1).

Détermination de l'humus. — Nous avons vu qu'on donne le nom d'humus aux résidus d'origine organique qui existent dans la terre arable; ils ont une grande importance, puisque c'est par leur décomposition que se forment les nitrates et les sels ammoniacaux qui fournissent aux plantes l'azote nécessaire à la formation de leurs matières albuminoïdes. C'est encore au moment de l'oxydation de l'humus que se produit l'acide carbonique, qui amène aux plantes le phosphate de chaux que l'on rencontre dans leurs tissus, que les deux éléments de l'air s'unissent et qu'une certaine quantité d'azote prélevée sur l'atmosphère vient s'ajouter à celui que contient la terre arable. On con-

(1)   S   O³ Ca   O   C   O² Ca   O
          16 24 20   8 = 68   6   16 20   8 = 50

çoit donc que la détermination rigoureuse de la quantité d'humus contenue dans la terre ait été considérée comme capitale.

Cette détermination est très-difficile. En effet, l'humus ne représente pas un principe nettement défini, dont la composition soit rigoureusement établie ; aussi ce n'est pas en l'isolant des autres substances contenues dans le sol que les anciens chimistes agronomes appréciaient sa quantité, mais tout simplement par une calcination. Ils admettaient que la perte subie au feu était due à la destruction de la matière organique contenue dans la terre en expérience, et inscrivaient au tableau de l'analyse cette perte sous le nom d'humus.

Ce procédé est tout à fait défectueux, car non-seulement, pendant la calcination au rouge, la matière organique est détruite, mais l'eau des argiles, qui persiste à la dessiccation à 100 degrés, est évaporée, les carbonates sont décomposés partiellement ; par conséquent la diminution de poids est due à des causes variées, combattues d'autre part par l'oxydation des argiles signalée par leur changement de teinte, qui passe du gris bleuâtre au rouge brique.

On arriverait sans doute à un meilleur résultat en attaquant à froid la terre arable par du carbonate de soude en dissolution concentrée, puis en saturant la liqueur obtenue, qui est généralement très-colorée, par un acide qui précipiterait à l'état insoluble l'acide ulmique. Mais la pesée de ce précipité peu homogène, difficile à laver, de composition variable, ne pourra jamais donner d'indications précises ; aussi nous renvoyons, pour la description des procédés de dosage de la matière organique des terres arables, au paragraphe où nous étudions leur composition chimique. Nous donnerons cependant ici, pour fixer les idées sur la valeur du mot *humus* employé dans les anciennes analyses, la composition suivante de l'humus du vieux bois, due à Soubeiran :

Carbone	55,3
Hydrogène	4,8
Oxygène	37,4
Azote	2,5
	100,0

§ 65. — PESANTEUR SPÉCIFIQUE DES TERRES.

Les propriétés physiques des sols ont été étudiées par Schubler [1]. Son travail, qui, suivant l'expression de M. Boussingault, restera

_____

(1) Schubler, *Annales de l'agriculture française*, 2e série, t. LX, p. 122.

comme un modèle de l'application des sciences à l'agriculture, va nous servir de guide.

Il n'y a généralement pas grand intérêt à connaître rigoureusement la densité d'une terre. Si l'on voulait, au reste, faire cette détermination, on suivrait les méthodes indiquées dans tous les traités de physique; mais la détermination du poids d'un certain volume de terre a au contraire une grande importance, puisqu'il permettra de calculer aisément le poids des volumes de terre qu'on peut avoir à charrier. Pour faire cette détermination, on se contente habituellement de peser un litre de terre bien tassée. On verra au reste, par le tableau suivant, que nous empruntons à Schubler, qu'en général les nombres donnés pour la densité et pour le poids du litre de terre comprimée ne sont pas très-différents :

DÉSIGNATION DES TERRES.	DENSITÉ L'eau = 1,000.	POIDS DU LITRE DE TERRE COMPRIMÉE	
		Sèche.	Humide.
		kil.	kil.
Sable calcaire..........................	2,822	2,085	2,605
Sable siliceux........	2,753	2,044	2,494
Gypse...,................................	2,358	1,676	2,350
Argile maigre...........................	2,701	1,797	2,386
Argile grasse	2,652	1,621	2,194
Argile pure.............................	2,591	1,376	2,126
Carbonate de chaux.....................	2,468	1,006	1,758
Humus..................................	1,225	0,632	1,428
Terre de jardin (1).....................	2,332	1,499	1,744
Terre arable d'Hofwyl...................	2,401	1,537	2,180
Terre arable du Jura	2,526	1,731	2,126

Il est à remarquer que le sable calcaire et le sable siliceux sont plus denses que l'argile, et que par suite on peut déjà avoir une idée de la composition d'une terre en déterminant sa densité.

On voit aussi combien les terres humides sont plus denses que les

---

(1) Les propriétés de ces trois terres ayant été souvent déterminées par Schubler, il est utile de rappeler leur composition :

Terre de jardin légère, noire, friable, fertile.		Terre labourable d'Hofwyl.		Terre prise dans un vallon voisin du Jura.	
Argile...........	52,4	Argile..........	51,2	Argile...........	33,8
Sable quartzeux.....	36,5	Sable siliceux.....	42,7	Sable siliceux......	63,0
Sable calcaire.......	1,8	Sable calcaire......	0,4	Sable calcaire......	1,2
Terre calcaire.......	2,0	Terre calcaire......	2,3	Terre calcaire et humus.	1,2
Humus............	7,3	Humus..........	3,4	Perte...........	1,3

terres légères, et quel intérêt il y a pour le cultivateur à charroyer des terres sèches, puisqu'il peut parfois diminuer d'un quart le poids à transporter.

§ 66. — IMBIBITION DES TERRES PAR L'EAU.

La faculté que possèdent les sols de retenir l'eau, en s'opposant à une évaporation trop rapide, exerce une influence marquée sur la fertilité. Pour la mesurer, on prend un filtre qui est d'abord pesé humide. On y place un certain poids de terre complétement desséchée, puis on ajoute de l'eau, de façon que la terre soit bien imbibée ; on attend que l'eau cesse de couler par le bec de l'entonnoir, et l'on pèse de nouveau.

On a résumé, dans le tableau suivant, les essais faits sur l'imbibition de différentes terres. Dans les deux dernières colonnes, on trouve exprimées en poids les quantités d'eau et de matière sèche contenues dans un litre de terre humide.

DÉSIGNATION DES TERRES.	EAU absorbée par 100 parties de terre.	UN LITRE DE TERRE MOUILLÉE CONTIENT	
		Eau.	Terre.
		kil.	kil.
Sable siliceux......................	25	0,499	1,995
Gypse (hydraté)	27	0,501	1,855
Sable calcaire......................	29	0,582	2,021
Argile maigre......................	40	0,682	1,654
Argile pure........................	70	0,875	1,251
Terre calcaire fine	85	0,808	0,950
Humus.............................	190	0,935	0,493
Terre de jardin.....................	89	0,821	0,923
Terre arable d'Hofwyl....	52	0,745	1,435
Terre arable du Jura.	48	0,689	1,493

On remarquera que l'état physique des matières a bien plus d'influence sur la quantité d'eau qu'elles peuvent absorber que leur composition chimique, puisque la terre calcaire retient 85, tandis que le sable calcaire ne retient que 29 ; l'humus s'imbibe d'eau à la façon d'une éponge, et cette propriété entre certainement pour une part importante dans l'influence qu'a la proportion d'humus du sol sur la fertilité. Si l'on se rappelle (voy. § 48) les quantités énormes d'eau qu'évaporent les végétaux exposés au soleil, on pourra être convaincu

que la faculté qu'ont les terres de s'imbiber d'eau a une influence
marquée sur leur qualité.

§ 67. — FACULTÉ HYGROMÉTRIQUE DES TERRES.

Les terres sont non-seulement capables de retenir l'eau qui leur
arrive à l'état liquide ; mais elles peuvent encore, quand elles séjournent dans une atmosphère humide, condenser une partie de la
vapeur d'eau qui y est contenue.

Schubler a déterminé la faculté hygrométrique des terres en plaçant 5 grammes de la terre en expérience sur une surface de 36 centimètres carrés, et en notant l'augmentation de poids après un séjour
de douze, vingt-quatre, quarante-huit et soixante-douze heures dans
une atmosphère saturée, dont la température était en moyenne de
19 degrés. Les nombres suivants indiquent les résultats obtenus :

Quantité d'eau absorbée par 5 grammes de terre sèche étendue sur une surface
de 36 centimètres carrés dans l'air saturé à 19°.

	EN 12 HEURES.	EN 24 HEURES.	EN 48 HEURES.	EN 72 HEURES.
	gr.	gr.	gr.	gr.
Argile pure................	0,185	0,210	0,240	0,245
Sable siliceux.............	0,000	0,000	0,000	0,000
Sable calcaire.............	0,010	0,015	0,015	0,015
Humus	0,400	0,481	0,550	0,600
Terre du Jura..............	0,070	0,095	0,100	0,100

Plus récemment Babo (*Lettres sur l'agriculture moderne de Justus
de Liebig*, p. 42) a fait sur ce sujet quelques expériences remarquables. Dans un flacon renfermant de l'air entièrement saturé de vapeur
d'eau, à une température de 20 degrés environ, et qui par suite donne
un dépôt de rosée par le moindre abaissement de température, on
place une centaine de grammes de terre préalablement séchée à une
température qui ne dépasse pas 35 ou 40 degrés, et l'on remarque
bientôt qu'elle absorbe complétement la vapeur d'eau, et qu'on peut
abaisser la température du flacon au-dessous de zéro, sans déterminer
la moindre apparence de rosée.

L'absorption de l'eau est accompagnée d'une élévation de température sensible, vraisemblablement parce que l'eau est en quelque sorte solidifiée dans la terre, et abandonne, au moment de ce changement d'état, sa chaleur latente ; on le reconnaît aisément en suspendant un petit sac de toile contenant de la terre arable desséchée, avec un thermomètre au milieu, dans un flacon renfermant de l'air humide. Dans les expériences de Babo, la température s'éleva de 20 à 34 degrés, dans une terre riche en matières organiques, et ne monta qu'à 27 degrés dans une terre sablonneuse ; nous avons vu, en effet, que l'humus absorbe l'humidité bien plus facilement que le sable.

On peut, d'après M. Hervé Mangon, observer encore cette élévation de température quand on ajoute de l'eau à l'état liquide à une terre dans laquelle la tension de vapeur n'est pas égale à celle de l'eau pure pour la température à laquelle on opère ; c'est à cette cause qu'il faut, d'après lui, attribuer l'élévation de température que l'on remarque dans la terre arable quand il pleut après une sécheresse, même si la pluie est moins chaude que le sol lui-même.

Absorption du gaz ammoniac par la terre arable. — La terre arable est non-seulement capable d'enlever à l'air atmosphérique une partie de la vapeur d'eau qu'il renferme, elle exerce encore une action semblable sur le gaz ammoniac. MM. Way et Brustlein ont montré successivement qu'un courant d'air ammoniacal abandonnait, à une longue colonne de terre sur laquelle on le dirigeait, la presque totalité de l'alcali qu'il renfermait. Ce gaz, au reste, ne persiste pas longtemps à son état primitif ; il se brûle et donne naissance à de l'acide azotique.

Une action directement inverse de celle que nous venons d'indiquer prend naissance quand on fait passer un courant d'air humide sur de la terre chargée de gaz ammoniac. On trouve dans l'air une quantité sensible d'ammoniaque.

Dessiccation des terres exposées à l'air. — L'air sec enlève aussi à la terre arable une partie de la vapeur d'eau qu'elle renferme. Cette propriété inverse de la précédente présente également un grand intérêt ; pour la mesurer, Schubler employait le procédé suivant : Un disque métallique muni d'un rebord et offrant très-peu de profondeur était suspendu au bras d'une balance. Sur ce disque on étendait aussi uniformément que possible la terre préalablement imbibée d'eau, on déterminait son poids ; puis on procédait à de nouvelles pesées, après un séjour de quatre heures dans une chambre dont la température était entretenue à $18°,75$. On obtenait ainsi le poids d'eau évaporée. On terminait ensuite par une dessiccation complète à l'étuve, et l'on pouvait reconnaître la fraction de l'eau totale que la terre avait perdue. On a obtenu les résultats suivants :

Désignation des terres.	100 parties d'eau de la terre perdent en 4 heures et à 18°,75
Sable siliceux	88,4
Sable calcaire	75,9
Gypse	71,7
Argile maigre	52,0
Argile grasse	45,7
Terre argileuse	34,9
Argile pure	31,9
Calcaire en poudre fine	28,0
Humus	20,5
Terre de jardin	24,3
Terre arable d'Hofwyl	32,0
Terre arable du Jura	40,0

On reconnaît que le sable abandonne facilement l'eau qu'il renferme, tandis que l'humus, au contraire, le retient énergiquement. Les terres qui, à 33 centimètres de profondeur, retiennent habituellement de 15 à 23 pour 100 d'eau, sont réputées *terres fraîches ;* celles qui en renferment moins de 10 pour 100 sont considérées comme *terres sèches.* Lorsque la proportion d'eau s'abaisse au-dessous de 10 pour 100 dans la couche de terre située à 6 centimètres de profondeur, les végétaux commencent à y jaunir.

Ainsi qu'il a été dit plus haut, dans les observations faites à Grignon pendant l'été de 1870, qui a été remarquablement sec en mai, juin et juillet, on a trouvé que la terre de la superficie jusqu'à 10 centimètres de profondeur ne renfermait que 0,5 pour 100 d'eau ; aussi les graines de betterave n'ont germé qu'autant qu'elles ont été arrosées ; mais, malgré cette sécheresse prolongée, la terre prise à 10 centimètres et au-dessous renfermait 9 pour 100 d'eau.

Les terres, en se desséchant, éprouvent un retrait sensible qui est la cause des crevasses qui se montrent dans le sol après les sécheresses quelque peu prolongées. On a évalué ce retrait en mesurant des prismes de terre humide avant et après leur dessiccation à l'ombre :

Désignation des terres.	1000 parties cubes se réduisent à
Chaux carbonatée en poudre fine	950
Argile maigre	940
Argile grasse	911
Terre argileuse	886
Argile pure	817
Humus	846
Terre de jardin	851
Terre arable d'Hofwyl	880
Terre arable du Jura	905

Le gypse, le sable siliceux et calcaire ne figurent pas dans ce tableau, parce qu'ils n'ont présenté aucune diminution de volume. L'humus a éprouvé le retrait le plus fort ; réciproquement, il se gonfle considérablement lorsqu'on le mouille, ce qui explique l'exhaussement qu'on remarque dans certains sols tourbeux à l'époque des pluies.

§ 68. — PROPRIÉTÉS CALORIFIQUES DE LA TERRE ARABLE.

Pour déterminer ce qu'il appelait la *propriété du sol de retenir la chaleur*, Schubler notait le temps du refroidissement d'un même poids de différentes terres renfermées dans une même enveloppe et chauffées à une même température. Cette expérience ne donne que la résultante de plusieurs actions distinctes. « Pour étudier les propriétés calorifiques d'un terrain, dit M. Hervé Mangon, il faut déterminer sa chaleur spécifique, qui permet de connaître la quantité de chaleur nécessaire à la production d'un changement donné de chaleur sensible ; sa conductibilité, qui permet d'apprécier la rapidité de la transmission de la chaleur dans le sol ; le pouvoir rayonnant de sa surface à l'état naturel où elle se trouve dans les champs. »

Tel est le programme tracé par le savant professeur du Conservatoire des arts et métiers ; lorsque les nombreuses déterminations qu'il comporte seront exécutées, elles éclaireront singulièrement une question des plus importantes et qui aujourd'hui est à peine étudiée. En attendant la publication des travaux qu'a entrepris M. H. Mangon, nous donnerons ici les résultats obtenus par Schubler, et ceux qu'a fournis plus récemment M. Pfaundler, sur la chaleur spécifique des terres arables.

Pour mesurer la faculté qu'ont les terres de retenir la chaleur, Schubler plaçait un thermomètre au centre d'un vase de 595 centimètres cubes de capacité, rempli de la substance à essayer. La température initiale étant portée à 62°,5, on cherchait pour chaque substance le temps nécessaire pour qu'elle s'abaissât à 21°,2, la température de l'air ambiant étant maintenue à 16°,2.

Désignation des terres.	Faculté de retenir la chaleur, celle du sable calcaire étant 100.	Temps que 595 cent. c. de terre mettent à se refroidir de 62°,5 à 21°, l'air ambiant étant à 16°,2. h.
Sable calcaire.................	100,0	3,30
Sable siliceux	95,6	3,27
Gypse.......................	73,2	2,34
Argile maigre	76,9	2,41
Argile grasse.................	71,1	2,30
Terre argileuse	68,4	2,24
Argile pure..................	66,7	2,19
Calcaire en poudre fine..........	61,8	2,10
Humus.......................	49,0	1,43
Terre de jardin................	64,8	2,16
Terre arable d'Hofwyl...........	70,1	2,27
Terre arable du Jura............	74,3	2,36

On voit que le sable se refroidit avec lenteur. On a remarqué, en effet, depuis longtemps, que les terrains sablonneux échauffés par le soleil durant le jour conservent même pendant la nuit une température assez élevée.

Capacité calorifique des terres. — M. Pfaundler a déterminé cette capacité pour un certain nombre de terres arables, en employant l'appareil de M. Regnault, qu'il avait modifié convenablement (1).

Nous donnons, dans le tableau suivant, les résultats des recherches de M. Pfaundler :

TERRES ESSAYÉES.	CHALEUR spécifique des terres séchées à 100°	EAU perdue pour 100 à 100°.	CHALEUR spécifique des terres séchées à l'air.
Sable mouvant, en poudre fine, jaune, des plaines incultes de l'est de Pesth (Herminenfeld)...............	0,1923	0,27	0,1945
Sable d'alluvion des rives du Danube, près de Mantern, dans l'Autriche du sud (sans humus)........	0,2140	2,30	0,2163
Sable de la Turkenschautze, près de Vienne, d'une colline sablonneuse tertiaire, sans humus............	0,2029	0,41	0,2062
Terre des montagnes de grès de la forêt de Vienne, poudre brunâtre fine.................	0,2503	2,35	0,2679
Terre de l'Anninger, montagne calcaire de cette forêt.........	0,2829	3,00	0,3044
Terre de la Guselhohe, près de Scheibs, montagne calcaire des Alpes de l'Autriche du sud, poudre fine brun clair...	0,3161	2,00	0,3298
Terre de l'Œtscher, poudre fine brun clair, grains assez durs....	0,2829	3,49	0,3075
Terre du plateau granitique du Mühlviertel, nord de l'Autriche...	0,3489	1,51	0,3587
Terrain schisteux de la vallée du Danube, près de Durenstein....	0,2147	1,41	0,2258
Terre d'un amas de serpentine du plateau de la Bohême.......	0,2793	1,00	0,2821
Terre du Kaiserstein, riche en humus, légère, prise sur une couche d'Isokardienkalk................	0,4143	5,90	0,4436
Terre mélangée de sable quartzeux d'un marécage de Hongrie...	0,2507	1,22	0,2598
Tourbe d'un marais élevé (Mariazell), composée de débris végétaux.	0,5069	4,55	0,5293
Terre de steppes soumises aux inondations, stérile, à morceaux durs et argileux...............	0,2682	2,09	0,2836
Terre à blé très-fertile, près de Palota, en Hongrie.......	0,2847	2,66	0,3037
Széta-So, terre riche en carbonate de soude, poudre légère, grisâtre, des bords des marais de Tapio-Szella, en Hongrie, la seule où l'on ait observé une chaleur d'imbibition négative, c'est-à-dire un refroidissement pendant le mélange avec l'eau.......	0,2136	»	»

(1) On sait que M. Regnault détermine les capacités calorifiques en portant la substance

Ces résultats permettent de tirer quelques conclusions, ou au moins d'indiquer les points sur lesquels l'attention devra se porter de préférence dans de nouvelles recherches. Ainsi les chaleurs spécifiques les plus faibles sont celles des terres qui ne contiennent pas d'humus, qu'elles soient d'ailleurs composées de silicates ou de calcaire, et l'on ne fera pas une grande erreur en attribuant aux terres sèches et privées d'humus une même chaleur spécifique d'environ 1/5e de celle de l'eau. Par contre, la plus grande chaleur spécifique appartient à la tourbe (0,507). Les autres terres se groupent entre ces deux extrêmes, suivant leur plus ou moins grande quantité d'humus. En dehors de débris organiques, le degré d'humidité de la terre exerce une influence puissante sur la chaleur spécifique ; il en résulte que, sous ce rapport, les terres argileuses, qui retiennent une grande quantité de ce liquide, doivent se rapprocher des terres fortement organiques.

La question ne pourrait être, du reste, complétement élucidée qu'en tenant compte des autres éléments physiques ; cependant on peut donner quelques indications sur l'influence qu'exerce la chaleur spécifique des terres, toutes choses égales d'ailleurs. Prenons, par exemple, deux poids égaux de terre exposés sous la même surface au soleil et à l'air chaud, et présentant des chaleurs spécifiques différentes ; l'une s'échauffera plus vite que l'autre, mais aussi cette dernière, après la disparition des causes d'échauffement, se refroidira plus lentement. Si la quantité de chaleur que fournit le soleil pendant une journée de printemps suffit pour élever la première à la température nécessaire à la végétation de certaines plantes, elle pourra ne pas suffire à la seconde, et si une seule nuit de refroidissement détermine le gel des plantes qui vivent sur la première, ce refroidissement, plus lent dans la terre dont la chaleur spécifique est plus élevée, n'aura plus sur les plantes qu'elle porte une action si fâcheuse.

Échauffement de la terre exposée au soleil. — Parmi les propriétés calorifiques importantes des terres, se trouve encore celle de s'échauffer plus ou moins vite sous l'influence du soleil, et d'élever leur température à un degré plus ou moins élevé. Les différences que l'on observe sont dues : 1° à l'état de la surface des terres ; 2° à leur composition ; 3° à la quantité d'eau qui s'y trouve et qui, par son évaporation, tend à abaisser la température ; 4° à l'angle d'incidence des rayons solaires.

---

en expérience à une température de 100°, puis en la plongeant brusquement dans de l'eau à la température ordinaire et en notant la température maxima qu'acquiert celle-ci. M. H. Mangon conseille, pour faire cette détermination, de placer les terres dans des vases aplatis, pour que l'équilibre de température s'établisse rapidement dans toute l'épaisseur de la masse.

Cette dernière condition a une influence particulièrement sensible, et chacun sait que dans nos régions septentrionales, les coteaux inclinés au midi, qui reçoivent normalement les rayons lumineux, sont aptes à des cultures qui échouent sur les terres plates, et à fortiori sur les versants exposés au nord.

Schubler a déterminé la température qu'acquièrent diverses variétés de terres exposées au soleil dans les mêmes conditions et pendant le même temps. Il a obtenu les nombres suivants :

Désignation des terres.	Température maxima de la couche supérieure du sol, la température moyenne de l'air ambiant étant 25°.	
	Terre humide.	Terre sèche.
Sable siliceux gris jaunâtre........	37,25	44,75
Sable calcaire gris blanchâtre.....	37,38	44,50
Gypse clair gris blanchâtre........	36,25	43,62
Argile maigre jaunâtre...........	36,75	44,12
Argile grasse.................	37,25	44,50
Terre argileuse gris jaunâtre......	37,38	44,62
Argile pure gris jaunâtre	37,50	45,00
Terre calcaire blanche..........	35,63	43,00
Humus gris noir	39,75	47,37
Terre de jardin gris noir........	37,50	45,25
Terre arable d'Hofwyl grise.......	36,88	45,25
Terre arable du Jura grise.......	36,50	43,75

Nous terminerons cet exposé des propriétés physiques des terres arables en indiquant, d'après Schubler, comment on a pu mesurer la ténacité des terres arables et leur adhérence au bois et au fer.

§ 69. — TÉNACITÉ DES TERRES.

Pour la déterminer, Schubler modelait en prismes de mêmes dimensions les terres humides qu'il voulait éprouver ; quand la dessiccation avait eu lieu, il enlevait les moules, plaçait les deux extrémités des prismes sur des supports de bois, puis suspendait au milieu un plateau chargé de poids jusqu'au moment où la rupture avait lieu.

Pour mesurer l'adhérence de la terre au bois et au fer, qui servent à la confection des outils et des machines agricoles, Schubler fixait des disques de bois de hêtre ou de fer de même dimension au plateau d'une balance sensible; la terre étant maintenue à son maximum d'humidité, on appuyait le disque de façon à déterminer l'adhérence, puis on chargeait le plateau opposé de poids de plus en plus forts, jusqu'au moment où l'adhérence était vaincue.

L'argile pure et sèche a offert la plus grande ténacité. Pour faciliter les comparaisons, on a représenté cette ténacité par 100; les ténacités des autres matières ont été rapportées à celle de l'argile. Les parallélipipèdes des terres dont on a déterminé la cohésion avaient 45^{mm},2 de longueur et 13^{mm},5 sur les deux autres dimensions.

Voici les résultats obtenus dans ces deux séries d'expériences :

DÉSIGNATION DES TERRES.	TÉNACITÉ de la terre sèche, celle de l'argile étant 100.	TÉNACITÉ exprimée en poids.	COHÉSION à l'état humide ; adhérence verticale au fer et au bois sur un décimètre carré	
			Fer.	Bois.
		kil.	kil.	kil.
Sable siliceux	0	0	0,17	0,19
Sable calcaire.	0	0	0,19	0,20
Terre calcaire fine	5,0	0,55	0,65	0,71
Gypse.	7,3	0,81	0,49	0,53
Humus.	8,7	0,97	0,40	0,42
Argile maigre.	57,3	6,36	0,35	0,40
Argile grasse	68,8	7,64	0,48	0,52
Terre argileuse.	83,3	9,25	0,78	0,86
Argile pure.	100,0	11,10	1,22	1,32
Terre de jardin.	7,6	0,84	0,29	0,34
Terre d'Hofwyl.	33,0	3,66	0,26	0,28
Terre du Jura.	22,0	2,44	0,24	0,27

D'après Schubler, un sol desséché est d'un travail très-facile, lorsque sa ténacité ne dépasse pas 10, celle de l'argile pure étant égale à 100 à l'état humide. Les sols se laissent encore façonner avec facilité lorsque l'adhérence sur une surface d'un décimètre carré est représentée par un poids de 0^k,15 et 0^k,30. Passé ce dernier terme, les difficultés augmentent rapidement, et il faut déjà dépenser une force assez considérable pour surmonter cette adhérence, quand, pour la même surface, elle atteint 0^k,70.

La gelée, en émiettant la terre, diminue habituellement son adhérence. Schubler a trouvé que la cohésion de l'argile grasse desséchée, qui est égale à 68, descend à 45, lorsqu'avant sa dessiccation la pâte argileuse a été soumise à la gelée.

§ 70. — CLASSIFICATION DES TERRES D'APRÈS LEURS PROPRIÉTÉS PHYSIQUES.

Depuis longtemps les cultivateurs ont distingué les terres en deux grandes variétés : les unes, renfermant une quantité notable d'argile, sont les terres fortes ; celles qui, au contraire, sont particulièrement riches en sable, sont les terres légères.

Nous avons vu que les propriétés de ces deux substances sont presque constamment opposées. Tandis que les terres très-argileuses, retenant l'eau, sont parfois inabordables en hiver, que leur travail est difficile, qu'elles se fendillent et durcissent par la sécheresse, les terres siliceuses, au contraire, se dessèchent rapidement, et si elles sont presque toujours abordables et d'un travail facile, elles laissent filtrer l'eau et les principes solubles qu'elles renferment : c'est donc du mélange en proportion convenable du sable et de l'argile que dépendent leurs qualités et la nature des plantes qu'il faut y cultiver.

D'après Thaer les terres très-riches en argile, ne renfermant pas 30 pour 100 de sable, sont surtout propres à la culture de l'avoine ; toutefois, quand la proportion d'humus est un peu notable, on peut déjà cultiver le froment. Quand la proportion de sable est de 30 pour 100, la culture de l'orge réussit mieux que celle du froment. Quand l'argile et le sable sont en parties égales, ou qu'il y a 40 de l'un pour 60 de l'autre, et réciproquement, toutes les cultures sont possibles. Quand la proportion de sable dépasse 60, la réussite du froment n'est plus assurée, mais le sol convient encore à l'orge et particulièrement au seigle. Quand le lavage accuse dans une terre 90 pour 100 de sable, il est très-difficile d'en tirer parti.

Schwerz, admettant comme son prédécesseur Thaer qu'il est convenable de juger le sol d'après ses produits, adopte comme échelle de comparaison la culture des céréales, en prenant pour termes extrêmes le froment et le seigle : le premier réussissant dans les mauvais terrains argileux, le second végétant encore dans les sols sablonneux les plus médiocres. Dans ces terres *limites*, ajoute M. Boussingault, auquel nous empruntons ce passage, le froment et le seigle viennent fort mal, à la vérité ; mais entre ces deux extrêmes se trouvent comprises toutes les variétés de sols qui résultent du mélange des terres les plus fortes, les plus tenaces, avec les terres les plus légères, depuis l'argile la plus consistante jusqu'au sable mouvant. Dans ces sols mixtes, de qualités intermédiaires, le froment et le seigle s'avancent graduellement l'un vers l'autre en recrutant l'orge, l'avoine, le sarrasin, jusqu'à ce qu'ils se rencontrent au milieu de l'échelle dans un terrain neutre qui permet la culture de toutes les céréales.

Schwerz a disposé son échelle des terrains de la façon suivante :

0. Sable mouvant.
1. Terre à seigle.
2. Terre à seigle et à sarrasin.
3. Terre à seigle, sarrasin, avoine.
4. Terre à seigle, avoine et petite orge.

0. Argile tenace.
1. Terre à blé.
2. Terre à blé et avoine.
3. Terre à blé, avoine et petite orge.
4. Terre à blé et à grosse orge.

5. Terre à blé, seigle, orge et avoine.

Les espèces de sols qui conviennent à ces diverses cultures sont :

1. Sable léger sec.
2. Sable frais très-peu argileux.
3. Sable argileux.
4. Argile sablonneuse.

1. Argile froide, tenace.
2. Argile légèrement humide.
3. Argile chaude, sèche.
4. Argile riche.

5. Argile.

Il faut bien remarquer, au reste, que ces résultats s'appliquent surtout aux terrains non irrigués; quand on peut arroser les terres à mesure des besoins, les terres sablonneuses deviennent de bonne qualité. Ainsi, on cite des terres du Sénégal présentant un haut degré de fertilité et renfermant cependant jusqu'à 91 pour 100 de sable et de silice. M. Boussingault a donné l'analyse d'une terre prise sur les bords du rio Cupari; la végétation y est d'une vigueur exceptionnelle, et cependant la terre est exclusivement formée de sable et de débris de feuilles. (*Agronomie*, t. II, p. 17.)

La classification de Schwerz est un peu vague, et plusieurs agronomes ont tenté de lui en substituer une autre plus précise; sans insister sur celle qui a été proposée par M. de Gasparin, nous reproduirons dans le tableau suivant le mode de groupement des terres qui a été introduit par M. Masure : il repose sur l'analyse physique des sols, et par conséquent il permet de classer les échantillons analysés en un certain nombre d'espèces dont les noms présentent dès lors une précision à laquelle on n'était pas arrivé jusqu'à présent. M. Masure, après avoir séparé en un groupe particulier les terres parfaites dans lesquelles tous les éléments sont bien équilibrés, divise toutes les autres terres en deux grands embranchements : les terres argileuses, qui renferment plus de 30 pour 100 d'argile, et les terres sableuses, qui en renferment moins de 30 pour 100. Le premier de ces embranchements comprend cinq espèces, suivant l'élément qui domine après l'argile : c'est ainsi qu'à côté des terres argileuses proprement dites, nous plaçons les terres argilo-sableuses, les terres argilo-calcaires, les terres argilo-humifères. Le second embranchement comprend six espèces, les terres sableuses proprement dites, puis celles dans lesquelles vient s'ajouter au sable, dans une proportion notable, l'argile, le calcaire et l'humus. Enfin, à la suite de cet embranchement, se trouvent placées les terres calcaires et les terres humifères particulièrement riches en terreau.

Après avoir indiqué la quantité maxima des différents éléments, argile, sable, calcaire pulvérulent et terreau, qu'il distingue dans les différents sols, et avoir fait remarquer que l'argile communique aux terres des propriétés toutes spéciales, quand bien même elle ne s'y rencontre pas en quantité dominante, tellement qu'il faut encore compter parmi les terres argileuses celles qui ne renferment pas moins de 30 pour 100 de cet élément. M. Masure donne les noms vulgaires de terres qui se rapportent aux classes qu'il établit d'après la composition, puis il décrit rapidement dans une dernière colonne les caractères spécifiques de chacune de ces terres, qui permettent de se faire une première idée sur sa nature.

Il serait à désirer que ce mode de classification fût généralement adopté, puisqu'il substituerait aux termes vagues sous lesquels les terres sont désignées un langage précis, liant le nom de la terre à sa composition.

TABLEAU DE LA CLASSIFICATION NATURELLE DES TERRES ARABLES.

DÉSIGNATION DES CLASSES.	COMPOSITION ÉLÉMENTAIRE — LIMITES DES PROPORTIONS CENTÉSIMALES DES ÉLÉMENTS.				TERMES VULGAIRES. Synonymie.	CARACTÈRES SPÉCIFIQUES VULGAIRES.
	Argile. P. 100.	Sable. P. 100.	Calcaire pulvérulent. P. 100.	Terreau. P. 100.		
Type de classement (classe hors cadre). — I. Terres parfaites, dont les éléments se font équilibre.	20 à 30	50 à 70	5 à 10	5 à 10	Terres franches. Limons, loams des Anglais.	La terre se tasse dans la main, mais s'égrène on la pressant fortement sous les doigts. Fait effervescence assez vivement avec les acides.
1er EMBRANCHEMENT. TERRES ARGILEUSES dans lesquelles l'argile domine. / Caractère : La terre fait pâte avec l'eau et forme, en se détachant, des mottes plus ou moins dures. / II. Terres argileuses. L'argile domine sur tous les éléments.	plus de 40	moins de 50	moins de 5	5 à 10	Terres glaises. Terres à potier.	La pâte est plastique, se pétrit sous les doigts, se coupe au couteau, quand elle est dure, ne se brise qu'au marteau. Effervescence nulle ou très-faible avec les acides.
III. Terres argilo-sableuses. L'argile domine sur le sable et avec le sable sur les autres éléments.	plus de 30	50 à 70	moins de 5	5 à 10	Glaises maigres. Glaises sableuses. Terres fortes. Terres à blé.	La pâte est encore assez plastique. Le couteau l'égrène en la coupant. Effervescence nulle ou très-faible avec les acides.
IV. Terres argilo-calcaires. L'argile domine, et après elle le calcaire pulvérulent.	plus de 30	moins de 50	5 à 10	5 à 10	Marnes glaiseuses. Glaises blanches, terres à trèfle et à luzerne.	La pâte est plastique, se coupe assez bien au couteau, se brise assez facilement à la main. Effervescence très-vive avec les acides.
V. Terres argilo-humifères. L'argile domine, et après elle le terreau.	plus de 30	moins de 50	moins de 5	plus de 10	Glaises noires. Terres de marécages.	La pâte est très-plastique, se coupe bien au couteau, se brise assez facilement à la main. Effervescence très-faible ou nulle; odeur putride infecte.
IIe EMBRANCHEMENT. TERRES NON ARGILEUSES dans lesquelles l'argile est dominée par le sable seul ou par le sable et un autre élément. / Caractère : La terre se délaie dans l'eau sans faire pâte avec elle. Elle ne forme pas de mottes dures. / VI. Terres sableuses. Le sable domine seul.	moins de 10	plus de 80	moins de 5	5 à 10	Sables friables. Sables meubles. Terres de pinières.	La terre s'égrène au moindre effort, quand on veut la mettre en mottes. Effervescence très-faible avec les acides.
VII. Terres sablo-argileuses. Le sable domine, mais l'argile se fait sentir après lui.	10 à 20	plus de 70	moins de 5	5 à 10	Sables consistants. Terres légères. Terres à seigle.	La terre est assez facilement tassée en mottes, mais ces mottes sont faciles à pulvériser. Effervescence très-faible avec les acides.
VIII. Terres sablo-calcaires. Le sable domine, et après lui le calcaire pulvérulent.	moins de 10	plus de 70	5 à 10	5 à 10	Sables crayeux. Terres blanches, terres à sainfoin et à luzerne.	La terre ne peut se tasser en mottes. Effervescence très-vive avec les acides.
IX. Terres sablo-humifères. Le sable domine et après lui le terreau.	moins de 10	plus de 70	moins de 5	plus de 10	Sables noirs. Terre de bruyère. Terre de jardinier.	La terre ne peut se tasser en mottes. Effervescence très-faible avec les acides. La terre exhale une odeur fétide et putride.
X. Terres calcaires. Le calcaire pulvérulent domine seul.	moins de 10	50 à 70 sable calcaire.	plus de 10	5 à 10	Torres marneuses. Marnes exploitables.	La terre se tasse en mottes en blanchissant les doigts. La motte durcit, puis se délite à l'air humide. Vive effervescence avec les acides.
XI. Terres humifères. La terreau domine seul.	moins de 10	moins de 50	moins de 5	plus de 30	Tourbes. Marécages.	La terre est noire, très-légère, sans consistance. Effervescence faible ou nulle avec les acides; odeur fétide et putride.

CHAPITRE III

PROPRIÉTÉS ABSORBANTES DES TERRES ARABLES

Nous avons, dans les chapitres précédents, esquissé le mode de formation de la terre arable ; nous avons vu comment les agents atmosphériques, les eaux violemment déplacées par les cataclysmes qui se sont succédé à la surface du globe, ont peu à peu corrodé, exfolié, réduit en poudre la surface des roches primitives ; comment les eaux ont entraîné dans leur cours les matières délayées après leur pulvérisation, puis les ont abandonnées pendant les longs repos qui ont suivi les mouvements violents et rapides que déterminaient les grandes révolutions dont notre globe a été le théâtre. Nous avons reconnu encore que du mélange en proportions variables de l'argile et du sable dépendaient les qualités physiques du sol et les facilités qu'il présentait à la culture. Il nous faut maintenant pénétrer plus avant dans notre étude et faire voir que la terre arable possède une propriété précieuse qui lui permet de retenir les substances que renferment les eaux qui la traversent et de maintenir les dissolutions qui y circulent à un état de dilution qui est précisément celui qui convient à l'alimentation végétale.

§ 74. — DÉMONSTRATION DES PROPRIÉTÉS ABSORBANTES DES TERRES ARABLES.

Toutes les personnes qui ont suivi les cours de chimie générale savent que certains corps poreux ont la propriété de retenir les principes avec lesquels on les met en contact : le noir animal, par exemple, obtenu par la calcination des os, se charge avec la plus grande facilité des matières colorantes, et c'est une expérience vulgaire que d'agiter du vin rouge avec ce charbon pulvérisé, de jeter le tout sur un filtre, pour voir couler au-dessous de l'entonnoir une liqueur absolument incolore : toute la matière colorante a été retenue par le charbon. On sait encore que les sucreries emploient des quantités considérables de noir d'os pour décolorer les sirops de sucre. Or, il existe dans la terre

arable une propriété absorbante analogue à celle que possède le noir
animal, et il est facile de répéter dans un cours l'expérience fondamentale
de M. Huxtable. Dès 1848, cet agronome filtra du purin sur de la terre
arable placée dans un entonnoir, et reconnut qu'après cette filtration,
le liquide passait incolore et dépouillé de toute odeur; on en pouvait
conclure que non-seulement la terre enlevait au purin sa matière colorante, mais aussi qu'elle se chargeait des composés ammoniacaux auxquels le purin doit son odeur, comme le charbon de bois se charge des
gaz à odeur fétide que renferment les eaux croupies.

L'absorption des sels ammoniacaux par la terre arable est encore
facile à démontrer dans un cours; il suffit, pour la rendre manifeste,
d'agiter pendant quelque temps de la terre avec une dissolution
étendue de carbonate d'ammoniaque, qui a été préalablement titrée;
après filtration, on reconnaît que le titre a été singulièrement abaissé,
c'est-à-dire que la quantité d'alcali contenu dans chaque centimètre
cube a beaucoup diminué.

Aux travaux de M. Huxtable sur les propriétés absorbantes de la
terre arable pour les principes solubles du purin, se joignirent bientôt
ceux de M. Thompson, puis successivement ceux de M. Way et de
M. Brustlein, dont nous devons maintenant nous occuper.

Quantités d'ammoniaque absorbées par la terre arable. — M. Way
a constaté dans le travail important qu'il a consacré à l'étude de cette
question dans le *Journal de la Société d'agriculture d'Angleterre,*
en 1850, que la quantité d'ammoniaque absorbée par une même terre
était à peu près constante quand la dissolution présentait toujours la
même concentration, mais que cette quantité variait singulièrement
quand la concentration variait elle-même, ou quand on opérait sur des
terres différentes.

M. Brustlein (*Ann. de chim. et de phys.*, 3° série, t. LVI, p. 497),
qui travaillait, au moment où il a publié le travail auquel nous allons
faire de larges emprunts, au laboratoire de M. Boussingault, a
démontré les faits précédents par une série de déterminations empreintes de cette rigueur qu'on est habitué à trouver dans les œuvres
du savant professeur du Conservatoire des arts et métiers et de ses
élèves.

Les essais de M. Brustlein portèrent sur trois terres différant entre
elles par leur constitution physique : la première, prise à Bechelbronn, était une argile ténue, compacte, assez riche en calcaire et
durcissant beaucoup par la dessiccation; la deuxième, provenant de
Mittelhausbergen, plus riche en carbonate de chaux, offrait peu de

plasticité ; la troisième, enfin, terre du Liebfrauenberg, se composait surtout d'un sable quartzeux, riche en débris organiques.

Malgré l'identité des conditions d'un grand nombre d'essais, il se produisit des écarts de 10 à 15 pour 100 sur les quantités d'alcali absorbées. Le tableau suivant représente donc des moyennes :

DÉSIGNATION DES TERRES.	AMMONIAQUE contenue dans 100 cent. c. de dissolution.	ALCALI absorbé par 50 grammes de terre.
	gr.	gr.
Terre de Bechelbronn	0,355	0,056
	0,117	0,032
	0,029	0,014
Terre du Liebfrauenberg	0,355	0,035
	0,117	0,026
	0,059	0,019
	0,029	0,011
Terre de Mittelhausbergen..............	0,355	0,024
	0,117	0,017
	0,029	0,008

La force avec laquelle la terre absorbe l'alcali varie donc surtout avec la concentration de la dissolution. Un contact prolongé augmente également d'une petite quantité l'absorption, ainsi que le montre le tableau suivant :

DÉSIGNATION DES TERRES.	AMMONIAQUE pour 100 centim. cubes.	ALCALI absorbé après 4 heures par 50 gr. de terre.	ALCALI absorbé après 24 heures par 50 gr. de terre.
Terre de Bechelbronn................	0,355	0,048	0,059
	0,117	0,030	0,035
Terre du Liebfrauenberg.............	0,117	0,024	0,029
Terre de Mittelhausbergen............	0,117	0,015	0,018

Ces résultats sont loin de faire naître l'idée d'une combinaison chimique bien définie entre la terre et l'alcali.

Avec un sel ammoniacal, l'absorption se fait, pour une même dissolution, avec plus de régularité ; mais elle varie notablement avec la force de la dissolution :

DÉSIGNATION DES TERRES.	AMMONIAQUE contenue dans 100 cent. cub. de dissolution de chlorhydrate.	AMMONIAQUE absorbée par 50 grammes de terre.
Terre de Bechelbronn.	0,379	0,090
	0,038	0,020
Terre du Liebfrauenberg.	0,379	0,043
	0,038	0,010
Terre de Mittelhausbergen.	0,379	0,055
	0,038	0,018

Ainsi que l'avait annoncé M. Way, la base seule est absorbée, tandis que l'acide reste dans la dissolution, associé en général à la chaux. La décomposition du sel s'arrête à la quantité correspondant à l'alcali fixé, et la dissolution est neutre aux réactifs colorés après comme avant son contact avec la terre.

Causes de l'absorption de l'ammoniaque par la terre arable. — M. Way avait imaginé que l'ammoniaque devait former, avec un silicate d'alumine particulier dont il supposait l'existence dans le sol, une véritable combinaison ; mais ce qui s'était passé avec la terre du Liebfrauenberg, presque totalement exempte de composés alumineux, fit penser à M. Brustlein que la matière organique (humus) pourrait bien jouer un rôle actif dans l'absorption de l'ammoniaque. Le premier essai fait en vue de vérifier cette hypothèse montra que 50 grammes de terreau retiré d'un chêne creux, mis en contact avec 100 centimètres cubes d'une dissolution contenant 0,35 d'ammoniaque libre, faisaient, en une heure, disparaître toute odeur ammoniacale, tandis que la matière avait, au bout de ce temps, augmenté suffisamment de volume pour rendre impossible la décantation.

Voici les résultats de quelques autres expériences :

MATIÈRES ESSAYÉES ET CONDITIONS DE L'EXPÉRIENCE.	AMMONIAQUE pour 100 cent. cub. de dissolution.	AMMONIAQUE absorbée.
20 gram. d'humus, après deux heures	0,117	0,077
10 id. d'humus, après deux heures	0,355	0,125
10 id. d'humus, en vingt heures	0,352	0,127
25 id. de tourbe	0,355	0,177

Le noir animal en grains, ou lavé à l'acide et calciné, jouit de propriétés absorbantes.

Les matières ulmiques, le terreau, etc., absorbent donc une fraction importante de l'ammoniaque libre tenue en dissolution dans l'eau; mais au contraire ils n'exercent aucune action sur une dissolution d'un sel ammoniacal.

Si l'on rapproche ce fait de celui que nous avons indiqué plus haut, à savoir, que lorsqu'on introduit une dissolution d'un sel ammoniacal dans la terre arable, on trouve dans la liqueur l'acide du sel combiné avec de la chaux, on peut en conclure que la réaction d'un sel ammoniacal sur la terre arable doit se passer de la façon suivante :

1° Réaction du sel ammoniacal sur le carbonate de chaux contenu dans le sol; formation de carbonate d'ammoniaque et d'un sel de chaux renfermant l'élément électro-négatif d'abord combiné avec l'ammoniaque. Si, par exemple, c'est du chlorhydrate d'ammoniaque qui réagit sur la terre, on aura d'abord :

$$\underbrace{CaO,CO^2}_{\substack{\text{Carbonate de chaux} \\ \text{de la terre arable.}}} + \underbrace{AzH^3,HCl}_{\substack{\text{Chlorhydrate} \\ \text{d'ammoniaque} \\ \text{de la dissolution.}}} = CaCl + \underbrace{AzH^3HO,CO^2.}_{\substack{\text{Carbonate} \\ \text{d'ammoniaque.}}}$$

2° Absorption du carbonate d'ammoniaque formé, par les matières ulmiques, comme le serait l'ammoniaque elle-même.

Pour démontrer que la réaction suit bien les deux phases que nous venons d'indiquer, on lave un échantillon de terre arable à l'aide d'acide chlorhydrique faible, de façon à enlever tout le carbonate de chaux qui s'y rencontre, et l'on reconnaît que la terre ainsi traitée n'exerce plus aucune action absorbante sur les sels ammoniacaux. Si, au contraire, on arrose cette terre lavée à l'acide chlorhydrique avec une dissolution de carbonate de chaux dans l'acide carbonique, de façon à y incorporer du calcaire extrêmement divisé, on obtient un mélange qui jouit des propriétés de la terre primitive. Ainsi : 45 grammes d'un pareil mélange, mis en contact avec 100 centimètres cubes d'une dissolution de chlorhydrate d'ammoniaque contenant 0,354 d'alcali, en ont absorbé $0^{gr},043$.

En incorporant par la méthode précédente, du carbonate de chaux à 20 grammes de noir animal, on obtient avec la même dissolution une absorption de 0,029 d'ammoniaque.

Dans les expériences qui précèdent, l'ammoniaque a-t-elle subi une simple action absorbante, ou bien a-t-elle été modifiée et transformée, par exemple, en un autre produit azoté ? L'expérience a prouvé qu'en général cet alcali se retrouvait dans la terre arable ; mais il n'en est plus ainsi lorsqu'on opère avec le terreau et la tourbe, car on constate une absorption notable d'oxygène et la destruction d'une quantité d'alcali qui atteint dans la tourbe le septième, dans l'humus le tiers de l'ammoniaque totale absorbée.

Il est vraisemblable que, dans ce cas, l'ammoniaque est partiellement brûlée, et qu'il se forme de l'eau et de l'azote libre.

La terre arable n'absorbe jamais complétement l'ammoniaque d'une dissolution. — Un autre point d'une très-haute importance ressort encore des recherches de M. Brustlein. Cet habile chimiste reconnut que jamais la terre ne peut enlever complétement l'alcali que tient en dissolution une certaine quantité d'eau.

Les expériences ont été faites non-seulement en laissant la dissolution ammoniacale en contact avec la terre, mais encore en la faisant traverser par la dissolution : on a toujours trouvé que l'eau renfermait encore une quantité sensible d'alcali.

Ainsi, dans une expérience où l'on a fait passer 500 centimètres cubes d'eau ammoniacale au travers de 25 grammes de terre de Bechelbronn, on a reconnu que la terre avait retenu $0^{gr},0036$, mais que la dissolution renfermait encore $0^{gr},0107$ d'ammoniaque. Dans une autre expérience, où l'on avait employé 100 grammes de terre de Bechelbronn formant une colonne de $0^m,2$ de haut, la terre retint $0,0080$ d'ammoniaque, mais la dissolution en accusait encore $0,0206$.

Il faut conclure de ces expériences que des dissolutions très-étendues circulent dans le sol sans décomposition, ou au moins sans abandonner une fraction importante de l'alcali qu'elles renferment, C'est là un point capital, puisqu'il explique comment l'eau qui séjourne dans le sol amène à la plante les éléments qu'elle tient en dissolution, mais en même temps ne les amène qu'à un degré de dilution telle, que la plante ne saurait en souffrir comme si elle était en contact avec une dissolution concentrée.

§ 72. — ABSORPTION DES BASES ET DES SELS PAR LA TERRE ARABLE.

Absorption de la potasse et de la soude. — Les expériences de M. Brustlein n'ont porté que sur l'ammoniaque et le chlorhydrate d'ammoniaque; mais, avant lui, M. le baron de Liebig avait fait quelques expériences sur l'absorption par la terre arable des alcalis fixes, et notamment de la potasse et de la soude. Il a trouvé que ces deux bases étaient absorbées en proportions très-différentes ; c'est ce qui ressort de l'expérience suivante :

125 centim. cubes de purin contenaient			
Avant la filtration.		Après la filtration.	
Potasse...........	0,0867	Potasse...........	0,0056
Soude...........	0,0168	Soude.............	0,0118

M. Vœlcker (*the Journ. of the Royal Agric. Soc. of England*, 2ᵉ série, 1865, t. I, p. 313) est arrivé aux mêmes résultats. Les deux bases étant employées l'une et l'autre à l'état de chlorure, il a trouvé que pour 100 parties de potasse ou de soude en dissolution, les terres de diverses natures en expérience ont retenu :

	Potasse.	Soude.
Terre calcaire.................	3,578	0,800
Terre argileuse................	3,970	1,057
Terre sablonneuse fertile.........	2,626	0,620
Terre d'un pâturage............	3,758	1,000
Terre marneuse	3,373	0,996
Sable ferrugineux stérile..........	1,475	0,620

Absorption différente des carbonates et des sulfates. — Dans les travaux dont nous venons de rendre compte, on ne s'est pas préoccupé de la nature de l'acide avec lequel étaient combinées les bases dont on déterminait l'absorption ; au contraire, dans les recherches qui ont été entreprises sur le plâtrage des terres arables (*Annales du Conservatoire*, 1863-1865, *Recherches sur le plâtrage des terres arables*, par P. P. Dehérain), on a été conduit à étudier comparativement l'absorption de la potasse et de l'ammoniaque à l'état de sulfate et de carbonate. On fait réagir, dans ces opérations, de 50 à 100 ou 200 grammes de kaolin ou de terre sur une dissolution titrée de potasse ou d'ammoniaque à l'état de sulfate ou de carbonate ; on mesure le volume de dissolution ajoutée, on laisse le liquide au contact de la matière absorbante pendant quelques heures, puis on filtre. On mesure le liquide recueilli, et l'on dose la potasse et l'ammoniaque à l'aide du chlorure de platine, en ayant soin d'opérer sur des matières absorbantes qui ne cèdent à l'eau pure ni potasse ni ammoniaque. On sait au reste que la quantité de ces bases que l'eau peut enlever à 150 ou 100 grammes de terre est extrêmement faible et ne peut avoir d'influence sur les résultats.

On conclut, de la quantité de base trouvée dans le volume du liquide recueilli, à ce qu'on aurait obtenu si l'on avait pu retirer de la matière absorbante tout le liquide introduit; on constate ainsi un appauvrissement de la liqueur, qui indique la quantité de base absorbée. En opérant ainsi, on a trouvé les nombres suivants :

Absorption comparée de la potasse à l'état de carbonate et à l'état de sulfate.

1° CARBONATE DE POTASSE.				
NATURE ET POIDS DES MATIÈRES ABSORBANTES.	POIDS de la potasse ajoutée.	POIDS de la potasse retrouvée.	POIDS de la potasse retenue.	POTASSE retenue pour 100 parties ajoutées.
50 gram. kaolin..............	0,588	0,092	0,496	85
50 id. kaolin...............	0,588	0,075	0,513	87
50 id. kaolin.....	0,214	0,072	0,142	66
100 id. terre de Touraine.......	0,100	0,000	0,100	100
200 id. terre du Luxembourg....	0,075	0,050	0,025	33
550 gram. matières absorbantes...	1,565	0,289	1,276	74
2° SULFATE DE POTASSE.				
100 gram. kaolin...............	0,470	0,307	0,063	35
50 id. kaolin...............	0,266	0,120	0,146	35
100 id. terre de Touraine......	0,100	0,030	0,070	30
100 id. terre du Luxembourg...	0,097	0,092	0,005	5
350 gram. matières absorbantes...	0,933	0,549	0,284	31

Nous voyons donc que le carbonate de potasse est retenu par la terre arable et par le kaolin bien plus énergiquement que le sulfate : toutefois, pour constater des différences sensibles, il faut opérer avec des dissolutions étendues; si l'on prend des dissolutions de moyenne concentration, on n'obtient plus les mêmes résultats.

On a mis en contact avec de la terre arable une dissolution de sulfate de potasse renfermant $8^{gr},09$ de potasse par litre; on a trouvé que 100 centimètres cubes renfermant d'abord $0^{gr},809$ de potasse, n'en renfermaient plus que $0^{gr},616$ après un contact avec la terre de vingt-quatre heures; que par conséquent il y avait eu 22,7 pour 100 de potasse retenue. Tandis qu'en prenant une dissolution de carbonate de potasse renfermant $10^{gr},900$ de potasse par litre, on trouva que 8 pour 100 de potasse seulement étaient retenus, puisque 100 centi-

mètres cubes mis en contact avec la terre renfermaient encore, après
vingt-quatre heures, $1^{gr},010$ de potasse, au lieu de $1^{gr},090$ contenus
d'abord.

Il y a donc entre ces nombres et ceux qui sont signalés plus haut
une différence notable; mais il faut reconnaître que les résultats
obtenus avec les dissolutions étendues ont un tout autre intérêt que
ceux que présentent les dissolutions concentrées, puisque les dissolutions faibles sont les seules qui puissent se trouver dans le sol.

On a reconnu (*loc. cit.*) que l'ammoniaque était aussi bien mieux
retenue quand elle était introduite à l'état de carbonate que lorsqu'elle était placée dans le sol à l'état de sulfate.

En résumé, on a trouvé qu'en employant des *dissolutions étendues*

> Sur 100 de potasse introduits dans une matière ab-
> sorbante à l'état de carbonate, en moyenne..... 74 sont retenus.
> Sur 100 de potasse introduits à l'état de sulfate... 32   id.
> Sur 100 d'ammoniaque introduits à l'état de car-
> bonate............................ 80   id.
> Sur 100 d'ammoniaque introduits à l'état de sul-
> fate 31,5   id.

Absorption du silicate de potasse. — Une dissolution de silicate de
potasse mise en contact avec la terre arable perd de la potasse et de
la silice en proportions variables. On a remarqué que les terres riches
en matières organiques absorbent la silice en moindre quantité que
les autres. Il est vraisemblable qu'il faut en chercher la raison dans
la solubilité de la silice dans l'acide carbonique, formé dans le sol par
l'oxydation des débris des végétaux. Le silicate de potasse introduit
dans le sol y éprouverait donc une décomposition rapide : sous l'influence de l'acide carbonique, il se produirait du carbonate de potasse
et de la silice; le carbonate serait absorbé, et la silice amenée à l'état
insoluble, à moins qu'elle ne rencontrât un excès d'acide carbonique
capable de la dissoudre.

Absorption du phosphate de chaux soluble. — On emploie comme
engrais, en Angleterre, d'énormes quantités de phosphate de chaux
traité par l'acide sulfurique, de superphosphate; et il y a grand intérêt à savoir comment un semblable produit, extrêmement acide,
se comporte dans le sol. On avait bien remarqué que les plantes ne
souffraient pas habituellement de la causticité de cette matière;
mais on n'avait sur cette question que des idées assez vagues avant
les travaux de M. Vœlcker.

Ce chimiste distingué a étudié l'absorption des phosphates solubles
par plusieurs terres de natures différentes. Le mode de recherche était

très-simple : on préparait une dissolution de phosphate de chaux
acide, on la mettait en contact avec les terres ; puis on déterminait,
après quelques jours, la quantité de phosphate restée en dissolution.

La première expérience a été faite sur un sol sablonneux ; on a
trouvé que la proportion de phosphate dissous diminuait rapidement,
mais que cependant l'absorption n'était pas encore complète après
vingt-six jours. On pourrait donc craindre qu'il n'y eût une perte sensible, si, peu de temps après l'application du superphosphate sur un
terrain de cette nature, il survenait une pluie abondante ; mais il
faut remarquer cependant que, dans les expériences précédentes,
on a singulièrement exagéré la proportion du phosphate employé ;
que, dans la pratique agricole, les proportions sont tout autres,
et que le phosphate ne se trouve jamais qu'en quantité très-faible
par rapport à la masse de la terre sur laquelle il est jeté. Il suffit donc
que la propriété absorbante existe pour qu'on soit certain de n'avoir
pas de pertes sérieuses à craindre.

Dans la seconde expérience, qui eut lieu sur un sol calcaire, l'absorption fut bien plus rapide que celle qui portait sur le sol sablonneux pauvre en chaux, et cependant la présence d'un grand excès de
carbonate de chaux finement divisé n'a pas déterminé une absorption
immédiate ; après huit jours, il restait encore une petite quantité de
phosphate en dissolution dans l'eau.

Une argile tenace a absorbé en vingt-quatre heures la moitié, en
huit jours les deux tiers, en vingt-six jours les trois quarts du phosphate soluble qui a été mis en contact avec elle.

Dans une autre argile tenace, l'absorption a été plus rapide que dans
l'expérience précédente, mais elle est sensiblement inférieure dans ces
deux cas à celle qu'on observe dans les sols crayeux.

La cinquième expérience a été faite sur un sable ferrugineux, qui a
montré un pouvoir absorbant moindre que les sols précédents ; après
dix-sept jours, il restait encore en dissolution plus du quart du phosphate soluble introduit. Enfin, la dernière expérience porta sur un sol
marneux, dont, au contraire, le pouvoir absorbant fût considérable.

Ainsi l'expérience démontre que le superphosphate de chaux ne
persiste pas à l'état soluble dans le sol, mais qu'il y rencontre bientôt,
soit du carbonate de chaux, soit de l'alumine, soit de l'oxyde de fer,
qui se saisissent de son acide en excès et l'amènent à l'état insoluble.
Il est donc vraisemblable qu'ajouter des phosphates acides à la terre
arable, ce n'est pas y placer une matière soluble, devant servir directement de nourriture aux plantes, comme ce serait le cas pour un

nitrate, mais c'est introduire du phosphate sous une forme telle, qu'après avoir été répandu dans le sol plus régulièrement que s'il était insoluble au moment de l'application, il se trouve bientôt précipité sous forme gélatineuse, particulièrement favorable à la formation de nouvelles combinaisons solubles ou à la dissolution dans l'eau chargée d'acide carbonique.

Il faut remarquer toutefois que le temps pendant lequel le phosphate restera à l'état acide, soluble dans l'eau, variera avec les sols sur lesquels il sera distribué. Ainsi, tandis qu'il n'y aurait vraisemblablement aucun inconvénient à répandre cet engrais sur un sol calcaire même très-peu de temps avant les semailles, il n'en serait plus de même s'il devait être donné à un sol sablonneux ou granitique ; dans ce cas, il sera bon d'employer le phosphate assez longtemps avant les semailles, pour que la saturation ait eu le temps de se produire, et que les graines ne se trouvent pas au contact d'une matière corrosive qui, infailliblement, déterminerait leur destruction. C'est ce qui a eu lieu notamment dans quelques-unes des expériences importantes qu'a exécutées en Bretagne M. Bobierre. Elles ont porté sur des cultures de sarrasin : le superphosphate a déterminé la perte de la récolte, tandis que les phosphates fossiles simplement pulvérisés, ou le noir animal, ont donné au contraire d'excellents résultats.

Des modifications que subissent les engrais liquides en contact avec le sol.—Travaux de M. Vœlcker. — Nous venons de passer en revue les résultats obtenus en recherchant les propriétés absorbantes des terres arables pour tel ou tel élément important des engrais, et nous sommes très-frappés de voir que si malheureusement les nitrates filtrent facilement, l'ammoniaque et la potasse à l'état de carbonate, les phosphates, sont retenus ; de telle sorte que ce sont précisément les substances qui servent à la nourriture des plantes que le sol conserve, tandis qu'il laisse au contraire filtrer aisément plusieurs matières dont les plantes ne pourraient tirer aucun bénéfice. C'est ce que nous allons reconnaître plus complètement encore en recherchant avec M. Vœlcker les changements que présentent, dans leur composition, les engrais liquides quand ils filtrent au travers de la terre arable. Les résultats obtenus par le chimiste de Cirencester démontrent que les modifications apportées aux dissolutions sont infiniment plus sensibles dans les sols argileux ou calcaires que dans les sols sablonneux ; la perte porte surtout, ainsi qu'il a été dit, sur la potasse, l'ammoniaque et l'acide phosphorique, qui sont retenus par la terre arable.

Les sels de soude, et particulièrement le sel marin, passent au contraire sans altération. Habituellement le liquide s'enrichit en chaux, sans qu'on remarque cependant que la chaux dissoute soit en rapport avec la quantité que le sol en renferme. Quand, au contraire, la terre sur laquelle a lieu la filtration est très-sablonneuse et pauvre en chaux, l'engrais lui-même lui en abandonne.

Nous donnons ci-dessous les tableaux qui résument les analyses de M. Vœlcker, qui a pris la précaution de déterminer la composition des sols sur lesquels a eu lieu la filtration :

Sol de Cirencester, Collège farm.

Humidité	1,54
Matières organiques.........................	11,08
Carbonate de chaux.........................	10,82
Argile.....................................	52,06
Sable......................................	24,53
	100,00

Un gallon de liquide, mis en contact avec 20 000 grains de terre, donna les résultats suivants :

UN GALLON CONTENAIT :	AVANT LE CONTACT.	APRÈS FILTRATION.	GAIN OU PERTE.
Eau et gaz ammoniacaux	69,888,14	69,886,60	— 1,54
Contenant : Ammoniaque à l'état d'ul- mate où de carbonate..........	(35,58)	(20,81)	— 14,77
Matières organiques.............	20,59	34,77	+ 14,18
Contenant : Azote.............	1,49	1,84	+ 0,35
Matières inorganiques...........	(94,27)	(78,63)	— 12,64
Consistant en : Silice soluble.......	2,34	0,70	— 1,64
Oxyde de fer...................	»	2,55	+ 2,55
Chaux......................	11,48	22,42	+ 10,94
Magnésie	2,87	1,17	— 1,70
Potasse.....................	16,92	3,40	— 13,52
Chlorure de potassium	2,74	»	— 2,74
— de sodium	40,35	33,31	— 7,04
Acide phosphorique	4,83	0,60	— 4,23
— sulfurique................	3,94	2,88	— 1,06
— carbonique et perte	5,80	11,60	+ 5,80

Sol d'une prairie naturelle.

Humidité...................................	2,42
Matières organiques........................	11,70
Chaux.....................................	1,54
Argile.....................................	48,39
Sable	35,95
	100,00

UN GALLON CONTENAIT :	AVANT LE CONTACT.	APRÈS FILTRATION.	GAIN OU PERTE.
Gaz et liquides ammoniacaux.......	69,888,14	69,856,85	— 31,29
(Ammoniaque)	(35,58)	(20,83)	(— 14,75)
Matières organiques.............	20,59	31,14	+ 10,55
Contenant : Azote...............	1,49	2,20	+ 0,71
Matières inorganiques...........	(91,27)	(112,01)	+ 20,74
Consistant en : Silice soluble.......	2,34	3,06	+ 0,72
Matière siliceuse insoluble.........	»	2,97	+ 2,97
Chaux...........	11,48	25,21	+ 13,73
Magnésie	2,87	2,87	»
Potasse.....................	16,92	5,19	— 11,73
Chlorure de potassium	2,74	4,88	+ 2,14
— de sodium..............	40,35	39,23	— 1,12
Acide phosphorique	4,83	1,74	— 3,09
— sulfurique................	3,94	2,73	— 1,21
— carbonique et perte.....	5,80	24,13	+ 18,33

La troisième expérience fut faite sur un sol sablonneux très-aride, dont la composition était la suivante :

Matières organiques......	5,36
Argile..................................	4,57
Chaux.................................	0,25
Sable	89,82
	100,00

UN GALLON CONTENAIT :	AVANT LE CONTACT.	APRÈS FILTRATION.	GAIN OU PERTE.
Gaz et liquides ammoniacaux.......	69,888,14	69,892,41	+ 42,07
(Ammoniaque)	(35,58)	(33,15)	— 2,43
Matières organiques...........	20,59	25,05	+ 4,47
(Azote)......................	(1,49)	(1,40)	— 0,09
(Matières inorganiques).........	(91,27)	(82,53)	— 8,74
Consistant en : Silice soluble.......	2,34	5,10	+ 2,76
Matière argileuse insoluble.........	»	1,39	— 1,39
Oxyde de fer..................	»	2,07	+ 2,07
Chaux......................	11,48	8,03	— 3,35
Magnésie	2,87	0,74	— 2,13
Potasse....................	16,92	12,01	— 4,91
Chlorure de potassium...........	2,74	»	— 2,74
Soude......................	»	0,45	+ 0,45
Chlorure de sodium.............	40,35	39,25	— 1,10
Acide phosphorique.............	4,83	1,92	— 2,91
— sulfurique................	3,94	3,67	— 0,27
— carbonique et perte.........	5,80	7,90	+ 2,10

(Augustus Vœlcker, *Journal of the R. Agric. Society :* — *On the changes which liquid manure undergoes.*)

L'influence de la composition du sol sur son pouvoir absorbant est
ici remarquable : l'ammoniaque est bien mieux retenue par les deux
terres riches en matières organiques que par la dernière, qui en
renferme une moindre proportion ; il en est de même pour l'acide
phosphorique. En revanche, la dernière terre a retenu une partie
de l'azote des matières organiques contenues dans le purin, tandis
que les deux autres, au contraire, en avaient cédé à l'eau une petite
quantité.

§ 73. — NATURE DES SUBSTANCES ENLEVÉES PAR LES EAUX AUX TERRES QU'ELLES TRAVERSENT.

Les terres arables s'enrichissent donc des principes solubles des
engrais ; elles les enlèvent aux liquides qui en sont chargés, mais, nous
l'avons dit plus haut, elles ne les enlèvent jamais que partiellement.
Il y a en quelque sorte lutte entre le pouvoir absorbant du sol et la
faculté dissolvante de l'eau : si l'eau est très-chargée, le sol s'empare
d'une partie de ses éléments ; mais, réciproquement, si la terre s'est
enrichie, et qu'elle se trouve en contact avec de l'eau pure, elle peut
céder à celle-ci une partie des éléments solubles qu'elle renferme.
Dans quelle proportion a lieu cette dissolution ? Il importe de le
rechercher, car les tuyaux de drainage rejettent constamment hors
du domaine des eaux qui ont traversé le sol, et qui, par conséquent, ont
pu entraîner les éléments utiles que celui-ci avait reçus des fumures
précédentes.

Nous empruntons à M. Way les analyses suivantes d'eaux de drainage recueillies à la sortie de sept terres de natures différentes
(*Journ. of the Royal Agric. Soc.*, vol. XVII, p. 133) :

	GRAINS EN UN GALLON = 70 000 GRAINS.						
	1.	2.	3.	4.	5.	6.	7.
Potasse	traces	traces	0,02	0,05	traces	0,22	traces
Soude	1,00	2,17	2,26	0,87	1,42	1,40	3,20
Chaux	4,85	7,19	6,05	2,26	2,52	5,82	13,00
Magnésie	0,08	2,32	2,48	0,41	0,21	0,93	2,50
Oxyde de fer et alumine	0,40	0,05	0,10	»	1,30	0,35	0,50
Acide silicique	0,95	0,45	0,55	1,20	1,80	0,65	0,85
Chlore	0,70	1,10	1,27	0,81	1,26	1,21	2,62
Acide sulfurique	1,65	5,15	4,40	1,71	1,29	3,12	9,51
— phosphorique	traces	0,12	traces	traces	0,08	0,06	0,12
Ammoniaque	0,018	0,048	0,018	0,012	0,018	0,018	0,006

Le docteur Krocker, dans ses analyses d'eaux de drainage de

Proskau, est arrivé à des résultats tout à fait semblables (voy. *Rapport ann. de Liebig et Kopp*, 1853, p. 742) :

COMPOSITION.	DANS 1000 PARTIES D'EAU DE DRAINAGE.					
	a.	*b.*	*c.*	*d.*	*e.*	*f* (1).
Substance organique.	0,25	0,24	0,16	0,06	0,63	0,56
Carbonate de chaux	0,84	0,84	1,27	0,79	0,71	0,84
Sulfate de chaux.	2,08	2,10	1,14	0,17	0,77	0,72
Nitrate de chaux.	0,02	0,02	0,01	0,02	0,02	0,02
Carbonate de magnésie.	0,70	0,69	0,47	0,27	0,27	0,16
— d'oxyde de fer.	0,04	0,04	0,04	0,02	0,02	0,01
Potasse.	0,02	0,02	0,02	0,02	0,04	0,06
Soude.	0,11	0,15	0,13	0,10	0,05	0,04
Chlorure de sodium	0,08	0,08	0,07	0,03	0,01	0,01
Silice.	0,07	0,07	0,06	0,05	0,06	0,05
Somme des éléments.	4,21	4,25	3,37	1,53	2,58	2,47

(1) *a*. Eau de drainage recueillie le 1er avril 1853. — *b*. La même, recueillie, après avoir traversé le sol, le 1er mai 1853, à la suite d'une pluie de 218 pouces cubes par pied carré. — *c*. Eau de drainage du sol précédent, mélangée avec celle d'une terre argileuse riche en humus, dont le sous-sol était une argile calcaire; recueillie le 1er octobre 1853. — *d*. Eau de drainage d'un autre sol, recueillie en octobre 1853. — *e*. Eau qui s'écoulait des rigoles d'un sol argileux compacte au commencement de juin. — *f*. Eau semblable prise, vers le milieu du mois d'août, chaque fois après une forte pluie battante.

On remarquera dans les analyses précédentes que la quantité de matière dissoute est très-faible, et que les sels de chaux forment souvent la moitié du résidu soluble ; tandis que la potasse, l'ammoniaque, l'acide phosphorique, ne se rencontrent au contraire dans les eaux de drainage qu'en très-faibles quantités, et que les éléments entraînés sont presque tous sans importance pour la végétation. Ce serait donc une erreur de croire que si le drainage est utile pour régulariser l'écoulement des eaux, il a l'inconvénient d'enlever habituellement au sol des éléments utiles ; à l'exception des nitrates, tous sont au contraire conservés (1).

Analyses du Dr Zoeller. — Au lieu de déterminer les principes enlevés par l'eau à une terre arable en recueillant les eaux de drainage, on peut opérer autrement, et pratiquer en quelque sorte des drainages artificiels en se servant d'appareils appelés *lysimètres*, dans lesquels on superpose des couches de terre que l'eau traverse avant d'arriver à un vase inférieur disposé pour la recevoir.

L'analyse des eaux recueillies pendant les quatre années qu'ont duré les expériences a été exécutée par le docteur Zoeller.

(1) On discutera à ce point de vue, dans la quatrième partie de cet ouvrage, consacrée à l'étude des engrais, les inconvénients qui résultent de l'application des fumiers frais dans les sols sablonneux.

1ʳᵉ série : expériences de 1857. — Les eaux analysées proviennent de cinq sols différents; elles représentent les quantités d'eau de pluie qui ont passé du 7 avril au 7 octobre 1857, à travers un volume de terre d'un pied carré de surface et de six pouces de profondeur. I, d'une terre calcaire fumée et portant de l'orge; II, d'une terre argileuse non fumée, également ensemencée; III, d'une terre argileuse non fumée et non ensemencée; IV, d'un sol argileux non fumé et non planté; V, d'une terre argileuse fumée et plantée. La fumure de I, IV et V se fit chaque fois avec 2 livres de fumier de vache sans paille.

	I.	II.	III.	IV.	V.
	cc.	cc.	cc.	cc.	cc.
Quantité d'eau qui a traversé le sol.	9 845	18 575	18 148	19 790	12 302
	gr.	gr.	gr.	gr.	gr.
Résidu solide de cette eau après dessiccation à 100°.	4,651	4,730	5,291	6,040	3,686
Cendres du résidu solide.	3,127	3,283	3,545	4,245	2,610
Potasse	0,064	0,044	0,037	0,108	0,047
Soude.	0,070	0,104	0,135	0,170	0,074
Chaux.	1,436	1,070	1,285	0,354	1,136
Magnésie.	0,203	0,165	0,024	0,058	0,063
Oxyde de fer.	0,013	0,149	0,150	0,114	0,053
Chlore.	0,566	0,177	0,379	0,781	0,434
Acide phosphorique.	0,022	traces	traces	traces	traces
— sulfurique.	0,172	0,504	0,515	0,580	0,412
Silice.	0,103	0,210	0,317	0,188	0,415
Argile et sable.	0,089	0,074	0,112	0,045	0,047
TOTAL.	2,738	3,467	2,954	3,698	2,381
A décompter l'équivalent d'oxygène correspondant au chlore (1).	0,127	0,040	0,085	0,176	0,095
RESTE.	2,611	2,427	2,869	3,522	2,286
Perte par calcination et acide carbonique.	2,040	2,303	2,422	2,518	1,400
TOTAL.	4,651	4,730	5,291	6,040	3,686

(1) L'auteur a compté les bases : potasse, soude, chaux, magnésie, comme si elles se trouvaient dans le sol, mais elles ne s'y rencontrent pas réellement en totalité à cet état, et le chlore qu'il a dosé était certainement uni avec un des métaux potassium, sodium, calcium ou magnésium. On conçoit donc qu'il commettrait une erreur s'il additionnait tous ces éléments sans tenir compte du poids d'oxygène équivalent au chlore trouvé. Pour trouver ce poids d'oxygène, il n'a qu'à établir qu'il doit être au poids du chlore trouvé dans le rapport de 8 à 35,5 : c'est ainsi qu'il a trouvé, par exemple, le nombre 0,127. On a, en effet, $\dfrac{8.0,566}{35,5} = 0,127$.

M. Liebig, à qui nous empruntons les nombres précédents, n'indique pas à quelles causes il faut attribuer les différences considérables observées dans les quantités d'eau recueillies. Tandis que le n° I n'a été traversé que par 9 litres d'eau, les terres II, III, IV en ont laissé filtrer plus de 18. Il est possible que la végétation ait été beau-

coup plus luxuriante pour I, qui a été fumé, que pour II, qui ne l'a pas
été, et que, par suite, cette végétation vigoureuse ait évaporé beaucoup plus d'eau que celle du n° II. III et IV n'ont pas été plantés, par
suite toute l'eau qu'ils ont reçue a traversé ; mais il est curieux cependant que la végétation de II, si faible qu'elle soit, n'ait pas diminué
la quantité d'eau de drainage recueillie. L'observation faite à propos
du n° I doit s'appliquer à V, qui était fumé et planté.

Pour faciliter les comparaisons, M. Zoeller a calculé la quantité de
matière entraînée qu'on trouverait dans 1000 mètres cubes d'eau de
lysimètres ; il a trouvé ainsi qu'un million de litres d'eau, après avoir
traversé une couche de six pouces (15 centimètres) des sols indiqués
plus haut, renferment en grammes :

	I.	II.	III.	IV.	V.
Résidu solide par une dessiccation à 100° centigrades.	gr. 472,32	gr. 254,64	gr. 292,64	gr. 305,20	gr. 291,50
Cendres contenues dans le résidu.	317,62	176,74	194,78	214,50	212,16
Potasse.	6,50	2,37	2,03	5,46	3,82
Soude.	7,11	5,60	7,43	23,74	6,02
Chaux.	145,86	57,60	70,80	68,44	92,34
Magnésie	20.52	8,88	1,32	2,93	5,12
Oxyde de fer.	1,32	6,35	8,26	5,76	4,30
Chlore.	57,49	9,52	20,87	39,46	35,27
Acide phosphorique.	2,23	»	»	»	»
— sulfurique.	17,47	27,13	27,82	29,30	33,49
Silice soluble.	10,46	11,35	17,46	9,50	9,34

2° série : expériences de 1858. — Les eaux analysées ont passé
au travers de six sols différents. Elles ont été fournies par la pluie
tombée du 10 mai au 1er novembre 1858 sur un pied carré de terre,
et recueillies après avoir filtré à travers une couche de douze pouces
d'épaisseur (30 centimètres). Le sol était formé d'une terre d'alluvion
ordinaire non fumée des plaines de l'Isaar. On avait planté des pommes de terre sur quelques parcelles en expérience : I était sans fumure
et sans plantes ; II, sans fumure et planté ; III, fumé avec 10 grammes
de sel marin et planté ; IV, fumé avec 10 grammes de salpêtre du
Chili et planté ; V, fumé avec 10 grammes de guano et planté ; VI, fumure : phosphorites traités par l'acide chlorhydrique (?) et maintenus
à l'état pulvérulent, planté. IV et V, qui ont reçu les fumures les plus
énergiques, sont aussi ceux qui ont évaporé la plus grande quantité
d'eau, et qui, par suite, en ont laissé filtrer la moindre proportion.
Il est curieux qu'on ne trouve dans l'eau écoulée de la terre du n° VI

qu'une très-faible quantité d'acide phosphorique, malgré la fumure avec les phosphates solubles : ce résultat confirme complétement ceux qui ont été déduits du travail de M. Vœlcker (page 277).

	I.	II.	III.	IV.	V.	VI.
Quantité d'eau qui a traversé le sol,	cc. 29 185	cc. 25 007	cc. 28 138	cc. 17 466	cc. 16 520	cc. 30 850
Résidu solide à 100° centigrades.	gr. 8,985	gr. 8,214	gr. 14,198	gr. 7,681	gr. 4,864	gr. 8,001
Cendres du résidu	6,591	6,094	12,292	5,533	3,704	6,192
Soude.	0,250	0,245	3,290	1,255	0,301	0,233
Potasse.	0,075	0,066	0,034	0,035	0,032	0,029
Magnésie	0,432	0,443	0,454	0,264	0,382	0,374
Chaux.	2,416	2,467	2,356	1,792	1,378	2,645
Oxyde de fer	0,115	0,083	1,104	0,083	0,096	0,117
Chlore.	0,227	0,237	3,925	0,177	0,317	0,238
Acide phosphorique.	réact.	réact.	0,009	réact.	0,007	0,015
— azotique..	»	»	»	3,267	»	»
— sulfurique.	0,132	0,147	0,118	0.182	0,497	0,666
Silice.	0,266	0,301	0,384	0,303	0,226	0,224
Sable.	0,155	0,237	0,155	0,105	0 062	0,083
Somme.	4,068	4,226	10,829	7,463	2,998	4,644
A déduire l'équivalent d'oxygène correspondant au chlore	0,051	0,053	0,884	0,039	0,071	0,053
Reste.	4,017	4,163	9,945	7,424	2,927	4,591
Perte par la calcination et acide carbonique.	4,968	4,051	4,253	0,257	1,937	3,410
Somme.	8,985	8,214·	14,178	7,671	4,864	8,001

Un million de litres d'eau ayant filtré à travers une couche de dix pouces d'épaisseur des sols précédents renfermeraient :

	I.	II.	III.	IV.	V.	VI.
Résidu solide séché à 100° centigr.	gr. 307,86	gr. 328,46	gr. 504,58	gr. 439,76	gr. 294,42	gr. 259,35
Cendres du résidu.	225,83	243,69	436,84	374,04	224,21	200,71
Soude.	8,56	9,79	116,92	71,85	18,22	7,55
Potasse.	2,56	2,63	1,20	2,00	1,93	0,04
Magnésie.	14,80	17,74	16,13	15,11	23,18	12,12
Chaux.	82,78	98,65	83,73	102,59	83,41	85,73
Oxyde de fer	3,94	3,31	3,69	4,75	5,81	3,79
Chlore	7,77	9,47	139,40	10,13	19,18	7,71
Acide phosphorique.	»	»	0,31	»	0,42	0,48
— azotique..	»	»	»	187,04	»	»
— sulfurique.	4,52	5,87	4,49	10,42	11,09	21,59
Silice.	9,11	12,03	13,64	17,34	13,68	7,26

3ᵉ série : expériences de 1859. — Les eaux analysées provenaient de six sols. Elles ont été fournies par l'eau de pluie tombée du 20 mars au 16 novembre sur un pied carré de terre et recueillie après avoir traversé une couche de douze pouces (30 centimètres).

	I.	II.	III.	IV.	V.	VI.
Quantité d'eau qui a traversé le sol,	cc. 20 201	cc. 14 487	cc. 20 348	cc. 17 491	cc. 23 205	cc. 22 488
Résidu solide de cette eau à 100° centigr.	gr. 4,5631	gr. 11,4272	gr. 15,1967	gr. 13,6805	gr. 20,784	gr. 5,5878
Cendres du résidu solide	3,192	8,861	13,644	10,681	17,668	4,614
Soude.	0,044	0,069	0,083	0,030	0,085	0,038
Potasse.	0,024	0,166	0,205	0,231	0,244	0,112
Magnésie.	0,253	0,302	0,296	0,285	0,320	0,117
Chaux.	1,530	3,483	5,360	4,838	7,112	1,963
Oxyde de fer.	0,072	0,057	0,072	0,084	0,088	0,053
Chlore.	0,035	0,080	0,202	0,132	0,283	0,127
Acide phosphorique.	traces	traces	traces	traces	traces	traces
— sulfurique.	0,289	0,205	6,527	2,104	9,124	1,524
— azotique	1,125	5,913	1,304	5,248	1,401	1,390
Silice	0,178	0,271	0,208	0,230	0,280	0,269
Sable	0,044	0,021	0,036	0,025	0,056	0,097
Somme	3,594	10,567	14,290	13,207	18,993	4,690
A déduire l'équivalent d'oxygène correspondant au chlore.	0,007	0,018	0,045	0,029	0,063	0,028
Reste.	3,587	10,549	14,245	13,178	18,930	4,662
Perte par la calcination èt acide carbonique.	0,9761	0,8782	0,9517	0,5025	1,854	0,9258
Somme	4,5631	11,4372	15,1967	13,6805	20,784	5,5878

Un million de litres d'eau, après avoir traversé une couche de 30 centimètres des terres précédentes, renfermeraient :

	I.	II.	III.	IV.	V.	VI.
Résidu solide séché à 100° centigr.,	gr. 225,38	gr. 788,78	gr. 746,84	gr. 782,14	gr. 895,66	gr. 248,48
Cendres de ce résidu..	158,00	611,64	670,52	610,65	761,36	205,17
Soude.	2,17	4,76	4,07	1,71	3,66	1,68
Potasse.	1,18	11,45	10,07	13,20	10,51	4,98
Magnésie.	12,52	20,84	14,54	16,29	13,79	5,20
Chaux.	75,73	240,42	263,41	276,59	306,48	87,29
Oxyde de fer	3,56	3,93	3,53	4,80	3,79	2,35
Chlore.	1,73	5,52	9,92	7,54	12,19	5,64
Acide sulfurique	14,30	14,15	320,76	120,29	393,19	23,30
— azotique	55,69	408,15	63,93	300,04	60,37	61,76
Silice.	8,84	18,70	10,32	13,14	12,06	11,96

4ᵉ série : expériences de 1859 à 1860. — Cette série n'est que la continuation directe de la troisième. Les eaux qui ont servi à cette analyse ont passé par les mêmes sols que les eaux obtenues dans la troisième série d'expériences. Cette quatrième série d'expériences dura du 16 novembre 1859 au 12 avril 1860.

	I.	II.	III.	IV.	V.	VI.
	cc.	cc.	cc.	cc.	cc.	cc.
Quantité d'eau qui a traversé le sol.	13 500	12 332	13 760	13 150	15 232	14 850
	gr.	gr.	gr.	gr.	gr.	gr.
Résidu solide séché à 100° centigr.	2,424	2,205	2,860	2,640	3,172	2,691
Cendres du résidu solide.	2,071	1,682	2,395	2,086	2,599	2,220
Soude.	0,021	0,024	0,028	0,022	0,028	0,019
Potasse.	traces	0,008	0,012	0,009	0,015	0,015
Magnésie.	0,065	0,058	0,069	0,074	0,070	0,063
Chaux.	0,770	0,859	1,016	0,938	0,952	1,057
Oxyde de fer.	0,061	0,066	0,097	0,075	0,135	0,049
Chlore.	0,140	0,042	0,093	0,068	0,091	0,084
Acide phosphorique.	traces	traces	traces	traces	traces	traces
— azotique.	0,025	0,101	0,043	0,077	0,029	0,046
— sulfurique.	0,119	0,099	0,487	0,474	0,527	0,185
Silice et sable (1).	0,170	0,144	0,118	0,153	0,123	0,136
Somme	1,371	1,401	1,963	1,890	1,970	1,654
A déduire pour un équivalent d'oxygène correspondant au chlore. . .	0,024	0,009	0,020	0,015	0,020	0,018
Reste.	1,347	1,392	1,943	1,875	1,950	1,636
Perte par calcination et acide carbonique.	1,077	0,813	0,917	0,765	1,222	0,955
Somme.	2,424	2,205	2,860	2,640	3,172	2,691

(1) Quantité de sable très-insignifiante.

Un million de litres d'eau, après avoir traversé une couche de 25 centimètres d'épaisseur des sols précédents, renfermeraient :

	I.	II.	III.	IV.	V.	VI.
	gr.	gr.	gr.	gr.	gr.	gr.
Résidu solide séché à 100° centigr..	179,56	178,80	207,71	200,81	208,24	181,21
Cendres contenues dans ce résidu. .	153,47	136,39	174,07	158,69	170,62	149,49
Soude.	1,56	1,94	2,04	1,73	1,83	1,27
Potasse.	»	0,64	0,92	0,69	0,98	1,01
Magnésie.	4,86	4,70	5,02	5,56	4,59	4,24
Chaux.	57,04	69,49	73,87	71,39	62,50	71,17
Oxyde de fer.	4,52	5,35	7,06	5,73	8,86	3,29
Chlore.	10,43	3,40	6,76	5,21	5,97	5,65
Acide azotique.	1,91	8,19	3,17	5,91	1,90	3,09
— sulfurique.	8,86	8,02	35,45	36,08	34,59	12,45
Silice et un peu de sable.	12,60	11,67	8,60	11,65	8,04	9,15

Les eaux, dans cette seconde série d'expériences, sont moins chargées que dans la première; mais il est intéressant de voir certains sels extrêmement solubles se reformer constamment et être entraînés en quelque sorte à mesure de leur formation : c'est ainsi que, malgré les lavages prolongés de la première.série d'expériences, les nitrates se trouvent encore, bien qu'en moindre proportion, dans les eaux recueillies pendant les mois d'hiver.

(Voyez *Ann. de chimie et de pharmacie*, t. CVII, p. 27 : *Résultats d'expériences agricoles de la station expérimentale de Munich*, 2ᵉ cahier, p. 65, et 3ᵉ cahier, p. 82).

§ 74. — COMPOSITION DE L'EAU CONTENUE DANS LA TERRE ARABLE.

Les travaux que nous venons de citer nous donnent la composition de l'eau qui a traversé la terre arable, elle ne nous indique pas quelles sont les matières que renferme l'eau qui y est normalement contenue; car, en versant sans précautions spéciales de l'eau sur la terre et en recueillant le liquide qui s'écoule, on obtient un mélange de l'eau primitivement contenue dans le sol avec celle qui a été ajoutée : c'est là ce qu'a voulu éviter M. Schlœsing (*Comptes rendus*, 1866, t. LXIII, p. 1007), qui opère le déplacement des principes solubles en déversant lentement, à la surface d'une terre humide, de l'eau en pluie fine à l'aide d'une pomme d'arrosoir. On arrive ainsi, d'après le savant professeur de la Manufacture des tabacs, à chasser complétement l'eau primitivement contenue dans la terre sans la mélanger avec la pluie artificielle ; et, en effet, en recueillant le liquide qui s'écoule, M. Schlœsing s'assure que des prises de 50 centimètres cubes, faites successivement, conservent pendant un temps assez long une composition constante, ce qui n'aurait pas lieu si l'eau ajoutée venait se mêler à celle qui était primitivement renfermée dans le sol.

Cette méthode a permis à M. Schlœsing de déterminer la composition des eaux contenues dans différents sols, et de voir que les matières utiles aux plantes s'y rencontrent en quantités très-inégales : ainsi l'acide phosphorique est toujours très-peu abondant, tandis que l'acide nitrique, au contraire, est facilement dissous. On savait déjà, au reste, que les nitrates ne sont pas absorbés par la terre arable, mais on ignorait qu'après filtration sur la terre, un liquide pût s'enrichir, non en dissolvant les nitratesdu sol, mais en perdant de l'eau ; la concentration étant due à l'absorption de l'eau, est naturellement d'autant plus grande que la terre est plus sèche.

C'est ce que démontre clairement l'expérience suivante :

Une terre a été dépouillée par lavage de toute trace d'acide nitrique, puis elle a été séchée sur du chlorure de calcium à la température ordinaire et enfermée dans une allonge ; elle a été ensuite arrosée d'une dissolution étendue de nitrate de chaux. Si la terre pouvait opérer la séparation prévue, la dissolution devait se concentrer en descendant, et les premières prises devaient montrer une richesse en acide nitrique plus grande que celle qu'on obtiendrait plus tard ; en effet, une fois la terre saturée d'eau, le liquide devait couler avec sa composition normale.

Le poids de la terre étant de 1^{kil},150 et la quantité d'acide azotique de $7^{milligr}$,38 dans 10 centimètres cubes, on a trouvé les poids suivants d'acide azotique dans 10 centimètres cubes recueillis successivement :

$14^{milligr}$,0 ; 11,9 ; 11,9 ; 11,0 ; 10,9 ; 10,6 ; 10,1 ; 9,9 ; 9,7.

et ce ne fut qu'après avoir recueilli 450 centimètres cubes qu'on trouva dans 10 centimètres cubes, 7^{millig},25.

Dans une autre expérience, une terre renfermant 17 pour 100 d'eau a donné un résidu de 22 milligrammes pour 10 centimètres cubes, et celui-ci est devenu 27 milligrammes quand la terre ne contenait que 15 pour 100 d'eau. On a encore observé des résidus de 23, 29 et 103 milligrammes pour la même terre renfermant respectivement 14,3, 12,4 et 8 pour 100 d'eau.

On voit donc, ainsi qu'il a été dit, que la terre a non-seulement une certaine tendance à retenir les bases de certains sels, mais qu'elle peut aussi parfois concentrer les dissolutions qui y circulent.

M. Schlœsing ne s'est pas contenté de déterminer les modifications que la terre arable pouvait occasionner dans une dissolution à un titre connu ; il a voulu savoir exactement quelles étaient les substances dissoutes dans l'eau contenue dans la terre arable : il a déplacé ces eaux par la méthode indiquée plus haut, légèrement perfectionnée (voy. *Comptes rendus*, 1870, t. LXX, p. 98), et il en a fait une analyse complète. Enfin, pour fixer rigoureusement toutes les conditions de l'expérience, il a donné les indications précises sur les terres employées que nous transcrivons dans les tableaux suivants :

NATURE DES TERRES D'OÙ PROVIENNENT LES EAUX ANALYSÉES.

A..... {
  a. Champ de Boulogne (Seine) cultivé sans engrais en tabac depuis dix ans.
  b. Même champ, même culture, engraissé avec nitrate de potasse, cendres, terreau.
}

B.... {
  a. Champ à Issy (Seine); récolte de 1869 : 39 hectolitres de blé.
  b. Même champ.
  c. Même champ traversé, du 24 avril au 12 mai, par de l'air pur.
  d. Même champ traversé, du 24 avril au 6 mai, par de l'air contenant 24 pour 100 CO_2.
}

C..... | Champ à Neauphle-le-Château (Seine-et-Oise).

D,.... {
  a. Autre champ à Neauphle; récolte de 1869 : 28 hectolitres de blé.
  b. Même champ.
}

E..... {
  a. Autre champ à Neauphle; récolte de 1869 : 73 hectolitres d'avoine.
  b. Même champ traversé, du 28 mars au 9 avril, par de l'air contenant 13 pour 100 CO_2.
  a'. C'est a qui, après un premier déplacement, a été traversé, du 9 au 14 avril, par de l'air contenant 25 pour 100 CO_2.
  c. Même champ.
}

F..... {
  a. Autre champ à Neauphle; récolte de 1869 : 34 hectolitres de blé.
  b. Même champ.
}

G..... {
  a. Autre champ à Neauphle; récolte de 1869 : 35 hectolitres de blé.
  a'. C'est a qui, après un premier déplacement, a été traversé, du 15 au 21 avril, par un courant d'air contenant 23 pour 100 CO_2.
  b. Même champ.
}

ANALYSES DES TERRES PRÉCÉDENTES.

	A.	B.	C.	D.	E.	F.	G.
Gravier	6,4	4,0	17,0	9,6	3,4	3,8	3,7
Résidu de la dé- (Sable siliceux.	24,8	22,6	39,4	44,1	22,4	21,8	22,9
cantation. . . (Sable calcaire.	20,2	21,4	»	»	»	»	»
(Sable fin . . .	20,6	11,5	27,2	25,6	53,9	54,4	55,5
Terre décantée . (Calcaire. . . .	18,4	19,7	indét.	2,4	0,37	0,63	0,28
(Argile.	9,3	18,4	12,7	15,8	18,4	17,0	15,7
Débris organiques	»	2,3	2,6	2,9	1,5	1,7	1,9
Terre sèche.	99,4	100,1	98,9	100,4	99,97	99,33	99,98

Nous donnons ci-joint les résultats des analyses de M. Schlœsing :

ANALYSES DES SOLUTIONS.

TERRES.	DATE de L'ÉCHANTILLONNAGE.	Humidité de la terre.	Taux p. 100 d'acide carbonique dans ces terres.	ACIDE CARBONIQUE 1re ébullition.	2e ébullition.	UN LITRE DE SOLUTION RENFERME, EXPRIMÉS EN MILLIGRAMMES : Ammoniaque.	Matière organique.	Acide nitrique.	Chlore.	Acide sulfurique.	Acide phosphorique et fer.	Silice.	Chaux.	Magnésie.	Potasse.	Soude.
	1869.															
A { a.	25 juin	19,1	0,49	45,5	72,5	»	37,5	305	7,4	57,9	0,8	29,1	264,2	13,5	6,9	7,8
b.	Id.	18,8	0,54	91,3	107,9	»	89,9	332,4	6,7	74,5	2,8	39	227,2	20,2	156,8	14,3
a.	7 février.	21,4	4,40	251	230	2,4	»	154,4	6,7	24,3	»	18,9	309,1	»	»	27
B { b.	24 avril.	15,85	2,55	58,8	57,6	»	64,1	56,8	5,6	49,0	»	26	300,8	20,8	2,8	27,7
c.	Id.	15,85	0,15	925	542,5	»	57,8	152,4	13,9	56,2	»	24	177,6	12,1	0,8	38,5
d.	Id.	15,85	24,0	104,3	178,7	0,3	87,3	230,6	12,1	49,8	»	33,6	694,1	46,7	2,6	26,5
C	24 février.	21,8	4,37	134,6	103,2	0	»	45	5,1	13,9	»	52,9	217,6	18,7	14,8	24,2
D { a.	Id.	48,7	0,72	110,6	»	»	47,3	135	12,2	11,55	0,5	48,4	204,8	15,1	»	18,7
b.	7 juillet	46,25	»	500,4	67,4	0	36,8	573	39,2	34,3	0,5	23,3	414,1	35,2	2,9	29,8
E { a.	26 mars.	18,25	0,9	720,8	260	0,7	54,7	362	35,2	39	0,7	22,6	300,9	49,6	4,8	37,8
b.	Id.	18,25	13,0	»	308,7	»	51,8	428	30,3	28,9	1,4	40,5	538	32,3	5,4	42,5
a'.	Id.	saturée	25,0	178,1	»	»	24	456	32,2	52	0,5	47	608,7	33,9	4,9	37,2
c.	7 juillet	15,25	»	104,8	157,1	0,8	47,3	593,4	46,1	46,3	1,5	32	399,2	25,3	3	21,8
F { a.	26 mars.	19,75	1,5	106,6	92,2	»	30,9	99,8	12,6	27,8	0,7	31	244,9	47,9	5,4	26,3
b.	7 juillet	19,6	4,09	601	88,7	0,46	32,6	463,2	26	48,7	0,8	29,3	353,9	21,9	2,7	21,4
G { a.	26 mars.	15,35	2,4	49,4	335	»	79,3	83	17,3	22,2	»	31,6	131,8	16,6	5,1	37,3
a'.	Id.	saturée	23,0	»	34,3	»	30,9	555,4	45,7	30,6	»	48,5	336,1	46,4	5,4	37,3
b.	7 juillet	15,6	4,38	»	»	»	30,9	»	31,1	39,1	0,2	23,3	311,4	33,6	3,4	36

Ces analyses présentent un véritable intérêt. Sans doute on ne peut pas affirmer que l'absence d'une matière dans l'eau contenue dans la terre arable démontre absolument que les plantes ne finiront pas par l'y rencontrer à un état favorable à l'assimilation, mais elle fait connaître l'abondance relative des principes utiles, et, par suite, elle donne des indications précieuses sur les engrais à distribuer. Les champs B et C, par exemple, ne renferment pas de phosphates dans l'eau confinée, et cependant B avait fourni 39 hectolitres de blé ; il faut donc que la plante en ait trouvé. Il est probable, toutefois, que les phosphates y produiront plus d'effet que dans E et dans F, qui en cèdent à l'eau des quantités sensibles.

La potasse se rencontre dans les eaux analysées en bien plus faible proportion que la soude, l'acide nitrique y est abondant, tandis que l'ammoniaque fait presque partout défaut. Les laborieuses déterminations de M. Schlœsing viennent donc confirmer tout ce qui a été dit déjà dans les paragraphes précédents ; elles montrent que les substances contenues dans les eaux qui circulent dans la terre arable sont celles qui résistent à l'absorption, ou au moins que les matières absorbables n'existent dans les dissolutions qu'en si faibles quantités, qu'elles échappent à l'analyse. C'est notamment ce qui a lieu pour l'acide phosphorique, que les plantes savent toujours trouver dans le sol, mais que les chimistes, manquant d'un réactif suffisamment sensible, sont parfois impuissants à doser et même à reconnaître.

CHAPITRE IV

ANALYSE CHIMIQUE DE LA TERRE ARABLE.

Éléments qu'il importe de rechercher dans la terre arable. — Nous avons vu, dans la première partie de cet ouvrage consacrée à l'étude du développement des végétaux, quels sont les éléments nécessaires à leur croissance ; nous avons reconnu que les matières azotées et les phosphates ne peuvent manquer dans le sol, sans qu'il soit frappé de stérilité ; nous avons reconnu, en outre, qu'un grand nombre de

végétaux renferment dans leurs cendres de la potasse et de la chaux,
et, bien que ces bases ne paraissent plus indispensables à la croissance de toutes les plantes, il est vraisemblable qu'elles sont nécessaires à quelques-unes et utiles à un grand nombre d'autres; l'acide
carbonique du sol, qui dissout le phosphate de chaux, présente encore
une utilité incontestable; l'humus enfin, d'où émane cet acide carbonique, a une importance capitale que les travaux récents remettent
complétement en lumière : non-seulement par sa combustion lente il
détermine la fixation dans le sol de l'azote atmosphérique, mais de
plus rien ne démontre que quelques-uns de ces dérivés ne servent
pas directement d'aliments à certaines plantes, comme les légumineuses. On sait que Th. de Saussure admettait que les végétaux s'assimilent directement les principes de l'humus, et il est possible
qu'il faille, dans une certaine mesure, en revenir à son opinion.
L'azote sous les différentes combinaisons où il est engagé, les phosphates, la chaux, la potasse, et enfin la matière organique carbonée,
représentent donc les éléments dont il est utile de connaître les proportions dans la terre arable.

Nous indiquerons, dans les paragraphes suivants, les méthodes
employées pour doser ces éléments, en laissant complétement de côté
les autres substances, silice, oxyde de fer, oxyde de manganèse, alumine, dont les anciens analystes ont donné les proportions dans la
terre arable, sans que les travaux pénibles qu'ils ont accumulés sur
cette question aient été d'aucun profit pour l'agriculture.

§ 75. — RECHERCHE DES COMBINAISONS AZOTÉES DE LA TERRE ARABLE. —
DOSAGE DE L'AZOTE TOTAL, DE L'AMMONIAQUE ET DES NITRATES.

Le dosage de la matière ulmique ne peut être exécuté rigoureusement, et depuis longtemps déjà les chimistes agronomes l'ont remplacé par le dosage de l'azote et par celui du carbone. Le procédé de
MM. Will et Warrentrapp, heureusement modifié par M. Péligot, est
aujourd'hui uniquement en usage, car il donne des indications très-
précises : nous avons décrit déjà la pratique de ce procédé (page 142),
et nous n'y reviendrons ici que pour guider le lecteur sur le poids de
matière à employer. Les terres arables très-riches renferment environ
2 grammes d'azote par kilogramme; or, bien qu'avec le procédé de
M. Péligot on puisse répondre d'un milligramme, il n'est pas prudent
de prendre une trop faible quantité de matière, car le titrage devien-

drait difficile ; en employant 10 grammes de terre, on se trouve habituellement dans de bonnes conditions, puisqu'on doit recueillir
0^{gr},020 à 0^{gr},010 d'azote.

Toutefois l'essai sera beaucoup plus précis si l'on prépare pour ces
dosages d'azote dans la terre arable une liqueur sulfurique dix fois
plus étendue que celle dont nous avons donné la composition (p. 143).
On y réussira aisément en prenant 100 centimètres cubes de cette
liqueur et en y ajoutant de l'eau de façon à en faire un litre. 10 centimètres cubes de cette nouvelle *liqueur décime* sont saturés par
0^{gr},0212 d'ammoniaque, et si l'on prépare une dissolution de soude
tellement étendue qu'il faille environ 30 centimètres cubes pour saturer les 10 centimètres cubes d'acide sulfurique, on voit que 0^{gr},001
d'ammoniaque équivaudra à la quantité de soude contenue dans 1^{cc},4,
c'est-à-dire que les erreurs de dosage seront faciles à éviter. Il est à
remarquer que si la terre à analyser est riche et qu'on emploie la
liqueur étendue, il conviendra de ne mettre dans le tube à combustion
que 5 grammes de matière, de façon à ne pas saturer complétement
l'acide sulfurique.

Dosage de l'ammoniaque de la terre arable. — La plus forte
partie de l'azote contenu dans la terre arable y est engagée dans les
combinaisons complexes désignées sous le nom d'ulmates, une faible
fraction seulement s'y rencontre à l'état d'ammoniaque. M. Boussingault qui, le premier, a fait nettement la distinction de l'azote total
et de celui qui est actuellement assimilable sous forme d'ammoniaque
ou de nitrates, a imaginé un procédé rigoureux pour doser l'*ammoniaque toute formée dans le sol.*

Pour ne pas altérer la matière organique azotée existant dans la
terre arable, pour éviter de la métamorphoser pendant l'opération
même en ammoniaque, le savant professeur du Conservatoire a exclu
de ses appareils les alcalis énergiques, comme la potasse, la soude ou
la chaux ; il a utilisé seulement la *magnésie* calcinée, qui décompose
très-bien les sels ammoniacaux, mais n'a aucune action sur les matières
azotées complexes. (*Agron. Chim. Agric.*, tome III, p. 206.)

Le dosage exige deux opérations différentes. Dans la première, on
place sur un bain de sable un ballon B, dont la capacité doit être
double au moins du volume de la terre et de l'eau employée. Au ballon
(fig. 25) est ajusté un bouchon traversé par un tube *t*, fixé par un
caoutchouc à un serpentin d'étain établi dans une cloche renversée
servant de réfrigérant. A l'orifice inférieur du serpentin est un petit
appendice de verre *e*, dont l'extrémité pénètre dans une fiole *b*

d'une capacité connue, indiquée par un trait marqué sur le goulot. Lorsqu'on présume que la quantité d'ammoniaque dégagée par la dissolution atteindra 0^{gr},01, il convient de recevoir le liquide distillé dans un verre à pied divisé par zones de 10 centimètres cubes, au fond duquel on met assez d'eau acidulée avec de l'acide sulfurique pour que

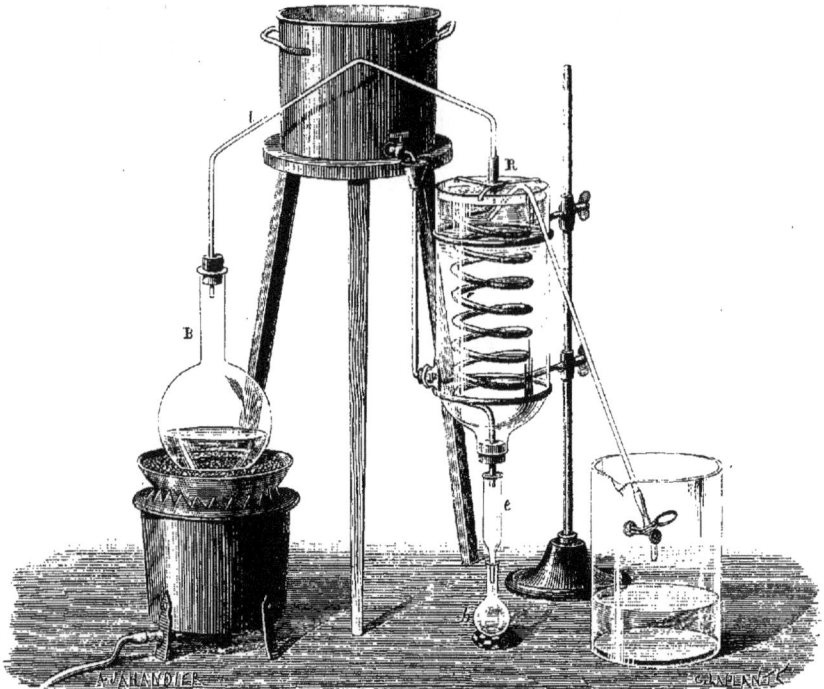

FIG. 25. — Appareil employé par M. Boussingault pour doser l'ammoniaque toute formée contenue dans la terre arable.

le bout de l'appendice e y pénètre de 4 à 5 millimètres. C'est dans ce liquide acide que se condenseront les vapeurs ammoniacales qui apparaissent au commencement de la distillation. L'eau et l'acide doivent être rigoureusement exempts d'ammoniaque.

On introduit la terre dans le ballon, on ajoute de l'eau exempte d'ammoniaque, 1^{gr},0 de magnésie; puis on agite, de façon que toute la matière solide soit bien mouillée. On ajuste le bouchon, on place sur le bain de sable, et l'on chauffe. Quand l'ébullition commence, on modère le feu. De l'eau froide pénètre constamment au bas de la cloche, tandis que l'eau échauffée par la condensation de la vapeur est enlevée par un siphon dont on règle le jeu par une pince de Mohr.

La vapeur entraîne l'ammoniaque dégagée des sels ammoniacaux par la magnésie, mais en même temps l'acide carbonique qui existe toujours dans le sol en proportion notable ; aussi il est impossible de doser, dans la liqueur recueillie après cette première opération, car la présence de l'acide carbonique dans la dissolution rend très-incertaine la détermination de l'ammoniaque. On recueillera donc, dans l'opération que nous venons de décrire, un tiers environ de l'eau contenue dans le ballon; on introduira cette eau dans un second ballon tout semblable au premier; on ajoutera une dissolution de potasse de façon à retenir l'acide carbonique et à saturer l'acide dans lequel on a recueilli l'ammoniaque, et l'on procédera à la distillation.

Pour cette seconde opération, M. Boussingault emploie souvent un ballon uniquement consacré à cet usage et portant un bouchon percé de deux orifices : l'un donne passage à un tube droit descendant jusqu'à 1 ou 2 millimètres du fond et destiné à introduire et à extraire les liquides ; dans l'autre pénètre le tube de dégagement. Le bouchon est hermétiquement fixé sur le ballon au moyen d'une plaque de caoutchouc convenablement coupée et assujettie à l'aide d'un ruban de fil.

On introduit, par un entonnoir non fixé au tube vertical, une partie du liquide à distiller, puis la dissolution alcaline, puis le reste du liquide ; on ferme le tube droit à l'aide d'un bouchon, et l'on procède à la distillation. Le liquide distillé est reçu dans des fioles portant un trait indiquant une certaine capacité, soit de 50, soit de 100 ou de 200 centimètres cubes, si l'on agit sur un litre d'eau, car on n'est parfaitement certain d'avoir toute l'ammoniaque qu'autant qu'on a recueilli les 2/5es du liquide primitif. On procède ensuite au dosage en employant des liqueurs plus étendues que les liqueurs destinées à doser l'azote dans la recherche de l'azote total. M. Boussingault conseille de préparer la liqueur acide avec 100 centimètres cubes d'acide normal et de l'eau pour compléter un litre : 10 centimètres cubes d'une semblable dissolution renferment $0^{gr},06125$ d'acide sulfurique et correspondent à $0^{gr},0212$ d'ammoniaque. On l'analysera à l'aide d'une dissolution de potasse très-étendue, qu'il sera bon de mêler à un peu de sulfate de potasse neutre pour augmenter sa densité et faciliter son mélange avec l'eau acidulée provenant du dosage (1).

(1) Dans les laboratoires de chimie agricole où l'emploi de ces liqueurs titrées est très-fréquent, il y a avantage à les conserver dans un flacon muni d'un bouchon que traverse une pipette graduée fixée à demeure; on évite ainsi d'altérer la liqueur en y puisant avec une pipette employée à d'autres usages et qui peut être humide ou même souillée d'acide ou d'alcali.

Nous verrons dans le suivant chapitre combien sont faibles les quantités d'ammoniaque contenues dans les terres arables, et quelle erreur on commettrait si l'on supposait que toute la matière azotée s'y trouve actuellement à l'état de solubilité dans l'eau, et par suite à la disposition des plantes.

Dosage des nitrates dans la terre arable. — Les méthodes imaginées pour doser l'acide nitrique contenu dans la terre arable sont assez nombreuses. Pelouze a proposé de faire partiellement passer au maximum, à l'aide de la dissolution de nitrate qu'on veut doser, du protochlorure de fer acide, puis de déterminer, à l'aide d'une dissolution de permanganate de potasse, la quantité de sel de fer restée au minimum ; comme on avait reconnu, par un essai préalable, la quantité de permanganate à employer pour transformer tout le chlorure de fer employé, on peut déduire, de la différence trouvée après l'ébullition avec la liqueur renfermant des nitrates, la quantité qui existait dans celle-ci.

M. Schlœsing recueille le bioxyde d'azote, qui prend naissance pendant la réaction de l'acide azotique sur le protochlorure de fer acide, le ramène à l'état d'acide azotique et le dose à l'aide d'une liqueur titrée alcaline. (*Ann. de chim. et de phys.*, 3ᵉ sér., 1854, t. XL, p. 479.)

M. G. Ville a proposé de faire passer les vapeurs nitreuses dégagées de la liqueur par l'action du protochlorure de fer acide, avec de l'hydrogène, sur de la mousse de platine, de façon à les transformer en ammoniaque qu'on recueille dans de l'eau acidulée par de l'acide sulfurique, puis qu'on dose à l'aide d'une liqueur alcaline. (*Ann. de chim. et de phys.*, t. XLVI.)

Enfin, M. Boussingault a donné des indications précises sur le mode d'emploi de la liqueur d'indigo d'abord préconisée par M. Liebig, et ce procédé est devenu aujourd'hui classique. Il repose sur le pouvoir décolorant du chlore mis en liberté par la réaction de l'acide chlorhydrique ajoutée à la dissolution bouillante de nitrates (1). Quand les liqueurs sont bien préparées, il permet la recherche et le dosage de l'acide nitrique dans la terre arable avec une grande sécurité.

Nous indiquerons ici, d'après le savant professeur du Conservatoire, les précautions à prendre pour arriver à de bons résultats. (Voy. *Agron.*, t. II, p. 244.)

(1) On voit facilement que la réaction suivante donne naissance à du chlore libre don le pouvoir décolorant est bien connu :

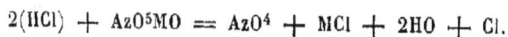

$$2(HCl) + AzO^5MO = AzO^4 + MCl + 2HO + Cl.$$

Préparation de la liqueur d'indigo. — 50 grammes d'indigo en poudre très-fine sont mis en digestion à la température de 40 degrés, dans un litre d'eau distillée ; après vingt-quatre heures, on décante la liqueur fortement colorée en brun par les principes solubles dans l'eau. On remplace par une nouvelle quantité d'eau, qu'on décante encore après une nouvelle digestion de vingt-quatre heures. On sèche le précipité et on lave à l'éther, qui enlève d'abord une matière colorante rouge, puis passe ensuite légèrement coloré en bleu clair. L'indigo, à peu près diminué de la moitié de son poids, est alors mêlé à l'acide sulfurique. Sur 5 grammes d'indigo purifié, placés dans un flacon fermant à l'émeri, on verse peu à peu, en agitant, 25 grammes d'acide sulfurique de Nordhausen ; on laisse digérer pendant deux ou trois jours à 50 ou 60 degrés, et l'on obtient un produit visqueux, soluble dans l'eau, sans résidu appréciable.

Cette dissolution sulfurique est étendue d'eau pour préparer les liqueurs, qui sont ensuite titrées. Pour une liqueur destinée à rechercher des centigrammes, on doit mettre 200 gouttes d'acide sulfo-indigotique dans 100 centimètres cubes d'eau ; quand on veut rechercher des milligrammes, on emploie une liqueur dix fois plus étendue, c'est-à-dire formée avec 20 gouttes d'acide sulfo-indigotique pour 100 centimètres cubes d'eau.

Préparation de l'acide chlorhydrique. — Il n'est pas rare que l'acide chlorhydrique du commerce renferme de l'acide nitrique dont il faut le débarrasser avant de pouvoir l'employer dans les dosages ; on y réussit en le maintenant à l'ébullition jusqu'à ce qu'il ait perdu environ le tiers de son volume.

Titrage de la teinture d'indigo. — On purifie du nitrate de potasse en le faisant cristalliser, puis on le dessèche et l'on en dissout 10 grammes dans un litre d'eau pour titrer la liqueur destinée à rechercher les centigrammes, un gramme dans un litre pour graduer celle des milligrammes. Si, après avoir bien agité la liqueur, on introduit dans un tube d'essai ordinaire un centimètre cube à l'aide d'une pipette effilée divisée en dixièmes de centimètre cube, on aura, dans un cas $0^{gr},01$ de nitrate de potasse, dans le second $0^{gr},001$ de ce même sel. On y ajoutera un demi-centimètre cube d'acide chlorhydrique, puis une ou deux gouttes de liqueur bleue placée dans une burette graduée, et l'on portera à l'ébullition : la teinture se décolore d'abord aussitôt qu'elle tombe dans la liqueur chaude et acide. Lorsque la décoloration n'est plus instantanée, on chauffe, on concentre par l'ébullition, en ajoutant de la teinture à mesure qu'elle se décolore. Il convient même de faire cette addition avant que la décoloration soit complète. Quand on a mis une certaine quantité de teinture, la couleur du liquide n'est plus bleue ; elle est d'un vert bleuâtre, à cause du mélange de la teinte jaune particulière à l'indigo décoloré. On continue de chauffer et d'ajouter l'indigo jusqu'au moment où la liqueur reste verte ; on verse alors un demi-centimètre cube d'acide chlorhydrique, et l'on chauffe encore, jusqu'au moment où la teinte verte est absolument persistante. On regarde à ce moment le nombre de divisions de la burette qui a été employée, et l'on inscrit ce nombre, qui établit que, pour détruire $0^{gr},01$ d'azotate de potasse, il faut n centimètres cubes d'indigo.

Avant toutefois d'admettre ce chiffre, dont l'exactitude doit être absolue, puisqu'il sert de base à tous les dosages qui seront exécutés ensuite avec la même liqueur, il est bon de le soumettre au contrôle suivant : on recommence le dosage sur une quantité de liqueur qui a été mesurée par un aide, de telle sorte qu'on opère sans connaître d'avance le titre qu'on *doit* trouver ; quand on retombe sur le nombre précédent, on peut être assuré de son exactitude.

Il est bien rare que, dans les petites quantités de terre arable qu'on emploie pour faire le dosage des nitrates, il existe des proportions sensibles de matières organiques ; toutefois, comme le procédé précédent est d'un emploi très-commode, il convient d'indiquer les modifications qu'il doit subir dans le cas particulier où une matière organique soluble serait contenue dans l'eau qui renferme les nitrates à doser.

Cette matière organique, en s'oxydant aux dépens de l'acide azotique, diminue la proportion de chlore produite et, par suite, la décoloration de l'indigo, de telle sorte qu'il convient de la détruire par oxydation avant de procéder au dosage de l'acide azotique. Pour y réussir, M. Boussingault a indiqué l'emploi du peroxyde de manganèse et de l'acide sulfurique, qui donnent de l'oxygène sous l'influence de la chaleur.

Pour faire le dosage des nitrates mêlés à des matières organiques, on introduit dans une petite cornue bouchant à l'émeri (fig. 26), et dont la moitié de la capacité est remplie de fragments de verre, un gramme de peroxyde de manganèse, quelques centimètres cubes de l'eau renfermant les nitrates et la matière organique, et un centimètre cube d'acide sulfurique concentré, puis on place le bouchon à l'émeri. Quand le col de la cornue est engagé dans un tube d'essai entouré d'un morceau de papier mouillé, on chauffe, à l'aide d'une lampe à esprit-de-vin, le tour de la cornue, pour éviter les soubresauts, et l'on interrompt après l'apparition des vapeurs d'acide sulfurique. L'appareil étant suffisamment refroidi, on ajoute 2 centimètres cubes d'eau distillée et l'on chauffe de nouveau pour les faire passer dans le tube récipient. On fait enfin un second lavage par distillation, en introduisant encore dans la cornue 2 centimètres cubes d'eau distillée.

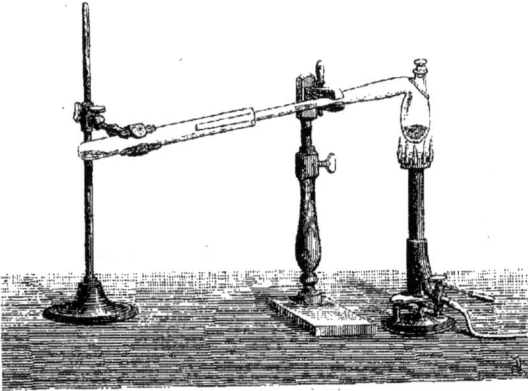

FIG. 26. — Dosage des nitrates en présence des matières organiques.

Le liquide distillé est concentré par évaporation dans le tube même où on l'a recueilli, et l'on procède au dosage avec l'indigo et l'acide chlorhydrique, comme il a été dit plus haut.

Il est bon de laver le bioxyde de manganèse à l'eau distillée plusieurs fois, afin de lui enlever les traces de salpêtre qu'il peut renfermer, et si l'on veut atteindre une grande précision, il convient de faire un premier essai à blanc avec la quantité de peroxyde et d'acide sulfurique qu'on emploiera dans le dosage réel; s'il a distillé un peu d'acide azotique, on le retranchera de celui qui sera trouvé dans le second essai.

Nous donnerons, comme exemple de recherches de l'acide nitrique dans la terre arable, l'essai suivant, que nous empruntons encore à M. Boussingault.

20 grammes de terre desséchée au bain-marie ont été mis en digestion dans un flacon avec 20 centimètres cubes d'eau; on a agité le mélange, et une heure après on a jeté sur un filtre. Le liquide filtré n'était pas sensiblement coloré, on l'a mis en réserve. 12 centimètres cubes du liquide ont été concentrés dans la petite cornue tubulée où devait avoir lieu le traitement. Lorsque le liquide fut réduit à 3 centimètres cubes, on laissa refroidir, puis on mit dans la cornue un gramme de bioxyde de manganèse et un centimètre cube d'acide sul-

furique. On distilla, on lava deux fois par distillation ; puis après avoir introduit un peu d'ammoniaque dans le produit acide de la distillation, on fit agir l'indigo.

21$^{div.}$,2 de la teinture étaient détruites par 0^{mm},534 d'acide nitrique.

Il y eut de décolorées 40$^{div.}$,4 de teinture, toutes corrections faites.

$$\frac{40,4 \times 0^{mm},534}{21,2} = 1^m,018 \text{ d'acide nitrique dans 12 cent. cubes de la solution.}$$

Dans 20 centimètres cubes de solution contenant les nitrates de 20 grammes de terre, acide nitrique 1^{mm},70, soit pour un kilogramme de terre sèche 0^{gr},085, correspondant à 0^{gr},159 de nitrate de potasse.

Il est rare, nous le répétons, qu'il soit nécessaire, dans l'analyse d'une terre arable, de détruire la matière organique par l'oxygène produit par la réaction du bioxyde de manganèse sur l'acide sulfurique. Voici, au reste, d'après M. Boussingault, les règles qui doivent guider l'opérateur.

Si une substance terreuse, mise en digestion avec de l'eau, donne une solution incolore ou faiblement colorée après la concentration, l'acide nitrique doit être dosé directement par la teinture d'indigo. Si la solution aqueuse est colorée, il faut mettre la substance en digestion dans de l'alcool à 80 degrés centésimaux pendant quelques heures, et si la solution alcoolique, après avoir été additionnée d'eau et concentrée, laisse un liquide peu ou pas coloré, le dosage de l'acide nitrique doit avoir lieu directement. (Voyez, pour plus de détails sur cette question, Boussingault, *Agronomie*, t. II, p. 244.)

Procédé de M. Péligot. — Pour doser les nitrates dans la terre arable, M. Péligot (*Comptes rendus*, 1869, t. LXVIII, p. 508) conseille de laver par déplacement, avec une quantité d'eau notable, plusieurs litres, 1 ou 2 kilogrammes de la terre à employer, d'évaporer à sec, puis de reprendre par l'alcool les nitrates contenus dans l'extrait. On évapore de nouveau la liqueur alcoolique, on y ajoute de l'eau aiguisée d'acide chlorhydrique pur, et on laisse digérer pendant plusieurs heures une lame d'or vierge préalablement pesée : la perte de poids de la lame, qu'on a soin de ne pas toucher avec les doigts au commencement de l'expérience, accuse la quantité d'acide nitrique qui a pu se convertir en eau régale. Comme il se forme du sesquichlorure d'or, Au^{2}Cl^3, on voit que l'équation doit s'écrire :

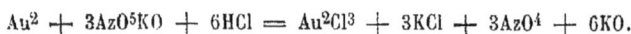

$$Au^2 + 3AzO^5KO + 6HCl = Au^2Cl^3 + 3KCl + 3AzO^4 + 6KO.$$

C'est-à-dire que pour 198 d'or dissous, il y aura, 303 de nitrate de potasse décomposé. On inscrit généralement au tableau de l'analyse les nitrates évalués en *nitrate de potasse ;* le procédé de M. Boussingault donne directement le nombre cherché, et les données précédentes permettent de le calculer, si l'on a employé le procédé de M. Péligot.

§ 76. — DOSAGE DU CARBONE DES MATIÈRES ORGANIQUES CONTENUES DANS LA TERRE ARABLE.

On dose toujours le carbone à l'état d'acide carbonique ; mais on conçoit qu'il importe de distinguer l'acide carbonique fourni par la décomposition des carbonates de celui qui sera donné par la combustion du carbone des matières organiques. Voici comment nous opérons à Grignon : 5 grammes de terre bien pulvérisée sont versés peu à peu dans une petite cornue tubulée dans laquelle on a introduit de l'acide sulfurique étendu. Si la terre est calcaire, il se manifeste une vive effervescence qu'on laisse s'affaisser complétement. On fait alors passer dans la cornue un courant d'air, à l'aide d'un soufflet fixé par un caoutchouc à un tube qui plonge dans le liquide, de façon à expulser tout l'acide carbonique ; on débouche la cornue, on y fait tomber du bichromate de potasse grossièrement pulvérisé ; on adapte à la cornue un tube en U à ponce sulfurique, des boules de Liebig renfermant une dissolution de potasse concentrée, et l'on chauffe légèrement à l'aide d'une lampe à alcool.

L'oxygène produit brûle le carbone de la matière organique, et donne de l'acide carbonique qui se dégage, passe au travers du tube en U et arrive dans les boules de Liebig, où il se dissout. Quand on ne voit plus de gaz se dégager, on laisse refroidir la cornue, on adapte un flacon aspirateur aux boules de Liebig, et l'on fait passer un courant d'air au travers du liquide de la cornue pour enlever les dernières traces d'acide carbonique. L'augmentation de poids des boules de Liebig donne la quantité p d'acide carbonique dégagé, et l'on calcule le carbone x contenu dans les matières organiques d'après l'équation $x = \frac{6p}{22}$. Ce nombre est inscrit au tableau de l'analyse comme carbone appartenant aux matières organiques.

§ 77. — DOSAGE DE L'ACIDE PHOSPHORIQUE CONTENU DANS LA TERRE
ARABLE.

En général, les phosphates contenus dans la terre arable sont insolubles dans l'eau pure ; quelques-uns sont solubles en petites proportions dans l'eau chargée d'acide carbonique ou d'acide acétique ; la
plus grande partie, enfin, n'est soluble que dans les acides minéraux,
chlorhydrique ou azotique. Mais si l'on fait agir ces réactifs énergiques
sur la terre, on dissout, en même temps que des phosphates, de la
chaux, de l'alumine et de l'oxyde de fer, de telle sorte que c'est au
milieu d'un mélange très-complexe que l'analyste doit aller rechercher l'acide phosphorique.

Cette recherche est considérée, à juste titre, comme très-délicate ;
aussi allons-nous décrire minutieusement les divers procédés qui
peuvent être employés.

Procédé de M. Boussingault. — Dans son cours d'analyse du
Conservatoire, M. Boussingault a depuis longtemps indiqué un procédé qui donne de bons résultats lorsqu'il n'est pas appliqué à une
terre très-riche en calcaire.

200 grammes de terre à analyser sont attaqués par l'eau régale
étendue et bouillante ; on filtre la liqueur, qui renferme du chlorure
de calcium, de l'oxyde de fer, de l'alumine, de l'acide phosphorique
et de l'acide silicique. On ajoute à cette liqueur de l'acide sulfurique
et de l'alcool, de façon à déterminer la précipitation de la chaux à
l'état de sulfate ; on recueille le précipité sur un filtre, on lave avec de
l'eau alcoolisée, qui est ajoutée à la liqueur filtrée, puis distillée dans
une cornue pour éliminer l'alcool.

Le résidu de cette distillation est rapproché, additionné d'acide tartrique, qui empêche la précipitation du fer et de l'alumine, puis traité
par de l'ammoniaque et le mélange de sulfate de magnésie, d'ammoniaque et de chlorhydrate d'ammoniaque habituellement employé
pour obtenir le phosphate ammoniaco-magnésien ; on agite et l'on filtre
le phosphate après vingt-quatre heures. Il est bon de constater par un
examen au microscope que le précipité a bien la forme en aiguilles grou-
pées en étoiles qui caractérise le phosphate ammoniaco-magnésien. On
recueille sur un filtre, on dessèche ; on calcine le précipité et on le pèse.
On le redissout alors dans l'acide chlorhydrique ; on recueille le résidu
insoluble d'acide silicique sur un très-petit filtre, on le calcine, et l'on

retranche son poids du poids de phosphate obtenu précédemment.

Il est facile de voir que le phosphate de magnésie $PO^5 2MgO$ obtenu par la calcination renferme 71 d'acide phosphorique sur 111 de pyrophosphate.

Procédé employé à Grignon. — Dans les analyses des terres arables qui ont été exécutées à l'école de Grignon, le procédé précédent ne donne pas de très-bons résultats, à cause de l'abondance du calcaire dans la plupart des sols du domaine. Le précipité de sulfate de chaux est très-abondant, difficile à laver, et il est à craindre qu'il ne retienne dans l'eau d'interposition une partie des phosphates qu'il s'agit de doser; nous modifions le procédé comme suit :

Les 200 grammes de terre à étudier sont traités par l'eau régale, puis la liqueur filtrée est précipitée par l'ammoniaque; on recueille le précipité sur le filtre, on le lave, puis on le redissout sur son filtre à l'aide d'acide chlorhydrique dilué. La liqueur acide ainsi obtenue renferme de l'acide phosphorique, de la chaux, de l'alumine, de l'oxyde de fer et de la silice; on poursuit alors l'analyse par le procédé de M. Boussingault. L'avantage consiste à n'avoir à éliminer par l'acide sulfurique qu'une quantité de chaux beaucoup moindre.

Procédé de M. Warington modifié par M. Brassier. — Le jeune Brassier, qui, au moment de sa mort prématurée, était attaché au laboratoire de M. Boussingault, au Conservatoire des arts et métiers, a proposé un procédé assez rapide qui convient quand les terres à étudier ne renferment pas de sulfates.

Ce procédé est basé sur l'emploi de l'acide citrique déjà préconisé par M. Warington; il a l'avantage de ne pas exiger l'élimination de la chaux. La dissolution chlorhydrique obtenue en attaquant la terre est précipitée par un excès d'ammoniaque; le précipité obtenu est redissous par l'acide citrique ajouté dans la liqueur maintenue ammoniacale. On verse alors du chlorure de magnésium pur en quantité suffisante pour obtenir tout l'acide phosphorique à l'état de phosphate ammoniaco-magnésien, qui, d'après M. Brassier, se présente à l'état de pureté quand la liqueur ne renferme pas de sulfates (*Agronomie,* — *Chimie agricole* de M. Boussingault, t. IV, p. 40). Nous avons essayé ce procédé à l'école de Grignon, et notre répétiteur et ami M. Millot a fait notamment un grand nombre de dosages sur des matières dont la composition lui était connue; en général, il a obtenu des nombres trop faibles.

M. Joulie a, dans ces derniers temps (*Moniteur scientifique,* Ques-

neville, numéro de mars 1872, p. 212), soumis le procédé de
M. Brassier à une étude approfondie, et il a proposé quelques modifications qui, d'après lui, rendent son emploi plus sûr.

Les résultats obtenus en suivant le procédé de dosage de M. Warington modifié par M. Brassier varient avec le poids des réactifs employés : quand on trouve un nombre trop faible, c'est qu'on n'a mis
dans les liqueurs qu'une quantité insuffisante de sel magnésien ; mais
quand on emploie un excès de celui-ci, il arrive habituellement que le
poids est trop fort, il y a de la magnésie entraînée. M. Joulie cherche
toujours à obtenir ce précipité qui renferme tout l'acide phosphorique
et un excès de magnésie. Pour y réussir, il prépare une liqueur à
l'aide de :

Acide citrique cristallisé et pur...............	400 gram.
Carbonate de magnésie pur	20
Eau distillée	200

Lorsque le carbonate de magnésie est complétement dissous, on
ajoute 500 centimètres cubes d'ammoniaque à 22 degrés. Le liquide
s'échauffe, et l'acide citrique achève de se dissoudre. On laisse refroidir, et l'on parfait le volume d'un litre avec de l'eau distillée.

On peut faire usage de cette liqueur encore acide, additionnée
d'ammoniaque pour précipiter l'acide phosphorique, quelles que
soient les matières avec lesquelles il est mêlé, sans même séparer les
sulfates, comme M. Brassier jugeait utile de le faire ; seulement il
faudra employer d'autant plus de liqueur, que le mélange sera plus
riche en chaux, en oxyde de fer, etc., et par suite on aura un précipité
qui renfermera un excès de magnésie d'autant plus grand que la
quantité de liqueur employée aura été plus considérable ; on recueillera le phosphate ammoniaco-magnésien sur un filtre. On aura sans
doute un poids trop fort ; aussi faudra-t-il, après les lavages, redissoudre le précipité sur son filtre à l'aide d'acide azotique dilué, puis
précipiter de nouveau par l'ammoniaque ; l'excès de magnésie restera
dans la dissolution, et le phosphate sera pur ; on pourra donc le calciner et le peser. M. Joulie propose en outre de remplacer cette
seconde opération par un dosage volumétrique à l'aide de sels d'urane.
On trouvera le détail de cette méthode dans son mémoire.

Procédé de M. de Gasparin. — M. P. de Gasparin (*Comptes rendus*,
1869, t. LXVIII, p. 1176) emploie, pour éliminer l'alumine et l'oxyde
de fer dissous dans le traitement des terres par les acides, un procédé
différent de ceux que nous avons indiqués plus haut, et différent aussi

de celui qui a été proposé par Berzelius, qui décomposait le phosphate d'alumine au moyen du silicate de soude.

Un échantillon de 10 grammes d'un sol arable est attaqué par l'acide chlorhydrique dilué au cinquième tant qu'il y a effervescence, puis mis en digestion au bain-marie jusqu'à siccité, avec 60 grammes d'eau régale composée de 15 grammes d'acide azotique et de 45 grammes d'acide chlorhydrique. La matière desséchée, arrosée d'un peu d'acide chlorhydrique, est maintenue une demi-heure au bain-marie, puis étendue brusquement d'eau froide. Elle est alors jetée sur un filtre et lavée à l'eau bouillante.

Après avoir ainsi éliminé la plus grande partie de la chaux et la silice, on dessèche la matière restée sur le filtre, on la calcine, on la porphyrise ; puis on la mêle avec la quantité de carbonate de soude produite par la calcination de trois fois le poids du résidu en bicarbonate de soude parfaitement purifié par des cristallisations successives. Le mélange, aussi exact que possible, est tassé dans un petit creuset de platine et chauffé au rouge à la lampe simple à alcool, pendant une demi-heure. Le résultat de la calcination est délayé dans l'eau distillée et mis en digestion quarante-huit heures avec un grand excès de sesquicarbonate d'ammoniaque. Après ce délai, le contenu de la capsule est jeté sur un filtre et lavé à l'eau froide ; on a ainsi éliminé le fer et l'alumine, et la liqueur renferme l'acide phosphorique combiné avec les alcalis.

C'est dans cette liqueur légèrement acidifiée qu'on précipite habituellement l'acide phosphorique à l'état de phosphate ammoniaco-magnésien. Mais, d'après M. de Gasparin, on trouve encore dans le précipité des traces d'alumine et de silice : pour les éviter, cet habile chimiste verse dans le liquide alcalin précédent, avant toute addition d'acide, le mélange de sulfate de magnésie, de chlorhydrate d'ammoniaque et d'ammoniaque ; il obtient un abondant précipité magnésien qu'il recueille et calcine pour assurer l'insolubilité de la silice et de l'alumine ; après cette calcination, il reprend par l'acide chlorhydrique, filtre, sursature par l'ammoniaque, et recueille le phosphate ammoniaco-magnésien.

Procédé de M. Schlœsing (*Comptes rendus*, 1868, t. LXVI, p. 1049 ; t. LXVII, p. 1247). — M. Schlœsing a imaginé récemment un procédé qui est d'une exécution un peu lente, mais qui donne, d'après lui, des résultats d'une remarquable précision.

Ce procédé repose sur les réactions suivantes. On combine le phosphore avec du fer en chauffant les matières phosphorées avec du silicate de fer au rouge blanc, puis on transforme le phosphure de fer ainsi obtenu en chlorure au moyen d'un courant de chlore : tandis que le chlorure de fer formé est retenu au moyen d'une colonne de chlorure de potassium, le chlorure de phosphore distille ; il vient se condenser dans une des parties du tube, puis il est décomposé par l'eau en acide chlorhydrique et en acide phosphorique. On élimine l'acide chlorhydrique en chauffant avec de l'acide nitrique, et quand le dégagement de chlore a cessé, que l'acide phosphorique est isolé, on le dose enfin à l'état de phosphate d'argent. On conçoit que ce dernier dosage, qui a lieu sur de l'acide phosphorique pur, puisse être parfaitement rigoureux.

M. Schlœsing prépare à l'avance le silicate de fer nécessaire aux analyses en fondant dans un creuset brasqué du fer en limaille, du peroxyde de fer et du sable pur dans les rapports des nombres 28, 80 et 48. La matière fondue est séparée du fer en excès, pilée et tamisée : sa composition varie entre $\frac{4}{3}$ et $\frac{5}{3}$ FeO pour 1 de SiO^2.

On prélève sur l'échantillon de terre à analyser un poids de 10 grammes, qui est réduit en poudre très-fine et tamisé, et on l'attaque par l'acide azotique ; on décante pour séparer de l'argile et du sable. On évapore à sec les produits de la décantation, et si la terre est très-calcaire, on calcine jusqu'à 300 degrés environ ; on reprend par l'eau pour enlever le nitrate de chaux, on sèche le résidu et on le mêle au silicate de fer et à du charbon de cornue, la proportion de silicate étant à peu près celle de la matière et le charbon environ le vingtième. Ce mélange est introduit dans des creusets de terre, brasqués en les enduisant d'une pâte presque sèche formée de charbon de cornue en poudre fine et d'eau sucrée : une couche de 3 millimètres d'épaisseur suffit pour constituer un véritable creuset de charbon très-solide et demeurant intact quand le creuset de terre se fend et se déforme. On chauffe progressivement pendant cinq ou six minutes, puis pendant vingt à vingt-cinq minutes avec toute la puissance d'un chalumeau (1) capable de fondre des rivets dans un creuset semblable à celui de l'expérience. On obtient un culot de fonte renfermant une fraction importante du phosphore. Toutefois la scorie en renferme également, elle doit donc être traitée avec la fonte. Pour y réussir, on la concasse dans un mortier de fer recouvert d'une feuille de caoutchouc, on en sépare le culot et les grenailles et l'on achève de piler ; on la mêle ensuite avec du chlorure de potassium, et on l'introduit à la suite de

---

(1) Le chalumeau de M. Schlœsing est alimenté par du gaz et de l'air. Voyez *Comptes rendus*, 1865, t. LXI, p. 1131.

la fonte dans le tube où se fera la séparation du phosphore d'avec le fer.

Ce tube de verre vert est façonné à la lampe d'émailleur de manière à présenter d'abord une partie A de 30 centimètres de longueur, qui sera placée sur une grille horizontale. C'est dans cette partie qu'aura lieu la transformation du fer et du phosphore en chlorures. Le tube présente ensuite une partie étirée de 15 centimètres environ, inclinée en contre-bas, après laquelle il reprend son horizontalité et son diamètre sur une longueur de 10 centimètres. Il forme ainsi une sorte d'ampoule B terminée par une pointe redressée ; c'est là que se condense la plus grande partie du chlorure de phosphore.

Au fond de la partie A, on place un tampon d'amiante sur lequel on verse du chlorure de potassium pur décrépité et grossièrement pilé. Ce chlorure occupe une longueur de 12 à 15 centimètres ; il est maintenu par un second tampon d'amiante très-petit. On introduit à la suite une nacelle de porcelaine contenant le phosphure de fer en fragments et un dernier tampon d'amiante ; enfin on adapte un bouchon portant un petit bout de tube. Dans l'ampoule B, on verse quelques centimètres cubes d'eau, et on la relie avec un tube vertical plein de fragments de porcelaine humides, où s'arrêteront les vapeurs phosphoriques non condensées en B. Après ce tube vient un petit flacon laveur témoin du courant de chlore.

Après avoir chauffé le chlorure de potassium et chassé toute trace d'humidité en A par un courant d'air sec, on fait arriver le chlore, mais on ne chauffe la nacelle qu'après le balayage de l'air. Dès que la réaction commence, un liquide rouge se condense autour de la nacelle et se répand dans le chlorure de potassium. Celui-ci doit être porté seulement dans le voisinage de la nacelle à une température assez élevée pour faire fondre le chlorosel et empêcher le tube de s'obstruer ; mais il faut se garder d'atteindre le rouge sombre, car à ce degré de chaleur le perchlorure de phosphore échange son chlore contre l'oxygène de la silice du verre et forme des phosphates. Le perchlorure de phosphore se condense à l'issue du tube A ; on le chasse dans l'ampoule en chauffant doucement le verre. L'analyse est finie lorsqu'on n'aperçoit plus la moindre condensation.

Il convient de maintenir un excès constant, mais faible, de chlore ; à cet effet, on remplace les appareils ordinaires par une couple de flacons tubulés en usage pour la préparation de l'hydrogène ou de l'acide carbonique, et qui permettent de commander le dégagement du gaz par un robinet.

Pour doser l'acide phosphorique condensé dans l'ampoule avec de l'acide chlorhydrique, on coupe le verre dans sa partie étirée, on fait couler le liquide dans une capsule de porcelaine où l'on réunit les lavages du tube à porcelaine et de l'ampoule; on y ajoute de l'acide nitrique et l'on évapore. L'acide chlorhydrique, décomposé vers la fin de l'opération, est éliminé sans projection; il ne reste plus alors qu'à doser de l'acide phosphorique libre en présence de l'acide nitrique, ce qu'on fait à l'aide du nitrate d'argent; on évapore à sec, on reprend par l'eau, et l'on pèse le phosphate d'argent insoluble restant.

§ 78. — RECHERCHE DE LA POTASSE.

On peut rechercher dans la terre arable la potasse actuellement soluble dans l'eau, ou bien au contraire la potasse totale; mais il faut reconnaître que le premier dosage est le seul qui ait de l'intérêt au point de vue agricole, car c'est le seul qui représente l'alcali assimilable par les végétaux.

Cette recherche doit s'exécuter au moins sur 100 grammes de terre sèche, qu'on lave avec un litre d'eau. Nous opérons habituellement à Grignon de la façon suivante : Les 100 grammes de terre sont placés dans un flacon à l'émeri avec un litre d'eau froide, et nous agitons à plusieurs reprises pendant une journée; on filtre après vingt-quatre heures et l'on mesure le liquide obtenu. On suppose que le liquide resté dans la terre a la même composition que celui qui est filtré, de telle sorte que si l'on ne recueille, par exemple, que 900 centim. cubes d'eau au lieu d'un litre, on augmentera le nombre trouvé d'un dixième pour compenser la perte due aux 100 centim. cubes restés dans la terre.

La liqueur, évaporée à moitié, est additionnée d'eau de baryte qui élimine toutes les bases, à l'exception des alcalis, et précipite du même coup l'acide sulfurique. On filtre; on fait passer un courant d'acide carbonique pour précipiter la baryte restée en dissolution; on porte à l'ébullition de façon à décomposer le bicarbonate de baryte et à volatiliser les traces d'ammoniaque libre que l'eau a pu dissoudre dans la terre, et l'on filtre de nouveau. On ajoute alors quelques gouttes d'acide chlorhydrique, et l'on continue la dessiccation dans une capsule de platine. On calcine le résidu, on le reprend par de l'eau aiguisée d'acide chlorhydrique, et l'on ajoute dans la liqueur du chlorure de platine. On évapore le précipité au bain-marie jusqu'à sec; on le fait tomber sur un filtre avec une fiole à jet renfermant de l'alcool faible, et on lave encore à l'alcool faible, jusqu'à ce qu'il n'y ait plus de réaction acide. On dessèche à 110 degrés, et l'on pèse le chloroplatinate $PtCl^2KCl$ obtenu.

CHAPITRE V

DE LA CONSTITUTION CHIMIQUE DE LA TERRE ARABLE.

Les analyses des terres arables exécutées à l'aide des méthodes décrites dans le chapitre précédent sont nombreuses ; nous en donnerons quelques-unes dans les tableaux suivants, en réservant d'autres pour le chapitre VI, où nous traitons de la stérilité et de la fertilité des terres arables, d'autres enfin pour les deux dernières parties de cet ouvrage.

Quelques-unes des analyses ci-jointes sont empruntées aux ouvrages de M. Boussingault, et portent sur des terres d'origines très-diverses ; les autres sont celles que nous avons exécutées à l'école de Grignon pendant les années 1866 et 1867, avec l'aide de quelques-uns de nos élèves, et notamment de M. Ed. Landrin et de M. Derome.

Substances dosées dans un kilogr. de terres de diverses provenances séchées à l'air.

(Analyses de M. Boussingault.)

DÉSIGNATION DES MATIÈRES DOSÉES.	TERREAU des maraîchers.	TERREAU neuf de Verrières.	Terre légère de Bischwiller.	Terre légère du Liebfrauenberg.	TERRE FORTE de Bechelbronn.	TERRE d'un herbage d'Argentan (Orne).
	gr.	gr.	gr.	gr.	gr.	gr.
Azote entrant dans la constitution des matières organiques (1)	10,503	5,281	2,951	2,594	1,397	5,130
Ammoniaque toute formée. .	0,118	0,084	0,020	0,020	0,009	0,060
Nitrates équivalant au nitrate de potasse	1,071	0,940	1,526	0,175	0,015	0,046
Acide phosphorique	12,800	3,424	5,536	3,120	1,425	0,943
Chaux.	63,006	11,280	32,030	5,516	20,914	68,470
Carbone appartenant à des matières organiques (2) . .	99,400	66,422	28,770	24,300	11,590	40,900

(1) Azote dosé par la chaux sodée dont on a déduit l'azote de l'ammoniaque toute formée.
(2) Carbone dosé en pesant l'acide carbonique formé par la combustion, l'acide carbonique appartenant aux carbonates ayant été retranchés.

Substances dosées dans un kilogr. de terres de diverses provenances séchées à l'air.

(Analyses de M. Boussingault.)

DÉSIGNATION DES MATIÈRES DOSÉES.	RIO MADEIRA.	RIO TROMBETTO.	RIO NEGRO.	AMAZONES, près du lac Saracca.	AMAZONES, Santarem.	RIO CUPARI (terreau naturel).
	gr.	gr.	gr.	gr.	gr.	gr.
Azote entrant dans la constitution des matières organiques.	1,428	1,191	0,688	1,820	6.490	6,850
Ammoniaque toute formée.	0,090	0,030	0,038	0,062	0,083	0,525
Nitrates équivalent au nitrate de potasse	0,004	0,001	0,001	»	0,011	»
Acide phosphorique	0,864	»	0,792	0,176	0,288	0,445
Carbone appartenant à des matières organiques.	9,100	5,863	3,900	14,944	71,585	129,000
Chaux.	2,032	3,696	3,304	4,696	15,640	4,408

Analyse d'un kilogramme de terres du domaine de Grignon séchées à l'air.

NATURE DES MATIÈRES DOSÉES.	TERRE de la Défonce.	TERRE de la 7ᵉ division.	TERRE de la 5ᵉ division.
ANALYSE PHYSIQUE.			
	gr.	gr.	gr.
Sable.	202,0	298,4	324,80
Argile et calcaire	719,6	678,3	551,20
Eau	78,4	23,3	124,00
	1000,0	1000,0	1000,00
ANALYSE CHIMIQUE.			
Azote.	1,86	2,65	2,57
Ammoniaque toute formée	0,316	0,158	0,078
Potasse (soluble dans l'eau)	0,160	0,016	0,550
Chaux.	154,40	9,05	28,450
Acide sulfurique.	5,30	9,05	14,260
— phosphorique.	0,007	0,12	0,090

Les analyses suivantes ont encore été exécutées sur des terres du domaine de Grignon, où ont eu lieu en 1867 les expériences sur l'emploi agricole des engrais de potasse ; nous avons analysé la terre de la surface prise en deux points différents, et la terre prélevée à plusieurs profondeurs différentes. On remarquera que, même dans l'échantillon pris à 1ᵐ,60 au-dessous de la surface, la quantité d'azote et de carbone est considérable.

Domaine de Grignon. — *Analyse de divers échantillons de terre pris dans la pièce des Vingt-six arpents.*

(Tous les nombres sont rapportés à un kilogramme de terre desséchée.)

MATIÈRES DOSÉES.	ÉCHANTILLONS pris dans le voisinage du chemin de Chantepie.			ÉCHANTILLON pris au milieu de la pièce, à 0m,90 de profondeur.	ÉCHANTILLONS pris dans le voisinage de l'étang.	
	Terre de la surface.	Terre prise à 1m,00 de profondeur.	Terre prise à 1m,60 de profondeur.		Terre de la surface.	Terre prise à 0m,80 de profondeur.
ANALYSE PHYSIQUE.						
Sable	gr. 226,5	gr. 204,0	gr. 203,0	gr. 198,7	gr. 246,0	gr. 164,0
Argile	647,5	732,5	731,5	596,3	674,0	890,8
Carbonate de chaux	126,0	63,5	63,5	205,0	113,0	25,2
ANALYSE CHIMIQUE.						
Carbone (des matières organiques)	16,170	15,450	15,100	14,950	15,320	15,250
Azote (des matières organiques)	2,040	1,060	1,090	1,500	2,020	1,600
Ammoniaque toute formée	0,306	0,467	0,157	0,250	0,267	0,147
Acide azotique (évalué en azotate de potasse)	0,015	0,012	0,011	0,000	0,016	0,000
Acide phosphorique	0,250	0,160	0,170	0,090	0,133	0,120
Potasse	traces	traces	traces	traces	traces	traces
Chaux	70,600	35,600	35,600	115,500	63,800	12,100
Magnésie	7,52	5,31	5,24	7,8	6,900	6,0

§ 79. — ORIGINE DE LA MATIÈRE CARBONÉE DE LA TERRE ARABLE.

Ce qui nous frappe davantage à l'inspection des tableaux d'analyses précédents, c'est la quantité considérable de matière carbonée contenue dans les sols cultivés. Sans doute, depuis un temps immémorial, on accumule sur ces terres d'abondantes fumures, et l'on pourrait peut-être y trouver l'origine de l'abondance de ces matières carbonées, si on ne la rencontrait encore dans des sols provenant du nouveau monde, où l'on fume peu ou pas : la terre du rio Cupari, dont l'analyse a été rapportée plus haut (p. 312), en est un remarquable exemple.

C'est qu'en effet il n'est pas nécessaire que l'homme intervienne pour que, dans un bon climat, un sol convenablement humecté se charge de matières carbonées. Sans doute, les plantes qui se développeront dans un sol fertile laisseront pendant la durée de leur vie et à leur mort d'abondants débris qui enrichiront d'autant le sol qui les a portées ; mais ces débris se rencontrent même dans une mauvaise terre, car, pourvu qu'elle soit humide, les graines apportées par le vent y germeront et les plantes s'y développeront, malingres et chétives si le sol ne leur fournit rien, plus fortes et plus vigoureuses si quelques nitrates et quelques phosphates répandus à leur portée leur donnent les éléments de leurs matières albuminoïdes. Dans tous les cas, le carbone fixé par la plante pendant sa vie et contenu dans ses tissus restera sur le sol après sa mort, et le sol se trouvera ainsi enrichi de matières carbonées. Ces débris se brûleront partiellement au contact de l'oxygène, et laisseront ces résidus noirs, rares dans certains sols, si abondants dans d'autres qu'ils leur communiquent une teinte foncée caractéristique : telles sont les terres noires de Russie, qui, d'après nos analyses, renferment par kilogramme 23 grammes de carbone appartenant à des matières organiques ; tels sont encore les terreaux des jardiniers (voyez plus haut, page 310, les analyses de M. Boussingault), et particulièrement la terre de bruyère, dans laquelle s'accumulent les feuilles, les racines des végétations antérieures.

L'oxydation des débris organiques, leur transformation en matière noire soluble dans les alcalis, mais insoluble dans l'eau pure, en *humus*, est-elle due simplement à l'action de l'oxygène s'exerçant librement sur ces matières complexes ? est-elle, en outre, favorisée par quelques végétations microscopiques analogues à celles qui ont été étudiées par M. Pasteur? ou enfin se développe-t-il pendant la décomposition des matières ligneuses un ferment particulier exerçant sur la cellulose une action de contact analogue à celle de la diastase sur l'amidon? C'est ce qu'il est encore impossible de préciser, et les mots de pourriture, de fermentation ulmique, d'érémacausie désignent ces phénomènes d'oxydation, dont la cause prochaine n'est pas encore rigoureusement déterminée. Si nous ne pouvons suivre la formation de la matière carbonée dans tous ses détails, nous connaissons les parties essentielles du phénomène, et la fixation de l'acide carbonique de l'air par la végétation, puis la combustion lente des débris que celle-ci abandonne, nous montrent clairement l'origine de la matière carbonée de la terre arable.

§ 80. — ORIGINE DES MATIÈRES AZOTÉES DE LA TERRE ARABLE.

L'origine de la matière azotée, qu'elle renferme en proportions notables, n'est plus, au premier abord, aussi facile à déterminer. M. Boussingault a reconnu, en effet, que dans nos terres cultivées la quantité d'azote prélevée par les récoltes qui se succèdent durant une rotation est supérieure à celle qui a été fournie par l'engrais, de telle sorte qu'on ne peut attribuer l'origine de la matière azotée aux résidus des anciennes fumures. L'excédant ainsi enlevé au sol par la végétation est souvent considérable, et pour l'expliquer il faut, ou bien admettre que les plantes prennent directement l'azote dans l'air et le fixent dans leurs tissus, ou bien que par suite d'une réaction encore mal connue, la terre arable se charge peu à peu d'azote atmosphérique et le transmet ensuite aux végétaux.

Nous avons vu plus haut (§ 24) que les nombreuses expériences tentées en France par M. Boussingault, en Angleterre par MM. Lawes, Gilbert et Puch, pour vérifier les résultats annoncés par M. G. Ville, ont échoué, et nous avons conclu que les plantes ne prennent pas directement l'azote de l'air; d'autre part, l'apport d'ammoniaque ou d'acide nitrique par les météores, pluie, neige ou rosée (voy. plus loin le chapitre JACHÈRE), est à peine suffisant pour combler les pertes occasionnées par l'évaporation de l'ammoniaque dans l'air, par l'écoulement des eaux superficielles et souterraines qui entraînent facilement les nitrates, enfin par l'émission d'azote libre qui se produit pendant la décomposition des matières organiques données comme engrais : de telle sorte qu'il est évident, à priori, qu'une cause puissante doit intervenir pour déterminer la fixation dans le sol de l'azote que l'analyse y décèle.

En réfléchissant aux circonstances dans lesquelles se produit l'union des deux éléments de l'air, on reconnaît qu'il accompagne habituellement l'oxydation d'une matière combustible. C'est ainsi que, sans parler de la combinaison directe de l'azote et de l'oxygène dans la célèbre expérience de Cavendish, ni de la formation de l'acide nitrique observée par les chimistes de la fin du XVIII° siècle, quand ils faisaient détoner de l'air avec de l'hydrogène, nous rappellerons que M. Chevreul a reconnu que, parmi les produits de la combustion d'une lampe fumeuse, se trouvaient des gaz nitreux ; M. Cloëz a montré que de la brique pilée renfermant des corps encore susceptibles de s'oxyder, imprégnée de carbonate de potasse et soumise à l'action prolongée d'un courant d'air, se chargeait d'une petite quantité de salpêtre dont tous les éléments sont saturés d'oxygène, tandis que, dans les mêmes circonstances, le biscuit de porcelaine ne donnait rien. En m'appuyant sur ces diverses expériences, je pensai que l'oxydation des matières organiques carbonées du sol arable pouvait déterminer l'union des deux éléments de l'air. Elle a lieu en effet : sous l'influence de la combustion lente des matières ulmiques, l'azote atmosphérique entre en combinaison, probablement pour former de l'acide nitrique, qui, au contact d'un excès de matière carbonée, se réduit et cède son azote à la matière organique. Cette dernière réaction a été établie par M. P. Thenard. En nous appuyant sur elle, nous pouvons essayer de déterminer l'origine de l'excès d'azote que nous trouvons dans les plantes et dans le sol sur les quantités fournies par les fumures. Examinons d'abord comment il est possible de réaliser la fixation de l'azote. Pour y réussir, nous avons employé diverses matières carbonées semblables à celles qui existent dans le sol ou dans le fumier : la combinaison du glucose avec l'ammoniaque, premier produit qui se forme pendant la confection du fumier ; l'humus du vieux bois, ou l'acide ulmique de la terre arable en dissolution dans la potasse ont été successivement enfermés dans des tubes avec un volume déterminé de gaz oxygène et azote ; on maintenait au bain-marie pendant une centaine d'heures, et, quand après refroidissement on cassait la pointe du tube sous l'eau, on voyait le liquide monter, remplaçant une partie des gaz absorbés. Or, en mesurant les gaz restants, on trouve très-habituellement dans ces expériences que non-seulement tout l'oxygène a été absorbé, mais encore qu'une notable portion de l'azote contenu dans le tube a disparu également.

La condition pour que l'azote atmosphérique soit entraîné en combinaison, c'est qu'une matière organique se brûle à l'air : toute plante qui abandonne des débris sur le sol qui l'a portée est donc l'occasion d'une fixation d'azote plus ou moins grande. Si une plante germe et se développe sur un sol encore vierge, à l'aide des nitrates formés par l'étincelle électrique, elle fixe pendant sa vie le carbone atmosphérique ; puis après sa mort, quand la matière organique se brûle lentement, elle entraîne la combinaison de l'azote, et se charge peu à peu de l'azote ainsi prélevé sur l'atmosphère. Cette réaction se continue pendant de longues années et finit par accumuler, dans les terres abandonnées à une végétation spontanée, comme les landes, une quantité d'azote suffisante pour qu'au moment du défrichement, le cultivateur puisse en tirer plusieurs récoltes de céréales sans faire intervenir d'engrais azotés ; c'est ainsi également que la prairie ou la forêt suffisent à l'exportation régulière du foin ou du bois, sans que jamais l'homme intervienne pour compenser les pertes d'azote qu'elles subissent périodiquement et depuis un temps immémorial.

La puissance productive du sol de la forêt n'est cependant pas comparable à celle de la terre arable ; les débris végétaux ne s'y trouvent pas dans un état aussi favorable à la combustion que ceux qui constituent le fumier que reçoit cette dernière : car on sait que si l'on détermine la nature des gaz confinés dans le tas de fumier, on n'y trouve que de l'azote et de l'acide carbonique. On sait encore que la proportion d'acide carbonique contenue dans l'air confiné est plus considérable dans une terre récemment fumée que dans celle qui l'est depuis longtemps. Ce n'est donc pas seulement par les six millièmes d'azote qu'il renferme que le fumier exerce son action sur la végétation, c'est aussi par la matière carbonée en décomposition qui constitue sa masse presque entière. Enfouie dans le sol, cette matière s'y conserverait peut-être longtemps, si le cultivateur ne s'efforçait de déterminer son oxydation ; pour y réussir, il déchire la terre du soc de la charrue, il l'aère, il lui prodigue les façons ; sous l'influence de l'air, la matière organique se brûle en donnant les quantités notables d'acide carbonique que les analyses de MM. Boussingault et Lewy ont constatées dans l'atmosphère confinée dans le sol. Cette combustion détermine l'union des deux éléments de l'air, et à l'azote que renferme normalement le fumier vient s'ajouter celui qui, prélevé sur l'atmosphère, est dorénavant entraîné dans la série de métamorphoses qui le conduiront du sol à la plante et de la plante à l'animal. (*Comptes rendus*, 1871, t. LXXIII, p. 1352.)

Nous connaissons donc aujourd'hui l'origine de la matière azotée de la terre arable ; nous reconnaissons que c'est dans l'air, dans le gisement inépuisable de notre atmosphère, que les plantes prennent l'azote, mais seulement après que celui-ci a passé par quelques-unes des combinaisons qui existent dans la terre arable.

Quelques expériences déjà anciennes avaient fait prévoir les résultats plus précis auxquels nous sommes arrivé récemment.

C'est ainsi que M. Mulder a constaté que les substances végétales non azotées peuvent, sous l'influence de l'eau et de l'atmosphère, condenser une certaine quantité d'azote, et donner ensuite par la distillation sèche des produits ammoniacaux (Mulder, *Journ. für prakt. Chemie*, t. XXXII, cité par Boussingault, *Economie rurale*, t. I, p. 80). De l'acide humique pur, préparé avec le sucre et l'acide hydrochlorique, ayant été enfermé humide dans un flacon dont l'air occupait les sept huitièmes de la capacité, a laissé dégager après six mois, par l'action de la potasse, une quantité notable d'ammoniaque. M. Mulder a introduit dans des flacons des dissolutions de sucre de canne, de sucre de lait ; les vases, parfaitement bouchés, renfermaient un volume d'air égal à celui des dissolutions. Dans les deux flacons, au bout de trois mois, de nombreuses moisissures s'étaient développées. Soumises à la distillation, ces moisissures ont donné de l'ammoniaque en abondance.

Ces expériences rendent la fixation de l'azote probable, sans la démontrer. Il est clair que les flacons ont été ouverts souvent : car, s'il s'est formé une quantité notable d'ammoniaque, il faut qu'il ait disparu une grande quantité d'azote gazeux ; et si les flacons avaient été maintenus fermés, un vide partiel se serait fait, et il eût été impossible à la fin de l'expérience de les ouvrir sans les briser. Or l'auteur ne parle pas de ces particularités ; c'est donc qu'il a ouvert souvent les flacons. Mais dès lors, en même temps que de l'air, il a pu entrer des vapeurs ammoniacales, qui ne sont pas rares dans un laboratoire ; on n'est pas non plus assuré que les matières primitivement employées étaient absolument exemptes d'ammoniaque, de telle façon que ces expériences rendaient la fixation de l'azote atmosphérique probable, sans la démontrer absolument.

§ 81. — UTILITÉ DE LA MATIÈRE ORGANIQUE DU SOL ARABLE.

Il n'est pas de question qui ait été plus discutée que celle du degré d'utilité qu'il faut accorder à la matière organique du sol arable. Th. de Saussure professait que les plantes absorbent directement l'extrait du terreau ; pour lui, la matière organique de la terre arable était donc le principe nourricier par excellence. Depuis, cette idée a été abandonnée peut-être trop complétement, et beaucoup d'agronomes s'accordent à ne voir dans l'humus qu'une source importante d'acide carbonique et de nitrates. Il faut bien reconnaître toutefois que la question est loin d'être résolue, et qu'il n'est nullement démontré que les matières azotées plus ou moins complexes, dissoutes dans les alcalis fixes, ne servent pas directement de nourriture à certaines plantes, et notamment aux légumineuses.

Avant d'aller plus loin, il importe d'être fixé sur les propriétés de cette matière organique de la terre arable. En effet, la quantité d'azote qui y est contenue est si considérable, que s'il était démontré que les plantes peuvent l'absorber directement, on en devrait conclure que le sol est assez abondamment fourni de principes riches en azote pour qu'il soit inutile de lui en ajouter avec les engrais de nouvelles proportions.

On sait que **M. J.** de Liebig, qui a tant contribué par ses travaux à fonder la science agricole, n'a pas reculé devant cette conclusion si pleinement en désaccord avec l'expérience journalière des cultivateurs, dont il faut toujours tenir compte cependant, et que c'est en s'appuyant sur les dosages d'azote exécutés sur des terres arables bien cultivées, qu'il arriva à formuler sa fameuse théorie dans laquelle il professait que dans les engrais les substances minérales seules présentent de l'intérêt, et que c'est à tort qu'on attribue aux engrais azotés un effet quelconque sur la végétation. M. J. de Liebig accordait dans ce cas, à la matière organique de la terre arable, une influence qu'elle n'a que très-rarement, ainsi que le firent voir bientôt les agronomes anglais et français.

Réfutation de la théorie minérale de Liebig. — Expériences de MM. Lawes et Gilbert. — L'opinion que la matière organique de la terre arable suffit au développement des végétaux, et que les engrais azotés sont inutiles, fut vivement attaquée en France et en Angleterre, et les nombreuses expériences exécutées à Rothamsted par MM. Lawes et Gilbert sont restées justement célèbres. Pendant plus de vingt ans, ces deux agronomes ont répété sur le sol des expériences comparatives sur l'emploi des engrais minéraux, sur celui d'un mélange renfermant, outre les sels de potasse et les phosphates, des sels ammoniacaux ; tandis que d'autres parcelles toujours cultivées sans engrais permettaient d'établir une comparaison complète, et de reconnaître nettement quelle avait été l'influence de l'engrais.

Les expériences, qui portèrent sur des cultures de blé, furent commencées en 1844. Cette année-là, le superphosphate de chaux et le silicate de potasse donnèrent un produit supérieur de 77 livres seulement à celui que fournit le carré sans engrais ; en 1845, cette même parcelle reçut des sels ammoniacaux, et son rendement devint supérieur de 2000 livres à celui du carré sans engrais.

En 1846, le rendement des carrés sans engrais, de ceux qui reçurent des engrais minéraux, et enfin des engrais minéraux associés à des sels ammoniacaux, fut respectivement 2720 livres, 2671 et 4094. Les essais poursuivis pendant toutes les années suivantes donnèrent des résultats dans le même sens : de telle sorte qu'on put conclure, que les principes minéraux qui forment les cendres du blé, ajoutés au sol, n'accrurent nullement sa fertilité, et que le produit fut directement proportionnel aux quantités d'ammoniaque que le sol reçut.

Expériences de M. Boussingault. — M. Boussingault ne fit pas des essais aussi nombreux, mais il donna à son expérience une forme piquante qui devait lui assurer une grande popularité. Si, disait-il, il faut en croire M. de Liebig, si les parties minérales des engrais sont seules utiles, nous sommes, nous autres agriculteurs, de bien grands maladroits. Nous nous donnons depuis des centaines d'années la peine de transporter péniblement nos fumiers de la ferme aux champs, nos attelages nous coûtent cher ; faisons mieux : brûlons nos fumiers, nous aurons ainsi une toute petite quantité de cendres, et pour le transport une brouette fera l'affaire.

On fit cet essai sur un are d'une terre appauvrie par la culture, on y porta les cendres obtenues de 500 kilos de fumier, et l'on y sema de l'avoine ; pour comparer, on fuma une surface d'un are de la même terre avec 500 kilos de fumier de ferme, et l'on attendit la récolte... Dans le champ qui avait reçu le fumier, 1 de graine rendit 14 ; dans le champ voisin amendé avec les cendres, 1 de graine rendit 4.

La théorie minérale ne résiste donc pas à une discussion sérieuse. Il est remarquable, au reste, qu'elle s'appuyait sur des analyses très-incomplètes des terres arables : au moment où elle fut formulée, on avait dosé l'azote et on l'avait trouvé en quantités énormes, mais on n'avait pas encore déterminé les proportions de phosphates et de potasse contenues dans la terre. Depuis cette époque, cette recherche a été exécutée, et l'on a trouvé qu'habituellement les terres de bonne qualité renferment ces éléments en quantités considérables et bien supérieures aux besoins des récoltes : de telle sorte que la conclusion qu'il aurait fallu tirer de ces résultats analytiques était que non-seulement les matières azotées étaient inutiles dans les engrais, puis-que le sol en regorgeait, mais que l'apport des phosphates, de la potasse ne présentait pas plus d'avantage, puisque le sol en contenait aussi un grand excès. Ainsi tous les principes des engrais se trouvant déjà dans le sol, il était inutile d'en apporter de nouvelles quantités ; en d'autres termes, il était inutile de mettre des engrais.

Cette conclusion, si formellement en désaccord avec la pratique agri-cole, devait reposer et repose en effet sur une erreur.

Le sol renferme des quantités considérables de matières azotées, de phosphates, de sels de potasse, etc. ; mais en général tous ces élé-ments sont *insolubles*, et par suite ils ne peuvent exercer à cet état aucune action immédiate ; avant d'avoir subi une métamorphose qui détermine leur solubilité, ils ne peuvent être d'aucune utilité pour la végétation.

Ces métamorphoses ont lieu d'une façon constante, mais elles ne sont pas assez rapides pour fournir aux exigences de la masse énorme de végétaux de même nature que notre système de culture accu-mule sur le sol; tous ces végétaux ont à la même période de leur développement des besoins identiques, et l'action qu'exerce sur les matières insolubles de la terre arable les agents atmosphériques est trop faible pour amener à l'état soluble, en temps utile, les éléments insolubles qui y sont enfouis.

Par une expérience directe de culture, M. Boussingault a donné de l'état d'inertie de la matière azotée de la terre arable une preuve convaincante ; à l'opinion des savants sur la terre arable, l'éminent professeur du Conservatoire a voulu joindre, suivant sa spirituelle expression, « l'opinion des plantes ».

On a planté un lupin dans un mélange formé de 1000 grammes de sable quartzeux, de 500 grammes de gros fragments de quartz, et de 130 grammes de terre végétale du Liebfrauenberg, renfermant $0^{gr},34$ d'azote, c'est-à-dire ce qu'il y en a dans $2^{gr},45$ de nitrate de potasse ou dans $0^{gr},41$ d'ammoniaque ; on avait ajouté $0^{gr},2$ de cendres de foin. Quand on mit fin à l'expérience, le lupin était extrêmement chétif, il n'avait acquis pendant la végétation que $0^{gr},004$ d'azote, c'est-à-dire ce que prend souvent une plante qui s'est développée librement à l'air dans du sable stérile : l'azote contenu dans le sol n'était pas intervenu dans la végétation.

Des observations semblables furent répétées sur du chanvre, sur des haricots nains ; les résultats obtenus, analogues aux précédents, permirent de conclure que la plus grande partie de l'azote contenu dans le sol extrêmement fertile qui avait servi à l'expérience n'a pu être assimilé par la jeune plante; il faut donc reconnaître que certaines matières organiques, en se modifiant, forment des combinaisons douées d'une assez grande stabilité pour résister aux agents atmosphériques pendant la durée d'une culture. Ainsi la plus grande partie de la matière azotée du sol est sans influence immédiate sur la végétation ; il est possible cependant, comme nous le verrons plus loin, qu'une petite fraction de cette matière azotée soit à un état tel qu'elle puisse être absorbée directement.

Si l'on se reporte aux analyses citées plus bas, on reconnaît que les poids d'acide nitrique et d'ammoniaque contenus dans un kilogramme de terre sont très-faibles comparés aux quantités d'azote engagé dans des combinaisons complexes, et que si l'on est obligé d'ajouter au sol des engrais azotés, tels que le guano, le salpêtre et le sulfate d'ammoniaque, c'est précisément pour ajouter un appoint important aux faibles quantités de sels ammoniacaux ou de nitrates que celui-ci renferme.

§ 82. — AZOTE, AMMONIAQUE ET ACIDE NITRIQUE CONTENUS DANS UN HECTARE DE TERRE.

L'erreur sur laquelle s'appuyait la théorie minérale apparaît clairement, quand on met en regard, ainsi que l'a fait M. Boussingault, les quantités d'ammoniaque et d'acide nitrique *trouvées* par hectare de terre arable, avec la quantité d'ammoniaque *calculée*, en supposant que tout l'azote se trouve à cet état d'ammoniaque.

Le calcul a été fait en recherchant l'azote, l'ammoniaque et l'acide nitrique dans un kilogramme, en supposant au sol arable une épaisseur constante de $0^m,357$, et un poids de 1400 kilogrammes pour le mètre cube de terre; le volume de terre d'un hectare devient 3570 mètres cubes, et son poids un peu supérieur à 5 milliers de kilogrammes.

On trouve, en faisant les calculs, les nombres inscrits dans le tableau suivant pour la proportion des diverses matières contenues dans un hectare :

PROVENANCE DES TERRES.	AZOTE.	AMMONIAQUE calculée d'après l'azote dosé.	AMMONIAQUE calculée d'après l'ammoniaque dosée.	NITRATES exprimés en nitrate de potasse.
	kil.	kil.	kil.	kil.
Bischwiller..............	14,755	17,917	100	7630
Liebfrauenberg	12,970	15,806	100	875
Bechelbronn.	6,985	8,482	45	75
Herbage d'Argentan........	25,650	31,146	300	230
Rio Madeira..............	7,140	8,670	450	20
Rio Trombetto............	5,955	7,231	183	5
Rio Negro...............	3,440	4,177	190	5
Sarracca................	9,100	11,050	210	»
Santarem	32,450	39,404	415	55
Cupari..................	34,250	41,589	2875	»
Iles du Salut.............	27,170	32,421	400	3215
Martinique	5,590	6,788	275	930

On voit quelle erreur on commettrait si l'on considérait comme azote assimilable celui que le dosage par la chaux sodée accuse dans la terre arable ; mais on se tromperait également si l'on supposait que la quantité de substance azotée qui sera à la disposition de la plante pendant la durée de la végétation sera uniquement représentée par l'ammoniaque et les nitrates trouvés au moment du dosage. Ces deux substances se forment en quelque sorte d'une façon constante aux dépens de la matière azotée insoluble, et la quantité de nitrates qui se rencontre dans la terre arable varie notablement d'un jour à l'autre ; les pluies abondantes les font disparaître, tandis que la sécheresse, forçant l'eau à remonter par capillarité jusqu'aux couches supérieures, ramène à la surface les nitrates que ces eaux tiennent en dissolution.

L'exemple des nitrières artificielles et des localités où l'on recueille le salpêtre montre que celui-ci se forme tant que la masse sur laquelle il vient s'effleurir renferme des matières azotées ; la condition favorable est l'accès de l'air et probablement une certaine chaleur, aussi voyons-nous constamment le cultivateur aérer le sol en lui donnant des façons multipliées, et cela surtout pour les plantes qui empruntent beaucoup à la terre dans laquelle elles séjournent, et qui bénéficient particulièrement des engrais azotés.

Une grande partie des éléments azotés contenus dans la terre arable est insoluble dans l'eau, mais soluble au contraire dans les lessives alcalines ; or on sait que toutes les plantes renferment des alcalis souvent en proportion notable, et que dans les cendres ces bases se trouvent à l'état de carbonates ; dans la plante même, les alcalis sont généralement combinés avec des acides organiques : il est possible que ce soit sous forme de carbonates que les alcalis aient pénétré et que l'acide carbonique ait été éliminé par les acides végétaux ; mais il est possible également que les alcalis se soient combinés dans le sol avec les acides humiques étudiés par M. Thenard, et que ce soit précisément en combinaison avec eux que les alcalis aient été assimilés ; ils serviraient ainsi de dissolvants et de véhicules à une matière azotée complexe capable sans doute de se transformer en principes albuminoïdes comme les nitrates eux-mêmes.

Nous avons déjà fait remarquer souvent que les engrais azotés ne réussissent pas sur les prairies artificielles ; les engrais minéraux eux-mêmes n'ont une influence heureuse que lorsque la luzernière est jeune, mais il est reconnu qu'on ne rétablit pas une vieille luzerne en lui prodiguant les sels de potasse ; et il est probable qu'une terre qui est restée longtemps sans porter de légumineuses renferme des matières azotées que les alcalis dissolvent facilement, et que les sels ainsi formés soient par excellence l'aliment des légumineuses.

Lorsque cette réserve accumulée dans le sol depuis des années se trouve épuisée, la luzerne ou le trèfle ne prospèrent plus, et il faut longuement attendre que ces produits complexes se soient reformés pour qu'une nouvelle culture de luzerne puisse être entreprise avec avantage. Peut-être, en effet, les plantes appartenant à des espèces différentes sont-elles capables de choisir dans le sol certains principes azotés de préférence à certains autres, peut-être les céréales et les graminées profitent-elles des nitrates et des sels ammoniacaux, tandis que les légumineuses recherchent particulièrement certaines matières azoto-carbonées plus complexes. Nous aurons, au reste, occasion de revenir sur ce sujet, au chapitre : *Plâtrage des terres arables*.

§ 83. — SUR L'ORIGINE ET LES PROPRIÉTÉS DES PHOSPHATES CONTENUS DANS LA TERRE ARABLE.

Aux analyses de terres citées plus haut, qui établissent dans le sol la présence des phosphates, nous pouvons joindre les résultats de dosages exécutés par plusieurs chimistes agronomes, qui ont fait cette recherche d'une façon spéciale et par des méthodes très-variées.

Désignation des terres analysées.	Quantité d'acide phosphorique par kilogr. de terre.	Analystes.
	gr.	
Terre de M. Bolland (Moselle).....	1,5	M. Schlœsing (1).
Terre prise à Vaujours...........	1,9	Id.
Terre de Boulogne (Seine)	2,4	Id.
Polder du Dain.....	1,6	Id.
Terre de bruyère..............	1,5	Id.
Terre à betteraves.............	2,3	Id.
Terre d'un étang.............	1,0	Id.
Sables granitiques (Ardèche)	6,2	M. de Gasparin (2).
Alluvions de la Durance..........	4,2	Id.
Diluvium de la Méditerranée......	4,9	Id.
Argiles marneuses de l'Arve.......	1,2	Id.

D'après M. Schlœsing, il existerait en moyenne dans la terre arable 1^{gr},7 d'acide phosphorique par kilogramme, soit 6 à 7 tonnes par hectare, en admettant une épaisseur de 25 centimètres pour la couche arable et au poids de 1^{kil},5 par litre de terre; d'après M. de Gasparin, les sables granitiques d'Annonay renfermeraient 24 000 kilogr. par hectare dans la couche arable; dans les alluvions de la Durance, on calcule 16 tonnes par hectare; 20 tonnes dans le diluvium du littoral méditerranéen, et 5 tonnes seulement pour les argiles marneuses de la vallée de l'Arve (Haute-Savoie et Suisse). Dans une très-courte note insérée aux *Comptes rendus*, t. LXXIV, p. 1180-1872, M. P. de Gasparin a indiqué la proportion de 1^{gr},460 d'acide phosphorique par kilogr. dans une terre de Vistre, près de Nîmes (Gard); en s'appuyant sur ce dosage, M. de Gasparin calcule que l'hectare de cette terre renfermait 6000 kilogr. d'acide anhydre correspondant à 13,8 tonnes de phosphate de chaux.

La présence de l'acide phosphorique a été constatée dans les roches qui ont formé par leur décomposition nos sols cultivés. Une lave grise du Rhône employée à Cologne pour les constructions, un trachyte blanc du Drackenfels (près Bonn), ainsi qu'une lave rouge scoriacée du Vésuve, accusèrent à l'analyse une quantité relativement abondante de phosphore; un basalte compacte de Cavedale (Derbyshire) et une ancienne lave porphyritique du Vésuve donnèrent des résultats moins tranchés, mais encore affirmatifs. Il est donc extrêmement probable que cette substance est un des composants ordinaires des roches volcaniques, quoiqu'en général pour une très-faible partie (Fownes, *Annales de chimie et de physique*, 3e série, t. XIII). C'est au reste ce que démontrent pour quelques gisements particuliers les

(1) *Comptes rendus*, t. LXVII, 1868, p. 1250.
(2) *Comptes rendus*, t. LXVIII, 1869, p. 1176.

travaux de M. Ch. Sainte-Claire Deville. (*Comptes rendus*, t. XLII,
p. 1169. — Voyez aussi, dans les *Mémoires de la Société d'agriculture*, 1856 et 1857, une importante étude de M. Élie de Beaumont
sur les gisements géologiques de phosphore, qui a eu l'influence la
plus heureuse sur la recherche des phosphates disséminés en
France.)

Deux variétés de laves du Vésuve ont donné à M. Ch. Deville une
proportion notable d'acide phosphorique : l'une contient 1,4, l'autre
2,2 pour 100 de phosphate de chaux. La présence de l'apatite dans les
laves semble un fait presque général ; le savant géologue du collége
de France l'a signalée dans les laves anciennes du Dogo, volcan des
îles du cap Vert, dans la lave jetée par l'Etna en 1854.

« On connaît depuis longtemps, dit M. Élie de Beaumont, la fertilité des roches volcaniques ; les pentes du Vésuve et de l'Etna en présentent de remarquables exemples, et malgré les dangers que les
éruptions y font courir, les cultivateurs ne leur manquent jamais ;
elles sont au contraire très-peuplées. On a généralement attribué,
d'une manière un peu vague, la fertilité de ces terres aux sels qu'elles
contiennent, et particulièrement aux sels alcalins. La découverte du
phosphate de chaux complète l'explication du phénomène. On comprend maintenant comment, tandis que les roches volcaniques sont
d'une fertilité remarquable, la plupart des granites, qui ne sont pas
moins riches en alcalis, sont au contraire d'une stérilité désespérante »,
le phosphate de chaux n'y est pas disséminé de la même manière.

Quelques analyses récentes ont encore constaté très-nettement la
présence de l'acide phosphorique dans les roches volcaniques. Le basalte de Rossdorf en contient 1,82 p. 100 ; la dolérite classique du
Meissner, 1,21 ; l'anamisite de Stheinheim, 0,44 (*Revue de Géologie*, VIII, p. 12 et 71). Cet acide phosphorique est à l'état d'apatite
dont les cristaux se reconnaissent très-bien, particulièrement lorsque
les échantillons sont polis. L'existence de l'apatite est d'ailleurs révélée
par celle du chlore et du fluor, dont on constate la présence dans ces
mêmes roches.

Aux analyses précédentes de M. Petersen, il convient d'ajouter
celle de M. Ulrich (*Contributions of the Mineralogy of Victoria*, 1870), qui a trouvé dans le basalte de Ballarat (Victoria) de
l'acide phosphorique à l'état de vivianite (1).

_____

(1) Le 10 juillet 1871, M. L. Gruner a présenté à la Société géologique de France un
intéressant Mémoire sur les nodules phosphatés de la Perte du Rhône, où il discute leur
formation. Nous aurons à revenir sur ce point dans la quatrième partie de ce volume, où

L'acide phosphorique se rencontre également dans les roches sédimentaires, souvent en masses compactes susceptibles d'exploitation, comme celles qui existent dans l'Estramadure espagnole, ou dans les gisements récemment découverts en Tarn-et-Garonne, ou encore en rognons, en nodules disséminés dans les grès verts, à la limite du terrain jurassique et du terrain crétacé; c'est surtout sous forme de phosphate de chaux qu'on rencontre l'acide phosphorique dans ces différents minerais, toutefois on l'y trouve aussi à l'état de phosphate de fer. C'est encore à ce dernier état que le phosphore se trouve dans les minerais de fer oolithiques et pisolithiques. (Voy., plus bas, les engrais phosphatés.)

Comment le phosphate de chaux se trouve-t-il disséminé dans toutes les terres arables, quel a été le mécanisme de son transport, c'est ce qui est encore mal connu, bien qu'on puisse supposer que sa solubilité dans l'eau chargée d'acide carbonique, l'ait amené dans les eaux qui ont recouvert une partie de l'Europe au moment du dernier cataclysme qui a déterminé le creusement des vallées.

Sur l'état de l'acide phosphorique dans la terre arable. — On doit à M. P. Thenard (*Comptes rendus*, 1858, t. XLVI, p. 212) cette observation importante que, habituellement, dans le sol arable, l'acide phosphorique est uni à l'oxyde de fer et à l'alumine, et qu'il y est par conséquent insoluble dans les acides faibles; nous avons eu nous-même occasion de vérifier le fait précédent, et nous avons trouvé que sur cinq échantillons de terre dans lesquels l'analyse signalait de l'acide phosphorique, trois le présentaient à l'état de phosphate de sesquioxyde insoluble dans l'acide acétique, et que dans les deux autres la plus grande partie de l'acide phosphorique se trouvait en-

nous traitons des engrais minéraux, mais nous consignerons ici les observations qu'a suscitées à M. Daubrée la lecture du travail de M. Gruner.

« L'écorce granitique ne renferme des phosphates qu'en quantités très-faibles et accidentellement.

» Au contraire, dans des régions plus profondes du globe, il se trouve des quantités considérables de phosphore, à en juger par les roches éruptives basiques, laves dolérites ou basaltes qui nous en sont arrivées. C'est de ces régions que le phosphore a été apporté à la surface dans la pâte même des roches éruptives dont des décompositions l'ont séparé pour le mettre en circulation à l'état de combinaisons diverses. Dans d'autres cas, ce même corps a fait son ascension par d'autres procédés dans l'intérieur des filons métalliques et autres analogues dont l'apatite a fait partie. Enfin, il a pu s'élever par de simples failles sous forme de sources thermales, telles que nous en connaissons aujourd'hui et qui débouchaient dans la mer.

» Ainsi l'arrivée du phosphore est tout à fait comparable à celle du fer auquel il est si souvent associé dans les dépôts en couches, par exemple dans les argiles schisteuses noires du bassin de la Ruhr, où la chaux phosphatée qu'on y exploite est mélangée à de la pyrite ou à du carbonate de chaux. » (*Bulletin de la Société géologique de France*, t. XXVIII, 1870-71.)

core à cet état; l'une des terres présentait cette particularité curieuse qu'elle avait reçu une année avant l'analyse du noir animal, c'est-à-dire du phosphate de chaux, et cependant tout l'acide phosphorique qu'elle renfermait se trouvait à l'état de phosphate de sesquioxyde.

Cette transformation habituelle dans le sol est facilement reproduite dans le laboratoire. Qu'à l'imitation de M. P. Thenard, on place dans un appareil à eau de Seltz une petite quantité de phosphate de chaux avec une cinquantaine de grammes d'une terre arable, et l'on trouve après deux ou trois jours que l'eau ne renferme plus une seule trace de phosphate de chaux, bien que ce composé soit très sensiblelement soluble dans l'eau de Seltz. Si au lieu de terre on prend de l'alumine ou de l'oxyde de fer, la réaction est encore la même ; ainsi l'acide phosphorique combiné avec la chaux et dissous, rencontrant des sesquioxydes, abandonne sa dissolution et se précipite à l'état insoluble.

On ne saurait manquer d'être frappé de ce résultat, qui démontre que si les phosphates comme les matières azotées sont assez abondamment répandus dans la terre arable, ils s'y trouvent habituellement engagés dans des combinaisons insolubles dans l'eau, et même insolubles dans les acides faibles, comme l'acide carbonique, et par conséquent ils seraient inutiles aux végétaux si des réactions nouvelles ne les amenaient de nouveau à l'état soluble, ou au moins à l'état de phosphate de chaux soluble dans l'eau chargée d'acide carbonique. (Voyez le chapitre : *Jachère et chaulage.*)

§ 84. — POTASSE CONTENUE DANS LA TERRE ARABLE.

De même qu'il faut distinguer dans la terre arable deux états différents pour la matière azotée et les phosphates, de même il est aisé de reconnaître que toute la potasse contenue dans le sol ne s'y trouve pas à l'état soluble, et par suite actuellement assimilable par les plantes. On en sera convaincu en comparant les deux tableaux suivants, qui donnent, l'un la potasse soluble extraite de la terre arable par un lavage à l'eau froide, et l'autre la quantité de potasse que le calcul indique dans le sol d'un hectare, quand on attaque la terre au moyen des acides énergiques, comme l'acide fluorhydrique, et qu'on dose ainsi la potasse totale.

TABLEAU n° 1.

Quantité de potasse soluble contenue dans un kilogramme et dans un hectare de différentes terres.

DÉSIGNATION DES TERRES ANALYSÉES.	POTASSE contenue dans un kilogramme.	POTASSE contenue dans un hectare.	OBSERVATIONS.
	gr.	kil.	M. Boussingault a dosé la potasse et la soude engagées en combinaison avec les acides bruns.
Liebfrauenberg...................	»	160	
Rechelbronn................	»	2240	
Bitschwiller......................	»	960	
Terre noire de Russie, n° 1........	0,128	512	M. Dehérain.
Id. n° 2........	0,048	192	Id.
Id. n° 2........	0,058	232	Id.
Terre des Chapelles-Bourbon (Seine-et-Marne).....................	0,017	68	Id.
Verclives (Eure), terre de potager ...	0,487	1948	Id.
Sologne (Mesnil)................	0,192	768	Id.
Terre franche (Jardin des Plantes)...	0,046	184	Id.
Terre d'Éragny (Seine-et-Oise)......	0,084	336	Id.
Terre d'Alfort (Seine).	0,082	328	Id.
Terre de la Guéritaude (Indre-et-Loire).......................	traces	»	Id.
Terre de la Défonce (Grignon)......	0,160	640	
Terre de la 7ᵉ division (Grignon)....	0,016	64	
Terre de la 5ᵉ division (Grignon)....	0,550	2200	

TABLEAU n° 2.

Quantité de potasse totale contenue dans un hectare de différentes terres.

	Kilog. de potasse à l'hectare.
Terre de Dalheim......................	76,760
Terre de Burgwegeleben	51,480
Terre de Wollup.......................	63,000
Terre de Burgbornheim..................	45,800
Terre de Beesdau	68,080
Terre de Cartlow......................	40,760

Si la quantité de potasse soluble est très-faible et parfois inférieure à celle que prélèvent les cultures, il ne faudrait pas en conclure que la disette de potasse est habituelle, et qu'une récolte qui a occupé le sol pendant plusieurs mois ne trouvera qu'une quantité de potasse représentée par les chiffres cités dans le tableau n° 1. Les nombres donnés dans le tableau n° 2, que nous avons emprunté à M. J. de Liebig, prouvent au contraire que le sol d'un hectare renferme une quantité

notable de potasse, capable de suffire aux exigences de la culture
pendant une longue période d'années. Mais cette potasse est engagée
dans des combinaisons où elle reste immobilisée, jusqu'à ce que l'action incessante des agents atmosphériques la rende soluble en attaquant les roches complexes dont elle fait encore partie. De même que
les combinaisons azotées accumulées dans le sol pendant des siècles
et formant les composés bruns insolubles sont infiniment plus abondants que les sels ammoniacaux ou les nitrates, de même que les
phosphates combinés avec l'oxyde de fer et avec l'alumine constituent
souvent la totalité des matières phosphatées contenues dans le sol, tandis
qu'on rencontre en très-faible quantité les phosphates alcalins ou
même les phosphates de chaux et de magnésie solubles dans l'acide
carbonique, de même enfin on trouve surtout la potasse engagée
dans des combinaisons insolubles, et celle qui existe dans le sol
à l'état soluble ne représente qu'une fraction minime de la masse
totale ; les roches riches en alcalis constituent un réservoir de longtemps inépuisable, où les végétaux qui croissent spontanément sur le
sol trouvent à s'approvisionner, mais qui ne débite parfois cependant
que des quantités trop faibles pour fournir aux exigences de la culture
intensive. De là l'utilité des engrais de potasse, qui sont loin cependant de présenter pour le cultivateur une importance égale aux phosphates (voy. IVe partie).

§ 85. — AIR CONFINÉ DANS LA TERRE ARABLE.

Les réactions chimiques qui prennent naissance dans le sol arable
sont non-seulement différentes, mais même opposées, suivant les profondeurs considérées ; tandis qu'à la surface ameublie par des labours
fréquents l'oxygène pénètre facilement, et que les actions oxydantes
dominent, les réductions sont habituelles au contraire à une certaine
profondeur ; les argiles ferrugineuses y sont blanches ou grises et ne
prennent la teinte brun rougeâtre caractéristique des bonnes terres
qu'après leur arrivée à la surface ; les sulfates y sont facilement décomposés et amenés à l'état de sulfures, les matières carbonées
provenant des détritus des végétations antérieures ne peuvent en
effet, en l'absence d'oxygène libre, se brûler qu'aux dépens d'oxygène en combinaison, et c'est à elles sans doute qu'il faut attribuer les
réductions qui s'opèrent dans les profondeurs du sol arable ; à la surface, au contraire, l'oxygène atmosphérique détermine directement la

combustion des matières organiques, les actions réductrices et les actions comburantes concourent ainsi l'une et l'autre à la formation de l'acide carbonique dont la terre arable renferme habituellement une quantité notable.

On le démontre facilement dans un cours en portant à l'ébullition de la terre arable délayée dans l'eau, et placée dans un ballon muni d'un tube abducteur qui pénètre dans une dissolution d'eau de chaux ; l'acide carbonique entraîné par la vapeur d'eau ne tarde pas à former un abondant précipité de carbonate de chaux.

La composition de l'air confiné dans la terre arable a été déterminée par MM. Boussingault et Lewy, à l'aide de l'appareil ci-joint (fig. 27).

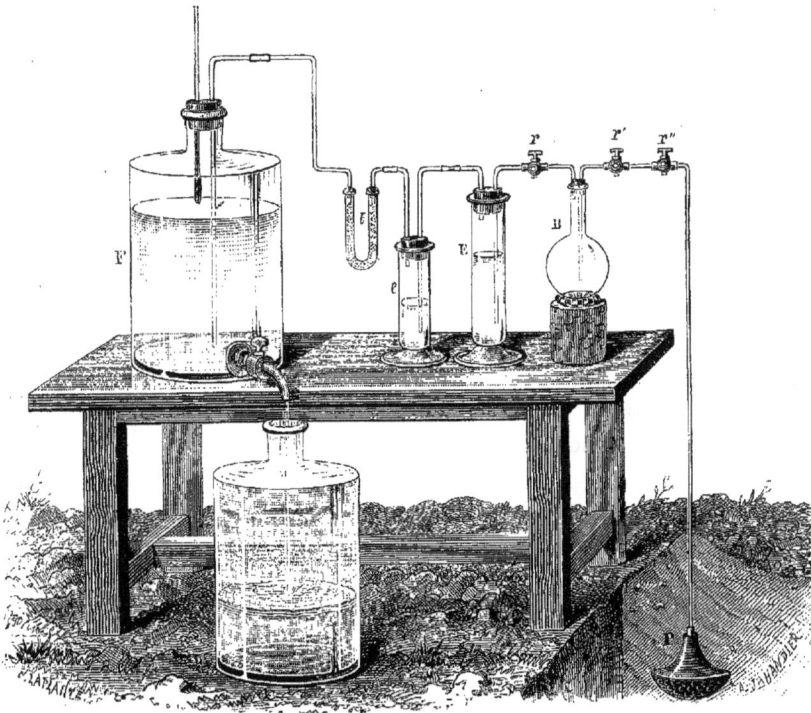

Fig. 27. — Appareil employé par MM. Boussingault et Lewy pour déterminer la composition de l'air confiné dans la terre arable.

Il comprend d'abord un tube métallique terminé par une pomme d'arrosoir P remplie de petits cailloux roulés de quartz, pour en diminuer la capacité. Ce tube ayant son robinet r'' fermé, est enterré vingt-quatre heures au moins avant de commencer une expérience afin de laisser à l'air extérieur, introduit en creusant l'emplacement occupé

par le tube, le temps de se mêler à l'air confiné. La terre est fortement tassée et accumulée en forme de butte autour de l'axe du tube.
A la suite du robinet r'', on ajuste le petit ballon à robinet B dans
lequel on a fait le vide. Viennent ensuite les éprouvettes E e, contenant
de l'eau de baryte ; t est un tube à ponce alcaline destiné à arrêter
l'acide carbonique que laisserait échapper l'eau de l'aspirateur F.
Comme aspirateurs on a employé des flacons de 10 à 60 litres de
capacité ; le tube qui plonge dans le liquide du vase p, par lequel
arrive le gaz aspiré, est effilé de manière à obtenir un écoulement
très-lent. Cet écoulement n'a jamais atteint dans les expériences de
MM. Boussingault et Lewy un litre par heure.

En ouvrant les robinets, on détermine l'écoulement de l'eau ; il se
forme bientôt un précipité de carbonate de baryte dans la dissolution E, rarement en e. On met fin à l'expérience quand l'aspirateur est
presque vide.

On détermine le poids d'acide carbonique combiné avec la baryte en
recueillant les précipités de E et de e sur un filtre, desséchant et calcinant au rouge ; on établit le volume de l'air passé dans les appareils d'après celui de l'aspirateur, et en calculant sa pression d'après
la hauteur barométrique, diminuée des hauteurs de liquide dans les
éprouvettes E et e, et de la hauteur de l'eau dans l'aspirateur, enfin
de la tension de la vapeur d'eau pour la température à laquelle on
opère.

MM. Boussingault et Lewy ont reconnu que, dans l'air confiné du
sol arable, la proportion d'acide carbonique varie le plus ordinairement entre 2 et 4 p. 100, en poids. Les pluies, en général, ont pour
effet d'élever beaucoup cette proportion, et les mêmes observateurs
l'ont vue atteindre jusqu'à 14,13 p. 100 en poids. Les vapeurs ammoniacales, dont on constate aussi la présence, et qui dans les circonstances ordinaires peuvent atteindre la proportion de 2 ou 3 milligr.
pour 70 litres d'air, diminuent au contraire après une pluie, et souvent, dans ce dernier cas, l'analyse n'en indique plus que des
traces.

En général, c'est surtout la présence de l'acide carbonique qui établit une différence notable entre les compositions de l'air confiné et
de l'air extérieur ; voici du reste, à ce sujet, les moyennes des résultats
de MM. Boussingault et Lewy sur diverses terres :

TERRES.	ACIDE CARBONIQUE dans 100 d'air		AIR CONFINÉ dans un hectare.	ACIDE carbonique par hectare.
	En volume.	En poids.		
			mc.	mc.
Champ récemment fumé............	2,21	3,33	824	18
— après une pluie............	9,74	14,13	824	80
— de carottes	0,98	1,49	813	8
Vigne.........................	0,96	1,46	988	10
Forêt de Gœrsdorff..............	0,86	1,30	412	4
Loam, sous-sol de la forêt........	0,82	1,24	247	2
Sable, dº	0,24	0,38	309	1
Champ d'asperges anciennement fumé	0,79	1,22	782	6
— récemment fumé..	1,54	2,33	782	12
Sol très-riche en humus..........	3,64	5,43	1,472	54
Champ de betteraves............	0,87	1,31	824	7
— de luzerne..............	0,80	1,22	772	6
— de topinambours..........	0,66	1,01	721	5
Prairie.....	1,79	2,71	566	10

De ces chiffres résulte qu'on trouve autant d'acide carbonique dans un hectare de terre arable, fumée depuis près d'un an, que dans

FIG. 28. — Dosage de l'acide carbonique, de l'oxygène et de l'azote dans l'air confiné dans la terre arable.

20 000 mètres cubes d'air. En d'autres termes, dans la plupart des expériences de MM. Boussingault et Lewy, l'air contenu dans la couche arable d'un hectare de terrain correspond à une couche gazeuse

d'environ 0^m,08 d'épaisseur, et il s'y trouve autant d'acide carbonique que dans une couche d'air atmosphérique de 3 mètres de hauteur, c'est-à-dire 35 fois plus grande.

Dans la combustion lente qui se fait au sein des terres, le carbone ne brûle pas seul, et tout indique que le phénomène s'étend à l'hydrogène ; on ne retrouve pas en effet à l'état d'acide carbonique, dans le sol, tout l'oxygène qui a dû être pris à l'atmosphère confinée; c'est ce qu'il est facile de reconnaître en détachant de l'appareil le petit ballon C, et en le chauffant (fig. 28) pour en faire sortir le gaz dont on détermine la composition au moyen de la potasse et de l'acide pyrogallique, qui absorbent successivement l'acide carbonique et l'oxygène.

Composition centésimale en volume de l'air confiné (1).

	1re expérience.	2e expérience.
Acide carbonique...............	9,74	7,77
Oxygène	10,35	12,37
Azote......................	79,91	79,86

On sait que l'air atmosphérique renferme 79,2 d'azote pour 20,8 d'oxygène : on voit donc que dans les analyses précédentes l'azote dépasse de 0,7 et de 0,8 la proportion qu'il affecte dans l'air normal, et que par suite il manque précisément cette quantité d'oxygène. Sa disparition peut aussi être attribué à l'oxydation des composés du fer qui, à une certaine profondeur dans le sol, sont généralement au minimum d'oxydation ; on sait en effet que, lorsqu'on fore un puits, il n'est pas rare de voir la sonde amener à la surface des couches d'argile blanche qui verdissent à l'air, puis deviennent rougeâtres quand elles sont arrivées au maximum d'oxydation. Nous avons vu plus haut (§ 2) que l'oxygène est absolument nécessaire à la germination, et que celle-ci se trouve retardée aussitôt que la proportion d'oxygène contenue dans l'atmosphère où elle a lieu diminue sensiblement ; peut-être trouverait-on, dans l'absorption rapide d'oxygène que détermine l'arrivée du sous-sol à la surface, les mécomptes qu'amènent parfois les labours profonds; s'ils mêlent à la couche arable, dans laquelle ont lieu les semis, des matières avides d'oxygène, ils diminuent la proportion de ce gaz

---

(1) Boussingault et Lewy, *Annales de chimie et de physique*, 3e série, t. XXXVII, page 5.

que renferme l'air confiné dans le sol et peuvent déterminer le manque des récoltes, si le cultivateur n'a pas eu le soin d'aérer ces couches, nouvellement arrivées à la surface, par des façons multipliées.

CHAPITRE VI

DE LA FERTILITÉ ET DE LA STÉRILITÉ DES TERRES ARABLES

Dans la précieuse relation qu'il a laissée de ses voyages en France, A. Young remarque que des terres couvertes de vigne et d'un excellent rapport dans notre pays seraient considérées comme absolument stériles sous le climat de l'Angleterre; dans notre Algérie, une terre restée pendant des siècles absolument nue se couvre d'une puissante végétation aussitôt qu'elle est arrosée; des sols couverts d'eau stagnante et impropres à toute culture deviennent excellents quand ils sont desséchés; ces exemples, qu'on pourrait multiplier, démontrent clairement que la fertilité ou la stérilité ne sont pas absolues, mais que pour réussir à formuler sur une terre une opinion précise, il faut tenir compte des conditions de climat, d'arrosement, d'assèchement, etc., dans lesquelles elle se trouve, aussi bien que de sa constitution physique et chimique.

Nous diviserons donc ce chapitre en plusieurs parties, et nous traiterons successivement :

1° Du climat ;

2° De la circulation de l'eau dans la terre, c'est-à-dire du drainage et de l'irrigation ;

3° Des conditions physiques et chimiques des terres fertiles et des procédés d'amélioration ;

4° De la constitution chimique d'un sol stérile :

a. Par suite de la présence de matières nuisibles à la végétation ;

b. Par l'absence de matières utiles à la végétation et par l'épuisement du sol.

Enfin nous terminerons par quelques considérations sur les causes probables de la stérilité actuelle de pays autrefois florissants.

§ 86. — INFLUENCE DU CLIMAT.

Pour qu'une plante se développe normalement et que sa culture soit rémunératrice, il faut qu'elle échappe aux rigueurs de l'hiver, et que pendant la belle saison elle reçoive une quantité déterminée de lumière et de chaleur ; quand cette dernière condition n'est pas remplie, les produits qu'on obtient de la culture sont faibles. Le choix des plantes à cultiver varie donc singulièrement avec le climat ; déjà dans le midi de la France, les hivers sont trop rigoureux pour que la culture de l'oranger soit rémunératrice, et on le voit disparaître peu à peu, excepté dans quelques localités privilégiées, comme Cannes ou Menton ; encore, dans cette première station, les orangers ont-ils été atteints pendant le funeste et rigoureux hiver de 1870-71 ; pour les arbustes à feuilles caduques, les gelées tardives sont seules à craindre, les froids de l'hiver ne les atteignent que rarement. M. de Humboldt rapporte qu'il a vu à Astrakan, sur la mer Caspienne, par 46°2′ de latitude, où le froid de l'hiver est excessif comme dans tous les climats continentaux, des raisins plus beaux qu'en aucun autre pays.

La température estivale nécessaire pour amener la maturation des graines ou des fruits varie singulièrement d'une plante à l'autre ; on la calcule habituellement en multipliant le nombre de jours pendant lequel la plante végète par la température moyenne de tous ces jours ; en exécutant ce calcul, on arrive à ce résultat remarquable, que le nombre représentant la chaleur totale nécessaire à une plante donnée est le même, quel que soit le climat sous lequel elle végète, c'est-à-dire que si la température du lieu considéré est élevée, la plante accomplira rapidement toutes ses métamorphoses, tandis que si la température est basse, elle devra rester en terre pendant un espace de temps plus long.

Ainsi la quantité de chaleur nécessaire à la culture du froment paraît être de 2100° environ ; à Paris, dont la température moyenne est de 13°,4, le blé mûrit en 160 jours, le produit est 2161 ; à Truxillo en Amérique, dont la température moyenne est de 22°,3, le nombre de jours de végétation est de 100, le produit est 2230.

L'orge exige moins de chaleur que le froment ; le produit des jours de culture par la température moyenne n'est guère que 1750.

La culture du maïs exige une température de 2700° environ, et déjà aux environs de Paris le maïs ne mûrit plus ses graines et n'est plus cultivé que comme fourrage vert, car les semailles doivent toujours être tardives, par crainte des gelées.

Il n'en est plus de même de la pomme de terre ; elle exige environ 3000 degrés ; mais comme elle peut être plantée de bonne heure et récoltée tardivement, elle réussit sous les climats les plus variés.

Le praticien qui s'efforce d'introduire dans une localité déterminée une culture qui n'y est pas encore établie, doit non-seulement, au reste, se préoccuper de la température moyenne et du nombre de jours pendant lesquels la plante pourra rester sur le sol, mais encore de la température estivale et automnale : si celle-ci ne s'élève pas dans une certaine mesure, la culture est impossible. La vigne en offre un exemple remarquable. Pour qu'elle produise un vin potable, il faut qu'à une période donnée, celle qui suit l'apparition des grains, il y ait un mois dont la température moyenne ne descende pas au-dessous de 19° : les renseignements suivants fournis par M. de Humboldt l'établissent clairement.

	TEMPÉRATURE			
	de l'été.	de l'automne.	du mois le plus chaud.	
Bordeaux	21,7°	14,4°	22,9°	Culture très-favorable.
Francfort-sur-le-Mein..	18,3	10,0	18,8	
Lausanne...........	18,4	9,9	18,7	
Paris...............	18,1	11,2	18,9	
Berlin.............	17,3	8,8	18,0	Vin à peine potable.
Londres	17,1	10,7	17,8	La vigne n'est pas cultivée.
Cherbourg.........	16,5	12,5	17,3	La vigne n'est pas cultivée.

Dans le § 48 que nous avons consacré à l'étude de l'évaporation de l'eau par les feuilles, nous avons reconnu que celle-ci était déterminée par la lumière et non par la chaleur ; comme, d'autre part (§ 55), c'est à l'énergie plus ou moins grande de l'évaporation que nous attribuons le transport des principes immédiats des feuilles inférieures aux supérieures dans les végétaux herbacés, il nous faut reconnaître que la chaleur n'est pas le seul élément à considérer dans l'étude d'un climat, mais qu'il faut aussi tenir compte de l'intensité de la lumière pendant le cycle de végétation. Sans doute la chaleur et la lumière s'accompagnent habituellement, mais il peut arriver cependant que deux climats également chauds soient inégalement lumineux, et par suite plus ou moins favorables à telles ou telles cultures (1). Il est certain, par exemple, que le climat de l'Angleterre, chaud, humide, nuageux, est singulièrement plus favorable au développement des cultures herbacées que celui des continents, où l'herbe mûrit vite, puis se fane sous l'influence des lumières éclatantes de l'été (2) ; mais que, d'autre part, les cultures de céréales n'y sont plus aussi avantageuses.

Nous n'avons encore, dans les observatoires, aucun instrument précis destiné à chiffrer l'intensité lumineuse ; il est donc impossible de calculer la quantité de lumière nécessaire à une plante pour accomplir son cycle de végétation, comme on note la quantité de chaleur à laquelle elle est soumise depuis son apparition jusqu'au moment où elle mûrit ses graines ou ses fruits : une semblable recherche serait cependant d'une importance majeure et conduirait sans doute à des résultats d'un haut intérêt.

§ 87. — DE LA CIRCULATION DE L'EAU DANS LA TERRE ARABLE. — DRAINAGE.

Si l'eau est absolument nécessaire à la végétation, son excès est nuisible, et les sols où l'eau séjourne à une faible profondeur ne don-

___

(1) Nos expériences sur l'évaporation nous ont conduit à donner à l'influence de la lumière sur la maturation des graines une importance considérable, et nous avons été heureux de trouver qu'à notre insu, cette idée avait été émise depuis longtemps par un des esprits les plus distingués de ce siècle, M. A. de Humboldt, bien qu'avec moins de précision que nous ne l'avons fait : « Si là où les myrtes croissent en pleine terre (Salcombe, sur les côtes du Devonshire ; Cherbourg, sur celles de Normandie) et où le sol ne se couvre jamais, en hiver, d'une neige permanente, les températures d'été et d'automne suffisent à peine pour porter les pommes à maturité ; si la vigne, pour donner un vin potable, fuit les îles et presque toutes les côtes, même les côtes occidentales, ce n'est pas seulement à cause de la température qui règne en été sur le littoral ; la raison de ces phénomènes est ailleurs que dans les indications fournies par nos thermomètres, lorsqu'ils sont suspendus à l'ombre. Il faut la chercher dans l'influence de la lumière directe, dont on n'a guère tenu compte jusqu'ici, bien qu'elle se manifeste dans une foule de phénomènes. Il existe à cet égard une différence capitale entre la lumière diffuse et la lumière directe, entre la lumière qui a traversé un ciel serein et celle qui a été affaiblie et dispersée en tous sens par un ciel nébuleux. Je me suis efforcé il y a longtemps (De distributione geographica plantarum, 1817) d'attirer l'attention des physiciens et des phytologues sur cette différence et sur la quantité de chaleur encore inconnue que l'action de la lumière directe développe dans les cellules des végétaux vivants. (Cosmos, trad. de H. Faye, 1855, t. 1, p. 387.)

(2) M. le baron Thenard m'a raconté que, dans une visite qu'il faisait au mois de juin à un fermier anglais, il avait commis une erreur de plus d'un tiers sur le rendement probable d'un champ de blé, en l'estimant comme il l'aurait fait en France : la récolte, magnifique en herbe, ne justifiait jamais, à l'automne, les promesses qu'elle faisait au printemps.

nent jamais que de mauvais produits. Les causes en sont nombreuses :
dans un sol semblable, les travaux s'exécutent difficilement ; pendant
une grande partie de l'année il est inabordable aux attelages, et les
façons ne peuvent être données au moment opportun ; les graines
confiées à une terre très-humide pourrissent sans germer, car la première condition de la germination est la présence de l'oxygène, qui
pénètre difficilement dans les terrains où l'eau séjourne. Habituellement, en effet, les terres marécageuses sont noires à cause de leur
richesse en débris organiques, ce qui indique que la combustion lente
qui a lieu dans les sols bien aérés ne se produit que difficilement dans
ceux qui renferment un excès d'humidité. Enfin les terres humides sont
dites avec raison des terres froides : en effet, la plus grande partie de
la chaleur qu'elles reçoivent est dépensée à évaporer l'eau qu'elles
renferment, et non à échauffer le sol.

On a essayé depuis longtemps de triompher de ces mauvaises conditions en déterminant l'écoulement des eaux surabondantes, soit par de
simples fossés à ciel ouvert, soit par des tuyaux souterrains, par des
drains régulièrement disposés.

La théorie et la pratique du drainage ne peuvent être abordées dans
un cours de chimie agricole, et nous renvoyons le lecteur aux traités
spéciaux écrits sur ce sujet ; toutefois il importe de rappeler quelques-
uns des avantages de cette pratique agricole, qui n'a pas cependant
pour la France la même importance que pour l'Angleterre.

Le drainage abaisse le plan de l'eau souterraine à une assez grande
profondeur, pour que les semences et les racines des plantes herbacées
ne séjournent plus dans l'eau stagnante, mais pénètrent dans une terre
à la fois humide et aérée ; il n'enlève, en effet, que l'eau superficielle :
et si la sécheresse se fait sentir, l'eau des couches inférieures aux
drains remonte par capillarité jusqu'à la superficie ; si, au contraire,
la saison est humide, l'eau traverse le sol sans y séjourner et s'écoule
par les drains. La terre est ainsi toujours poreuse, et l'air peut y circuler ; la chaleur s'y fait aussi sentir, et d'après des expériences dues
à M. Parkes, un thermomètre placé successivement dans une terre
drainée et non drainée a donné un excès de température de 5°,6 à
l'avantage de la première : c'est un fait bien connu, que les terres
drainées mûrissent leur récolte plus vite que les terres non drainées.
L'avantage que le cultivateur trouve dans la pratique du drainage est
généralement estimé à 10 pour 100 net du capital engagé dans l'opération, et l'on sait que beaucoup de fermiers acceptent avec empressement de payer 5 pour 100 et plus d'intérêt pour les sommes dépen-

sées au drainage par les propriétaires ; ce qu'ils ne feraient pas si les travaux ne devaient pas leur rapporter bien au delà de cet intérêt.

Il y a quelques années, on estimait à 120 000 le nombre des hectares de terrains drainés en France ; ces travaux représentaient une dépense de 35 millions. Le gouvernement impérial avait essayé de favoriser cette opération, en mettant une somme considérable à la disposition des cultivateurs ; mais la réglementation a été tellement excessive, qu'ils ont peu profité de cette bonne volonté apparente. Il y aurait cependant un intérêt général à développer le drainage dans les pays marécageux, car il est reconnu que la santé publique s'améliore singulièrement quand les eaux stagnantes disparaissent. Dans beaucoup de localités, le nombre des fièvres intermittentes et autres maladies de même espèce a été considérablement réduit par le drainage : dans la Dombes notamment, le nombre annuel des cas de fièvre a diminué dans le rapport de 100 à 16.

Assainissement des Landes. — Un des exemples les plus remarquables qu'on puisse citer de l'influence qu'exerce l'assèchement du sol sur sa fertilité est fourni par les landes de Gascogne.

On sait qu'elles forment un vaste plateau presque entièrement horizontal, placé à une hauteur de 80 à 100 mètres au-dessus de la mer ; leur sol est maigre et sablonneux, sans aucune trace d'argile ou de calcaire ; il présente une épaisseur moyenne de $0^m,60$ à $0^m,80$ et repose sur un sous-sol imperméable. Celui-ci atteint une épaisseur moyenne de $0^m,30$ à $0^m,40$; il est connu sous le nom d'*alios*, et composé d'un sable ordinairement agglutiné par des matières végétales en une sorte de ciment que l'eau ne peut pas traverser, et qu'il est même difficile d'entamer par les instruments agricoles. Pendant l'hiver, tout le pays est inondé par suite des pluies torrentielles qu'amènent les vents du sud-ouest et de l'absence d'écoulement des eaux, qui séjournent sur le sol jusqu'au moment où elles s'évaporent au printemps sous l'effet du soleil : six mois d'humidité telle, que les habitants, rares et fiévreux, doivent se hisser sur des échasses pour parcourir le pays, puis six mois de sécheresse, tel était le pays avant les travaux entrepris par M. Chambrelent, ingénieur des ponts et chaussées, qui fit exécuter des fossés de $0^m,40$ à $0^m,50$ de hauteur, présentant un faible écoulement ; leur longueur totale est de 400 mètres par hectare. Les eaux stagnantes, même pendant l'hiver, disparurent complétement ; on put alors commencer le boisement par des semis de pins et de chênes qui réussirent parfaitement.

Les essais tentés depuis 1849 par **M. Chambrelent** ont démontré la possibilité d'utiliser ces terres autrefois abandonnées, et aujourd'hui l'assainissement et la mise en valeur des landes de Gascogne s'exécutent avec la plus grande activité dans les départements de la Gironde et des Landes ; activité qui a été, au reste, particulièrement surexcitée par la hausse considérable qu'a amenée la guerre de l'Amérique sur le prix de la résine que les pins fournissent abondamment.

§ 88. — IRRIGATIONS.

L'irrigation a pour notre pays une importance encore plus grande que le drainage, car nos terres souffrent plus habituellement de la sécheresse que de l'humidité, et il est certaines cultures très-avantageuses, comme celles de la betterave, qui ne réussissent pas à coup sûr dans nos départements du centre à cause des sécheresses de l'été. Si dans notre Midi, malgré la puissance de son soleil, le rendement de l'hectare n'atteint pas un chiffre aussi élevé que dans nos départements du Nord, il faut s'en prendre surtout au manque d'eau pendant la belle saison, qui empêche la culture fourragère, et par suite diminue le nombre des têtes de bétail, et enfin la quantité de fumier disponible.

La configuration géologique de la France méridionale est cependant des plus heureuses : elle est montagneuse ; sur ces montagnes la neige persiste pendant une partie de l'année, et donne au printemps une masse d'eau considérable qui descend dans la plaine. Le pays possède donc, suspendu au-dessus du niveau des cultures, un réservoir dont l'eau s'écoule aujourd'hui jusqu'à la mer sans avoir été utilisée aussi complétement qu'elle le devrait. Il n'est pas douteux que des travaux importants et sans doute très-amplement rémunérateurs ne puissent être exécutés pour amener dans les vallées de la Provence l'eau des Alpes, et dans tout le bassin de la Garonne celle des Pyrénées.

Les exemples de l'influence bienfaisante de l'irrigation dans les contrées méridionales sont nombreux, et nous devons en citer quelques-uns.

Une terre d'une mauvaise constitution physique devient fertile dans les pays chauds, quand elle est arrosée. — Quand nous avons parlé de la constitution physique des terres arables, nous avons reconnu que le mélange en proportions convenables du sable, de l'argile et du calcaire avait la plus haute importance ; on pourrait considérer comme type une terre très-fertile de Suède, composée de :

Gravier	30
Argile	40
Calcaire	30

Si ces proportions sont excellentes dans un pays où la terre doit conserver assez d'humidité pour subvenir aux besoins des plantes quand les pluies se font attendre, elles ne sont plus aussi nécessaires quand on pratique l'irrigation régulière ; on en trouve la preuve dans la composition suivante, qui présente une terre du Sénégal considérée encore comme très-fertile et qui renfermait :

Sable calcaire	72
Argile	10
Oxyde de fer	8
Matières organiques	10
	100

Si elle n'était pas irriguée, cette terre serait médiocre.

Dans notre Afrique française, le forage de puits artésiens est considéré par la population arabe comme un véritable bienfait. En 1865 (1), quarante puits avaient été déjà forés dans le Sahara oriental ; le débit total des sources jaillissantes était de 100 000 mètres cubes par vingt-quatre heures. Distribuées dans les canaux d'irrigation, les eaux ont déjà tellement augmenté l'étendue des oasis, que 150 000 palmiers ont pu être plantés depuis 1856. Dès que le tronc fut assez élevé et les branches assez développées pour donner un ombrage favorable aux cultures inférieures, les habitants plantèrent d'autres arbres fruitiers, particulièrement des abricotiers ; divers légumes et l'orge y réussirent également.

M. Boussingault cite, d'après M. de Lasteyrie, un exemple curieux de fertilité obtenue en Espagne à l'aide des eaux courantes. « Dans les environs de San-Lucas de Baromeda, un sol poudreux d'une aridité extrême a pu être fertilisé par la main de l'homme. A la surface, les dunes mamelonnées de San-Lucas sont recouvertes par un sable quartzeux assez ténu pour être emporté par le vent ; mais il se présente cette circonstance heureuse que la partie inférieure de ce terrain est constamment mouillée par le Guadalquivir ; il suffit d'enlever le sable sec qui le recouvre, de le niveler, de le décaper en quelque sorte, pour obtenir un sol qui réunit au plus haut degré deux conditions essentielles à la fertilité : il est meuble et toujours abreuvé par des eaux vives qui le pénètrent à la faveur de la capillarité. Aussi, par l'effet du climat et des engrais, les potagers établis au milieu de ce désert offrent, au rapport de M. de Lasteyrie, la végétation la plus

(1) *Annuaire scientifique* de 1866. — *Les puits artésiens du Sahara*, par M. F. Zurcher.

rapide et la plus vigoureuse qu'il soit possible de voir. Pour éviter une trop grande dépense, on n'entreprend ces travaux que là où la couche de sable qu'il faut enlever offre le moins d'épaisseur, et l'on dépose les déblais en talus, tout autour du sol livré à la culture. On forme ainsi une espèce de mur d'enceinte qui n'est pas sans utilité comme abri, et qui devient productif lui-même par les plantations de vignes et de figuiers qu'on lui fait porter, dans le but principal d'en consolider l'ensemble, car les plantes tendent d'ailleurs à fixer le terrain qui les supporte.

Irrigations en France. — La France est loin d'avoir donné jusqu'à présent, à l'emploi régulier des eaux d'irrigation, toute l'importance qu'elle mérite. Si l'on réfléchit cependant que notre agriculture doit fatalement tendre aujourd'hui à augmenter la production animale, et par suite la production des fourrages, on accordera que l'installation régulière de l'irrigation est une question du premier ordre. C'est peut-être du bon emploi des eaux que dépend en grande partie la solution du problème agricole, et l'on pourrait dire que si l'on arrivait à utiliser tous les produits des vidanges, soit directement, soit par la fabrication des sels ammoniacaux, et à élever les eaux des rivières sur les plateaux au moyen de travaux appropriés, et par exemple en utilisant largement la force du vent, enfin en ne laissant arriver à la mer les eaux des montagnes qu'après les avoir conduites sur les prairies, on donnerait à notre pays une puissance de production agricole qu'il est loin d'avoir jusqu'à présent.

Les eaux d'irrigation sont utilisées soit simplement pour apporter aux plantes un élément indispensable à leur développement normal, soit pour enrichir la terre des substances que ces eaux entraînent en suspension ou en dissolution. Dans le premier cas, le cultivateur n'emploie que de petites quantités d'eau : c'est ce qui arrive dans le midi de la France, en Espagne et en Algérie ; dans le second cas, au contraire, les quantités d'eaux employées sont énormes, et c'est ce qu'on observe dans nos départements du Nord et de l'Est ; c'est aussi ce qui a été fait avec grand avantage dans ces derniers temps, pour l'emploi des eaux d'égouts de la ville de Paris (voy. 4ᵉ partie).

M. Hervé Mangon a étudié les irrigations dans ces conditions différentes ; il s'est mis en relation dans les Vosges et dans le département de Vaucluse avec les irrigateurs les plus habiles ; il a suivi leurs pratiques, mais il les a éclairés par de nombreux jaugeages et des analyses exactes.

Une prairie située à Taillades (Vaucluse) a été soumise pendant

l'année 1860 à treize arrosages de cinquante minutes environ chacun ;
l'épaisseur moyenne de la couche d'eau déversée sur la prairie à
chaque arrosage a été de 0^m,126 ; le volume total d'eau employé par
hectare a dépassé 13 000 mètres cubes. Les arrosages ont été au reste
moins nombreux pendant l'année 1860, très-pluvieuse, qu'ils ne le
sont habituellement, car la quantité d'eau employée atteint en
moyenne 31 000 mètres cubes, c'est-à-dire plus du double de l'eau
utilisée en 1860.

Dans ce même département, un hectare planté en légumes reçoit
annuellement 73 000 mètres cubes d'eau.

Si l'on examine la composition des eaux à l'entrée, puis à la sortie des
terres, on trouve que l'eau s'appauvrit toujours en ammoniaque et en
acide azotique ; mais cependant la quantité ainsi fournie au sol n'est
pas très-élevée. En effet, l'eau contient en moyenne, quand elle pénètre
dans la pièce, 1^{mm},583 d'azote par litre appartenant à ces deux composés. Quand elle sort après avoir traversé le sol, elle en renferme encore 1^{mm},002, c'est-à-dire qu'elle a abandonné 0^{mm},581 par litre. En
rapportant ces nombres à l'hectare, on trouve les résultats suivants :

	k
Azote apporté par l'eau d'irrigation..........	23,442
Azote de la fumure	121,884
	145,326

Comparons ces nombres à ceux de la récolte, ils donnent :

	k
Azote du foin	184,345
Différence en moins	39,019

Quant aux matières minérales, l'eau en apporte beaucoup plus que
le foin n'en consomme.

Si l'on fait le même calcul pour la culture de légumes de Taillades
(Vaucluse), on trouve encore :

	k
Azote apporté par l'eau d'irrigation	55,731
Azote de la fumure....................	105,806
	161,537
Azote des végétaux....................	431,537
Différence en moins	270,000

Il est donc bien évident que dans les arrosages du Midi, l'eau ne
peut remplacer la fumure, et cependant, sous l'influence de ces faibles
arrosages, la luzernière a donné cinq coupes fournissant plus de

20 000 kilos de foin, c'est-à-dire à peu près le double de ce que donnent les luzernières non arrosées (1).

Si nous examinons maintenant les habitudes des irrigateurs de l'Est, nous allons les trouver bien différentes de celles des cultivateurs du Midi, et contrairement à ce qu'on pourrait penser, dans les Vosges c'est pendant l'hiver que se fait la plus grande consommation d'eau : la prairie de Saint-Dié a reçu de novembre 1859 à septembre 1860 plus de 1 500 000 mètres cubes d'eau. En calculant approximativement la quantité d'azote contenu dans l'eau d'entrée et dans l'eau de sortie, M. Hervé Mangon arrive aux résultats suivants :

		k
Azote donné par l'eau d'irrigation..........	206,545
Azote de la récolte.............	70,861
Différence en plus..............	135,684

Ainsi, dans ces conditions, l'eau seule fournit tout l'azote de la récolte et augmente même la richesse de la prairie d'une quantité notable, mais probablement quelque peu inférieure au chiffre précédent; pendant l'été la quantité fixée est au reste très-supérieure à celle qui est prélevée sur l'eau pendant l'hiver. Le poids de la récolte de foin a été de 6340 kilogr. à l'hectare.

Une seconde série d'essais a été faite sur deux prairies, à Habeaurupt, commune de Plainfaing, dans les Vosges. La récolte a été de 8639 kilogr. par hectare pendant l'année 1860; la prairie a reçu un volume d'eau de 4 000 000 de mètres cubes d'eau.

En calculant l'azote contenu à l'état d'acide azotique et d'ammoniaque, on trouve par hectare :

		k
Azote fourni par l'eau d'irrigation..........	261,116
Azote de la récolte.....................	102,057
Différence en plus..............	159,059

Dans ces conditions, l'eau d'irrigation apporte donc encore tout l'azote prélevé par la récolte, et augmente même la richesse de la prairie d'une quantité qui doit être un peu inférieure au chiffre précédent.

En résumé, on voit d'après ces nombres qu'il existe une différence essentielle dans la pratique des arrosages dans le Midi et dans les régions plus froides. Tandis que l'arrosage d'une des cultures du dépar-

---

(1) A Bechelbronn, M. Boussingault obtient une moyenne de 10 000 kilogr. A Grignon, en 1866, pendant une année pluvieuse, je n'ai pas atteint un chiffre aussi élevé. Même avec une forte fumure, en employant du plâtre ou des engrais de potasse, je n'avais que 8000 kilogr. (Voy. 4e partie, les *Engrais de potasse*.)

tement de Vaucluse a lieu en employant le produit d'un débit continu de moins d'un litre par seconde et par hectare, une autre prairie située dans les Vosges a reçu le produit d'un débit moyen de 217 litres par seconde, qui, dans l'été même, s'élevait encore à près de 50 litres par seconde et par hectare.

Dans les irrigations du Midi, les eaux n'apportent aux récoltes qu'une faible partie des matières fertilisantes nécessaires à leur développement. Elles servent surtout à rafraîchir le sol, à rendre possibles les phénomènes d'absorption et d'évaporation indispensables à la vie des plantes, peut-être aussi à favoriser les réactions qui déterminent la fixation de l'azote atmosphérique dans la terre arable.

Dans les pays plus froids, les eaux d'irrigation remplissent véritablement le rôle de fournisseurs d'engrais ; elles amènent toutes les matières fertilisantes nécessaires au développement des récoltes et à l'accroissement progressif de la richesse du sol : aussi ne faut-il pas s'étonner de voir les cultivateurs choisir entre les différentes sources qu'ils ont à leur disposition, car les effets produits sont souvent très-différents. Dans un mémoire publié aux *Annales de chimie et de physique* (t. XXXIV), MM. Chevandier et Salvétat ont rapporté une expérience faite sur la même prairie avec deux sources différentes : l'une donnait toujours des résultats bien supérieurs à ceux qui étaient fournis par l'autre ; les différences allaient souvent du simple au quadruple. Quand on rechercha à quelle cause il fallait les attribuer, on trouva que les qualités de la bonne source n'étaient dues ni aux matières minérales, ni aux gaz tenus en dissolution, ni même à la masse totale des matières organiques dissoutes ou en suspension, mais qu'elles étaient surtout en rapport avec la quantité relative d'azote contenue dans ces matières organiques, en entendant par quantité relative le rapport de l'azote contenu à la masse totale de matières organiques. Dans la source qui donnait de moins bons résultats, cette quantité était de 2 pour 100, et de 6 pour 100, au contraire, dans celle qui favorisait davantage la végétation.

§ 89. — DE L'INFLUENCE DE LA COMPOSITION PHYSIQUE DU SOL SUR SA FERTILITÉ.

Dans le second chapitre de cette deuxième partie, nous avons fait voir que le sable et l'argile présentent des propriétés non-seulement différentes, mais en quelque sorte opposées ; de leur mélange en proportions convenables résultent les conditions de perméabilité et de consistance, de résistance à la sécheresse, de facilité de travail, qui assurent la réussite de toutes les cultures. Mais nous avons reconnu en même temps que si l'un de ces éléments domine, la terre perd de ses qualités, devient de moins en moins fertile à mesure que la proportion de l'un des constituants s'exagère, et qu'enfin l'argile pure ou le sable ne peuvent plus guère être cultivés avantageusement. Le calcaire se rencontre parfois aussi dans les terres arables avec une abondance extraordinaire, et si son mélange à la terre est utile quand il ne dépasse pas certaines proportions, sa prédominance devient aussi fâcheuse que celle du sable ou de l'argile ; il n'est même pas jusqu'à l'humus, qui contribue si puissamment à la fertilité quand il est en proportions convenables, qui ne devienne une source de stérilité lorsque sa proportion s'exagère.

Les terres suivantes, dont nous empruntons les analyses à un excellent travail de M. Vœlcker, peuvent être considérées comme absolument stériles à cause de la prédominance exclusive de l'un des éléments précédents (*Some causes of unproductiveness of soils*, in *the Journ. of the Roy. Agricult. Society of England*, 2ᵉ sér., t. I, 1865) :

Composition de sols stériles (tourbeux, calcaires, argileux et sablonneux).

	Nº 1. Sol calcaire.	Nº 2. Sol sablonneux.	Nº 3. Sol argileux.	Nº 4. Sol tourbeux.
Humidité....................	»	2,65		
Matières organiques et eau combinée..................	»	4,56	7,94	49,07
Oxyde de fer et alumine......	0,780	5,93	10,95	10,88
Carbonate de chaux.........	73,807	0,39	0,86	2,29
Magnésie....................	0,825	»	0,26	0,75
Potasse et soude........ ...	traces	0,28	0,39	0,90
Acide phosphorique..........	0,242	»	0,10	0,06
Acide sulfurique.....	1,546	»	0,30	1,04
Sable....................	16,710	86,19	»	»
Argile fine	6,090	»	79,20	35,01
	100,000	100,00	100,00	100,00

Si l'on compare les nombres inscrits dans ce tableau à ceux que nous avons donnés dans le chapitre IV de cette seconde partie, on reconnaîtra que les proportions de chaux, de sable, d'argile ou d'humus sont ici énormes : ainsi le terreau des maraîchers, qui peut être considéré comme une terre saturée de matières organiques, ne renferme guère plus de 20 pour 100 d'humus, tandis qu'on en compte près de 50 pour 100 dans la terre n° 4.

Les terres précédentes sont considérées par M. Vœlcker comme stériles, et il les donne avec raison comme exemples de mauvais sols sous le climat de la Grande-Bretagne ; mais il faudrait se garder de généraliser les faits précédents, et de conclure à priori que tous les sols qui présentent une constitution analogue sont forcément stériles.

En effet, M. Boussingault cite comme un sol d'une fertilité exceptionnelle le terreau naturel qu'il a désigné, dans ses analyses, comme terre du *rio Cupari*, et qui a été prise sur les bords de cette rivière, à son point de jonction avec le rio Tapajo. Ce terreau forme un banc de 1 à 2 mètres d'épaisseur, résultant de la superposition de strates alternatives de sable et de feuilles souvent bien conservées, tellement qu'à l'analyse physique, il présente la constitution suivante :

Sable..	60
Débris de feuilles	40
	100

Ces réserves étant posées, il faut reconnaître que très-habituellement des terres exclusivement siliceuses, argileuses, calcaires ou tourbeuses sont stériles, et l'on doit se demander s'il existe des procédés pour les améliorer.

§ 90. — DES PROCÉDÉS PROPRES A MODIFIER LA CONSTITUTION PHYSIQUE DU SOL ARABLE.

Nous décrirons dans la troisième partie de cet ouvrage, réservé à l'étude des amendements, la pratique du chaulage et du marnage ; mais nous devons examiner ici les procédés à l'aide desquels le cultivateur peut espérer modifier la constitution physique du sol, lui ajouter du sable s'il est trop tenace, de l'argile si au contraire il est trop léger.

Quand cette modification ne peut être faite que par des charrois, elle est rarement avantageuse ; la quantité de matière à transporter est tellement considérable quand elle est introduite dans une proportion suffisante pour modifier la nature du sol, que les frais sont généralement beaucoup trop élevés pour que l'opération soit possible. M. Boussingault cite dans son *Économie rurale* un exemple remarquable de cette impossibilité..... « Nos terres de Bechelbronn », dit-il, « sont généralement fortes; l'expérience faite dans les jardins a prouvé que, par une addition de sable, elles sont considérablement améliorées. Au milieu du domaine est placée une usine qui rejette une telle quantité de sable, qu'elle devient envahissante, et cependant nous croyons que l'amélioration par le sable serait trop coûteuse pour que nous songions à l'entreprendre. » M. P. Thenard cite, il est vrai, l'exemple de M. Chemery, lauréat de la prime d'honneur de la Marne en 1861, qui améliora singulièrement son domaine en répandant sur 80 hectares 13 000 mètres cubes de terre calcaire; mais le calcaire (peut-être phosphaté) qu'il introduisit devait avoir une action chimique tout autre que l'action purement mécanique du sable.

Nous avons vu dans le premier chapitre de cette seconde partie que le sable est difficile à entraîner par l'eau, et nous savons que lorsqu'on délaye une certaine quantité de terre dans l'eau, le sable tombe au fond, tandis que l'argile reste en suspension; on comprendra donc qu'il soit difficile de *sabler* une terre à l'aide d'eaux courantes, tandis qu'il sera aisé, au contraire, de charger celles-ci d'argile dont le dépôt sur une surface donnée sera facile, si l'on réussit à y faire séjourner les eaux pendant quelque temps. Cette pratique agricole, qui est loin d'avoir l'importance qu'elle mérite, est désignée sous le nom de *colmatage.*

Colmatage. — En disposant de l'argile dans des rigoles destinées à recevoir des eaux courantes, puis en dirigeant les eaux troubles sur un terrain léger, on l'améliore singulièrement. Cette méthode est employée au Brésil, mais elle ne présente encore habituellement, en ce pays comme en Europe, qu'une faible extension, tandis qu'elle est susceptible de devenir une cause permanente d'amélioration des sols des vallées si elle est mise en pratique résolûment.

M. Hervé Mangon a étudié cette question depuis plusieurs années, et nous résumons ici les points principaux de son travail que nous avons déjà cité plus haut (§ 63).

Les limons entraînés par les fleuves présentent habituellement une composition analogue à celle des terres de très-bonne qualité. Ainsi « la Durance transporte annuellement 17 723 231 tonnes de matières solides formées de 9 529 368 tonnes d'argile, de 7 033 714 tonnes de carbonate de chaux, de 14 166 tonnes d'azote, de 98 201 tonnes de carbone et de 1 047 271 tonnes d'eau combinée ou matières diverses, le tout réuni dans les conditions les plus favorables à la constitution des terres arables les plus fertiles.

» Une seule rivière entraîne donc par an plus de 14 000 tonnes d'azote à l'état de combinaison le plus convenable au développement de nos plantes cultivées, alors que l'agriculture achète au dehors, au prix des plus grands sacrifices, d'autres matières azotées, et que l'importation du guano, qui fournit à peine cette quantité d'azote chaque année à l'agriculture française, lui coûte une trentaine de millions de francs. »

Un dixième environ des limons de la Durance est utilisé ; — les eaux du canal de Carpentras, alimenté par la Durance, sont employées dans quelques localités pour l'irrigation. — M. Hervé Mangon a calculé que la quantité de limon déposé formait sur les terres arrosées une épaisseur variant de $0^{mm},6$ à 2 millimètres par an ; parfois l'exhaussement est beaucoup plus considérable : on cite dans le Vaucluse des prairies dont le sol s'exhausse, dit-on, de 1 centimètre par an.

Les troubles des autres fleuves et rivières de France sont encore plus délaissés que ceux de la Durance. « Ainsi la Vienne, d'après les résultats obtenus le 22 octobre 1859, avec des hauteurs de $2^m,90$ à $3^m,60$ à l'échelle de Châtellerault, entraînait assez de limon pour colmater 100 hectares par jour sur une épaisseur d'un centimètre et demi environ, et jetait à la mer, dans ces conditions, 102 102 kilogrammes d'azote, 848 196 kilogr. de carbone. A la cote de $0^m,83$ à $0^m,95$, cette rivière pourrait encore limoner 40 hectares par jour sur une épaisseur d'un millimètre, et elle leur apporterait 5059 kilogr. d'azote et 45 929 kilogr. de carbone.

» Pour la Loire à Tours, les chiffres sont bien plus élevés. Ainsi, du 8 au 4 janvier 1860, pour des hauteurs de $2^m,10$ à $2^m,65$, le volume du limon entraîné était de 29 423 mètres cubes par vingt-quatre heures, c'est-à-dire suffisant pour colmater 100 hectares sur une épaisseur de près de 3 centimètres. Du 18 ou 26 janvier 1863, avec des eaux peu chargées et des hauteurs de 2 mètres à $2^m,10$ seulement au-dessus de l'étiage, le volume du limon perdu par vingt-quatre heures était encore de 2736 mètres cubes, représentant sur 100 hectares de superficie une couche de près de 3 millimètres d'épaisseur de matières fertilisantes contenant 24 088 kilogr. d'azote et 217 231 kilogr. de carbone... Ces troubles ne sont utilisés nulle part et se perdent dans la profondeur des mers, à l'exception du faible volume qui vient se déposer dans la baie de Noirmoutiers, et former le sol des polders que l'on endigue peu à peu sur la côte. »

Malgré ses efforts, M. Hervé Mangon n'a pu encore faire entreprendre les travaux nécessaires pour utiliser les limons charriés par nos cours d'eau ; mais il importe de signaler la fertilité exceptionnelle des sols formés par les terres meubles entraînées des pentes dans les vallées, pour que le cultivateur, dans la mesure de ses moyens, les utilise s'il reçoit des eaux torrentueuses, ou s'efforce de s'opposer à leur déperdition, s'il cultive des pentes dont l'eau descende avec rapidité.

Influence de l'épaisseur de la couche arable. — Si le cultivateur est souvent dans des conditions telles qu'il lui est impossible de modifier la constitution physique de sa terre par l'apport des limons fluviaux, il a très-habituellement entre les mains un procédé puissant d'augmenter la fertilité de son domaine au moyen des labours profonds.

La profondeur de la couche dans laquelle les plantes peuvent enfoncer leurs racines a en effet l'influence la plus marquée sur la fertilité, et les études que nous avons poursuivies sur la terre arable en fournissent de remarquables exemples.

D'après les règles posées plus haut, la composition suivante paraît s'appliquer à une terre d'excellente qualité :

Analyse physique.

Sable..............................	20,20
Calcaire...........................	31,00
Argile	40,96
Eau...............................	7,84
	100,00

Cependant cette analyse est celle de la terre de *la Défonce*, du domaine de Grignon, et c'est à coup sûr la plus mauvaise terre de la propriété; elle n'a été cultivée qu'à grands renforts d'engrais par M. A. Bella, et il n'est pas certain que l'opération ait jamais été avantageuse. J'y ai vu souvent manquer les récoltes, et notamment en 1866 une culture de blé a dû être retournée, et un essai de culture d'œillette qui lui a succédé manqua absolument. Si la terre de *la Défonce* est particulièrement mauvaise, si la terre de *la Carrière*, et en général les terres qui forment les deux versants qui s'inclinent vers l'étang de Grignon ne valent guère mieux, il faut surtout en chercher la cause dans leur faible épaisseur : on trouve la roche calcaire aussitôt qu'on attaque le sol un peu profondément.

Analyses des terres de Russie et de la terre de la Brie. — J'ai donné, il y a quelques années déjà, un exemple frappant de l'influence de la profondeur des terres arables dans un travail dont je crois devoir reproduire ici les principaux éléments (*Bulletin de la Société* *chimique*, 1862, p. 8). J'ai analysé deux échantillons des terres noires de Russie dont la fertilité est prodigieuse, et qui paraissent être dues à des dépôts lacustres émergés au-dessus des eaux par suite d'un plissement dans l'écorce du globe (1) ; et, pour établir la comparaison, j'ai eu l'idée d'analyser en même temps une terre de la Brie prise dans un champ épuisé par la culture et qui devait être bientôt fumé.

(1) La terre noire de Russie a été particulièrement étudiée par sir Roderick Murchison (*Description géologique de la Russie d'Europe*, t. Ier ; — *Philosophical Magazine*, janvier 1841 ; — *Annales des mines*, 1844). « Cette formation, dit-il, se présente depuis le 54e degré de latitude nord jusqu'au 57e, en occupant la rive gauche du Volga jusqu'à Tcheboksar, entre Nijni-Novogorod et Kasan. On la trouve aussi en abondance dans la Kasna et près d'Oufa ; elle occupe un district étendu sur la côte asiatique des monts Ourals, près de Kamensk ; elle existe encore entre Miask et Siviask. On la retrouve dans le pays des Baskirs et dans les steppes des Kirghiz.

» Cette formation semble manquer entre Orenbourg et l'embouchure du Volga, où le sol supérieur contient des débris de coquilles analogues à celles qui vivent encore dans la mer Caspienne. Elle manque aussi dans les steppes des Kalmouks ; elle abonde au contraire au nord de ces steppes, où elle occupe une vaste étendue de terrains se présentant en longues vallées, en pentes, non en plateaux et à tous les niveaux jusqu'à 400 pieds, et sur toute espèce de roches et de formations, recouvrant même la partie méridionale du sol diluvien amené par les courants du nord.

» ... L'opinion la plus répandue en Russie, quant à l'origine probable des terres noires, ou *tchornoïzem*, est qu'elle est formée des détritus et des cendres provenant des forêts ou de plantes de toutes sortes.

» Nous ne partageons nullement cette manière de voir. »

Sir Murchison soutient avec raison que, si cette terre avait une semblable origine, on y devrait rencontrer des traces de débris végétaux : c'est ce qu'il n'a pu faire ; l'échantillon que nous avons eu entre les mains présentait, en effet, une grande homogénéité et n'avait aucun point de ressemblance avec une terre de bruyère.

Enfin, l'illustre géologue anglais résume son opinion par les phrases suivantes :

« Nous croyons que la terre noire a été formée par les dépôts d'une mer qui couvrait la Russie longtemps avant l'apparition de l'homme sur la terre, ou bien par les dépôts de plusieurs lacs immenses, séparés entre eux par des intervalles assez considérables.

» Il existe, il est vrai, une objection sérieuse à faire à cette hypothèse. Pourquoi ne retrouve-t-on pas des débris marins dans ces terres ?

» Nous y répondrons en supposant que la terre noire, après avoir été formée par les dépôts aqueux, a subi un soulèvement général, et que les coquillages et tous les autres débris ont pu être décomposés par l'action successive des eaux et de l'air atmosphérique.

» Peut-être sa couleur noire et l'azote qu'elle contient proviennent-ils de la putréfaction des végétaux marins, des coquillages et des débris d'animaux microscopiques.

» En somme, nous ne voulons pas dire que la mer a *nécessairement* recouvert la surface de la Russie où l'on trouve la terre noire et que cette substance provient nécessairement du sable jurassique ; il est seulement probable, d'après sa composition et la manière dont elle est répandue sur le sol, qu'elle s'est déposée au fond des eaux. »

Nous trouvons dans une lettre de M. Albich, adressée à M. Hébert en 1854, des conclusions analogues :

« La nature du tchornoïzem montre qu'il est purement de formation d'eau douce et qu'il s'est formé aux lieux mêmes où nous le trouvons aujourd'hui, et tout s'oppose, au contraire, à l'idée que ce dépôt pur et fin ait pu être transporté du nord au sud par des courants ou de violents mouvements des eaux. »

L'auteur ajoute qu'il a rencontré ce terrain à une hauteur considérable de 1600 ou 1680 pieds au-dessus du niveau de la mer. « Cette différence extraordinaire de niveau entre ces dépôts identiques et probablement synchroniques présente, il est vrai, une grande difficulté ; mais nous avons la probabilité pour nous, en admettant un soulèvement continental au moment de l'époque actuelle. »

On a trouvé dans un kilogramme de terre sèche :

DÉSIGNATION DES MATIÈRES DOSÉES.	TERRE NOIRE DE RUSSIE (tchornoïzem).		TERRE de la Brie, Chapelles-Bourbon près de Tournan (Seine-et-Marne).
	N° 1.	N° 2.	
Sable......................	gr. 496	gr. 202	gr. 205
Argile.	504	798	795
Densité......................	1,266	1,186	1,226

Notre attention s'est ensuite portée sur le dosage exact des principales matières utiles aux plantes qu'elles renfermaient.

Analyse d'un kilogramme de terres sèches.

DÉSIGNATION DES MATIÈRES DOSÉES.	TERRE NOIRE DE RUSSIE (tchornoïzem).		TERRE de la Brie, Chapelles-Bourbon près de Tournan (Seine-et-Marne).
	N° 1.	N° 2.	
Azote des matières organiques	gr. 0,524	gr. 2,009	gr. 0,888
Carbone des matières organiques ...	»	22,999	7,208
Acide phosphorique.............	0,570	1,546	0,900
Chaux......................	5,273	7,153	4,374
Magnésie.	3,823	3,403	5,038
Oxyde de fer.................	»	19,100	5,038
Silice soluble.................	0,400	3,840	17,300

Ces analyses montrent qu'une des terres de Russie est singulièrement plus riche en azote, en carbone combiné et en acide phosphorique que la terre de la Brie, mais que l'autre est au contraire plus pauvre. Enfin, si l'on compare la composition de la terre de Russie n° 2 à celle des nombreuses terres dont nous avons déjà donné l'analyse et à celle de la terre de la Brie, on n'y découvre rien qui permette d'expliquer la différence excessive de leur fertilité ; et cependant si la terre de Brie cessait d'être fumée, elle ne donnerait plus bientôt que des récoltes très-chétives, tandis que les terres noires de Russie sont capables de fournir pendant une longue

DEHÉRAIN.   23 suite d'années des récoltes de céréales sans recevoir aucun engrais.

Il est donc manifeste que pour apprécier la richesse d'une terre arable, il ne suffit pas de doser es principes utiles que renferme un kilogramme, il faut encore savoir dans combien de kilogrammes semblables les racines des plantes peuvent puiser; en d'autres termes, il faut tenir compte de l'épaisseur de la couche arable. Essayons donc, en tenant compte de ce nouvel élément, de nous rendre compte de la fertilité des terres de Russie.

On ne peut attribuer à la terre des Chapelles qu'une épaisseur moyenne de 30 centimètres, au-dessous desquels on trouve le sous-sol d'argile. Murchison affirme, au contraire, que les terres noires de Russie ont parfois de 5 à 6 mètres de profondeur; il est vrai que Hermann, de son côté, ne leur attribue qu'une profondeur de 50 centimètres à 1 mètre, bien qu'il ajoute que dans quelques endroits elle soit plus considérable. Il est vraisemblable qu'il en doive être ainsi; si cette terre est un dépôt lacustre, sa profondeur varie naturellement avec le relief du terrain sur lequel elle s'est déposée.

Des épaisseurs considérables ne sont pas très-rares dans la terre arable; nous avons constaté que la pièce des 26 arpents du domaine de Grignon présente une épaisseur de 90 centimètres à 1 mètre, en haut du champ; mais que si l'on descend vers le bas, cette épaisseur augmente, et que près de l'étang, à $1^m,80$, on ne trouve pas encore le sous-sol. La composition de la terre à toutes les profondeurs n'est pas la même, mais cependant elle ne diffère pas autant qu'on pourrait le supposer. Ainsi, dans les analyses faites à Grignon de la terre de la pièce des 26 arpents, en différents points, et notamment près de l'étang, on a trouvé par kilogramme (*Comptes rendus*, 1868, t. LXVI, p. 494; *Bulletin de la Société chimique*, 1868, t. X, p. 91), pour l'azote combiné :

	gr
A la surface....................	2,040 et $2^{gr},020$
A $0^m,80$	1,600
A $0^m,90$	1,500
A 1 mètre	1,060
A $1^m,60$....................	1,090

M. Is. Pierre avait établi, depuis longtemps déjà, la richesse en azote des couches profondes du sol (*Annales de chim. et de phys.*, 1860, t. LIX, p. 63) ; il avait trouvé en azote par kilogramme :

	gr
1re couche de la surface à 25 cent. de profondeur.	1,732
2e couche, de 25 à 50 centim. —	1,008
3e couche, de 50 à 75 centim. —	0,765
4e couche, de 75 à 1 mètre. —	0,837

Cette richesse va en diminuant. Si donc nous calculons la composition d'un hectare de terre arable de Russie ou de la Brie en nous appuyant sur la composition de la terre de la surface, il est clair que nous faisons une erreur, et que les chiffres que nous donnons sont un peu forts (1); mais ils ne sont pas cependant assez grossis par la différence de composition des diverses couches, pour que le calcul ne soit encore très-instructif.

Composition d'un hectare de diverses terres.

DÉSIGNATION DES MATIÈRES DOSÉES.	TERRE NOIRE DE RUSSIE (tchornoïzem).		TERRE de la Brie, Chapelles-Bourbon près de Tournan (Seine-et-Marne).
	N° 1.	N° 2.	
Densité..........................	1,266	1,186	1,300
Profondeur.......................	3^m	3^m	3^m
Poids de la terre arable d'un hectare.	37 980 000^k	35 580 000^k	3 900 000^k

Poids des matières dosées que renferme un hectare.

DÉSIGNATION DES MATIÈRES DOSÉES.	TERRE NOIRE DE RUSSIE (tchornoïzem).		TERRE de la Brie, Chapelles-Bourbon près de Tournan (Seine-et-Marne).
	N° 1.	N° 2.	
	kil.	kil.	kil.
Azote	19 904	71 480	3 521
Carbone des matières organiques....	»	818 304	28 778
Acide phosphorique...............	21 648	50 559	3 541
Chaux...........................	189 912	267 312	49 722
Magnésie........................	145 297	25 012	22 713

(1) M. Grandeau a donné récemment dans le *Journal d'agriculture pratique* (1872, t. I, p. 471) la composition de quelques échantillons des terres noires de Russie, qu'il a comparé, comme je l'ai fait en 1862, à la composition d'une terre de France d'une fertilité médiocre. Les échantillons de M. Grandeau ont été pris avec soin, et ils représentent les diverses couches depuis la surface jusqu'à 3 mètres ; or, contrairement à ce qui semblait devoir être indiqué particulièrement, à partir de 1^m,80 la richesse en azote de la terre n'est plus indiquée ; au moins cet élément est marqué par un trait dans l'analyse de M. Grandeau, de telle sorte qu'on ignore s'il a été dosé et si l'on n'a rien trouvé, ou si le dosage n'a pas été fait. C'est cette dernière interprétation qui paraît exacte, car, pour les autres éléments, les diverses couches ne diffèrent que médiocrement. J'ai donc cru pouvoir conserver les considérations suivantes, qui, ainsi que je l'ai dit dans le travail de 1862, donnent sans doute des nombres trop forts.

On trouve une sorte de confirmation des nombres précédents dans les analyses données par M. Liebig relativement aux quantités d'azote trouvées dans la terre noire de Russie. D'après l'illustre professeur de Munich, elle renfermerait par hectare :

	k	
Au minimum	26,709	d'ammoniaque (1).
Au maximum	52,224	—

Ces nombres ne diffèrent que médiocrement des nôtres, bien que les échantillons analysés soient certainement différents ; d'autre part, M. Boussingault attribue à quelques-unes des terres françaises qu'il a analysées une profondeur de $0^m,355$, et il trouve alors pour l'azote d'un hectare :

Terre de Bitschwiller	14,755
Terre du Liebfrauenberg	12,970
Terre de Bechelbronn	6,985
Herbage d'Argentan	25,650

nombres qui, bien que supérieurs à ceux que nous avons trouvés pour la terre de la Brie, sont bien éloignés de ceux de la terre de Russie n° 2. La différence de fertilité, de puissance à porter des récoltes est donc due surtout ici à l'épaisseur variable des terres analysées (2).

Deux terres d'inégale fertilité diffèrent plus par leur épaisseur que par leur composition. — Nous avons vu, dans les chapitres précédents, que la plus grande partie des principes contenus dans la terre arable s'y trouvent à l'état insoluble ; ce n'est que lentement que la matière azotée se transforme en acide azotique et en ammoniaque, et nous nous rappelons que M. Boussingault a montré qu'une graine semée dans un sol renfermant 130 grammes d'une terre fertile mêlée à du sable y avait vécu comme dans un sol absolument stérile, bien qu'il y eût dans ces 130 grammes de terre une quantité d'azote suffisante pour subvenir à ses besoins, si cet azote eût été engagé dans une com-

(1) Il est bien entendu qu'il faut comprendre azote des matières organiques calculé sous forme d'ammoniaque, et non d'ammoniaque toute formée.

(2) Certains faits connus des cultivateurs montrent de la façon la plus nette l'influence considérable de l'épaisseur de la couche arable.

Dans la discussion qui suivit la présentation du mémoire que nous venons de résumer, à la Société chimique en 1862, un de nos collègues, M. Laveisse, rappela le fait suivant : Un propriétaire avait acheté des terres dans les Landes, où la terre arable n'a qu'une très-faible épaisseur et repose sur une couche très-dure, très-dense d'*alios* ; il n'obtenait que des récoltes peu rémunératrices, quand il eut l'idée d'enlever toute la couche arable de la moitié de l'un de ses champs pour la remettre sur la seconde moitié. La terre arable avait doublé d'épaisseur, et dès lors la culture fut possible et fructueuse. Il reste, bien entendu, à savoir cependant si la plus-value des récoltes a pu couvrir les frais considérables de main-d'œuvre et de transport qu'a nécessités l'opération.

binaison soluble. Des plantes de la même espèce végétaient au reste vigoureusement dans une plate-bande du potager d'où la terre avait été extraite; mais, dans ce second cas, la plante avait à sa disposition une masse de terre infiniment plus considérable que dans le creuset-pot de l'expérience précédente, et ses racines pouvaient s'étendre librement et aller glaner de toutes parts la petite quantité d'azote actuellement assimilable répandue dans la terre arable.

Il y a entre une terre profonde et un sol d'une faible épaisseur exactement le même rapport qu'entre le creuset-pot et la plate-bande dans l'expérience de M. Boussingault. Le sol, bien que présentant toujours la même composition ou de faibles différences, comme la terre de Russie n° 1 et la terre des Chapelles, peut être cependant très-différemment fertile; car, dans un cas, les plantes peuvent envoyer leurs racines dans un très-grand espace, tandis qu'il est très-limité dans le second : or les nombres suivants, dus encore à M. Boussingault, montrent que les plantes dans la culture ordinaire ont à leur disposition une masse de terre assez considérable, qui est de 29 kilogr. pour un haricot nain, de 86 kilogr. pour une pomme de terre, de 215 kilogr. pour un pied de tabac, et enfin de 1334 kilogr. environ pour un pied de houblon.

En résumé, les exemples précédents suffisent pour établir que deux terres inégalement fertiles diffèrent souvent plus par leur épaisseur que par leur composition ; d'où il faut conclure qu'il sera très-habituellement avantageux au cultivateur d'attaquer le sous-sol avec de puissantes charrues, de façon à le faire pénétrer dans le sol lui-même, dont l'épaisseur s'accroîtra ainsi peu à peu. Une des causes auxquelles il faut surtout attribuer l'augmentation de rendement des cultures depuis vingt ans, est certainement l'emploi de plus en plus fréquent d'instruments perfectionnés qui entament la terre plus profondément que les charrues anciennes. Il faut remarquer toutefois que cet accroissement dans l'épaisseur de la couche arable doit être accompagné d'une augmentation proportionnelle dans la quantité d'engrais employée. On avait observé depuis longtemps que les terres argileuses sont longues à mettre en valeur, et que des fumures abondantes n'y produisent pas d'abord tout l'effet qu'on semblait devoir en attendre : cette remarque judicieuse se trouve expliquée aujourd'hui par la découverte des propriétés absorbantes des terres arables (voy. 2° partie, chap. V); et l'on conçoit que si l'on mélange à un sol déjà enrichi par des fumures répétées un sous-sol encore pauvre, celui-ci pourra retenir à son profit les principes solubles que le sol primitif aurait abandonnés à l'eau qui y circule, et par suite aux plantes qui y enfoncent leurs racines, et qu'ainsi la quantité d'aliments disponibles se trouvera diminuée.

Ces inconvénients sont faciles à éviter, et l'on reconnaîtra que dans nos contrées septentrionales il y a habituellement grand avantage à augmenter l'épaisseur de la couche arable par des labours profonds, quand on dispose d'une masse d'engrais notable et qu'on a le loisir et le moyen de multiplier les façons.

Nous venons de résumer les connaissances que nous possédons aujourd'hui sur les causes de fertilité des terres arables; il est malheureusement évident que nombre de ces causes nous échappent encore, et qu'il nous est impossible de formuler d'une façon précise pourquoi telle terre est capable de fournir d'abondantes moissons sans fumure pendant de longues années, tandis que telle autre cessera de produire aussitôt que l'engrais lui fera défaut.

Laissons donc ce sujet après l'avoir poussé jusqu'à la limite de nos connaissances actuelles, et occupons-nous maintenant des causes de la stérilité.

§ 91. — DES SOLS STÉRILISÉS PAR LA PRÉSENCE DES MATIÈRES NUISIBLES AUX VÉGÉTAUX.

Une terre présentant une bonne constitution physique, suffisamment humide, drainée et irriguée, placée sous un climat favorable, peut être impropre à la culture, si elle renferme des matières solubles capables de nuire à la végétation.

Nous avons déjà insisté sur les effets fâcheux que peuvent exercer les oxydes de fer non saturés d'oxygène qui proviennent des couches profondes du sol arable. Ce ne sont pas cependant les composés de ce métal qui sont les plus funestes à la culture; la pyrite de fer blanche, qui s'oxyde facilement à l'air en se transformant en sulfate, est infiniment plus dangereuse. On reconnaît la présence dans la terre arable du sulfate de fer, ou vitriol vert, d'abord à la réaction acide que présentent les eaux de lavage, et ensuite au précipité vert, devenant bientôt rougeâtre, qu'y fait apparaître l'ammoniaque caustique.

Influence du sulfate de fer. — Un sol qui renferme 5 pour 1000 de sulfate de fer est déjà très-difficile à cultiver; quand la proportion atteint ou dépasse 1 pour 1000, le sol est absolument stérile.

On doit à M. Vœlcker, qui a étudié avec beaucoup de soin les causes de stérilité des terres arables, quelques analyses de sols stérilisés par le sulfate de fer. Une de ses analyses port sur un sol provenant des terrains conquis par le desséchement du lac de Harlem.

Analyse d'un sol du lac de Harlem, en Hollande.

	Dessiccation à 110°.
Matière organique (*) et eau de combinaison	14,71
Oxyde de fer et alumine	9,27
Sulfate de protoxyde de fer................ ...	0,74
Sulfure de fer (pyrites)...................	0,71
Acide sulfurique formant du sulfate basique de fer.	1,08
Sulfate de chaux.........................	1,72
Magnésie	0,73
Acide phosphorique	0,27
Potasse.............................	0,53
Soude...............................	0,32
Argile...............................	69,83
	100,00

(*) Contenant azote.............. 0,52

Ce sol renferme en proportions notables tous les éléments minéraux qui entrent dans la composition des cendres des plantes, et il est particulièrement riche en acide phosphorique ; il renferme en outre une proportion considérable de matière organique capable de fournir par sa décomposition plus de 1/2 pour 100 d'ammoniaque ; mais malheureusement il est imprégné de sulfate de fer qui neutralise toutes ces bonnes qualités et le rend improductif.

Une circonstance assez curieuse s'est produite dans son exploitation : Il a été pendant quelques années très-légèrement labouré à la surface avant les semailles, et il donnait des récoltes passables ; après quelques années il changea de main, et le nouveau propriétaire, mécontent du rendement, retourna le sol énergiquement : l'effet que produisit ce travail fut déplorable, la récolte manqua absolument. Une bonne fumure à l'aide du fumier de ferme ne changea rien à la stérilité, aucune plante ne put se développer. Un échantillon de cette terre ingrate fut alors adressé à M. Vœlcker, qui reconnut dans le sol une réaction acide due au sulfate de fer. Celui-ci avait été entraîné dans le sous-sol par l'eau de la pluie, et tant qu'on se borna à ameublir la surface, ainsi que l'avait fait le premier propriétaire, la culture fut possible ; mais quand on ramena par des labours profonds les couches du sous-sol à l'air, on fit surgir aussi le sulfate de fer, dont l'acidité s'oppose à toute végétation.

Le remède était nettement indiqué, il fallait décomposer le sulfate de fer au moyen de la chaux ; un chaulage énergique fut donc appliqué et avec un plein succès.

M. Vœlcker cite encore, parmi les sols rendus stériles par la présence du sulfate de fer, les deux suivants dont il a donné l'analyse :

Composition d'une terre conquise sur la mer, sur la côte du Hampshire.

Eau.	5,45
Matière organique et eau de combinaison.	9,93
Oxyde de fer et alumine.	7,18
Sulfate de fer.	1,39
Sulfure de fer (pyrites).	0,78
Sulfate de chaux.	0,34
Magnésie	0,51
Chlorure de sodium	0,04
Potasse et soude.	0,83
Matière siliceuse insoluble.	73,55
	100,00

Composition d'un sol sablonneux absolument stérile, dans le Bedfordshire.

	Séché à 100°.
Matière organique et eau de combinaison.	4,27
Oxyde de fer et alumine.	3,84
Acide phosphorique.	0,09
Sulfate de chaux.	0,85
Potasse et soude.	0,96
Magnésie	0,85
Sulfate de fer	1,05
Sulfure de fer (pyrites).	0,56
Matière siliceuse insoluble (sable)	87,91
	100,00

Ce sol était si absolument stérile, qu'il ne portait pas le moindre brin d'herbe. Sa couleur était d'un gris noirâtre, et il semblait riche en matière organique ; mais en réalité cette teinte était due à du sulfure de fer très-divisé, et capable d'émettre, sous l'influence de l'acide carbonique de l'air et de l'humidité, de l'hydrogène sulfuré, dont l'action vénéneuse s'étend aussi bien aux végétaux qu'aux animaux.

Influence des nitrates et du sel marin. — Toutes les substances salines solubles dans l'eau exercent sur les plantes une action fâcheuse quand elles se rencontrent dans le sol en proportion un peu notable. Il importe toutefois de préciser cette proportion. D'après le professeur Knop (de Leipsick), les solutions qui renferment moins d'un millième de matière soluble activent la végétation, mais les solutions plus concentrées la retardent et peuvent même agir comme poison. M. Vœlcker estime qu'un sol qui renferme un centième de matière saline soluble est déjà peu fertile, et que celui qui présente quelques centièmes de sel commun, de nitrate de chaux, ou de chlorure de potassium, devient stérile ; il en donne comme exemple l'analyse suivante :

Composition d'un sol imprégné de sel et de nitrates.

Humidité	10,86
Matière organique (*)......................	4,84
Oxyde de fer et alumine	11,28
Acide phosphorique	2,35
Carbonate de chaux........................	5,21
Nitrate de chaux............................	2,32
Chlorure de sodium	11,61
Chlorure de potassium	2,31
Matière siliceuse insoluble	49,22
	100,00

(*) Contenant azote....................   0,24

Le sel marin se rencontre parfois en proportions nuisibles dans les terres récemment conquises sur la mer ou submergées par elle de temps à autre.

Il est vrai que quelques plantes marines, telles que les *Salsola*, les *Atriplex*, les salicornes, les betteraves, et en général les chénopodiées, les tamariscinées, peuvent supporter le sel (voy. Le Maout et Decaisne, *Traité de botanique*, p. 447 et 432) ; mais les céréales, le trèfle, et les autres plantes fourragères, ne se développent que très-médiocrement dans un sol qui en est imprégné habituellement. En effet, quand bien même la quantité est faible, la concentration s'opère par l'évaporation de l'eau pendant les sécheresses de l'été, le sel vient cristalliser à la surface, et les plantes meurent (1).

On a trouvé parfois des procédés ingénieux pour tirer parti de ces terres très-salées. C'est ainsi que, d'après Puvis, dans certains cantons du Morbihan, on sème à la fois du froment et du *Salsola* dans les terres très-salées. Si les pluies sont assez abondantes pour laver le sol et pour le dessaler suffisamment, le froment devient très-beau et la récolte de *Salsola* est presque nulle ; dans le cas contraire, le froment reste chétif, mais le *Salsola* prend le dessus et donne une assez bonne récolte.

Une terre humide peut contenir jusqu'à 2 pour 100 de sel sans cesser d'être propre à la végétation ; si la terre est sèche au contraire ou susceptible de le devenir, il suffit de la présence de 1 pour 100 de sel pour la rendre improductive.

(1) Voyez, dans la 4e partie, l'emploi du sel comme engrais.

Cette remarque a été utilisée dans la Camargue, où il pleut assez rarement. Pour conserver l'humidité, on recouvre le sol, après la semaille, de roseaux tirés des fossés ou des étangs voisins; sans cette précaution, le blé serait grillé avant d'avoir assez de force pour résister à l'action énergique du sel. Grâce à cette pratique, les terres peuvent rapporter 12 à 13 fois la semence là où, sans abri, elles ne produiraient rien. Quand le sol se recouvre d'une croûte saline, il devient impropre à la végétation.

C'est ce qu'on observe particulièrement dans les départements riverains de la Méditerranée, où l'on désigne, sous le nom de *salant*, une légère croûte saline qui se présente sur des terres improductives, recouvertes d'une végétation rare et de nature maritime, et sur lesquelles la culture est impuissante ou donne des résultats misérables.

Le salant, qui, d'après M. E. P. Bérard (*Comptes rendus*, 1871, t. LXXIII, p. 1155), est surtout formé de sel marin, apparaît pendant les années de longue sécheresse sur des sols où l'on n'en soupçonnait pas l'existence, et qui jusqu'alors avaient été considérés comme fertiles. Il est curieux de voir souvent deux champs voisins présenter des proportions de sel très-différentes. M. Bérard a trouvé, dans le sol d'une de ces plaques salées qui se manifestent au milieu d'un champ fertile, et qui, presque dépourvues de végétation, tranchent brusquement au milieu d'une belle culture, pour 100 grammes de terre, $0^{gr},845$ de sel marin et $0^{gr},300$ de sulfate de magnésie. Le terrain immédiatement adjacent ne contenait que 2 dix-millièmes de sel.

Il paraît évident que le sel contenu primitivement dans les plaines basses situées le long de la mer, qui ont été autrefois inondées, peut remonter par capillarité pendant les sécheresses, surtout dans les points où le sol est particulièrement tassé, et empêcher toute végétation, avant que des pluies abondantes l'aient entraîné dans le sous-sol, où il séjourne jusqu'au moment où les chaleurs de l'été le ramènent à la surface. Quand les eaux, conduites par des drains ou des fossés hors du domaine, peuvent dissoudre le sel, cette cause accidentelle de stérilité disparaît, et après quelques années le sel est complétement éliminé. M. Péligot a fourni récemment la preuve de cette disparition du sel marin sous l'influence des eaux pluviales, dans une importante communication adressée à l'Académie des sciences pour compléter ses travaux sur la répartition de la potasse et de la soude dans les végétaux (*Comptes rendus*, 1871, t. LXXIII, p. 1072).

Dans la baie de Bourgneuf (Vendée), près de l'île de Noirmoutiers, non loin de l'embouchure de la Loire, il existe des polders ou lais de mer dont la culture a été commencée il y a vingt ans par M. Hervé Mangon, et continuée par M. Le Cler, ingénieur civil. Les polders ne sont séparés de la mer que par des digues de 4 à 5 mètres de hauteur. Avant leur endiguement, ils étaient couverts d'eau à chaque marée haute; une fois endigués, ils sont desséchés et dessalés par un système de drainage à ciel ouvert, formé d'un réseau de fossés avec pentes convenables pour l'écoulement des eaux pluviales, qui s'est montré remarquablement efficace. Pendant les premières années de mise en culture, les récoltes sont misérables, elles vont en s'améliorant au fur et à mesure du dessalage des terres.

En 1863, M. Hervé Mangon analysa quelques-uns des sols de ces polders : il trouva pour l'un d'entre eux 1,76 de sel marin pour 100 de terre ; aujourd'hui M. Péligot n'y trouve plus que 0^{gr},008 de sel. Des terres endiguées en 1867 ne renferment plus en 1871 que 0^{gr},056 de sel, beaucoup plus que les terres en culture depuis 1863 ; mais celles-ci, en revanche, sont plus pauvres que des terres éloignées des bords de la mer, qui, analysées par M. Péligot, ont accusé dans 100 grammes 0^{gr},024 de sel marin.

«Des faits que j'ai observés, ajoute cet éminent chimiste, relativement à l'existence d'une petite quantité de sel marin dans les terrains des polders de la Vendée, s'accordent d'ailleurs parfaitement avec ceux qui sont consignés par M. Barral dans l'importante étude qu'il a faite des moëres du Nord, aux environs de Dunkerque et sur les confins de la Belgique ; elles ne sont devenues bonnes qu'après que l'eau salée a été complétement enlevée par les moulins. Chaque fois que les moëres ont été inondées par des eaux salées, ainsi que cela est arrivé quatre fois en deux siècles, par des faits de guerre ou de mauvaise gestion, la mise en culture ne s'est rétablie qu'après un long intervalle, tandis que la végétation reprend immédiatement après les inondations par les eaux douces. Il y a là par conséquent une expérience séculaire faite sur une très-grande échelle, puisque les moëres françaises et belges ont une superficie de plus de 2278 hectares. »

§ 92. — DE LA STÉRILITÉ DES TERRES ARABLES PAR DÉFAUT DES MATIÈRES UTILES AUX PLANTES, ET DE L'ÉPUISEMENT DU SOL PAR LE SYSTÈME DE CULTURE ACTUELLEMENT SUIVI EN EUROPE.

Nous savons que les plantes, pour se développer, doivent rencontrer dans le sol des matières azotées et des phosphates ; nous savons en

outre que les alcalis fixes, tels que la potasse et la chaux, paraissent avoir
une influence marquée sur quelques-unes d'entre elles, et il est clair
qu'un sol dans lequel ces matières feront défaut ne pourra pas porter
de récoltes rémunératrices, qu'il sera forcément stérile. Nous donnerons des exemples de terres improductives par l'absence de ces matières nécessaires, mais sans insister sur le défaut de ces principes
dans quelques sols, heureusement assez rares; nous porterons en outre
toute notre attention sur cette question capitale : Notre système de culture actuel doit-il conduire nos terres à la stérilité? Arrivons-nous
à l'épuisement par le système même de culture que nous pratiquons
depuis un temps immémorial?

Il est clair que si nous enlevons constamment au sol des éléments
nécessaires au développement de la plante, sans les lui restituer, nos
contrées sont destinées à devenir stériles, comme le sont aujourd'hui
les parties de l'Asie Mineure qui étaient autrefois florissantes; tandis
que si au contraire le sol s'enrichit par la culture même, nous pouvons
conserver l'espoir de voir nos descendants l'améliorer sans cesse et le
rendre capable de fournir des récoltes de plus en plus abondantes, suffisantes pour nourrir une population de plus en plus nombreuse.

Aujourd'hui qu'il faut abandonner les idées généreuses qui nous ont
bercés trop longtemps, et reconnaître que notre voisin est notre ennemi ; aujourd'hui que, pour effacer les humiliations qu'a subies notre
malheureux pays, il faut faire appel à toutes les ressources de son
génie, il importe de s'éclairer absolument sur cette question : Culti-
vons-nous sagement, et notre sol peut-il porter un excédant de population, capable de fournir à nos armées un contingent suffisant pour
lutter avec chances de succès contre l'élément germanique?

Faut-il continuer le mode de culture inauguré par nos aïeux, avec
la certitude que nous sommes dans la bonne voie et qu'il nous conduira à la prospérité? ou bien convient-il de briser résolûment avec la
tradition, et de rechercher pour notre culture de nouvelles bases meilleures que celles que nous abandonnerons?

Si l'on en croyait le savant professeur de Munich, le baron de
Liebig, la culture européenne basée sur la production du fumier de
ferme serait une culture spoliatrice, enlevant constamment au sol plus
qu'elle ne lui restitue, et conduisant forcément à l'appauvrissement de
la terre, puis à sa stérilité. Le lecteur qui lira les derniers ouvrages
du chimiste allemand sera sans doute ébranlé par la vivacité de ses
attaques contre le système de culture en usage en Europe, et le
praticien, frappé des arguments spécieux accumulés dans les *Lois de*

l'agriculture, cessera peut-être d'être convaincu qu'il opère régulièrement.

Étudions donc la question de près, et, pour ne pas nous laisser entraîner par les idées dogmatiques du savant allemand, remarquons d'abord que la France, qui produisait en moyenne 10 hectolitres de froment à l'hectare il y a quarante ans, en produit 14 aujourd'hui ; l'épuisement, s'il doit venir, n'est donc pas encore sensible, puisque le rendement s'accroît au lieu de diminuer. Et non-seulement nous affirmons que cet épuisement n'est pas sensible, mais nous allons essayer de montrer qu'il n'est même pas à craindre, et que notre système de culture, loin de mériter les invectives dont l'accable le savant de Munich, est sagement combiné et doit nous conduire à l'abondance et non à la disette.

Stérilité par épuisement des matières azotées. — Quand on détermine, comme l'a fait avec soin M. Boussingault, la quantité d'azote contenue dans les récoltes tirées d'un hectare pendant un assolement, puis qu'on inscrit à côté le poids d'azote que renferme le fumier donné au sol au commencement de la rotation, on trouve toujours que l'azote de la récolte excède l'azote de l'engrais, et cela souvent dans une proportion considérable. On en jugera par les nombres suivants :

Assolement n° 1. — Première année, pommes de terre ; deuxième année, froment ; troisième année, trèfle et foin ; quatrième année, froment et navets dérobés ; cinquième année, avoine. Azote de la récolte, $250^k,7$; azote de l'engrais, $203^k,2$; différence : $+ 47^k,5$.

Assolement n° 2. — Première année, betteraves ; deuxième année, froment ; troisième année, trèfle et foin ; quatrième année, froment et navets dérobés ; cinquième année, avoine. Azote de la récolte, $254^k,2$; azote de l'engrais, $203^k,2$; différence : $+ 51^k,0$.

Assolement n° 3. — Première année, pommes de terre ; deuxième année, froment ; troisième année, trèfle et foin ; quatrième année, froment et navets dérobés ; cinquième année, pois (fumés) ; sixième année, seigle. Azote de la récolte, $353^k,6$; azote du fumier, $243^k,8$; différence : $109^k,8$.

Assolement n° 4. — Première année, jachère fumée ; deuxième et troisième année, froment. Azote de la récolte, $87^k,4$; azote du fumier, $82^k,8$; différence : $+ 4^k,6$.

Assolement n° 5. — Topinambours. Azote de la récolte, $137^k,1$; azote du fumier, $94^k,1$; différence : $+ 43^k,0$.

Assolement n° 6. — Première année, pommes de terre (demi-hectare) et betteraves (demi-hectare) ; deuxième et quatrième année, froment; troisième année, trèfle. Azote de la récolte, $304^k,5$; azote de l'engrais, $182^k,1$; différence : $+ 122^k,4$.

Ainsi, dans ces assolements qui comprennent à peu près toutes les cultures adoptées dans la plus grande partie de l'Europe centrale, la récolte enlève chaque année un excès d'azote. Nous rappellerons en outre que, d'après M. Hervé Mangon, dans le Midi, les luzernières irriguées fournissent toujours dans la récolte plus d'azote que l'engrais et l'eau d'irrigation ne leur en ont fourni (§ 87), et il semblerait que l'épuisement de la matière azotée de la terre arable dût se faire sentir rapidement. Il est bien vrai que si l'on cultivait sans engrais, on verrait diminuer rapidement le rendement; tandis qu'en suivant les rotations indiquées plus haut, la terre maintient sa fertilité, et que même sur la plus grande partie de notre territoire, le rendement s'est sensiblement élevé depuis le commencement du siècle.

Si nous nous reportons aux analyses de terre arable citées aux chapitres précédents, nous concevons que l'épuisement soit long à se produire, puisque ces terres renferment une proportion énorme de matière azotée insoluble qui forme un fond dans lequel on pourra puiser longtemps avant que la faiblesse des récoltes accuse sa diminution; mais il importe cependant de savoir s'il s'épuise en effet par des emprunts surpassant toujours les restitutions, ou si au contraire une cause occulte amène dans la terre arable une formation de matière azotée qui compense et au delà celle qu'enlève la récolte.

Or, il est bon de remarquer que la culture à l'aide du fumier de ferme est déjà très-ancienne et a succédé sans doute à une culture encore plus épuisante, dans laquelle l'apport d'engrais devait être extrêmement faible. Le sol de la Gaule porte du froment depuis deux mille ans; la population qu'il nourrit devient de plus en plus dense, et l'on ne concevrait pas comment il renfermerait encore des matières azotées si, depuis le jour où il a été mis en culture, il n'avait eu que les fumures régulières pour réparer ses pertes.

La plupart des agronomes, frappés de ce raisonnement, admettent que l'azote atmosphérique intervient; mais son mode d'action était encore peu connu avant les expériences qui ont été faites récemment sur ce sujet.

On a d'abord soutenu que quelques plantes avaient la propriété de fixer dans leurs tissus l'azote atmosphérique. M. G. Ville, notamment, professe que les légumineuses puisent dans l'air l'azote nécessaire à la formation de leurs principes albuminoïdes, et il trouve dans cette fixation la source de l'excédant d'azote qui apparaît dans les assolements où cette plante est cultivée; mais comme M. G. Ville n'admet pas que les céréales puisent d'azote dans l'air, il ne peut rendre compte du gain, faible il est vrai, mais réel cependant, qu'on obtient dans l'assolement n° 4, qui ne comporte que deux récoltes de céréales.

On a vu de plus que tous les essais tentés en France par M. Boussingault, en Angleterre par MM. Lawes Gilbert et Pugh, pour montrer l'assimilation directe de l'azote atmosphérique par les plantes, ont été négatifs (§ 21); de telle sorte qu'on ne peut admettre comme démontré que le trèfle, la luzerne ou le sainfoin soient réellement les agents du gain d'azote constaté. Le nom de *plantes améliorantes* qu'on leur donne souvent est simplement basé sur l'influence heureuse qu'exercent les légumineuses sur la culture de céréales qui les suit; mais cette influence, encore mal connue peut-être, est due à des causes toutes différentes de la fixation de l'azote atmosphérique (voy. 4ᵉ partie).

L'origine du gain d'azote qui vient compenser et au delà la quantité prélevée par la récolte était donc complétement inconnue avant les expériences que nous avons exécutées sur ce sujet; nous y avons fait déjà de fréquentes allusions : nous avons vu que la fixation de l'azote est liée à la combustion de la matière carbonée de la terre arable, et que, tant que le sol sera abondamment fourni de cette dernière, il s'y formera une quantité de matière azotée qui compensera et au delà la perte de l'azote contenu dans les végétaux ou les animaux exportés du domaine.

Il est probable que dans la culture sans engrais dans les pays humides, les détritus des récoltes suffisent à alimenter cette combustion lente et fournissent à la dépense des maigres récoltes qu'elle produit; mais quand le sol reçoit une fumure abondante, les circonstances sont infiniment plus favorables, et très-probablement l'azote atmosphérique qui entre en combinaison présente un poids supérieur à celui qui est enlevé par la récolte, de telle sorte que le sol s'enrichit en matière azotée.

La fixation de l'azote atmosphérique est liée à l'abondance de la matière carbonée qui existe dans la terre arable, et à la facilité avec laquelle cette matière se brûle : si cette combustion est alimentée par les débris de récoltes abondantes, par l'enfouissement d'une quantité notable de fumier, l'azote qui pénètre dans la terre arable, et qui forme des nitrates, surpasse sans doute celui qu'enlève la récolte; et nous croyons fermement qu'il en est ainsi dans la culture européenne bien conduite, où l'engrais azoté vient, au reste, ajouter son

action directe à celle qu'exercent les nitrates provenant de la combinaison des deux éléments de l'air. Dans ces conditions, la terre
s'enrichit : elle accuse à l'analyse une richesse énorme en azote combiné (2 gram. par kil.; voy. 2ᵉ partie, chap. V); chaque année elle
acquiert de nouveaux éléments de fertilité; sa valeur s'accroît, son
rendement augmente. C'est le cas de la majeure partie des terres de
France.

Quand la matière carbonée est encore abondante, mais que le sol
n'est pas travaillé, que les conditions favorables à la combustion lente
ne sont pas réalisées, le sol reste dans un état stationnaire; il semble
acquérir autant qu'il donne, et, pendant des centaines d'années, il
conserve la même fertilité moyenne : c'est le cas de la prairie non irriguée, de la forêt.

Enfin il peut se présenter un dernier cas, c'est celui où le sol est
travaillé, remué, et où il ne reçoit aucun engrais. Dans ces conditions,
la fertilité diminue, les résidus laissés par la récolte sont insuffisants
pour entretenir la combustion, et par suite la fixation de l'azote atmosphérique; la cellulose qui compose le chaume des céréales ou leurs
racines résiste longtemps à la décomposition, et il leur faut un séjour
prolongé dans le tas de fumier pour qu'elle se brûle : et cependant
elle se trouve là en présence de l'ammoniaque, qui active singulièrement cette combustion; dans le sol elles ne se transforment en
humus qu'avec une grande lenteur. Si donc un cultivateur pénètre dans
un terrain vierge, abat la forêt et cultive pendant dix ou douze années
de suite des céréales sans ajouter d'engrais, il pourra très-bien épuiser
le sol de la matière azotée accumulée pendant des siècles, et, comme
il ne lui rend pas les éléments nécessaires à sa reconstitution, il arrivera fatalement à la stérilité. Dès lors la terre sera abandonnée à elle-
même, et les phénomènes qui ont déterminé son ancienne fertilité se
produiront tour à tour. Cette terre délaissée, et qui ne paye plus le
travail qu'on lui prodigue, portera encore cependant des plantes peu
exigeantes qui, se développant irrégulièrement les unes après les
autres, y trouveront encore des aliments suffisants pour vivre miséráblement et mûrir quelques graines; après la mort de ces plantes sàuvages, leurs débris se pourriront dans le sol, et dès lors le phénomène
de fixation de l'azote se reproduira : chaque génération de plantes
accroîtra ainsi la richesse du sol non-seulement par ses débris, mais
surtout par la réaction que ces débris, en se brûlant à l'air, détermineront entre les deux éléments de celui-ci, et, quelques années
après l'abandon du sol à la végétation spontanée, la culture y sera

possible, si les récoltes précédentes ont laissé dans le sol une quantité suffisante de phosphates.

La culture par le fumier de ferme peut maintenir le sol dans un état moyen de fertilité : nous croyons avoir donné les raisons de ce fait mis hors de doute par une expérience séculaire; en faut-il conclure que les autres sources d'engrais azotés que le commerce met à la disposition du cultivateur doivent être négligées? Nous sommes bien loin de le penser. Il est clair que toutes les tentatives qui seront faites pour employer les matières azotées provenant des vidanges des villes présentent un immense intérêt; les pays les plus prospères sont ceux dans lesquels ces matières fécales sont utilisées : la Chine et le Japon, dans l'extrême Orient, nourrissent des populations extrêmement denses, précisément parce qu'aucune matière fertilisante n'est perdue. Notre département du Nord, l'Alsace, doivent la prospérité de leur agriculture à l'emploi des vidanges diluées dans une grande quantité d'eau. Enfin, si l'on n'a pas encore réussi à livrer à l'agriculture, sous une forme facile à utiliser, les produits des vidanges de Paris, il n'en est pas moins vrai que le prix toujours croissant du sulfate d'ammoniaque fabriqué aux usines de Bondy montre clairement que les cultivateurs savent apprécier à leur juste valeur les engrais azotés, et qu'ils les regardent avec juste raison, non pas comme destinés à maintenir simplement la terre arable dans ses conditions normales de fertilité, mais à l'enrichir et à la pousser jusqu'aux rendements élevés plus rémunérateurs que les rendements moyens (voyez 4e partie).

Épuisement du sol en acide phosphorique. — Nous avons vu (page 75) que les cendres de toutes les graines renferment des phosphates; nous avons vu encore (page 12) qu'ils accompagnent constamment la matière azotée comme s'ils en faisaient partie intégrante; de telle sorte qu'il est clair que toute récolte entraîne avec elle les phosphates du sol arable, et qu'ici l'épuisement est à craindre. C'est du sol en effet que provient la quantité considérable d'acide phosphorique que renferment tous les os mis dans le commerce sous une forme ou sous une autre; c'est encore du sol que proviennent tous les phosphates conservés dans les cimetières ou enfouis dans les catacombes, qui se trouvent ainsi retirés de la circulation générale.

Tandis que le charbon, l'oxygène, l'hydrogène et l'azote, qui forment les tissus musculaires des animaux, sont essentiellement aptes à reprendre l'état aériforme et à rentrer sous forme d'eau, d'acide carbonique, d'ammoniaque, ou d'acide azotique, dans l'organisme de nouveaux êtres, le phosphore, engagé dans des combinaisons fixes, peu altérables, reste là où il est déposé.

« Si, dit M. Élie de Beaumont, l'acide phosphorique était une substance très-abondante dans la nature, la quantité qui peut en avoir été séquestrée de cette manière serait insignifiante; mais, vu sa rareté relative, cette quantité n'est pas absolument négligeable.

» On peut estimer à environ un milliard le nombre des hommes qui, depuis les Celtes jusqu'à nous, ont vécu sur le territoire de la France. Tout l'acide phosphorique contenu dans leurs os et dans leurs chairs provenait de notre sol, et il a été entièrement soustrait aux emplois agricoles.

» Or, un squelette humain pèse environ 4 kilogrammes 600 grammes, et il renferme environ 2 kilogrammes 440 grammes de phosphate de chaux; en y ajoutant 840 grammes de ce même phosphate existant dans les parties molles (muscles, tendons, etc.), on trouve 3 kilogrammes 280 grammes de phosphate de chaux dans un squelette humain.

» Mais il s'agit du corps d'un homme adulte de taille moyenne; or, dans le milliard d'individus dont nous avons parlé, la moitié étaient des femmes, généralement plus petites que les hommes, et près de la moitié des individus des deux sexes sont morts avant l'âge adulte, à diverses époques de l'enfance et de l'adolescence. Cette double circonstance exigerait une double réduction à laquelle nous aurons probablement égard d'une manière à peu près exacte, en supposant que chaque corps contenait en moyenne une quantité d'acide phosphorique correspondante à 2 kilogrammes de phosphate de chaux.

» D'après ces données, le milliard d'individus dont le sol de la France a fourni l'acide phosphorique en ont emporté en mourant une quantité correspondante à 2 milliards de kilogrammes ou 2 millions de tonnes de phosphate de chaux (1). »

Le calcul de M. Élie de Beaumont repose sur cette idée, que les squelettes de tous les habitants de la Gaule ont été absolument soustraits à toute cause de destruction. Mais en réalité il n'en a pas été ainsi. Sans doute, quand les cimetières des villes ont été détruits, on a recueilli les ossements et on les a pieusement transportés dans d'autres asiles; mais il n'en est pas toujours de même dans les campagnes; il n'est pas bien certain, au reste, que les ossements simple-

---

(1) Élie de Beaumont, *Étude sur l'utilité agricole du phosphore* (extrait des *Mémoires de la Société nationale et centrale d'agriculture*, 1856).

ment déposés dans la terre, et qui ne sont pas protégés par des constructions, se conservent indéfiniment. M. Is. Pierre fait remarquer que beaucoup de cimetières de campagne sont plantés en luzerne, dont les puissantes racines s'enfoncent certainement dans une terre meuble jusqu'à la profondeur où les cadavres sont enfouis, et il est bien probable qu'une partie des phosphates contenus dans les os finissent par se dissoudre, par être absorbés par les plantes, et rentrent ainsi dans la circulation générale.

Il y aurait donc de ce chef à réduire la déperdition de phosphates calculée par l'illustre secrétaire perpétuel de l'Académie des sciences; mais, d'autre part, il faut ajouter que la quantité de phosphates qui a circulé dans l'organisme humain est considérable, et qu'une partie importante a dû être entraînée à la mer, puisque pendant des siècles les matières fécales des villes ont été jetées dans les cours d'eau.

Il n'est donc pas douteux que l'homme ait été de tout temps un grand dissipateur de phosphates, et que les terres cultivées qui n'ont pas reçu directement cet engrais doivent en avoir perdu, par le fait même de la culture, des quantités considérables. A une époque même où des recherches moins précises que celles qui ont été faites dans ces dernières années n'avaient pas montré que la quantité de phosphore encore contenue dans la terre arable est considérable, on avait supposé que la stérilité de certaines terres autrefois fertiles était due à l'épuisement de l'acide phosphorique qui y était primitivement contenu.

H. Davy attribuait à l'exportation prolongée de céréales l'état déplorable dans lequel sont tombés des pays qui étaient autrefois le grenier de Rome (*The collected Works of sir H. Davy*, 1840, t. VIII, p. 58), et l'on en a conclu que c'était l'épuisement en acide phosphorique qui était la cause de leur stérilité. Bien qu'il n'y ait aucune preuve décisive qu'il en soit ainsi, cette opinion n'est pas invraisemblable, puisque l'acide phosphorique n'est pas très-commun dans tous les terrains et que tous les grains en renferment une proportion notable.

Il faut, au reste, remarquer que la déperdition du phosphore peut n'être pas due exclusivement à des causes humaines, et qu'il est encore certaines réactions naturelles qui doivent hâter sa disparition. Les phosphates de chaux et de magnésie sont insolubles dans l'eau pure, mais ils sont au contraire solubles dans l'eau chargée d'acide carbonique, et surtout dans un mélange d'acide carbonique et d'acide acétique. Les expériences de M. Dumas (*Comptes rendus*, 1846, t. XXIII, p. 1018), de M. Lassaigne (*Comptes rendus*, 1846, t. XXIII,

p. 1019), celles de **M.** Bobierre (*Comptes rendus*, 1857, t. XLIV,
p. 467), enfin celles qui ont été exécutées par l'auteur de cet ouvrage,
le montrent complétement (*Comptes rendus*, 1857, t. XLV, p. 13, et
Recherches sur l'emploi agricole des phosphates, 1860). Nous citerons
seulement quelques-uns des nombres obtenus.

10 grammes de poudre de nodules provenant des gisements de
l'Est, exposés à l'action de l'air depuis plusieurs mois, ont abandonné
à l'eau de Seltz une quantité de phosphate qui, dosée à l'état de
phosphate de magnésie, pesait $0^{gr},300$; pour 100 grammes de matière, c'est $4^{gr},1$ de phosphate de chaux. On a trouvé encore que
100 grammes de poudre de nodules des Ardennes abandonnaient à un
mélange d'acide carbonique et d'acide acétique $8^{gr},8$ et $8^{gr},9$ de phos
phate de chaux; une autre poudre, $3^{gr},4$ et $5^{gr},1$; une autre, $4^{gr},9$
et $6^{gr},0$; une dernière, $4^{gr},4$ et $4^{gr},4$. Or, ces phosphates sont compactes et médiocrement attaquables; ils le sont moins sans doute que
ceux qui sont disséminés dans le sol, et l'on conçoit que, dans une
terre où s'accumulent les débris végétaux, où par conséquent il se
produit constamment de l'acide carbonique et aussi de l'acide acétique (1), les phosphates se dissolvent peu à peu et qu'ils finissent par
disparaître. Quand on apporte à ces terres de défrichement l'élément
qui leur manque, elles acquièrent tout à coup une fécondité remarquable; le fait est aujourd'hui hors de doute, et l'emploi des phosphates fossiles dans ces conditions est nettement indiqué. Qu'il nous
soit permis de faire remarquer ici qu'en 1857, au moment où l'on
venait d'annoncer la présence en France de gisements importants de
nodules, et où cette découverte était accueillie avec une grande méfiance, l'auteur inséra aux *Comptes rendus* une note qui se terminait
par cette conclusion, que l'expérience acquise depuis cette époque a
pleinement justifiée : « La solubilité des phosphates fossiles dans les
acides acétique et carbonique réunis semble démontrer que ces engrais,
simplement réduits en poudre, pourront être d'un effet très-utile dans
les sols à réaction acide, comme le sont les bruyères défrichées. »

Une terre riche en débris organiques pourrait donc être stérile ou
peu fertile par suite de l'absence ou de la rareté des phosphates,
absence ou rareté due à leur solubilité dans les acides produits par
la décomposition des matières carbonées; mais cette cause n'est pas

---

(1) En distillant au bain d'huile une terre de bruyère provenant de Sologne, nous
avons recueilli dans l'eau condensée $0^{gr},018$ d'acide acétique. (*Recherches sur l'emploi
agricole des phosphates.*)

la seule qui puisse déterminer la dissolution de l'acide phosphorique primitivement contenu dans le sol, et par suite sa déperdition.

Nous avons vu (page 327) que, d'après les importantes observations de M. P. Thenard, les phosphates contenus dans les terres argileuses sont habituellement engagés en combinaison avec le sesquioxyde de fer ou l'alumine, et que, s'ils sont dans ces conditions insolubles dans l'eau chargée d'acide carbonique, ils sont au contraire très-attaquables par les carbonates alcalins ou par le carbonate de chaux ; de telle sorte que, sous leur influence, ils peuvent se dissoudre dans l'eau. On pourra donc considérer ces carbonates comme étant à la fois des agents de solubilité et de déperdition ; c'est ce qu'il est facile de vérifier par des expériences de laboratoire : 2 grammes de phosphate de fer, $3(PhO^5).2Fe^2O^3$, ont été placés dans un litre d'eau avec 4 grammes de carbonate de potasse ; on a agité à plusieurs reprises et filtré après quarante-huit heures : on a trouvé $0^{gr},158$ d'acide phosphorique en dissolution dans l'eau. En plaçant dans l'appareil à eau de Seltz 3 grammes de carbonate de chaux avec 1 gramme de ce même phosphate de fer, on a trouvé en dissolution $0^{gr},107$ d'acide phosphorique. Imaginons maintenant une terre dans laquelle la décomposition des roches donne du carbonate de potasse, ou encore une terre dans laquelle on emploie à profusion les engrais calcaires, et nous comprendrons comment elles peuvent, l'une et l'autre, s'appauvrir de phosphates. Sans doute, dans les terres formées par le diluvium, où les phosphates se rencontrent partout en quantités notables, ces causes de déperdition ont une influence assez faible ; mais il n'en sera pas de même pour les pays formés par les roches primitives, où les phosphates sont beaucoup moins abondants. Il est probable qu'en Bretagne, où les terres granitiques, dépourvues de phosphates, recouvrent une partie du sol, où les terres de bruyère se rencontrent fréquemment, les phosphates sont soumis à ces deux causes de déperdition : s'ils sont à l'état de phosphate de chaux, ils sont dissous par les acides produits par la décomposition des matières organiques, et s'ils sont passés à l'état de phosphate d'alumine, ils pourront encore être amenés à l'état soluble par le carbonate de potasse provenant de l'altération du feldspath. C'est là peut-être ce qui explique comment cette partie de la France est celle qui consomme le plus de phosphates et qui en tire le plus grand profit.

Les analyses de MM. Schlœsing et de Gasparin, que nous avons citées plus haut, montrent qu'habituellement l'acide phosphorique ne fait pas défaut dans nos sols cultivés ; et il faut bien qu'il en soit ainsi,

puisque cet élément est indispensable au développement des végétaux, puisqu'il se rencontre dans toutes les matières albuminoïdes, et
qu'il existe bien peu de sols absolument dépourvus de végétation.
Toutefois on conçoit que, pour qu'une culture sur une terre donnée
soit rémunératrice, il ne faut pas seulement qu'il y existe quelques
traces de phosphates, il faut de plus que cet élément s'y rencontre en
quantités suffisantes pour subvenir aux besoins de toutes les plantes
d'une même espèce, qui au même instant ont les mêmes exigences.
Aussi M. Vœlcker considère-t-il comme stériles, par manque d'acide
phosphorique, les sols suivants, dans lesquels cependant cet élément
ne fait pas absolument défaut :

Sols stériles par défaut d'acide phosphorique (1).

	Sol sablonneux.	Sols argileux.	
Humidité.................	»	10,06	12,37
Matière organique	3,02	7,69	8,07
Oxyde de fer et d'alumine	4,34	13,36	14,45
Sulfate de chaux	0,10	0,17	0,14
Acide phosphorique	0,07	0,04	0,01
Carbonate de chaux..........	0,17	0,24	»
Potasse et soude.............	0,26	1,65	1,21
Magnésie.................	0,41	0,46	0,37
Matière siliceuse insoluble.....	91,63	0,46	63,38
	100,00	100,00	100,00

Quand bien même les exemples semblables à ceux que cite
M. Vœlcker seraient infiniment plus multipliés qu'ils ne le sont en
effet, le sombre avenir que M. Liebig entrevoit pour la culture européenne ne serait pas à craindre. En effet, il s'est trouvé que les phosphates sont infiniment plus abondants à la surface de la terre qu'on
ne le supposait naguère : depuis vingt ans on a mis en exploitation,
outre les guanos phosphatés des îles du Pacifique, les gisements d'apatite de l'Estramadure espagnole, ceux de nodules d'Angleterre et de
France ; enfin la découverte récente des phosphates terreux dans le
département de Tarn-et-Garonne est venue nous montrer qu'il existe
certainement des dépôts de phosphate encore inconnus. Ces derniers
minéraux ont, en effet, tellement l'apparence de pierres siliceuses

_____

(1) Nous avons déjà fait remarquer (§ 74) que nous n'avons pas, pour reconnaître
l'acide phosphorique, de réactif très-sensible, et qu'il arrive parfois que l'analyste est impuissant à le découvrir dans un sol où cependant les végétaux savent se l'assimiler. Il y
a cependant de grandes chances pour que les phosphates réussissent sur une terre, où l'analyse ne les rencontre pas ; si elle ne peut pas affirmer leur absence complète, elle peut au
moins indiquer qu'ils sont peu abondants.

sans aucune valeur, qu'il faut absolument procéder à un essai pour y reconnaître un phosphate, et il n'est pas douteux aujourd'hui que l'attention étant éveillée sur cette forme naguère encore inconnue de ces précieux agents de fertilité, on n'arrive à en découvrir dans nombre de localités.

L'importance du commerce des phosphates s'accroît de jour en jour ; les cultivateurs n'hésitent plus aujourd'hui à les employer, soit à l'état naturel, soit après le traitement par les acides, et, comme les gisements sont abondants, on n'a aucune crainte de voir la culture européenne péricliter faute de phosphates. Ici encore l'avenir est assuré.

Épuisement du sol en potasse. — Pour que l'épuisement de nos terres arables en potasse soit un des graves soucis de notre agriculture, pour que nous nous laissions gagner par l'excessive émotion que manifeste l'illustre associé étranger de notre Académie, M. Liebig, lorsqu'il revient sur ce sujet, il importe d'être fixé sur les deux points suivants : 1° La potasse a-t-elle pour les végétaux un degré d'utilité comparable à celle du phosphore? est-elle indispensable comme lui à la constitution d'un des principes immédiats qui font partie constitutive des végétaux? 2° Cette potasse est-elle assez rare dans la terre arable pour qu'il y ait lieu de se préoccuper des quantités que l'exportation des récoltes enlève annuellement à notre sol cultivé?

Il est clair qu'à priori, quand on examine la composition des cendres des plantes et qu'on y voit figurer constamment la potasse, on peut se croire en droit d'admettre que cette potasse est indispensable au développement de ces plantes ; rien cependant n'est moins démontré que cette hypothèse, ainsi que nous l'avons vu § 34, et les expériences que nous avons exécutées à l'école de Grignon pendant les deux saisons 1866-67 et 67-68 n'ont pas peu contribué à nous éclairer sur ce sujet, car elles nous ont montré que si le froment bénéficiait de l'emploi de la potasse, les betteraves et les pommes de terre, qui en accusent dans leurs cendres une proportion infiniment plus grande que celle qu'on rencontre dans le froment, ne tiraient cependant de l'emploi des engrais alcalins aucun avantage (voyez 4ᵉ partie, *Engrais de potasse*).

Ainsi, de ce que la potasse existe dans une plante, on ne peut pas affirmer cependant qu'elle est utile au développement de celle-ci, et que, si elle venait à manquer, la plante en souffrirait d'une façon quelconque.

Allons même plus loin : admettons pour un instant que la potasse ait un rôle capital dans le développement de tous les végétaux, comme elle paraît en avoir un pour les céréales, y a-t-il chance qu'elle vienne à manquer?

Il est à remarquer d'abord que les engrais de ferme renferment toujours une certaine quantité de cette base, habituellement suffisante pour compenser les pertes occasionnées par l'enlèvement des récoltes; c'est au moins ce qu'a nettement démontré M. Boussingault pour la culture de la vigne (*Mémoires de chimie agricole*, 1854, p. 315). On doit enfin se rappeler que la potasse est bien autrement répandue à la surface du sol que le phosphore : toutes les roches primitives en renferment, elle se rencontre dans toutes les argiles qui en proviennent; comme les phosphates, elle est retenue par la terre arable argileuse, et se trouve ainsi à l'abri des causes les plus puissantes de déperdition. Il n'y a donc aucune crainte à concevoir sur son prochain épuisement.

Nous n'avons pas, au reste, sur ce sujet, à faire valoir de simples considérations théoriques; l'agriculture est aujourd'hui assez éclairée sur ses intérêts pour savoir dépenser des sommes considérables afin d'acquérir les éléments de fertilité qui font habituellement défaut : or, le commerce de la potasse n'a jamais pu prendre aucun développement. Les salines du Midi, les usines de Stassfurt, ont offert cet alcali à des prix assez bas pour que les cultivateurs aient pu se le procurer sans difficulté : les offres ont été vaines, et, tandis que le commerce des phosphates prenait un développement remarquable, celui de la potasse restait absolument stationnaire. C'est là, à notre avis, la plus forte preuve que les alcalis ne font pas défaut dans nos sols cultivés, et que l'épuisement n'est encore ici nullement à craindre.

Épuisement de la chaux, de la silice, etc. — Tout ce que nous venons de dire relativement à la potasse s'applique complétement à la chaux et à la silice : non-seulement ces matières ont dans les plantes un rôle encore plus effacé que la potasse, mais en outre leur abondance dans le sol est telle qu'il n'y a aucune crainte qu'elles fassent jamais défaut. Sans doute l'importation de la chaux dans certains sols est considérable, mais nous reconnaîtrons plus loin (voy. 3e partie) que son rôle dans la terre arable est tout autre que celui du phosphore ou de la potasse, et que c'est surtout pour modifier les propriétés physiques et chimiques des terres arables que cet alcali est employé en quantité notable.

Nous ne reviendrons pas enfin sur le rôle de la silice, nous avons insisté (§ 31) sur les illusions qu'on s'était faites sur son utilité.

§ 93. — DES CAUSES PROBABLES DE LA STÉRILITÉ ACTUELLE DE CONTRÉES AUTREFOIS FERTILES.

Nous venons de voir que la culture du nord de l'Europe se trouve actuellement dans des conditions favorables, qu'elle s'enrichit chaque année, et qu'en France notamment le rendement de l'hectare va toujours en augmentant. Mais il n'en a pas été de même pour d'autres contrées : une grande partie de l'Asie Mineure, la Sicile, la Grèce, une partie de l'Italie, sont loin d'avoir aujourd'hui la fertilité qu'elles avaient autrefois. L'étude des changements qui sont survenus dans les conditions de production de ces contrées est remplie d'intérêt, elle touche aux considérations historiques les plus élevées ; elle montre qu'il ne faut pas seulement attribuer à la guerre et à tous les maux qu'elle entraîne, aux commotions politiques de toute nature, à la conquête et à ses brutalités, la décadence des peuples, mais que le changement dans les conditions de la culture, la diminution des récoltes, l'amoindrissement de la nourriture disponible, ont eu sur la dépopulation une influence plus rapide et plus funeste. L'épuisement du sol fait plus pour abattre une population que la défaite, et l'ignorance est plus fatale que le manque de courage.

Ces études, au reste, ne sont pas seulement spéculatives, elles doivent, comme tous les travaux historiques, servir de leçon ; le récit des misères qui suivent fatalement les mauvaises pratiques agricoles doit nous enseigner à les éviter.

Essayons donc de pénétrer, à l'aide des connaissances que nous avons acquises dans les chapitres précédents, à l'aide des données historiques que nous a laissées l'antiquité, à l'aide des faits que nous rapportent les voyageurs, les causes auxquelles il faut attribuer la stérilité actuelle de pays qui ont nourri autrefois une population nombreuse, et qui, aujourd'hui déserts, couverts de ruines, ne sont plus parcourus que par quelques tribus errantes et misérables.

La première condition d'existence pour la plante est l'humidité. Nos pays septentrionaux et encore voisins de la mer ne souffrent pas habituellement de la sécheresse ; mais à mesure qu'on descend au midi, on reconnaît que l'arrosement est indispensable à la culture. Dans notre Afrique, l'oasis n'existe qu'autour des ruisseaux, et le forage des puits artésiens est le plus grand bienfait dont nous puissions doter nos populations algériennes. En Asie, la Palestine était autrefois florissante et très-peuplée ; il en est de même de la Mésopotamie : aujourd'hui ces contrées sont désertes ou à peine habitées, et l'on ne saurait juger de la fertilité du pays de Chanaan en parcourant les pachalicks d'Acre et de Damas.

Or, il est facile de se convaincre que ces contrées étaient autrefois infiniment plus humides qu'elles ne le sont aujourd'hui. On en trouve une preuve très-claire dans l'étude qu'on a faite des eaux de la mer Morte : leur densité est considérable, elle varie de 1,240, nombre donné par Lavoisier, à 1,194, chiffre trouvé récemment par M. Boussingault. Aucun animal ne peut vivre dans ces eaux, extrêmement chargées de chlorures, et dans lesquelles les bromures sont déjà très-abondants ; le sel cristallise en différents points, et forme des masses isolées parfois assez hautes et rappelant le bloc que mentionne l'historien Josèphe comme étant, suivant la tradition, la statue de la femme de Loth.

Ces eaux proviennent cependant de la Méditerranée, dont elles ont été séparées à une époque plus ou moins reculée ; pour qu'elles aient acquis le degré de salure qu'elles affectent aujourd'hui, pour que le sel cristallise sur leurs bords, il faut fatalement que l'évaporation soit infiniment plus active que l'arrivée de l'eau.

Les pluies ne manquent pas cependant absolument aujourd'hui en Judée, mais l'eau s'écoule rapidement sur les pays dénudés ; le Jourdain se gonfle, l'eau de la mer Morte s'élève parfois de 2 mètres, puis descend ensuite avec rapidité sous l'action d'une évaporation excessive. A l'époque où les Hébreux pénétrèrent dans le pays, où pour s'y maintenir ils eurent à combattre constamment contre les populations industrieuses qui envoyaient leurs vaisseaux dans la Méditerranée, jusqu'à Carthage et à Marseille, le sol était loin de présenter une stérilité aussi complète que celle qui le désole aujourd'hui.

Au moment où Ninive et Babylone poussaient leurs guerriers à travers l'Asie jusqu'en Grèce et en Égypte, la population était dense et serrée, elle trouvait donc une terre fertile pour la nourrir. A quelle cause attribuer l'abandon de ces contrées, si ce n'est à ce que les conditions climatiques ont changé et ont rendu la culture impossible ?

Faut-il attribuer cette dépopulation à un épuisement du sol en matières azotées, en phosphates ? Nous ne le pensons pas : ces pays n'ont jamais exporté des quantités notables de céréales ; les phosphates qui ont servi à constituer les ossements des habitants n'ont pas été séquestrés d'une façon absolue, et nous ne voyons pas de cause régulière d'appauvrissement du sol : aussi n'est-ce pas à l'épuisement que nous

attribuons la stérilité actuelle de ces contrées, mais bien à la diminution des pluies, accusée par un changement complet dans le régime des
eaux de toute la contrée.

Suivant Strabon, les Babyloniens avaient à lutter énergiquement
contre les inondations de l'Euphrate, qui, à certains moments, auraient couvert le pays si on ne l'eût détourné à l'aide de saignées et de
canaux. Au dire de M. Oppert, qui a parcouru cette contrée récemment, les débordements n'ont plus lieu, et les canaux sont à sec. Le
fleuve Scamandre, en Troade, était navigable du temps de Pline; de
nos jours il n'a pu être retrouvé par Choiseul-Gouffier.

La quantité d'eau qui circule dans ces régions aujourd'hui stériles
est donc infiniment plus faible qu'autrefois, et c'est à l'absence des
pluies qu'il faut attribuer l'impossibilité pour l'homme d'y cultiver les
végétaux nécessaires à son alimentation.

Si l'on cherche enfin pourquoi les pluies y sont moins abondantes,
on en trouvera la raison dans le déboisement. Tous les pays où
l'homme pénètre pour la première fois sont couverts de forêts; toutes
les contrées, au contraire, habitées depuis longtemps sont plus ou
moins déboisées. Quand l'homme pénètre dans un sol vierge, il attaque
la forêt, il faut qu'elle lui cède la place et qu'il la remplace par un sol
dénudé sur lequel il pourra cultiver les espèces dont il se nourrit.
Tant qu'il repousse la forêt sans la détruire, il accomplit un travail
utile; mais s'il exagère son action, s'il rase les bois, il change les
conditions climatiques, les pluies deviennent plus rares, et la stérilité arrive.

Il est facile de se convaincre que le déboisement amène la diminution dans la quantité d'eau tombée; les exemples sont nombreux. On a
remarqué que la disparition du Scamandre a coïncidé avec la destruction des cèdres du mont Ida, où il prenait sa source. M. de Humboldt
rapporte que le lac Ticaragua, situé dans la vallée d'Aragua, province
de Venezuela, éprouvait au commencement de ce siècle, depuis une
trentaine d'années, un desséchement graduel dont on ignorait la
cause. En 1822, d'après M. Boussingault, le lac s'était accru et recouvrait des terres antérieurement cultivées. La guerre de l'indépendance
ayant en effet détruit la population, les forêts avaient regagné du
terrain et rendu leur volume primitif aux rivières dont la réunion
forme le lac de Ticaragua. M. Boussingault cite encore d'autres faits
analogues. Dans les hauts plateaux de la Nouvelle-Grenade se trouve
le village d'Ubate, voisin de deux lacs réunis autrefois en un seul.
« Les anciens habitants ont vu successivement les eaux diminuer et

de nouvelles plages s'étendre d'année en année. Aujourd'hui des champs de blé d'une fertilité extrême couvrent un terrain qui était encore complétement inondé il y a trente ans. Il suffit de parcourir les environs d'Ubate, de consulter les plus vieux chasseurs du pays, pour rester convaincu que de nombreuses forêts ont été abattues. »

Si l'on recherche la cause à laquelle il faut enfin attribuer l'action des forêts sur le régime des eaux, on la trouve dans le pouvoir émissif considérable que possèdent les feuilles. Pendant la nuit elles se refroidissent aisément et déterminent un abondant dépôt de rosée. Chacun a remarqué que, pendant les belles matinées d'été, les champs sont mouillés de rosée. Sous les tropiques, quand on bivouaque dans une clairière par une nuit sereine, on entend l'eau ruisseler des hautes branches des arbres. Pendant le jour, les plantes évaporent, il est vrai, une quantité d'eau notable par leurs feuilles sous l'influence de la lumière; mais à l'ombre cet effet s'amoindrit singulièrement, et, dans une forêt épaisse, sous un fourré, l'évaporation est faible. Il est clair enfin que dans les bois la température est moins élevée qu'en plaine, et que par conséquent l'humidité contenue dans l'air se condense aisément en pluie; l'abaissement de température sur un air chargé d'humidité suffit pour la déterminer : et il en est un exemple contemporain remarquable à l'isthme de Suez, où la pluie n'est plus inconnue depuis que les eaux ont pénétré dans le lac Timsah.

L'influence réfrigérante de la forêt s'étend à une certaine hauteur dans l'atmosphère Mon ami M. Tissandier m'a raconté plusieurs fois que, dans ses ascensions aérostatiques, il avait été obligé de jeter du lest en arrivant au-dessus d'une forêt, tant son ballon se dégonflait par suite du refroidissement. On conçoit donc que l'air chargé d'humidité qui passe au-dessus des bois se refroidisse, et que la vapeur qu'il renferme, amenée d'abord à l'état vésiculaire, se condense bientôt en pluie.

En résumé, nous voyons que la forêt a une influence manifeste sur la quantité d'eau tombée, et que c'est sans doute à sa destruction qu'il faut attribuer la sécheresse et la stérilité qui l'accompagnent. Si, poursuivant nos investigations, nous cherchons les causes de la disparition des bois, celles-ci nous apparaissent nombreuses et puissantes. La guerre est une des causes qui, dans les pays méridionaux, l'amène habituellement; le conquérant, gêné dans ses attaques par la forêt dans laquelle les habitants cherchent un refuge, la brûle sans pitié, et nous ne pouvons pas nous étonner que les guerres terribles qui ont dévasté l'Asie Mineure, parcourue par les Perses, les

Grecs, les Turcs, aient peu à peu détruit les forêts (1). La paix même ne les épargne pas : nous savons qu'aujourd'hui encore l'Arabe met le feu aux herbes qui couvrent la steppe pour y faire développer une végétation nouvelle plus utile à ses troupeaux. Combien de fois le feu ne s'est-il pas communiqué aux bois avoisinants, et combien ont été ainsi détruits !

L'histoire a conservé le souvenir de la disparition des forêts de l'île de Madère (en portugais *Madura*, bois) : lorsque pour la première fois ils y abordèrent en 1419, l'île était couverte de végétaux ; on y mit le feu, l'incendie dura sept ans.

L'homme abat les bois non-seulement pour faire de la place à ses cultures, pour se frayer un chemin plus facile, mais encore il élève un nombreux bétail qui contribue à la destruction.

On porte à Porto-Santo, en 1418, une lapine pleine, et sa progéniture se multiplie tellement, qu'elle broute tout ce qu'elle peut atteindre, menaçant de chasser par la faim les colons eux-mêmes. Quand on découvrit l'île de Sainte-Hélène, il y a trois cent soixante ans, elle était couverte de forêts qui descendaient dans les ravins jusqu'au bord de la mer. En 1513, on introduisit dans l'île un troupeau de chèvres ; elles s'y multiplièrent tellement, qu'en 1588 le capitaine Cavendish en vit des bandes longues de 2 kilomètres. En 1709, il n'existe plus que quelques forêts ; ce n'est que cent ans plus tard qu'on se décide à détruire les chèvres : presque toute la flore primitive de l'île avait disparu (*les Migrations végétales*, dans la *Revue des deux mondes*, 1870, t. LXXXV, p. 645 et 647). Dans un grand nombre de pays où existe la transhumance, les forêts sont détruites, la sécheresse devient excessive, le pays s'appauvrit, la population diminue. Toutes les personnes qui ont parcouru les plateaux des Castilles, la Manche et l'Estramadure, ont été frappées de l'absence absolue des arbres : aussi l'aridité est-elle extrême et la terre absolument nue pendant une grande partie de l'année.

(1) La destruction des forêts par le feu est facile dans les pays méridionaux, où les arbres résineux dominent ; dans nos contrées elle est, au moins à certaines époques, impossible. Au commencement du siége de Paris, en septembre 1870, on avait résolu de brûler certains bois qu'on jugeait nuisibles à la défense, et je fus chargé d'y mettre le feu. J'essayai, avec l'aide bienveillante de M. Audouin, ingénieur de la compagnie du gaz ; mais, malgré l'emploi de quantités considérables de pétrole, nous ne pûmes réussir à déterminer la combustion d'un carré du bois de Vincennes : le feu s'éteignait aussitôt que les carbures d'hydrogène cessaient de brûler. M. Berthelot, qui avait tenté les mêmes essais sur un autre point des environs de Paris, ne réussit pas plus que nous, et nous demeurâmes convaincus que la destruction par le feu des forêts à essences feuillues est, à certaines époques de l'année, complétement impossible.

Nous avons insisté plus haut sur l'épuisement des sols en acide phosphorique, et il est possible qu'il ait eu sa part dans la stérilité d'un certain nombre de contrées où à l'origine il était peu abondant ; mais le manque d'eau produit par le déboisement exerce sur les contrées méridionales une influence singulièrement plus étendue.

Quand la terre se dessèche, toute végétation devient impossible, et tous les éléments carbonés autrefois contenus dans le sol se brûlent complétement. La formation des nitrates y est souvent considérable, et nombre de pays aujourd'hui stériles en sont cependant abondamment fournis. Dans l'Inde, en Perse, les voyageurs le voient s'effleurir sur le sol, et, si un jour ces pays se trouvaient entre des mains industrieuses, capables d'entreprendre les travaux nécessaires pour utiliser l'eau des fleuves en irrigation, il est probable que la fertilité ancienne reparaîtrait et que le berceau de la civilisation retrouverait son ancienne splendeur.

Si les considérations précédentes sont exactes, on reconnaîtra que nos pays occidentaux, habituellement parcourus par les vents du sud-ouest, qui leur apportent, en même temps que la chaleur de l'équateur, l'humidité de l'Océan, ont moins à craindre la stérilité par la sécheresse que les contrées orientales, où les vents chargés d'humidité n'arrivent plus si aisément. Prenons-y garde cependant : conservons précieusement nos forêts comme une des sources les plus puissantes d'arrosement ; gardons-nous de les aliéner et d'autoriser trop facilement les défrichements, sous peine de voir les longues sécheresses de l'été diminuer la fertilité de notre sol, que la nature a si heureusement doué (1).

---

(1) Le lecteur consultera avec fruit un beau mémoire de M. Becquerel, inséré aux *Comptes rendus de l'Académie des sciences* (1865, t. LX, p. 1049) ; l'influence des forêts sur les climats y est traitée en détail, et plusieurs des considérations développées dans ce paragraphe lui sont empruntées. — Le travail de M. Becquerel a paru au moment où l'administration besoigneuse du second empire se proposait d'aliéner une partie des forêts de l'État, et il est possible que la courageuse résistance des savants et du corps des Forestiers ait décidé l'abandon des projets du ministre des finances.

TROISIÈME PARTIE

DES AMENDEMENTS

Nous désignons sous le nom d'*amendements* les substances destinées à rendre solubles, et par suite assimilables par les végétaux, les principes contenus dans la terre arable, qui dans les conditions normales sont insolubles et par suite inutiles.

Les travaux que nous avons résumés dans le chapitre V de la seconde partie de cet ouvrage nous ont démontré que si la terre arable renferme des proportions considérables de matières azotées, de phosphates, de potasse, etc.; si par conséquent elle paraît au premier abord pouvoir fournir d'abondantes récoltes sans addition d'aucune sorte, ces matières azotées, ces phosphates, ces roches riches en alcalis, sont généralement complétement insolubles dans l'eau, et par suite inutiles tant qu'ils n'ont pas été modifiés et métamorphosés en substances solubles.

L'étude de toutes les pratiques agricoles qui ont pour but de favoriser l'assimilation par les végétaux des substances contenues dans la terre arable, est l'objet de cette troisième partie. C'est ainsi qu'elle comprendra non-seulement l'exposé de l'emploi des matières calcaires sous toutes ses formes, chaux, marne, tangue, etc., de l'emploi du plâtre, mais encore celle de deux opérations agricoles qui, sans exiger l'addition de matières étrangères, ont cependant pour effet de modifier profondément la composition des principes contenus dans le sol, ou même de changer ses propriétés physiques : sous l'influence de l'air atmosphérique agissant pendant la *jachère*, sous l'influence du feu pendant l'*écobuage*, des matières inertes deviennent assimilables, et par suite nous plaçons ces deux pratiques agricoles à côté du chaulage, du marnage et du plâtrage.

En revanche, nous excluons de l'étude des amendements, pour le reporter à celle des engrais, l'emploi des matières minérales, telles que les nitrates, les sels ammoniacaux, les phosphates qui servent directement d'aliments aux plantes.

CHAPITRE PREMIER

DE LA JACHÈRE

Depuis longtemps les cultivateurs ont remarqué qu'un sol appauvri par une succession de récoltes peut recouvrer une partie de sa fécondité première, s'il est simplement abandonné au repos. L'idée que la terre doit se reposer avant de produire de nouveau est fort ancienne ; mais il est clair que si elle est intéressante en ce qu'elle exprime nettement le résultat d'une observation nombre de fois repétée, elle n'enseigne rien sur les causes de l'appauvrissement du sol, ni sur celles qui lui rendent sa fertilité.

Nous examinerons successivement dans cet écrit l'influence pratique de la jachère, nous présenterons ensuite les travaux nombreux et importants qui ont eu pour but d'en expliquer les effets.

§ 94. — PRATIQUE DE LA JACHÈRE. — SYSTÈME DU RÉV. SMITH.

L'ancien assolement triennal du nord de la France comprenait un blé auquel succédait une avoine ; pendant la troisième année, la terre était labourée avec soin, on déposait le fumier, puis à l'automne on semait le blé, et l'on recommençait la même série d'opérations. Ainsi le sol, après avoir porté deux cultures de céréales, restait une année sans produire : en jachère. C'est la seule pratique qui mérite ce nom, et c'est évidemment par une extension fâcheuse qu'on désigne quelquefois les cultures de trèfle ou de sainfoin, qui ont remplacé dans les pays plus avancés la *jachère nue*, sous le nom de *jachère cultivée.*

L'influence de la jachère est sensible : la terre ainsi traitée donne des récoltes passables, qui diminueraient rapidement, si le sol était moins bien travaillé et nettoyé ; parfois ses avantages sont tels, qu'on l'a préconisée outre mesure. Au siècle dernier, Jethro Tull vantait un système de culture sans engrais, basé sur un travail très-soigné du sol. Plus récemment, en 1849, un pasteur anglais, le révérend Smith, qui cultive à Loïs Veedon, imagina encore un nouveau système de culture du blé sans engrais : il annonçait que les cultivateurs qui suivraient sa méthode obtiendraient un profit de 100 à 150 francs par hectare. Ce système fit grand bruit : il consistait à diviser le champ cultivé en un certain nombre de bandes parallèles d'une faible largeur, emblavées pendant une année, puis laissées en jachère pour être remises en culture après une année de repos. Si, pour faire mieux comprendre le système de Loïs Veedon, nous supposons que toutes les bandes soient numérotées, nous dirons que pendant l'année courante, par exemple, toutes les bandes paires seront en blé, tandis que les bandes impaires resteront en jachère et recevront de nombreuses façons, de telle sorte qu'elles seront parfaitement ameublies ; l'année suivante, toutes les bandes impaires recevront du blé, tandis qu'au contraire toutes les bandes paires seront en jachère ; et ainsi de suite. Les nombreux visiteurs qu'attirèrent à Loïs Veedon l'annonce des résultats obtenus par le rév. Smith constatèrent qu'il n'avait rien exagéré, et qu'il pouvait montrer des récoltes justifiant son système, et cependant, quand ils essayèrent de mettre en pratique le mode de culture qu'ils avaient vu réaliser à Loïs Veedon, ils échouèrent habituellement.

Parmi les agronomes qui répétèrent ces expériences, il faut citer MM. Lawes et Gilbert, qui ont consacré un mémoire important à l'examen de ce système (*On the Loïs Veedon plan of growing wheat and of the combined nitrogen in soils, in the Journal of the Royal agricultural Society of England*, vol. XVII, part. II, 1856).

MM. Lawes et Gilbert continuèrent pendant quatre ans leurs expériences comparatives. A côté d'une parcelle cultivée par le procédé du rév. Smith, s'en trouvait une autre qui fut emblavée en froment pendant les quatre ans, sans jamais passer par la jachère ; puis une troisième qui porta du blé la première année, resta en jachère sur toute son étendue pendant la seconde année, et donna encore du blé pendant la troisième et la quatrième année.

Le résultat ne fut pas favorable au système de Loïs Veedon, car une surface déterminée, prise dans les bandes alternativement cultivées et laissées en jachère ne donna pas un rendement supérieur à celui qu'on obtint de la même surface du sol constamment emblavée. L'influence de la jachère étendue à un plus grand espace fut cependant bien sensible, car la parcelle restée en repos complet pendant toute une année donna une récolte bien supérieure à celle des terres cultivées par la méthode du rév. Smith et à celle qui était restée constamment emblavée ; elle ne conserva pas au reste cette fertilité exceptionnelle, et à la quatrième récolte elle ne donna plus qu'un produit semblable à celui que fournit la terre qui n'avait cessé de produire.

On rechercha les causes auxquelles il fallait attribuer l'insuccès à Rothamsted d'une méthode qui donnait des résultats si avantageux à Loïs Veedon. Le rév. Smith crut qu'il fallait en accuser l'insuffisance des substances minérales assimilables contenues dans le sol de Rothamsted ; pour reconnaître si cette supposition était exacte, MM. Lawes et Gilbert firent une série d'essais comparatifs à l'aide d'engrais minéraux employés seuls, à l'aide de sels ammoniacaux répandus sans addition de substances minérales, et enfin d'un mélange d'engrais minéraux et de sels ammoniacaux. Ils donnèrent ainsi en 1856 l'esprit de la méthode d'analyse du sol par l'emploi d'engrais incomplets, dont, à tort, on a attribué souvent l'invention à M. G. Ville (1).

L'expérience montra que c'était l'engrais azoté qui faisait surtout défaut, et cependant, quand on fit comparativement l'analyse des sols de Rothamsted et de Loïs Veedon, on trouva dans les uns et dans les autres une quantité notable d'azote combiné. On en pouvait tirer la preuve que cet azote ne se trouvait pas à l'état assimilable par les végétaux ; mais, malgré des recherches multipliées, on n'arriva pas à reconnaître nettement à quelle cause il fallait attribuer le succès constant de la jachère à Loïs Veedon et son peu d'utilité à Rothamsted.

En effet, si à cette époque on savait déjà qu'il existe dans le sol des quantités notables de matières azotées d'origine organique, on n'avait pas entre les mains des moyens précis de distinguer les combinaisons azotées solubles de celles qui ne l'étaient pas, de telle sorte que s'il ressort des expériences de MM. Lawes et Gilbert, que c'est surtout dans l'état physique du sol, dans la difficulté qu'on éprouve de le travailler, à Rothamsted comme à Loïs Veedon, que se trouvent les différences les plus marquées dans les deux terres, les causes de la diversité d'effet de la jachère dans ces deux localités ne sont pas indiquées avec toute la netteté désirable.

---

(1) « Pour reconnaître, cependant, quelle était la nature de la substance manquante », le sol, après avoir été préparé d'une façon convenable, « fut divisé en quatre parties : l'une fut laissée sans engrais ; la seconde reçut des engrais minéraux seulement ; la troisième, des sels ammoniacaux ; la quatrième enfin, des engrais minéraux et des sels ammoniacaux. » (Loc. cit.)

Depuis l'époque où ce mémoire fut publié, M. Boussingault a précisé les formes sous lesquelles l'azote peut pénétrer dans les plantes.
On sait que les nitrates et les sels ammoniacaux sont particulièrement
efficaces. M. P. Thenard a montré en outre que, sous l'influence de
l'oxygène, les matières azotées insolubles peuvent se métamorphoser
en substances moins complexes solubles dans les alcalis. Enfin j'ai
fait voir récemment qu'en se brûlant à l'air, les matières organiques
du sol arable peuvent déterminer la fixation de l'azote atmosphérique,
de telle sorte que si aujourd'hui cette étude était reprise, il faudrait,
pour compléter la comparaison entre les terres de Rothamsted et celles
de Loïs Veedon, rechercher si dans l'un de ces domaines la transformation de la matière azotée insoluble du sol en matière soluble, en
nitrate, a lieu plus rapidement que dans l'autre ; il faudrait reconnaître si la combustion de la matière organique laissée par la récolte,
favorisée par l'état de division du sol obtenu par les façons multipliées,
qui forment comme la base du système du rév. Smith, déterminait une
fixation d'azote atmosphérique plus ou moins abondante. On comprend que tous les éléments nouveaux que les recherches ont introduits
depuis 1856, manquant aux savants agriculteurs de Rothamsted, ils
aient dû laisser cette question sans solution, et il est même possible
qu'aujourd'hui on ne réussisse pas encore à expliquer complétement
les résultats obtenus, tant sont restées obscures les causes détermi-
nantes de la fertilité.

§ 95. — L'INTRODUCTION DES PLANTES SARCLÉES DIMINUE L'IMPORTANCE
DE LA JACHÈRE.

Il est clair qu'à mesure que le prix de location de la terre va en
augmentant, à mesure que le cultivateur doit tirer du sol des produits
plus abondants, à mesure aussi le rôle de la jachère s'atténue et disparaît. Elle avait non-seulement pour mobile de laisser la terre se
reposer, suivant l'expression consacrée, mais elle permettait aussi de
nettoyer le sol de toutes les plantes nuisibles qui s'introduisent toujours dans les cultures de céréales.

Les façons multipliées que le sol recevait pendant l'année de jachère
avaient non-seulement pour effet de l'ameublir, de l'aérer, d'y déterminer des réactions favorables sur lesquelles nous reviendrons plus
loin, mais elles permettaient de le nettoyer absolument, de retourner les
racines de toutes les mauvaises herbes et de les faire périr : or, tous
ces effets sont obtenus aujourd'hui par l'introduction, au commence-

ment des rotations, des cultures sarclées. L'assolement quinquennal finit souvent par une céréale de printemps ; après la récolte, la terre est déchaumée, labourée ; elle reçoit le fumier, il est répandu ; enfin, en avril ou en mai, arrive le semis ou la plantation des betteraves, des pommes de terre, le repiquage du colza, du choux dans l'Ouest, toutes plantes qui exigent des binages, des sarclages, qui nettoient le sol aussi complétement que l'ancienne jachère.

Son rôle, toutefois, est loin d'être fini, et nous devons rechercher maintenant à quelles causes il faut attribuer les effets incontestables qu'elle exerce sur la récolte qui lui succède.

§ 96. — EXPLICATION DES EFFETS UTILES DE LA JACHÈRE. — ILS NE SONT PAS DUS A L'APPORT DE MATIÈRES FERTILISANTES PAR L'EAU DES PLUIES.

Une des idées qui se sont présentées naturellement à l'esprit, quand on a voulu expliquer l'influence heureuse de la jachère, a été de supposer que le sol recevait par les eaux météoriques une quantité notable de matières fertilisantes, et des recherches ont été entreprises pour déterminer les quantités d'ammoniaque et d'acide nitrique, non-seulement contenues dans l'eau des pluies, mais encore dans les brouillards, la neige, la grêle, etc. (voyez *Annales de chimie et de physique*, t. XXXIX, p. 257, et t. XL, p. 129, et Boussingault, *Agronomie*, t. II, p. 311). On reconnaît que ces quantités sont très-faibles, et qu'elles ne peuvent avoir qu'une influence médiocre sur la végétation. Ainsi, en Alsace, il tombe annuellement 680 millimètres de pluie, ce qui donne par hectare 6800 mètres cubes d'eau contenant par mètre cube $0^{gr},42$ d'ammoniaque ou $2^{kil},300$ d'azote pour la totalité ! MM. Barral et Bincau nous ont montré en outre qu'il existait toujours des nitrates dans l'eau de la pluie. D'après les quantités dosées par M. Boussingault, la proportion d'acide nitrique, comme celle d'ammoniaque, varie singulièrement. En admettant par litre $0^{mm},5$ d'azote à l'état de nitrate, on trouverait encore une quantité de $3^{kil},4$ d'azote contenue dans l'eau de pluie tombée sur un hectare, et l'on aurait par conséquent pour la quantité totale $5^{kil},7$ (1). Mais ce serait

(1) Il est très-difficile d'introduire une moyenne pour les quantités d'azote contenues dans les eaux météoriques. Tandis qu'à Rothamsted MM. Lawes et Gilbert étaient arrivés à des nombres qui concordent sensiblement avec ceux de M. Boussingault, M. Barral donne $15^k,3$ pour la quantité d'ammoniaque contenue dans les eaux pluviales tombées sur un hectare, à Paris, en 1855. M. Bineau trouve, en 1853, $41^k,4$ à Lyon, et cette même année 1853, $22^k,1$ pour les eaux tombées à l'école de la Saulsaie ; en 1855, mon ami et collègue M. Pouriau trouve $28^k,6$ pour l'ammoniaque contenue dans les eaux recueillies à cette même école. (*Annales de la Société d'agriculture de Lyon*, 1855. Voyez aussi *Éléments des sciences physiques appliquées à l'agriculture*, Lacroix, 1862, p. 352.) — Les

commettre une grossière erreur que de supposer que cet azote profite entièrement à la végétation : en effet, toutes les eaux qui tombent à la surface de la terre arable n'y pénètrent pas, une partie coule à la surface et s'échappe dans les ruisseaux et dans les fleuves ; enfin, si la terre reçoit des eaux météoriques une certaine quantité d'ammoniaque, il n'est pas douteux que lorsque le sol est découvert, il ne se fasse une déperdition très-sensible. On en trouve une preuve dans les deux analyses suivantes d'eau de neige, exécutées par M. Boussingault :

	Ammoniaque par litre.
Eau de la neige ramassée sur une terrasse...	1 milligr. ,78
Eau de la neige ramassée sur une plate-bande de jardin....................................	10 milligr.,34

« Il me semble de la dernière évidence, ajoute M. Boussingault, que l'ammoniaque trouvée en si grande proportion dans la neige du jardin provenait, pour la grande partie, des vapeurs émanant du sol. » C'est sans doute là l'explication de ce vieux dicton, répandu par les cultivateurs, que « la neige engraisse la terre ». Elle empêche tout simplement la déperdition des vapeurs ammoniacales.

D'autre part, enfin, les eaux de drainage entraînent toujours une certaine quantité de nitrates (voyez plus haut, § 73, et 4ᵉ partie, *Analyses des eaux d'égouts à leur sortie des terres arables*), de telle sorte qu'il est bien douteux que les eaux météoriques apportent au sol une quantité de matières fertilisantes plus grande que celle qui est perdue dans l'atmosphère ou entraînée par les eaux. L'influence heureuse de la jachère doit être recherchée ailleurs que dans l'apport de ces principes par la pluie, la neige ou le brouillard.

§ 97. — INFLUENCE DE LA JACHÈRE SUR LA FORMATION DES NITRATES
DANS LA TERRE ARABLE.

Les analyses de terres arables citées démontrent clairement que le sol cultivé renferme une quantité énorme de matières azotées, telle-

quantités d'acide nitrique sont aussi extrêmement divergentes, puisque M. Barral donne 61ᵏ,7 pour les eaux tombées à Paris en 1851, M. Bineau 7 kilos et 23,0 pour les eaux tombées à Lyon et dans sa banlieue, et enfin que M. Pouriau recueille seulement 7 kil. pour les eaux de la Saulsaie. Si de nouvelles observations viennent contrôler les nombres précédents obtenus par des observateurs consciencieux et habiles, il en faudra conclure que, même loin des villes, la quantité d'ammoniaque contenue dans l'air varie singulièrement, suivant que les contrées sont saines ou que, comme le fait observer M. Pouriau, pour le département de l'Ain, elles sont encore partiellement couvertes d'étangs, dont les émanations engendrent autour d'elles de nombreux cas de fièvres.

ment qu'il n'est pas rare de rencontrer, dans un kilogramme, de 1 gramme à 1^{gr},5 et 2 grammes d'azote appartenant à des matières organiques. Cet azote cependant n'est pas en général assimilable par les plantes, ainsi que l'a démontré l'expérience décisive de M. Boussingault (citée § 81), que nous rappelons en quelques mots. Dans un pot à fleur, du sable fut mélangé à une faible quantité d'une excellente terre renfermant, à l'état d'azote combiné, une quantité suffisante pour fournir à l'alimentation d'une jeune plante, qui y fut semée. Cette plante se développa dans ce mélange comme elle l'aurait fait dans un sol stérile ; elle atteignit seulement ces dimensions réduites qui, d'après le savant professeur du Conservatoire, caractérisent les « *plantes limites* ». — L'azote contenu dans cette bonne terre n'avait donc eu aucune influence heureuse sur le développement du végétal, et c'était une preuve que cet azote était engagé dans une combinaison insoluble.

Ces combinaisons peuvent-elles s'oxyder sous l'influence de l'air, de façon à donner naissance à des nitrates ? C'est ce que les expériences suivantes, dues à M. Boussingault, établissent de la façon la plus précise.

Dix kilogrammes d'une terre bien fumée, celle du potager du Liebfrauenberg, renfermant 2^{gr},594 d'azote provenant de matières organiques par kilogr., ont été disposés en prisme sur une plaque de grès abritée par une toiture de verre. Quand cela était jugé convenable, on arrosait avec de l'eau distillée, exempte d'ammoniaque.

Le jour où commença l'expérience, la terre avait été intimement mêlée, et l'on en avait pris 500 grammes dans lesquels on avait dosé l'acide nitrique. On a exécuté plusieurs dosages semblables entre le 5 août et le 2 octobre. Voici les résultats obtenus. Le litre de terre sèche et tassée pesait 1^{kil},300.

| | Nitrates, exprimés en nitrate de potasse, dosés dans la terre sèche. | |
	Dans 100 gram.	Par mètre cube.
	gr.	gr.
5 août 1857	0,0048	12,5
17 août	0,0314	81,6
2 septembre	0,0898	233,5
17 septembre	0,1078	280,3
2 octobre	0,1833	268,6

(*Agronomie*, t. II, p. 10.)

L'influence de l'air sur la nitrification est ici des plus manifestes ; c'est une véritable combustion lente qui se produit dans le sol, et qui porte son action, non-seulement sur la matière organique, mais aussi sur son carbone. En effet, on doit à M. Boussingault une autre expérience également décisive.

Le 29 juillet 1858, on a placé dans un vase cylindrique de verre, de 2 centimètres de profondeur, 120 grammes de la terre de Liebfrauenberg. Cette terre formait une couche d'un centimètre d'épaisseur (*Agronomie*, tome I, p. 318) ; elle a été arrosée tous les jours avec de l'eau distillée exempte d'ammoniaque. On a mis fin à l'expérience après trois mois ; on reconnut qu'elle avait perdu pendant ce temps $0^{gr},990$ de carbone.

On peut, au reste, exagérer la formation des nitrates en favorisant l'accès de l'air ; c'est à quoi M. Boussingault est arrivé en mélangeant la terre arable à du sable (*Agronomie*, tome III, p. 197). Dans une première expérience, un kilogramme de terre a été mêlé à 850 gram. de sable quartzeux ; l'expérience a duré du 23 janvier au 18 septembre 1859. Pendant ce temps, la quantité d'acide nitrique exprimé en nitrate de potasse a passé de $0^{gr},093$ à $0^{gr},575$; le gain a été de $0^{gr},482$. Dans une seconde expérience, qui a duré du 30 mai au 14 septembre, un kilogramme de terre a été mêlé à $5^{kil},5$ de sable quartzeux : la terre du Liebfrauenberg employée renfermait au commencement de l'essai $0^{gr},003$ de nitrate de potasse par kilogr. ; à la fin, elle en renfermait $0^{gr},548$. Le gain a été de $0^{gr},545$, encore déterminé par la combustion lente de la matière organique au moyen de l'air, dont le sable favorisait l'accès.

Il est remarquable, au reste, que dans plusieurs des expériences qu'il a faites sur la jachère, M. Boussingault n'a pas observé que le sol eût perdu de l'azote ; presque toujours au contraire il y a eu un gain léger, bien que la terre eût été placée dans des conditions telles que ce gain ne put venir, ni de la pluie, ni des eaux employées pour l'arrosage.

§ 98. — SUR LE GAIN D'AZOTE QUE FAIT LA TERRE ARABLE PENDANT LA JACHÈRE.

Pendant la jachère, les matières azotées contenues dans le sol arable donnent naissance à des nitrates assimilables par les végétaux : les expériences précédentes le démontrent clairement. Elles accusent de plus, dans les terres en expérience, un gain très-léger d'azote qu'on pouvait attribuer aux vapeurs ammoniacales contenues dans l'air, mais qui est dû très-probablement à la fixation de l'azote atmosphérique qui accompagne, ainsi que nous l'avons indiqué plusieurs fois, l'oxydation des matières organiques de la terre arable.

Pour arriver à se convaincre que l'azote atmosphérique se fixe sur le sol arable pendant la jachère, il ne fallait pas seulement s'assurer que la quantité d'azote contenue dans un échantillon de terre en expérience augmentait légèrement, car l'origine de cette augmentation restait douteuse ; il fallait démontrer la disparition d'une certaine quantité d'azote gazeux, et c'est ce que nous avons fait dans nombre d'expériences dont nous avons déjà donné le détail précédemment. La jachère, pendant laquelle les débris organiques contenus dans le sol arable restent exposés pendant toute une année à l'action de l'air atmosphérique, a donc pour effet d'enrichir la terre arable en azote organique, et cette pratique agricole se trouve justifiée dans les contrées où les engrais ne sont produits qu'en faible quantité. Il faut bien remarquer cependant que la fixation de l'azote n'a lieu qu'autant qu'il se produit une oxydation de matières carbonées, de telle sorte que la jachère sera efficace non-seulement quand la terre aura été travaillée avec soin, ce que le cultivateur ne manque pas de faire habituellement avec un soin extrême, mais aussi quand le sol sera chargé de débris provenant des fumures antérieures et des végétations dont elles auront favorisé le développement.

Si nos récents travaux justifient la pratique séculaire de la jachère, que les écrivains agricoles ont souvent attaquée avec plus de violence que de discernement, ils sont loin d'être complets, et ils indiquent une voie dans laquelle on rencontrera sans doute des résultats dignes d'intérêt. Quelles sont les terres dans lesquelles cette fixation d'azote atmosphérique se fait le plus facilement et le plus rapidement ? Quelle est la proportion d'azote ainsi fixé, et par suite quel est le bénéfice en argent que procure cette jachère ? A quelle fumure équivaut-elle ? Ce sera seulement quand ces questions extrêmement délicates, et qui exigent de longues recherches, auront été traitées, qu'on pourra se faire une idée précise de cette pratique agricole et savoir les cas dans lesquels elle doit être conservée.

§ 99. — INFLUENCE DE LA JACHÈRE SUR LA SOLUBILITÉ DES PHOSPHATES.

Nous avons insisté (§ 83) sur l'état dans lequel se trouvent les phosphates contenus dans la terre arable : nous savons que très-habituellement l'acide phosphorique est engagé dans des combinaisons insolubles dans l'eau chargée d'acide carbonique. Nous avons insisté, en outre, sur les métamorphoses que subissent ces phosphates insolubles : nous savons qu'ils peuvent être attaqués facilement par les carbonates alcalins ou alcalino-terreux, et ramenés ainsi à une forme assimilable par les végétaux. Cette attaque par les carbonates se fait régulièrement quand l'acide phosphorique est combiné avec l'alumine, mais elle peut être retardée si l'acide phosphorique n'est plus combiné avec du sesquioxyde de fer, mais bien avec du protoxyde. Or, on sait que, dans les terres arables argileuses peu perméables à l'air, les couches du sous-sol sont souvent au minimum d'oxydation ; la charrue amène à l'air des argiles bleuâtres qui ne rougissent en s'oxydant qu'après un séjour à l'air plus ou moins prolongé. Il est probable que dans ces couches peu aérées les phosphates de fer sont au minimum d'oxydation, et par suite peu attaquables par les carbonates. Nous avons reconnu, en effet, dès 1857 (*Comptes rendus*, t. XLV, p. 13), que les nodules de phosphates fossiles récemment pulvérisés étaient peu solubles dans les acides faibles, mais que leur solubilité augmentait singulièrement après quelque temps d'exposition à l'air.

Ainsi 10 grammes de poudre de nodules, immergés dans l'eau de Seltz au moment de la pulvérisation, ont donné $0^{gr},040$ de phosphate de chaux en dissolution, tandis qu'après être restés exposés à l'air pendant trois mois après la pulvérisation, ils en ont donné $0^{gr},41$, c'est-à-dire dix fois plus. L'effet de l'oxygène atmosphérique sur les phosphates est donc marqué et doit être attribué sans doute à une suroxydation du phosphate de fer, qui l'amène à un état favorable à la décomposition par les carbonates alcalins ou alcalino-terreux, à la décomposition par le carbonate de chaux que l'eau chargée d'acide carbonique qui circule dans le sol tient habituellement en dissolution.

En résumé, on reconnaît que pendant la jachère, pendant le temps où le sol retourné par la charrue, brisé par les rouleaux, remué par les herses, reste exposé à l'action de l'air, les matières organiques éprouvent une combustion lente favorable à la formation des nitrates et à la fixation dans le sol de l'azote atmosphérique ; les phosphates eux-mêmes deviennent plus solubles, et ainsi les principes indispensables au développement des végétaux, qui étaient inertes, deviennent au contraire assimilables. On conçoit enfin que, dans une culture qui dispose de peu d'engrais, la jachère soit avantageuse : elle utilise le fonds de richesse que renferme le sol. Mais on reconnaît, d'autre part, que, si le cultivateur dispose d'une masse d'engrais considérable, fumier, guano, sels ammoniacaux ou phosphates traités par les acides, il lui soit inutile d'attendre que l'action de l'air rende solubles les éléments enfouis dans le sol. Dans ces conditions, la jachère doit être supprimée, et l'assolement commencer par une plante sarclée, pour que, pendant sa culture, on puisse enlever les mauvaises herbes qui étaient habituellement détruites pendant la jachère.

§ 100. — DÉFINITION DE L'ÉCOBUAGE. — SES EFFETS.

On désigne sous le nom d'*écobuage* une opération agricole qui a pour but de modifier les propriétés physiques du sol arable par l'action d'une température élevée, et en même temps de débarrasser le sol des végétaux qu'il porte ou des débris qu'ils y ont laissés. Ce dernier résultat est le plus important à obtenir, et l'on applique particulièrement l'écobuage aux vieilles prairies infestées de mousses, aux friches couvertes de plantes vivaces difficiles à extirper: genêts, ajoncs et bruyères. Dans les pays chauds, on brûle aussi, quelque temps avant la saison des pluies, les pâturages chargés d'herbes dures et sèches; au moment où la pluie arrive, les graminées repartent du pied, qui n'a pas été détruit, et une herbe verte et tendre remplace celle qui ne pouvait plus être consommée par le bétail.

Quand le cultivateur ne veut pas seulement détruire les végétaux qui couvrent le sol, mais encore modifier les propriétés physiques de celui-ci, il le découpe en plaquettes au moyen d'une *écobue*, sorte de bêche légèrement courbée, plus large au tranchant qu'à la douille, et à laquelle est adapté, à 45 centimètres, un manche de bois. Les plaquettes de terre dressées les unes contre les autres se dessèchent peu à peu, puis sont soumises en tas, quelquefois dans un four, à un grillage modéré. Les racines et les plantes sèches brûlent plus ou moins complétement, et l'argile se durcit en prenant une consistance analogue à celle de la brique : la matière ainsi obtenue est répandue sur le sol.

Quelles sont les modifications qu'a subies le sol ainsi calciné, et quelles sont les réactions qui peuvent y prendre naissance? C'est ce que nous devons maintenant examiner.

Modifications que subit le sol arable par la calcination. — Nous avons insisté, dans les premiers chapitres de la seconde partie, sur les différences de propriétés physiques que présentent les terres argileuses et les terres siliceuses ; nous avons reconnu en même temps qu'il était à peu près impossible de changer la nature physique d'un sol sans s'engager dans des dépenses hors de toute proportion avec les avantages à obtenir. L'écobuage permet cependant d'accomplir dans une certaine mesure ces modifications. Si le feu n'exerce pas grande action sur le sable, il n'en est plus de même pour l'argile. Quand celle-ci est calcinée, elle change complétement de nature : au lieu d'être plastique, tenace, de conserver l'eau, d'être *froide*, elle acquiert toutes les propriétés du sable; elle est cassante, se pulvérise aisément, l'eau la traverse sans difficulté, et l'on conçoit sans peine qu'une terre très-argileuse pourra être modifiée heureusement par l'écobuage, puisque celui-ci aura pour effet de tempérer, par l'adjonction d'une matière analogue au sable, les propriétés trop dominantes de l'argile.

Les travaux de MM. Huxtable, Thompson, Way et Brustlein, nous ont montré que les terres possédaient la propriété importante de retenir certains principes des engrais; l'ammoniaque, les phosphates, la potasse, sont absorbés par certains sols, qui les enlèvent aux dissolutions avec lesquelles ils sont en contact (voy. § 71 et suiv.). Mais si nous comparons, dans les tableaux auxquels nous renvoyons le lecteur, les propriétés absorbantes des terres argileuses à celles des terres siliceuses, nous reconnaissons de grandes différences : celles-ci, bien plus facilement que celles-là, laissent filtrer les principes des engrais. Or, nous avons reconnu que les plantes prennent leurs aliments dans des dissolutions, et nous comprenons que si l'eau qui baigne leurs racines est privée, par l'action de la terre, d'une partie des principes qu'elle tient en dissolution, la plante pourra souffrir de la pauvreté de celle-ci. Il y a, comme nous l'avons déjà dit, une sorte de lutte entre les propriétés absorbantes de la terre et l'action dissolvante de l'eau : dans les terres argileuses, les propriétés absorbantes sont très-puissantes, et les agriculteurs savent que lorsqu'ils amènent, par des labours profonds des sous-sols argileux à la surface, il faut forcer la dose d'engrais pour que les propriétés absorbantes des argiles étant satisfaites, l'effet des fumures se fasse sentir. Il en est tout autrement avec les terres riches en sable, et l'on conçoit que, si l'on prive une partie de l'argile de ces propriétés absorbantes par la calcination, si on l'amène par l'écobuage à partager les propriétés du sable, on puisse faire prédominer l'action dissolvante de l'eau, et suppléer dans une certaine mesure à l'abondance des engrais en facilitant la dissolution de leurs principes solubles.

Comment se détruisent les propriétés absorbantes des argiles par la calcination? C'est sans doute par la destruction de l'humus qu'elles renferment, humus qui est surtout l'agent d'absorption; c'est sans doute aussi par le changement de plasticité et de facilité à retenir l'eau par la porosité qu'elles acquièrent. Cette porosité favorise singulièrement l'action de l'air. Or, si les plantes ne prennent pas seulement leurs aliments azotés dans les nitrates et dans les sels ammoniacaux, mais aussi dans certains principes azotocarbonés plus complexes, on conçoit combien il peut être avantageux de favoriser l'accès de l'air, qui métamorphose les matières noires insolubles en principes assimilables.

L'écobuage favorise la nitrification aux dépens des éléments de l'air. —Dans les importantes études qu'il a faites sur la nitrification (Leçons professées devant la Société chimique en 1861), M. Cloëz a remarqué que, si l'on fait passer de l'air sur de la brique pilée imprégnée d'une dissolution de carbonate de potasse, on reconnaît bientôt que des nitrates ont pris naissance; il ne s'en forme pas, au contraire, quand on opère dans des circonstances semblables, mais avec du biscuit de porcelaine. On ne voit dans ces deux expériences d'autre différence que la présence dans un des corps poreux d'oxyde de fer non arrivé sans doute complétement au maximum d'oxydation, et pouvant, en continuant à se brûler lentement à l'air, provoquer la combinaison de l'azote avec l'oxygène, comme la provoque la combinaison de l'oxygène et de l'hydrogène, ou encore la combustion lente des matières organiques dans la terre arable.

Dans une terre écobuée on trouve précisément toutes les conditions favorables à la nitrification, puisque, comme dans l'expérience de M. Cloëz, de l'argile calcinée est en présence de l'air et d'une dissolution alcaline provenant des cendres des plantes brûlées; or, l'effet des nitrates sur la végétation est tellement sensible, que favoriser leur formation dans le sol ne peut manquer d'être utile.

L'écobuage, en définitive, aurait donc non-seulement pour effet de modifier les propriétés physiques du sol, de l'enrichir des sels contenus dans les plantes brûlées, mais aussi d'y favoriser la nitrification : ce dernier effet n'est toutefois que probable, il n'a pas encore été vérifié par des expériences régulières.

La pratique de l'écobuage, beaucoup plus répandue dans les contrées peu peuplées que dans notre pays, est déjà fort ancienne, puisque Virgile la mentionne (*Géorgiques*, I, 84).

CHAPITRE II

L'usage des amendements calcaires est extrêmement ancien. Pline nous apprend que les bons effets de la marne sur la végétation étaient connus des Gaulois, des Bretons, des Grecs et des Romains; c'est aux populations de la Gaule et de l'Angleterre qu'il attribue la découverte de l'utilité de cet amendement, auquel elles attachaient une telle importance, qu'elles n'hésitaient pas à se livrer à de pénibles travaux pour se le procurer et pour le transporter à des distances considérables.

Il est probable que, pendant les temps troublés du moyen âge, l'usage de la marne, abandonné dans bien des contrées, se conserva cependant dans quelques localités : en 1636, Bernard de Palissy consacra à son étude un de ses fameux dialogues entre « Théorique et Pratique », où des idées remarquablement fines et justes se trouvent mêlées aux imaginations les plus singulières.

L'emploi des vases de mer, de la tangue, du trez, des dépôts coquilliers, est probablement aussi fort ancien; mais l'usage de la chaux ne paraît pas remonter à une époque aussi reculée. Il semble que ce soit seulement au commencement du XVIIe siècle qu'il se propage peu à peu. Olivier de Serres mentionne son emploi dans son *Théâtre d'agriculture* (tome I, p. 127) : « La chaux neuve, dit-il, est de grande effi-
» cacité pour telles choses (l'amendement des terres), laquelle,
» meslée avec quelques terriers, balieures ou autres fumiers, et jetée
» aux champs au commencement de l'hyver, l'engraisse très-bien, et,
» selon son naturel chaud, tue les bestioles et les racines des herbes
» nuisantes. En quoi la chèreté n'est pas tant considérable, quoique
» la chaux coûte de l'argent, que le profit en revenant est asseuré,
» comme ce mesnage s'est dès longtemps pratiqué aux pays de Guel-
» dres et de Juilliers. »

Aujourd'hui que le transport des matières encombrantes et de peu de valeur se trouve singulièrement facilité par les chemins de fer, l'emploi des amendements calcaires se répand de plus en plus, et avec grand profit. Il est certaines contrées qui doivent à l'usage de la chaux ou de la marne une véritable transformation agricole : la Mayenne et la Sarthe en ont tiré grand profit; la Sologne aujourd'hui s'améliore sous l'influence de la marne, et le commerce auquel ces amendements donnent naissance est des plus actifs.

L'étude des amendements calcaires présente donc pour l'agriculteur un très-grand intérêt ; elle est digne aussi de fixer l'attention des chimistes agronomes, car, malgré des travaux nombreux et importants, toutes les questions qui touchent à l'emploi agricole de la chaux et de la marne sont loin d'être complétement élucidées.

§ 101. — DE LA MARNE.

Propriété caractéristique. — On désigne sous le nom de *marne* une variété de calcaire qui a la propriété de se déliter dans l'eau et de se réduire en poudre par l'effet de la gelée. Le premier essai qu'on doit tenter sur une pierre calcaire, qui par conséquent fait effervescence avec les acides, pour reconnaître si elle peut être utilisée comme marne, est donc de voir comment elle se comporte dans l'eau : si elle reste dure et compacte, elle ne peut être utilisée qu'après cuisson ; si au contraire elle se délite, elle peut être considérée comme marne,

Diverses variétés de marnes. — Les substances qui sont mélangées au calcaire et qui lui donnent la propriété de se désagréger dans l'eau sont assez nombreuses, et, suivant que l'une ou l'autre de ces substances domine, les marnes ont reçu des noms différents.

C'est ainsi qu'on désigne sous le nom de *marnes calcaires*, celles qui renferment au moins 50 et au plus 90 à 95 pour 100 de carbonate de chaux, le reste étant de l'argile ou un mélange d'argile et de sable. Cette variété de marne convient particulièrement aux terres entièrement dépourvues de carbonate de chaux. Les *marnes argileuses* sont celles qui contiennent de 10 à 50 pour 100 de calcaire, de 50 à 75 pour 100 d'argile, le reste étant du sable. Ces marnes sont bonnes dans les terres légères, surtout dans les terrains siliceux.

On emploiera de préférence dans les terres fortes les marnes *siliceuses*, qui renferment de 10 à 50 pour 100 de calcaire, de 25 à 75 pour 100 de sable, le reste étant de l'argile. Les *marnes magnésiennes* sont celles qui contiennent de 5 à 30 pour 100 de carbonate de magnésie. Elles sont assez rares en France, plus abondantes en Angleterre. On a prétendu souvent qu'elles ont une action spéciale, qui est loin d'être élucidée. On rencontre quelquefois des marnes mélangées à une petite quantité de gypse : elles sont alors connues sous le nom de *marnes gypseuses;* leur effet sera surtout sensible sur les prairies artificielles. (Voyez plus loin le chapitre PLATRAGE.)

La marne, d'après la rapide nomenclature précédente, est donc formée d'aliments variés qui se comportent très-différemment avec l'eau; tandis que l'argile s'y délaye facilement, le sable et le calcaire n'ont pas cette propriété, et il suffit que le liquide pénètre dans la masse pour y déterminer des dilatations inégales qui amènent des ruptures de plus en plus complètes. A cet effet de l'eau liquide vient s'ajouter, pendant l'hiver, l'action singulièrement plus énergique de la gelée : quand la marne est imprégnée d'eau et que celle-ci se transforme en glace en se dilatant, elle fait éclater chacun des morceaux dans lesquels elle prend naissance. On sait, en effet, que la force expansive de la glace est énorme, que des métaux même très-tenaces n'y résistent pas, et l'on conçoit qu'un mélange aussi peu cohérent que la marne soit immédiatement pulvérisé sous son effort.

Analyse chimique et physique des marnes. — La marne agit surtout par le calcaire qu'elle renferme; on conçoit donc qu'il importe, pour se rendre compte de sa valeur, de déterminer la quantité de ce calcaire qui y est contenue. Cette détermination ne présente aucune difficulté; elle s'exécutera exactement comme la recherche du calcaire dans la terre arable, qui a été décrite § 64, et auquel nous renvoyons le lecteur.

Cette première analyse ne suffit pas encore pour que le cultivateur soit fixé sur la valeur de la marne qu'il veut employer. En effet, le carbonate de chaux qu'elle renferme peut se trouver sous deux états complétement différents : quand il est *terreux*, il se mélange facilement au sol, il est rapidement soluble dans l'eau chargée d'acide carbonique, son action est plus efficace que celle du *sable calcaire;* de telle sorte qu'il importe de distinguer ces deux variétés de carbonate de chaux. On y réussira en lavant la marne à étudier, comme une terre arable dont on veut faire l'analyse physique; on séparera, soit par des lavages dans un vase à précipité, soit dans l'appareil de M. Masure, la partie terreuse de la marne de la partie sablonneuse (§ 64), puis on desséchera chacune de ces matières afin de les peser séparément; on prélèvera ensuite sur les deux parties un petit échantillon dans lequel on fera le dosage de la chaux : on trouvera ainsi le calcaire terreux et le calcaire sablonneux. En retranchant la quantité centésimale de ces deux matières des poids respectifs de la partie terreuse et de la partie sablonneuse, on trouvera par différence, d'une part l'argile, de l'autre le sable siliceux, et l'on aura ainsi une idée très-complète de la composition de la marne étudiée.

§ 102. — DE LA CHAUX.

Cuisson de la chaux. — Il existe à la surface du globe un très-grand nombre de variétés de calcaires qui n'ont pas la propriété de se déliter dans l'eau; leur pulvérisation par des moyens mécaniques serait très-coûteuse : aussi l'agriculture devrait-elle renoncer à les employer, si l'on ne savait, depuis un temps immémorial, qu'après avoir subi l'action du feu, le carbonate de chaux se décompose, perd son acide carbonique et se réduit en chaux, qui, abandonnée à l'air humide ou mêlée à de petites quantités d'eau, se gonfle, se fendille, puis se réduit en une poudre impalpable qu'on désigne souvent sous le nom de *farine de chaux*.

La cuisson de la chaux s'exécute dans des fours de formes très-variées, suivant que la fabrication est continue ou intermittente, suivant qu'on veut préparer de la chaux pure, ou qu'il est indifférent qu'elle soit mélangée aux cendres du combustible. La description des fours à chaux se trouve dans tous les traités de chimie générale, et nous y renvoyons le lecteur.

Diverses variétés de chaux. — La qualité des chaux obtenues varie avec la nature des calcaires dont elles proviennent. Les calcaires très-purs donnent une chaux qui se gonfle et se boursoufle, *foisonne* aussitôt qu'elle est mise en contact avec l'eau; l'élévation de température est considérable. Cette variété est désignée sous le nom de *chaux grasse*.

Les calcaires qui renferment une proportion notable de sable donnent des chaux qui foisonnent beaucoup moins que les précédentes; elles n'augmentent pas de volume de la même façon. On les désigne sous le nom de *chaux maigres*.

Enfin, on appelle *chaux hydrauliques* celles qui sont fournies par les calcaires qui renferment une proportion notable d'argile; ces chaux sont précieuses pour les constructions, elles durcissent après leur mélange avec l'eau, et conservent leur dureté après l'immersion dans l'eau. Elles sont particulièrement employées pour les constructions qui doivent être immergées.

On distinguera facilement ces diverses variétés de chaux les unes des autres en attaquant la chaux éteinte ou le calcaire primitif par l'acide chlorhydrique étendu, et examinant la nature du résidu insoluble : s'il crie sous la baguette de verre, c'est du sable, et la chaux est maigre; si, au contraire, il est doux au toucher, d'aspect terreux, c'est de l'argile, la chaux est hydraulique, et ne devra être employée qu'après son extinction complète à l'air; car, sans cette précaution, elle durcirait sur le sol et serait plus nuisible qu'utile. Enfin, si le résidu insoluble laissé par l'acide chlorhydrique est très-faible, la chaux est grasse.

On séparera ce résidu insoluble par le filtre, quelle que soit sa nature, et l'on dosera la chaux dans la liqueur filtrée comme il a été dit plus haut (§ 64).

Il arrive parfois que les chaux sont mal cuites, que des morceaux de calcaire ont passé dans le four sans se décomposer; on pourra en apprécier la quantité en pesant une certaine quantité de chaux, l'éteignant, puis la noyant dans l'eau, de façon à faire un *lait de chaux* qu'on jettera sur un tamis médiocrement fin : le lait de chaux passera, et les *incuits* restés sur le tamis seront pesés après dessiccation.

§ 103. — ACTIONS QU'EXERCENT LES AMENDEMENTS CALCAIRES SUR LA TERRE ARABLE.

Avant d'indiquer le mode d'emploi des amendements calcaires, les quantités qu'il en faut répandre sur diverses terres, il convient de discuter les travaux importants qui ont été publiés sur l'utilité du chaulage et du marnage.

Les amendements calcaires n'ont pas pour but de fournir aux plantes la chaux qu'on trouve dans leurs cendres. — L'idée la plus simple qui se présente à l'esprit quand on cherche à expliquer les bons effets de l'emploi des calcaires, est de supposer qu'ils ont pour but de remplacer dans la terre arable la chaux qui est prélevée par les récoltes; mais, si l'on compare les quantités de chaux données au sol au poids de cette base qu'enlèvent les diverses cultures, on est convaincu d'abord qu'elle doit avoir une autre utilité. Il est à remarquer, en effet, qu'on chaule encore avec avantage des terres dans lesquelles il existe une quantité de chaux suffisante pour subvenir aux besoins des plantes pendant de longues années; en outre, l'importance de la chaux pour le développement des végétaux est loin d'être démontrée. Nous avons vu en effet (§ 30) que les plantes renferment souvent des éléments qui y ont été déposés par l'évaporation de l'eau qui a circulé dans leurs tissus, sans que ces éléments aient eu dans le végétal un rôle physiologique quelconque à remplir. La plante est un appareil d'évaporation dans lequel se déposent les sels calcaires, comme ils se déposent dans les bouilleurs d'une machine à vapeur; et l'on n'a pas plus de raison pour admettre que le carbonate de chaux qui s'accumule dans les feuilles d'un arbre ou dans ses parties ligneuses a contribué à son développement, qu'on en aurait pour conclure de la présence des incrustations de calcaire dans toutes les chaudières à leur utilité pour la production de la vapeur. En admettant même que la chaux fasse parfois partie intégrante des principes essentiels au développement des végétaux, la quantité prélevée par nos plantes cultivées est hors de toute proportion avec celle que le sol reçoit : une récolte moyenne de pommes de terre, développée sur un hectare, absorbe en effet environ 9 kilogrammes de chaux; une récolte de froment, 26 kilogrammes; une de betteraves, 24 kilogrammes; une de topinambours, 14 kilogrammes, et une de trèfle, 100 kilogrammes. Et l'on ne comprendrait pas la nécessité d'enfouir dans le sol 13 000 à 54 000 kilogrammes de chaux à l'hectare, quantités qui correspondent de 100 à 400 hectolitres, si cette terre alcaline n'avait d'autre utilité que de remplacer celle qui est prélevée par les cultures.

Dans quelques cas cette utilité n'est pas douteuse, quand, par exemple, le sol renferme des veines pyriteuses qui, en s'altérant à l'air, donnent du sulfate de fer, ainsi qu'on l'a observé déjà dans un certain nombre de terrains, et notamment dans un domaine situé sur les sols provenant du desséchement du lac de Harlem (voyez § 92). L'intervention de la chaux, qui décompose ce sulfate pour le remplacer par du plâtre complétement inoffensif, est nettement indiquée. Mais dans la plupart des cas, la chaux porte son action sur les matières enfouies dans la terre arable, et y provoque des métamorphoses que nous allons essayer de faire connaître.

Action de la chaux sur les matières azotées de la terre arable. — Formation de l'ammoniaque. — L'influence de la chaux sur les matières azotées insolubles de la terre arable a été étudiée avec beaucoup de soins par M. Boussingault (*Agron., Chimie agricole*, t. III, p. 149), qui s'est particulièrement préoccupé de déterminer les quantités d'ammoniaque ou d'acide nitrique, par conséquent d'éléments azotés solubles qui prennent naissance dans la terre arable sous l'influence de la chaux. Nous avons décrit déjà (§ 75) les méthodes employées par M. Boussingault pour rechercher l'ammoniaque ou l'acide azotique dans la terre arable; nous avons seulement à faire remarquer que lorsque la terre a été chaulée, il faut, avant de procéder à l'extraction de l'ammoniaque à l'aide de la magnésie, commencer par saturer la chaux au moyen d'acide sulfurique étendu. On reconnaîtra à l'aide d'un papier de tournesol si la chaux est bien saturée, puis on ajoutera de la magnésie, dont les premières portions neutraliseront le petit excès d'acide sulfurique introduit; et quand le liquide ne fera plus effervescence avec quelques parcelles de carbonate de chaux, on procédera au dosage, comme il a été dit.

Les nombreuses expériences de M. Boussingault ont démontré que l'introduction de la chaux dans le sol favorise la formation de l'ammoniaque, mais que contrairement à toutes les probabilités, la chaux ne détermine pas la formation des nitrates. Il semblait au premier abord que ce dût être là son effet habituel, et que l'intervention d'une base énergique dans un sol riche en matières azotées eût dû provoquer une nitrification abondante, et c'est ce qui n'a pas lieu. On en jugera par les expériences suivantes, qui ont porté sur une terre du Liebfrauenberg, dont un kilogramme avait donné à l'analyse les nombres suivants :

Ammoniaque toute formée..................	0,011
Acide nitrique constituant des nitrates.........	0,093
Azote appartenant à des matières organiques....	2,093
Carbone appartenant à des matières organiques..	24,000

Cette terre fut mélangée, d'une part, à de la chaux, de la marne ou de la potasse, de façon à reconnaître l'influence qu'exerçaient les alcalis, et, d'autre part à du sable, qui avait pour but de la diviser, et par suite de favoriser l'accès de l'air et son action sur les matières azotées. On imitait dans ce dernier cas ce qui a lieu pendant la jachère, où la terre, bien divisée par les labours, reste exposée à l'action de l'air pendant un temps plus ou moins prolongé; on rechercha dans la terre l'ammoniaque et l'acide nitrique formés.

MATIÈRES ajoutées à un kilogr. de terre.	AMMONIAQUE formée.	ACIDE NITRIQUE formé.	AZOTE assimilable acquis, exprimé en ammoniaque.
	gr.	gr.	gr.	gr.
1. Sable......	850	0,012	0,483	0,164
2. Sable.	5500	0,035	0,545	0,207
3. Marne	500	0,002	0,360	0,115
4. Potasse..............	2	0,015	0,290	0,103
5. Chaux...	200	0,303	0,099	0,167

Ainsi, on trouve que le sable qui a favorisé l'accès de l'air dans la terre arable, qui lui a permis d'exercer son action oxydante, a été beaucoup plus favorable à la formation du salpêtre que la chaux ; mais celle-ci a provoqué une formation d'ammoniaque très-sensible.

En étudiant l'influence qu'exerçait sur la terre arable des proportions de chaux très-variables, M. Boussingault est arrivé aux conclusions suivantes :

En moyenne, 100 parties de l'azote appartenant aux substances organiques disséminées dans la terre végétale ont donné en ammoniaque :

Par le chaulage à faible dose................... 0,53
Par le chaulage à haute dose................... 2,83
Par le chaulage à dose extraordinaire.......... 14,48

Le mélange de 1 kilogramme de terre avec 200 grammes de chaux ne saurait être considéré comme un chaulage, puisqu'il représenterait une incorporation de 8000 quintaux de chaux par hectare, opération impraticable ; c'est un compost.

La quantité d'ammoniaque développée est bien loin d'être en rapport avec les quantités de chaux employées, et le prix de revient de l'ammoniaque formée varie singulièrement, suivant le poids de chaux incorporé à la terre arable. Avec une quantité correspondant à 400 quintaux de chaux par hectare, on aurait eu en ammoniaque développée les résultats suivants :

	Ammoniaque par hectare.	
	Minimum.	Maximum.
Pour la terre du Liebfrauenberg.....	136 kil.	316 kil.
Pour la terre de Merkwiller........	160	188
Pour la terre du Quesnoy..........	48	52

« Cette production, pour ainsi dire instantanée d'ammoniaque sous l'influence de la chaux, doit être fort utile sans doute ; cependant si le chaulage n'avait pas d'autre objet, ce serait après tout une opération désavantageuse. En effet, prenons 1 fr. 50 c. pour le prix du quintal de chaux rendu sur place. Le kilogramme d'ammoniaque développée par un chaulage fait à raison de 400 quintaux par hectare reviendrait :

Pour la terre du Liebfrauenberg... de 4 fr. 40 c. à 1 fr. 90 c.
Pour la terre de Merkwiller....... de 3   75   à 3   20
Pour la terre du Quesnoy........ de 12   50   à 11   55

» Le chaulage à faibles doses fréquemment répétées a un tout autre caractère ; la chaux qu'il apporte aux 4 millions de kilogrammes d'un hectare est véritablement insignifiante, mais l'ammoniaque qu'il développe revient à un prix assez modéré pour faire croire que l'opération est avantageuse sous le rapport de la production de cet alcali. »

La chaux donnée annuellement à raison de 12 quintaux par hectare produirait, d'après les expériences de M. Boussingault :

	Ammoniaque.	Prix du kilogramme d'ammoniaque.
		fr.
Dans la terre du Liebfrauenberg ..	48 kil.	0,35
Dans la terre de Merkwiller......	28	0,65

Ces chiffres semblent donc justifier la pratique du saupoudrage, que dans certaines contrées on exécute après les labours au moment des semailles ; car alors, sous le rapport de l'ammoniaque formée par ce faible chaulage, c'est comme si l'on eût répandu sur le sol 3 ou 4 quintaux de guano.

Action de la chaux sur les principes du fumier. — Travaux de M. P. Thenard. — Il est clair, d'après ce que nous venons de voir, que la formation de l'ammoniaque dans la terre arable, sous l'influence de la chaux, est trop faible pour expliquer l'avantage incontestable que trouve le cultivateur à employer des proportions de chaux souvent très-considérables, et que cette base doit exercer sur le sol arable d'autres actions utiles que celles qui ont été mises en relief par les travaux précédents.

M. le baron P. Thenard s'est voué depuis de longues années à l'étude extrêmement difficile des matières noires qui se produisent pendant la fabrication du fumier, et il a reconnu que la fermentation particulière qui se développe dans le tas de fumier y déterminait la production d'un acide carbazoté, qu'il a désigné sous le nom d'*acide fumique.* Or, celui-ci a la propriété de se fixer à l'état insoluble dans les terres où existe l'élément calcaire, tellement que les dissolutions de fumier fermenté sont décolorées quand elles sont mises au contact du bicarbonate de chaux, ou encore de l'alumine et de l'oxyde de fer, tandis que les dissolutions de fumier frais conservent dans ces conditions leur coloration primitive. On conçoit dès lors comment les eaux de drainage présentent des compositions très-différentes suivant les terrains dont elles proviennent et suivant la nature du fumier qu'elles ont reçu. Celles qui ont filtré au travers de terrains calcaires chargés de fumier frais deviennent immédiatement très-riches, tandis que si elles ont reçu du fumier fermenté, elles conservent la pauvreté qu'on leur trouve habituellement; les eaux qui proviennent au contraire des sols dénués de calcaire sont riches, quel que soit le genre du fumier qui leur a été fourni.

Cette observation est importante, puisqu'elle nous fait comprendre l'utilité des amendements calcaires pour les terrains pauvres, tels que la Bretagne, la Sologne, les Landes, le Charollais, le Morvan, les Dombes, qui emploient habituellement des fumiers très-consommés qui seraient cependant bientôt délavés par les eaux, si le sol ne renfermait pas l'élément calcaire qui sert à les fixer.

On voit que, d'après M. Thenard, la chaux aurait dans la terre arable un rôle tout différent de celui qu'on lui prête habituellement, Si elle métamorphose une petite fraction des matières azotées du sol arable en ammoniaque, si dans ce cas elle favorise l'assimilation de l'azote par les végétaux, et du même coup sa déperdition, dans d'autres cas, elle aurait une action conservatrice remarquable. Ces deux actions seront même simultanées si elles s'appliquent à des composés azotés différents; il est remarquable, en effet, que la chaux, même employée en quantité énorme, n'attaque qu'une faible fraction de la matière azotée totale contenue dans la terre arable, ce qui permet de supposer que c'est seulement sur certains composés peu stables qu'elle exerce son action décomposante, et que la plus grande partie de la matière azotée se trouve dans la terre arable à un état de stabilité telle, qu'à froid, la chaux est impuissante à la modifier.

D'après M. P. Thenard, les acides contenus dans la terre arable sont nombreux et doués de propriétés très-différentes. Tandis que l'acide fumique forme avec la chaux un sel insoluble, quelques-uns de ses dérivés donnent au contraire des sels très-solubles : quand du fumate mélangé à un excès de chaux est soumis à une action oxydante énergique et longtemps prolongée, il se brûle partiellement, perd du carbone et donne un sel soluble renfermant un acide plus riche en azote que le fumate primitif, mais moins riche en carbone. M. Thenard, tout en conservant sur cette question délicate une certaine réserve, ne serait pas éloigné de l'idée que les sels de chaux solubles de ces acides azotocarbonés ne fussent directement absorbés par certains végétaux, et nous avons vu, § 82 (1), que les faits observés pendant la culture des légumineuses s'expliquent très-bien quand on admet cette

(1) Voyez aussi plus bas le chapitre PLATRAGE.

hypothèse. Au reste, l'action de l'oxygène continue à s'exercer sur ces acides complexes, qui finissent par se métamorphoser en nitrates; l'abondance du calcaire paraît, d'après M. Thenard, favoriser la nitrification du fumate, mais ici il se trouve en contradiction avec les expériences de M. Boussingault, que nous avons signalées plus haut.

Le lecteur reconnaîtra sans peine que la question que nous venons de traiter n'est pas complétement éclaircie, et que l'influence du calcaire sur les matières azotées de la terre arable n'est pas encore nettement expliquée. Les observations précédentes laissent notamment à l'état obscur l'importance de la masse de calcaire que les cultivateurs jugent utile d'employer sur le sol; les considérations qu'il nous reste à exposer permettent cependant de se rendre compte, dans une certaine mesure, de cette pratique universellement répandue.

Influence du chaulage sur la solubilité de l'acide phosphorique enfoui dans la terre arable. — Nous avons insisté plus haut (§ 83) sur l'importante observation de M. P. Thenard, relativement à l'état sous lequel se trouve l'acide phosphorique contenu dans la terre arable; il a montré que c'est habituellement sous forme de phosphate de sesquioxyde de fer ou d'alumine qu'on l'y rencontre.

Ces phosphates de sesquioxyde insolubles dans l'acide carbonique ne sont pas cependant perdus pour la végétation; ils sont en effet facilement ramenés à l'état de phosphates de protoxyde par les carbonates, à la *condition que ceux-ci soient employés en excès*, ainsi que le montrent les expériences suivantes (Dehérain, *Rech. sur l'emploi agric. des phosph.*, 1860) : Deux grammes de phosphate de sesquioxyde de fer sont placés dans l'eau avec 4 grammes de carbonate de potasse pur; on agite à différentes reprises pendant quarante-huit heures, et l'on trouve $0^{gr},158$ d'acide phosphorique en dissolution dans l'eau. Si l'on emploie la même quantité de phosphate de fer et qu'on y ajoute 4 grammes de carbonate de chaux pur précipité, puis qu'on immerge le tout dans de l'eau de Seltz, on obtient $0^{gr},107$ d'acide phosphorique en dissolution (1).

Ainsi, un excès de carbonate de chaux peut amener la dissolution de l'acide phosphorique contenu dans les phosphates à base de sesquioxyde, de même qu'un excès de sesquioxyde exerçant une action

---

(1) J'ai montré, en 1858, que le carbonate d'ammoniaque agit sur les phosphates de fer comme le carbonate de potasse ou le carbonate de chaux. Cette réaction a été également observée tout récemment par M. L. Grandeau (*Comptes rendus*, 1872, t. LXXIV, p. 988).

directement inverse s'empare de l'acide du phosphate de chaux dissous dans l'acide carbonique ; l'influence des masses est prédominante. Cette observation est importante, car elle explique l'utilité des poids considérables de chaux qu'on doit employer ; si, en effet, dans la couche arable qu'il s'agit de modifier, le carbonate de chaux ne domine pas sur les sesquioxydes libres, la dissolution n'a pas lieu, l'effet cherché n'est pas obtenu.

Aux phosphates ainsi amenés à l'état soluble, les calcaires ajoutent parfois ceux qu'ils renferment directement; cette quantité peut atteindre 2 ou 3 pour 100 dans quelques calcaires, bien qu'elle soit très-habituellement considérablement au-dessous de ce nombre.

Si l'on se rappelle que les phosphates ont sur la végétation une action des plus marquées, tellement qu'il suffit de les ajouter à un sol qui en est privé, pour lui donner une fertilité moyenne, on comprendra l'importance qu'il y aura pour le cultivateur à rendre assimilables les phosphates enfouis dans le sol, et l'action qu'exerce sur eux la chaux ou la marne employées en excès leur apparaîtra comme une des fonctions importantes de cet amendement.

§ 104. — PRIX DE REVIENT COMPARÉS DES MARNAGES ET DES CHAULAGES (1).

Avant d'entreprendre les travaux toujours assez dispendieux du marnage et du chaulage des terres arables, l'agriculteur doit préalablement calculer aussi exactement que possible les dépenses et les frais de toute nature de ces opérations agricoles, et juger en conséquence si elles sont assez économiques pour lui faire espérer des avantages sérieux.

Le prix de revient du marnage et du chaulage d'un hectare de terre dépend :

1° Du prix d'achat de l'engrais calcaire au dépôt ;

2° Des frais de chargement au dépôt et des frais d'épandage sur les terres ;

3° Des frais de transport depuis les lieux de dépôt jusqu'aux champs. Ces frais dépendent de la distance. M. Masure les a calculés et a dressé

---

(1) Nous empruntons ce paragraphe à un travail très-bien étudié de M. Masure (*Mémoire sur les avantages comparés de la marne et de la chaux employées en agriculture*, Orléans, 1865). Nous abrégeons seulement quelques passages relatifs à l'emploi de ces amendements en Sologne, que l'auteur avait particulièrement en vue.

un tableau que nous donnons plus loin, et qui permet de comparer les frais du marnage et ceux du chaulage effectués à diverses distances des lieux de dépôt.

Nous indiquerons ici les bases de ces calculs.

Calcul du prix de revient d'un marnage par hectare et par an. — Supposons qu'on marne à la dose de 40 mètres cubes pour quinze ans. Un mètre cube de marne coûte alors en frais fixes :

Achat.. 2 fr. 50 c.
Chargement..................................... 0   20
Epandage 0   10
                                                 _____
                                                 2 fr. 80 c.

et pour les 40 mètres cubes, 112 francs.

Pour les frais de transport, M. Masure adopte les chiffres suivants, qu'il emprunte à M. Lecouteulx (*Principes de la culture améliorante,* p. 200 et 201) :

Un tombereau attelé de deux chevaux peut transporter par jour 8 mètres cubes de marne à 3^{kilom},6 du lieu de chargement au point de décharge en petits tas, et si l'on estime à 8 fr. 32 c. la journée de deux chevaux, on trouve que le transport de 40 mètres cubes à 4 kilomètres coûtera

$$\frac{8 \text{ fr. } 32 \times 40 \times 4}{8 \times 3,4} = 49 \text{ fr. à peu près.}$$

Les frais de transport sont évidemment proportionnels à la distance ; de telle sorte qu'il faudra, dans l'expression précédente, introduire au numérateur le nombre de lieues de 4 kilomètres qu'il y aura à parcourir. Ainsi pour 2 lieues, l'expression deviendrait

$$\frac{8 \text{ fr. } 32 \times 40 \times 4 \times 2}{8 \times 3,4} = 98,2.$$

Les chiffres qui représentent ces nombres sont inscrits dans la colonne 1 du tableau de la page 412.

La colonne 2 renferme le nombre obtenu en ajoutant aux frais fixes de marnage d'un hectare les frais de transport pour chaque distance.

Pour comparer les frais d'un marnage à ceux d'un chaulage, il convient en outre de tenir compte de cette condition, que le marnage à 40 mètres cubes est fait pour quinze ans, tandis que le chaulage à 20 hectolitres ne dure que dix ans. On a donc réparti par année les dépenses faites tant pour les marnages que pour les chaulages, en tenant compte des intérêts annuels de la somme déboursée.

On a äinsi pour les frais fixes :

112 fr. répartis en quinze ans donnent

capital $\frac{112}{15}$, ou.................... 7 fr. 47 c. par an.

112 fr., répartis en quinze ans, donnent intérêt à 5 pour 100.............. 5 fr. 60

Et pour l'année.............. 13 fr. 07 c.

Les frais de transport de la marne calculés pour une lieue sont de 49 francs.

49 fr. répartis en quinze ans donnent capital $\frac{49}{15}$, ou..................... 3 fr. 27 c. par an.

49 fr. répartis en quinze ans donnent intérêt annuel à 5 pour 100,........ 2 fr. 45

Ou pour une année........... 5 fr. 72 c.

Pour les autres distances, il suffit de multiplier ce nombre par celui qui représente la distance en lieues ; les résultats sont inscrits dans la colonne 3.

La colonne 4 renferme enfin le prix de revient annuel d'un marnage ; il est obtenu en ajoutant au prix fixe 13 fr. 5 c., les frais provenant des transports calculés pour chaque distance.

Calcul du prix de revient annuel du chaulage d'un hectare. — Nous supposons qu'on chaule à la dose de 20 hectolitres ou 2 mètres cubes pour six ans, quantité qui est habituellement employée en Sologne, mais qui est loin de présenter une même dose calcaire que 40 mètres cubes de marne (1). En empruntant avec M. Masure les chiffres donnés par M. Lecouteulx, nous trouvons en frais fixes :

Achat au dépôt........................ 15 fr.
Chargement........................... 0   75 c.
Manipulation sur le terrain............. 7   50

23 fr. 25 c.

Et pour 2 mètres cubes .... 46 fr. 50

(1) Il est très-curieux de voir que la pratique a reconnu que 2 mètres cubes de chaux produisent un effet semblable à celui de 40 mètres cubes de marne ; il est vraisemblable que l'état d'extrême division de la chaux, que sa causticité partielle favorisent son action, et que, sous un petit volume, elle exerce une influence analogue à celle qu'on obtient en employant une masse infiniment plus considérable de marne, dont la pulvérisation, l'état de division est loin d'être aussi complet que celui de la chaux éteinte.

Ce déboursé est fait pour six ans, ce qui fait par an 7 fr. 75 c.; en y ajoutant les intérêts annuels de 46 fr. 50 c. à 5 pour 100, ou 2 fr. 32 c., nous trouvons une dépense annuelle de 10 fr. 07 c.

La colonne 5 de notre tableau comprend les frais de transport des 20 hectolitres de chaux.

Nous les calculons en admettant qu'un tombereau attelé de deux chevaux transporte aisément par jour 8 mètres cubes de chaux à une distance de $3^{kilom},4$; en estimant la journée de deux chevaux à 8 fr. 32 c., nous trouvons pour le transport de 2 mètres cubes à 4 kilomètres :

$$\frac{2^{me.} \times 4^{kil.} \times 8^{f.} 32}{8^{me.} \times 3^{kil.},6} = 2 \text{ fr. } 40.$$

En ajoutant dans chaque cas les frais fixes 46 fr. 50 c. aux frais de transport, on obtient le montant des déboursés inscrit à la colonne 6. La colonne 7 renferme la dépense des frais de transport calculés pour une année. Enfin, en ajoutant à la dépense de ceux-ci les frais fixes pour une année, 10 fr. 07 c., on a le prix de revient annuel des chaulages à différentes distances des dépôts de chaux : ce sont ces prix de revient qui sont inscrits dans la colonne 8.

PRIX DE REVIENT (INTÉRÊTS COMPRIS) PAR HECTARE ET PAR AN

DISTANCE DES TERRES ARABLES aux dépôts des marnes et des chaux.	D'UN MARNAGE A 40 MÈTRES CUBES.				D'UN CHAULAGE A 20 HECTOLITRES.			
	1. FRAIS de transport par collier à différentes distances.	2. DÉBOURSÉS en 15 ans en frais fixes et en frais de transport.	3. RÉPARTITION par an des frais de transport (intérêts compris).	4. PRIX de revient annuel des marnages.	5. FRAIS de transport par collier à différentes distances.	6. DÉBOURSÉS pour 6 ans en frais fixes et en frais de transport.	7. RÉPARTITION par an des frais de transport (intérêts compris).	8. PRIX de revient annuel des chaulages.
	fr.	fr.	fr.	fr.	fr.	fr.	fr.	fr.
Aux dépôts (frais d'achat, de chargement et d'épandage)		112		13,07		46,50		10,07
A 1 lieue, ou 4 kilomètres	49	161	5,72	18,79	2,45	48,95	0,53	10,60
A 2 lieues, ou 8 id.	98	210	11,44	24,51	4,90	51,40	1,06	11,23
A 3 lieues, ou 12 id.	147	259	17,16	30,23	7,35	53,85	1,59	11,66
A 4 lieues, ou 16 id.	196	308	22,88	35,95	9,80	56,30	2,12	12,19
A 5 lieues, ou 20 id.	245	357	28,60	41,67	12,25	58,75	2,65	12,72
A 6 lieues, ou 24 id.	294	406	34,32	47,39	14,70	61,20	3,18	13,25
A 7 lieues, ou 28 id.	343	455	40,04	53,11	17,15	63,65	3,71	13,78
A 8 lieues, ou 32 id.	392	504	45,76	58,83	19,60	66,10	4,24	14,31
A 9 lieues, ou 36 id.	441	553	51,48	64,55	22,05	68,55	4,77	14,84
A 10 lieues, ou 40 id.	490	602	57,20	70,27	24,30	71,00	5,30	15,37

Les nombres inscrits dans le tableau précédent sont entièrement à l'avantage des chaulages, mais ils reposent sur une donnée de la pratique de la Sologne qui n'est peut-être pas complétement justifiée partout, à savoir, qu'un chaulage à 2 mètres cubes exerce une action semblable à un marnage à 40 mètres cubes ; quand bien même on tiendrait compte du renouvellement dans le même espace de temps, d'une fois et demie l'opération du chaulage, ce qui conduirait à multiplier tous les nombres par 2,5, on serait encore loin d'arriver aux mêmes totaux pour les opérations qui seraient faites à une certaine distance des lieux de dépôt.

Si l'on admettait que les marnes ou les chaux, ce qui n'est probablement pas exact, valent exclusivement d'après le calcaire pulvérulent qu'elles renferment, on trouverait qu'approximativement il faut, pour répandre sur le sol la même quantité de carbonate de chaux, employer trois fois plus de marne que de chaux. Ainsi, au lieu de faire usage de 2 mètres cubes de chaux, il en faudrait employer 13, si le chaulage durait quinze ans ; mais, comme on suppose qu'il n'en dure que six, nous aurions, pour le nombre à employer, $\frac{13}{2,5} = 5,2$, il faudrait donc 52 hectolitres de chaux au lieu de 20, et dans ce cas-là les résultats seraient bien différents de ceux qui sont inscrits aux tableaux précédents.

M. Masure a donné encore, pour établir ces nouvelles données, un tableau très-complet, dont nous extrairons seulement les chiffres qui représentent le prix de revient des 1000 kilos de calcaire pulvérulent pris dans les marnes de Sologne, qui tiennent habituellement 34 pour 100 de carbonate de chaux, et dans les chaux qui sont en moyenne à 97 pour 100 (de chaux pure.)

	PRIX DE REVIENT des marnes à 34 pour 100.	PRIX DE REVIENT des chaux à 97 pour 100.	DIFFÉRENCE en faveur des marnes.
	fr.	fr.	fr.
Près des dépôts	5,33	16,77	+ 11,44
A 1 lieue	7,66	17,66	+ 10,00
A 2 lieues	10,00	18,54	+ 8,54
A 3 lieues	12,33	19,43	+ 7,10
A 4 lieues	14,66	20,31	+ 5,65
A 5 lieues	17,00	21,19	+ 4,19
A 6 lieues	19,33	22,07	+ 2,74
A 7 lieues	21,60	22,96	+ 1,30
A 8 lieues	24,00	23,84	— 0,16
A 9 lieues	26,33	24,73	— 1,60
A 10 lieues	28,66	25,62	— 3,04

Ce serait donc seulement quand les marnes sont transportées à une grande distance dépassant sept lieues que leur emploi serait plus coûteux que celui des chaux.

On voit qu'on arrive à des résultats complétement opposés, suivant qu'on prend comme point de départ les usages de la Sologne, qui emploie le chaulage à faible dose, et qui consomme au contraire des quantités considérables de marne, ou bien qu'on établit les comparaisons d'après les quantités de calcaire pulvérulent contenues dans les deux amendements. En terminant, M. Masure, qui a longtemps habité Orléans, et qui, par conséquent, a pu suivre les résultats obtenus en Sologne par le marnage ou le chaulage, conclut qu'en Sologne les marnages fournissent, toujours et à toute distance, le calcaire pulvérulent actif à meilleur marché que les chaulages.

Que les chaulages n'y sont préférables aux marnages que dans les cas particuliers où les terres arables ont besoin, par leur nature, d'être amendées par la chaux caustique : tel est à priori le cas des terres de bruyère infectées de gaz et de résidus acides et putrides.

§ 105. — DE LA TANGUE (1).

On désigne sous le nom de *tangue, tanque, tangu, cendre de mer, sablon, charrée blanche*, particulièrement dans les départements de la Manche, du Calvados, de l'Ille-et-Vilaine, etc., une espèce de sable, gris ou blanc jaunâtre, qui se dépose habituellement dans les baies et les anses, principalement à l'embouchure des rivières de la basse Normandie et de la basse Bretagne. Cette matière, extrèmement précieuse pour les cultivateurs du voisinage, est recueillie par le raclage simple, à la pelle et à la pioche, ou le dragage régulier des bancs. Les propriétés fertilisantes de la tangue sont connues depuis longtemps, et depuis plusieurs siècles on en fait usage; d'anciens cartulaires, des pièces relatives à des concessions de droit de tanguage, permettent d'établir que, dès le XIIᵉ siècle, les populations du nord-ouest se servaient de la tangue pour améliorer leurs terres.

D'après leur lieu d'extraction, et souvent avec l'époque, dans un même lieu, les tangues varient dans leur composition dans des limites assez étendues, et cette composition est elle-même fort complexe : on

_____

(1) Nous empruntons les documents résumés dans ce paragraphe à un travail publié par M. Is. Pierre dans les *Annales de chimie et de physique*, t. XXXVII.

y trouve des matières organiques azotées et non azotées, des sulfates et des phosphates, du carbonate de chaux, des alcalis et des oxydes insolubles, et surtout de la silice. En raison de la grande variété de composition des diverses tangues, nous nous bornerons à indiquer, d'après M. Is. Pierre, celles des tangues qui diffèrent le plus entre elles par quelques-uns de leurs éléments (1).

COMPOSITION DE LA TANGUE desséchée à 100°.	LIEUX D'ORIGINE.			
	Anse de Moidrey.	Saint-Malo.	Mare de Montmartin.	Brévand.
	gr.	gr.	gr.	gr.
Matières combustibles et volatiles	2,96	6,90	7,27	2,83
Chlore	0,74	0,55	0,27	0,01
Acide sulfurique.	0,34	0,66	0,07	traces
Acide phosphorique	1,38	0,57	0,72	0,10
Silice soluble	2,25	0,54	traces	»
Carbonate de chaux	39,25	25,23	45,45	23,94
Magnésie	0,19	0,87	0,19	0,38
Alumine et oxyde de fer.	1,33	0,30	0,35	0,37
Matières insolubles.	50,43	63,05	45,26	72,37
Soude et potasse solubles.	1,01	1,06	0,32	traces
Perte	0,12	0,30	0,10	»
Tangue prise au moment de l'extraction	100,00	100,00	100,00	100,00
Eau interposée pour 100	0,85	2,38	2,33	»
Azote pour 1000.	1,11	1,58	1,52	0,30

Dans un même gisement et aux diverses époques de l'extraction pendant l'année, la proportion d'azote pour 100 contenue dans la tangue paraît d'autant plus élevée, que la tangue est plus *grasse*, c'est-à-dire formée de particules dans un plus grand état de division. Le grand nombre de débris coquilliers que l'examen de la tangue y fait découvrir rend aisément compte de cette circonstance : chaque jour, en effet, de nouvelles coquilles viennent s'intégrer dans les tas tangueux ainsi qu'une masse de petits débris organiques, animaux ou végétaux. La présence des débris coquilliers rend également compte

(1) Le lecteur désireux de connaître la composition des divers maerls ou treaz (sables coquilliers) recueillis sur les côtes de Bretagne consultera avec fruit les analyses exécutées par M. Besnou, pharmacien-major de la marine, qui sont insérées au deuxième volume de l'*Enquête sur les engrais industriels* publiée en 1866 par le ministère de l'agriculture.

du foisonnement qu'éprouve la tangue mise en tas dans les cours des fermes ; foisonnement qui peut aller jusqu'à 1/10ᵉ du volume total : on comprend aisément que l'exfoliation continue des dépouilles testacées tend sans cesse, en divisant la matière, à en augmenter le volume. Cette exfoliation, et par suite le foisonnement, est aidée par le pelletage des tas. La tangue ainsi pelletée, et ayant plusieurs mois de dépôt sur la grève, est plus estimée pour l'agriculture. La tangue s'emploie quelquefois seule et en nature sur les terres ; mais le plus habituellement on la mélange au préalable avec du fumier, des balayures, des curures de mares ou de fossés, etc. : la méthode la plus généralement adoptée consiste à en former des composts ou tombes plus ou moins longues. On commence par labourer l'emplacement de la tombe à 18 ou 20 centimètres de profondeur sur 1 mètre à 1ᵐ,20 de largeur ; après huit ou quinze jours, suivant la saison, on donne un deuxième labour, et l'on met une couche de fumier, puis une couche de tangue, une couche de balayures et curures de fossés, etc., puis de nouvelles couches de fumier, tangue, etc., dans le même ordre, jusqu'à une hauteur d'environ un mètre. Après quinze jours ou un mois, on recoupe le tout en y incorporant la moitié environ de la couche inférieure de terre, ameublie par le labour ; une semaine après, le compost ainsi préparé peut être répandu sur les champs.

Quelquefois, surtout à proximité des tanguières, on fabrique ces composts avec des couches alternatives de sablon et de fumier ; quelques jours avant de conduire aux champs, on recoupe le tout et on le relève en tas.

La bonne tangue passe pour *brûler* le fumier, lorsqu'on l'emploie seule avec lui dans la confection des composts. La principale cause de ce fait doit être attribuée à la propriété que possède le calcaire, dans un grand état de division, d'activer la décomposition des matières organiques. En définitive, la proportion de tangue qui entre dans les tombes est comprise entre 1/4 et 1/2 du volume total.

Enfin, la tangue s'emploie quelquefois aussi directement, sans mélange préalable, soit sur des prairies naturelles ou artificielles, après la récolte du fourrage, soit sur les chaumes de froment ou de sarrasin. Lorsque la tangue est ainsi employée seule, on n'en répand ordinairement que la moitié de la quantité que l'on fait entrer dans les composts.

Les terres qui reçoivent depuis longtemps de fortes proportions de tangue avec régularité finissent par offrir l'aspect des tanguières : ceci n'a rien d'étonnant, si l'on réfléchit qu'au bout d'un temps limité, le

terrain primitif n'entre plus que pour une minime proportion dans le
sol ainsi modifié par des additions successives : la dose habituelle de
tangue, en effet, est comprise entre 6 et 10 mètres cubes par hectare
pour les meilleures qualités, entre 10 et 20 pour les qualités moyennes ; dans les environs de Cherbourg, on en emploie de 25 à 100 mètres cubes par hectare. L'expérience démontre que les terres les plus
souvent et les plus anciennement tanguées éprouvent, aussi bien que
les autres, les bons effets d'une nouvelle couche de cet amendement.
Les principes les plus efficaces de la tangue disparaissent donc assez
rapidement. — Si l'on demande aux cultivateurs à quoi ils attribuent
les bons effets de la tangue, ils répondent que c'est « au sel qu'elle
contient ». Cette opinion n'est certainement pas fondée, car les tangues les plus estimées ne fourniraient guère qu'une dose de sel de
7 kilogr. par hectare et le mettraient ainsi à 200 fr. les 100 kilogr. Du
reste, les tangues les plus riches en sel sont précisément les moins
estimées ; enfin, les opérations que l'on fait subir au sablon, égouttage
prolongé, exposition à l'air et aux pluies, etc., ont pour résultat d'éliminer la plus grande partie du sel qu'il pouvait contenir.

Quant à l'effet des matières azotées et des phosphates, sans en nier
l'importance, il faut se garder de l'exagérer : trente tonnes de la meilleure tangue, à ce point de vue, ne vaudraient pas une tonne de fumier de ferme, et certaines tangues très-estimées ne pourraient fournir aux récoltes la moitié de l'acide phosphorique qu'elles renferment.
Il est au contraire un fait dominant, c'est que les tangues qui passent
pour les meilleures sont aussi les plus riches en calcaire : c'est là,
sinon le seul élément, du moins le plus important à considérer. D'ailleurs les terres sur lesquelles on obtient les effets les plus marqués
sont aussi celles sur lesquelles le chaulage réussit le mieux. La tangue
est donc un véritable amendement, tout à fait comparable aux faluns.
Toutefois on doit lui reconnaître une action fertilisante spéciale en
raison des matières organiques et des sels favorables à la végétation
qu'elle renferme.

§ 106. — DES AVANTAGES ET DES INCONVÉNIENTS DES AMENDEMENTS
CALCAIRES.

Bien que l'étude du mode d'action des amendements calcaires sur
le sol arable soit encore incomplète, et que plusieurs des questions
qu'elle soulève n'aient pas été élucidées, il est possible cependant de

concevoir comment l'emploi des calcaires, et particulièrement de la chaux, est avantageux, comment son abus est déplorable.

La chaux ou la marne, d'après M. P. Thenard, nous apparaissent comme des matières capables de fixer les principes solubles des engrais en se combinant avec eux, et nous concevons dès lors que dans les sols siliceux, peu riches en humus quand ils sont cultivés depuis longtemps, car l'air les pénètre aisément et brûle les matières organiques qu'il renferme, la chaux ait une influence bienfaisante ; le succès qu'ont obtenu la chaux et la marne dans les mauvaises terres de la Sologne est un exemple remarquable de cette *action préservatrice*. Si la proportion de chaux s'exagère, elle peut sans doute favoriser outre mesure la formation de principes solubles, perfumates, nitrates ou sels ammoniacaux, et alors la terre se dépouille des réserves accumulées par les débris des végétations précédentes.

Quand les terres abondent en humus, en débris végétaux, la chaux exerce surtout son *action assimilatrice*, elle favorise la formation de principes solubles aux dépens de ces débris, et les récoltes prennent tout à coup le plus brillant accroissement : c'est là ce qu'on a observé dans la Mayenne et dans la Sarthe.

En 1816, la production de la Mayenne était de 12 hectolitres par hectare ; en 1832, sous l'influence de la chaux, elle atteignait 19 hectolitres : c'est un rendement supérieur à la moyenne de la France, qui est compris entre 14 et 15. Le trèfle donnait aussi des récoltes rémunératrices qui permirent d'augmenter le nombre des têtes de bétail du pays. Toutefois la quantité de fumier produite ne fut pas équivalente à la réserve de matière organique absorbée, et bientôt le déficit dans la quantité de matières azotées fournies aux récoltes se fit sentir par la diminution de celles-ci : le rendement du froment dans la Mayenne est tombé en 1867 à 16 hectolitres ; tandis qu'il augmentait dans toute la France, il diminuait dans ce département.

Or, il est à remarquer que la consommation de la chaux a toujours été en augmentant. La quantité fabriquée dans la Mayenne était, en 1816, de 69 800 mètres cubes ; elle atteignait 293 800 mètres cubes en 1859, et en 1867 elle était de 350 000 mètres cubes : une partie de la chaux est exportée, il est vrai, mais la quantité consommée dans le département est de 280 000 mètres cubes environ (1).

« On évalue à 32 hectolitres la quantité de chaux nécessaire à un

_____

(1) Les renseignements précédents sont puisés dans le Rapport sur la prime d'honneur ᐧ de la Mayenne, de M. Louis de Kerjégu (Nantes, 1870), et dans l'*Enquête agricole de* 1867.

hectare de terre destinée à être ensemencée en froment. Le prix de l'hectolitre est, en moyenne, au fourneau, de 1 fr. 25 c.. Le transport s'élève ou s'abaisse suivant les distances, et varie de 25 à 75 centimes l'hectolitre. En partant de ces bases premières et en tenant compte de la fabrication des composts, qui exigent beaucoup de main-d'œuvre, on peut évaluer les frais de chaulage d'un hectare à 75 fr., non compris le fumier, toujours employé à raison de 8 mètres cubes par hectare. On commence à signaler comme nuisible l'excès du chaulage, et plusieurs cultivateurs en restreignent l'emploi. »

Ainsi s'énonce le rapporteur de l'enquête agricole sur le département de la Mayenne. Il est clair que la chaux a vigoureusement attaqué les détritus organiques laissés dans le sol par les ajoncs et les bruyères qui couvraient autrefois une partie du département : tant que ces débris ont été abondants, son rôle a été utile ; mais il est probable qu'aujourd'hui cette réserve est dissipée, et que les plantes ne peuvent plus guère emprunter leurs aliments qu'aux fumiers que reçoit le sol qui les porte ; il est même vraisemblable que la richesse du sol en azote ne doit pas aller en augmentant, tant l'action de la chaux sur les matières ulmiques est fréquemment répétée, tant aussi le cultivateur paraît pressé d'utiliser les principes du fumier, puisqu'il emploie celui-ci à la fabrication de véritables nitrières, en le mêlant à la chaux et à la terre.

Pour retrouver sa fertilité passée, la Mayenne ne devra pas se contenter d'employer les amendements calcaires, il faudra qu'elle importe des engrais azotés ; il est vraisemblable qu'en dépensant en azotate de soude la somme qu'elle consacre à la chaux, elle obtiendrait un résultat plus avantageux.

Il est bien facile aujourd'hui de blâmer le cultivateur de la Mayenne sur l'abus qu'il fait de la chaux ; mais cet abus il devait fatalement le commettre. Quand, en 1830, il a vu, sous l'influence de la chaux, le trèfle pousser vigoureusement, le froment remplacer le seigle, il a pu croire que la chaux était un véritable engrais. La science s'efforce de l'éclairer aujourd'hui en lui disant que la chaux ne fait que mobiliser l'engrais enfoui dans le sol ; que, loin de le créer, elle l'use en le rendant assimilable ; que, par suite, l'emploi de la chaux entraîne les fumures abondantes : elle lui donne ainsi un sage conseil, mais elle n'a pas le droit de lui reprocher une ignorance dont elle-même est à peine sortie, et qui la laisse encore dans l'incertitude sur quelques-unes des actions des matières calcaires.

CHAPITRE III

DU PLATRAGE DES TERRES ARABLES

———

Le sulfate de chaux se rencontre à deux états différents : cristallisé, blanc, ne renfermant pas d'eau de combinaison, il porte le nom d'*anhydrite ;* encore cristallisé, mais présentant parfois un curieux exemple d'hémitropie, et combiné avec 2 parties d'eau, le sulfate de chaux, dont la composition est représentée par la formule $CaO, SO^3, 2HO$, prend le nom de *gypse* ou *pierre à plâtre ;* sous cette forme, il est particulièrement abondant dans le bassin parisien ; les carrières de plâtre se rencontrent à Montmartre, à Argenteuil, à Triel, à Mantes, etc. Le sulfate de chaux hydraté perd facilement ses 2 équivalents d'eau de cristallisation sous l'influence d'une douce chaleur ; mélangé à l'eau, il est alors éminemment plastique : il est employé au moulage, au revêtement des murs en moellons. Mais cet état fluide n'est que passager, le plâtre cristallise, ses cristaux se feutrent, durcissent : on dit qu'il fait prise avec l'eau. Son emploi dans les constructions, dont nous n'avons pas à nous occuper, est déjà ancien ; l'agriculture, au contraire, ne l'utilise guère que depuis un siècle.

§ 107. — HISTORIQUE DE L'EMPLOI DU PLATRE EN AGRICULTURE.

On attribue généralement au pasteur Mayer, ministre protestant dans la principauté de Hohenlohe, les premières observations suivies sur les effets du plâtre en agriculture. Ses écrits popularisèrent son emploi vers le milieu du xviiie siècle. Des essais nombreux furent répétés : Tschiffeli en Suisse, et Schubart en Allemagne, multiplièrent les expériences, et l'emploi du plâtre se généralisa rapidement.

L'expérience que fit Franklin en Amérique, aux environs de Washington, est célèbre. Il possédait auprès d'une route très-fréquentée un champ situé en contre-bas de la chaussée ; quand il porta de la luzerne, il y répandit du plâtre de façon à former les mots : « *Ceci a été plâtré.* » Bientôt les pieds ainsi amendés, plus vigoureux, élevèrent leurs feuilles au-dessus des plantes voisines, et le relief formé par la luzerne elle-même forma les mots : « *Ceci a été plâtré.* » Ainsi qu'on l'a souvent observé dans l'histoire des engrais, on passa d'un extrême à l'autre, et, après s'être longtemps refusés à employer le plâtre, les agriculteurs s'engouèrent de cette matière ; on s'imagina que le plâtre était un engrais universel et qu'il allait remplacer tous les autres. Il n'en était rien cependant ; les mécomptes arrivèrent, et l'on reconnut bientôt qu'il n'agissait qu'avec l'aide d'engrais organiques, et que, s'il était très-efficace sur certaines plantes, il n'exerçait au contraire aucune action favorable sur beaucoup d'autres.

Enquête de Bosc. — Comme ces résultats contradictoires avaient jeté quelque trouble dans les esprits, et qu'après avoir exagéré les effets utiles du plâtre, il était à craindre qu'on ne le négligeât outre mesure, la Société d'agriculture de France jugea utile d'ouvrir une enquête, et de s'adresser aux agriculteurs eux-mêmes de façon à connaître leur opinion sur les conditions dans lesquelles le plâtre devait être employé. Le résultat de cette enquête fut présenté à la Société par Bosc, un de ses membres, dans la séance du 20 avril 1822. M. Boussingault a résumé, à son tour, le rapport assez confus de Bosc, et nous lui empruntons la page dans laquelle il en rend compte.

« Pour simplifier le questionnaire adressé aux cultivateurs, on peut supposer qu'il ne comporte que les quatre demandes suivantes auxquelles sont jointes les réponses obtenues :

1° Le plâtre agit-il favorablement sur les prairies artificielles ?

Sur quarante-trois opinions émises, il y en a quarante affirmatives, trois négatives.

2° Le plâtre agit-il favorablement sur les prairies artificielles dont le sol est extrêmement humide ?

Non, à l'unanimité. Il y a eu six opinions émises.

3° Le plâtre peut-il suppléer à l'engrais organique, à l'humus du sol ? En d'autres termes, un sol stérile peut-il porter une prairie artificielle par le seul fait du plâtrage ?

Non, à l'unanimité. Il y a eu sept opinions émises.

4° Le plâtre augmente-t-il d'une manière perceptible la récolte des céréales ?

Sur trente-deux opinions émises, il y en a eu trente négatives et deux affirmatives. »

Expériences de M. Smith, de M. de Villèle, de l'École de Grignon. — Ces résultats sont importants, et les nombreuses observations qui ont été faites depuis cette époque sont venues confirmer complétement les réponses des correspondants de la Société d'agriculture. Nous avons au reste, sur l'emploi du plâtre, des documents plus précis que ceux qui sont insérés dans le rapport de Bosc. Il existe, en effet, quelques expériences chiffrées exécutées en Angleterre et en France ; elles sont tellement frappantes, que nous croyons devoir les repro-duire.

Cultures comparées du sainfoin sur un sol plâtré et non plâtré, faites en 1792, 1793 et 1794, par M. Smith.

NUMÉROS des expériences	REMARQUES.	FANES SÈCHES par hectare.	GRAINES par hectare.	POIDS de la récolte totale.	RAPPORT des fanes au grain.
N° 1.	Récolte sur une terre végétale non plâ-trée, un mètre de profondeur, sous-sol de craie.	kil. 3662	kil. 457	kil. 4119	100 : 12,5
	Récolte sur le sol contigu, ayant reçu 5 h. 38 de plâtre en avril 1794. . . .	5939	635	6594	100 : 10,7
	Différence en faveur de la récolte plâtrée..	2997	178	2475	
N° 2.	Récolte sur la même terre végétale non plâtrée, moins profonde.	3018	268	3286	100 : 8,9
	Récolte sur le sol contigu, ayant reçu 5 h. 38 de plâtre en avril 1792. . . .	4780	414	5194	100 : 8,7
	Différence en faveur de la récolte plâtrée.	1762	146	1908	
N° 3.	Récolte sur la même terre végétale non plâtrée, 8 centim. de profondeur. . .	2256	72	2328	100 : 3,2
	Récolte sur le sol contigu, ayant reçu 5 h. 38 de plâtre le 17 mai 1794. . .	5323	230	5553	100 : 4,3
	Différence en faveur de la récolte plâtrée.	3067	158	3225	
N° 4.	Récolte sur le sol contigu à l'expérience n° 3, plâtré à la même dose en mai 1792.	4072	224	4926	100 : 4,8
	Différence en faveur de la récolte plâtrée depuis deux ans.	2448	152	2598	

On reconnaîtra, à l'inspection de ce tableau, que le plâtre a souvent augmenté d'un tiers les rendements, parfois il a doublé la récolte ; son effet a été aussi sensible sur le rendement en graine que sur celui des fanes.

On doit encore à M. Smith les résultats d'une expérience sur le trèfle blanc :

NUMÉROS des expériences	REMARQUES.	FANES par hectare.	GRAIN par hectare.	POIDS de la récolte totale.	RAPPORT de la fane à la graine.
		kil.	kil.	kil.	
N° 1.	A. Plâtré.	2429	347	2776	100 : 14,3
	A. Non plâtré.	915	61	976	100 : 6,7
	Différence.	1514	286	1800	
N° 2.	B. Plâtré.	2476	190	2686	100 : 7,6
	B. Non plâtré.	1525	67	1522	100 : 7,0
	Différence.	951	123	1074	

La moyenne de ces deux expériences montre que la récolte du trèfle non plâtré étant 100, celle du trèfle qui a reçu cet amendement est 225 : elle est plus que double.

Les expériences de M. de Villèle, postérieures aux précédentes, furent exécutées près de Caraman, dans la Haute-Garonne ; on a fauché le sainfoin et le trèfle avant qu'ils fussent montés en graine.

Culture comparée du sainfoin et du trèfle plâtré et non plâtré.

NATURE DE LA TERRE.	PLANTES.	PLATRE par hectare.	RÉCOLTE sèche sur les parcelles plâtrées par hectare.	RÉCOLTE sèche sur les parcelles non plâtrées par hectare.	EXCÈS de la récolte plâtrée sur la récolte non plâtrée.	VALEUR en argent de l'excès de fourrage.	PRIX du plâtre.	GAIN.
		kil.	kil.	kil.	kil.	fr.	fr.	fr.
Légère, sèche, exposée au midi, 2 à 3 décim. de profondeur, sur craie.	Sainfoin.	800	3500	2200	1300	52	20	32
		300	4000	2000	2000	80	7 50	72 50
		600	3300	2100	1200	48	15	33
Forte, argileuse, humide, 5 déc. de profondeur, sur glaise.	Trèfle.. .	500	5000	2500	2500	100	12 50	87 50
		700	4000	2400	1600	64	17 50	46 50

Les résultats ne sont pas partout aussi avantageux. Dans un essai qui fut fait à l'École de Grignon, où l'on n'emploie jamais le plâtre, parce que l'expérience a enseigné depuis longtemps qu'il n'y réussit que

médiocrement, on a plâtré pendant la campagne 1865-1866 une luzerne établie sur la partie du plateau qui était désignée à cette époque
sous le nom de 7ᵉ division. Deux carrés ne reçurent pas de plâtre, et
donnèrent, l'un 7300 kilos de foin et de regain fanés, l'autre 8350 :
c'était auprès de ce dernier que se trouvait le carré plâtré ; la récolte
y fut de 8670 kilos. On avait répandu 500 kilos de plâtre, valant
30 fr. ; de telle sorte que le gain , dépense d'engrais déduite, fut de
683 fr. (on comptait le foin à 80 fr. les 1000 kil.). Le carré non plâtré
voisin rendit par hectare une récolte valant 668 fr. ; on voit donc que
le bénéfice dû au plâtre serait de 15 fr. 60. Il est vrai que l'autre carré
pris pour témoin ne donna que 584 fr. de foin ; mais il faut remarquer
que cette portion de la luzernière était moins vigoureuse que la précédente, de façon qu'on ne saurait attribuer à l'effet du plâtre la différence de récolte , puisque, entre les deux parcelles qui n'en avaient
pas reçu, la différence était de 750 kilos, bien plus grande qu'entre
les parcelles voisines, dont l'une avait été plâtrée, tandis que l'autre
au contraire ne l'avait point été. Il est à remarquer, en outre, que la
luzerne sur laquelle on a opéré était vieille déjà de plusieurs années,
et que les engrais de potasse n'y produisirent guère d'effet. C'est un
fait reconnu depuis longtemps, que les engrais minéraux, efficaces sur
les légumineuses dans les premières années de leur culture, sont loin
d'exercer autant d'effet quand elles sont plus âgées. Nous essaierons
d'en préciser la raison dans les paragraphes suivants.

Proportions du plâtre à employer. — En général, on s'accorde
à reconnaître que, quelle que soit sa forme, le plâtre peut être employé aux usages agricoles ; on fera aussi bien usage du plâtre cru
bien pulvérisé, que du plâtre cuit, de l'anhydrite que des plâtras de
démolitions : la dose la plus convenable paraît être de 400 à 500 kilos
par hectare.

Quelques praticiens emploient le plâtre à l'automne , mais la plupart reconnaissent qu'il est préférable de le donner au printemps sur
les jeunes feuilles et par un temps un peu humide. Nous verrons que
cet usage s'accorde très-bien avec la théorie du plâtrage que nous
proposons.

§ 108. — EXPLICATIONS DES EFFETS UTILES DU PLATRE.

Le plâtre réussit sur les légumineuses et n'exerce aucune action
sur les céréales ; c'est là le point le plus curieux de son histoire
agricole qu'il convient surtout d'expliquer.

Avant d'indiquer ici comment nous comprenons ce résultat singulier que ne présente aucun autre amendement, il est utile de rappeler les diverses théories qui ont été émises pour rendre compte des effets du plâtre.

H. Davy admettait que les plantes qui bénéficient de son emploi absorbent ce sel en nature ; il serait indispensable à la formation de leurs tissus, comme le sont les phosphates à la formation des matières albuminoïdes. Mais cette hypothèse ne peut se soutenir devant les analyses exécutées par M. Boussingault. Ce savant chimiste a reconnu que dans les cendres d'un trèfle plâtré, l'acide sulfurique et la chaux sont loin d'être dans les rapports où on les trouve combinés dans le gypse ; tandis que la chaux forme une partie importante de ces cendres, l'acide sulfurique n'y entre que pour une faible proportion. On le reconnaîtra à l'inspection du tableau suivant :

MATIÈRES DOSÉES (1).	RÉCOLTE EXTRAORDINAIRE DE 1841.		RÉCOLTE PEU FAVORABLE DE 1842.	
	Cendres de trèfle		Cendres de trèfle	
	non plâtré.	plâtré.	non plâtré.	plâtré.
Chlore	4,1	3,8	3,3	3,0
Acide phosphorique	9,7	9,0	7,1	8,2
Acide sulfurique.	3,9	3,4	3,1	3,2
Chaux.	28,5	29,4	33,2	36,7
Magnésie	7,6	6,7	7,3	10,2
Oxyde de fer de manganèse . . .	1,2	1,0	0,6	traces
Potasse.	23,6	35,4	29,4	34,7
Soude.	1,2	0,9	2,9	0,3
Silice.	20,2	10,4	13,1	3,7
	100,0	100,0	100,0	100,0

(1) On a calculé en faisant abstraction de l'acide carbonique et de la perte.

Si le plâtre était absorbé en nature, s'il servait directement d'aliment à la plante, on devrait le retrouver dans les cendres, dans le rapport de 28 de chaux à 40 d'acide sulfurique ; or on trouve que, pour 28 de chaux, il y a **3,9** d'acide sulfurique, c'est-à-dire 1/10ᵉ de la quantité qu'exige la chaux pour être saturée. On remarquera de plus, ce qui est fort curieux, qu'il n'y a pas plus d'acide sulfurique dans les cendres du trèfle plâtré que dans celles des plantes qui n'ont pas reçu de sulfate de chaux ; il est donc bien clair que l'explication si simple de Davy ne peut être adoptée.

Le baron de Liebig avait supposé que le plâtre fixe le carbonate d'ammoniaque des eaux pluviales en le métamorphosant en sulfate d'ammoniaque. On sait, en effet, que si l'on mélange le carbonate d'ammoniaque avec du sulfate de chaux, on obtient un précipité de carbonate de chaux, et il reste en dissolution du sulfate d'ammoniaque ; c'est ce qu'exprime l'équation suivante :

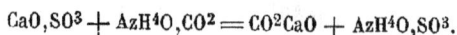

$$CaO,SO^3 + AzH^4O,CO^2 = CO^2CaO + AzH^4O,SO^3.$$

Le sulfate d'ammoniaque n'étant pas volatil comme le carbonate, il ne sera plus entraîné au moment de la dessiccation du sol pendant les chaleurs de l'été ; les plantes pourront donc bénéficier de cette ammoniaque qui, sans l'intervention du plâtre, se fût dissipée dans l'air et leur eût échappé.

Ctte théorie a été évidemment émise à un moment où Liebig croyait encore à l'efficacité des engrais azotés ; mais elle a le défaut de s'appliquer très-mal, car il est peu de plantes qui profitent aussi peu des engrais azotés que les légumineuses. Il est à remarquer, en outre, qu'ils sont très-efficaces sur les céréales ; or, il se trouve que les céréales ne profitent pas de l'emploi du plâtre, tandis qu'il agit au contraire sur les légumineuses. Cette théorie est donc absolument erronée ; elle a été proposée, au reste, à une époque où l'analyse des eaux pluviales n'était pas faite : on ignorait combien elles sont pauvres en ammoniaque, et par suite quelle faible action fertilisante elles peuvent exercer.

M. Kühlmann avait proposé une explication qui, au premier abord, est plus satisfaisante. Le plâtre, suivant lui, se décomposerait dans la terre arable sous l'influence des matières organiques, leur céderait son oxygène en les métamorphosant en nitrates ; le sulfure de calcium résultat de cette décomposition, exposé à l'air, s'oxyderait de nouveau pour être bientôt après décomposé encore une fois. Il se ferait ainsi dans la terre arable une série d'oxydations dont le plâtre serait l'agent intermédiaire, et il jouerait, par rapport aux matières organiques, le rôle des vapeurs nitreuses qui, dans les chambres de plomb où l'on fabrique l'acide sulfurique, portent l'oxygène de l'air sur l'acide sulfureux pour le métamorphoser en acide sulfurique.

A priori, il est clair cependant que cette théorie est incomplète, car, nous le répétons, les nitrates sont bien plus efficaces sur les cultures de céréales que sur le trèfle, la luzerne et le sainfoin, et cependant c'est sur ces dernières plantes qu'il est utile de répandre du plâtre et non sur les céréales. Toutefois, voulant reconnaître si le plâtre favorisait la nitrification, comme le pensait M. Kühlmann, j'entrepris une série de recherches précises sur ce sujet.

Le plâtre ne favorise pas la nitrification. — Pour être certain qu'on opérait exactement, on commença par rechercher dans du sable une petite quantité de salpêtre qu'on y avait introduite.

Dans 200 grammes de sable lavé, on ajouta $12^{\text{milligr}},4$ de nitrate de potasse, on en retrouva $11^{\text{milligr}},4$.

Les expériences portèrent sur la terre de Russie n° 2, dont nous avons donné l'analyse plus haut (p. 353). Elle ne renfermait alors que des traces de nitrate; le plâtre employé était pur, il était préparé par la calcination du gypse en fer de lances. On en mêla à un échantillon de terre un dixième de son poids; en même temps on mélangea un autre échantillon avec un dixième de son poids de sable pur, artifice employé par M. Boussingault afin de diviser la terre et de favoriser l'action oxydante de l'air (voy. § 97). On dosa l'acide nitrique à différentes reprises; on remarqua qu'il augmentait dans la terre sablée, mais que la terre plâtrée n'en renfermait que des traces. Enfin on fit le dosage trois semaines après le plâtrage, et l'on trouva, en rapportant à un kilogramme, dans :

Terre sablée, nitrates équivalent à nitrate de potasse.............................	$0^{\text{gr}},027$
Terre plâtrée............................	traces

Après quelques jours, on recommença les dosages, mais on ne trouva pas que les proportions eussent augmenté.

On choisit encore deux échantillons de cette même terre de Russie; l'un fut laissé à l'état normal, l'autre plâtré au dixième. On trouva, au bout de quatre mois, par kilogramme :

Terre normale, nitrates équivalent à salpêtre...	$0^{\text{gr}},491$
Terre plâtrée..............................	$0^{\text{gr}},102$

Ainsi l'expérience se prononçait nettement : il n'y a pas d'acide nitrique formé sous l'influence du plâtrage.

Le plâtre ne favorise pas la formation de l'ammoniaque. — Le plâtrage ne favorise pas davantage la formation de l'ammoniaque; c'est ce que démontrent les expériences suivantes.

L'ammoniaque toute formée devait être recherchée par la méthode imaginée par M. Boussingault; on voulut donc d'abord s'assurer qu'on opérait régulièrement. On mélangea dans 200 grammes de sable une quantité de sel ammoniac renfermant $6^{milligr},55$ de gaz ammoniac; on retrouva $6^{milligr},57$.

L'ammoniaque toute formée fut dosée comparativement dans les échantillons de la terre de Russie n° 2, qui avaient été mélangés de sable et de plâtre pour les expériences précédentes.

Après un mois, on dosa, dans un kilogramme de terre séchée à l'air, en ammoniaque toute formée :

Terre sablée . . . . $0^{gr},0624$
Terre plâtrée . . . . $0^{gr},0458$

L'ammoniaque fut recherchée également dans la terre de Russie normale et dans la terre restée en contact avec le plâtre pendant quatre mois; on trouva dans un kilogramme :

Terre de Russie normale . . . . $0^{gr},173$
Terre de Russie plâtrée . . . . $0^{gr},130$

On voit donc que le plâtre est loin d'agir sur la terre arable comme la chaux. En effet, dans une des expériences qu'il a faites sur les chaulages, M. Boussingault a trouvé en ammoniaque toute formée dans un kilogramme :

Terre mélangée de sable . . . . $0^{gr},012$
Terre chaulée . . . . $0^{gr},303$

En examinant la composition des cendres du trèfle planté et non plâtré que nous avons donnée plus haut, on reconnaît que la potasse est plus abondante dans les cendres provenant de la plante qui avait reçu le plâtre, que dans celle qui n'en avait pas reçu, et, bien qu'au premier abord on ne vît guère de raison pour que le plâtre favorisât l'assimilation de la potasse, on se résolut à tenter quelques essais dans ce sens, et de rechercher comparativement la quantité de potasse que l'eau pouvait enlever à une terre plâtrée et à une terre normale.

Le plâtre favorise la diffusion de la potasse dans la terre arable. — En général, on agit sur 100 grammes de terre séchée à l'air qui fut lavée avec un demi-litre d'eau; l'eau était évaporée d'abord dans une capsule de porcelaine, puis traitée par du carbonate d'ammoniaque pour éliminer la chaux (1); la liqueur filtrée était alors évaporée

(1) Il aurait mieux valu employer la baryte, qu'on eût ensuite éliminée par l'acide carbonique et l'ébullition. (Voyez § 78.)

à sec dans une capsule de platine et calcinée pour chasser l'excès des sels ammoniacaux ; on reprenait le résidu par l'acide chlorhydrique bouillant ; on ajoutait de l'alcool et du chlorure de platine.

On filtrait après vingt-quatre heures le chloroplatinate de potasse ; on desséchait le filtre, et l'on pesait enfin le chloroplatinate obtenu.

Les recherches furent commencées par un essai préalable ayant pour but de s'assurer que le procédé décrit plus haut ne présentait pas de causes d'erreurs graves.

On mélangea à 10 grammes de plâtre une quantité de salpêtre pur et sec renfermant $0^{gr},116$ de potasse ; en suivant le procédé indiqué, on trouva $0^{gr},107$: ainsi on avait fait une erreur de $0^{gr},009$, qui, bien que notable, n'était pas de nature à compromettre le succès des recherches. Un grand nombre de terres furent plâtrées au dixième, quantité énorme, impossible à employer dans la pratique, mais qui avait pour but d'exagérer l'effet du plâtre, et l'on dosa comparativement la potasse dans les terres normales et dans les terres plâtrées. On trouva les résultats suivants :

Potasse extraite par l'eau froide d'un kilogramme de terre séchée à l'air.

TERRES MISES EN EXPÉRIENCE.	POTASSE extraite de la terre normale.	POTASSE extraite de la terre plâtrée.	DIFFÉRENCE due au plâtrage.	DURÉE de l'expérience.
	gr.	gr.	gr.	
	0,048	0,136	+ 0,089	4 mois.
	0,058	0,140	+ 0,092	15 jours.
Terre noire de Russie n° 2..	»	0,288	+ 0,240	1 mois 1/2.
	»	0,428	+ 0,380	1 mois.
Terre noire de Russie n° 1.	0,128	0,138	+ 0,010	1 mois.
Terre des Chapelles (Seine-et-Marne).............	0,017	0,115	+ 0,098	1 mois.
Terre de Verclives (Eure)...	0,487	0,556	+ 0,069	1 mois.
Terre du rio Parana........	0,003	0,067	+ 0,064	1 mois.
Terre de Sologne..........	0,192	0,202	+ 0,010	1 mois.
Terre franche du Jardin des plantes...............	0,046	0,355	+ 0,309	24 heures.

Ces premières expériences avaient été tentées sur des terres prises au hasard parmi celles que je pouvais me procurer ; mais je pensai ensuite à les vérifier sur d'autres terres choisies spécialement dans le but de voir si, comme les faits précédents semblaient le montrer, le plâtrage favoriserait la solubilité de la potasse. Il devenait évident, en effet, que, dans une terre que le cultivateur ne plâtre jamais, on devait trouver de la potasse soluble dans l'eau en quantités assez notables, tandis que, dans celles que le cultivateur plâtre avec avantage, il ne devait y avoir de potasse soluble dans l'eau qu'après le plâtrage. La première de ces deux vérifications me fut suggérée par mon ancien élève, M. Camille Arnoul, qui travaillait avec moi au Conservatoire des arts et métiers en 1863, pendant que je m'occupais de ce travail pour lequel il me prêta le concours le plus actif et le plus dévoué.

Potasse extraite par l'eau froide d'un kilogramme de terre séchée à l'air (1).

TERRES MISES EN EXPÉRIENCE.	POTASSE extraite de la terre normale.	POTASSE extraite de la terre plâtrée.	DURÉE de l'expérience.
	gr.	gr.	
Terre d'Éragny (Seine-et-Marne), jamais plâtrée................	0,084	»	»
Terre d'Alfort (Seine), jamais plâtrée.	0,082	»	»
Terre de la Guéritaude (Indre-et-Loire), plâtrée avec grand avantage................	traces	0,105	12 heures.
Autre terre de la Guéritaude (Indre-et-Loire), plâtrée avec grand avantage................	traces	0,192	12 heures.

On voit que l'eau enlève à une terre plâtrée plus de potasse qu'à une terre qui ne l'a pas été, puisqu'en lavant dix échantillons d'un kilogramme de terres très-diverses, on leur a enlevé $1^{gr},095$ de potasse, tandis que les mêmes terres, après avoir été plâtrées, ont cédé à l'eau $2^{gr},525$ de potasse. On voit encore que les terres qui ne sont pas plâtrées avec avantage abandonnent à l'eau de la potasse, tandis que celles qui sont plâtrées, au contraire, ne cèdent à l'eau cet alcali qu'après qu'elles ont été additionnées de gypse.

Ces faits tendent donc à démontrer que la véritable fonction du plâtre serait de favoriser la solubilité de la potasse ; pour le démontrer encore plus complétement, on a tenté quelques essais synthétiques.

Au lieu de chercher, comme je l'ai fait d'abord, la potasse contenue dans une terre arable plâtrée et de tirer de cette comparaison l'explication des effets de cet amendement, j'ai ajouté de la potasse à

(1) Le travail sur le plâtrage des terres arables, que nous venons de résumer ici, a été publié dans les *Annales du Conservatoire des arts et métiers* en 1863. Les faits qui suivent sont extraits d'un second travail publié seulement en 1865.

diverses matières absorbantes, et j'ai ensuite essayé d'extraire cette potasse en ajoutant du plâtre à ces matières absorbantes. Souvent aussi j'ai fait deux lots des matières capables de retenir la potasse : les unes recevaient du plâtre, tandis que les autres restaient à leur état primitif. Après avoir mis ces matières absorbantes en contact avec des dissolutions de potasse titrée, on déterminait la quantité d'alcali qui avait été respectivement retenue dans les deux séries d'échantillons.

Ces expériences ont été faites avec de l'alumine lavée et séchée à l'air et avec du kaolin. Ce dernier m'a d'abord donné des résultats très-divergents, et je fus quelque temps avant d'en pénétrer la cause : elle n'était autre que la présence du plâtre même dans certains échantillons de kaolin lavés sans doute avec des eaux séléniteuses. Aussi j'engage beaucoup les chimistes qui voudraient vérifier ces expériences d'absorption, à s'assurer d'abord que le kaolin qu'ils emploient ne renferme pas de plâtre.

Les opérations étaient conduites de la manière suivante : On prenait 50 grammes de kaolin ou d'alumine séchée à l'air; on s'assurait qu'ils étaient exempts de potasse, et l'on ajoutait à l'un des échantillons de $2^{gr},5$ à 5 grammes de plâtre cuit, puis on y faisait tomber 100^{cc} d'une dissolution de carbonate de potasse préalablement titrée. On laissait en contact vingt-quatre heures, on filtrait, on mesurait le liquide obtenu, et l'on concluait, d'après la quantité de potasse trouvée dans le liquide filtré, à ce qu'on aurait obtenu si tout le liquide eût été extrait de la matière absorbante.

Absorption de la potasse à l'état de carbonate par le kaolin et l'alumine.

NATURE ET QUANTITÉ de LA MATIÈRE ABSORBANTE.	POIDS de la potasse ajoutée à l'état de carbonate.	POIDS du plâtre cuit ajouté.	POIDS de la potasse retrouvée en supposant tont le liquide extrait.	POIDS de la potasse retenue par la matière absorbante.	POIDS de la potasse retenue pour 100 de potasse ajoutée.
	gr.	gr.	gr.	gr.	gr.
50 gram. kaolin	0,214	»	0,072	0,142	66
50 id. kaolin	0,100	»	0,039	0,061	61
50 id. kaolin	0,100	»	0,041	0,059	59
50 id. alumine....	0,100	»	0,049	0,051	51
50 id. alumine....	0,100	»	0,058	0,042	42
250 gram. de matière absorbante	0,614	»	0,259	0,355	55

Absorption de la potasse à l'état de carbonate par le kaolin et l'alumine plâtrés.

NATURE ET QUANTITÉ de LA MATIÈRE ABSORBANTE.	POIDS de la potasse ajoutée à l'état de carbonate.	POIDS du plâtre cuit ajouté.	POIDS de la potasse retrouvée en supposant tout le liquide extrait.	POIDS de la potasse retenue par la matière absorbante.	POIDS de la potasse retenue pour 100 de potasse ajoutée.
	gr.	gr.	gr.	gr.	gr.
50 gram. kaolin.....	0,214	5	0,110	0,104	48
50 id. kaolin	0,100	2,5	0,063	0,037	37
50 id. kaolin	0,100	5	0,097	0,003	3
50 id. alumine....	0,100	5]	0,103	»	»
50 id. alumine	0,100	5	0,097	0,003	3
250 gram. de matière absorbante	0,614	22,5	0,470	0,147	18

On voit, d'après ces chiffres, que la matière absorbante à l'état normal a retenu 55 pour 100 de la potasse qu'elle a reçue, tandis qu'elle n'en a retenu que 18 pour 100, quand elle avait d'abord été mélangée de plâtre.

Les résultats précédents sont donc assez nets pour qu'il n'y ait plus d'hésitation possible, et l'on peut affirmer qu'un des effets qu'exerce le plâtre sur la terre arable est bien de mobiliser la potasse et de l'empêcher d'être absorbée par les matières argileuses.

En recherchant l'ammoniaque que l'eau pouvait enlever à une terre normale et à une terre plâtrée, on obtient encore des résultats semblables à ceux que nous avons donnés plus haut. Ainsi, tandis que, sur 100 parties d'ammoniaque existant dans les terres soumises à l'expérience, l'eau en enlevait 32,6, quand la terre était laissée à l'état normal, l'eau en enlevait 60 pour 100 des terres plâtrées.

Il nous reste maintenant à préciser les causes auxquelles il faut attribuer les effets que nous venons de constater.

Le plâtre métamorphose les carbonates contenus dans la terre arable en sulfates plus diffusibles. — Nous avons vu, dans le chapitre *Composition chimique de la terre arable*, que le sol cultivé renferme toujours une certaine proportion d'ammoniaque toute formée qui s'y trouve vraisemblablement à l'état de carbonate, puisque c'est là le produit que donnent les matières azotées d'origine organique qui se décomposent dans le sol avant de s'unir aux matières carbonées pour fournir les produits fumiques ; d'autre part, il est vraisemblable que la potasse soluble qu'on rencontre également dans la terre arable doit s'y trouver encore à l'état de carbonate, puisque nous avons vu (page 235) que l'acide carbonique a été l'un des agents les plus efficaces de décomposition des feldspaths.

Si l'on mélange à ces carbonates du sulfate de chaux, il est clair qu'on obtiendra des sulfates. On sait, en effet, que toutes les fois que des sels sont en contact, ils se décomposent mutuellement, surtout quand ils peuvent donner par l'échange des bases et des acides des composés présentant des propriétés physiques différentes de celles des corps réagissants. L'insolubilité du carbonate de chaux sera donc une des causes de cette décomposition, et il se formera dans une terre plâtrée du sulfate de potasse et du sulfate d'ammoniaque. Ne serait-ce pas à cette décomposition, à cette transformation des carbonates en sulfates que serait due la plus grande mobilité des bases que renferme la terre plâtrée ? et si nous pouvons enlever à un sol ainsi amendé plus de potasse et d'ammoniaque qu'à un sol normal, n'en pouvons-nous trouver la raison dans l'intensité variable avec laquelle les argiles retiennent les sulfates et les carbonates ?

Pour vérifier cette hypothèse, nous avons préparé des liqueurs titrées de carbonates et de sulfates de potasse et d'ammoniaque. Ces dissolutions doivent être très-étendues pour que les effets d'absorption soient très-sensibles. — Les opérations sont très-faciles à exécuter ; on met en contact de 50 à 100 ou à 200 grammes de kaolin ou de terre avec une dissolution titrée de potasse ou d'ammoniaque à l'état de sulfate ou de carbonate ; on mesure le volume de dissolution ajoutée, on laisse le liquide en contact avec la matière absorbante, puis on filtre. On mesure le liquide recueilli, et l'on dose la potasse et l'ammoniaque à l'aide du chlorure de platine, en ayant soin d'opérer sur des matières absorbantes qui ne cèdent à l'eau pure ni potasse ni ammoniaque. On sait, au reste, que la quantité de ces bases que l'eau peut enlever à 150 ou 100 grammes de terre est extrêmement faible et ne peut avoir d'influence sur les résultats.

On conclut, de la quantité de base trouvée dans le volume du liquide recueilli, à ce qu'on aurait obtenu si l'on avait pu retirer de la matière absorbante tout le liquide introduit ; on constate un appauvrissement de la liqueur qui indique la quantité de base absorbée, ainsi qu'on peut le voir dans les tableaux suivants :

Absorption comparée de la potasse à l'état de carbonate et à l'état de sulfate (1).

NATURE ET POIDS DES MATIÈRES ABSORBANTES.	POIDS de la potasse ajoutée.	POIDS de la potasse retrouvée.	POIDS do la potasse retenue.	POTASSE retenue pour 100 parties ajoutées.
1° CARBONATE DE POTASSE.				
	gr.	gr.	gr.	gr.
50 gram. kaolin..	0,588	0,092	0,496	85
50 id. kaolin...........	0,588	0,075	0,513	87
50 id. kaolin...........	0,214	0,072	0,142	66
100 id. terre de Touraine..	0,100	»	0,100	100
200 id. terre du Luxembourg.	0,075	0,050	0,025	33
500 gram. matières absorbantes.	1,565	0,289	1,276	74
2° SULFATE DE POTASSE.				
100 gram. kaolin...........	0,470	0,307	0,063	35
50 id. kaolin...........	0,266	0,120	0,146	35
100 id. terre de Touraine..	0,100	0,030	0,070	30
100 id. terre du Luxembourg.	0,097	0,092	0,005	5
350 gram. matières absorbantes.	0,933	0,549	0,284	31

Nous voyons donc que le carbonate de potasse est retenu par la terre arable et par le kaolin, bien plus énergiquement que le sulfate. On l'observe aisément quand on n'emploie pas des dissolutions trop concentrées. Si, en effet, on prend des dissolutions de carbonates alcalins qui attaquent vivement l'humus et passent très-colorées, les résultats sont très-différents : les propriétés absorbantes disparaissent, et les carbonates filtrent plus complétement que les sulfates ; l'influence de la concentration des liqueurs est particulièrement sensible dans les expériences suivantes.

On a mis en contact avec de la terre arable une dissolution de sulfate de potasse renfermant 8^{gr},09 de potasse par litre ; on a trouvé que 100^{cc} renfermant d'abord 0^{gr},809 n'en renfermaient plus que 0^{gr},616

(1) Nous avons déjà donné ce tableau dans le chapitre III de la seconde partie ; nous le réimprimons ici pour épargner au lecteur la peine de recourir à une page éloignée.

après un séjour de vingt-quatre heures ; que, par conséquent, il y avait eu 22,7 pour 100 de potasse retenus ; tandis qu'en prenant une dissolution de carbonate de potasse renfermant $10^{gr},900$ de potasse par litre, on trouva que 8 pour 100 de potasse seulement étaient retenus, puisque 100^{cc} mis en contact avec la terre renfermant par conséquent $1^{gr},09$ (on avait dosé sur 10^{cc}) en renfermaient encore, après un séjour de vingt-quatre heures, $1^{gr},010$.

Si donc on emploie le carbonate de potasse et le sulfate en dissolutions concentrées, on trouve que le sulfate passe moins bien que le carbonate ; mais les rapports changent complétement si l'on fait les essais avec des dissolutions étendues, comme nous l'avons vu plus haut et comme le prouve encore l'expérience suivante : Une dissolution de sulfate de potasse renfermant $0^{gr},148$ de potasse n'a plus donné, après avoir passé sur la terre qui avait servi à l'expérience précédente, que $0^{gr},070$, c'est-à-dire que 52,74 pour 100 ont été retenus, tandis qu'une dissolution de carbonate de potasse renfermant $0^{gr},236$ de potasse dans 100^{cc} avant l'expérience, n'en a plus donné que 0,061 après son séjour sur la terre, c'est-à-dire qu'il y a 73,8 pour 100 de potasse retenue. Ces expériences prouvent donc que les dissolutions étendues de sulfate de potasse produites dans la terre par la réaction du carbonate de potasse sur le sulfate de chaux passent plus facilement au travers de cette terre, sont plus mobiles, sont moins bien absorbées par l'argile que les dissolutions de carbonate, et elles semblent indiquer que la mobilité de la potasse dans les terres plâtrées doit être attribuée à sa transformation en sulfate.

La mobilisation de l'ammoniaque sous l'influence du plâtre est due à la même cause. On a reconnu, en effet, que le sulfate d'ammoniaque était retenu beaucoup moins énergiquement que le carbonate par la terre arable ou par une substance argileuse comme le kaolin ; c'est ce que démontre l'expérience suivante : 100^{cc} d'une dissolution de sulfate d'ammoniaque renfermant $0^{gr},063$ d'ammoniaque en donnaient encore $0^{gr},043$ après avoir séjourné avec 50 grammes de kaolin où 50 grammes de terre ; il y avait eu, par conséquent, dans les deux cas, 31,5 pour 100 d'ammoniaque absorbés ; tandis qu'en plaçant dans les mêmesconditions une dissolution de carbonate d'ammoniaque dont 100^{cc} renfermaient $0^{gr},055$ d'ammoniaque, on n'a trouvé que $0^{gr},022$ après un contact de vingt-quatre heures avec le kaolin, et qu'il a été impossible d'en déceler la moindre trace dans l'eau qui avait passé sur la terre arable ; c'est-à-dire qu'il y a eu 60 pour 100 d'ammoniaque

retenus par le kaolin, et 100 pour 100 par la terre arable. M. Brustlein
a trouvé dans quelques-uns des essais que renferme l'important mémoire qu'il a publié, il y a quelques années, sur les propriétés absorbantes de la terre arable, des faits analogues pour des dissolutions
d'ammoniaque libre, qui, très-probablement, ne persiste pas sous cette
forme dans la terre arable, où se rencontre toujours de l'acide carbonique en liberté. Je citerai notamment une expérience faite avec une
liqueur étendue comme celle que nous avons employée nous-mème,
où 1 kilogr. de terre mis en contact avec 0,295 d'ammoniaque en a
absorbé $0^{gr},283$, c'est-à-dire presque la totalité. (Voy. p. 270 et suiv.)

Ainsi, en résumant toutes les expériences précédentes, on trouve que :

Sur 100 de potasse introduits dans une matière absorbante à l'état de carbonate	74 sont retenus.
Sur 100 de potasse introduits à l'état de sulfate........	32 id.
Sur 100 d'ammoniaque introduits à l'état de carbonate	80 id.
Sur 100 d'ammoniaque introduits à l'état de sulfate....................	31,5 id.

Nous avons donné plus haut, dans le chapitre *Fertilité de la terre
arable*, l'analyse de certaines terres prises à des profondeurs variables, et nous avons reconnu que jusqu'à 1 mètre et $1^m,80$, il existait
dans ces terres de l'azote appartenant à des matières organiques. Mais
nous avons reconnu en outre que cette quantité d'azote était plus
faible à une certaine profondeur qu'à la surface ; nous avons reconnu
également, par l'analyse des eaux de drainage, que la potasse était
généralement retenue dans la terre arable et arrivait difficilement en
dissolution jusque dans les couches profondes. Or c'est dans les
couches superficielles qu'elle est mise en liberté par l'action incessante de l'acide carbonique qui s'y forme sous l'influence de l'oxygène
atmosphérique brûlant lentement les matières carbonées ; c'est cet
acide carbonique qui l'arrache peu à peu aux argiles, et l'on conçoit
que tant qu'on cultivera des plantes comme les céréales, dont les
racines restent dans les couches superficielles du sol, il importe peu
que la potasse et l'ammoniaque soient retenues dans ces couches
superficielles par les propriétés absorbantes de la terre. Mais on
comprend en outre qu'il n'en soit plus ainsi pour les légumineuses,
dont les racines s'enfoncent au-dessous de la couche arable ordinaire : les racines du sainfoin, par exemple, pénètrent quelquefois
jusqu'à 2 mètres de profondeur, et peuvent s'étendre plus loin

encore dans les interstices des roches calcaires (1). On rencontre des racines de luzerne à des profondeurs plus grandes encore : nous avons à l'École de Grignon une racine de luzerne de 2^m,50 de long. M. de Gasparin en a vu de 4 mètres de longueur, et il en existe, dit-on, qui atteignent même des dimensions plus considérables encore. Ces plantes pourront peut-être prospérer dans un sol sablonneux où les principes des engrais ne seront pas retenus dans les couches superficielles du sol, mais il n'en sera plus ainsi dans les terrains argileux ; et pour que les alcalis puissent arriver jusqu'à ces racines profondément enfoncées, il faudra qu'elles échappent aux propriétés absorbantes de l'argile : c'est dans ce cas qu'on fera intervenir le plâtre.

Le plâtre me paraît donc avoir sur la terre arable une action tout à fait déterminée, tout à fait spéciale : il a pour but de faire passer les alcalis de la couche superficielle, où ils sont habituellement retenus, dans les couches profondes, où les racines des légumineuses vont chercher leurs aliments.

On remarquera que cette conclusion est tout à fait indépendante de l'explication que je donne des effets du plâtre ; qu'il ait ou non pour effet de transformer les carbonates alcalins en sulfates, qu'il agisse chimiquement ou physiquement, les faits qu'établissent les deux paragraphes précédents suffisent pour qu'on puisse se convaincre que le plâtre donne à la potasse et à l'ammoniaque contenues dans la terre arable une mobilité qu'elles n'auraient pas sans lui. Ces faits expliquent comment cet agent favorise la végétation des plantes à racines profondes, comme les légumineuses, tandis qu'il n'exerce aucune action sur les plantes dont les racines s'arrêtent dans les couches supérieures du sol.

Toutefois l'interprétation que j'ai proposée de l'effet du plâtre trouve plusieurs confirmations qui me paraissent prouver qu'elle est exacte.

J'ai montré (page 434) que les sulfates passent bien au travers de la terre arable. Or, à quelque état qu'on suppose l'ammoniaque ou la potasse dans la terre, elle finira toujours, sous l'influence du plâtre, par se métamorphoser plus ou moins complétement en sulfate, et par pouvoir pénétrer dans les couches profondes. Si le plâtre agit bien comme sulfate, s'il a bien pour but d'amener la potasse et

---

(1) Voyez, sur ce sujet, un excellent travail de M. Is. Pierre : *Prairies artificielles, des causes de diminution de leurs produits*, ouvrage couronné par la Société d'agriculture d'Orléans, 1861.

l'ammoniaque à l'état de sulfate, il ne doit pas être seul à exercer son effet, et pourra être remplacé par d'autres sulfates. Or, il est reconnu que les agronomes ont obtenu d'excellents effets d'un mélange de sulfate de magnésie et de sulfate de potasse ; les récoltes amendées avec ces matières ont même été supérieures à celles qui avaient reçu du plâtre seulement, et cela se conçoit, car le plâtre ne crée pas la potasse et ne fait que la mobiliser. Si donc on ajoute à la terre arable la matière que le plâtre doit rendre soluble, on produira un effet plus efficace encore que celui que détermine le gypse lui-même.

Nous trouvons un argument singulièrement favorable à cette manière de voir dans les expériences de MM. Lawes et Gilbert, exécutées sur le trèfle rouge, pendant plusieurs années, sur les mêmes sols. Pendant les quatre dernières années, l'hectare a rendu sans engrais une quantité totale de foin dépassant 352 000 kil. : c'est 8700 kil. environ par année moyenne. Quand le sol a reçu du plâtre, il a donné pendant ces quatre ans 47 500 kil. environ, ce qui a fait monter la moyenne pour chaque année à un chiffre voisin de 12 000 kil., mais cependant un peu inférieur. Quand, enfin, on a amendé la terre avec des sulfates de potasse, de soude et de magnésie, on a obtenu un produit total supérieur à 55 000 kil., et par conséquent la moyenne annuelle a été de 13 850 kilos.

M. Is. Pierre a reconnu également que le sulfate de magnésie exerçait sur le trèfle et le sainfoin une action tout à fait comparable à celle du plâtre. L'éminent chimiste de Caen a en outre étudié pendant trois ans l'emploi de divers sels sur le sainfoin ; il a trouvé deux fois sur trois que le plâtre cru donnait de meilleurs résultats que le plâtre cuit. Le sulfate de soude et le sulfate d'ammoniaque ont aussi fourni des résultats avantageux, et le second plus que le premier. Le nitrate de potasse et le nitrate d'ammoniaque ont également augmenté les récoltes. (*Études pratiques et théoriques d'agronomie*, t. I, p. 108 et suiv.)

J'aurais bien désiré vérifier ces résultats importants à l'École de Grignon ; malheureusement, les expériences sur la luzerne entreprises pendant l'année 1865-66 n'ont pas donné des résultats avantageux, probablement à cause de la quantité notable de potasse soluble qui se trouvait dans le sol sur lequel la culture était établie. (Voy. l'analyse de la 5ᵉ division, page 312, et plus bas les *Engrais de potasse*.)

Des expériences nombreuses ont démontré que les engrais azotés n'agissent que médiocrement sur les légumineuses ; les expériences de MM. Lawes et Gilbert, celles de M. Isidore Pierre, l'influence bien connue des cendres sur les prairies artificielles, établissent au contraire que la potasse exerce généralement sur elles une influence favorable. Je pense donc que c'est surtout en faisant descendre la potasse des couches superficielles du sol aux couches profondes, où pénètrent les racines de légumineuses, que le plâtrage est utile.

Une dernière objection reste toutefois à lever.

Les sulfates sont réduits dans la terre arable et les bases amenées à l'état de carbonates. — Quand on fait l'analyse des cendres des plantes plâtrées, on y rencontre plus de chaux et de potasse que dans les cendres des plantes non plâtrées, mais on est frappé en même temps de trouver dans ces cendres une très-petite quantité d'acide sulfurique, et qui est loin de correspondre aux proportions d'alcalis que présentent les cendres. M. Boussingault a constaté le fait depuis longtemps (page 425), et nos analyses le confirment complétement.

Nous avons trouvé en effet, dans 100 grammes de cendres provenant des tiges d'un trèfle plâtré :

Chaux................................... 20,68
Potasse................................. 8,90
Acide sulfurique 5,76

et dans les racines :

Chaux.................................. 16,10
Potasse................................ 3,90
Acide sulfurique....................... 10,01

et il aurait fallu dans les cendres des tiges 38,4 d'acide sulfurique au lieu de 5,76, et dans les racines 43,9 d'acide sulfurique au lieu de 10,01, pour que les alcalis fussent à l'état de sulfates.

Il est facile de se convaincre cependant que les plantes absorbent les sulfates aussi bien que les autres sels solubles qui arrivent au contact de leurs racines. On démontre cette absorption du sulfate de chaux en faisant végéter les plantes dans du sable pur ou dans du coton, et en les arrosant avec une dissolution de sulfate de chaux, qu'elles supportent parfaitement. Les expériences ont porté sur du cresson alénois et sur des fèves : le cresson, séché et brûlé, a donné des cendres renfermant de l'acide sulfurique et de la chaux ; une fève développée dans du coton, et qui pesait sèche $1^{gr},460$, a donné 0,095 de cendres renfermant 0,006 d'acide sulfurique et 0,004 de chaux : c'est-à-dire que ces deux corps se trouvaient dans le rapport de 40 à 28, qui est celui sous lequel s'unissent la chaux et l'acide sulfurique. Au reste, toutes les analyses de cendres démontrent dans les plantes la présence de petites

quantités de sulfates ; il est donc certain qu'ils peuvent pénétrer dans
les végétaux, aussi notre théorie laisse-t-elle jusqu'à présent quelque
chose à désirer. Nous attribuons les bons effets du plâtrage à la transformation des carbonates en sulfates, et nous ne pouvons cependant
affirmer que la chaux ou la potasse sont entrées dans les plantes à
l'état de sulfate, puisque nous ne trouvons pas dans les cendres des
végétaux qui se sont développés dans un sol plâtré ces sels eux-
mêmes, mais seulement un de leurs éléments.

Après bien des recherches inutiles, on finit par comprendre que si
l'on ne retrouvait pas dans la plante tout l'acide sulfurique qu'exi-
geaient la chaux et la potasse des cendres, c'est que cet acide ne péné-
trait pas dans la plante, par suite de la décomposition plus ou moins
complète qu'éprouvent les sulfates.

Suivons, en effet, les sulfates de potasse, de chaux et d'ammoniaque
descendant au travers des couches arables, et voyons ce qui doit
arriver. Ces sulfates vont se trouver au contact de matières carbonées,
de matières organiques qui existent dans le sol arable jusqu'à une
grande profondeur, comme l'a montré M. Isidore Pierre, et comme
nous l'avons reconnu nous-même à l'École de Grignon (voy. p. 354),
et, sous l'influence de ces matières organiques, les sulfates sont réduits et transformés en carbonates. C'est ce qu'indiquent les équa-
tions suivantes, qui font voir en outre que l'hydrogène sulfuré lui-
même peut être brûlé quand il pénètre par diffusion dans les couches
du sol où se rencontre une atmosphère oxygénée :

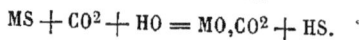

$$MOSO^3 - 4O = MS.$$
$$MS + CO^2 + HO = MO,CO^2 + HS.$$
$$HS + O = HO + S.$$

Ces décompositions successives sont faciles à suivre, et l'expérience
prouve que l'acide sulfurique introduit dans la terre arable y disparaît rapidement.

Nous l'avons montré dès nos premières recherches. On avait mélangé du sulfate de chaux avec deux échantillons de terre de Russie
riche en débris organiques et avec du terreau de maraîcher ; on détermina l'acide sulfurique contenu dans les trois échantillons de 25 gram.
au moment même où le mélange fut effectué ; les trois échantillons
furent lavés avec des quantités égales d'eau froide ; on humecta pendant un mois les échantillons tenus en réserve, et l'on y rechercha
alors de nouveau l'acide sulfurique.

	gr.
Acide sulfurique dans l'échantillon de terre de Russie n° 1 au moment du plâtrage.........	0,893
Acide sulfurique après un mois...............	0,793
Acide sulfurique disparu...................	0,100

Acide sulfurique dans l'échantillon n° 2 au moment du plâtrage.....................	0,861
Acide sulfurique après un mois...............	0,806
Acide sulfurique disparu...................	0,055

Acide sulfurique dans un mélange de plâtre et de terreau des maraîchers au moment du plâtrage.	1,089
Acide sulfurique après un mois...............	0,762
Acide sulfurique disparu...................	0,347

On a observé encore cette même réduction des sulfates en opérant d'une autre façon.

On a dosé dans une terre plâtrée depuis quelque temps la chaux et l'acide sulfurique ; le terre normale ne renfermait pas sensiblement d'acide sulfurique, mais elle abandonnait à l'eau de la chaux en quantité assez notable : on trouva dans 10 grammes de terre $0^{gr},030$ de chaux qu'on a défalqué de celle que donnait la terre plâtrée.

On a dosé dans 10 grammes de terre qui avaient reçu un gramme de plâtre cuit :

	gr.
Chaux................................	0,352
Acide sulfurique........	0,423
Acide sulfurique correspondant à la chaux......	0,481
Acide sulfurique disparu...................	0,058

Et dans 10 grammes de terre qui avaient reçu un gramme de plâtre cru :

	gr.
Chaux............................ ..	0,262
Acide sulfurique.......................	0,343
Acide sulfurique correspondant à la chaux trouvée.	0,374
Acide sulfurique disparu...................	0,031

Ainsi, nous pensons que dans les profondeurs du sol arable, sous les influences réductrices nombreuses qui s'y manifestent constamment, le sulfate de chaux, ainsi que celui de potasse ou d'ammoniaque peuvent être réduits et transformés en carbonates avec élimination de soufre. Au reste, nous avons, à l'appui de cette opinion, un grand nombre d'expériences. M. P. Thenard plâtre ses fumiers et y trouve du soufre cristallisé. Dans les démolitions des vieilles constructions parisiennes, on rencontre encore des cristaux de soufre dus à l'action réductrice des eaux ménagères sur le gypse qui forme le sol parisien. Les eaux qui descendent des collines d'Argenteuil s'infiltrent dans le sol, y rencontrent du plâtre, puis sans doute des matières organiques qui le réduisent, et ces eaux apparaissent chargées d'acide sulfhydrique et de sulfure, une lieue plus loin, à Enghien. M. Boussingault place une lame d'argent dans une terre plâtrée et la voit noircir, etc.

Les bases, d'abord combinées avec l'acide carbonique, amenées à l'état de sulfate par l'action du plâtre, ne persistent donc pas indéfiniment sous cette forme, et une nouvelle métamorphose peut les ramener à leur état primitif, ou même leur permettre de contracter de nouvelles combinaisons avec les acides ulmiques, qui paraissent avoir une influence si décisive sur le développement des légumineuses. Après leur combinaison avec l'acide sulfurique, tous les faits précédents le démontrent, les alcalis quittent les couches superficielles, descendent plus profondément, se répartissent dans le sous-sol, qu'ils n'atteindraient pas sous leur ancienne forme, et pénètrent dans les plantes sous forme de sulfates, quand ils atteignent les racines avant d'avoir subi une nouvelle transformation. On rencontre toujours, en effet, dans les cendres des plantes plâtrées, quelques centièmes d'acide sulfurique; mais bientôt les sulfates sont réduits, décomposés, et des carbonates prennent de nouveau naissance : de sorte que le plâtre n'a servi qu'à mobiliser la potasse et l'ammoniaque, mais les laisse bientôt sous une forme semblable à celle qu'elles avaient d'abord, éminemment propre à leur combinaison avec les acides ulmiques, à une profondeur plus considérable, où les racines des légumineuses peuvent les saisir plus aisément.

Nous avons insisté jusqu'à présent beaucoup plus sur l'action qu'exerce le plâtre sur la potasse et l'ammoniaque que sur l'influence utile qu'il peut avoir lui-même comme apportant au sol la chaux que les plantes réclament; et il est certain que la chaux, filtrant plus facilement que la potasse et l'ammoniaque au travers de la terre arable, doit moins faire défaut dans les couches profondes que les alcalis eux-mêmes; j'ai dû enfin appuyer sur l'action qu'exerce le plâtre sur la solubilité des bases, action complétement inconnue avant mes recherches. La décomposition du sulfate de chaux, sa transformation en carbonate très-divisé, très-soluble dans l'acide carbonique, avait au reste été indiquée déjà; elle démontre que le plâtre peut être utile aux plantes qui assimilent de la chaux comme à celles qui ont besoin de potasse et d'ammoniaque, et que la chaux doit se trouver aussi dans les cendres plâtrées en plus grande quantité que l'acide sulfurique.

§ 109. — LE PLATRE, EN DÉTERMINANT LA DIFFUSION DE LA POTASSE, FAVORISE L'ASSIMILATION DE SELS ALCALINS RENFERMANT DES ACIDES AZOTOCARBONÉS.

Les travaux précédents établissent que le plâtre favorise la diffusion de la potasse et de l'ammoniaque, mais il est un point qu'ils laissent sans explication, et sur lequel cependant il convient d'insister.

MM. Lawes et Gilbert, dans le beau mémoire qu'ils ont consacré à l'étude de la culture du trèfle rouge (*Report of experiments on the growth of red Clover by different manures*, in *the Journal of the Roy. agric. Soc. of Engl.*, vol. XXI, p. 1), ont remarqué que si le plâtre et les sulfates alcalins qu'ils employaient comme engrais réussissaient très-bien les premières années de leur emploi sur un certain sol couvert de légumineuses, ils cessaient d'être efficaces après un an ou deux, quand bien même on ajoutait à ces substances des sels ammoniacaux ou du fumier; et cependant, tandis que, dans le champ d'expériences, la récolte de trèfle allait en diminuant, quelque effort qu'on fît pour la maintenir, elle restait abondante dans un jardin situé très-près du champ d'expériences, qui supportait, par conséquent, les mêmes conditions climatiques.

Frappés de ces résultats, MM. Lawes et Gilbert cherchent à les interpréter : ils rappellent une hypothèse remarquable émise par Mulder, qui, remarquant que les débris organiques enfouis dans le sol subissent une série de métamorphoses complexes avant d'être amenés à l'état d'acide carbonique, admet que ces composés intermédiaires constituent une série d'acides qui se combinent avec l'ammoniaque ou avec les alcalis fixes, pour former des sels à acides organiques. Tout le monde sait, en effet, que la terre arable renferme une proportion notable de matières ulmiques solubles dans les alcalis. M. Rissler a insisté, il y a déjà plusieurs années, sur leur importance, et M. L. Grandeau leur accorde également une influence considérable sur l'assimilation des substances minérales. Imaginons maintenant que certaines plantes, le trèfle, la luzerne, par exemple, demandent, pour donner une récolte abondante, qu'une partie de leurs aliments leur soit présentée sous la forme de composés carbonés, combinés avec l'ammoniaque ou avec la potasse, et nous aurons émis une hypothèse qu'on ne pourra admettre que lorsqu'elle aura été démontrée exacte par l'expérience, mais qui aura l'avantage de nous faire comprendre aisément tout ce qui reste encore d'obscur dans la question du plâtrage. Ainsi nous concevons aisément comment il est nécessaire qu'une certaine période de temps se soit écoulée avant qu'on puisse faire revenir la luzerne sur un sol qu'elle a déjà occupé, car les composés complexes en question ne se forment dans le sol en quantité suffisante, pour fournir aux besoins de ces plantes, qu'avec une certaine lenteur.

Nous comprendrons encore les différences si curieuses observées par les chimistes de Rothamsted sur l'action des engrais chimiques employés à la culture des céréales et à celle des légumineuses. Dans quelques-uns de leurs champs d'expériences, MM. Lawes et Gilbert ont pu obtenir des récoltes de blé abondantes pendant dix-sept années de suite, sans fournir au sol un gramme de carbone ; les récoltes étaient considérablement plus abondantes sur certaines parcelles où l'engrais ne renfermait pas de carbone que sur celles qui en recevaient des proportions considérables : il y a donc, dans ce cas, de fortes raisons d'admettre que ces plantes puisent la plus grande partie, sinon la totalité de leur carbone, dans l'acide carbonique.

Quand le sol est abondamment fourni de matières minérales, la quantité de matières végétales élaborées par certains végétaux dépend de la proportion de matières azotées assimilables qui leur est fournie ; mais l'addition d'azote sous forme d'ammoniaque ou de nitrates, qui est si avantageuse pour les graminées, est plutôt nuisible pour les légumineuses.

Cependant celles-ci renferment une quantité notable de principes albuminoïdes. Nous avons vu plus haut (§ 21) qu'elles ne prennent pas l'azote libre de l'atmosphère, les engrais azotés ne leur conviennent pas ; quand on amende une prairie avec des engrais azotés, on voit aussitôt les graminées prendre le dessus et se substituer aux légumineuses : ainsi celles-ci exigent une alimentation différente de celles-là ; et il est probable qu'elles prennent leur azote sous une forme complexe, sous celle de composés azotocarbonés. Ces principes sont insolubles dans l'eau, puisqu'ils s'accumulent dans le sol ; pour qu'ils soient assimilés, il faut qu'ils se dissolvent, et le rôle de la potasse paraît être dès lors d'amener ces principes à l'état soluble. Si l'on admet cette hypothèse, on en conclut que la potasse ne pourra avoir d'effet utile qu'autant que le sol renfermera ces produits complexes, et que son action sera nulle aussitôt qu'ils auront disparu. On comprend dès lors facilement comment un long espace de temps doit s'écouler avant qu'un sol ordinaire soit capable de porter une récolte de légumineuses; tandis qu'un sol de jardin, fumé abondamment avec des matières organiques peut-être depuis des siècles, pourra porter de semblables cultures plusieurs années de suite, sans qu'on les voie dépérir. On comprend enfin comment la potasse est utile au début de la culture de la luzerne, au moment où le sol est riche en matières ulmiques; comment elle est sans action sensible lorsque le sous-sol est épuisé.

Les opinions émises dans le mémoire de MM. Lawes et Gilbert méritent une confirmation expérimentale, et ne pourront être admises que lorsqu'on aura démontré que les légumineuses prospèrent dans un sol amendé avec des ulmates alcalins; mais nous devons faire observer cependant que le rôle que nous avons attribué au plâtre s'accorde très-bien avec cette manière de voir. Nous avons reconnu dans les pages précédentes que les sulfates alcalins descendus dans les couches profondes sont bientôt ramenés à l'état de carbonates, qui peuvent fournir aux acides ulmiques la base nécessaire pour les dissoudre. Ce ne serait donc pas seulement parce qu'il mettrait la potasse à la disposition de la plante que le plâtre serait utile, mais encore parce qu'il faciliterait à l'aide de cette potasse entraînée dans les couches profondes la dissolution, puis l'assimilation des acides ulmiques, qui contribuent particulièrement à l'alimentation des légumineuses. Or, bien avant que nous eussions émis les opinions précédentes, M. Rissler avait reconnu que l'eau chargée de plâtre enlève plus de matières organiques à une terre riche en débris végétaux que de l'eau pure, ce qui vient encore confirmer la manière de voir que nous avons développée dans ce chapitre.

QUATRIÈME PARTIE

DES ENGRAIS

Nous avons consacré la première partie de cet ouvrage à l'étude des végétaux ; nous avons reconnu quelles étaient les substances nécessaires à leur développement régulier. Ces premières connaissances nous ont guidé dans l'examen de la terre arable. Nous y avons recherché ces matières utiles aux plantes ; nous les y avons trouvées souvent en quantités considérables, mais habituellement à l'état insoluble, et par suite sous une forme qui empêchait les végétaux de s'en saisir. Nous avons donc reconnu qu'il fallait les modifier pour les rendre assimilables, et c'est là le rôle que nous avons attribué aux amendements. Leur action, si énergique qu'elle soit, est cependant insuffisante pour fournir aux besoins de la masse énorme de plantes de même espèce que notre système de culture entasse sur une surface limitée ; aux matières nécessaires à la végétation fournies directement par le sol, il faut donc ajouter des aliments nouveaux, des *engrais*, non-seulement pour que la terre conserve sa puissance de production, mais pour qu'elle l'augmente et qu'elle fournisse une abondante alimentation à une population sans cesse en voie d'accroissement.

Le problème à résoudre comprend deux termes différents : il ne suffit pas de rechercher de toutes parts ces principes nécessaires au développement des végétaux et de les mettre à la disposition des cultivateurs ; il faut encore préciser le mode d'alimentation des diverses espèces végétales, de façon à donner à chacune d'elles la nature d'engrais qui lui convient.

Sur ce point nos connaissances sont encore très-incomplètes. S'il est clair que toutes les plantes doivent trouver des combinaisons azotées dans le sol où elles enfoncent leurs racines, nous ignorons encore ou nous ne savons que très-vaguement la forme sous laquelle ces combinaisons doivent être fournies : telle plante paraît prospérer sous l'influence des nitrates, telle autre sous celle des composés ammoniacaux, telle autre enfin semble exiger des combinaisons carbazotées plus complexes. Il importe que la forme sous laquelle l'engrais azoté doit être fourni à telle ou telle espèce cultivée soit nettement déterminée.

Si l'efficacité des phosphates est absolument établie, celle de la potasse reste discutée, et de nombreux travaux sont encore nécessaires pour que la science puisse guider la pratique dans l'emploi des divers engrais que le commerce lui fournit.

La solution de la seconde partie du problème des engrais n'est aussi donnée que partiellement. Sans doute le rôle joué par la chimie et la géologie dans la découverte de l'exploitation des phosphates a été remarquable. Les travaux de Berthier et de M. Elie de Beaumont ont eu en France l'influence la plus heureuse, et la découverte des gisements de nodules phosphatés qu'a faite M. de Molon dans nos départements de l'est, en 1857, a suivi de près celle de ces mêmes produits en Angleterre par M. Nesbit. La fabrication des superphosphates, indiquée par le baron de Liebig, a en outre singulièrement contribué à faciliter l'emploi de ces précieux engrais, qui sont l'objet aujourd'hui d'un commerce considérable.

La découverte du gisement de Stassfurt-Anhalt est venue, d'autre part, augmenter la proportion de potasse mise à la disposition de l'agriculteur par nos salines du Midi traitant les eaux mères des marais salants d'après les conseils de M. Balard.

L'agriculture est donc redevable à la science des deux matières minérales qui exercent sur la végétation une influence marquée, bien qu'à des degrés différents; mais la tâche des savants est loin cependant d'être accomplie. Il reste à trouver le moyen d'utiliser les vidanges des villes ; leur emploi, répandu depuis de longues années dans certains de nos départements, ne s'est pas encore propagé dans d'autres, et le système en vigueur à Paris, celui qui était naguère adopté à Londres, sont l'un et l'autre préjudiciables à la santé publique et ruineux pour l'agriculture. — Indiquer un procédé facile à mettre en pratique pour débarrasser les villes des immondices qu'elles produisent, en les faisant servir à la fertilisation des campagnes, telle est la question la plus importante qu'ait à résoudre aujourd'hui la science agricole.

L'étude des différentes matières fertilisantes est l'objet de cette quatrième partie, qu'il convient d'aborder en donnant une définition précise du terme qui y reviendra constamment, du mot : *Engrais*.

§ 110. — DÉFINITION DE L'ENGRAIS.

L'expérience a démontré que si l'on ajoute à un sol cultivé une matière susceptible d'être assimilée par les plantes, mais existant déjà
dans le sol en quantité suffisante pour subvenir aux besoins des végétaux qui s'y développent, on obtient peu ou pas d'effet; elle a démontré que telle matière assimilée par les plantes, quand elle était placée
dans un certain sol déterminé, ne l'était pas dans une autre terre; et
qu'enfin telle matière qui était un engrais efficace pour une certaine
plante, n'avait aucun effet quand elle était appliquée à la culture d'une
autre.

Il n'est pas douteux, en effet, que les phosphates soient nécessaires
au développement des végétaux, et cependant, dans nos départements
du Nord, où la culture est très-avancée, ils ne présentent aucune utilité, vraisemblablement parce que le sol en est fourni; ils exercent au
contraire une action des plus marquées en Bretagne (1). Les superphosphates, utilisés en quantités énormes en Angleterre pour la culture
des turneps, ne produisent pas en Bretagne un effet aussi avantageux.
Les engrais azotés, qui ont une influence marquée dans presque tous
les sols sur les céréales, n'exercent qu'une action très-médiocre sur
les légumineuses.

On reconnaît donc dès l'abord que la question des engrais est des
plus complexes, puisqu'elle comprend trois termes différents :

1° Présence dans le sol d'un élément semblable à celui qu'on ajoute
et qui enlève toute utilité à ce dernier.

2° Nature du sol qui favorise ou non, dans l'engrais ajouté, des
métamorphoses favorables à son utilisation par les plantes.

3° Nature de la plante elle-même sur laquelle l'engrais est ajouté.

Si l'on tient compte de ces trois conditions, on arrivera à préciser
la définition de l'engrais en disant : *L'engrais est la matière utile à
la plante qui manque au sol.* On voit, d'après cette définition, que la
propriété que possède une matière d'être un engrais est, suivant l'idée
développée depuis longtemps par M. Chevreul, essentiellement relative, et qu'il est impossible d'affirmer d'une façon absolue et générale
que telle matière est ou n'est pas un engrais.

---

(1) Voyez l'*Enquête sur les engrais industriels,* publiée par le ministère de l'agriculture, t. I, p. 896.

En étudiant les conditions du développement des plantes dans un sol stérile, on est arrivé depuis longtemps déjà à reconnaître quelles sont les matières indispensables à leur croissance ; et bien que Th. de Saussure, Liebig, Lawes et Gilbert, aient accumulé sur cette question importante des travaux remarquables, on peut dire que la démonstration complète de la nature des substances nécessaires aux plantes a été donnée par M. Boussingault (*Comptes rendus*, t. XLIV, p. 940), qui a montré que des *Helianthus* cultivés dans du sable stérile se développaient comme dans une bonne terre, quand au sable était ajouté du phosphate de chaux, du silicate de potasse et de l'azotate de potasse. On conçoit donc que, dans l'impossibilité où l'on se trouve aujourd'hui de formuler une théorie des engrais pour chaque plante et chaque sol, on détermine la valeur des engrais d'après la proportion qu'ils renferment de ces principes bien définis qu'on sait être indispensables au développement des végétaux ; on se contente même, en général, de fixer la valeur des engrais d'après leur teneur en azote assimilable et en acide phosphorique, qui font le plus souvent défaut dans le sol, et sans lesquels les plantes ne peuvent acquérir leur développement régulier.

§ 111. — ÉQUIVALENT DES ENGRAIS BASÉ SUR LEUR RICHESSE EN AZOTE.

Pour faciliter les comparaisons entre les différents engrais, MM. Payen et Boussingault les ont depuis longtemps classés d'après leur richesse en azote, et plus récemment d'après leur teneur en acide phosphorique, comparée à celle du fumier de ferme. On conçoit que, si l'on représente par 100 l'équivalent du fumier de ferme qui contient en moyenne 0,6 pour 100 d'azote, l'*équivalent* d'un engrais par rapport à l'azote, sera un nombre obtenu par la proportion :

$$\frac{100}{0,6} = \frac{x}{a},$$

a étant le poids d'azote contenu dans 100 parties de l'engrais en question. On a fait un raisonnement analogue pour déterminer l'équivalent d'un engrais phosphaté par rapport au fumier de ferme. Ces nombres indiquent jusqu'à un certain point dans quelles proportions les engrais peuvent se substituer les uns aux autres, et quels sont les poids suivant lesquels ils doivent, d'après cette manière de voir, produire des effets semblables.

L'étude des engrais sera divisée en plusieurs parties ; nous traiterons successivement :

Des *engrais végétaux ;*

Des *engrais animaux*, et particulièrement de l'emploi agricole des eaux d'égouts ;

Des *engrais mixtes* (animaux et végétaux) et de la fabrication du fumier ;

Des *engrais minéraux.*

Enfin, la discussion qui se prolonge depuis quelque temps sur l'efficacité des *engrais chimiques* nous a engagé à traiter séparément cette dernière question.

Quand nous aurons ainsi passé en revue les principaux engrais, nous examinerons l'influence qu'ils exercent sur le développement de certains principes immédiats dans les végétaux, et nous verrons enfin quels sont les procédés à l'aide desquels on doit les analyser, déduire de leur composition, leur valeur marchande, et dévoiler les principales fraudes qu'on leur fait subir.

CHAPITRE PREMIER

ENGRAIS VÉGÉTAUX.

§ 112. — ENGRAIS VERTS.

Toute plante qui se développe sur le sol lui abandonne des débris de différente nature, des racines, des feuilles, qui se pourrissent peu à peu et restituent à la terre une partie des éléments qui lui ont été empruntés, ou même l'enrichissent des principes que la plante a organisés à l'aide des éléments atmosphériques. Les plantes comme les légumineuses, qui enfoncent profondément leurs racines et qui vont saisir dans le sous-sol les éléments qui s'y rencontrent, qui laissent d'abondants débris, seront celles qu'il sera le plus avantageux d'enfouir en vert. Dans l'assolement quinquennal, le second blé qui succède au trèfle est souvent plus beau que celui qui suit la betterave, bien qu'il n'ait reçu d'autre fumure que le trèfle enfoui par les labours, après qu'on a prélevé les deux premières coupes.

M. Boussingault a trouvé que le poids total des débris et racines de trèfle, supposés desséchés à 110°, pouvait être évalué à 1547 kilogrammes par hectare; la quantité d'azote contenu dans ces débris, égale à 27 kilogrammes 9 dixièmes, représenterait 4 950 kilogrammes de fumier de ferme normal.

Si, au lieu d'enfouir seulement ces débris, on eût enterré en même temps la seconde coupe, évaluée à 2550 kilogrammes de foin desséché contenant 42 kilogrammes 3 dixièmes d'azote, on voit que l'abondance de l'engrais eût été plus que doublée, presque triplée.

M. de Gasparin a trouvé, pour le poids des débris et des racines d'une luzerne, 37 021 kilogrammes, contenant à l'état frais 800 grammes d'azote par 100 kilogrammes, ou 296 kilogrammes pour la totalité. Leur enfouissage représenterait donc 49 350 kilogrammes de fumier de ferme à l'état frais.

L'expérience enseigne donc que le trèfle, la luzerne, ne nuisent pas aux céréales qui les suivent, mais qu'ils exercent au contraire une action favorable, et c'est sans doute à cause de cette propriété qu'on désigne souvent les légumineuses des prairies artificielles sous le nom de *plantes améliorantes.*

Le trèfle, le sainfoin, sont-ils des plantes améliorantes? — Cette dénomination doit être précisée, car, prise trop absolument, elle conduirait à des idées absolument fausses. Il ne faudrait pas supposer en effet que les légumineuses ne prélèvent pas sur le sol une quantité notable des richesses qui y sont accumulées; on en jugera d'après les chiffres suivants que nous empruntons à M. Boussingault. Il a trouvé qu'à Bechelbronn une récolte de trèfle pesé à l'état de foin a donné 5100 kil., renfermant 84^{kil},6 d'azote; tandis qu'une récolte de froment, représentée par 1343 kil. pour le grain et 3052 pour la paille, renfermait 35^{kil},4 d'azote, c'est-à-dire infiniment moins. La récolte du froment qui suivit le trèfle, et qui était meilleure, avait enlevé seulement 43^{kil},8 d'azote, c'est-à-dire un peu plus de la moitié de ce qu'avait pris le trèfle. Il est vrai que le trèfle est un peu moins avide d'acide phosphorique que le froment, puisqu'il ne prend que 19^{kil},5 par hectare au lieu de 37^{kil},8; mais l'ensemble des matières prélevées est cependant assez considérable pour faire écarter complétement l'idée d'une plante améliorante. Le sainfoin occupe souvent le sol pendant trois ans dans l'assolement de neuf ans suivi dans la plaine de Caen. M. Is. Pierre nous enseigne que les trois coupes, la graine et le regain, pesant 9593 kil., renfermaient 151^{kil},8 d'azote et 47^{kil},4 d'acide phosphorique. Une autre année on obtint 8550 kil. de foin renfermant 158^{kil},7 d'azote et 52^{kil},7 d'acide phosphorique. Les récoltes de blé donnèrent sur le même sol 6750 kil. de grain et de paille renfermant 70^{kil},2 d'azote et 30^{kil},1 d'acide phosphorique. Une autre, pesant 4725 kil. pour le grain et la paille, ne présentait à l'analyse que 53^{kil},1 d'azote et 19^{kil},5 d'acide phosphorique. Quant à la luzerne, qui reste pendant plusieurs années sur le même terrain, elle prélève sur le sol une quantité énorme de matières, ainsi que le montre le tableau suivant :

		Produit par hectare.	Contenu en azote.
Luzerne sèche,	1re année.....	3 360 kil.	79 kil.
—	2e année.....	10 080	237
—	3e année.....	12 500	294
—	4e année.....	10 080	237
—	5e année.....	8 000	188

et une quantité d'acide phosphorique qui, annuellement, doit atteindre environ 80 kilogrammes.

Ces résultats sont tout à fait contraires à ceux qu'on devrait attendre d'une plante dite *améliorante*. Il est clair qu'en les considérant seuls, on serait bien plutôt porté à croire que les légumineuses sont des plantes épuisantes et même beaucoup plus épuisantes que les céréales ; l'expérience nous enseigne cependant, nous le répétons, que la récolte de céréales qui suit le trèfle ou le sainfoin est meilleure que celle qui précède, et il y a là une sorte de contradiction qu'il importe d'éclaircir.

Nous avons vu dans le paragraphe précédent que les débris laissés par les récoltes de légumineuses sur le sol qui les a portées sont considérables, et c'est déjà là une explication de leur effet heureux sur la récolte qui suit ; mais il est deux autres considérations sur lesquelles il importe d'insister : c'est, d'une part la profondeur à laquelle s'enfoncent les racines des légumineuses, et de l'autre le choix qu'elles paraissent faire parmi les substances azotées qui se trouvent dans le sol.

Les légumineuses ne prennent pas leurs aliments dans la même couche que les céréales. — Les agronomes qui ont étudié les légumineuses ont été très-frappés de la longueur des racines qu'elles présentent. Nous avons à l'École de Grignon une racine de luzerne conservée dans notre collection, et qui présente une longueur de 2 mètres et demi ; et l'on trouve fréquemment du sainfoin, du trèfle, ou surtout de la luzerne, enfonçant leurs racines jusqu'à une profondeur de 1 à 2 mètres dans des couches auxquelles en général n'atteignent pas les céréales : aussi les légumineuses profitent-elles particulièrement de la perméabilité du sol. M. Boussingault citait dans son cours un exemple curieux de l'avantage que le défoncement du sous-sol procure à la luzerne. Une maison est démolie, on enlève même les pierres des fondations; puis on laboure et l'on sème de la luzerne. Les pieds qui se trouvent au-dessus du terrain occupé par les anciennes fondations s'enfoncent dans la terre meuble qui les remplace, et bientôt leur végétation devient luxuriante; ils s'élèvent au-dessus des pieds voisins, et la forme des fondations de l'ancienne construction se trouve dessinée par le relief même de la luzerne qui les recouvre.

Sans doute les racines des céréales peuvent elles-mêmes s'enfoncer dans le sol à une grande profondeur, quand ce sol est particulièrement ameubli, mais habituellement elles rampent plutôt à une faible distance de la surface, de telle sorte qu'on peut dire en général que les légumineuses prennent leurs aliments dans les couches profondes du sol et les céréales dans les couches superficielles. On conçoit ainsi comment ces deux récoltes se succèdent sans se nuire, puisqu'elles ne puisent pas à la même réserve; on conçoit même que les légumineuses, ayant accumulé dans leurs tissus des éléments pris dans les couches profondes du sol et laissant après leur récolte d'abondants débris à la surface, enrichissent ainsi les couches supérieures de matériaux entraînés par les eaux pluviales jusqu'à des profondeurs où ils resteraient inutiles pour des plantes dont les racines ne fouillent pas avec la même énergie.

Les légumineuses ne prennent peut-être pas dans le sol les mêmes aliments azotés que les céréales. — L'idée généralement répandue aujourd'hui parmi les agronomes est donc que les légumineuses se nourrissent surtout des principes enfouis dans le sous-sol; mais jusqu'à présent on n'a pas pris garde que cette explication, juste dans une certaine mesure, ne rend pas compte cependant du fait très-important que les engrais azotés, comme les nitrates susceptibles de pénétrer très-bas dans la terre arable, puisqu'ils ne sont pas retenus par elle à la façon des sels ammoniacaux, n'ont qu'une influence médiocre sur le développement des légumineuses, qui ne semblent réussir complétement que sous l'influence des aliments azotés complexes qui se forment lentement dans le sous-sol. Il est possible, ainsi que nous l'avons déjà dit plusieurs fois, qu'elles ne puissent élaborer leurs matières albuminoïdes qu'avec les acides azotés solubles dans les alcalis qu'on extrait aisément des terres riches, tandis que d'autres végétaux formeraient facilement ces mêmes principes albuminoïdes à l'aide des sels ammoniacaux ou des nitrates.

Nous avons vu (§ 28) que la condition pour qu'une matière pénètre en quantité notable dans un végétal est qu'elle y contracte une combinaison ou qu'elle y devienne insoluble; et l'on conçoit que si les cellules des légumineuses sont construites de telle sorte qu'elles transforment seulement les acides carbazotés en albuminoïdes, tandis qu'elles seront incapables d'utiliser les azotates ou les sels ammoniacaux, elles laisseront ces produits dans le sol, et que la récolte des céréales qui suivra bénéficiera non-seulement des débris laissés par les légumineuses, mais aussi des sels ammoniacaux formés pendant le séjour des légumineuses sur le sol, qui se trouvera, par rapport aux principes azotés utilisables par les céréales, dans un état aussi favorable qu'après une jachère. On voit qu'en admettant cette hypothèse le nom vulgaire de *jachère cultivée*, employé pour désigner ces cultures de légumineuses qui s'introduisent entre les céréales, serait plus exact qu'on n'aurait pu le supposer au premier abord. Cette idée que les plantes peuvent choisir parmi les matières azotées l'aliment qui leur convient, comme elles le font parmi les substances minérales, doit être vérifiée par l'expérience avant d'être admise; mais nous n'avons pas craint d'y revenir dans ce paragraphe, bien que nous l'ayons déjà émise dans le chapitre réservé au plâtrage (§ 108), tant nous trouvons qu'elle a d'importance.

§ 113. — DÉBRIS VÉGÉTAUX DE DIVERSES NATURES.

Plantes marines. — Goëmons. — Si l'on se rappelle les quantités énormes de principes utiles aux plantes entraînés à la mer par les torrents, les rivières et les fleuves; si l'on constate, avec M. Hervé-Mangon (*Ann. du Conserv. des arts et métiers*, 1863; t. IV), et plus haut (§ 91), qu'une seule de nos rivières, la Durance, transporte chaque année 11 millions de mètres cubes de limon, contenant autant d'azote assimilable que 100 000 tonnes d'excellent guano, autant de carbone que pourrait en fournir par an une forêt de 49 000 hectares d'étendue, on reconnaîtra qu'il est naturel de considérer les plantes et les animaux de la mer comme destinés à réparer les pertes du sol des continents.

Les cultivateurs des bords de la mer emploient en effet des quantités considérables de *goëmons*, c'est-à-dire d'un mélange de différentes plantes de la famille des algues, et M. Hervé-Mangon a cité l'exemple curieux de l'île de Noirmoutiers, qui depuis des siècles maintient une fertilité moyenne par l'emploi exclusif du goëmon comme engrais, car les déjections du bétail y sont desséchées et utilisées comme combustibles (*Compt. rend.*, 1859, t. XLIX, p. 322). D'après le savant professeur du Conservatoire, les habitants de Noirmoutiers recueillent avec le plus grand soin le *Rytiphlœa pinastroides*, plante malheureusement assez rare, et qui ne renferme que 56 p. 100 d'eau et 1,08 pour 100 d'azote, tandis que le goëmon ordinaire renferme 73,3 pour 100 d'eau et seulement 0,16 pour 100 d'azote.

Le goëmon n'est utilisé qu'à peu de distance des côtes. Son influence fertilisante est bien marquée, et c'est à elle que la Bretagne doit la prospérité de ses côtes, de cette ceinture dorée qui contraste si complétement avec la pauvreté du reste du pays. Sans le goëmon, Jersey ne serait pas le pays du monde où le rendement à l'hectare atteint le chiffre le plus élevé et monte parfois jusqu'à 5000 francs. Mon collègue et ami M. Dubost, qui a parcouru récemment la Bretagne avec les élèves de l'École de Grignon, m'a appris que le taux de la location des terres varie de 300 à 400 francs pour le premier kilomètre voisin de la côte, où le varech abonde ; il descend à 200 francs pour le second kilomètre, puis il tombe à 30 ou 40 francs à 5 ou 6 kilomètres, là où le goëmon ne peut plus arriver.

On a essayé de comprimer les tourteaux après dessiccation incomplète, pour les enrichir, au point qu'ils puissent supporter le transport. Le goëmon comprimé renfermerait, d'après M. Malaguti, 29 pour 100 d'eau, 1,28 d'azote. Des goëmons soumis à l'action de la vapeur pour en extraire le sel laissent un résidu renfermant 2 pour 100 d'azote, 1/2 de phosphate de chaux, 2 de sels alcalins et 75 de substances organiques. (*Enquête sur les engrais industr.*, p. 902.)

Enfin, on a signalé, il y a quelques années, dans le Finistère, dans la baie de Teven, anse assez vaste de la commune de Kérouan, un gisement considérable de goëmon fossile, évalué à 100 000 hectolitres ; il renferme 1,8 pour 100 d'azote.

Nous résumerons, dans le tableau suivant, la richesse en azote et le poids d'engrais équivalant à 100 kilogrammes de fumier de ferme, d'un certain nombre d'engrais verts.

DÉSIGNATION DES SUBSTANCES employées comme engrais.	AZOTE contenu dans 100 parties d'engrais	POIDS d'engrais équival. à 100 kil. de fumier de ferme.
Fumier de ferme frais..........................	0,60	100
Feuilles de bruyère séchées à l'air...............	1,74	34,5
Jeunes rameaux de buis........................	1,00	60
— — secs....................	3,63	13,5
Roseaux récemment fauchés.....................	0,267	224,7
Roseaux desséchés..............................	1,07	56
Fucus saccharinus desséché à l'air	1,30	46,6
— complétement desséché...................	2,29	26,2
— *digitatus* desséché à l'air...............	0,90	66,7
— complétement desséché...................	1,41	42,5
— *vesiculosus* frais..	0,20	300
— complétement desséché...................	1,57	38,2
Ceramium rubrum frais........:...............	0,23	261
— complétement desséché	2,03	29,5
Rytiphlœa pinastroides frais....	1,08	55
Goëmon brûlé, état ordinaire...................	0,38	158
Goëmon brûlé complétement desséché.............	0,40	150
Goëmon fossile complétement desséché............	1,80	33,3
Genêt (tiges et feuilles séchées à l'air)...........	1,22	49,2
Genêt (tiges et feuilles complétement desséchées)....	1,37	43,8

§ 114. — TOURTEAUX.

On sait qu'il se produit dans les végétaux herbacés, au moment de la formation de la graine, un véritable transport de toutes les matières azotées, des phosphates et de la potasse vers les graines (voyez le chapitre MIGRATIONS *des principes immédiats dans les végétaux*), et l'on conçoit que, si cette graine est traitée pour les matières grasses qu'elle renferme, elle constituera, après qu'elle aura subi la pression, un engrais des plus riches. Depuis longtemps on utilise les tourteaux, tantôt pour la nourriture du bétail et tantôt directement comme engrais.

On doit à M. Is. Pierre une analyse complète de tourteaux de colza. D'après cet agronome distingué, un kilogramme renferme :

Matières organiques, azote non compris........	859,7
Azote combiné...........	62,3
Silice et oxyde de fer...........	2,3
Acide phosphorique........................	27,5
Chaux....................................	24,3
Magnésie.................................	0,6
Potasse...	15,0
Soude.	1,7
Substances diverses non dosées...............	6,4
	1000,0

Nous donnerons, dans le tableau suivant, la richesse en azote et acide phosphorique d'un kilogramme de quelques tourteaux secs et privés d'huile.

NATURE DES TOURTEAUX.	AZOTE.	ACIDE phosphorique.
	gr.	gr.
Œillette.	70,0	43
Arachide.	60,7	6
Chènevis.	62,0	44
Lin.	60,0	23
Pavot blanc.	60,0	40,6
Cameline.	55,7	20
Sésame.	55,7	15
Colza.	55,5	25
Faînes.	45,0	10

Enfin, M. Is. Pierre a également étudié quelques tourteaux récemment introduits dans le commerce des engrais, qui lui ont fourni par kilogramme les résultats suivants :

NATURE DES TOURTEAUX.	AZOTE.	ACIDE phosphorique.
	gr.	gr.
Tourteau de béraf (1).	55,01	15,79
Tourteau de Niger.	59,29	23,00
Colza panaché de Bombay.	61,84	19,08
Pavot de l'Inde.	69,03	36,04
Moutarde sauvage.	50,93	19,04

(1) Melon d'eau du Sénégal.

Nous avons insisté surtout sur la richesse en azote et en acide phosphorique des tourteaux, et c'est en effet par ces deux éléments qu'ils paraissent agir, si l'on en juge au moins par les expériences exécutées en Angleterre par MM. Lawes et Gilbert sur l'emploi comparé de différents engrais sur la culture du blé. On a trouvé, en effet, que le tourteau produisait un effet remarquable ; mais, en composant un engrais avec des sels ammoniacaux, des phosphates, des sels de potasse, etc., de façon à obtenir une teneur en azote semblable à celle du tourteau, on a obtenu sensiblement le même résultat, d'où l'on peut conclure que les matières carbonées contenues dans le tourteau n'ont pas eu d'influence sensible. Quant à savoir si ces matières, en se décomposant peu à peu dans le sol, n'auront pas plus tard une influence heureuse sur les récoltes suivantes, c'est ce que l'expérience citée plus haut ne permet pas de décider.

Dans une série d'expériences comparatives sur les tourteaux, le guano et le fumier de ferme, M. Bec, directeur de la ferme-école de Montauronne, a reconnu que ces engrais favorisent d'autant plus la production des grains, qu'ils renferment une plus forte proportion de matières azotées putrescibles; et en outre que l'influence des plus actifs ne disparaît pas par une première culture, mais que cependant ils donnent, la première année, un résultat plus avantageux que la seconde, tandis qu'il en est autrement pour le fumier de ferme, dont la décomposition est plus lente. Les essais ont porté sur des surfaces égales de terrain. Certaines zones restèrent sans fumure afin d'apprécier, pour en tenir compte, la fécondité naturelle du sol. Après une première récolte de froment, on ne mit plus d'engrais, et la terre fut ensemencée avec de l'avoine. Voici les résultats obtenus :

Action comparée du tourteau, du guano et du fumier sur la culture du blé et de l'avoine.

NATURE DE L'ENGRAIS mis sur la première sole.	QUANTITÉ d'engrais par hectare.	BLÉ obtenu en 1843.	AVOINE obtenue en 1844.	GRAINS récoltés dans les deux années.	EXCÈS des récoltes fumées sur les récoltes non fumées	AZOTE contenu dans les engrais.
	kil.	kil.	kil.	kil.	kil.	kil.
Sans engrais.	»	667 (1)	611	1278	»	»
Tourteau de madia	750	1294	644	1938	660	38,0
Tourteau de coton.	750	1001	940	1940	662	30,2
Tourteau de lin.	750	1320	987	2307	1029	40,5
Tourteau de colza.	750	1178	1128	2306	1028	37,0
Tourteau de sésame.	750	1394	1067	2461	1183	50,9
Fumier de ferme.	88 750	1078	1316	2394	1116	204,0
Guano.	750	1914	1119	3033	1755	105,0

(1) On a pris pour le poids de l'hectolitre de blé, 77 kil.; pour celui de l'hectolitre d'avoine, 47 kil.

Le résultat le plus remarquable de cette expérience est certainement la faible action exercée par les 204 kil. d'azote du fumier pendant la première année, comparée à l'action énergique des 105 kil. d'azote du guano; en revanche, l'année suivante, le fumier a l'avantage, car, bien que le guano ait encore donné une récolte double de la parcelle qui n'avait pas reçu d'engrais, son action a été inférieure à celle du fumier. On reconnaît dans cette expérience combien il est difficile de se prononcer nettement sur la valeur des engrais quand les épreuves ne sont pas continuées pendant plusieurs années de suite sur la même terre ; il est très-possible, en effet, que si l'on avait persévéré pendant l'année 1845 à étudier l'action de ces diverses matières fertilisantes, l'ordre dans lequel elles sont classées par les expériences de 1843 et de 1844 eût été changé.

Quant aux divers tourteaux, leur action est certainement comparable, et si on les classe d'après leur richesse en azote et d'après le poids de la récolte, on trouve qu'ils se rangent, d'après ces données, à peu près dans le même ordre.

L'action des tourteaux est plus rapide que celle du fumier, mais elle est beaucoup plus lente que celle du guano. M. Boussingault cite encore dans son ouvrage une culture d'avoine entreprise sous l'influence du guano et sous celle des tourteaux. Tandis que les tourteaux n'ont produit aucun effet, le guano, au contraire, a déterminé un excès de récolte assez considérable : or les engrais avaient été donnés en couverture. Il en faut conclure qu'il y a grand avantage à laisser le tourteau pendant plus longtemps sur le sol et le donner au plus tard au moment des semis.

C'est sans doute pour hâter la décomposition trop lente des tourteaux que les cultivateurs flamands ont l'habitude de les faire macérer pendant quelque temps dans les fosses où ils accumulent les matières des vidanges à l'état liquide.

On a l'habitude de compter l'azote des engrais à 2 fr. le kil., et le phosphate soluble à 0 fr. 90 c.; on aurait alors pour le prix moyen des 100 kil. de tourteaux 13 fr. 50 c. environ : or, son prix de vente ne diffère guère de celui que nous venons de trouver par le calcul, et l'on peut estimer que ce n'est pas là un prix trop élevé.

Le tourteau et la matière fécale sont presque les seuls engrais utilisés dans les quelques parties de la Provence que j'ai eu occasion de visiter. La quantité de tourteau que les huileries de Marseille distribuent dans le pays est considérable, et l'on conçoit sans peine que cette matière très-riche puisse, dans une certaine mesure, remplacer le fumier d'étable, qui ne paraît employé que tout à fait accidentellement. J'ai été très-frappé, en assistant à une réunion du comice agricole de Toulon, d'entendre le président mettre au rebut une instruction ministérielle sur les précautions à prendre contre le typhus des bêtes bovines, par cette raison qu'aucun des membres du comice n'entretenait de bétail sur ses terres.

Quantités de tourteaux consommées en France. — On se fera une idée de la quantité de tourteaux mis à la disposition de notre agriculture méridionale, en parcourant les chiffres suivants que nous trouvons dans l'*Enquête sur les engrais industriels* (t. II, p. 146) :

Arrivages des graines oléagineuses à Marseille de 1853 à 1864.

	Quintaux métriques.
1853	709 340
1854	591 440
1855	763 680
1856	1 161 259
1857	1 168 184
1858	917 373
1859	1 061 985
1860	1 093 970
1861	1 033 020
1862	1 182 360
1863	1 031 230
1864	1 161 780

Les graines d'arachide, de sésame et de lin sont les sortes les plus importantes, en estimant qu'elles donnent 40 pour 100 d'huile et 60 pour 100 de tourteaux ; on reconnaîtra qu'en 1855 Marseille a livré à l'agriculture environ 45 220 tonnes de tourteaux, et en 1864, 69 706 tonnes.

Les tourteaux de lin ne restent guère en France, les 19/20es sont exportés presque complétement en Angleterre, le 1/20e restant est employé dans les départements du Midi pour la nourriture des bestiaux. Les autres tourteaux sont employés dans les départements du Midi le plus généralement comme engrais : le département de Vaucluse en prend les 42/100es, celui des Bouches-du-Rhône les 33/100es ; enfin le quart restant se partage entre l'Hérault, le Var, le Gard, les Basses-Alpes, les Alpes-Maritimes ; l'Angleterre, les Colonies et les autres départements ne prélèvent que les 6/100es de la masse totale.

Autres matières végétales employées comme engrais. — Le marc de raisin est quelquefois employé comme engrais ; il renferme, lorsqu'il a été séché à l'air, de 1,71 à 1,83 pour 100 d'azote. Le marc de pommes à cidre n'est pas avantageux lorsqu'il est employé directement, parce qu'il devient facilement acide. Il renferme, à l'état normal, 0,59 pour 100 d'azote : il a donc une richesse analogue à celle du fumier de ferme ; en le mélangeant avec du fumier ou avec de la chaux éteinte, on peut utiliser ses principes fertilisants.

Quelques-unes des industries agricoles qui emploient des quantités d'eau considérables leur donnent une véritable richesse comme engrais en les chargeant des résidus de leur fabrication : c'est ainsi qu'on a utilisé avec grand profit les eaux de distillerie et de féculerie, et l'on conçoit facilement qu'il en soit ainsi, puisque ces eaux renferment toutes les matières azotées qui existaient dans les betteraves et les pommes de terre.

Les eaux de rouissage du lin et du chanvre peuvent aussi être utilisées en irrigation; cet emploi est d'autant plus important, que les eaux, chargées de matières putrescibles, se corrompent bientôt et donnent naissance à des émanations malsaines.

D'après une déposition de M. Pluchet, agriculteur distingué de Trappes (Seine-et-Oise), devant la Commission de l'enquête sur les engrais, les eaux de distillerie répandues en quantités notables sur des champs destinés à porter des betteraves auraient porté la récolte de 40 000 kilogrammes à 80 000. Les betteraves étaient très-grosses et médiocrement sucrées.

Les eaux de féculerie ne sont peut-être pas, au reste, utilisées comme il le faudrait; elles renferment une masse considérable d'albumine qu'il y aurait sans doute avantage à coaguler au moyen du feu, puis à filtrer sur les pulpes épuisées de fécule ; on imiterait ainsi ce qui a lieu pour les betteraves dans les distilleries Champonnois, où l'on enrichit les pulpes des matières albuminoïdes enlevées en même temps que le sucre dans les cuves de macération, mais rendues après coup insolubles, quand elles subissent l'action du feu pendant la distillation.

Dans certaines contrées, on emploie comme engrais les feuilles mortes; mais il faut se rappeler que ces feuilles sont très-pauvres en azote, en phosphate et en potasse, car ces principes sont généralement résorbés avant que la feuille périsse. On emploie aussi parfois les feuilles de betteraves, les fanes de pommes de terre, etc.; les premières sont aussi données comme nourriture au bétail.

Dans les pays montagneux, où le transport des engrais est difficile, on cultive certaines plantes dans le seul but de les enfouir en vert. Le lupin est employé à cet usage depuis un temps très-reculé : Pline fait mention de cette pratique ; aujourd'hui encore, en Allemagne, on l'utilise comme engrais vert. Le lupin, desséché à 110°, contient $1^{kil},870$ d'azote pour 100 kilogrammes de fanes. Une récolte de lupin venue dans de bonnes conditions donne moyennement 5000 kilogrammes de fanes sèches par hectare ; par la quantité d'azote contenue dans cette récolte ($93^{kil},5$), elle équivaudrait à 15 600 kilogrammes de fumier de ferme ordinaire.

Là *navette* présente aussi de grands avantages comme engrais vert ; sa graine coûte peu, et il suffit de 10 à 12 kilogrammes pour ensemencer un hectare.

Les rameaux de buis, plante qui se développe aisément dans les pays calcaires, sont souvent employés comme engrais : ils doivent être placés dans la cour de la ferme, sur le chemin des voitures, de façon à être écrasés ; ils sont ensuite mêlés au tas de fumier.

CHAPITRE II

GUANOS ET DÉBRIS ANIMAUX

---

§ 115. — FORMATION DU GUANO.

On désigne sous ce nom un engrais extrêmement actif qui se trouvait dans plusieurs localités, mais particulièrement sur quelques îlots de la mer du Sud, entre le 2e et le 21e degré de latitude australe. Les conditions dans lesquelles se sont déposées sur le littoral du Pérou les masses énormes de guano qu'a employées avec tant de profit l'agriculture européenne sont tout à fait particulières : 1° l'abondance extrême du poisson dans le courant d'eau relativement froide qui remonte du cap Horn tout le long de la côte du Chili et du Pérou, en se dirigeant d'abord du sud au nord, puis à partir de la baie d'Arica, du sud-sud-est au nord-nord-ouest (1), et 2° l'absence de pluie. On rencontre certainement du guano dans des localités où il pleut, mais il ne présente plus la même richesse que celui du Pérou, car il a perdu presque tous les éléments solubles.

« Nulle part au monde », dit M. Boussingault (*Chimie agricole, Agronomie*, t. **III**), auquel nous empruntons en grande partie les détails qui suivent, « le poisson n'est plus abondant que sur la côte péruvienne. Il arrive quelquefois pendant la nuit, comme j'en ai été témoin, qu'il vient échouer sur la plage en nombre prodigieux, comme s'il

---

(1) Ce courant a été étudié par A. de Humboldt : il porte son nom [voyez *Cosmos*, t. I, p. 363]. Ce n'est pas seulement dans le Pacifique que le poisson affectionne les eaux froides ; on assure que dans la mer du Nord les pêcheurs emploient souvent le thermomètre pour se guider dans la recherche du poisson.

voulait échapper à la poursuite d'un ennemi (les requins sont en effet fort communs dans ces eaux).

» Un des navigateurs espagnols qui accompagnèrent au xviiie siècle les académiciens français à l'Équateur, Antonio de Ulloa, rapporte que « les anchois sont en si grande abondance sur cette côte, qu'il n'y a pas d'expression qui puisse en représenter la quantité. Il suffit de dire qu'ils servent de nourriture à une infinité d'oiseaux qui leur font la guerre. Ces oiseaux sont communément appelés *guanaes*, parmi lesquels il y a beaucoup d'*alcatras*, espèce de cormoran. Quelquefois, en s'élevant des îles, ils forment comme un nuage qui obscurcit le soleil. Ils mettent une heure et demie à deux heures pour passer d'un endroit à un autre, sans qu'on voie diminuer leur multitude. Ils s'étendent au-dessus de la mer et occupent un grand espace ; après quoi ils commencent leur pêche d'une manière fort divertissante. Ils planent dans l'air en tournoyant à une hauteur assez grande, mais proportionnée à leur vue, et aussitôt qu'ils aperçoivent un poisson, ils fondent dessus la tête en bas, serrant les ailes au corps et frappant avec tant de force, qu'on aperçoit le bouillonnement de l'eau d'assez loin. Ils reprennent ensuite leur vol en avalant le poisson. Quelquefois ils demeurent longtemps sous l'eau et en sortent loin de l'endroit où ils se sont précipités, sans doute parce que le poisson fait effort pour échapper et qu'ils le poursuivent, disputant avec lui de légèreté à nager... On a observé au Callao que les oiseaux qui se gîtent entre les îles et les îlots situés au nord de ce port vont, dès le matin, faire leur pêche du côté du sud, et reviennent le soir dans les lieux d'où ils sont partis. Quand ils commencent à traverser le port, on n'en voit ni le commencement ni la fin. »

On estime que la quantité de guano existant dans les îles du Pérou a dû être de 378 millions de quintaux métriques ; les gisements sont tellement considérables, que l'on a douté qu'ils fussent bien réellement fournis par des déjections d'oiseaux appartenant à l'époque actuelle. Humboldt était très-enclin à les considérer comme antédiluvien, comme des amas de coprolithes ayant conservé leur matière organique originelle. Il reculait devant l'âge qu'il faudrait assigner à ces dépôts, dont l'épaisseur atteint quelquefois 30 mètres, parce qu'il supposait qu'en trois siècles les déjections des oiseaux qui fréquentent les îles de Cincha ne dépasseraient pas une épaisseur d'un centimètre.

M. F. de Rivero croit au contraire que cette prodigieuse accumulation de guano est tout naturellement expliquée par la multitude des guanaes. « Si, aujourd'hui, dit-il, malgré la persécution qu'ont soufferte et que souffrent encore les guanaes, on en voit néanmoins des milliards sur les récifs et sur les sommets escarpés des îlots, qu'était-ce avant l'occupation du Pérou par les Européens, lorsqu'ils étaient pour ainsi dire les seuls habitants du littoral? » Il ajoute que pour concevoir la formation du guano des îles Cincha, évalué à 500 millions de quintaux espagnols, il suffit d'admettre, ce qui n'a rien d'exagéré, qu'un oiseau rend chaque nuit une once d'excrément, et que toutes les vingt-quatre heures 264 000 de ces oiseaux fonctionnent dans les *huaneras*. En 6000 ans, M. F. de Rivero ne va pas au delà par égard pour la date du déluge, le guano déposé pèserait 364 millions de quintaux, et l'on ne doit pas oublier qu'aux déjections se sont ajoutées naturellement les dépouilles des oiseaux. 264 000 guanaes habitant à la fois les îles de Cincha est un nombre que l'on ne répugne aucunement à accepter quand on a vu se mouvoir ces nuées de volatiles. Ce nombre peut d'ailleurs subir une sorte de contrôle. Les guanaes ne pêchent que pendant la journée ; la nuit ils se retirent dans les huaneras ; dans l'hypothèse de M. de Rivero, les îles de Cincha en recevraient 264 000, et chacun d'eux pourrait y occuper une surface de 4 mètres carrés, sur laquelle il se trouverait parfaitement à l'aise.

§ 116. — COMPOSITION DU GUANO.

Les premières notions sur la composition du guano sont dues à Fourcroy et Vauquelin ; dans un échantillon rapporté par de Humboldt des îles Cincha, ils ont trouvé (*Ann. de chimie*, t. LVI, p. 258) :

1° De l'acide urique, en partie saturé par de l'ammoniaque et par de la chaux ;

2° De l'acide oxalique combiné avec de l'ammoniaque et de la potasse ;

3° De l'acide phosphorique uni aux mêmes bases et à de la chaux ;

4° De petites quantités de sulfate de potasse, de chlorure de potassium et de chlorhydrate d'ammoniaque ;

5° Un peu de matières grasses ;

6° Du sable en partie quartzeux, en partie ferrugineux.

Toutes les analyses ayant été faites depuis, en vue des applications agricoles, on s'est généralement borné à doser l'azote, l'ammoniaque, les phosphates et la matière organique. Nous donnons ci-joint un certain nombre d'analyses de guanos :

GUANOS AMMONIACAUX ET PHOSPHATÉS.

	Angames, sur la côte de Bolivie (guano blanco).		Iles de Cincha.	Lobos.	Pabellon de Pica. (1)	Ile de los Patos. (2)	Bolivie.
	I.	II.					
Matières organiques.	70,24	52,92	52,52	46,10	33,50	32,45	23,00
Phosphate de chaux.	5,75	18,60	19,52	19,30	28,80	27,45	41,78
Acide phosphorique.	3,48	4,08	3,12	3,74	2,70	3,37	3,47
Sels alcalins.	9,37	8,99	7,56	11,54	14,45	7,38	14,74
Silice et sable.	3,55	7,08	1,46	2,55	5,05	2,55	7,34
Eau.	7,64	14,33	15,82	16,80	15,50	26,80	13,00
	100,00	100,00	100,00	100,00	100,00	100,00	100,00
Phosphate de chaux soluble.	7,55	2,35	6,76	8,03	5,85	7,30	7,20
Phosphate de chaux insoluble.	5,75	18,60	19,52				
Phosphate total.	13,30	20,95	26,28				
Azote dosé.	20,09	14,38	14,29	10,80	6,43	5,92	3,38
Équivalant à ammoniaque.	24,36	17,44	17,32	11,88	7,44	7,18	4,10

(1) Par 21° de latitude sud, sur la côte péruvienne (Nesbit).
(2) Près de la côte de Californie.

GUANOS AMMONIACAUX ET PHOSPHATÉS (analyses de M. Nesbit).

	Guano de l'île d'Élide, près de la côte de Californie. (1)			Guano des îles Falkland. (2)		
	I.	II.	III.	I.	II.	III.
Matières organiques	34,50	33,00	27,37	28,68	18,00	17,35
Phosphate de chaux tribasique	24,05	25,97	14,35	20,28	20,12	16,61
Acide phosphorique	2,19	2,00	»	»	»	»
Phosphate de fer et d'alumine	»	»	13,80	3,76	5,50	4,85
Sels alcalins	7,16	10,13	»	4,90	9,31	»
Sulfate de chaux hydraté	»	»	9,46	4,45	9,87	29,14
Carbonate de chaux	»	»	3,12	»	»	»
Silice et sable	3,60	3,80	25,90	23,93	26,70	28,65
Eau	28,50	25,00	6,00	19,00	10,60	3,40
	100,00	100,00	100,00	100,00	100,00	100,00
Phosphate de chaux soluble bibasique	4,75	5,45	1,34	2,26	0,56	0,63
Azote dosé	6,98	5,71				
Représentant ammoniaque	8,46	6,93	1,62	2,74	0,68	0,77

(1) Gisement plus au sud que l'embouchure du rio Loa.
(2) Dans l'océan Atlantique méridional, par 62° 40' longit. O. et 51° 20' latit S. On les appelle aussi les Malouines.

Guanos de diverses localités, particulièrement de la mer Caraïbe (golfe du Mexique).

	Ilot de Pedro-Bey, côte de Cuba.	Côte du Mexique.	
		I.	II.
Matières organiques........	6,16	17,96	13,56
Phosphate de chaux tribasique............	48,52	8,01	25,60
Sels alcalins.........................	0,90	6,89	»
Chaux.	0,85	»	»
Magnésie............................	1,09	»	»
Sulfate de chaux hydraté..............	1,92	9,51	10,86
Carbonate de chaux....................	21,71	1,82	46,14
Oxyde de fer et d'alumine..............	1,00	5,09	»
Silice et sable.......................	0,45	38,38	0,60
Eau................................	17,40	12,34	3,24
	100,00	100,00	100,00
Azote dosé........................	0,28	3,45	0,21
Représentant ammoniaque..........	0,34	4,19	0,26

On a importé depuis quelques années, en Europe, un guano terreux provenant des îles Baker et Jervis, dans l'océan Pacifique. D'après les analyses de M. Liebig, ces engrais présenteraient la composition suivante :

Guano Baker.

Phosphate de chaux tribasique ($PhO^5,3CaO$)	78,798
Phosphate de magnésie......................	6,125
Phosphate de fer.............................	0,126
Sulfate de chaux.............................	0,134
Acide sulfurique, potasse, soude, chlore, matières organiques et eau........................	14,950
	100,133

Guano Jervis

Phosphate de chaux tribasique ($PhO^5,3CaO$)	17,397	33,43
Phosphate de chaux bibasique ($PhO^5,2CaO$)-.......	16,026	
Phosphate de magnésie.	1,241	
Phosphate de fer.	0,160	
Sulfate de chaux.......................	44,549	
Acide sulfurique, potasse, soude, chlore, matières organiques et eau	20,886	
	102,259	

On importe encore en Angleterre plusieurs autres variétés de guanos phosphatés. M. Voelcker a donné l'analyse d'un guano pierreux, ou plutôt d'une roche de l'île de Sombrero, qui fait partie de l'Amérique. Cette roche paraît être une véritable brèche osseuse ; elle renferme près des trois quarts de son poids en phosphate de chaux, ainsi que le montrent les analyses suivantes :

Roche de Sombrero.

Échantillons.	Phosphate de chaux tribasique pour 100.
N° 1	74,55
N° 2	76,02
N° 3	73,90
N° 4	75,31
N° 5	76,90
N° 6	69,42
N° 7	76,40

Le guano de Kooria Mooria est aussi importé en Angleterre en assez grande quantité ; on l'emploie habituellement après traitement par.le tiers de son poids d'acide sulfurique. Il renferme une moindre quantité de phosphate de chaux que le précédent :

Échantillons.	Phosphate de chaux tribasique pour 100.
N° 1	53,93
N° 2	46,39
N° 3	55,21
N° 4	56,09
N° 5	35,04
N° 6	61,20
N° 7	60,03

Il arrive habituellement que le guano renferme des nitrates qui ajoutent singulièrement à sa valeur comme engrais ; aussi, quand on fait l'analyse d'un guano, faut-il non-seulement y doser l'azote par la chaux sodée, mais encore y rechercher les nitrates. M. Boussingault a trouvé, en effet, dans différents guanos, les quantités suivantes de nitrates, qui sont loin d'être négligeables :

Nitrates exprimés en nitrate de potasse dans un kilogramme de guano.

	Gram.
Guano du Pérou	4,70
— des îles de Cincha	3,80
— des îles de Cincha	1,10
— blanco	2,75
— du Chili	6,0
— terreux des îles. Jervis	5,0
— terreux des îles Baker	3,2
— du golfe du Mexique	0,1
— de chauves-souris d'une grotte des Pyrénées	20,0

Quand le guano a été pendant la traversée plus ou moins mouillé, il perd de sa teneur en azote. Dans un même chargement M. Nesbit a dosé dans 100 parties de guano :

	on altéré.	Altéré.	Très-altéré.	Mouillé.
Azote.	14,3	11,3	9,9	8,4

M. Voelcker a reconnu qu'en mêlant le guano à une certaine proportion de sel marin ordinaire, on ne diminue pas la perte en ammoniaque qu'il subit lorsqu'il est humide. (*The Journal of the Royal agricultural Society of England*, t. XXII, p. 186.)

En résumé, nous voyons que les quantités d'azote contenues dans le guano sont extrêmement variables et qu'on en peut distinguer trois sortes principales : le guano des îles Cincha, très-riche, mais qui malheureusement est aujourd'hui épuisé ; le guano de Bolivie et du Chili, renfermant encore 3 à 4 pour 100 d'azote ; et enfin les guanos phosphatés provenant des îles lavées par la pluie ou par les vagues, dans lesquels l'azote a presque entièrement disparu. Nous inscrirons dans le tableau suivant la teneur en azote appartenant aux matières organiques de ces différentes variétés de guanos :

ORIGINES.	Azote dans 100 part.	AUTORITÉS.
Angamos.	17,2	Nesbit, moyenne de 8 dosages.
Iles de Cincha.	14.3	
Id.	14,0	Boussingault.
Id.	13,1	Boussingault.
Pérou, sans autre désignation.	13,4	Payen et Boussingault.
Pérou, guano blanco.	16,9	Girardin.
Huanera de Pabellon et Pica.	6,0	Nesbit, moy. de 3 dosages.
Pérou, île de Lobos.	7,5	Nesbit, moy. de 2 dosages.
Bolivie.	3,7	Nesbit, moy. de 15 dosages.
Chili.	5,2	Nesbit.
Chili.	3,3	Girardin, moy. de 4 dosages.
Patagonie.	2,2	— —
— îles Falkland.	1,9	Nesbit, moy. de 10 dosages.
Californie.	4,4	Nesbit, moy. de 6 dosages.
Afrique : { Iles d'Ichaboe.	4,0	— —
Baie Saldanha.	1,0	Nesbit, moy. de 5 dosages.
Océan Pacifique : { Ile Baker.	0,6	Nesbit.
Ile Jervis.	0,3	Barral.
Ile Jervis.	0,4	Nesbit.
Ile Galapagos.	0,7	Boussingault.
Antilles.	0,2	Nesbit, moy. de 12 dosages.
Australie, baie de Schark.	0,6	Nesbit, moy. de 3 dosages.

Réactions diverses qui rendent soluble le phosphate de chaux du guano. — Si le guano renferme des sels ammoniacaux solubles dans l'eau, il contient aussi une proportion notable de phosphate de chaux insoluble, et l'on pourrait être étonné de son efficacité, puisqu'un seul des deux principes actifs des engrais s'y rencontre à l'état assimilable, si l'on n'avait étudié les réactions qui se produisent entre les différents éléments qu'il renferme. — On sait que le phosphate de chaux est légèrement soluble dans le sulfate d'ammoniaque, ou au moins que, lorsqu'on agite du phosphate de chaux dans une dissolution de sulfate d'ammoniaque, il se dissout une certaine quantité d'acide phosphorique ; mais cette réaction se trouve singulièrement activée par la présence de l'oxalate d'ammoniaque qui existe dans leguano. Si, en effet, on commence par laver le guano de façon à lui enlever les sels solubles qu'il renferme, et notamment l'oxalate d'ammoniaque, qu'il est facile de faire cristalliser par l'évaporation de l'eau de lavage, puis qu'on laisse la matière ainsi modifiée en contact avec l'eau, on trouve qu'après vingt-cinq jours l'eau n'a dissous qu'une quantité d'acide phosphorique correspondant à 3 grammes de phosphate tribasique ; tandis que, si l'on met le guano non lavé en contact avec l'eau, on trouve que dans le même temps celle-ci s'est chargée d'une quantité d'acide phosphorique correspondant à 76 grammes de phosphate tribasique.

« Essayons, ajoute M. Malaguti (1), à qui on doit ces intéressantes observations, de rapprocher cette expérience de laboratoire de ce qui se passe en grand lorsqu'on emploie le guano comme engrais.

» On sait que le guano produit peu d'effet dans les années très-sèches, et que la condition la plus favorable au développement de l'action fertilisante de cet engrais, c'est une légère pluie succédant à son épandage. N'est-il pas évident que cette pluie contribue non-seulement à faire pénétrer dans le sol les principes naturellement solubles du guano, mais à rendre solubles d'autres principes qui ne le sont pas par eux-mêmes ? »

Pour ajouter à l'efficacité du guano, pour rendre le phosphate de chaux qu'il renferme plus soluble dans l'eau qu'il ne l'est naturellement par suite des réactions que nous venons d'indiquer, on a proposé de le mélanger avec une certaine quantité d'acide sulfurique. M. Voelcker s'est particulièrement occupé de cette question ; il a donné la composition d'un guano normal et d'un guano traité par 5 pour 100 de son poids d'acide sulfurique.

_____

(1) *Répert. de chim. appliquée*, 1862, t. IV, p. 113. — Voyez aussi même recueil, même volume, page 65, un mémoire de M. Liebig.

Guano normal.

Humidité.	13,27
Matières organiques et sels ammon. (*)	54,68
Phosphate de chaux et de magnésie.	23,33
Sels alcalins (**)	7,28
Matière siliceuse insoluble.	1,44
	100,00

(*) Contenant Az, 15,50, correspondant à AzH³, 18,82.
(**) Contenant acide phosphor., 2,33, correspondant à phosphate de chaux, 5,05.

Composition du guano desséché avec 5 pour 100 d'acide sulfurique.

Eau chassée à 100°	4,63
Phosphate de chaux soluble.	1,36
Egal à phosphate tribasique.	(2,12)
Sulfate de chaux.	1,84
Sels alcalins.	11,13
Contenant acide phosphorique.	(6,46)
Egal à phosphate tribasique.	(13,99)
Mat. organ. solubles et sels ammon. (*)	43,91
Mat. organ. insolubles (**)	8,38
Phosphate insoluble.	14,70
Oxalate de chaux.	12,37
Matière siliceuse insoluble.	1,68
	100,00

(*) Contenant Az, 11,44, égal à AzH³, 13,88.
(**) Contenant Az, 3,66, égal à Az4³, 4,45.

Pour faire exécuter ce mélange qui lui paraît plus avantageux que celui qui renfermerait plus d'acide sulfurique, M. Voelcker conseille d'introduire d'abord l'acide sulfurique dans du sable fin, puis d'incorporer ce sable au guano; il peut ainsi éviter une trop haute élévation de température qui pourrait volatiliser du carbonate d'ammoniaque.

Falsification du guano. — Le guano du Pérou est l'objet de nombreuses falsifications; les acheteurs doivent exiger que les sacs dans lesquels il leur est livré portent des plombs à la marque des consignataires du guano péruvien. Sur l'un de ces plombs sont écrits les mots : « *Guano du Pérou* », sur l'autre : « *Gouvernement du Pérou* », avec une corne d'abondance.

Le prix du guano du Pérou est de 35 francs les 100 kilogrammes en quantités plus grandes que 10 000 kilogrammes, et de 37 fr. 50 c. en quantités moindres que 10 000 kilogrammes.

Les quantités de guano importées en France ne sont pas très-considérables :

Années.	Nombre de kilogrammes importés.
1857.........................	51 854 698
1858.........................	37 724 316
1859.........................	32 978 130
1860.........................	39 578 587
1861.........................	38 234 337
1862.........................	45 872 286
1863.........................	67 788 303
1864.........................	68 906 900
1865.........................	47 412 541
1866.........................	56 896 800

Nous indiquerons plus loin comment le cultivateur peut se rendre compte de la valeur des engrais d'après leur analyse, mais nous devons les prévenir ici qu'ils aient à se méfier de toutes les imitations qui ont pris ce nom de guano, et qui sont habituellement des compositions plus ou moins riches qui n'ont du guano que le nom.

Phosphoguano. — Les guanos phosphatés renferment, en général, leur phosphate à l'état insoluble, et, comme ils sont dépouillés de sels ammoniacaux et notamment d'oxalate d'ammoniaque, il ne peut s'y établir ces réactions qui rendent les phosphates assimilables ; aussi s'est-on efforcé de rendre ces phosphates solubles en les attaquant par l'acide sulfurique ; on ajoute ensuite des matières azotées, et l'on obtient un engrais actif et justement recherché. Son prix est de 32 francs les 100 kilogrammes ; il est par conséquent relativement plus cher que le guano du Pérou. D'après une analyse de M. Bobierre, cet engrais renferme 2,68 pour 100 d'azote et 40 pour 100 de phosphates dont 31,73 à l'état soluble ; une autre analyse a encore donné à M. Bobierre 2,62 d'azote, 32 de phosphate insoluble et 19,85 de phosphate soluble. Cet engrais est expédié en barils marqués par la compagnie de Liverpool qui le fabrique.

Colombine et poulaille. — On emploie souvent comme engrais la fiente des pigeons et des oiseaux de basse-cour. Ces matières sont très-riches en azote, ce qui est facile à comprendre, puisque la partie blanche de la fiente de ces animaux est de l'acide urique presque pur. La colombine renferme 8,3 pour 100 d'azote.

§ 117. — Débris d'animaux.

Engrais de poisson. — Les résidus des pêcheries sont des engrais actifs ; ils sont malheureusement très-loin d'être utilisés complètement. Un industriel qui a rendu de grands services au commerce des engrais, M. de Molon, a indiqué un procédé d'une exécution facile pour utiliser les débris de poissons. Ceux-ci sont d'abord cuits, puis ensuite soumis à l'action d'une presse qui en fait écouler l'eau et l'huile qu'ils renferment; la matière desséchée est pulvérisée dans un moulin. Elle constitue un engrais d'une grande richesse, ainsi qu'il ressort de l'analyse suivante, due à M. Payen :

Eau..	1,00
Matières organiques azotées......................	80,10
Sels solubles, consistant principalement en carbonate d'ammoniaque et traces de sulfate et chlorure de sodium.......................................	4,50
Phosphate de chaux et de magnésie................	14,10
Carbonate de chaux...............................	0,06
Silice..	0,02
Magnésie et perte................................	0,22
	100,00

En d'autres termes, les analyses indiquent dans la poudre de poisson desséché :

12,0 pour 100 d'azote ;
16,1   id.   de phosphates.

C'est une richesse analogue à celle du guano de bonne qualité.

M. Moussette, qui a été employé pendant plusieurs années dans les fabriques d'engrais de poisson, a donné les nombres suivants :

	Azote pour 100.	Phosphate de chaux.
Chair de poissons en poudre (desséchée)..	11,71	17,30
Os de poissons en poudre...............	3,84	53,70
Résidus de morues en poudre...........	8,73	28,75

Les usines de M. de Molon furent établies d'abord à Concarneau, puis à Terre-Neuve. Ce dernier établissement a disparu par suite de la chute d'une compagnie financière à laquelle il avait été vendu.

M. Rohart, habile fabricant d'engrais, a repris récemment cette industrie, et il a installé aux îles Lofoden, en Norvége, une usine importante.

Les pêcheries de la Norvége produisent annuellement de 20 à 25 millions de morues; jusqu'ici les débris de ces poissons étaient jetés à la mer. M. Rohart, au contraire, les recueille et les fait d'abord sécher à l'air; il les soumet ensuite à l'action de la vapeur sous une pression de 7 à 8 atmosphères, puis il les dessèche : les débris deviennent ainsi très-friables, et, réduits en poudre dans des moulins, ils constituent un engrais très-actif, qui renferme 9 pour 100 d'azote et 30 pour 100 de phosphates. Son prix est de 25 francs les 100 kilogrammes (1).

Quand on songe à l'immense quantité de poissons non comestibles que renferme la mer, on doit penser que le temps n'est pas loin où la pêche, ayant pour but la fabrication des engrais, prendra un grand développement.

Sang. — Le sang se corrompt si facilement, que, pour l'employer comme engrais, il faut toujours lui faire subir une préparation. On le coagule soit à feu nu, soit à l'eau bouillante dans de grandes chaudières; on enlève à l'aide de larges écumoires la partie coagulée, puis on la soumet à une forte pression, pour en extraire la plus grande partie du liquide dont elle est imprégnée. Les pains ainsi préparés sont desséchés à l'étuve. Pour éviter la putréfaction du sang pendant les opérations, on l'additionne parfois d'une certaine quantité de chlorure de manganèse, résidu des fabriques de chlore. Le sang qui a subi ainsi l'action d'une température suffisante pour amener la coagulation de l'albumine est connu sous le nom de *sang sec insoluble;* celui qui, au contraire, a été desséché à une basse température et pourrait redevenir liquide si on le mélangeait à l'eau, est désigné sous le nom de *sang sec soluble.*

D'après M. Soubeiran, le sang préparé pour engrais dans l'usine d'Aubervilliers renferme :

Eau..	170,0
Matières animales....................	780,0
Phosphate des os....................	3,3
Sels divers et matières terreuses...	46,7
	1000,0

A l'état marchand, il contenait 150 millièmes d'azote ; desséché, il en contenait 180 millièmes. Le sang liquide des clos d'équarrissage contient 27 millièmes d'azote; lorsqu'il a été coagulé par la chaleur et pressé, mais non desséché, il en contient 45 millièmes. Le sang liquide des abattoirs contient moyennement 29 millièmes 1/2 d'azote, et 148 millièmes lorsqu'il a été bien desséché.

Le sang provenant des abattoirs de Paris est en partie exporté vers les îles à sucre, où il est employé à la culture de la canne. Il est curieux qu'on n'ait pas songé jusqu'à présent à utiliser le sang des

_____

(1) Nous croyons savoir que cette utile entreprise a été abandonnée par suite de difficultés financières.

nombreux animaux abattus dans la Plata. D'après M. Schneff (1), les cendres d'os provenant des squelettes des animaux, seul combustible employé dans les usines du pays, absorbent très-bien le sang, et forment avec lui une poudre presque inodore qui aurait une haute valeur comme engrais.

Chair musculaire. — On a proposé différents procédés pour transformer en engrais la chair musculaire ; nous empruntons à M. Isidore Pierre la description d'opérations pratiquées à Aubervilliers (*Chimie agricole*, 3e édit., p. 344), où l'on abat un grand nombre d'animaux. On les saigne d'abord sur un sol dallé en pente, qui permet de recueillir tout le sang à part ; on les dépouille, et on les dépèce ensuite par gros morceaux, que l'on arrange dans de grandes caisses ou cuves de bois, qui peuvent contenir jusqu'à 30 et même 36 chevaux, puis on y fait arriver un jet de vapeur d'eau. Suivant la température de cette vapeur, la cuisson peut durer de douze à quatorze heures ; mais on a reconnu quelques avantages à opérer la cuisson à une température peu élevée.

On trouve au fond de la cuve une masse liquide formée de trois parties superposées.

La couche supérieure est formée de graisse, que l'on enlève avec des cuillers et que l'on emploie à divers usages. Cette graisse est d'une qualité d'autant plus élevée, que la cuisson s'est opérée à une température plus basse. La couche moyenne est une eau chargée de gélatine. La couche inférieure est un mélange de sang et de matières charnues ; cette matière desséchée renferme encore 8 à 9 pour 100 d'eau, 13 pour 100 d'azote environ, et à peu près 2,4 de phosphate de chaux.

M. Rohart a préparé pendant plusieurs années, sous le nom de *tourteaux de matières animales*, un engrais formé de menus déchets de boucherie et de détritus des abattoirs de la ville de Paris débarrassés des corps gras qu'ils renfermaient. Cette matière, assez difficile à broyer, contient en moyenne 5 pour 100 d'azote et 4,7 de phosphates. (*Répert. de chim. appliquée*, 1860, t. II, p, 41.)

Tout récemment (*Ann. de chim. et de phys.*, 1868, 4e sér., t. XIV, p. 199), M. le docteur Boucherie a imaginé un procédé nouveau pour transformer les chairs musculaires en un engrais puissant et facile à employer. Sous l'influence de l'acide chlorhydrique agissant à chaud,

---

(1) Lettre adressée au ministre de l'agriculture (*Enquête sur les engrais industriels*, 1866, t. II, p. 249).

la désagrégation ou la dissolution des os, même les plus compactes, s'effectue promptement; la gélatine se dissout et perd ses propriétés collantes; la graisse est isolée, fondue, et les chairs elles-mêmes se dissolvent et se désagrégent. Lorsque la cuisson est terminée, la liqueur acide renferme, outre des matières animales désagrégées, du chlorhydrate et du phosphate d'ammoniaque, du phosphate de chaux tenu en dissolution par l'excès d'acide chlorhydrique. On sature par des os triturés ou par des phosphates fossiles en poudre; on sépare alors les parties solides des liquides, et les premières sont séchées à l'air : elles renferment 10 pour 100 d'azote. Les engrais solides ou liquides, ou mélangés au fumier de ferme, ont produit une augmentation sensible de récolte.

Les chiffons de laine, les débris de cornes, de sabots, griffes, ongles, etc., peuvent être encore considérés comme des engrais actifs.

Les chiffons de laine ont été particulièrement utilisés en Champagne, où ils ont donné les résultats les plus avantageux; on les emploie souvent mélangés au fumier.

Nous donnons dans le tableau suivant la composition de quelques matières animales employées comme engrais :

DÉSIGNATION DES ENGRAIS.	AZOTE contenu dans 1000 pa.ties d'engrais.	QUANTITÉ équivalant à 100 kilogrammes de fumier de ferme.
Chiffons de laine........................	179,8	3,3
Cornes, sabots.........................	66,0	3,2
Râpures de corne	143,6	4,1
Bourre de poils de bœuf.................	137,8	4,4
Chair musculaire séchée à l'air...........	130,4	4,6
Sang insoluble séché en grand...........	148,7	4,0
Sang sec soluble (tel qu'on l'expédie)........	121,8	4,9
Sang coagulé et pressé..................	45,1	13,3
Sang liquide des abattoirs de Paris...........	29,4	20,4
Pains de cretons (à l'état marchand)...........	118,7	5,0
Rognures de cuir désagrégées	93,1	6,4
Marc de colle des fabriques (tel qu'on le trouve dans le commerce........................	37,3	16,1
Résidus de colle d'os......................	5,3	112,0
Morue salée altérée...	67,0	8,9
Colombine..............................	83,9	7,1
Litière de vers à soie (5e et 6e âges)	32,8	18,8

CHAPITRE III

EMPLOI DES MATIÈRES FÉCALES

§ 118. — COMPOSITION DES DÉJECTIONS DE L'HOMME.

L'importance de l'emploi agricole des déjections humaines est trop évidente pour qu'il soit nécessaire d'insister sur ce point, mais il peut être utile d'être fixé sur les quantités de matières qui aujourd'hui encore sont en grande partie perdues.

MM. Wolf et Lehmann ont déterminé la composition des déjections de différentes personnes ; ils sont arrivés aux résultats suivants :

Poids en grammes des excrétions solides et liquides par personne et par jour.

	MATIÈRES SOLIDES.	AZOTE organique.	PHOSPHATES.	URINE.	AZOTE organique.	PHOSPHATES.
Hommes............	150	1,74	3,23	1,500	15,00	6,08
Femmes............	110	1,92	1,08	1,350	10,73	5,67
Garçons............	45	1,82	1,62	570	4,72	2,16
Filles.............	25	0,57	0,37	450	3,68	1,75
Moyenne.........	82,5	1,03	1,56	954	8,53	3,86
Moyenne par an....	30k,112	0k,375	0k,569	345k,210	3k,113	1k,378

En calculant la totalité des matières émises pour 37 millions d'habitants, on trouverait qu'elle est égale à 13 875 000 tonnes renfermant 128 950 tonnes d'azote et 63 089 tonnes de phosphates. En calculant l'azote à 2 fr. le kilo et l'acide phosphorique à 1 fr. le kilo (en admettant qu'il soit entièrement soluble et que les phosphates renferment la moitié de leur poids en acide phosphorique), on trouve, pour la valeur de l'azote, 257 millions de francs, et pour l'acide phosphorique 31 millions, ou pour le total, 288 millions de francs.

D'après des expériences de M. Barral, qui ont porté sur trois hommes, une femme et un enfant, la quantité moyenne de déjections solides et liquides a été de 1kil,224 par jour et par tête. Elle serait donc, par année, de 446kil,760. En ramenant ces chiffres au poids de l'homme moyen de France (45 kilogrammes), on aurait, comme produit annuel, 428 kilogrammes, soit, pour nos 36 millions de compatriotes, 15 768 000 tonnes, qui contiendraient, au moment de l'émission, 209 millions de kilogrammes d'azote (à raison de 13^{kil},3 par tonne), et 40 445 000 kilogrammes d'acide phosphorique (à raison de 2^{kil},665 par tonne).

Mais comme toute la population n'est pas aussi bien nourrie que les personnes sur lesquelles a porté l'expérience, on peut, en réduisant tout au minimum, diminuer ces évaluations d'un tiers. On évaluera alors la quantité d'azote à 140 millions de kilogrammes, et celle de l'acide phosphorique à 27 millions. Enfin, comme il y aura toujours perte d'azote par suite du séjour des matières dans les fosses, on peut réduire sa quantité à 100 millions de kilogrammes. En portant l'azote à 2 fr. le kilogramme et l'acide phosphorique à 0 fr. 70 c., nous aurions, d'après M. Barral, pour le prix total des matières fécales produites annuellement en France, 200 millions pour l'azote, et $0,70 \times 27 = 18,9$ millions pour l'acide phosphorique, ou 218 millions pour les deux éléments importants, chiffre qui n'est pas très-différent de celui que nous avons donné plus haut d'après les analyses de MM. Wolf et Lehmann, et qui s'en rapprocherait davantage, si nous avions calculé pour 36 millions au lieu de 37.

On arrive encore à un chiffre à peu près analogue en attribuant, comme on le fait en Angleterre, le prix de la tonne d'engrais humain à 7 francs ; on trouverait ainsi 252 millions pour la France (1).

Comment tire-t-on parti de cette masse énorme de matière fertilisante ; comment a-t-on réussi à l'employer, c'est ce que nous devons examiner dans les chapitres suivants.

§ 119. — ENGRAIS FLAMAND.

On a essayé bien des modes d'emploi des matières fécales. Dans les Flandres on les utilise déjà depuis des siècles sous le nom d'*engrais flamand*. On prépare celui-ci au moyen des déjections humaines, qui, amenées de la ville, sont conservées dans des citernes ou réservoirs que l'on trouve dans le voisinage de tous les domaines un peu étendus. Les cuves de maçonnerie, qui présentent une capacité

---

(1) Voyez, pour plus de détails, *Principes de l'assainissement des villes*, par M. de Freycinet, ingénieur des mines.

de 250 à 400 hectolitres, sont munies de deux ouvertures : l'une, qui passe par le milieu de la voûte, est destinée à l'introduction ou à l'extraction des matières ; l'autre, pratiquée dans le mur qui regarde le nord, permet l'accès de l'air jugé nécessaire pour leur fermentation.

La valeur de l'engrais flamand est assez variable ; on la diminue souvent par des additions d'eau considérables. D'après M. Girardin, cet engrais ne doit pas marquer au-dessous de 3 degrés à l'aréomètre ; quand il ne marque que 2 degrés et 1 degré, il a été fraudé.

Voici, au reste, d'après M. Girardin, la composition que présentent divers échantillons plus ou moins additionnés d'eau (*Compt. rend.*, 1860, t. LI, p. 754) :

	Engrais pur n° 1.	Engrais additionné d'eau	
		de Lille n° 2.	du Quesnoy n° 3.
	gr.	gr.	gr.
Eau..........................	950,98	981,55	989,52
Matières solides.............	49,11	18,45	10,48
Azote total..................	8,888	6,537	1,835
Sous-phosphate de chaux......	6,857	2,056	0,555
Potasse......................	2,075	1,503	3,157

M. Girardin attribue à l'azote et au phosphate de chaux les prix de 1 fr. 65 c. le kilogramme pour l'un et 0 fr. 15 c. le kilogramme pour l'autre, et il arrive aux prix suivants pour les 1000 kilogrammes (1) :

	Azote à 1 fr. 65 c. le kil.		Phosphate de chaux à 15 c. le kil.		Valeur totale des 1000 kil.
	Quantité.	Prix.	Quantité.	Prix.	
	kil.	fr.	kil.	fr.	fr.
Engrais flamand pur, n° 1...	8,888	14,665	6,857	1,028	15,693
Engrais additionné d'eau, n° 2.	6,537	11,186	2,054	0,308	11,494
Engrais additionné d'eau, n° 3.	1,835	3,027	0,555	0,083	6,110

L'engrais flamand, très-étendu d'eau, est généralement mélangé à des tourteaux qui s'y décomposent assez rapidement. Le liquide ainsi

---

(1) On voit que les prix de l'azote et des phosphates sont très-faibles; le chiffre adopté pour l'acide phosphorique soluble qui se trouve dans l'engrais flamand est tout à fait au-dessous des prix actuels du commerce. Nous discutons ces prix à la fin de l'ouvrage.

obtenu présente, comme l'engrais flamand pur, une forte odeur de sulfhydrate d'ammoniaque, car les sulfates existant dans les eaux ou dans les matières fécales elles-mêmes sont amenés bientôt à l'état de sulfures, qui réagissent sur le carbonate d'ammoniaque provenant de l'altération de l'urée. Les cultivateurs du Nord conduisent l'engrais liquide sur leurs terres dans des tonneaux qui sont vidés peu à peu dans un baquet placé sur l'un des coins du champ qu'il faut fumer; l'engrais est alors lancé tout autour du baquet à l'aide d'écopes munies de longs manches. On transporte ensuite le baquet en un autre point, et l'on recommence la même opération.

A Anvers, l'exploitation des vidanges, faites depuis des siècles au profit du trésor communal, a de tout temps rapporté des sommes considérables. Le bénéfice annuel a été de 110 000 fr: avant l'emploi du guano, la concurrence l'a fait tomber aujourd'hui à 80 000 francs. La quantité totale fournie par la ville, chaque année, est d'environ 30 000 mètres cubes. Les matières solides sont embarquées en vrac et déposées dans un réservoir central formé de plusieurs citernes, situé sur la rive gauche de l'Escaut : c'est là qu'un agent de la ville les vend au public. Les matières liquides sont chargées dans des bateaux-citernes, qui vont alimenter les fosses à gadoues des cultivateurs et des marchands. C'est surtout le pays de Waës, où la culture des plantes industrielles est très-développée, qui utilise cet engrais. Le prix moyen des matières fécales ordinaires est de 9 à 10 francs par mètre cube livré au bateau ; il varie, selon la densité, de 5 à 18 francs.

La ville de Louvain ne se contente pas de vendre aux cultivateurs des environs les matières fécales qu'elle recueille chez elle ; elle a fait construire des bateaux couverts qui circulent sur les canaux et vont chercher les matières des vidanges dans des villes même assez éloignées, à Anvers, à Amsterdam, pour les réunir dans des citernes, où elles sont vendues au public. Il est remarquable de voir que ce sont les pays les plus renommés pour leur propreté qui ont surmonté depuis de longues années le dégoût qu'inspire la manipulation des matières des vidanges.

En France, il n'est qu'un petit nombre de localités dans lesquelles les matières fécales soient employées à l'état naturel ; cependant nos départements du Nord ne sont pas les seuls dans lesquels on en fasse régulièrement usage : en Provence et dans le comté de Nice, où le bétail est rare on utilise les vidanges pour les cultures maraîchères si soignées qu'on remarque aux environs des villes. Quand on parcourt la ville d'Aix, on voit à la devanture de chaque maison une petite porte fermant une loge dans laquelle se trouve un tonneau destiné à recevoir les déjections des habitants; ces tonneaux sont changés de temps à autre et le contenu utilisé dans les campagnes environnantes. Le mode de transport dans ce pays de jardinage est des plus simples, et pour peu qu'on fasse quelques promenades sur les routes poudreuses de la Provence, on rencontre un paysan monté sur un cheval ou un mulet et portant de chaque côté de sa selle un petit tonneau renfermant l'engrais; celui-ci est déposé dans les champs, dans des tonneaux enfoncés en terre et utilisés au moment convenable.

La Chine est sans doute la contrée où l'on utilise d'une façon plus complète la matière fécale. Les cultivateurs vont la chercher à la ville et la placent dans des jarres disposées à la porte de leurs maisons; les matières encore fraîches sont délayées dans l'eau et versées au pied des plantes à mesure des besoins. Ces pratiques, qui se rapprochent du jardinage, ne sont possibles que dans un pays où la main-d'œuvre est à très-bon marché (1).

§ 120. — POUDRETTE ET EAUX VANNES.

On sait qu'à Paris et dans quelques autres grandes villes, les matières fécales sont utilisées à la préparation d'un engrais solide désigné sous le nom de *poudrette*. A Paris, les tonneaux des vidanges se vident au dépotoir de la Villette, puis une machine repousse par une longue conduite ces matières dans de grands bassins situés à Bondy : là les matières solides se déposent; on décante les liquides, et l'on finit par séparer une matière noire qui se dessèche peu à peu à l'air et qui est vendue au cultivateur sous le nom de poudrette.

On doit à M. L'Hôte une analyse d'une poudrette prise à Bondy dans un tas dont on chargeait les bateaux qui vont au magasin de vente à la Villette. Cette poudrette avait été préparée avec des matières déposées en 1848 : il y avait douze ans qu'elle était soumise aux influences atmosphériques; elle était brune, très-humide et sans odeur. (*Ann. de chim. et de phys.*, 1860, 3ᵉ sér., t. LX, p. 197.)

On a trouvé pour sa composition :

(1) Voyez, dans l'*Enquête sur les engrais industriels*, publiée par le ministère de l'agriculture, la déposition de M. Simon, consul de France à Ning-Po (t. I, p. 593).

MATIÈRES DOSÉES.	A l'état normal.	Supposée sèche.
Matières organiques azotées....................	32,81	47,00
Ammoniaque toute formée....................	0,59	0,85
Acide nitrique........................	0,30	0,43
Acide phosphorique......................	4,18 (*)	5,99 (**)
Acide sulfurique........................	3,50	5,02
Acide carbonique.......................	2,87	4,11
Chlore.............................	0,36	0,52
Potasse et soude.......................	2,15	3,08
Chaux.............................	6,70	9,59
Magnésie et oxyde de fer.	2,72	3,90
Silice, sable, argile.....................	12,62	19,54
Eau...............................	30,20	»
	100,00	100,00
Azote total.........................	1,52	2,17

(*) Correspondant à 9 gr., 05 de phosphate de chaux.
(**) Correspondant à 12 gr., 97 de phosphate de chaux.

On voit que relativement à la proportion de phosphate de chaux, la quantité d'ammoniaque est faible ; cela vient de ce que la poudrette est restée pendant longtemps exposée à l'air, à la pluie. D'ailleurs la poudrette subit dans sa préparation un échauffement assez considérable pour volatiliser le carbonate d'ammoniaque.

Les eaux vannes qui s'écoulent des bassins de Bondy n'ont pas précisément la même richesse que celles qui sortent directement des fosses; on trouve dans ces dernières une moyenne de $3^{gr},74$ d'azote par litre, tandis que l'eau vanne prise au débouché de Bondy donnait $4^{gr},42$ d'azote par litre. Voici, au reste, l'analyse de ce liquide, que nous empruntons encore au mémoire de M. L'Hôte.

Dans un litre pesant 1023 grammes, on a trouvé :

	Gram.
Matières organiques azotées............	12,80
Ammoniaque toute formée.............	5,24
Acide phosphorique.................	1,35 (*)
Chaux.	1,59
Silice et sable....................	0,79
Eau...........................	994,20

(*) Correspondant à 2,92 de phosphate de chaux.

L'azote est presque entièrement à l'état de sel ammoniacal.

Ces liquides sont utilisés aujourd'hui par différentes méthodes; une faible quantité d'eaux vannes est vendue directement au cultivateur. M. Moll, professeur au Conservatoire des arts et métiers, a employé ces engrais à la ferme de Vaujours, où ils arrivaient par bateaux sur un canal qui reliait la ferme au dépotoir. L'engrais était répandu sur les terres à l'aide de lances fixées sur des regards que portait une série de tuyaux souterrains dans lesquels circulait le liquide fécondant. Les essais furent peu avantageux et le système fut abandonné.

M. Gargan a fait construire, il y a quelque temps, des wagons-citernes à l'aide desquels il transportait les engrais liquides à différentes gares du chemin de fer de l'Est, le seul qui ait accordé des diminutions de tarif suffisantes pour ne pas élever le prix de l'engrais à un taux hors de toute proportion avec sa valeur. Les cultivateurs champenois paraissent avoir employé cette matière avec grand profit; malheureusement l'élévation du transport sur le chemin de ceinture et l'insuffisance des quantités livrées apportèrent des obstacles à l'entreprise, qui n'eut pas de suite.

Le transport des eaux vannes du dépotoir de Paris, à l'aide de grands bateaux-citernes naviguant sur les cours d'eau, s'effectue également aujourd'hui, mais cette utile tentative n'a pas encore reçu tous les développements qu'elle comporte ; la valeur du mètre cube d'eaux vannes est à peu près de 12 francs. Les cultivateurs éloignés de Paris consentent à le payer à ce prix, et nous savons qu'il en a été conduit par canaux jusque dans le département des Ardennes. Dans les localités plus voisines de Paris, le prix est beaucoup moindre; il est vendu 5 à 6 francs le mètre, et dans ces conditions, c'est un engrais très-avantageux, quand on dispose d'une quantité d'eau suffisante pour le diluer.

Les usines de la Villette et de Bondy perdent encore une énorme quantité d'eaux vannes qui coulent à la Seine; elles n'en utilisent qu'une partie à la fabrication du sulfate d'ammoniaque. Tout le monde sait que, lorsqu'on distille une dissolution aqueuse d'ammoniaque, le gaz passe avant l'eau, et l'on conçoit qu'on ait pu tirer des eaux vannes l'ammoniaque qui s'y trouve et convertir celle-ci en sulfate d'ammoniaque, qui est vendu comme engrais en France et en Angleterre.

Nous décrirons cette fabrication, avec les développements qu'elle comporte, au chapitre : ENGRAIS CHIMIQUE.

Engrais Chodzko. — M. Chodzko a songé depuis plusieurs années à préparer un engrais pulvérulent avec les matières contenues dans les eaux vannes. Il désinfecte celles-ci avec un mélange de sulfate de magnésie et de sulfate de fer. On opère de la façon suivante :

« On fait une dissolution saturée de sulfate brut de magnésie, soit seul, soit avec un sulfate de fer, en parties égales ; on les dissout dans le liquide ammoniacal en question.

» Cinq à dix litres de cette préparation suffisent ordinairement pour désinfecter un mètre cube de matière ; pour que la désinfection soit complète, il est indispensable que les sels employés soient privés de la réaction acide. Dans ce but, après avoir versé la solution de sulfates dans la matière, on y ajoute un ou deux décilitres d'une dissolution saturée de carbonate de potasse, contenant 5 centièmes d'un mélange en parties égales de goudron et de benzine ou d'une huile empyreumatique (1). »

On fait alors couler les liquides désinfectés au travers de fascines disposées comme celles des bâtiments de graduation. En répétant l'arrosage des fagots deux ou trois fois par jour, suivant la saison, au bout de quinze jours à trois semaines en été, et deux mois en hiver, les fascines sont suffisamment chargées de la matière extractive, c'est-à-dire d'engrais, pour être abandonnées à la dessiccation ; quelques jours après on bat les fagots pour détacher le produit obtenu.

M. L'Hôte a analysé l'engrais Chodzko, il a trouvé :

MATIÈRES DOSÉES.	Pour 100 grammes d'engrais normal.	Pour 100 grammes d'engrais supposé sec.
	gr.	gr.
Matières organiques azotées.	53,53	65,13
Ammoniaque toute formée.	0,65	0,74
Acide nitrique.	traces	traces
Acide phosphorique.	4,48 (*)	5,44 (**)
Silice et sable.	4,50	5,47
Chaux.	4,07	4,94
Eau.	17,75	»
Azote total.	4,20	5,10

(*) Correspondant à 9,70 de phosphate de chaux.
(**) Correspondant à 11,78 de phosphate de chaux.

Pour établir une comparaison entre l'engrais de M. Chodzko et la poudrette, il est nécessaire de mettre en parallèle dans ce tableau ce

(1) *Enquête sur les engrais industriels*, publiée par ordre du ministre de l'agriculture, page 81.

que 100 parties des deux engrais supposés secs renferment de principes fertilisants :

MATIÈRES DOSÉES.	Dans 100 grammes de poudrette sèche.	Dans 100 grammes d'engrais sec de M. Chodzko.
	gr.	gr.
Matières organiques azotées...............	47,00	65,13
Ammoniaque toute formée.	0,85	0,74
Acide nitrique...........................	0,43	traces.
Acide phosphorique......................	5,99 (*)	5,44 (**)
Azote total.............................	2,17	5,10

(*) Correspondant à 12,97 de phosphate de chaux.
(**) Correspondant à 11,78 de phosphate de chaux.

On peut voir par ces résultats comparatifs que l'engrais obtenu par
le traitement des eaux vannes doit être supérieur à la poudrette ; il
contient une proportion d'azote plus que double, et les matières organiques azotées qu'il renferme en assez grande quantité deviendront
plus tard une source constante d'ammoniaque par leur décomposition
lente dans le sol.

Chaux animalisée. — Procédés de M. Mosselmann. — L'utilisation
de l'engrais humain est d'autant plus importante, qu'elle se lie souvent avec la désinfection de ces matières, qui sont une cause parfois
terrible d'insalubrité (1), et toujours de dégoût pour les habitants des
villes.

M. Mosselmann avait pensé à mélanger les matières fécales et les
urines avec de la chaux éteinte : il arrivait ainsi à une désinfection
passable, car les matières qui viennent d'être émises ne renferment
qu'une faible proportion de composés ammoniacaux capables d'être
attaqués par la chaux avec dégagement de gaz ammoniac. D'après de
nombreuses analyses de M. Hervé-Mangon, la chaux animalisée ne
renfermait guère que 0,5 pour 100 d'azote, ce qui est évidemment trop
faible pour que cet engrais puisse supporter facilement des frais de
transport considérables.

Procédés de MM. Blanchard et Chateau. — Ces industriels préparent à l'aide des nodules et d'acide sulfurique du phosphate acide de

(1) Voyez sur ce sujet une conférence de M. Frankland (*Revue des cours scientifiques*,
1868-1869, t. VI, p. 34), et un article de M. Blerzy dans l'*Annuaire scientifique* de 1866
(Masson), et le chapitre suivant, EMPLOI DES EAUX D'ÉGOUT.

chaux et de fer auxquels ils ajoutent du sulfate de magnésie; les liqueurs acides sont versées dans les fosses d'aisances. On conçoit que le sulfhydrate d'ammoniaque qui s'y trouve soit décomposé dans ces circonstances, comme il le serait par tout autre sel de fer, le sulfate notamment, et qu'on obtienne ainsi une désinfection complète. Mais on comprend, d'autre part, que la formation et le dépôt du phosphate ammoniaco-magnésien que ces industriels désiraient obtenir ne puissent se faire qu'avec une grande lenteur et très-incomplétement, puisque ce sel est soluble dans les acides, et par conséquent dans le liquide ajouté lui-même. Il y aura donc, au moment de la filtration qui avait pour but de séparer le phosphate ammoniaco-magnésien des liquides des fosses, une perte considérable en acide phosphorique qui rend l'opération onéreuse.

Jusqu'à présent il n'existe donc pas de procédé qui permette la transformation des matières fécales en un engrais inodore et commode à employer; le seul point qui nous reste à étudier est la dilution des matières fécales dans les eaux d'égout et leur emploi à l'irrigation : c'est l'objet du chapitre suivant.

CHAPITRE IV

EMPLOI DES EAUX D'ÉGOUT

§ 121. — INCONVÉNIENTS DU SYSTÈME ACTUEL DES VIDANGES.

Nous avons reconnu, dans le chapitre précédent, que les procédés employés jusqu'à présent pour utiliser les produits des vidanges sont complétement insuffisants; on n'a pas réussi à rendre la vidange inodore, on n'a pas réussi davantage à faire employer par l'agriculture les matières des fosses. On a imaginé quelques palliatifs, mais l'état dans lequel se trouve encore ce service dans la plupart des villes, et notamment à Paris, nécessite une réforme prompte et radicale.

Qu'il faille souvent, à bras d'homme, faire passer d'une fosse dans une voiture les résidus les plus répugnants, que toutes les nuits la ville soit exposée aux émanations les plus repoussantes, que le sommeil des habitants soit troublé par le travail des ouvriers, le bruit des chevaux et des lourds chariots qui entraînent ces matières infectes, ce sont là des incommodités qui doivent disparaître d'autant plus vite, que l'utilisation agricole des matières fécales ne peut être assurée dans les conditions actuelles.

Sans doute, quand ces matières ont passé dix ans à se dessécher à l'air en infectant toutes les localités avoisinantes des dépotoirs, on finit par obtenir un produit sans odeur, la poudrette; mais nous avons vu que les matières fécales ont perdu pendant cette longue exposition à l'air une grande partie de leur richesse initiale. Les eaux vannes, d'autre part, peuvent être sans doute utilisées à la fabrication du sulfate d'ammoniaque; mais cette industrie ne peut être qu'un palliatif destiné à disparaître, car elle exige, pour être fructueuse, que le système actuel des vidanges soit conservé, et que l'urée des eaux vannes longtemps exposées à l'air se soit métamorphosée en carbonate d'ammoniaque; non sans qu'une grande partie de l'alcali contenu dans la dissolution primitive se soit dissipée peu à peu. Nous trouvons en effet qu'en quinze jours une solution de carbonate d'ammoniaque renfermant 9,25 d'alcali dans 100 000 parties d'eau, a perdu par évaporation la moitié de l'ammoniaque qu'elle renfermait. (*River's pollution Commission*, 1868, *first Report. Mersey and Ribble basins.* London, 1870, page 93.)

A l'état de concentration où elles se trouvent dans les dépotoirs, les eaux vannes sont de plus d'une application difficile. M. Moll, professeur au Conservatoire, a reconnu à Vaujours qu'elles ne donnaient de bons résultats qu'autant qu'elles étaient mêlées d'une grande quantité d'eau, de telle sorte que lorsqu'on a voulu transporter ces eaux vannes par bateaux dans différents points du bassin de la Seine, de la Marne ou de l'Oise, on a rencontré encore cette difficulté, que les seuls acheteurs sont les cultivateurs qui peuvent disposer d'une masse d'eau assez considérable pour diluer convenablement les eaux vannes.

Enfin, il est une dernière raison infiniment plus forte que toutes celles que nous venons de présenter, et qui doit décider les administrations municipales à abandonner le système des fosses fixes telles qu'elles sont établies aujourd'hui. En effet, ou bien elles sont étanches, et alors les propriétaires, effrayés bientôt des dépenses qu'occasionne l'arrivée dans les fosses d'aisances des eaux ménagères, tendent à restreindre l'emploi de l'eau et se refusent à la faire monter dans l'intérieur des maisons jusqu'aux étages élevés, au grand préjudice de la santé et de la propreté des habitants; ou bien les fosses sont mal construites, elles présentent des fuites, et les liquides qui y sont contenus s'infiltrent dans la terre et descendent jusqu'aux puits qu'ils infectent; tandis que habituellement l'eau des sources ou celle des puits salubres ne renferme que des traces d'ammoniaque variant de $0^{milligr},03$ à $0^{milligr},06$ par litre, que souvent même il est impossible de découvrir des traces d'ammoniaque dans les eaux, et notamment dans les eaux calcaires, on trouve dans d'autres puits des proportions d'ammoniaque très-considérables, $34^{milligr},30$, $33^{milligr},86$, $30^{milligr},30$ (quartier de l'Hôtel-de-Ville de Paris) (Boussingault, *Agron.*, *Chim. agric.*, t. II, p. 196). Ces quantités énormes sont dues évidemment à des infiltrations de fosses d'aisances, et la consommation des eaux qui les renferment est non-seulement profondément répugnante, elle est encore extrêmement dangereuse. Il est à peu près démontré aujourd'hui que le choléra se transmet par les déjections des cholériques, et l'on conçoit dès lors quels immenses dangers font courir à la population l'emploi des eaux contaminées par les infiltrations des fosses d'aisances qui renferment sans doute un poison des plus subtils et qui étend ses ravages en quelques jours sur toute une population.

Ces dangers n'atteignent pas seulement les habitants de ces maisons mal tenues, ils peuvent même menacer des personnes plus éloignées, car les eaux de puits sont habituellement employées à la confection du pain, et il n'est pas certain que l'intérieur des gros pains, vendus à la livre et toujours très-peu cuits, ait subi une température suffisante pour que tous les germes contenus dans l'eau employée au pétrissage aient été détruits.

Ces considérations suffisent pour montrer que le système des fosses fixes doit être abandonné; il faut absolument se débarrasser de ces foyers d'infection que recèle chacune des maisons parisiennes. Comment y réussir? C'est ce qu'il nous reste à examiner.

§ 122. — ENVOI DES MATIÈRES DES VIDANGES DANS LES EAUX D'ÉGOUT.

Il y a déjà plusieurs années que Londres a adopté ce système. Une communication est établie entre l'égout et les maisons, et toutes les immondices entraînées par les eaux qui affluent dans les habitations tombent dans les égouts souterrains et naguère encore étaient entraînées à la Tamise. Ce système présenta bientôt les plus graves inconvénients. En 1858, le fleuve, infecté dans l'intérieur même de Londres par les égouts qui s'y déchargeaient directement, dégagea des odeurs si intolérables, que bon nombre d'habitants émigrèrent et que le Parlement fut obligé de suspendre ses séances. Quelques-uns des quartiers de Londres s'alimentaient avec les eaux de la Tamise prises assez bas dans la ville pour être contaminées par les égouts ; aussi, en 1866, la mortalité par le choléra y fut-elle terrible, tandis que le fléau n'exerçait que de faibles ravages dans l'ouest de la ville desservie par les eaux prises en amont du fleuve. L'opinion publique s'émut vivement des dangers que faisait courir à la population cette détestable méthode d'alimentation, et l'on se résolut à construire sur les deux rives deux immenses ég its collecteurs destinés, à recueillir toutes les eaux chargées des ma ères des vidanges pour les conduire au loin.

Cette première partie du programme que s'était tracé la ville de Londres est complétement mise à exécution, mais il restait à résoudre une seconde question aussi importante que la première, il s'agissait non-seulement de débarrasser la Tamise, pendant qu'elle traverse Londres, de toutes les immondices qui s'y accumulaient, il fallait encore utiliser ces eaux au profit de l'agriculture ; malheureusement, la compagnie qui s'était formée pour conduire les eaux des égouts de Londres jusqu'au bord de la mer sur des sables incultes n'a pas réussi à réunir les sommes nécessaires à l'achèvement des travaux, et actuellement les eaux sont encore jetées à la Tamise au-dessous de Londres, de telle sorte qu'il se fait là un immense gaspillage de matières fertilisantes.

Les exemples d'heureux emploi des eaux d'égout sont communs cependant, et, avant d'arriver à la description des importants travaux qu'ont faits aux environs de Paris les ingénieurs des ponts et chaussées MM. Mille et Durand Claye, il nous faut rappeler les résultats obtenus en Italie et en Angleterre.

Emploi des eaux d'égout à Milan. — Les eaux d'égout de la ville de Milan sont chargées des immondices de la population ; elles reçoivent les matières fécales de 150 000 personnes environ. On évalue la masse totale de liquide évacuée à 100 000 mètres cubes par jour : dans ce volume figurent pour une très-large part les eaux naturelles qui traversent la ville et dans lesquelles se délayent les résidus des maisons ; toutes les eaux sont réunies dans un canal à ciel ouvert qui sert d'émissaire à la ville. C'est sur le parcours de ce canal, la Vettabia, que les eaux sont vendues aux propriétaires des prairies. L'excédant rejoint la rivière Lambro, à 17 ou 18 kilomètres au sud de Milan. La surface des prairies confine aux portes mêmes de la ville, et toute la région est soumise à ces arrosements très-actifs, sans qu'on ait remarqué que la santé publique en ait reçu la moindre atteinte.

Les prairies désignées sous le nom de *marcites* reçoivent les eaux réchauffées par leur mélange avec les eaux ménagères même au cours de l'hiver, alors que la neige couvre les prairies environnantes. Les eaux, toujours ruisselantes à la surface de la prairie, abritent le gazon du froid et des vents, de telle sorte qu'il s'épaissit de décembre à février et devient assez abondant pour permettre une première coupe en février. On suspend l'arrosage huit jours au moins avant de faucher. On coupe six fois par an. Les deux premières coupes, en février et en avril, donnent environ 12 000 kilogr. de fourrage à l'hectare; chacune des coupes de juin et d'août, 9000, et celles qui ont lieu en octobre ou novembre donnent encore 6000. On récolte en tout 54 tonnes donnant environ 13 à 14 000 kilogr. de fourrage sec, quantités bien supérieures à celles qu'on récolte habituellement, mais qui sont moyennes pour les *marcites*, qui rendent parfois 100 tonnes de fourrage vert à l'hectare. Nous verrons que les irrigations anglaises donnent même des nombres encore plus élevés.

Irrigations d'Edimbourg. — Les eaux d'égout (1) de la ville d'Edimbourg sont employées à l'irrigation depuis un temps reculé, et il est curieux de reconnaître que là, sous un climat rigoureux, on cultive, sous l'influence de l'eau d'égout chargée des produits des vidanges, précisément les mêmes plantes que dans les marcites de Milan. Les prairies qui avoisinent la mer, dont le produit est très-faible dans les conditions ordinaires, donnent au contraire d'abondantes récoltes aussitôt qu'elles reçoivent l'eau d'égout; les coupes d'herbe sont affermées annuellement à l'enchère, et le prix atteint de 1250 à 1750 fr. par hectare, il s'est élevé parfois jusqu'à 2500 fr. La commission de chimistes et d'ingénieurs chargée d'étudier les meilleurs moyens de purifier les eaux d'égout chargées des vidanges des villes a étudié particulièrement les eaux d'Edimbourg : elle a reconnu que la plus grande partie des matières tenues en suspension dans l'eau restait sur la prairie, que l'eau recouvrait d'une façon complète; il n'en a pas été complétement de même des matières dissoutes : cependant, tandis qu'on trouvait dans 100 kilogr. de l'eau d'égout 11^{gr},445 d'azote

---

(1) Les Anglais désignent ces eaux sous le nom de *sewage*, qui signifie eau chargée de toutes les immondices des villes, vidanges et détritus de toute nature ; on comprend facilement que les eaux de *sewage*, que nous désignons, faute de mieux, par le mot d'eaux d'égout, soient plus chargées que les eaux de Paris, qui ne reçoivent qu'une faible fraction des liquides de nos fosses d'aisances.

combiné au moment de son arrivée sur la prairie, on ne trouvait plus que 2^{gr},320 d'azote dans l'eau qui s'échappait pour se rendre à la mer.

Les études de la commission « *River's pollution* » ont porté sur un grand nombre d'eaux provenant de diverses localités, et les documents qu'elle a publiés, et qui ne forment pas moins d'une dizaine de volumes, sont remplis d'intérêt, puisque tous les systèmes proposés pour purifier les eaux contaminées par les vidanges et les résidus d'usine ont été examinés (1).

Nous ne pouvons essayer de résumer ici l'énorme travail auquel se sont livrés les ingénieurs anglais sous la direction de MM. Frankland et John Chalmers Morton; mais nous devons donner comme exemple de leur travail les analyses exécutées aux environs de Barking sur les eaux d'égout de Londres, les résultats très-intéressants obtenus à Banbury, à Croydon et à Norwood. On aura ainsi une idée du soin que les savants anglais ont apporté à cette étude, et des résultats financiers obtenus par l'emploi des eaux d'égout.

Expériences faites à Lodge-farm, près de Barking, à l'aide des eaux des vidanges de Londres. — La Compagnie métropolitaine des eaux d'égout installa en 1866, dans cette ferme de 50 hectares environ, une série d'essais, afin de reconnaître la valeur, comme engrais, des eaux des égouts de la partie septentrionale de Londres; le sol était disposé de telle sorte que les eaux, montées à la surface à l'aide d'une machine, se déversaient sur la terre et couvraient la prairie avant d'arriver aux rigoles qui devaient les déverser au dehors.

On prit un certain nombre d'échantillons des eaux avant qu'elles eussent filtré à la surface du sol n° 1, et après qu'elles avaient parcouru une certaine surface n° 2; un troisième échantillon, n° 3, fut recueilli après un passage plus prolongé sur le sol, et enfin l'échantillon n° 4 fut pris, au maître drain, à la sortie des terres. Dans la seconde série d'essais, on prit encore le n° 1 à l'arrivée, le n° 2 après un parcours de 50 à 60 mètres à la surface du sol, et le n° 4 à la sortie de la prairie. On obtint les résultats réunis dans le tableau suivant:

---

(1) *Report of the Commissioners appointed in 1868 to inquire into the beast means of preventing the pollution of rivers. — Mersey and Ribble basins. — River Lee. — River Thames. — Rivers Aire and Calder. — The A B C process of treating sewage. — Pollution arising from the woolen manufactures and processes connected therewith.* — London, 1868-1870, George Edward Eyre.

COMPOSITION DES EAUX D'ÉGOUT EMPLOYÉES A LA FERME DE LODGE-BARKING
POUR 100 000 PARTIES.

DATES DE LA PRISE DES ÉCHANTILLONS.	MATIÈRES DISSOUTES.						MATIÈRES EN SUSPENSION.		
	Matières solides totales.	Carbone des matières organiques.	Azote des matières organiques.	Ammoniaque.	Azote des nitrates et nitrites.	Azote combiné total.	Minérales.	Organiques.	Totales.
No 1. 22 avril 1868	112,50	12,482	3,664	4,000	»	6,958	»	»	»
No 2. Idem	90,55	4,331	1,872	2,250	0,026	3,751	»	»	»
No 3. Idem	91,75	2,768	0,624	2,500	0,032	2,715	»	»	»
No 4. Idem	79,25	1,366	0,329	0,800	2,955	3,943	»	»	»
No 1. 23 juin 1869	65,30	2,596	1,715	4,000	»	5,009	18,48	27,80	46,28
No 2. Idem	74,30	2,028	1,285	2,437	0,693	3,985	3,06	3,40	6,46
No 4. Idem	79,50	0,887	0,236	0,425	2,535	3,121	traces	traces	traces

Les résultats de ces analyses sont très-dignes d'attention. On remarquera d'abord que la terre est un filtre excellent, et que toutes les matières que l'eau tenait en suspension sont restées à la surface du sol. Les matières dissoutes sont loin, au contraire, d'être ainsi retenues, il peut même arriver que la totalité des matières dissoutes soit plus grande à la sortie qu'à l'entrée, soit parce que la terre desséchée a pris plus d'eau que de sels dissous, soit parce qu'elle a abandonné à l'eau d'irrigation quelques-unes des matières solubles qu'elle renfermait.

Le carbone se trouve dans les eaux qui s'écoulent hors du domaine en moins grande proportion qu'à l'arrivée; il en est de même de l'azote et de l'ammoniaque, mais il est bien digne de remarque que les nitrates, qui n'existent pas dans les eaux d'égout, se trouvent au contraire en proportions notables dans les liquides qui ont traversé le sol arable. Il est clair que l'oxydation, bien qu'incomplète, a été considérable, et que si la purification des eaux a été suffisante, puisque les nitrates ne peuvent avoir aucune action fâcheuse sur la salubrité, la perte de matière fertilisante est encore considérable.

Cependant l'influence des eaux de vidanges fut des plus sensibles. 300 403 tonnes furent distribuées en 1867 sur 22 hect. 4, et l'on récolta 2480 tonnes de fourrage; c'est donc un rendement de 110 tonnes à l'hectare. Et comme une partie de la prairie avait beaucoup souffert de la gelée, qu'une fraction importante de l'eau d'égout avait filtré au travers des rigoles inutilement, on estime que le rendement doit être dans des conditions normales de 150 tonnes à l'hectare. On peut admettre que pour 250 tonnes d'eaux de vidanges à l'hectare, on produit 2 tonnes et demie de fourrage de plus à l'hectare que dans les conditions ordinaires du climat et du sol de l'Angleterre (1).

Irrigations à Banbury. — Cette ville renferme une population de 11 000 âmes; les eaux d'égout sont dirigées par une pente naturelle à un bassin, d'où elles sont conduites à la partie la plus élevée d'une

(1) Les rendements précédents sont énormes, et le lecteur craindra peut-être quelques erreurs dans la conversion des mesures anglaises ; je vais montrer cependant que les différents éléments du calcul de l'auteur anglais s'accordent bien avec ce que nous savons du rendement obtenu en France des prairies non irriguées. On a trouvé que pour 250 tonnes versées à l'hectare, on obtient 2500 kilogr. de foin de plus que dans les conditions ordinaires ; en d'autres termes, 100 tonnes de *sewage* développent une tonne de fourrage. Or, l'hectare a reçu 13 654 tonnes d'eau de vidanges, qui ont dû produire 136^{tonnes},54 de plus que le rendement ordinaire, qui est dès lors 150 tonnes — 136,54 = 13^{tonnes},46. Or, une prairie d'Alsace rend en moyenne 4650 kilogr. de foin, qui, pesés verts, auraient fourni 17 000 kilogr. d'herbe, nombre qui est analogue à celui que produit la prairie anglaise non irriguée, mais qui montre la puissance que communique à la végétation des graminées les eaux d'égout répandues avec profusion.

ferme de 34 hectares, louée pour vingt et un ans à raison de 280 francs par hectare.

On a recueilli deux séries d'échantillons des eaux d'égout, la première en 1868, la seconde en 1869. L'échantillon n° 1 de la série A a été pris à la pompe même qui devait le distribuer sur le terrain, et le n° 2 à la sortie des prairies. Le n° 1 de la série B a été pris en partie à la pompe et en partie au moment où les eaux arrivaient à la prairie; le n° 2 était de l'eau qui avait passé sur une prairie d'environ un hectare et demi à la vitesse de 70 tonnes à l'heure; le n° 3 a été pris après que l'eau d'égout avait parcouru environ un mille à l'air libre, et après son parcours sur une prairie : il représente la composition de l'eau telle qu'elle est rejetée à la rivière. La ferme est placée sur une terre forte; elle est presque entièrement en prairie, bien que le sol ne soit pas très-avantageux pour cette sorte de culture : en effet, la terre se fendille pendant l'été, et l'eau d'égout arrive jusqu'aux drains sans avoir pu, par sa filtration au travers de la terre, se dépouiller des éléments qu'elle renferme; de plus, la surface n'est pas bien disposée pour l'irrigation, elle est inégale, et l'eau s'accumule dans les parties basses au grand désavantage des plantes. Cependant les renseignements fournis sur les produits de la ferme sont satisfaisants, et il est vraisemblable que la ferme payera bientôt les dépenses du premier établissement qui ont été faites, et que les habitants seront débarrassés des eaux d'égout provenant de la ville, sans qu'ils aient à supporter aucune charge sérieuse.

Les analyses ont donné les nombres suivants :

COMPOSITION DES EAUX D'ÉGOUT DE BANBURY AVANT ET APRÈS LEUR PASSAGE SUR LES PRAIRIES.

RÉSULTAT DES ANALYSES POUR 100 000 PARTIES.

DATES DE LA PRISE DES ÉCHANTILLONS.	MATIÈRES DISSOUTES.							MATIÈRES EN SUSPENSION.		
	Matières solides dissoutes.	Carbone des matières organiques.	Azote des matières organiques.	Azote des nitrates et nitrites.	Ammoniaque.	Azote combiné total.	Chlore.	Minérales.	Organiques.	Totales.
A { N° 1. 17 octobre 1868...	111,5	6,246	2,764	»	13,590	13,956	»	3,90	8,62	12,52
N° 2. Idem............	70,9	2,241	0,549	»	2,282	2,428	13,25	0,52	0,84	4,36
B { N° 1. 14 juillet 1869 ...	92,4	8,269	2,386	»	6,702	7,905	8,75	9,56	20,12	29,68
N° 2. Idem...........	66,5	2,670	1,127	»	3,412	3,690	6,75	1,68	3,84	5,52
N° 3. Idem...........	54,8	1,008	0,207	0,668	0,725	1,472	5,50	0,94	0,80	1,74

Le *sewage* de Banbury, par suite du manque d'eau dans la ville, est souvent très-chargé, sa purification peut être considérée comme particulièrement difficile ; et cependant les résultats précédents montrent que l'irrigation des prairies l'amène à un état de pureté suffisant, en même temps que les produits obtenus sont avantageux.

On a fourni à la commission les renseignements suivants pour les produits de la ferme pendant l'année 1869 :

Recettes en francs.

Vente du foin...............	22675	
Avoine....................	4950	
Regain	4150	
Droit de chasse...........	150	
	31825	31825

Dépenses.

Bail de la ferme...........	15125	
Impôts..................	1400	
Charbon pour la machine....	2775	
Dépenses de culture........	2050	
Salaires..................	1125	
Dépenses de vente (commission)	1825	
	29685	29685
Gain de la ferme........		2140

Payement de principal et intérêt sur la somme de 100 000 fr. dépensée pour l'établissement des travaux d'irrigation.   6250

Irrigations à Norwood. — Les ingénieurs de la commission anglaise ont étudié avec un soin particulier les eaux qui ont servi au drainage de Norwood, et nous traduisons encore les pages qui ont trait aux travaux exécutés dans cette localité et à Croydon. A Norwood, un champ de 12 hectares, à sous-sol argileux, a été disposé pour recevoir les eaux d'égout d'une population de 4000 personnes environ. Le terrain de la ferme est sur un sous-sol argileux légèrement en pente, de façon que le drainage a été facile à établir. On a disposé un bassin en haut du champ, et les eaux en partent dans des rigoles disposées dans le sens de la pente ; elles sont arrêtées de place en place à l'aide de barrages de terre, de façon qu'elles puissent déborder et recouvrir la terre voisine en suivant la pente jusqu'aux rigoles inférieures. Les parcelles sont arrosées autant que l'arrivée de l'eau le permet ; en été, elle est juste suffisante. Néanmoins on obtient cinq ou six fois par an de bonnes récoltes de foin ; la recette a été de 1375 fr. par hectare pendant neuf mois de 1868, et de 2000 fr. en 1869 : d'où l'on peut conclure que chaque personne de la ville a contribué à ce produit pour 4 francs par an environ.

Voici les comptes de la ferme pour 1869 :

Les recettes totales se sont montées à..	18 522 fr.
Les dépenses à.....................	14 800
Le bénéfice a donc été de....	3 722 fr.

Ces résultats sont particulièrement dignes d'attention, parce qu'ils s'appliquent à de petites localités, et que par suite ils montrent que les travaux à exécuter ne dépassent pas habituellement les ressources dont disposent les communes de médiocre importance. Il est certain que dans les parties montagneuses du midi de la France, où les irrigations sont pratiquées avec grand profit, il y aurait un avantage considérable à diriger sur les prairies les eaux chargées des immondices des habitants, au lieu d'envoyer ces liquides fécondants se perdre dans les rivières, au grand détriment de la santé des populations placées en aval.

Nous sommes persuadé que dans les parties élevées du pays qui est adossé aux Pyrénées et où la culture est déjà remarquablement avancée, qui dispose d'une masse considérable d'eau provenant des montagnes, les travaux nécessaires pour envoyer les immondices dans les eaux d'irrigation seraient bien vite remboursés par l'excès de produit obtenu ; on obtiendrait ainsi, sans aucune difficulté, des rendements analogues à ceux qui ont donné une si haute réputation aux marcites de Milan.

On a obtenu en 1869 les résultats suivants pour la composition des eaux d'égout employées à Norwood.

COMPOSITION DES EAUX D'ÉGOUT A LEUR ENTRÉE ET A LEUR SORTIE DU CHAMP DE NORWOOD.

COMPOSITION POUR 100 000 PARTIES.

DATES de la prise des échantillons.	MATIÈRES DISSOUTES.							MATIÈRES EN SUSPENSION.		
	Matières dissoutes totales.	Carbone des matières organiques.	Azote des matières organiques.	Azote des nitrates et nitrites.	Ammoniaque.	Azote combiné total.	Chlore.	Minérales.	Organiques.	Totales.
25 février 1869.										
Arrivée.	91,70	3,255	0,699	0,000	2,030	2,371	8,60	3,68	6,36	10,04
Sortie.	73,20	1,577	0,391	0,423	0,988	1,628	5,70	traces	traces	traces
12 mars 1869.										
Arrivée.	117,80	5,407	2,294	0,000	8,970	9,681	8,87	4,08	14,96	19,04
Sortie.	83,10	1,294	0,484	0,381	0,965	1,360	8,87	traces	traces	traces
25 mars 1869.										
Arrivée.	75,30	3,275	1,765	0,000	7,097	7,610	8,50	5,88	8,36	14,24
Sortie.	97,80	1,061	0,189	0,462	0,342	0,933	7,50	traces	traces	traces

Les eaux d'égout de Norwood ont été, en outre, soumises à une série d'analyses régulières : depuis septembre 1868 jusqu'à septembre 1869, on a recueilli deux échantillons par mois à leur sortie des champs irrigués. Les résultats obtenus ainsi pendant toute l'année ont montré qu'à bien peu d'exceptions près, les eaux sont assez pures pour être jetées dans les cours d'eau sans inconvénient ; cependant on a trouvé au mois de janvier, après une gelée de sept jours, que la quantité d'azote combiné qui, à l'analyse précédente, était de 0,098 pour 100 000 parties d'eau, était montée à 3,419 : la décomposition des matières organiques azotées avait été arrêtée, tandis qu'habituellement, au contraire, la plus grande partie de l'azote contenu dans les eaux s'y trouve à l'état d'ammoniaque ou de nitrates, qui ne peuvent avoir sur la santé publique les effets pernicieux que présentent sans doute les matières organiques azotées. (Voyez le tableau de la page 491.)

Irrigations à Croydon. — Les eaux de Croydon reçoivent les vidanges de 30 000 à 40 000 personnes ; elles arrivent dans des prairies de 100 hectares environ, reposant sur un sous-sol de gravier ; la quantité fournie varie de 135 mètres cubes, par hectare et par jour, à 200 mètres cubes. Ce dernier nombre est sensiblement plus élevé que celui qu'on a reconnu utile d'employer à Gennevilliers, qui atteint 150 mètres cubes par hectare et par jour, et qui se trouve un peu plus fort que la quantité minima employée à Croydon.

On a obtenu de très-bonnes récoltes de foin atteignant 35 000 kilogrammes à l'hectare, au mois de mai ; les quatre ou cinq autres coupes, faites dans le courant de l'année, ont donné chacune de 20 000 à 25 000 kilogrammes.

On a répété les analyses sur les eaux de Croydon comme sur celles de Norwood, pendant toute une année, et l'on a pu ainsi arriver à comparer les résultats obtenus aux différentes saisons ; on les trouvera réunis dans le tableau suivant.

Nous avons donné d'abord la composition moyenne des eaux d'égout de Norwood et de Croydon au moment où elles arrivent sur les prairies, puis la composition moyenne des eaux recueillies après les irrigations au printemps, en été, en automne et en hiver, et enfin après sept jours de gelée consécutive.

Influence des saisons sur la purification des eaux d'égout par les irrigations.
Résultats des analyses pour 100 000 parties.

COMPOSITION MOYENNE des eaux d'égout.	POIDS des matières dissoutes.	CARBONE des matières organiques.	AZOTE des matières organiques.	AMMO-NIAQUE.	AZOTE des nitrates et nitrites.	AZOTE total combiné.	Chlore.
Eaux d'égout à leur arrivée.							
Norwood..........	94,9	3,972	1,586	6,032	0,000	6,554	8,66
Croydon..........	45,7	2,508	1,576	3,006	0,000	3,527	4,23
Eaux après les irrigations.							
Printemps.. Norwood.	88,1	1,500	0,303	0,816	0,220	1,194	8,37
Croydon.	35,4	0,594	0,104	0,072	0,225	0,388	2,32
Été.... Norwood.	88,6	1,883	0,312	0,462	0,657	1,361	11,03
Croydon.	35,4	0,607	0,126	0,069	0,155	0,300	2,57
Automne.. Norwood.	87,0	1,349	0,203	0,835	0,734	1,629	8,94
Croydon.	43,1	0,690	0,138	0,185	0,589	0,792	3,20
Hiver..... Norwood.	87,0	1,271	0,273	0,876	0,313	1,255	7,71
Croydon.	40,6	0,612	0,145	0,204	0,533	0,846	2,72
Après 7 jours de gelée. Norwood.	88,8	1,356	0,413	1,145	0,156	1,534	8,84
Croydon.	45,6	0,594	0,239	0,371	0,448	0,992	2,88

On remarquera, à la lecture du tableau précédent, que la somme des matières restées en solution est remarquablement uniforme pendant toutes les saisons : mais en comparant le degré de purification obtenu dans les deux fermes, il convient de se rappeler que le degré de pureté de l'eau, après l'irrigation, dépend surtout de son état de concentration au moment de l'arrivée. On peut juger de la richesse des eaux par la quantité de chlore qui y est contenue : on reconnaît ainsi que pendant l'été les eaux de Norwood étaient très-chargées, aussi les éléments organiques se trouvaient-ils dans l'eau qui avait servi à l'irrigation en proportions notables; en hiver, quand les eaux étaient moins riches à l'arrivée, elles étaient presque pures à la sortie. A la ferme de Croydon, l'eau était plus concentrée en hiver et en automne, par suite moins pure à la sortie; en été, quand l'eau, à l'arrivée, était moins chargée, elle atteignait, au moment de rejoindre la rivière, une grande pureté. En résumé, on voit que la composition des eaux rejetées aux rivières après les irrigations dépend plus de leur degré de concentration à leur arrivée aux prairies que de la saison même.

Résumé des opérations exécutées en Angleterre par the Board of health. — Les ingénieurs placés sous la direction de MM. Frankland et Chalmers Morton déclarent, en terminant leurs longs travaux, qu'après avoir essayé un grand nombre de procédés proposés pour la purification des eaux d'égout des villes, ils sont arrivés à se convaincre que l'irrigation était le moyen le plus simple, le plus commode, le plus avantageux de se débarrasser des causes d'insalubrité qu'elles engendrent. L'irrigation a surtout porté sur les prairies, et elle a eu lieu en toute saison et toujours en couvrant complétement les prairies avec les eaux ; le foin, obtenu en quantité énorme, est généralement un peu grossier, mais il convient cependant à la nourriture des vaches, ainsi que le démontrent les essais suivants dus à M. Lawes.

Expériences de M. Lawes sur la valeur du foin récolté sur les prairies irriguées avec les eaux d'égout. — Nous trouvons en effet, dans l'importante collection de mémoires des laborieux agronomes de Rothamsted, un travail important sur l'emploi des eaux d'égout, et nous en donnons ici les conclusions.

Par l'emploi de grandes quantités d'eau d'égout des villes sur une prairie permanente pendant les mois du printemps et de l'été, à la dose de 25 000 tonnes par hectare et par an, on obtient, pour 1000 tonnes d'eaux vannes employées, un accroissement moyen de 4000 kilogr. de foin en vert (qui, eu égard à la petite quantité de substance sèche contenue dans l'herbe de la prairie arrosée, représente seulement environ 750 kilogr. de foin). Le produit maximum obtenu fut d'environ 80 000 kilogr. de foin vert par hectare (1).

M. Lawes ne voulut pas se contenter d'apprécier la quantité de foin obtenue sur la prairie arrosée et sur celle qui ne l'était pas, il employa le foin récolté dans ces deux conditions différentes à la nourriture des bœufs et des vaches, afin de reconnaître s'ils exerçaient sur l'engraissement ou sur la production du lait une influence quelconque ; il a résumé ses conclusions comme suit :

1º Les bœufs tenus en stabulation et nourris exclusivement avec le foin, qu'il provînt de la prairie arrosée ou de celle qui ne l'était pas, restèrent dans les conditions d'accroissement ordinaires aux animaux qui reçoivent une bonne nourriture d'engraissement ; mais quand pendant quelques semaines on ajouta des tourteaux à l'herbe, l'accroissement devint satisfaisant.

2º Des vaches maintenues à l'étable et mises au régime de l'herbe,

---

(1) Ces nombres sont inférieurs à ceux que nous avons donnés plus haut, mais ils s'accordent avec ceux qu'on a obtenus à Gennevilliers.

après avoir reçu des tourteaux, donnèrent beaucoup moins de lait, mais en quantités à peu près égales, que le foin provînt de la prairie arrosée ou de celle qui ne l'était pas. Les vaches qui reçurent le foin de la prairie non arrosée consommèrent plus de nourriture et donnèrent plus de lait par rapport à leur poids, que celles de la prairie arrosée ; mais la quantité de lait fournie pour une quantité donnée de nourriture fraîche fut exactement la même dans les deux cas, et, comme la matière sèche contenue dans l'herbe de la prairie arrosée était en moindre quantité, il en résulte qu'elle a poussé à la production du lait beaucoup plus que l'autre. Quand on donna le maximum d'arrosement, on obtint environ 2000 francs de lait par hectare. La valeur du lait obtenue par l'augmentation de produit due à 1000 tonnes d'eaux vannes fut d'environ 125 francs.

3° La composition des eaux de vidange de Rugby (endroit où l'on opérait) varie beaucoup suivant les saisons. Les eaux étaient singulièrement plus chargées pendant les mois secs. En moyenne, pendant sept mois, les eaux renfermaient à peu près $\frac{1}{1000}$ de matière solide ; elles renfermaient environ $\frac{1}{10000}$ d'ammoniaque. 1000 tonnes représentaient les excréments fournis pendant une année par 21 à 22 personnes de tout âge et des deux sexes. La composition moyenne de ces eaux est à peu près semblable à celle des eaux d'égout de Londres (1).

4° L'herbe fournie par la prairie arrosée contient beaucoup plus d'eau que celle qui a été récoltée sur la prairie non arrosée ; mais la matière sèche de la prairie arrosée est généralement beaucoup plus riche en matière azotée. Le lait des vaches alimentées avec le foin arrosé présente à peu près la même composition que celui des vaches qui ont reçu le foin de la prairie sèche.

§ 123. — EMPLOI DES EAUX D'ÉGOUT DE PARIS DANS LA PLAINE DE GENNEVILLIERS (2).

Les eaux d'égout de Paris ne reçoivent pas, comme celles de Londres, la totalité des matières des vidanges ; le système des fosses

---

(1) Nous avons vu plus haut qu'en général les eaux d'irrigation ne renferment que 7 à 8 d'azote total pour 100 000 parties ; c'est un peu moins que ne l'indique ici M. Lawes, qui a fait ses expériences à un moment où peut-être les eaux d'égout de Londres étaient moins diluées qu'elles ne le sont aujourd'hui.

(2) Nous avons puisé les renseignements suivants dans les publications de MM. Mille et Alfred Durand Claye, ingénieurs des ponts et chaussées, chargés du service des eaux d'égout. Guidé par ces messieurs, nous avons vu les travaux et suivi l'emploi des eaux dans la plaine de Gennevilliers ; ils nous ont communiqué tous les résultats auxquels ils sont arrivés, et nous sommes heureux de les remercier ici de l'obligeance avec laquelle ils nous ont mis à même d'apprécier leurs importants travaux (juin 1872).

fixes et étanches vidées de temps à autre à l'aide de tombereaux, est encore en usage dans un très-grand nombre de maisons ; mais les eaux ménagères, les eaux d'arrosage de la voie publique, les eaux d'usines, la partie liquide des vidanges dans les maisons qui ont adopté le système des tinettes, et enfin les urines répandues sur la voie publique, arrivent aux égouts. Ceux-ci amènent leurs eaux à deux grands collecteurs qui suivent les bords de la Seine : le collecteur de la rive gauche passe sous le fleuve au pont de l'Alma, puis vient se réunir au collecteur de la rive droite, qui débouche dans la Seine à Clichy, en face de la petite ville d'Asnières.

Abstraction faite d'une bande au nord qui répond au marché aux bestiaux de la Villette et s'assainit par la plaine Saint-Denis, l'émissaire travaille pour une superficie de 7800 hectares, couvert de 66 000 maisons habitées par 1 800 000 âmes. Des dispositions nouvelles ont même été prises pour amener à l'égout d'Asnières les eaux de la partie nord de Paris, de telle sorte qu'il recevra l'ensemble des résidus liquides de toute la capitale.

Avant cette réunion de l'égout de Saint-Denis, on évaluait à 190 905 mètres cubes l'eau qui s'échappait par vingt-quatre heures du collecteur. On a trouvé qu'en moyenne l'eau d'égout renfermait par mètre cube 3^{kil} de substances étrangères, dont 2^{kil} en suspension et 1^{kil} en dissolution ; les matières solides forment en aval de l'embouchure de l'égout des bancs de vase putride; pendant que les matières noires dissoutes empestent le fleuve pendant plusieurs lieues. Les dépenses occasionnées par le draguage des vases est considérable, puisqu'il y a environ 140 000 tonnes de matières solides à enlever annuellement ; en outre, bien qu'après un certain parcours les eaux de la Seine mêlées aux eaux d'égout prennent leur couleur naturelle, elles restent souillées. Il résulte, en effet, des études sur les pollutions des rivières anglaises récemment résumées par M. Frankland (*Comptes rendus*, tome LXX, p. 1054), que lorsque la température ne dépasse pas 17°,8, le parcours de trois à quatre lieues n'influe que médiocrement sur la combustion des matières dissoutes, et que même, après un parcours beaucoup plus prolongé, l'eau n'est pas encore purifiée : à 300 kilomètres, l'eau reste souillée. On comprend donc combien est dangereux le système actuel qui, délivrant Paris, infecte la Seine en aval peut-être plus loin que Rouen.

La valeur agricole des eaux d'égout qui se perdent aujourd'hui encore est considérable; on en jugera par les chiffres suivants, dans lesquels on a évalué l'azote à 2 francs le kilogramme, l'acide phosphorique à 0 fr. 40 c., et la potasse 0 fr. 60 c. On trouve dans un mètre cube d'eau d'égout naturelle :

	kil.	fr.
Azote...................	0,037	valant 0,074
Acide phosphorique.........	0,015	— 0,006
Potasse................	0,030	— 0,018
Matières organiques........	0,729	
Matières minérales.........	1,984	

Ainsi une tonne d'eau d'égout naturelle vaut 0 fr. 10 c.; en multipliant par les débits, on trouve qu'elle représente une valeur de 7 millions de francs (1).

Purification des eaux d'égout par le sulfate d'alumine. — Les plaintes des riverains, le regret de perdre une masse de matière fertilisante aussi considérable, décidèrent l'administration à rechercher les moyens de purifier les eaux noires, chargées de détritus de toutes sortes, qui arrivent à Asnières. Deux systèmes se trouvèrent en présence : la purification par les moyens chimiques, suivie du retour à la Seine des eaux clarifiées ; l'utilisation agricole des eaux d'égout.

L'un et l'autre fonctionnèrent d'abord à Gennevilliers, où l'on conduit ces eaux au moyen d'une pompe rotative qui, après les avoir élevées à un niveau convenable, les pousse dans des tuyaux disposés sous le pont de Clichy.

Le traitement au moyen du sulfate d'alumine, imaginé par M. Le Chatelier, donna des résultats remarquables : les eaux furent purifiées avec une dépense de $0^{fr},0125$ par mètre cube; on recueillit au fond des bassins des dépôts dont nous donnons ci-joint la composition, en les comparant à celle des matières obtenues au laboratoire en opérant sur de petites quantités :

» Ainsi, disent les rapporteurs, la tonne de terreau, qui devait,

SUBSTANCES DOSÉES.	PRIX du kilogr.	TERREAU DES BASSINS.		DÉPOT DU LABORATOIRE.	
		Quantités.	Valeur.	Quantités.	Valeur.
	fr.	kil.	fr.	kil.	fr.
Azote..............	2,00	5,71	11,45	8,42	16,84
Acide phosphorique....	0,40	6,24	2,50	8,00	3,20
Matières organiques....		164,91		266,06	
Matières minérales.....		823,14		707,52	
Total.............		1000,00	13,92	1000,00	20,04

(1) Les eaux d'égout anglaises renferment, à leur arrivée aux prairies, de 60 à 85 grammes d'azote par mètre cube ; elles sont plus riches que les eaux d'Asnières, ce qui se comprend aisément, puisqu'elles reçoivent beaucoup plus de vidanges.

d'après le laboratoire, représenter 20 francs, ne représente plus que 14 francs après le travail, et comme il y a aussi perte d'un tiers sur la quantité, on est ramené au prix réel de 10 francs. Toutefois il est à remarquer que si ce prix est établi régulièrement d'après la composition des terreaux, jusqu'à présent il a été impossible de les vendre, et l'administration les a livrés gratuitement aux cultivateurs des environs, qui les enlèvent au reste avec empressement. »

Quelque importants que soient les résultats obtenus par la purification au sulfate d'alumine, qui laisse sortir des eaux claires et sans odeur; quelque valeur que puissent atteindre un jour les dépôts obtenus dans les bassins, il est facile de calculer que l'emploi de ce procédé entraînerait à des dépenses considérables. Le mètre cube d'eau d'égout coûte de 0 fr. 02 c. à 0 fr. 03 c. en frais d'élévation et d'épuration; s'il fallait appliquer ces nombres aux 190 000 mètres cubes que jette l'égout à la Seine chaque jour, on arriverait, au minimum, à une dépense de 3800 francs par jour, soit près d'un million et demi par an, ou, au maximum, une dépense de 5700 francs par jour et de 2 millions par an; et comme on peut prévoir qu'avec l'égout de Saint-Denis le total des eaux à traiter s'élèvera à 260 000 mètres cubes par jour, on aurait une dépense de 5200 francs à 7800 francs par jour, conduisant à une dépense annuelle s'élevant à 1 850 000 francs au minimum et à 2 847 000 francs au maximum.

Comme la moitié de cette somme environ est employée à l'épuration, on conçoit que lors même que l'eau serait donnée pour rien aux cultivateurs, leur emploi agricole aurait encore cet avantage pour la ville, qu'elle épargnerait ses frais d'épuration.

Emploi des eaux d'égout aux irrigations. — Au moment où les ingénieurs (1) établirent leurs bassins d'opération et leurs champs d'essai à Gennevilliers; ils furent d'abord en butte aux plaintes des habitants. On prétendait que la localité allait devenir inhabitable, que les odeurs répandues par ce foyer d'infection engendreraient des maladies de toute sorte. Sans se laisser émouvoir par ces plaintes anticipées, ils n'en continuèrent pas moins leurs travaux, et créèrent un champ d'essai dont les résultats remarquables devaient bientôt frapper les visiteurs.

«Lorsque le service s'ouvrit en juin 1869 (2), après une année d'essai

---

(1) M. Mille, ingénieur en chef, chargé de ce service, avait déjà étudié les questions relatives à l'emploi des eaux vannes du dépotoir de Bondy, à Vaujours, dans la ferme de M. Moll; il a publié, à l'époque (1860) où cette ferme étudiait l'effet de ces eaux, un rapport remarquable sur cette importante question.

(2) Rapport de M. Callon présenté au conseil municipal à la séance du 26 février 1872.

dans les champs d'expérience, un tiers seulement des eaux élevées se répandait sur 5 à 6 hectares achetés par la ville de Paris et cultivés par quelques jardiniers de bonne volonté ; l'épuration absorbait les deux tiers des eaux. Bientôt les résultats obtenus sur le domaine municipal tentèrent les voisins ; timidement d'abord, puis ensuite franchement, ceux-ci vinrent solliciter l'irrigation de leurs terres. En 1870, l'expérience marchait dans des conditions réellement pratiques ; les bassins d'épuration étaient fermés ; toute l'eau passait à la culture, et les frais de réactif disparaissaient totalement. Ce n'était plus l'administration, c'étaient cinquante cultivateurs de la plaine qui pratiquaient le nouveau mode d'exploitation. » Les travaux, interrompus par la guerre, puis par l'infâme folie de la Commune, furent repris en 1872, et l'emploi des eaux se répandit rapidement. On se la dispute aujourd'hui, et les résultats obtenus sont tellement remarquables, qu'il n'est pas douteux que toutes les eaux élevées seront intégralement employées. Le taux des locations des terres est déjà monté de 80 francs l'hectare à 150 francs, et il atteindra prochainement 200 et même 250 francs.

Le procédé que j'ai vu employer à Gennevilliers exclut complétement l'arrosage direct par submersion, tel qu'il est pratiqué sur les prairies de Milan et d'Angleterre ; les eaux, conduites d'un bassin central où les poussent les pompes placées à Clichy près du collecteur, sont distribuées par des conduites maçonnées en briques dans les différentes régions de la plaine. Ces conduites sont placées à un niveau supérieur à celui des champs à arroser, et il suffit d'enlever quelques briques et de les remplacer par une petite vanne à main, pour permettre ou supprimer l'arrivée des eaux dans les rigoles d'arrosage. Celles-ci sont disposées de chaque côté des planches, qui ont environ un mètre de large et sur lesquelles sont repiqués les légumes avec le soin extrême que mettent dans leurs travaux les maraîchers de Paris. Les eaux s'infiltrent dans la terre sablonneuse extrêmement meuble de la presqu'île de Gennevilliers, abandonnant dans les rigoles une partie des matières qu'elles tiennent en suspension, mais portant jusqu'aux racines les substances dissoutes, qui suffisent à donner aux plantes une vigueur extraordinaire : les pommes de terre, les artichauts, les choux-fleurs, présentent une végétation luxuriante ; en même temps quelques cultures qui ne réussissaient pas jusqu'à présent aux environs de Paris, la menthe poivrée, l'absinthe, couvrent des champs entiers.

On a calculé que cette culture maraîchère consomme 50 000 mètres cubes à l'hectare en une année : c'est plus que n'emploient les maraîchers ordinaires, qui, à l'aide de leurs arrosoirs, jettent par an sur un hectare une hauteur d'eau de près de 4 mètres ; ce qui correspond à 40 000 mètres cubes à l'hectare. En admettant ce chiffre de 50 000 mètres cubes à l'hectare, on voit que pour le débit total des égouts, c'est-à-dire pour 100 millions de mètres cubes par an, $\frac{100\,000\,000}{50\,000}$, 2000 hectares sont nécessaires et suffisants pour satisfaire à la fois aux exigences de l'assainissement et aux besoins de la culture intensive : or, ce sont précisément là les dimensions de la plaine de Gennevilliers qui, par son terrain poreux, est parfaitement appropriée à l'emploi de ces eaux vannes. Les eaux ne coûtant pas à élever un centime par mètre cube, si la ville les vendait à ce prix, la fumure d'un hectare reviendrait environ à 500 francs, ce qui n'a rien d'exagéré pour une culture maraîchère.

Jusqu'à présent les eaux d'égout ont été données gratuitement aux cultivateurs ; mais les demandes sont nombreuses et les maraîchers ne reculent plus devant leur achat ; aussi l'administration n'a-t-elle pas hésité à ordonner l'exécution des travaux nécessaires à l'élévation et à la distribution du tiers des eaux déversées aujourd'hui par le collecteur d'Asnières, auquel va venir se joindre le collecteur de Clichy, qui y débouchera à quelque distance du point de jonction avec la Seine : le service va donc passer de 6000 mètres cubes qu'il comprend aujourd'hui, à 260 000 mètres cubes. Si les résultats obtenus par cet essai considérable sont satisfaisants, il suffira d'agrandir l'usine qui est en voie de création, pour lui permettre de jeter toute l'eau d'égout du collecteur dans la plaine de Gennevilliers, et d'assurer ainsi du même coup l'arrosage des 2000 hectares qu'elle offre à la culture et la purification complète de la Seine.

Quand ce projet sera exécuté, et que toutes les eaux d'égout seront ainsi employées sur la presqu'île de Gennevilliers, ne resterai-t-il plus rien à faire ? La solution sera-t-elle complète, et faudra-t-il continuer à envoyer au dépotoir de Bondy toutes les matières extraites des fosses d'aisances ? Évidemment non. La réussite certaine des irrigations dans la plaine de Gennevilliers entraînera vraisemblablement l'adoption complète de la méthode anglaise, c'est-à-dire l'arrivée dans les eaux d'égout de toutes les matières fécales et la suppression des fosses d'aisances. La salubrité de Paris y gagnera singulièrement, et les eaux d'égout, plus abondantes, plus riches, pourront dépasser la presqu'île de Gennevilliers et aller gagner l'autre bord de la Seine ; elles trouveront encore là de vastes étendues de terrains, situés à une faible hauteur, qu'elles transformeront de nouveau en jardins maraîchers.

A tous les points de vue, cette solution radicale est à désirer. Il n'est pas de culture qui soit plus productive que celle des maraîchers ; à l'heure qu'il est, avec leurs seules ressources, en charriant péniblement les engrais de la ville aux champs, en montant l'eau des puits à l'aide du manége et la distribuant à l'arrosoir, ils arrivent à pousser le rendement à l'hectare à 2000 ou 3000 francs, tandis que la grande culture atteint à peine un millier de francs et reste habituellement à 500 (1). A quel taux arriveront ces habiles jardiniers, quand ils auront à leur disposition l'eau et l'engrais, si l'on en jugeait par les essais faits dans les champs d'expérience de Gennevilliers? On ne peut douter qu'ils dépassent 3000 francs et qu'ils atteignent 5000 francs et au delà.

Il faut remarquer enfin que ce n'est pas seulement à Paris que l'emploi des eaux d'égout par la culture maraîchère doit être établi, c'est dans toute la France : aussitôt que les résultats obtenus seront connus, aussitôt qu'on verra qu'avec des dépenses médiocres, on arrive à utiliser tous les résidus les plus répugnants et à les transformer en végétaux luxuriants, le doute ne sera plus permis, et les villes de quelque importance n'hésiteront pas à assurer la salubrité en faisant une bonne affaire ; car si les eaux sont livrées gratuitement aujourd'hui aux cultivateurs de Gennevilliers, il est certain qu'avant deux ou trois ans, elles seront vendues à des prix tels que la ville de Paris sera complétement indemnisée de ses dépenses.

CHAPITRE V

FUMIER DE FERME

Le fumier de ferme est le plus ancien et le plus important de tous les engrais ; il est formé par le mélange, puis la combinaison des déjections des animaux avec diverses matières végétales employées

---

(1) Le rendement moyen en froment aux environs de Paris est de 25 hectolitres : en les comptant à 20 fr., on arrive à 500 fr. ; la paille, restant au domaine, ne peut être comptée comme marchandise de vente.

comme litière. Avant d'examiner les matières qui résultent des réactions des substances ammoniacales sur les principes extractifs des litières, nous indiquerons quelle est la composition des matières employées à la fabrication du fumier.

§ 124. — COMPOSITION DES DÉJECTIONS DES ANIMAUX.

On emploie à cette fabrication les excréments mixtes des animaux qui tombent sur la litière, puis les urines, qui ne sont absorbées qu'en partie, mais coulent dans la fosse à purin, d'où, à l'aide de pompes, elles sont remontées sur le tas. Nous donnerons d'abord la composition des urines.

SUBSTANCES DOSÉES.	MOUTON, BÉLIER.	CHEVAL.	VACHE, BŒUF.	HOMME.	CHÈVRE.	PORC.	VEAU.
Eau..................	894	905	914	952	982	982	994
Matières organiques.....	80	55	55	3	9	5	3
Matières minérales......	26	40	31	13	9	13	3
Azote, par kil..........	16,8	17,5	15,2	14,5	»	0,25	»
Acide phosphorique, id...	0,005	traces	traces	0,26	»	0,05	»

On évalue à 3000 kilogrammes la quantité d'urine rendue par une vache pendant une année; un cheval fournit au moins 1200 kilogrammes d'urine par an; celle que fournit un homme est de 300 à 400 kilogrammes.

Les excréments solides du bétail sont un mélange de bile, de sécrétions intestinales, de matières ligneuses non digestibles, de substances nutritives échappées à la digestion, et enfin d'eau en très-forte proportion.

D'après MM. Girardin, Payen et Boussingault, les excréments des animaux de la ferme présenteraient la composition suivante :

NATURE DES MATIÈRES DOSÉES.	VACHE.	CHEVAL.	PORC.	MOUTON.
Eau..............	79,724	78,36	75,00	68,71
Matières organiques..	16,046	19,10	20,15	23,16
Matières minérales...	4,230	2,54	4,85	8,13
Azote............	0,32	0,55	0,70	0,72
Acide phosphorique..	0,74	1,22	3,87	1,52

Les excréments mixtes des animaux de la ferme renferment, d'après MM. Boussingault et Payen, les quantités suivantes d'azote et d'acide phosphorique, d'où l'on déduit leur équivalent en fumier de ferme (renfermant 0,587 d'azote) représenté par 100 :

		AZOTE.	ACIDE PHOSPHORIQUE.	ÉQUIVALENTS d'après l'azote en fumier de ferme.
Excréments mixtes	de vache. .	0,41	0,55	143,0
	de cheval..	0,74	1,12	79,2
	de porc. ..	0,37	3,44	158,6
	de mouton..	0,91	1,32	64,4

La quantité de fumier que peuvent produire les animaux dépend, non-seulement de leur espèce, mais encore de la qualité et de la quantité des aliments qu'on leur fait consommer. Mon maître regretté, Baudement, répétait souvent dans son cours du Conservatoire : « Bien nourrir coûte cher; mal nourrir coûte plus cher encore. » Il se trouvait d'accord avec Mathieu de Dombasle : « Dans le plus grand nombre des exploitations, disait-il en effet, où les bestiaux sont nourris à la pâture pendant l'été et où la paille forme une partie considérable de la nourriture d'hiver, on ne tire pas annuellement plus de quatre voitures de fumier par tête de gros bétail; tandis qu'on en peut tirer vingt, et même davantage, de bien meilleur fumier, par une nourriture copieuse donnée à l'étable. »

C'est donc un fait reconnu par de nombreuses observations, que la qualité du fumier dépend de celle des aliments que les animaux consomment. Tout l'azote contenu dans les aliments se retrouve intégralement, soit dans les produits fournis par les animaux, soit dans leurs excréments; contrairement à ce qu'on a cru longtemps, aucune partie ne s'exhale à l'état d'azote libre pendant la respiration.

D'après M. Boussingault, on peut admettre que pour 100 kilogrammes de foin consommé, un cheval rend l'équivalent de 51 kilogrammes de fumier normal sec ;

Une vache laitière, 32 de fumier ;

Un veau, 40 de fumier.

Schwerz a calculé approximativement la quantité de fumier produite sous l'influence de divers fourrages. Il a donné les nombres suivants :

Tableau du produit d'un hectare en fourrage et du fumier qu'il produit.

NOMS DES ALIMENTS.	POIDS DU FOURRAGE ET DE LA PAILLE		PRODUIT EN FUMIER contenant 75 pour 100 d'eau.
	verts.	secs.	
	kil.	kil.	kil.
Choux-raves.	35 000	7 700	13 415
Pommes de terre.	27 000	7 500	13 220
Luzerne.	26 200	5 504	9 097
Navets.	50 000	5 000	8 750
Trèfle.	23 000	4 998	8 270
Carottes.	35 000	4 550	7 962
Maïs.	»	4 320	7 875
Betteraves. . . . . ;. .	36 000	3 500	7 560
Seigle.	»	3 990	7 000
Epeautre.	19,000	3 300	6 982
Froment et épeautre.	»	3 000	6 600
Colza.	»	3 000	5 250
Avoine.	»	3 000	5 250
Herbe des prés.	13 300	2 793	4 888
Fèves.	»	2 500	4 625
Pois et vesces	»	2 500	4 625
Orge.	»	2 500	3 850

On peut, d'après M. Girardin, déduire des faits établis par la pratique, qu'une tête de bétail convenablement pourvue de fourrage et de litière rend environ vingt-cinq fois son poids de fumier par an.

Le tableau suivant montre le rendement approximatif des divers animaux d'une ferme :

DÉSIGNATION DES ANIMAUX.	POIDS de l'animal.	PRODUITS ANNUELS d'une ferme.
	kil.	kil.
Vache laitière nourrie à l'étable.	400	11 000
Bœuf à l'engrais.	500	25 000
Cheval de trait.	600	9 000
Bœuf de travail.	600	11 000
Mouton au pâturage.	40	500
Porc adulte.	100	1 400
Totaux.	2240	57 900
Rapports.	1	25

Quelques cultivateurs reçoivent les excréments des animaux sur de la terre étendue dans les étables et les écuries en guise de litière. Si cette pratique a le grave inconvénient d'augmenter les frais de transport, si elle ne permet pas la combinaison de l'ammoniaque avec la matière végétale qui caractérise le bon fumier, elle a l'avantage d'assurer la conservation des urines, qui se perdent souvent en quantité notable dans les étables non pavées ; elle absorbe aussi l'ammoniaque, et atténue singulièrement l'odeur de cette base, qui est souvent répandue en quantité si notable dans les bergeries. Il est à remarquer que les moutons, particulièrement, se trouvent très-bien des litières terreuses et qu'ils les préfèrent à la paille. Lorsque, dans une bergerie pavée, on lite une partie du sol avec une substance terreuse et le reste avec de la paille, les bêtes vont se coucher sur la première.

On sait, au reste, que très-habituellement on laisse les moutons *parqués* pendant une partie de l'année ; on estime que, dans les conditions ordinaires, un mouton fume par jour un mètre et demi. Il est utile de labourer rapidement après le parcage, pour éviter la déperdition des sels ammoniacaux que produit aisément l'urine chargée des moutons.

§ 125. — COMPOSITION DES LITIÈRES.

La plupart du temps on emploie comme litière les pailles de céréales, qui présentent la composition suivante :

MATIÈRES DOSÉES.	PAILLE		
	DE BLÉ.	DE SEIGLE.	D'ORGE.
Albumine	31	15	19
Phosphate et autres sels	60	30	40
Matières organiques non azotées	786	769	799
Eau	126	186	144
	1000	1000	1000

On donne la préférence aux pailles des céréales non-seulement parce qu'elles sont abondantes dans les exploitations rurales, mais aussi parce que leur structure tubulaire leur permet de s'imbiber plus facilement des liquides des étables. On voit, en effet, d'après le tableau suivant dû à M. Boussingault, que les autres matières employées comme litières n'absorbent pas, à beaucoup près, autant de liquide que les pailles.

NOMS DES MATIÈRES ABSORBANTES.	APRÈS 24 HEURES d'imbibition 100 kilogr. des matières ont retenu d'eau.	NOMBRE de kilogrammes de matières nécessaire pour remplacer comme litière absorbante 100 kilogr. de paille de blé.
Paille de blé	220 kil.	» kil.
— d'orge	285	77
— d'avoine	228	96
— de colza	200	110
Feuilles de chêne tombées	162	136
Bruyère	100	220
Sable quartzeux	25	880
Marne	40	550
Terre végétale séchée à l'air	50	440

Le tableau suivant donne la richesse en azote et en acide phosphorique des matières végétales le plus habituellement employées comme litières ou ajoutées au fumier :

MATIÈRES ANALYSÉES.	CENDRES sur 100.	ACIDE phosphorique sur 100.	AZOTE sur 100.	ÉQUIVALENT en fumier de ferme.
Paille de blé récente..............	3,518	0,22	0,24	166,66
— — ancienne...........	»	0,21	0,49	81,60
— de seigle.................	2,793	0,15	0,17	235,29
— d'orge..................	5,244	0,20	0,23	173,90
— d'avoine................	5,734	0,21	0,28	142,85
Balles de froment..............	»	0,57	0,85	47,05
Paille de millet.................	4,855	0,03	0,78	51,28
— de maïs..................	3,985	0,86	0,19	210,50
Fanes de colza.................	3,873	0,30	0,75	53.33
— de vesce................	5,101	0,28	0,10	400,00
— de sarrasin..............	3,203	0,28	0,48	83,33
— de fèves................	3,121	0,22	0,20	200,00
— de lentilles.	3,899	0,48	1,01	39,60
— de pois.	4,971	0,49	1,79	22,34
— de haricots..............	»	»	0,10	400,00
— de pommes de terre........	1,73	»	0,55	72,72
— de topinambours............	2,76	»	0,37	108,10
— d'œillette................	»	»	0,95	42,10

On conçoit que la composition du fumier obtenu par l'arrivée des déjections des animaux sur les litières varie avec la nature de ces animaux et avec celle des litières. Toutefois on ne commettra pas une erreur bien sensible en admettant que le fumier renferme en moyenne de 75 à 80 pour 100 d'eau, de 0,5 à 0,6 pour 100 d'azote, enfin 0,3 d'acide phosphorique correspondant à 0,6 de phosphate de chaux. Le poids du mètre cube varie singulièrement ; en prenant comme terme moyen de 700 à 750 kilogrammes, on se trouvera dans les conditions ordinaires de la pratique agricole.

Nous donnons ici, en outre, les résultats d'une analyse élémentaire de fumier par M. Boussingault (*Agron.*, *Chimie agricole*, t. IV, p. 120). L'analyse immédiate, qui aurait un très-grand intérêt, n'a pu être faite encore d'une façon complète.

MATIÈRES DOSÉES.	COMPOSITION DU FUMIER	
	A L'ÉTAT NORMAL.	SUPPOSÉ SEC.
	gr.	gr.
Matières organiques................	20,522 } azote,	80,202
Ammoniaque.....................	0,073 } 0,50	0,285
Acide phosphorique...............	0,718	2,806
Acide sulfurique.................	0,084	0,328
Chlore.........................	0,193	0,756
Potasse et soude	0,409	1,598
Chaux	0,504	1,958
Magnésie	0,368	1,434
Silice soluble...................	0,295	1,153
Oxyde de fer, alumine, oxyde de manganèse.	0,211	0,825
Sable, argile.	2,214	8,682
Eau et acide carbonique............	74,412	0,657
	100,000	100,000

§ 126. — RÉACTIONS PRODUITES DANS LA FOSSE A FUMIER.

Il n'entre pas dans le cadre de cet ouvrage d'indiquer les dispositions variées qui sont données dans les fermes aux fosses à fumier (1), mais nous devons au contraire signaler les réactions qui se produisent entre les différents éléments mis en présence.

Nous rappellerons d'abord que l'urine des animaux, qui, dans une exploitation sérieuse, doit arriver intégralement au tas de fumier et à la fosse à purin, renferme de l'urée qui se métamorphose rapidement en carbonate d'ammoniaque, ainsi que le montre l'équation suivante :

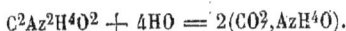

$$C^2Az^2H^4O^2 + 4HO = 2(CO^2,AzH^4O).$$

Ce carbonate d'ammoniaque exerce une action remarquable sur les principes solubles des litières. Si l'on examine, en effet, une tranche pratiquée dans un tas de fumier où s'accumulent chaque jour les litières, on est bientôt frappé de reconnaître qu'à la partie supérieure, les pailles ont conservé leur aspect primitif, qu'elles ont singulièrement noirci vers le milieu, et qu'enfin à la partie inférieure du tas, dans la partie la plus ancienne par conséquent, ces pailles désagrégées sont à peine reconnaissables : le fumier s'est là transformé en un produit brun connu sous le nom de *beurre noir*.

(1) Le lecteur consultera avec fruit, sur ce sujet, *la Fosse à fumier*, par M. Boussingault (Béchet, 1858), et l'ouvrage de M. Girardin, intitulé *les Fumiers* (Masson, 1864).

Les réactions qui se passent dans un tas de fumier sont certainement des plus complexes : il s'y développe une combustion lente capable de maintenir toute la masse à une température voisine de 40° ; et si l'on examine, comme nous l'avons fait à Grignon, la composition de l'air confiné dans le fumier, on y trouve peu ou pas d'oxygène, mais seulement de l'acide carbonique et de l'azote. Les actions réductrices y dominent au reste de la façon la plus évidente, puisqu'on trouve des cristaux de soufre dans les fumiers qui ont été plâtrés. La combustion lente qui se produit dans le tas de fumier explique la diminution de poids considérable qu'il éprouve peu à peu, et l'utilité qu'il y a de la ralentir par des arrosements de *purin*, c'est-à-dire à l'aide du liquide qui s'écoule à la partie inférieure du tas, et qui, dans les fosses à fumier bien faites, est reçu dans un réservoir inférieur, d'où il est remonté en temps utile à l'aide d'une pompe.

Les matières animales ne sont pas les seules sources d'azote ou d'acide phosphorique qui servent à la confection des fumiers ; on utilise parfois aussi les eaux ammoniacales provenant des usines à gaz, et les phosphates fossiles.

On n'avait, sur les métamorphoses qui prennent naissance dans les fumiers, que des idées assez confuses avant les travaux publiés sur ce sujet par M. le baron Paul Thenard.

Si, d'après lui, on lessive un fumier âgé de plus de quinze jours et placé d'ailleurs dans des conditions de bonne fermentation, et qu'on traite les eaux de lavage par l'acide chlorhydrique, il se précipite une matière brune qui a toutes les propriétés de l'acide humique, mais non la composition, car elle contient environ 4 pour 100 d'azote, et l'acide humique n'est pas azoté.

Peu à peu cependant l'ammoniaque provenant de l'hydratation de l'urée se fixe sur la matière végétale de la litière, et, si l'on examine de temps à autre les eaux de lavage du fumier, on les trouve de moins en moins colorées ; après deux mois, elles sont encore brunes, mais, quand elles ont passé sur un fumier de quatre mois, elles restent incolores.

Cette première observation indique comment M. Thenard a pu distinguer trois groupes de corps azotés, qui se forment successivement et dans l'ordre suivant :

1° Le groupe des corps bruns solubles dans tous les réactifs, qui prend naissance au moment où les matières ammoniacales commencent à réagir sur la litière.

On obtient, quand on fait couler de l'ammoniaque en dissolution dans l'eau sur de la paille contenue dans une allonge, une liqueur fortement colorée qui renferme sans doute un de ces corps *fumiques*.

2° Le groupe des corps bruns insolubles dans les acides et dans tous les réactifs, sauf la potasse, la soude, l'ammoniaque, leurs carbonates et leurs phosphates.

3° Le groupe des corps bruns insolubles dans tous les réactifs, qu'ils soient acides, neutres ou alcalins.

Pour reconnaître plus aisément ce qui se passe dans ces réactions complexes, M. Paul Thenard a eu recours non-seulement à l'analyse, mais aussi à la synthèse. Il remarque d'abord que les corps existants dans le fumier, les corps fumiques, ne prennent naissance qu'autant que des matières végétales sont associées aux substances animales. En effet, quand on fait putréfier de l'urine, tout l'azote passe très-rapidement à l'état de phosphate, de benzoate et de carbonate d'ammoniaque, mais on n'obtient jamais de corps *fumique*.

Quand on analyse les fumiers que les pauvres gens amoncellent péniblement en ramassant les excréments que les animaux sèment le long des routes, on y trouve relativement très-peu de corps fumiques, et encore moins de sels ammoniacaux ; il n'existe pas non plus d'acide fumique dans les terres des cimetières. D'où il faut conclure que les corps fumiques sont le résultat de la combinaison de la matière ammoniacale avec certains éléments végétaux qui existent dans les litières, mais non dans les déjections solides ou liquides des animaux. Or, comme, dans les déjections solides des herbivores, le ligneux et la cellulose sont très-abondants, ce ne sont pas eux qui constituent ces premiers éléments capables de fixer l'azote, et tout portait à penser qu'on devait les rencontrer parmi les matières des végétaux qui n'ont pas traversé le tube intestinal, c'est-à-dire dans les parties extractives des litières.

Guidé par ces observations. M. Paul Thenard a fait réagir l'ammoniaque sur le glucose, maintenu à 100°; à cette température, l'absorption de l'ammoniaque a lieu avec vivacité, et il passe à la distillation de l'eau tenant en dissolution du carbonate d'ammoniaque. Le produit ainsi obtenu est nommé par M. Thenard *glucose azoté*. Il renferme 9,72 pour 100 d'azote ; il est soluble dans tous les réactifs, sauf dans l'alcool, qui le précipite de ses dissolutions ; contrairement à la plupart des matières organiques azotées, il ne donne pas d'ammoniaque par l'ébullition dans une solution de potasse concentrée, et il faut une température de plus de 1000° pour en dégager tout l'azote. Enfin, chauffé avec de la potasse, il engendre une quantité de cyanure de potassium correspondante à celle de son azote.

M. P. Thenard considère ce corps comme formé par l'union de 2 molécules de glucose, de 2 molécules d'ammoniaque avec élimination de 6 molécules d'eau.

Cette réaction capitale ne réussit pas avec la cellulose et le ligneux, mais elle prend encore naissance avec un extrait concentré de paille.

Le glucose azoté est pour M. P. Thenard le produit caractéristique du premier groupe des corps fumiques. Pour faire comprendre la formation des corps du second groupe, le savant agronome met en contact pendant quinze à vingt jours de l'humate d'ammoniaque et du glucose azoté. Celui-ci s'unit directement, et donne un produit contenant 4,10 pour 100 d'azote et représentant, à peu de chose près, la combinaison de 1 équivalent d'acide humique avec 1 équivalent de glucose azoté. La matière ainsi obtenue, insoluble dans l'eau, est au contraire soluble dans les alcalis : aussi a-t-elle reçu le nom d'*acide fumique*. Elle prend naissance dans le fumier par une réaction analogue à celle que nous venons de décrire. On conçoit facilement, en effet, que les matières végétales donnent de l'acide humique, qui, réagissant sur le carbonate d'ammoniaque, fournit de l'humate d'ammoniaque qui se combine enfin avec le glucose azoté pour fournir le produit caractérisant le second groupe des corps fumiques.

Quant au troisième groupe, bien que, par suite de l'inertie des matières qui le composent, il soit impossible de séparer les corps fumiques qu'il recèle des matières humiques et ligneuses qui les accompagnent, on reproduit si aisément par la synthèse des corps analogues, et on les reproduit dans des conditions si semblables à celles qui lui donnent naissance dans le tas de fumier, que son étude n'a rien de difficile.

Quand, en effet, on traite du glucose azoté par un excès de glucose pur, on obtient rapidement un corps remarquable par son insolubilité dans tous les réactifs, qui peut être considéré comme le type azoté du troisième groupe ; il est d'ailleurs le résultat de la combinaison de 1 équivalent de glucose azoté avec 5 équivalents de glucose ordinaire.

M. P. Thenard a non-seulement étudié les réactions qui se produisent dans le fumier de ferme ordinaire, mais il ajoute ce fait très-important, que des matières animales ou des sels ammoniacaux ajoutés en abondance au fumier y produisent des corps fumiques. Il cite, à l'appui de cette idée, des observations recueillies par plusieurs cultivateurs qui ont réussi, en employant cette méthode, à produire des fumiers d'une grande richesse.

Il n'est donc pas douteux que tous les résidus d'origine animale doivent, dans une ferme bien tenue, aller au tas de fumier, aussi bien les vidanges des habitants que les cadavres des animaux, s'il est possible de les dépecer et de les enfouir assez profondément pour qu'ils soient à l'abri des chiens.

En résumé, on voit que dans le fumier, le carbonate d'ammoniaque provenant de l'hydratation de l'urée s'unit à la matière végétale pour donner un composé analogue au glucose azoté; celui-ci, réagissant sur l'humate d'ammoniaque formé par l'union de l'acide humique produit de l'oxydation des matières végétales avec l'ammoniaque du carbonate, forme l'acide fumique, encore très-azoté, mais moins riche cependant que le glucose azoté: enfin l'acide fumique réagit à son tour sur une nouvelle quantité de matière extractive provenant sans doute de l'altération des matières cellulosiques qui ont noirci peu à peu sous l'influence combinée de l'eau et de l'air, et ont fourni une nouvelle proportion de glucose. C'est ainsi que prend naissance le produit noir insoluble, connu sous le nom de *beurre noir*.

§ 127. — SUR LES SOINS QU'IL CONVIENT DE DONNER AU FUMIER.

Il est peu de sujets sur lesquels on ait plus écrit que celui que nous abordons dans ce paragraphe ; peut-être, cependant, pourrons-nous donner une nouvelle force aux recommandations que les écrivains agricoles ne cessent de faire aux praticiens, en nous appuyant sur les réactions qui se produisent dans la fosse à fumier, et qui, ainsi qu'on l'a vu dans le paragraphe précédent, ont été particulièrement mises en lumière par les travaux de M. P. Thenard.

Ainsi qu'il a été dit, c'est le carbonate d'ammoniaque provenant de l'urée qui commence l'attaque des matières carbonées des litières ; c'est ce carbonate d'ammoniaque qui est l'agent énergique ; c'est lui qu'il faut conserver avec soin en dirigeant absolument toutes les déjections des animaux, les matières fécales des habitants, si elles peuvent être recueillies, vers le tas de fumier ou vers la fosse à purin. Les dispositions prises pour atteindre ce résultat varient à l'infini, mais il est peu de dépenses aussi profitables que celles qui auront pour but d'empêcher les déperditions des matières ammoniacales :

c'est ainsi que le pavage des ruisseaux et leur bon entretien, le bitumage des étables disposé en pentes régulières pour faciliter l'écoulement des déjections liquides, sont des dépenses rémunératrices.

Pour que la fermentation se poursuive régulièrement, il est indispensable que le fumier soit maintenu humide, mais cependant il ne faut pas qu'il soit noyé ; par suite, si l'on doit remonter de temps à autre les eaux de la fosse à purin pour arroser la masse et donner à la fermentation une nouvelle activité, il est clair qu'il faut placer la fosse à fumier à l'abri des eaux pluviales dégouttant des toits, qui n'apportent avec elles aucun agent actif, susceptible de provoquer l'attaque qu'on veut favoriser, et qui au contraire étendent le purin jusqu'à éteindre toute l'activité du carbonate d'ammoniaque qu'il renferme. Il ne paraît pas utile cependant de couvrir la fosse à fumier d'une toiture qui, soumise aux émanations ammoniacales, est bientôt hors de service.

Les anciens agronomes se sont vivement préoccupés des pertes que subit le fumier pendant sa fermentation, et ils ont essayé de la réduire par différents procédés, soit en la laissant à peine s'établir et en conseillant de porter aux terres le fumier frais, soit en ajoutant diverses matières dans le but de restreindre la volatilisation des sels ammoniacaux : c'est ainsi qu'on a conseillé l'emploi du plâtre, celui du sulfate de fer pour déterminer la formation de sulfate d'ammoniaque, moins volatil que les précédents. Ces innovations n'ont jamais eu qu'un médiocre succès. Il est à remarquer, en effet, que le sulfate d'ammoniaque est un sel neutre dans lequel toute activité chimique est éteinte, et que par suite il ne peut exercer qu'une action des plus faibles sur les matières végétales, et que si, par impossible, tout le carbonate d'ammoniaque provenant de l'urée était métamorphosé en sulfate, le fumier ne se ferait pas. Il faut remarquer, en outre, que l'action des sulfates n'est pas de longue durée ; nous avons indiqué déjà que le plâtre se réduit facilement sous l'influence des matières organiques, et il en est de même des autres sulfates, qui sont bientôt amenés à l'état de sulfures, puis de carbonates, de telle sorte qu'après peu de temps, les matières sont revenues à leur état primitif ou à peu près. L'emploi du sulfate de fer peut cependant avoir cet inconvénient, que transformé en sulfure insoluble dans le tas de fumier, il est capable de revenir plus tard à l'état de sulfate quand le fumier sera exposé à l'action de l'air après avoir été répandu sur le sol, et nous savons (§ 91) que le sulfate de fer exerce sur la végétation l'action la plus fâcheuse.

§ 128. — DES FUMIERS CONSOMMÉS ET DES FUMIERS FRAIS.

Il n'est pas douteux que si l'on pousse la fermentation du fumier jusqu'à sa dernière limite, on n'arrive à dissiper presque tous les éléments volatils qu'il renferme ; mais il est loin d'en être ainsi lorsque le fumier est bien tassé, qu'il est maintenu suffisamment humide, et que les eaux qu'il reçoit s'écoulent dans la fosse à purin pour être ramenées de temps à autre à la surface. Aussi, malgré la déperdition qui suit fréquemment une longue fermentation, les cultivateurs de certaines contrées continuent d'employer de préférence les fumiers consommés ; dans d'autres au contraire on fait usage des fumiers frais. A quelles causes attribuer ces différences ? c'est ce qu'il faut nous efforcer de pénétrer.

Emploi des fumiers frais dans les terres argileuses. — Dans les chapitres consacrés à l'étude des terres arables, nous avons vu combien leurs propriétés varient suivant qu'elles renferment des quantités notables d'argile, ou au contraire que c'est le sable qui y domine : examinons d'abord ce qui doit se passer dans une terre argileuse qui reçoit des fumiers frais. — Cette terre est peu perméable aux liquides et à l'air, par suite les débris végétaux provenant des végétations antérieures y sont abondants ; ils s'y pourrissent, ils y donnent de l'humus capable de retenir les composés ammoniacaux encore existants dans le fumier frais : le glucose azoté provenant de la première réaction de l'ammoniaque sur les litières. C'est une expérience aujourd'hui classique que de filtrer du purin sur une terre argileuse, et de voir l'eau passer presque incolore, dépouillée des matières organiques qu'elle tenait en dissolution. Deux causes interviennent ici pour fixer ces principes solubles, d'une part les propriétés absorbantes des argiles sur le carbonate d'ammoniaque, de l'autre la réaction qu'exerce celui-ci sur les débris végétaux. Il résulte, en effet, des expériences de M. le baron Thenard, que les réactions qui se produisent dans la fosse à fumier entre le carbonate d'ammoniaque et les matières végétales prennent également naissance dans le sol, et qu'il s'y forme, par l'arrivée des matières animales, de l'acide fumique déjà moins soluble que les produits primitivement contenus dans le fumier frais. La déperdition ici n'est donc guère à craindre, et d'autre part, comme, par hypothèse, la terre est tenace, compacte, peu perméable, l'incorporation des fumiers longs et pailleux lui donnera quelques-unes des qualités qui lui manquent ; elle deviendra plus légère, plus perméable aux gaz atmosphériques. Nous croyons donc, et nous sommes sur ce point d'accord avec la pratique agricole, que dans les contrées argileuses l'emploi des fumiers pailleux et peu consommés présente des avantages.

Emploi des fumiers consommés dans les terres légères. — Mais il n'en serait plus ainsi dans les terres légères ; celles-ci, en effet, sont en général beaucoup moins chargées de détritus organiques que les terres argileuses, par cette raison que l'air les pénètre facilement et que ces débris sont brûlés rapidement. Puisque l'argile est rare, les matières organiques peu abondantes, les causes de fixation des matières organiques solubles n'existent plus, et il convient d'employer des engrais peu solubles, se décomposant lentement, et cela à des degrés différents, suivant qu'on aura à sa disposition des amendements calcaires, ou au contraire que ceux-ci feront défaut.

M. P. Thenard nous enseigne que l'acide fumique, second terme des produits de fermentation des fumiers, est rendu insoluble par la chaux quand elle n'est pas employée en grand excès. Si donc nous avons des calcaires à notre disposition, la fermentation n'aura pas besoin d'être poussée jusqu'à la formation du *beurre noir ;* les fumiers restés sur la plate-forme pendant six semaines ou deux mois conviendront : ils ne devront pas cependant être très-pailleux, puisque, par hypothèse, la terre sur laquelle nous voulons les appliquer est déjà très-poreuse. Si enfin les calcaires font défaut, si le sol est perméable ou peu épais, il faut employer des fumiers très-consommés : c'est ce qui a lieu dans les mauvaises terres du centre de la France, dans certaines parties du Bourbonnais, où nous avons eu occasion de voir souvent répandre un fumier noir, sec, cassant, que les femmes divisaient à la main, pour l'éparpiller sur les champs avant les labours.

Ainsi il n'est pas possible de dire d'une façon générale que les fumiers consommés sont préférables aux fumiers frais : les uns et les autres peuvent être employés ; mais nous pensons, et nous le répétons d'après ce que nous avons eu occasion de voir dans différentes contrées, que les fumiers frais sont favorables aux terres fortes, et les fumiers consommés plus efficaces sur les terres légères.

§ 129. — RÉACTIONS QUE L'OXYGÈNE ATMOSPHÉRIQUE DÉTERMINE DANS
LE FUMIER RÉPANDU SUR LA TERRE ARABLE.

Les nombreuses analyses des eaux d'égout que nous avons empruntées aux remarquables travaux du *Board of health* (voy. chap. IV) nous ont montré qu'à leur sortie des prairies, les eaux ne renfermaient plus guère d'ammoniaque ou de matières organiques azotées, mais seulement des nitrates; il est donc vraisemblable que si l'on verse sur le sol de l'engrais flamand, du purin, ou si l'on amène des fumiers frais, les principes azotés seront rapidement brûlés et amenés à l'état de nitrates. En sera-t-il de même des produits plus stables, tels que les fumates ou le beurre noir?

M. P. Thenard nous a enseigné que lorsqu'on soumet le fumate de chaux à l'action de l'oxygène ozoné, il présente les phénomènes suivants : A l'état pur, et même en présence de l'humidité, il résiste; mais en ajoutant du calcaire, il donne un acide plus azoté, soluble, et qui dissout une quantité de chaux double de celle qui était unie à l'acide fumique. Cette réaction prend encore naissance sous l'influence de corps poreux, tels que la mousse de platine, la terre arable, etc. Le dernier terme de cette oxydation est un nitrate.

De cette expérience de laboratoire ne peut-on pas déduire que dans la terre arable, les fumates se brûlent peu à peu et donnent, ou bien des produits solubles renfermant encore du carbone, ou bien des nitrates.

Quant à la matière noire, dernier terme de la fermentation du fumier, il est probable qu'elle résiste plus longtemps, que ce n'est que lentement qu'elle se brûle, mais qu'elle fournit encore des nitrates comme dernier produit d'oxydation. Elle constitue sans doute la plus grande partie de cette *vieille force*, qui s'accumule dans les terres bien fumées, et qui finit par en former une fraction importante, puisqu'on rencontre dans nos bonnes terres du nord de la France 2 grammes d'azote combiné par kilo, ce qui correspond à 50 grammes de matière noire, si l'on admet qu'elle renferme 4 pour 100 d'azote.

Le fumier, enfin, n'a-t-il pas encore une autre action? est-ce seulement par les 6 millièmes d'azote qu'il renferme qu'il agit sur la végétation, et cette culture par le fumier de ferme, si attaquée dans ces dernières années, est-elle aussi spoliatrice que le répète l'illustre baron de Liebig?

Nous ne le pensons pas : pour nous, pendant ces combustions lentes des matières du fumier qui se produisent dans la terre arable, il y a fixation d'azote atmosphérique (1); ces mélanges complexes dégagent

_____

(1) Nous avons déjà indiqué au lecteur (§ 80) les résultats des expériences que nous avons entreprises sur ce sujet; nous avons récemment, dans deux expériences heureuses, fixé 16 et 13 centimètres cubes d'azote sur le glucose azoté : c'était environ 40 et 35 pour 100 de l'azote introduit dans les tubes, beaucoup plus qu'il n'en aurait fallu pour

de la chaleur en se brûlant et déterminent la combinaison de l'azote de l'air avec les matières carbonées. Les matières déjà altérées par la fermentation paraissent être celles qui dégagent en se brûlant à l'air la plus grande quantité de chaleur, celles, par suite, qui sont les plus efficaces pour déterminer cette fixation d'azote atmosphérique qui vient s'ajouter à celui que renferme déjà l'engrais. Sans doute cette fixation est moins nécessaire à la riche agriculture du Nord qu'à celle du Midi, dans lequel les animaux sont moins abondants ; mais favorisée par la chaleur solaire, elle contribue dans une forte mesure à conserver la fertilité moyenne des terres médiocrement fumées, et dont le rendement s'abaisserait singulièrement, si, employant exclusivement des fumiers pailleux, faciles à laver par l'eau de pluie, ces terres légères ne conservaient pas précieusement les matières noires, lentement altérables, qui, en se brûlant à l'air, les enrichissent de l'azote prélevé sur l'atmosphère.

§ 130. — DES DIFFÉRENTS MÉLANGES DANS LESQUELS ON FAIT ENTRER LE FUMIER. — DES COMPOSTS.

On est dans l'usage, dans beaucoup de contrées, de stratifier le fumier avec des terres d'étang d'abord séchées à l'air, avec des curures de fossés, même avec de la chaux ; on ajoute à ce mélange des matières végétales, des eaux ménagères, des urines : on constitue ainsi de véritables nitrières tout à fait comparables à celles qui étaient établies autrefois, avant que le salpêtre nous arrivât de l'Inde tout formé, ou qu'on eût trouvé le moyen de le fabriquer à l'aide du sulfate ou du chlorure de potassium et de l'azotate de soude du Pérou.

Il est clair que dans un grand nombre de cas, un semblable mélange peut être favorable à la végétation, surtout quand il est établi dans le voisinage des champs à fumer, car les frais de transport sont toujours considérables, et toutes les personnes qui ont vu les effets surprenants qu'exercent les nitrates sur la végétation des terres pauvres, comprendront qu'il soit utile de favoriser cette formation de nitrates en réunissant les conditions dans lesquelles ils se produisent, c'est-à-dire des matières ammoniacales fournies par le fumier ou les urines, des matières poreuses, telles que les terres fines entraînées par les eaux,

---

former, avec l'oxygène contenu dans les tubes, de l'acide azotique. Il est donc probable que ce n'est pas cet acide qui prend naissance, mais bien plutôt des produits complexes quaternaires analogues aux corps fumiques.

telles enfin que les alcalis, cendres ou calcaires. Cette pratique est non-seulement en usage dans un grand nombre de fermes où il existe un tas de terreau différent du tas de fumier, mais on cite même plusieurs contrées dans lesquelles les immondices sont soumises à la nitrification avant d'être employées comme engrais. Dans le département du Nord, les cultivateurs des environs de Bergues transportent dans des bateaux, à plusieurs lieues de distance, les balayures et les boues qu'ils achètent à la ville de Dunkerque, pour les mélanger par lits successifs avec de la marne, de la craie, de la terre. Les matières ainsi stratifiées restent en place pendant deux ans avant d'être conduites aux champs.

Aux environs de Paris, on voit de même conserver pendant plus d'une année les mélanges provenant des boues de la ville renfermant toute espèce de résidus. Malheureusement ces tas sont souvent très-compactes, difficiles à aérer, et il est douteux que la nitrification s'y produise aussi aisément que si l'on prenait la précaution d'y placer à différentes hauteurs un lit de fascine qui favorisât l'accès de l'air.

Dans l'ouest de la France, les cultivateurs ont pris l'habitude de mêler leurs fumiers avec de la chaux, d'en faire de véritables composts, et cette pratique a été blâmée pendant longtemps sans qu'on l'ait vu disparaître. Je n'ai pas eu occasion d'étudier de semblables mélanges, et j'ignore si l'avantage qu'ils présentent de favoriser la nitrification est plus grand que l'inconvénient qu'il y a à décomposer les composés ammoniacaux non encore fixés par les matières végétales. En général, cependant, il ne faut pas se hâter de condamner des pratiques agricoles qui semblent avoir pour elles la sanction de l'expérience, car, ainsi que le dit spirituellement M. Boussingault à propos d'un usage établi dans sa ferme, que ses connaissances scientifiques l'auraient porté à blâmer, mais que tolérait sa longue expérience agricole : « L'opinion de tous les paysans vaut souvent mieux que celle d'un seul académicien. »

CHAPITRE VI

DES PHOSPHATES

§ 131. — HISTORIQUE DE L'EMPLOI DES PHOSPHATES EN AGRICULTURE.

Les analyses qu'exécuta Th. de Saussure au commencement de ce
siècle lui montrèrent que les phosphates existent dans tous les
végétaux, et dès 1804 il écrivait ces mémorables paroles qui auraient
dû éveiller plus tôt l'attention sur la véritable cause de l'effet utile des
os : « Le phosphate de chaux contenu dans un animal ne fait peut-
être pas la 5/100ᵉ partie de son poids ; personne ne doute cependant
que ce sel ne soit essentiel à la constitution de ses os. J'ai trouvé ce
même composé dans les cendres de tous les végétaux où je l'ai recherché, et nous n'avons aucune raison pour affirmer qu'ils puissent
exister sans lui. »

Cependant l'emploi sur une grande échelle, des engrais phosphatés,
ne s'établit qu'avec une extrême lenteur : une fabrique d'objets d'os,
fondée depuis de longues années à Thiers, dans le Puy-de-Dôme,
paraît avoir fourni à l'agriculture les premiers débris d'ossements
qu'elle employa ; toutefois les bons effets qu'elle en ressentit eurent
peu de retentissement, et c'est en Allemagne que semble avoir pris
naissance l'usage de la poudre d'os dans la grande culture.

Si l'on en croit Friederich Ebner (1), ce serait un habitant de Sol-
lingen, M. Friederich Kropp, qui, en 1802, aurait eu l'idée de substituer les os pilés aux engrais ordinaires employés pour fumer les
terres. Malgré le succès obtenu, l'usage des os ne se répandit en
Allemagne qu'avec lenteur ; mais aussitôt que les bons effets de cette
matière eurent été constatés en Angleterre, son emploi prit un
accroissement énorme.

Une usine destinée au broyage des os s'établit à Hull, dans le
comté d'York. Les os réussirent si bien, surtout pour la culture
des turneps, base de la belle agriculture du Norfolk, que bientôt,
malgré l'énorme consommation de viande du pays, les bouchers

---

(1) *Annales de Roville*, t. VI, p. 376. — *De l'emploi des os pilés comme engrais,
dans la Grande-Bretagne*, par J. C. Fawtier, 1830.

furent dans l'impossibilité de suffire aux demandes; on s'adressa au
continent. De toutes parts les os arrivèrent à l'établissement de Hull,
auquel plusieurs autres vinrent bientôt faire concurrence; chacun
d'eux livra journellement plus de 2000 kilogrammes de poudre d'os.
En 1822, l'Angleterre tira de l'Allemagne plus de 30 000 kilogrammes d'ossements recueillis sur les champs de bataille des dernières
guerres (1). En 1825, on expédia du seul port de Rostock, dans le
duché de Mecklembourg, près de 2 millions d'os de bœuf pour
les manufactures de Hull. L'Espagne exporta également les masses
d'ossements provenant de la destruction de la cavalerie anglaise lors
de l'embarquement rapide de l'armée de la Grande-Bretagne à la
Corogne.

En France, l'emploi des os fut plus lent à se répandre; toutefois il
existait en 1826 plusieurs usines destinées au broyage des os, notamment en Alsace, où l'une d'entre elles fut visitée par Darcet et par
Gay-Lussac. Il est remarquable que le propriétaire de cet établissement fût tombé empiriquement sur un des mélanges les plus actifs que
puisse employer l'agriculture. Il mélangeait à 90 parties de poudre
d'os broyés 10 parties de salpêtre, pour empêcher, disait-il, la fermentation des os. Les beaux travaux de M. Boussingault ont montré
depuis que l'association du nitrate de potasse et du phosphate de
chaux était une des plus fécondes qu'on pût imaginer : cette poudre
se vendait 16 francs les 100 kilogrammes.

Emploi du noir animal comme engrais. — L'emploi des os commençait aussi à se répandre dans le Palatinat, quand la découverte du
pouvoir décolorant du noir animal pour les sirops de sucre vint activer
immensément la consommation des résidus d'os.

M. Payen signalait, dès l'année 1822, les bons effets qu'il avait
obtenus de l'emploi comme engrais du noir de raffineries : « J'ai
observé, depuis ces nouvelles modifications apportées dans le travail
des raffineries, que les résidus du noir employé au raffinage du sucre
pouvaient, dans beaucoup de circonstances, activer la végétation d'une
manière très-utile; j'ai déjà acquis beaucoup de données certaines des
avantages que présente, sous ce rapport, cette matière que les raffi-
neurs étaient obligés de transporter dans les décharges publiques;
déjà des quantités considérables ont été répandues avec fruit dans
notre plaine de Grenelle et sur quelques autres points de grande
culture, et je me propose de publier les effets obtenus de cet engrais

_____

(1) *Loc. cit.*

nouveau, qui ne peut manquer d'être employé bientôt en totalité et fort utilement. » (*Annales de l'industrie*, t. VI, p. 261.)

Pendant les longues guerres maritimes de l'empire, l'extraction du sucre de la betterave avait commencé à se généraliser ; lorsque la paix fut rétablie, elle reprit, après quelques hésitations, un nouvel essor, en même temps que nos colonies nous envoyaient des sucres bruts à traiter dans la mère patrie. Ces industries employèrent bientôt des quantités considérables du noir d'os recommandé par M. Payen, et l'agriculture put disposer d'une masse énorme de ce produit ; tant il est vrai qu'ainsi que le mal, le bien est fécond, et qu'un pas fait dans une certaine voie en détermine un nouveau dans une autre branche de l'activité humaine. L'agriculture avait puissamment servi l'industrie en lui donnant la betterave ; mais celle-ci lui rendit son bienfait sous forme d'un engrais puissant : le noir d'os.

« C'est donc vers cette année 1822 qu'on essaya d'utiliser aux environs de Nantes les énormes dépôts de noir animal qui, après avoir servi à la clarification des sucres, s'accumulaient inutiles et gênants aux abords des raffineries de cette ville; et, moins de quinze ans après, malgré l'esprit de routine des cultivateurs de cette contrée, malgré une hausse énorme de prix, Nantes, ne pouvant plus suffire aux demandes incessantes de l'agriculture bretonne et vendéenne, s'adressait à tous les centres de raffinerie de sucre de France et de l'étranger, et importait annuellement environ 15 millions de kilogrammes de noirs résidus. Le commerce des engrais, à Nantes, consiste surtout dans la vente du noir animal. Les transactions de cette substance, principalement de mars à septembre, présentent une activité dont il est difficile de se faire une idée, lorsqu'on n'en a pas été témoin. On voit arriver dans ce port les résidus de la clarification des raffineries de Paris, de Bordeaux, de Marseille, de Livourne, du Havre, d'Orléans, de Londres, de Hambourg, d'Amsterdam, de Stettin, de Kœnigsberg, de Venise, etc.; les noirs en pains de Saint-Pétersbourg, de Riga, de New-York ; les résidus de la revivification et du blutage des sucreries indigènes ; les noirs fins provenant de la carbonisation des os, après extraction de la gélatine ; les produits de la calcination des déchets de boutonneries, etc. Toutes ces substances forment par an un total de 17 millions de kilogrammes environ, savoir : 7 millions de noir animal de provenance étrangère, et 10 millions de noir animal de provenance française. D'abord le prix de vente, qui n'était à l'origine que de 2 fr. l'hectolitre (du poids de 95 kil.), s'est élevé à 5, 10, 12 et 14 francs ; en 1855, il a été compris, selon les qualités, entre

12 et 16 fr., ce qui correspond à 12 fr. 63 c. et 16 fr. 84 c. le quintal métrique (126 à 168 fr. la tonne). A raison d'un prix moyen de 13 fr., on voit que le commerce des noirs pour l'agriculture s'élève à Nantes à une somme annuelle de 2 210 000 francs (1). »

Depuis cette époque, les quantités importées à Nantes ont encore augmenté : en 1857, on arrive à 193 000 hectolitres; en 1858, 246 000; en 1859, 259 000; en 1860, 255 000. A partir de 1860, Nantes n'est plus le seul lieu d'importation des noirs, et, d'après les chiffres donnés par M. Bobierre (*Leçons de chimie agricole*, Masson), les quantités oscillent de 150 000 à 100 000 hectolitres.

A l'époque où les os pulvérisés commencèrent à être employés par l'agriculture, la chimie agricole était peu avancée, et ne trouva pas immédiatement l'explication de l'effet heureux de ces substances.

M. Fawtier, dont nous avons cité l'article sur l'emploi agricole des os, après avoir rappelé qu'ils renferment trois ordres de substances : des matières alcalines ou terreuses, des cartilages, de la gélatine, et enfin de la graisse, s'énonce en ces termes : « Nous pouvons négliger un des composés terreux, c'est-à-dire le phosphate de chaux, parce qu'étant indestructible, insoluble, il ne peut servir d'engrais, lors même qu'il se trouverait placé dans un sol humide et dans le voisinage immédiat des racines des plantes, c'est-à-dire dans une combinaison de circonstances douées d'une puissance analytique plus grande que tous les procédés de la chimie inorganique. »

Plus tard on n'attribua qu'à la gélatine les bons effets agricoles des os. C'est ainsi que M. Payen, voulant expliquer les anomalies signalées dans l'emploi agricole du noir animal et la non-réussite des os déjà fermentés, s'exprime ainsi : « Ils ne renferment plus, après avoir fermenté pendant quelques jours, que 2 centièmes environ de gélatine, et n'ont plus d'utilité sensible comme engrais (2). »

Toutefois une autre opinion ne tarda pas à s'établir. Depuis fort longtemps on avait découvert dans les cendres des graines une grande quantité de phosphore. Polt, le premier, paraît l'avoir signalé; Margraff (3), puis Vauquelin, et enfin Théodore de Saussure (4), en trouvèrent également.

S'appuyant sur la connaissance de ces faits, M. de Liebig, qui a

---

(1) MM. Barral et Moll, *Sur l'emploi agricole du noir animal* (*Journal d'agriculture pratique*, 1856). — M. Elie de Beaumont, *Étude sur l'utilité agricole et sur les gisements géologiques du phosphore*, 1857, p. 15.
(2) Payen, *Mémoires de la Société royale d'agriculture pratique*, 1832, t. LX.
(3) *Opuscules chimiques* de Margraff, t. Ier, p. 68.
(4) *Recherches chimiques sur la végétation*, p. 296.

tant contribué à faire admettre l'influence des éléments minéraux sur
le développement des plantes, ne pouvait méconnaître dans l'engrais
d'os l'importance du phosphate de chaux.

**Les os et le noir animal agissent par leur phosphate de chaux.
— Expériences du duc de Richmond.** — Ce n'est cependant qu'en
1843 que le duc de Richmond fit une série d'essais sur l'emploi des
os. Il démontra d'abord, par des expériences directes sur le sol, que
l'action des os calcinés ou bouillis, privés de tout ou partie de leur
matière grasse et de leur gélatine, n'est guère inférieure à celle des
os crus, et il en conclut, contre l'opinion générale, que le principe
fertilisant des os n'est ni la graisse ni la gélatine, mais bien le phosphate de chaux. Il alla même plus loin, et pensa que ce n'était pas
la chaux la partie la plus active des os, mais l'acide phosphorique
qui cédait son phosphore aux céréales (1). Il est peu de travaux scientifiques qui aient eu une influence pratique aussi immédiate que celle
du noble agronome anglais. Des expériences nombreuses suivirent
bientôt celles qu'il avait instituées, et, aussi bien en France que
de l'autre côté de la Manche, la justesse des vues du duc de Richmond étant reconnue, on songea à utiliser les phosphates fossiles
décrits par les géologues et employés seulement dans quelques
localités.

Dans le Suffolk et dans le Norfolk on exploitait, en effet, depuis un
temps immémorial, un dépôt de coquilles, et on l'employait à l'amendement des terres. Ce dépôt est analogue au falun de Touraine,
exploité aussi depuis des siècles pour le même usage.

Découverte et emploi des phosphates minéraux. — En 1818, puis
en 1820, M. Berthier avait signalé en France l'existence de phosphate
de chaux sur la plage du Pas-de-Calais, près de Wissant, et au cap
de la Hève, près du Havre, sous forme de nodules disséminés au
milieu des galets.

En 1822, M. le docteur Buckland annonça la présence de nombreux
débris animaux, riches en phosphate de chaux, dans le Yorkshire.
Plus tard, en 1829, ce savant éminent lut, à la Société géologique de
Londres, un mémoire très-important dans lequel il fit connaître la
découverte faite par lui de nombreux coprolithes, ou *fossil fœces*, dans
le lias de Lyme-Regis (Dorsetshire). M. Buckland avait encore trouvé
ces mêmes coprolithes dans plusieurs couches du terrain oolithique,
dans le grès vert, dans la craie et dans diverses couches sédimen-

(1) *Journal d'agriculture pratique*, 2ᵉ série, 1849, t. VI, p. 238.

taires (1). Ces découvertes, restées stériles avant les expériences du duc de Richmond, acquirent bientôt un extrême intérêt. Successivement M. Acton, M. Nesbit, indiquèrent en Angleterre des gisements de phosphate de chaux fossile, en rognons, dans diverses localités. En 1847, on remarqua que les os ne produisaient aucun effet sur des terres assez fertiles reposant sur un sous-sol de grès vert supérieur et inférieur. Cela devait faire soupçonner que le phosphate de chaux se trouvait naturellement dans ces terrains ; ils furent analysés par M. J. C. Nesbit, qui y découvrit une proportion inaccoutumée d'acide phosphorique. La roche, concassée et lessivée, laissa apparaître des nodules renfermant 28 pour 100 d'acide phosphorique.

En 1848, M. Paine, de Farnham, sur les propriétés duquel avaient été trouvés les nodules, annonça que ces rognons de phosphate de chaux avaient été employés avantageusement par lui pour remplacer les os pulvérisés (2).

C'est cette exploitation que vit Dufrénoy, quelques années plus tard ; il constata le bon effet obtenu sur les cultures, mais sans pouvoir connaître la dépense qu'occasionne son emploi, et sans, par conséquent, pouvoir décider l'avantage qui en résulte (3).

Les géologues avaient décrit depuis longtemps un gisement de phosphate de chaux en Estramadure ; il fut visité de nouveau en 1843 par MM. Daubeny et Widdrington, qui étudièrent les circonstances dans lesquelles il pourrait être avantageusement exploité.

Dès 1847 (4), M. Nesbit avait recherché, en commun avec M. Morris, si les gisements de phosphate de chaux observés en Angleterre ne se continuaient pas en France ; il en avait découvert de nombreux. Ces recherches, continuées en 1854, furent l'objet d'un brevet exploité plus tard par MM. de Molon et C. Thurneyssen.

MM. Meugy et Delanoue avaient également recherché des gisements de phosphate de chaux, et l'un d'eux, M. Delanoue, exposa, dans la collection des sous-sols de Valenciennes, un certain nombre d'échantillons à notre grand concours de 1855, où M. Baudement, professeur au Conservatoire des arts et métiers, les vit et apprécia dès lors cette découverte à sa juste valeur (5).

---

(1) Buckland, *Reliquiæ diluvianæ* (1823). — *Geological Transactions*, 2° série, vol. III, p. 223. — Elie de Beaumont, *loc. cit.*, p. 21.
(2) *Quarterly Journal of the geological Society.*
(3) Dufrénoy, *Traité de minéralogie*, 2° édit., 1856, t. II, p. 352.
(4) *Comptes rendus*, 1857, t. XLV, p. 1110.
(5) Tresca, *Visite à l'Exposition universelle*, 1855.

Toutefois la possibilité d'exploiter les gîtes reconnus était encore peu certaine, quand MM. de Molon et C. Thurneyssen présentèrent à l'Académie un mémoire fort intéressant sur ce sujet (1), d'où il résultait qu'il existe dans les départements de l'est de la France plusieurs gisements susceptibles d'une facile exploitation.

Au lieu d'être accueillie avec la satisfaction qu'elle semblait mériter, cette communication rencontra une grande méfiance. Toutefois, si, dans les discussions à priori qui s'établirent au sein de plusieurs corps savants et dans la presse, les nodules trouvèrent des adversaires, ils eurent aussi des défenseurs. L'illustre secrétaire de l'Académie des sciences, M. Elie de Beaumont, qui rédigeait sur l'emploi des phos-phates ce remarquable mémoire auquel nous faisons tant d'emprunts, soutint de l'autorité de sa science les premiers essais tentés avec les nodules, tandis qu'à la Société centrale d'agriculture notre maître regretté, E. Baudement, leur apportait le concours de son éloquence persuasive et de son fin bon sens.

Enfin, en 1857, M. Bobierre et l'auteur de cet ouvrage adressaient à l'Académie diverses notes dans lesquelles ils faisaient voir que les expériences de laboratoire permettaient de prévoir que les nodules pulvérisés auraient sans doute une influence très-heureuse sur les cultures établies dans les terres récemment défrichées, riches en débris organiques; ce que la suite a pleinement justifié.

§ 132. — COMPOSITION DES ENGRAIS PHOSPHATÉS D'ORIGINE ANIMALE.
OS. — NOIR ANIMAL.

Les fragments d'os provenant des fabriques où l'on travaille cette matière sont les produits qu'on livre habituellement à l'agriculture; toutefois elle emploie aussi très-fréquemment le noir animal, c'est-à-dire le produit de la calcination des os en vases clos. Le charbon mélangé au phosphate et au carbonate de chaux qu'on obtient ainsi, est doué de remarquables propriétés décolorantes qui le font employer dans les raffineries; c'est généralement après qu'il a servi à cet usage qu'il arrive à l'agriculture. Il présente alors des richesses variables, ainsi qu'on peut le voir dans le tableau suivant :

(1) *Comptes rendus*, 1856, t. XLIII, p. 1178.

Richesse en acide phosphorique des engrais phosphatés proprement dits
(OS, NOIR ANIMAL).

DÉSIGNATION DES ENGRAIS.	EAU.	ACIDE phosphor. dans 100 de matière sèche.	PHOSPHATE de chaux dans 100 de matière sèche.	OBSERVATIONS.		ANALYSTES.
Os frais.............. ...	....	21,1	46,0	....		Way.
Os bouillis..............	10	30,2	66,0	....		Id.
Cendres d'os.............	....	39,0	84,5	....		Dehérain.
Noir fin neuf........ ...	....	34,6	73,1	Azote p. 100	1, 12	Moridde et Bobierre.
— ayant servi une fois..	....	30,6	66,6	Id.	1,95	Id.
— neuf... •......•....	....	33,1	72,2	Id.	1,22	Id.
— ayant servi une fois.	....	24,7	53,7	Id.	2,83	Id.
— ayant servi deux fois.	....	21,1	46,0	Id.	3,59	Id.
— neuf...............	....	34,7	75,6	Id.	1,61	Id.
— ayant servi une fois..	....	23,1	52,6	Id.	2,54	Id.
— ayant servi deux fois.	....	19,7	47,2	Id.	3,18	Id.
Noir de raffineries........	0,86	27,5	61,3	....		Dehérain.

§ 133. — DES NODULES OU PSEUDOCOPROLITHES.

C'est à M. de Molon, ainsi qu'il a été dit plus haut, qu'est due la
découverte en France de gisements de phosphate de chaux exploita-
ble. Ce chercheur infatigable a signalé l'existence des nodules sur un
grand nombre de points de la France, à la limite du terrain jurassique
et des grès verts du terrain crétacé. En commençant au bord de la
mer, on trouve des nodules au cap de la Hève et sur toute la falaise
du Havre à Fécamp (Seine-Inférieure); puis, en se dirigeant au nord-
est, dans tout le pourtour du Bray, Saint-Sulpice, Oniard, Saint-
Martin-le-Nœud, tuilerie de Tupié, falaise de Wilsant, et tout le
pourtour du mamelon jurassique du Boulonnais, Leubringhem, moulin de Pernaulle, environs d'Hardinghem et de Piennes, glaisières des
tuileries de Colembert, glaisières des tuileries de Brunnember (Somme
et Pas-de-Calais). Dans le département du Nord, c'est aux environs
d'Annappes et de Lezennes que se rencontrent les nodules. A Grand-
Pré, à Marcq, à Apremont dans les Ardennes, on trouve les nodules
à fleur de terre : on peut les ramasser sur le sol, dans les champs,
où ils se trouvent disséminés ; on peut encore exploiter un gîte abondant qui se trouve presque à la surface du sol, à une profondeur qui
ne dépasse pas un mètre.

« C'est encore dans les grès verts que se trouvent, dans la Meuse, les gisements des Islettes, de Clermont en Argonne, de Froidos, de Brizeau, de Triaucourt, de Revigny, enfin de Sermaize, dans la Marne. » (De Molon, *Compt. rend.*, 1856, t. XLIII, p. 1178.)

Plus récemment, M. de Molon, chargé d'une mission d'exploration par le ministre de l'agriculture, a précisé, dans les conditions suivantes, le gisement des nodules : « S'il résulte de nos constatations antérieures qu'on rencontre des nodules de chaux phosphatée à tous les étages de la formation crétacée, savoir : dans le néocomien, dans le sable vert inférieur, dans le gault, dans le sable vert supérieur, dans la craie chloritée, dans la craie marneuse, et dans un banc qui, quelquefois, sépare ces deux étages, il reste néanmoins acquis que les gisements *susceptibles d'exploitation* n'ont jusqu'ici été découverts que dans les grès verts inférieurs, à leur *point de contact avec l'argile du gault*, c'est-à-dire à la base de la formation crétacée, immédiatement au-dessus de l'étage supérieur du terrain jurassique, dans toutes les circonstances où le gault sépare ces deux formations. » (*Enquête sur les engrais industriels*, 1865, t. I; *Dépositions*, p. 383.)

Composition des nodules. — La quantité d'acide phosphorique qui se trouve dans les nodules varie beaucoup suivant les gisements, mais paraît assez constante pour une même localité. Il est très-difficile, pour ne pas dire impossible, de reconnaître à priori la richesse des nodules; il m'a semblé, toutefois, qu'en général les nodules noirs à l'intérieur étaient plus riches que ceux dont la cassure était plus claire.

D'après M. Rivot, les nodules de Lille auraient la composition suivante :

Eau et acide carbonique............	30,0
Argile.........................	1,5
Chaux.....	50,0
Acide phosphorique...............	17,7
Oxydes de fer.	traces
Perte.........................	0,8
	100,0

Ce qui correspond à :

Phosphate de chaux...............	38,7
Carbonate de chaux...............	52,3
Argile.........................	1,5
Oxyde de fer...................	traces
Eau et perte...................	7,5

J'ai moi-même analysé complétement un assez grand nombre de nodules ; je ne citerai comme exemple que quelques-uns des résultats que j'ai obtenus :

	Islettes.	Ardennes.
Silice et argile............	33,4	26,4
Acide phosphorique.......	20,8	21,3
Chaux....................	22,5	30,8
Magnésie.................	3,0	1,7
Oxyde de fer.............	3,8	10,0
Eau.....................	1,6	1,0
Acide carbonique et perte..	15,5	5,8
	100,0	100,0

Je n'ai pas cru devoir calculer ces éléments à l'état de phosphate de chaux, de fer, ou de magnésie et de carbonate de chaux ou de magnésie, dans l'impossibilité où je me suis trouvé de savoir comment ces éléments étaient distribués; dans les essais commerciaux, on est cependant obligé de faire ce calcul à cause de l'habitude qu'ont les agriculteurs d'acheter des noirs d'os dans lesquels presque tout l'acide phosphorique se trouve à l'état de phosphate de chaux; on suppose alors tout l'acide phosphorique à l'état de phosphate de chaux.

Il est facile de voir cependant dans l'analyse des nodules des Islettes, que tout l'acide phosphorique ne peut pas exister à cet état; en effet, la quantité de chaux est insuffisante pour saturer tout cet acide, et de plus elle doit être en partie à l'état de carbonate, car cette poudre fait effervescence avec les acides. Cette remarque est importante, parce qu'elle indique dans les nodules une partie de l'acide phosphorique à l'état de phosphate de fer, ce qui, comme nous le verrons, permet d'expliquer un certain nombre de faits observés dans l'emploi de ces nodules.

Nous donnons dans le tableau suivant la composition d'un grand nombre d'échantillons. Dans les analyses qui nous sont personnelles, l'acide phosphorique a toujours été dosé à l'état de phosphate ammoniaco-magnésien. On commençait par précipiter l'acide phosphorique de sa dissolution chlorhydrique à l'acide de l'acétate de soude et du chlorure de fer; on redissolvait le précipité après d'abondants lavages à l'eau bouillante, dans de l'acide chlorhydrique, puis on ajoutait de l'acide tartrique, du sulfate de magnésie, du chlorhydrate d'ammoniaque et de l'ammoniaque; on filtrait après vingt-quatre heures. Ce procédé ne vaut pas celui qu'on emploie aujourd'hui (voy. § 77 et § 156); mais à cette époque où ces dosages ont été faits (1858), c'était le plus exact qu'on eût à sa disposition.

Richesse en acide phosphorique et en phosphate de chaux des phosphates minéraux.

DÉSIGNATION DES LOCALITÉS où ont été pris les échantillons.	ACIDE phosphorique dans 100 parties.	PHOSPHATE de chaux PhO5,3CaO dans 100 parties.	PHOSPHATE de chaux PhO5,3CaO dans 100 de matière sèche.	ANALYSTES.
Logrosan (Estram.-Esp.)....	....	81,5	....	Daubeny et Widdrington.
Wissant (Pas-de-Calais).....	....	57,1	....	Berthier.
La Hève, près du Havre (S.-Inf.)	....	57,3	....	Id.
Shanklin.	....	32,0	....	Nesbit.
Farnham:.................	....	60,6	....	Id.
Lille (Nord)...............	... .	32,34	....	Delanoue.
Id.	18,0	38,7	....	Rivot.
Bouvines (Nord).	3,70	8,00	....	Meugy.
Grand - Pré (Ardennes). n° 1........	20,9	45,5	47,9	Dehérain.
n° 2........	20,9	45,5	47,9	Id.
n° 3	20,0	43,1	45,5	Id.
n° 4........	19,9	43,1	45,5	Id.
Islettes. n° 1........	20,2	44,1	45,9	Id.
n° 2........	19,5	42,6	43,6	Id.
Anderney n° 1........	13,3	28,9	29,9	Id.
n° 2........	13,3	28,9	29,9	Id.
Sermaise (Marne). n° 1........	14,5	31,0	32,3	Id.
n° 2........	13,9	33,0	34,4	Id.
Froidos. n° 1........	16,4	35,8	36,9	Id.
n° 2........	16,1	35,2	36,7	Id.
Lavoye. n° 1........	13,8	30,0	31,2	Id.
n° 2........	14,4	31,4	32,7	Id.
Mognéville (Meuse). n° 1........	28,5	62,1	64,0	Id.
n° 2........	29,6	63,7	65,5	Id.
n° 3........	18,0	39,2	42,1	Id.
n° 4........	18,2	40,3	43,1	Id.
Arcy-Fay. n° 1........	16,4	35,8	37,6	Id.
n° 2........	17,5	37,9	39,8	Id.
Leniont. n° 1........	18,4	39,7	41,5	Id.
n° 2........	18,4	39,7	41,5	Id.
Lagrange. n° 1........	15,9	34,5	36,2	Id.
n° 2........	15,5	33,8	35,4	Id.
Brizeaux. n° 1........	24,2	52,7	54,1	Id.
n° 2........	25,2	54,8	56,2	Id.
Moyenne des anal. précéd..	18,7	40,4	41,4	

Ainsi que nous l'avons dit plus haut, c'est simplement pour nous conformer à l'usage que nous avons calculé l'acide phosphorique à l'état de phosphate de chaux; mais nous sommes loin d'affirmer que, dans les nodules analysés, cet acide se trouvât en effet sous cette forme.

On voit que le gisement qui fournit les nodules les plus riches est celui de Mognéville; mais on voit en même temps que ce gisement n'est pas constant dans sa richesse, puisque des échantillons de la même localité n'ont donné que 40 pour 100 de phosphate de chaux, tandis que d'autres en accusent 62 à 68 pour 100. J'ajouterai, de plus, que le gisement n'est pas très-abondant ; je me suis rendu moi-même à Mognéville afin d'y prendre des échantillons, et, d'après les renseignements que j'y ai recueillis, je crois que les nodules qui ont donné 62 et 63 pour 100 de phosphate de chaux ne proviennent pas exactement de cette localité, mais de quelque autre voisine, qu'on retrouverait sans doute, si des recherches un peu suivies étaient dirigées dans ce sens.

Brizeaux est la localité qui occupe le second rang pour la richesse de ses échantillons ; puis viennent Grand-Pré et les Islettes, dont les gisements sont exploités.

La moyenne des nombreuses analyses précédentes donne, pour les nodules, une richesse de 40 pour 100, et c'est en effet ce qu'on trouve très-habituellement dans le commerce ; c'est aussi la moyenne de très-nombreux dosages commerciaux inscrits sur mes registres d'analyse, et que je n'ai pas reproduits ici, parce que les localités dont ils proviennent ne sont pas désignées.

Un grand nombre d'analyses ont été faites dans divers laboratoires depuis que j'ai publié les travaux précédents qui remontent à 1859, et elles ont donné des chiffres analogues à ceux que j'ai trouvés à cette époque. En moyenne, on peut dire que les nodules renferment de 40 à 45 pour 100 de phosphate de chaux.

§ 134. — APATITE. — PHOSPHORITE. — PHOSPHATE DE CHAUX CONCRÉTIONNÉ.

« L'*apatite*, dont la richesse en acide phosphorique est bien supérieure à celle des nodules, puisqu'elle renferme souvent 80 à 85 pour 100 de phosphate de chaux, appartient aux terrains les plus anciens et aux terrains volcaniques : au lac de Laach, sur les bords du Rhin ; à Albano, près de Rome, elle est disséminée dans les roches volcaniques ; c'est dans un gisement analogue que se trouve la chaux phosphatée du cap de Gate, en Espagne. Ces derniers gisements sont connus depuis longtemps ; plus récemment, M. Charles Deville a découvert la chaux phosphatée dans des roches où cependant elle n'avait pas encore été signalée.

» L'apatite se trouve en petits filons dans le granite ; elle accompagne les minerais d'étain dans les Cornouailles, la Bohême et la Saxe ;

elle forme des rognons dans le schiste talqueux du Zillerthal (Tyrol);
au Saint-Gothard, elle accompagne l'albite; les cristaux transparents
d'Ala sont dans le schiste chloriteux; elle existe dans les filons de fer
oxydulé d'Arendal en Norvége, associée avec de l'amphibole, du gre-
nat, du pyroxène et de l'épidote. »

L'apatite existe en quantités considérables dans l'Estramadure espagnole, à Logrosan et aux environs; on la rencontre disséminée en petites
quantités dans la région de la Guadiana, dans des filons souvent mêlés
de quartz. Les filons de Logrosan occupent une superficie d'environ
30 à 50 kilomètres carrés. Parmi les filons les plus importants, on
cite : 1° le filon de Cotanaza; 2° le filon d'Augustias, 3° le filon de
Cerilli ; 4° le filon de Palouras; 5° le filon de Singol, qui peuvent être,
en général, exploités à ciel ouvert, au moyen de tranchées pratiquées
à la base des collines qu'ils prennent en écharpe. Logrosan est situé
à 60 kilomètres de Villanueva, station du chemin de fer de Ciudad-Real
à Badajoz, qui se continue de cette ville jusqu'à Lisbonne.

On a découvert dans l'Estramadure d'autres gisements de phosphorites, remarquables par la lumière verdâtre qu'elles émettent quand
on les jette sur des charbons ardents. Nous avons eu occasion d'examiner quelques-uns de ces produits, dans lesquels on rencontre de 68 à
80 pour 100 de phosphate de chaux. M. Vœlcker a analysé également
des phosphorites d'Estramadure, il y a trouvé de 72 à 79 pour 100
de phosphate.

On a trouvé aussi récemment l'apatite en Portugal, dans la province
d'Alemtejo. On a reconnu enfin dans ce même pays des rognons
de phosphate de chaux auprès des sables bitumineux exploités à
Granja, district de Leizia, paroisse de Monte-Real, à proximité de
la mer.

**Chaux phosphatée terreuse des départements du Tarn-et-Garonne
et du Lot.** — Il y a déjà quelques années qu'un chimiste français, qui
avait passé plusieurs années au Mexique à exploiter des mines, reconnut
à la Caussade, près de Caylux, des pierres blanchâtres riches en phosphate de chaux. Il cherchait à tirer parti de ce fait, quand la mort
vint le surprendre; ce ne fut qu'au mois de décembre 1870 que
la découverte fut mise à profit. (*Comptes rendus*, t. LXXIII, p. 1028,
note de M. Daubrée.)

« La chaux phosphatée appartient ici à des variétés dépourvues
de cristallisation, c'est-à-dire à celles qui sont réunies sous le nom
de *phosphorites*, pour les distinguer de l'apatite, qui est cristallisée et
qui est d'ailleurs caractérisée par une proportion atomique constante

en chlore et en fluor ; le plus ordinairement elle est blanchâtre et pâle, quelquefois aussi colorée en gris, en jaune et en rouge.

» A part les masses compactes, comme la variété qu'on a désignée sous le nom d'*ostéolite*, cette chaux phosphatée offre fréquemment une masse concrétionnée très-caractéristique. Parfois ce sont des formes mamelonnées à couches concentriques, rappelant tout à fait les travertins que certaines sources incrustantes déposent dans leur bassin, ou encore l'albâtre calcaire, dit *onyx*, qui s'est produit autrefois, par exemple, dans la province d'Oran, non loin de Tlemcem.

» Sur d'autres points, la chaux phosphatée rappelle tout à fait certaines agates, tant par la nuance que par la faible épaisseur des zones alternantes ; sur un centimètre, on peut distinguer trente ou quarante de ces dépôts successifs. Il n'est pas rare que le phosphate possède l'éclat et même la nuance de certains quartz résinites (Pendaré, près de Caylux et Concots, département du Lot).

» Ailleurs c'est sous forme de rognons que s'est déposée la chaux phosphatée, par exemple à Cos, près de Caylux. Tantôt ces rognons sont pleins et avec une cassure fibreuse rappelant celle de l'aragonite ; tantôt ils offrent des gerçures comme les rognons de fer carbonaté, connus depuis longtemps sous le nom de *septaria ;* tantôt ces rognons sont creux, et alors ils peuvent être mamelonnés intérieurement, ou contenir un noyau non adhérent, comme les rognons de minerai de fer désignés sous le nom d'*actites.* Leur dimension varie ordinairement de un à plusieurs centimètres.

» Enfin, pour donner une idée de l'aspect dont la phosphorite se revêt très-fréquemment dans les gîtes, il convient d'ajouter que cette substance, par ses cavités irrégulières et cloisonnées et par sa structure, ressemble beaucoup à la calamine de diverses localités. »

On doit à M. Bobierre une analyse de différentes variétés des chaux phosphatées de Caylux. Il a trouvé pour 100 parties (*Comptes rendus*, 1871, t. LXXIII, p. 1361) :

	I.	II.	III.	IV.	V.	VI.	VII.	VIII.
Sable siliceux.	1,0	4,70	12,7	12,6	3,0	1,6	1,4	0.93
Acide phosphorique.	38.0	32,94	36,48	35,84	30,8	37,1	37,0	38,32
Chaux totale.	51,47	»	»	»	»	»	51,50	48,92
Complément, représentant l'eau volatile au rouge, le fluor, le chlore, l'acide carbonique, les oxydes de fer et de manganèse.	9,53						10,4	11,83
	100,00						100,00	100,00
Phosphate de chaux tribasique, correspondant à l'acide phosphorique.	82,6	74,16	79,3	77,9	80,0	»	80,4	83,3
Chaux en excès sur le phosphate tribasique et combiné avec l'acide carbonique, le fluor, le chlore.	6,87	»	»	»	»	»	8,10	3,94

OBSERVATIONS. — Les résultats de la colonne VIII ont été obtenus par l'essai de huit échantillons. L'ensemble du tableau se rapporte donc à quinze analyses. L'acide phosphorique a toujours été dosé à l'état de phosphate ammoniaco-magnésien.

Les chaux phosphatées du Lot et de Tarn-et-Garonne sont déjà l'objet d'exploitations importantes, et il est bien vraisemblable que les gisements connus actuellement ne sont pas les seuls qui existent; les caractères peu tranchés de la chaux phosphatée, sa ressemblance avec des pierres sans valeur, n'attirent pas l'attention, mais aujourd'hui que l'on connaît sa valeur, on pourra se livrer à des recherches spéciales qui seront vraisemblablement couronnées de succès.

§ 135. — EMPLOI DES PHOSPHATES A L'ÉTAT NATUREL.

Les engrais phosphatés, os, noir animal, ou nodules réduits en poudre, peuvent être employés à l'état naturel, et leur réussite est habituelle dans les terrains de défrichement. On sait, en effet, que le phosphate de chaux des os est soluble dans l'acide carbonique : ce fait a été démontré depuis longtemps par M. Dumas (*Comptes rendus*, 1846, t. XXIII, p. 1018), par M. Lassaigne (*ibid.*, 1846, t. XXIII, p. 1019) pour le phosphate des os. MM. Pelouze fils et Dusart (*ibid.*, 1868, t. LXVI, p. 1327) ont fait remarquer que l'acide carbonique n'agissait pas seulement comme dissolvant, mais qu'il enlevait au phosphate tribasique gélatineux, avec lequel il est en contact, une partie de base, et qu'on trouvait dans la liqueur filtrée du carbonate de chaux et du phosphate de chaux bibasique, qui se déposait par l'évaporation sous forme d'un corps blanc cristallin, légèrement soluble dans l'eau distillée (0,28 pour 1000), plus soluble dans l'eau chargée d'acide carbonique (0,66 pour 1000) ; il a pour formule :

$$PhO^52CaO,5HO.$$

M. Bobierre (*Comptes rendus*, 1857, t. XLIV, p. 467) a montré également que le phosphate de chaux contenu dans la poudre des nodules était soluble dans l'acide carbonique en dissolution concentrée, comme on l'obtient dans les appareils à eau de Seltz.

L'acide carbonique, sous la pression ordinaire, ne dissout pas le phosphate de chaux des nodules ; mais la poudre de ceux-ci, quand elle est restée exposée à l'air pendant quelques mois, acquiert une grande solubilité dans l'eau de Seltz (*Recherches sur l'emploi agricole des phosphates*, p. 60). Il est remarquable, au reste, que cette solubilité est encore plus grande dans l'eau chargée à la fois d'acide carbonique et d'acide acétique, quand la poudre est restée exposée à l'air pendant un certain temps ; or il n'est pas difficile de montrer qu'il existe dans les terres de bruyère, dans lesquelles les phosphates réussissent particulièrement bien, non-seulement de l'acide carbonique, mais aussi un acide volatil qui distille en même temps que l'eau, quand ces terres sont soumises à l'action du bain d'huile à une température de 130 ou 140 degrés, et que l'acidité que manifeste l'eau provenant de cette distillation est due à de l'acide acétique. C'est donc sans doute sous l'influence simultanée de l'acide acétique et de l'acide carbonique que la poudre de nodules se dissout dans les terres récemment défrichées. La solubilité s'accroît, ainsi que nous l'avons dit déjà, à la suite d'une exposition prolongée à l'air de la poudre des nodules ; la cause en est sans doute la suroxydation du fer que renferment les phosphates fossiles. La poudre grisâtre obtenue par la pulvérisation de ceux-ci devient en effet jaune à la surface quand elle est restée pendant quelque temps dans les magasins, et les nodules les plus riches en oxyde de fer sont précisément ceux qui abandonnent à l'eau chargée d'acide carbonique la plus grande quantité d'acide phosphorique.

Le phosphate de fer étant insoluble dans les acides faibles, on pourrait avoir quelque peine à comprendre que sa présence dans les nodules fût favorable à la solubilité de l'acide phosphorique, si l'on ne savait que l'acide carbonique dissout du carbonate de chaux dont l'action décomposante sur le phosphate de fer au maximum est très-marquée. En mélangeant dans un appareil à eau de Seltz du carbonate de chaux et du phosphate de fer, on trouve bientôt une quantité notable d'acide phosphorique en dissolution. Nous nous sommes déjà appuyé sur cette réaction pour faire comprendre une des utilités du chaulage (page 407).

Beaucoup d'agriculteurs ont, au reste, aujourd'hui l'excellente habitude de stratifier la poudre de nodules dans le fumier ; le carbonate d'ammoniaque agit sur les phosphates comme le carbonate de chaux, et M. P. Thenard a trouvé dans le purin provenant de fumier phosphaté une quantité notable d'acide phosphorique en dissolution.

À l'état naturel, les phosphates fossiles et le noir animal réussissent particulièrement bien sur les défrichements ; comme, au reste, les terres qui sont abandonnées pendant longtemps à la végétation spontanée se sont enrichies peu à peu d'azote atmosphérique, on conçoit qu'en y apportant des phosphates, on les amène à des conditions de fertilité favorable. Les plantes qui paraissent s'accommoder le mieux des sols ainsi amendés à l'aide des phosphates fossiles sont le sarrasin et l'avoine. Il arrive souvent qu'on peut, après un défrichement de genêts ou de bois, prélever deux ou trois céréales de suite avant d'être obligé de fumer. On emploie habituellement de 500 à 600 kilogr. de poudre de nodules à l'hectare : celle-ci vaut à Paris 5 francs les 100 kilos ; mais en Bretagne elle atteint souvent 8 francs, car on compte 2 francs de frais de transport et 1 franc de sac ; la fumure revient ainsi à 40 ou 48 francs, et il est bien rare qu'elle ne produise pas d'effets avantageux. MM. Malaguti et M. Bobierre, qui habitent la Bretagne et ont été bien placés pour suivre l'emploi des nodules, ont reconnu que dans nombre de circonstances ils ont été plus efficaces que le noir animal. — La poudre de nodules est au reste un engrais à si bas prix, que les essais peuvent toujours être tentés, et sur les défrichements ils le seront presque toujours avec succès.

§ 136. — FABRICATION DES SUPERPHOSPHATES.

Si, dans quelques parties de la France, on emploie les nodules pulvérisés à l'état naturel, ou le noir d'os sans lui avoir fait subir aucune préparation, il n'en est plus ainsi en Angleterre, ou même sur les terres françaises depuis longtemps cultivées : on a reconnu que les phosphates n'y exerçaient qu'une action médiocre et qu'ils n'y étaient réellement efficaces qu'après avoir été traités par les acides.

C'est en 1840 que le baron Liebig conseilla d'employer l'acide sulfurique pour donner au phosphate de chaux des os la solubilité qui lui manquait; ce conseil fut suivi, et bientôt il s'établit en Angleterre, puis plus tardivement en France, des usines consacrées au traitement des phosphates.

Il est rare aujourd'hui qu'on emploie exclusivement les os, les nodules ou les apatites pour fabriquer les superphosphates; presque toujours on fait usage de mélanges. Les nodules sont broyés sous des meules horizontales, semblables à celles qu'on emploie dans les moulins à blé. A l'usine établie à la Villette au commencement des essais qui ont eu lieu en France (1857), on chauffait les nodules au rouge, puis on les *étonnait*, pour leur donner plus de friabilité; mais cette méthode est aujourd'hui abandonnée, et l'on procède directement au broyage; la poudre obtenue est assez fine pour qu'il soit inutile de la bluter. Les apatites sont plus dures; on les soumet au broyage sous des meules verticales et la poudre est blutée. Enfin on se sert souvent aujourd'hui, pour la pulvérisation des os, du broyeur Carr (1).

Mélanges employés. — Les superphosphates sont habituellement fabriqués à l'aide d'un mélange de 66 parties d'os concassés ou noir de raffineries et de 33 parties de nodules en poudre. — Les os ou le noir animal renferment de 65 à 66 pour 100 de phosphate de chaux tribasique, les nodules de 42 à 44 pour 100 de phosphate; le mélange ainsi formé contient environ la moitié de son poids de phosphate de chaux. On le traite par 90 ou 95 parties d'acide sulfurique à 53 degrés; le mélange se fait dans des bacs de bois; on remue avec des ringards, et bientôt la masse se sèche et durcit par suite de la formation du sulfate de chaux; on obtient environ 180 parties de superphosphate; la perte est due au dégagement de l'acide carbonique et à l'évaporation d'une certaine quantité d'eau.

Le mélange obtenu renferme environ 26 pour 100 de phosphate de chaux, soit 12,7 d'acide phosphorique, sur lesquels 10 à 11 sont à l'état soluble et 1,7 à 2,7 sont insolubles.

Quand on emploie des nodules seuls à la fabrication, on est obligé de forcer la dose d'acide sulfurique, parce que l'attaque est plus difficile : à l'usine de Saint-Gobain, 100 parties de poudre de nodules, renfermant de 40 à 45 pour 100 de phosphate de chaux, sont traitées par 90 parties d'acide sulfurique à 50; le superphosphate contient 10 à 11 d'acide phosphorique, sur lesquel 8 à 9 sont à l'état soluble.

On utilise encore à la fabrication les phosphates du Nassau ou ceux d'Estramadure, ainsi que les produits nouvellement découverts dans

(1) Voyez, pour la description de cet appareil, notre *Annuaire scientifique*. Masson, 1870, p. 268.

le Lot et le Tarn-et-Garonne; mais, quand on les emploie exclusivement, on obtient une matière dont la dessiccation est très-lente. M. Millot a préparé à l'école de Grignon du superphosphate à l'aide de 100 parties d'apatite d'Espagne à 72 pour 100, et 100 parties d'acide sulfurique à 50 pour 100; il a obtenu 195 de superphosphates renfermant 17 pour 100 d'acide phosphorique, dont 16 étaient solubles : mais la matière resta plus de six mois à sécher, avant d'arriver à un état convenable pour être semée.

Composition des superphosphates. — On a cru d'abord qu'en traitant les phosphates par l'acide sulfurique, on obtiendrait du sulfate de chaux et du phosphate acide de chaux, d'après l'équation :

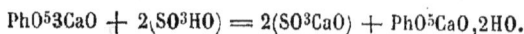

$$PhO^53CaO + 2(SO^3HO) = 2(SO^3CaO) + PhO^5CaO,2HO.$$

Le phosphate acide de chaux $PhO^5CaO,2HO$ est soluble dans l'eau, et c'est lui que les Anglais désignent sous le nom de superphosphate; mais, en étudiant de plus près les réactions, on reconnaît qu'habituellement il se forme surtout de l'acide phosphorique par suite d'une attaque complète du phosphate de chaux, exprimée par l'équation suivante :

$$PhO^53CaO + 3(SO^3HO) = 3(SO^3CaO) + PhO^53HO.$$

Quand, en effet, on lessive par l'eau les superphosphates, et qu'on dose dans la liqueur l'acide sulfurique, la chaux et l'acide phosphorique, on voit qu'il n'y a pas assez de base pour que l'acide sulfurique soit à l'état de sulfate et l'acide phosphorique à l'état de phosphate acide. C'est ce qui résulte des analyses que j'ai faites autrefois (*Recherches sur l'emploi agricole des phosphates*, 1860, p. 106) de deux produits anglais et d'un produit fabriqué à l'usine de la Villette; on a dosé dans l'eau de lavage de 5 grammes :

MATIÈRES DOSÉES.	ÉCHANTILLONS ANGLAIS		ÉCHANTILLON de la Villette.
	N° 1.	N° 2.	
Acide sulfurique.	0,486	1,051	0,413
Acide phosphorique.	0,378	0,278	0,063
Chaux.	0,284	0,432	0,222
Chaux nécessaire pour former avec l'acide sulfurique trouvé du sulfate de chaux.	0,240	0,735	0,289

On voit que la chaux trouvée en dissolution est tout à fait insuffisante pour saturer les acides ; elle est même au-dessous de ce qu'il faudrait pour que tout l'acide sulfurique fût à l'état de sulfate de chaux : il doit donc y avoir de l'acide sulfurique et de l'acide phosphorique libres. Mais en traitant les produits par l'alcool, qui dissout l'acide sulfurique et l'acide phosphorique et laisse le sulfate de chaux, on a reconnu qu'on dissolvait très-peu d'acide sulfurique, de telle sorte qu'il est certain que l'acide sulfurique est en grande partie saturé, tandis qu'au contraire l'acide phosphorique est libre. Il en résulte que les superphosphates doivent nous apparaître comme des mélanges d'acide phosphorique empâté dans du plâtre et des matières inertes.

Nous avons vu plus haut (page 277) que cet acide phosphorique libre trouve bientôt à se saturer dans le sol ; que son emploi sur les terres renfermant un peu de calcaire n'est pas à craindre, et qu'il est inutile de les saturer par de la chaux ou des cendres avant de le répandre sur le sol : cette précaution n'est nécessaire que si l'on cultive un sol tout à fait dépourvu de calcaire.

Ces résultats d'analyse qui ont été complétement confirmés par les travaux qui ont été publiés depuis, permettent de comprendre le phénomène de la *rétrogradation*, qui a été observé par tous les chimistes qui se sont occupés de la fabrication des phosphates.

M. Millot, qui a particulièrement étudié cette question, attribue le retour à l'état insoluble d'une partie de l'acide phosphorique trouvé libre au moment où l'attaque vient d'être terminée, à l'action qu'il exerce sur le phosphate tribasique resté inattaqué par l'acide sulfurique. Quand, d'après lui, on ajoute aux phosphates naturels une quantité d'acide sulfurique suffisante pour que toute la chaux soit combinée avec l'acide sulfurique, il ne repasse plus à l'état insoluble qu'une faible quantité de l'acide phosphorique, d'abord mis en liberté.

§ 137. — EMPLOI DES SUPERPHOSPHATES.

L'emploi des superphosphates est aujourd'hui si général, qu'il est inutile d'insister sur les avantages qu'ils présentent : associés aux sels ammoniacaux, au nitrate de soude du Pérou, ils agissent vigoureusement sur la végétation, et serviront à remplacer le guano, dont les gisements s'épuisent rapidement. Dans quelques localités même ils paraissent avoir une influence plus marquée que les engrais azotés.

En Angleterre, on consomme des quantités énormes de superphos-phates sur les turneps ; ils donnent des résultats plus avantageux sur ces cultures de racines que sur celles de céréales.

On trouve cependant moins d'acide phosphorique dans 100 parties de cendres de turneps que dans 100 parties de cendres de blé ; mais il faut remarquer qu'une bonne culture de turneps donne 40 000 kilo-grammes de racines à l'hectare et 12 000 kilogrammes de feuilles ; or, si l'on estime à 7 grammes par kilogr. la quantité de cendres des racines, on aura par kilogr. 0,63 d'acide phosphorique, et pour 40 tonnes on trouvera 25 kilogr. d'acide phosphorique : les feuilles ne renferment dans leurs cendres que 5 pour 100 d'acide phosphorique, et comme un kilogr. de feuilles laisse 17 grammes de cendres, on aura $0^{gr},85$ d'acide phosphorique par kilogrammes de feuilles, et, pour 12 000 kilogr. 10 kilogr. d'acide phosphorique : de façon qu'une ré-colte de turneps prélèvera sur le sol environ 35 kilogr. d'acide phos-phorique. Or, en prenant les nombres qui nous sont fournis par M. Vœlcker, nous trouvons qu'une récolte de blé enlève en moyenne 31 kilogr. d'acide phosphorique, et ce nombre correspond à une récolte élevée (M. Boussingault donne seulement 20 kilogr.; M. Is. Pierre, 28). Ainsi, il y a un peu plus d'acide phosphorique dans le turneps que dans le froment ; mais il faut remarquer en outre que le froment reste de neuf à dix mois sur le sol, que ses racines s'étendent et vont glaner de toutes parts les éléments nécessaires à sa croissance, tandis que le turneps, ne restant en terre que trois mois, doit ren-contrer immédiatement toutes les matières nécessaires à son déve-loppement, sous peine de rester chétif, et ne peut prospérer que dans un sol particulièrement riche en phosphates.

Si l'on admet qu'on emploie des superphosphates à 10 pour 100 d'acide phosphorique soluble, on reconnaîtra que 400 kilogr. par hec-tare sont nécessaires pour fournir aux 40 000 kilogr. de turneps la quantité d'acide phosphorique qu'ils prélèvent sur le sol. Cette quan-tité n'est pas éloignée de celle qu'emploient les fermiers anglais, qui donnent souvent à la récolte verte toute la fumure, comprenant 40 000 kilogr. de fumier de ferme et 400 kilogr. de superphosphate ; c'est sur cette sole qu'ils prennent le turneps, et ils récoltent ensuite les céréales sans faire intervenir de nouvelle fumure.

En France, où la culture du turneps ne réussit guère et où elle est avantageusement remplacée par celle des betteraves, on n'emploie pas les superphosphates habituellement à si haute dose, 200 kilogr. sont généralement suffisants.

§ 138. — DIVERS PROCÉDÉS POUR RENDRE SOLUBLE L'ACIDE
PHOSPHORIQUE.

Bien que la fabrication des superphosphates soit de beaucoup la
plus répandue, on emploie aussi, pour attaquer les phosphates naturels, quelques autres méthodes que nous résumerons rapidement.

Emploi de l'acide chlorhydrique. — On sait que l'acide chlorhydrique se produit pendant la fabrication du sulfate de soude et qu'on a
quelque peine à employer les quantités obtenues ; dans quelques sou-
dières on a songé à l'utiliser à l'attaque de la poudre des nodules.
Cette attaque doit être faite à chaud ; à froid, on n'arrive jamais à
enlever tout le phosphate contenu dans les poudres. La dissolution
chlorhydrique, rapprochée par l'évaporation, cristallise et donne un
produit renfermant toujours du chlorure de calcium, mais très-riche
en phosphate soluble et qui peut être susceptible d'applications industrielles. En précipitant la dissolution chlorhydrique au moyen d'un
lait de chaux, on obtient un produit gélatineux retenant encore du
chlorure de calcium et très-difficile à laver ; mais, si l'on procède à la
saturation au moyen du carbonate de chaux, il se produit, d'après
MM. E. Pelouze et Dusart, un phosphate bibasique plus facile à obtenir
à l'état de pureté. En ayant soin de laisser les liqueurs légèrement
acides, et en faisant passer dans la masse un courant de vapeur d'eau,
on obtient un produit cristallin renfermant seulement 2 parties de
chaux pour une d'acide phosphorique ; on décante le liquide surnageant et l'on turbine le précipité, puis on le sèche à l'air. On termine
l'opération en précipitant à l'aide d'un lait de chaux la liqueur décan-
tée. On laisse le précipité gélatineux se déposer, et on l'ajoute aux eaux
acides d'une seconde opération. — Les produits renferment toujours
du chlorure de calcium ; ils contiennent environ 40 pour 100 d'acide
phosphorique, dont une faible partie est soluble dans l'eau pure, mais
dont la masse entière, au contraire, est facilement soluble dans l'eau
chargée d'acide carbonique.

Préparation du phosphate de soude au moyen des nodules. —
Il n'est pas démontré qu'il soit nécessaire à l'agriculture d'avoir des
produits immédiatement solubles dans l'eau ; aussi nous ne citons que
pour mémoire le procédé employé par M. Boblique pour transformer
le phosphate de chaux des nodules en phosphate de soude destiné
à l'agriculture (*Enquête sur les engrais : Rapport*, p. 277, Imprimerie

impériale, 1866). Ce chimiste propose de produire du phosphure de
fer à l'aide des nodules des Ardennes, en les fondant dans un haut
fourneau avec 60 pour 100 de leur poids de minerai de fer, puis de
faire réagir ce phosphure sur le sulfate de soude à la température du
rouge vif. Lorsqu'on fond, en effet, dans un four à soude, un mélange
de 100 parties de phosphure et de 200 parties de sulfate de soude, on
obtient une masse noire, sulfureuse, qu'on laisse exposée à l'air pendant
quelques jours : elle se délite et tombe en poussière ; on lessive cette
poussière, qui cède à l'eau du phosphate de soude qu'on retire par
cristallisation.

§ 139. — CHARRÉES.

On distingue sous ce nom le résidu du lessivage des cendres de
bois. On sait que celles-ci renferment, outre des carbonates alcalins,
une certaine quantité de phosphate et de carbonate de chaux, et l'on
conçoit que les charrées puissent être utilement employées sur tous les
sols où réussissent le noir animal ou les phosphates fossiles. M. Bobierre calcule qu'en dix ans il est arrivé à Nantes, pour les besoins de
l'agriculture bretonne, 400 000 hectolitres de cet engrais, représentant
une valeur de 900 000 francs.

D'après ce savant chimiste, les charrées renferment de 10 à 12
pour 100 de phosphate de chaux. Il paraît que cette matière est souvent falsifiée avec du tuffeau de Saumur ; cet engrais ne doit donc être
acheté que d'après sa teneur garantie en phosphate.

CHAPITRE VII

ENGRAIS DE POTASSE, SEL MARIN ET AUTRES MATIÈRES MINÉRALES

On rencontre la potasse dans les cendres de tous les végétaux, et
l'on a longtemps admis à priori que cette base avait pour la végétation
une importance majeure ; nous avons reconnu cependant (§ 31), qu'on
ne pouvait pas déduire absolument, de la présence dans les cendres
d'une plante d'un principe minéral, son utilité pour le développement

de celle-ci ; aussi, avant d'appuyer sur les quantités de potasse enlevée par la végétation aux terres cultivées, avant de faire connaître les sources où l'agriculture peut puiser les éléments d'une restitution que quelques agronomes jugent nécessaire, il importe de mettre sous les yeux du lecteur les résultats obtenus par l'emploi direct des sels de potasse sur diverses cultures.

Les essais qui ont été faits à l'école de Grignon ont été poursuivis pendant trois années ; ils ont été entrepris à la fin de la campagne 1865-1866, et continués en 1866-1867, 1867-1868. C'est peu de temps après la découverte du gisement de Stassfurt-Anhalt, en Allemagne, que les engrais de potasse apparurent sur le marché français, et il était utile d'étudier directement leur action sur divers sols et sur différents végétaux, afin d'encourager son emploi si l'on réussissait, afin de prévenir les mécomptes, si au contraire on ne reconnaissait pas à ces matières toute l'utilité que les agronomes allemands paraissaient leur accorder.

Nous indiquerons d'abord les résultats obtenus pendant la campagne 1865-1866.

§ 140. — RÉSULTATS OBTENUS A L'AIDE DES ENGRAIS DE POTASSE SUR LA CULTURE DU FROMENT, DES BETTERAVES, DE LA POMME DE TERRE ET DE LA LUZERNE, PENDANT L'ANNÉE 1866.

Les cultures ont été installées sur trois sols complétement différents. L'un compose la pièce désignée à Grignon sous le nom de *Défonce* : c'est un sol extrêmement calcaire. L'analyse ayant montré qu'il était très-pauvre en acide phosphorique (voy. p. 312), on a mélangé aux engrais de potasse du *phospho-guano*. La seconde série d'expériences a été disposée sur un sol de très-bonne qualité, compris dans ce qu'on appelle à Grignon la *septième division*. Enfin, les cultures de luzerne étaient établies sur le sol de la *cinquième division*. On a fait usage dans ces recherches de trois variétés d'engrais de potasse. L'un, venant des salines de MM. H. Merle et Ce, à Alais, répond assez exactement à la formule $S^2O^6\begin{cases}KO\\MgO\end{cases},6HO$; il coûte 14 francs les 100 kilogr. ; le transport jusqu'à Grignon étant de 3 francs, il revient à 17 francs. Le second engrais employé provient, comme le troisième, des usines de MM. Vorster et Grüneberg à Cologne. Il est désigné sous le nom d'*engrais de potasse* : Il renferme de 8 à 10 pour 100 de cette base.

C'est un mélange très-complexe de sulfate de potasse, de magnésie, de chaux, de chlorure de sodium et même de matière argileuse. Il coûte à Cologne 8 fr. 50 c. les 100 kilogr., et revient à Grignon à 13 fr. 50 c. Nous avons enfin employé le *sulfate de potasse concentré*, renfermant 30 pour 100 de potasse environ, 14 pour 100 de soude, un peu de sel marin, de sulfate de chaux et de magnésie ; il coûte 37 francs les 100 kilogrammes à Cologne, et 42 francs à Grignon.

On a donné à chaque parcelle de 5 ares des quantités de sels de potasse renfermant à peu près des poids de potasse égaux et doubles de ceux que prélève sur le sol une récolte moyenne ; un carré non amendé a toujours servi de terme de comparaison.

Expériences sur le froment. — On n'a fait sur le froment qu'une seule série d'essais, à la terre de la septième division (voy. pour l'analyse de cette terre, page 312. Le sol avait porté du blé l'année précédente ; le *blé bleu* employé fut distribué au semoir, en lignes espacées de $0^m,25$, le 19 mars 1866 ; on employa une quantité de semence équivalant à 100 litres à l'hectare. La moisson eut lieu les 10 et 11 août, le battage à la machine le 13, le triage le 16. Les gerbes étaient un peu humides, il restait des grains dans les épis ; les résultats toutefois sont comparables. On a obtenu les nombres résumés dans le tableau suivant :

Expériences sur l'emploi de divers engrais appliqués à la culture du froment.
Culture du blé de printemps. — Terre de la septième division.

(Dans ce tableau et dans les suivants tous les nombres sont rapportés à l'hectare.)

NATURE DES ENGRAIS EMPLOYÉS.	Prix des 100 kilogrammes.	POIDS ET PRIX des engrais Poids	POIDS ET PRIX des engrais Prix avec transport.	Volume du grain récolté.	Poids de la paille récoltée.	Valeur du grain récolté (25 fr. l'hectolitre).	Valeur de la paille récoltée (70 fr. les 1000 kil.).	Gain, dépense d'engrais déduite.	Gain ou perte comparés au carré sans engrais.
	fr.	kil.	fr.	hectol.	kil.	fr.	fr.	fr.	fr.
Engrais Merle.	14 »	600	102	23,50	4560	587	329	810	+ 40
Engrais de potasse	8 50	800	108	27	5180	675	362	929	+159
Sulfate de potasse.	37 »	200	84	22	4160	550	294	757	— 13
Rien.	»	»	»	21	3500	525	245	770	»

On reconnaîtra, à l'inspection du tableau précédent, que si les engrais alcalins ont toujours légèrement augmenté la récolte, l'engrais de potasse et le sulfate de potasse et de magnésie ont seuls donné un bénéfice.

Culture des betteraves. — Les betteraves appartenaient à la variété

Silésie rose de Flandre; elles ont été semées les 20 et 21 avril, et récoltées, à la *Défonce* le 24 octobre, à la *septième division* les 6, 7, 8 et 9 novembre.

Expériences sur l'emploi de divers engrais appliqués à la culture des betteraves.

NATURE DES ENGRAIS EMPLOYÉS.	Prix des 100 kilogrammes.	Poids des engrais répandus.	Prix des engrais répandus avec le transport.	Quantités de betteraves récoltées.	Valeur des betteraves (18 fr. les 1000 kil.).	Gain, dépense d'engrais déduite.	Gain ou perte comparés au carré sans engrais.
PREMIÈRE SÉRIE D'EXPÉRIENCES (terre de la Défonce) (1).							
	fr. c.	kil.	fr.	kil.	fr.	fr.	fr.
N° 1. Engrais Merle : (SOKO,SOMgO,6HO)	14 »	1300	281	40 400	727	446	—256
Phospho-guano	30 »	200					
N° 2. Engrais de potasse.	8 50	2000	320	47 400	853	533	—475
Phospho-guano.	30 »	200					
N° 3. Sulfate de potasse.	37 »	800	396	44 260	796	400	—308
Phospho-guano	30 »	200					
N° 4. Phospho-guano	30 »	200	60	42 700	768	708	»
DEUXIÈME SÉRIE D'EXPÉRIENCES (terre de la septième division).							
N° 1. Engrais Merle.	14 »	1300	221	33 300	594	373	—272
N° 2. Engrais de potasse (Vorster et Grüneberg)	8 50	2000	260	36 600	658	378	—277
N° 3. Sulfate de potasse (Vorster et Grüneberg)	37 »	800	336	36 700	660	324	—331
N° 4. Rien.	»	»	»	36 400	655	655	»

(1) Voyez page 312 l'analyse de cette terre.

On voit que, si à la terre de la *Défonce* l'engrais de potasse et le sulfate de potasse mélangés au phospho-guano ont donné une augmentation sur la récolte dépassant 4500 et 1500 kilogrammes de racines à l'hectare, l'engrais des salines du Midi n'a produit aucun effet. À la septième division, les engrais de potasse n'ont produit aucune augmentation de récolte; dans tous les cas, leur emploi a été suivi d'une perte sensible.

Culture des pommes de terre. — Les pommes de terre, appartenant à la variété dite *Chardon,* furent plantées par tubercules entiers, le 16 et le 17 avril. Elles reçurent deux binages, l'un au commencement de juin, l'autre au milieu de juillet; elles ont été arrachées du 27 octobre au 5 novembre.

Expériences sur l'emploi de divers engrais appliqués à la culture des pommes de terre.

NATURE DES ENGRAIS EMPLOYÉS.	Prix des 100 kilogrammes.	POIDS ET PRIX des engrais		Quantités de tubercules récoltés.	Valeur de la récolte (4 fr. l'hectol.)	Gain, dépense d'engrais déduite.	Gain ou perte comparés au carré sans engrais de potasse.	Poids de l'hectolitre.
		Poids.	Prix avec transport.					
PREMIÈRE SÉRIE D'EXPÉRIENCES (terre de la Défonce).								
	fr. c.	kil.	fr. c.	hectol.	fr.	fr. c.	fr. c.	kil.
Phospho-guano	30 »	200	} 230 »	240	960	750 »	+160 »	63,3
Engrais Merle (sulfate de potasse et de magnésie).	14 »	1000						
Phospho-guano	30 »	200	} 262 50	233	932	700,50	+120 »	62,7
Engrais de potasse (Vorster et Grüneberg).	8 50	1500						
Phospho-guano	30 »	200	} 312 »	187	748	466 »	—114 »	60
Sulfate de potasse.	37 »	600						
Phospho-guano	30 »	200	60 »	160	640	580 »	»	57,5
DEUXIÈME SÉRIE D'EXPÉRIENCES (terre de la septième division).								
Engrais Merle.	14 »	1000	170 »	170	680	510 »	—170 »	63,5
Engrais de potasse.	8 50	1500	202 50	194	776	573 50	—106 50	60
Sulfate de potasse (Vorster et Grüneberg). .	37 »	600	252 »	152	628	376 »	—204 »	63,6
Rien.	»	»	»	170	680	680 »	»	57,8

On reconnaîtra, à l'inspection de ce tableau, que, dans les deux séries d'expériences, l'*engrais de potasse* a augmenté la récolte ; que, dans un cas seulement, lorsqu'ils ont été associés au phospho-guano, le sulfate de potasse et de magnésie des usines Merle, et le sulfate de potasse de MM. Vorster et Grüneberg, ont eu une heureuse influence, mais qu'employés seuls, ils ont eu un effet nul ou défavorable. L'engrais Merle, associé au phospho-guano, a donné un produit supérieur de 160 francs à celui du carré sans engrais ; l'engrais de potasse associé au phospho-guano a encore donné un bénéfice de 120 francs ; mais l'emploi du sulfate de potasse dans les deux cas, et celui de l'engrais Merle et de l'engrais de potasse dans un seul cas, ont été onéreux.

Culture de la luzerne. — On traça à l'automne de 1865 plusieurs carrés de 5 ares dans une luzernière déjà âgée de plusieurs années et située dans la cinquième division, près du chemin de la Gare. Les expériences n° 1, 2, 3, 5, 7 et 8 furent disposées dès le mois de novembre 1865, tandis que les engrais ne furent distribués sur les parcelles 4, 6, 9 et 10 qu'au mois d'avril 1866. Cette terre était peu convenable pour les essais, puisqu'elle renfermait des quantités notables de potasse et d'acide sulfurique. Malheureusement, il n'existait pas d'autre luzernière sur le domaine au moment où les essais furent résolus.

La récolte de foin eut lieu du 7 au 13 juin ; elle fut pesée après dessiccation. Le regain fut fauché le 31 juillet, séché et pesé quelques jours après. La dernière coupe, assez maigre, n'a pas été comptée.

Expériences sur l'emploi de divers engrais appliqués à la culture de la luzerne.

Numéros des expériences.	NATURE DES ENGRAIS employés.	Prix des 100 kilogrammes.	Poids des engrais répandus.	Prix des engrais répandus avec le transport.	Poids de la récolte (foin et regain).	Prix de la récolte (80 fr. les 1000 kil.).	Gain, dépense d'engrais déduite.	Gain ou perte comparés aux carrés sans engrais.	
								N° 5.	N° 10.
		fr. c.	kil.	fr.	kil.	fr. c.	fr. c.	fr. c.	fr. c.
N° 1.	Fumier et plâtre.......	1 40 / 2 »	38 000 / 500	5421	10 300	824 »	282 »	— 386 »	—302 »
N° 2.	Fumier seul.........	1 40	38 000	532	10 260	820 »	288 »	— 380 »	—297 »
N° 3.	Plâtre..........	2 »	500	10	8 670	693 60	683 »	+ 15 60	+ 99 60
N° 4.	Engrais Merle........	14 »	1 000	170	8 270	664 60	491 70	—176 »	— 92 30
N° 5.	Rien..........	»	»	»	8 350	668 »	668 »	»	»
N° 6.	Engrais de potasse (Vorster et Grüneberg).......	8 50	1 500	202	7 960	636 80	434 »	—233 70	—149 70
N° 7.	Sulfate d'ammoniaque....	30 »	600	180	8 110	648 40	468 »	—199 60	—115 60
N° 8.	Sulfate de potasse......	40 »	500	200	8 050	644 »	444 »	— 224 »	—140 »
N° 9.	Sulfate de potasse (Vorster et Grüneberg).......	37 »	600	352	7 190	575 »	323 »	—336 »	—261 »
N° 10.	Rien...........	»	»	»	7 300	584 »	»	»	»

On reconnaîtra, à l'inspection de ce tableau, que si le fumier seul ou mêlé au plâtre a produit plus d'effet que les engrais de potasse et que le sulfate d'ammoniaque, l'excès de récolte obtenue a toujours été insuffisant pour payer l'engrais ; à l'exception du plâtre, aucun engrais n'a été employé sur la luzerne avec avantage.

En résumé, on peut conclure des expériences établies à Grignon pendant l'année très-pluvieuse de 1866, que les engrais de potasse, distribués sur des terres très-diversement riches en alcalis, n'ont habituellement fourni qu'un excédant de récolte insuffisant pour payer la dépense qu'ils ont occasionnée.

Si l'on veut les classer d'après leur degré de réussite, on trouve que l'engrais de potasse se place au premier rang dans la culture du froment ; dans celle des betteraves et enfin dans celle des pommes de terre, il est supérieur, encore une fois, à l'engrais Merle et d'une façon très-sensible, tandis que dans l'expérience sur la terre de la Défonce,

(1) A Grignon, l'habitude était à cette époque de compter le prix de revient du fumier de ferme à 14 francs, prix excessif et qui résulte des artifices d'un système de comptabilité qui est attaqué avec juste raison par mon collègue et ami M. Dubost.

il ne lui est que très-médiocrement inférieur. Cet engrais est donc celui qu'il faudrait recommander davantage, puisque non-seulement il réussit dans une certaine mesure, mais que de plus il est vendu à un prix très-modéré. Le sulfate de potasse n'a fourni en général que de très-faibles excédants de récolte, quelquefois même son emploi a été suivi d'une diminution dans le poids des végétaux recueillis. L'engrais Merle, décidément nuisible sur les betteraves, a produit un effet sensible sur l'une des cultures de pommes de terre et a été aussi avantageux à la culture du froment. Enfin, aucun des engrais de potasse n'a eu d'effet avantageux sur la culture de la luzerne; mais si l'on se rappelle combien est grande la quantité de potasse contenue dans la terre de la cinquième division, on ne peut s'étonner d'un semblable résultat.

Nous avons dit plus haut que les engrais de potasse avaient été répandus en quantités telles que chaque carré avait reçu une proportion de potasse à peu près égale ; or, les récoltes obtenues ayant présenté des poids très-différents, il faut en conclure que les substances variées qui étaient mélangées à la potasse dans les engrais employés ont eu une influence décisive sur le résultat.

L'engrais de potasse qui a le mieux réussi est le plus complexe des trois variétés d'engrais employées ; il est aussi le plus riche en sel marin : de telle sorte qu'on pourrait en conclure que le chlorure de sodium associé à du sulfate de potasse, ou, en d'autres termes, le chlorure de potassium, car ce dernier doit prendre naissance pendant la dissolution de l'engrais de potasse, s'il n'y existe pas tout formé, aurait sur la végétation un effet plus favorable que le sulfate de potasse et de magnésie, ou le sulfate de potasse pur.

Enfin, il est remarquable que souvent les engrais de potasse n'aient produit aucun effet utile dans la terre de la septième division, qui cependant était très-pauvre en alcalis. Les betteraves et les pommes de terre ne semblent avoir profité que très-médiocrement de l'abondance d'alcalis qui a été fournie à cette terre ; au contraire, quand les sels de potasse ont été associés au phospho-guano, ils ont en général déterminé une augmentation de produit, sans toutefois que cette augmentation ait été suffisante pour couvrir les dépenses d'achat.

§ 141. — EXPÉRIENCES EXÉCUTÉES PENDANT LA CAMPAGNE 1866-1867.

Ces expériences ont été exécutées sur la terre des 26 arpents ; elles occupaient une longue ligne perpendiculaire à la direction du grand axe de l'étang. On a fait l'analyse complète du sol à différents points de la surface et à diverses profondeurs ; ces analyses sont insérées à la page 313 : on remarquera que la terre est sensiblement homogène et pauvre en potasse soluble, ce qui est favorable aux essais.

Les expériences ont porté sur les cultures de pommes de terre, de betteraves et de froment, et l'on a employé l'engrais de potasse de MM. Vorster et Grüneberg, qui, en 1866, avait donné en général les meilleurs résultats ; l'engrais de potasse concentré plus riche en potasse pure, et que nous essayons pour la première fois ; et sur la culture du froment le sulfate de potasse et de magnésie que fournissent les salines d'Alais de M. H. Merle. Enfin nous avons mélangé ces engrais alcalins avec des engrais azotés et phosphatés, de façon à reconnaître si le mélange de ces matières, dit *engrais complet* (voy. chapitre VIII), aurait une influence plus favorable que l'engrais de potasse, l'engrais azoté ou l'engrais phosphaté pris séparément.

Il est remarquable que, dans les trois séries d'essais, les parcelles situées en haut de la pièce, près du chemin de Chantepie, ont toujours donné des résultats plus faibles que les autres ; il est possible que le voisinage d'une ligne d'arbres ait contribué à la faiblesse des rendements observés.

Culture des pommes de terre. — Nous donnons d'abord dans le tableau suivant les résultats obtenus sur les cultures de pommes de terre :

CULTURE DES POMMES DE TERRE (VARIÉTÉ MARJOLIN).

(Tous les nombres sont rapportés à l'hectare.)

NUMÉROS des expériences.	NATURE DES ENGRAIS EMPLOYÉS.	PRIX des 100 kil. avec le transport.	POIDS ET PRIX des engrais employés.		VOLUME des tubercules récoltés.	VALEUR de la récolte à 7 fr. l'hectolitre.	VALEUR dépense d'engrais déduite.	GAIN OU PERTE comparés aux carrés sans engrais.		POIDS de l'hectolitre.
			Poids.	Prix.				N° 5.	N° 11.	
		fr. c.	kil.	fr. c.	hectol.	fr. c.	fr. c.	fr. c.	fr. c.	kil.
1.	Engrais de potasse (Vorster et Grüneberg).	13 50	750	100 25	116,7	816 90	716 65	— 308 85	— 308 35	72
2.	Engrais de potasse (Vorster et Grüneberg).	13 50	1500	200 50	100,0	700 »	499 50	— 426 »	— 585 50	73
3.	Engrais de potasse concentré.	23 50	500	117 50	138,7	970 90	853 40	— 172 10	— 231 60	74
4.	Engrais de potasse concentré.	23 50	1000	235 »	145,0	1015 »	780 »	— 245 50	— 305 00	75
5.	Rien (témoin).	»	»	0	146,5	1025 50	1025 50	»	»	68
6.	Engrais de potasse. Phospho-guano.	13 50 / 35 »	750 / 200	170 25	168,0	1176 »	1005 75	— 19 75	— 79 25	70
7.	Engrais de potasse. Sulfate d'ammoniaque.	13 50 / 40 »	750 / 200	180 25	173,0	1121 »	1030 75	+ 5 25	— 54 26	68
8.	Engrais de potasse. Sulfate d'ammoniaque. Phospho-guano.	13 50 / 40 » / 35 »	750 / 200 / 200	250 25	178,0	1246 »	955 75	— 29 75	— 89 25	72
9.	Sulfate d'ammoniaque.	40 »	200	80 »	169,0	1183 »	1103 »	+ 77 50	+ 18 »	69
10.	Phospho-guano.	35 »	200	70 »	152,5	1067 50	997 50	— 28 »	— 87 50	71
11.	Témoin.	»	»	»	155,0	1085 »	1085 »	»	»	60

Si nous examinons les expériences sur les pommes de terre, résumées dans le tableau ci-joint, nous trouvons que les engrais de
potasse employés purs n'ont pas augmenté la récolte. Je ne crois pas,
bien que le rendement ait toujours été plus faible sur le sol amendé
avec les sels de potasse que dans les parcelles qui n'ont pas reçu
d'engrais, qu'on puisse dire que les sels de potasse aient été défavo-
rables, car, ainsi qu'il a été dit, les parcelles situées en haut du champ,
et qui ont les premiers numéros, ont peu rendu ; mais je crois qu'on
peut affirmer que les engrais de potasse n'ont eu aucune influence
favorable. Le mélange des engrais de potasse et des engrais phosphatés et azotés a augmenté la récolte, et c'est l'engrais complet qui
a donné le plus haut rendement : il a atteint 178 hectolitres à l'hectare. Le sulfate d'ammoniaque employé seul a donné cependant un
résultat presque aussi avantageux. De façon que si l'on voulait conclure rigoureusement d'après ces essais, on devrait affirmer que, sur
la terre des 26 arpents, ce sont les engrais azotés qui exercent sur les
pommes de terre l'effet le plus sensible.

Il est remarquable, au reste, qu'à l'exception du sulfate d'ammoniaque, les engrais artificiels ont tous déterminé des pertes en argent,
et qu'il n'a pas été avantageux de les employer.

On ne saurait nier notamment que la nullité d'action de l'engrais de
potasse sur la culture des pommes de terre dans un sol qui ne renfermerait pas d'alcalis ne tende pas à démontrer que la potasse n'a pas
pour la culture des tubercules toute l'importance qu'on lui assignait
naguère.

Culture des betteraves. — Nous donnons, dans le tableau suivant,
les résultats de la culture des betteraves établie, ainsi qu'il a été dit
plus haut, sur la pièce des 26 arpents et parallèlement à la culture des
pommes de terre.

CULTURE DES BETTERAVES (SILÉSIE ROSE DE FLANDRE).

(Tous les nombres sont rapportés à l'hectare.)

NUMÉROS des expériences.	NATURE DES ENGRAIS EMPLOYÉS.	PRIX des 100 kilos avec le transport.	POIDS ET VALEUR des engrais consommés. Poids.	POIDS ET VALEUR des engrais consommés. Valeur.	POIDS des betteraves récoltées.	VALEUR des betteraves 18 fr. les 1000 kilos.	VALEUR de la récolte, dépense d'engrais déduite.	PERTE comparée aux carrés sans engrais. N° 5.	PERTE comparée aux carrés sans engrais. N° 11.
		fr. c.	kil.	fr. c.	kil.	fr. c.	fr. c.	fr. c.	fr. c.
1.	Engrais de potasse.	13 50	1000	135 »	29 625(1)	533 25	398 25	—623 25	—605 25
2.	Engrais de potasse.	»	2000	270 »	43 000	774 »	504 »	—517 50	—499 50
3.	Engrais de potasse concentré.	23 50	750	476 25	49 625	893 25	717 »	—304 50	—286 50
4.	Engrais de potasse concentré.	»	1500	352 50	54 125	974 25	621 75	—399 75	—381 75
5.	Rien (témoin).	»	»	»	56 750	1021 50	1021 50	»	»
6.	Engrais de potasse. Phospho-guano.	13 50 / 35 »	1000 / 200	205 »	59 625	1073 25	868 25	—153 25	—135 25
7.	Engrais de potasse. Sulfate d'ammoniaque.	13 50 / 40 »	1000 / 200	245 »	58 500	1053 »	838 »	—183 50	—165 50
8.	Sulfate de potasse. Phospho-guano.	13 50 / 40 »	1000 / 200	285 »	60 225	1084 05	799 05	—222 45	—204 45
9.	Sulfate d'ammoniaque.	35 »	200	80 »	57 500	1035 »	955 »	—66 50	—48 50
10.	Phospho-guano.	40 »	200	70 »	57 500	1035 »	965 »	—56 50	—38 50
11.	Rien (témoin).	35 »	»	»	55 700	1003 50	1003 50	»	»

(1) Ce faible rendement n'est évidemment pas dû à l'emploi des sels de potasse, puisque la parcelle n° 2, qui a reçu 2000 kilogr. à l'hectare au lieu de 1000, a donné 43 000 kilogr. de betteraves; elle aurait dû fournir moins que la parcelle n° 1, si l'engrais de potasse eût été nuisible. Il est possible que le voisinage d'une ligne d'arbres ait eu quelque influence sur la faiblesse du rendement; au reste, toutes les personnes qui ont fait sur le sol de nombreuses expériences ont été témoins d'irrégularités analogues à celles que montre la parcelle n° 1, et s'abstiennent d'en tirer aucune conclusion.

Est-il permis de tirer quelques conclusions au sujet des expériences précédentes ; nous le pensons, car elles ont présenté une uniformité remarquable. Presque toujours les engrais ont été nuisibles aux betteraves, ou au moins n'ont augmenté la récolte que d'une façon insuffisante pour payer la dépense. On voit combien il est faux d'admettre qu'en doublant la dose d'engrais à distribuer sur un sol, on double du même coup la récolte ; il en résulte au contraire qu'une certaine terre déterminée peut arriver à être d'une richesse telle qu'un engrais ne produit plus sur elle qu'un effet peu sensible : c'est ce qui est arrivé pour la pièce des 26 arpents. Il est clair que la terre non amendée produisant 55 000 kilogr. à l'hectare, il était inutile de dépenser une fumure de 300 francs pour faire monter la récolte à 60 000 kilogr., puisque 5000 kilogr. de betteraves ne valent que 90 francs. De même notre terre profonde, riche, donnait 150 hectolitres de pommes de terre ; en dépensant 250 francs de fumure, nous avons poussé jusqu'à 178 hectolitres, c'est-à-dire que nous avons gagné 28 hectolitres, ou 196 francs, somme inférieure à celle qui a été déboursée.

On remarquera, à l'inspection des tableaux précédents, que tous les engrais artificiels ont amené des pertes sur la culture de la betterave, et dans quelques cas cette perte a été énorme. L'emploi de l'engrais de potasse n'a pas augmenté la récolte ; le mélange des engrais azotés et des engrais alcalins, enfin l'engrais complet, augmentent la récolte, mais dans une faible proportion ; les engrais azotés et les engrais phosphates employés seuls ont donné les mêmes résultats. Ainsi, sur le sol de la pièce des 26 arpents, il y aurait eu avantage à ne pas employer les engrais artificiels sur la culture des betteraves.

Culture du froment. A côté des parcelles portant les betteraves et les pommes de terre, s'en trouvaient d'autres sur lesquelles on a cultivé du blé d'automne. Les résultats fournis par les divers engrais sont résumés dans le tableau suivant :

CULTURE DU BLÉ D'AUTOMNE.
(Tous les nombres sont rapportés à l'hectare).

NUMÉROS des expériences.	NATURE des engrais employés.	PRIX des 100 kilos avec le transport. (fr. c.)	POIDS de l'engrais employé. (kil.)	VALEUR des engrais employés. (fr. c.)	VOLUME du grain récolté. (hectol.)	POIDS de la paille récoltée. (kil.)	VALEUR du grain récolté, 25 fr. l'hectolitre. (fr. c.)	VALEUR de la paille, 70 fr. les 1000 kil. (fr. c.)	VALEUR de la récolte, dépense d'engrais déduite. (fr. c.)	GAIN OU PERTE comparés aux carrés sans engrais — N° 4. (fr. c.)	GAIN OU PERTE — N° 11. (fr. c.)	POIDS de l'hectolitre de grain. (kil.)
1.	Sulfate de potasse et de magnésie (H. Merle)..	17 »	550	93 50	20,50	4250	512 50	297 50	716 50	+ 110 60	+ 48 »	68,50
2.	Engrais de potasse.....	13 50	750	101 25	19,50	3400	487 50	238 »	624 25	+ 18 30	+ 44 25	67,50
3.	Engrais de potasse concentré....	23 50	300	70 50	16,50	3100	412 50	217 »	559 »	— 46 90	— 109 50	70 »
4.	Rien (témoin).........	»	»	»	15,50	3120	387 50	218 40	605 90	—	»	65 »
5.	Engrais Merle : $SO^3KO,SO^3MgO,6HO$ Phospho-guano........	17 » 35 »	550 200	{ 163 50	26,50	4700	662 50	329 »	828 »	+ 221 10	+ 159 50	70 »
6.	Engrais de potasse..... Phospho-guano........	13 50 35 »	750 200	{ 171 25	32,00	5400	800 »	378 »	1006 75	+ 400 85	+ 338 25	67,50
7.	Engrais de potasse concentré.... Phospho-guano........	23 50 35 »	300 200	{ 140 50	27,50	5100	687 50	357 »	904 »	+ 298 10	+ 235 50	72,50
8.	Engrais Merle.....	17 »	275	46 75	25,50	4650	637 50	325 50	916 25	+ 310 35	+ 247 75	70 »
9.	Engrais de potasse.....	13 50	375	50 65	30,00	5200	750 »	364 »	963 30	+ 357 40	+ 294 80	71 »
10.	Engrais de potasse concentré....	23 50	150	35 25	24,50	4750	612 50	332 50	910 50	+ 304 40	+ 241 50	70 »
11.	Rien (témoin).........	»	»	»	17,50	3300	437 50	231 »	668 »	»	»	60 »
12.	Dolomie de Beynes....	0 50	1000	5 »	19,00	3500	475 »	245 »	715 »	+ 109 10	+ 46 25	62,50

Les résultats obtenus sur la culture du froment sont tout différents de ceux qu'on avait observés sur les pommes de terre et les betteraves : à une exception près, les engrais artificiels ont été avantageux ; les sels de potasse ont presque toujours augmenté la récolte, et souvent d'une façon sensible ; le mélange d'engrais de potasse et de phospho-guano a fait passer la récolte de 15,50 et de 17,50 qu'ont donnée les deux témoins, à 32 hectolitres à l'hectare, c'est-à-dire que *la récolte a été doublée*. Il est remarquable que ces résultats concordent avec ceux qu'on a obtenus en 1866 : les engrais de potasse avaient toujours été désavantageux sur les betteraves, en général peu rému-nérateurs sur les pommes de terre, mais ils avaient au contraire aug-menté la récolte du froment.

Résumé des expériences de 1866 et 1867. — En résumé, si nous groupons ensemble les résultats de 1866 et ceux de 1867, nous recon-naîtrons que :

1° On a fait treize essais d'emploi des sels de potasse à la culture des betteraves, sur trois terres très-différentes, et pendant deux saisons, et dans *ces treize expériences l'emploi des sels de potasse a été désavan-tageux*.

2° On a fait encore treize essais d'emploi des sels de potasse sur la culture des pommes de terre, et *onze fois sur treize* on a été constitué en perte.

3° On a fait pendant les deux saisons 1866-1867, sur deux terres différentes, douze essais d'emploi des sels de potasse sur la culture du froment, et *dix fois sur douze* on a obtenu des bénéfices.

Il est donc bien remarquable de voir que la potasse, qui se rencontre en faibles quantités dans le froment, ait eu cependant sur son déve-loppement une influence des plus heureuses, tandis qu'elle n'en a exercé aucune sur les plantes, telles que la betterave et la pomme de terre, dont les cendres en accusent une proportion beaucoup plus considérable. La cause de ce résultat inattendu ne serait-elle pas que la présence de cette base a facilité la production du phosphate de potasse nécessaire à la formation des matières albuminoïdes qui vien-nent se concentrer dans les grains, tandis que placée sur les tubercules ou les racines, la potasse vient seulement saturer les acides végétaux qui se sont produits dans les tissus, mais qui n'ont aucune importance pour le développement de la plante elle-même.

Les résultats obtenus en 1866 sur la luzerne à l'aide des engrais de potasse n'ont pas été avantageux, mais il en aurait peut-être été autre-ment sur une jeune luzerne, ou sur un sol moins riche déjà en potasse soluble (voyez page 312) ; nous avons reconnu plus haut, en effet, que la potasse avait une influence remarquable sur les prairies artificielles.

En résumé, nous voyons que, d'après les expériences qui ont été faites à l'école de Grignon, les sels de potasse ne seront employés avantageusement que sur les céréales, mais d'autres observateurs les ont reconnus avantageux sur les prairies artificielles, et les résultats négatifs de 1866 ne nous paraissent pas de nature à appuyer une opinion contraire. Les engrais de potasse exerceraient-ils encore une influence heureuse sur les *plantes cultivées pour graines?* C'est ce que nos observations ne nous ont pas encore permis d'affirmer. Enfin ils ont été désavantageux sur les plantes riches en alcalis, comme la betterave et la pomme de terre, et M. Corenwinder est arrivé, dans le département du Nord, au même résultat que nous. Si l'on se rappelle que les cultures de 1867 étaient placées sur le même sol, à côté les unes des autres ; qu'on ne peut admettre, pour expliquer leurs résultats, que la potasse, abondante ici, était rare en un autre point, il faut en déduire que la potasse exerce souvent une action favorable à la culture des céréales. Le résultat auquel nous sommes arrivé se trouve au reste appuyé par les études antérieures de M. G. Ville.

On doit, en effet, à ce savant (*Comptes rendus*, 1860, t. LI, p. 266, 437 et 876), une expérience instituée sur le froment, et dans laquelle il démontre que cette plante languit lorsqu'elle est absolument privée de potasse, en semant du froment dans un sol stérile et amendé seulement avec une matière azotée et du phosphate de chaux, on n'a obtenu qu'une récolte chétive, tandis que le rendement a quintuplé lorsqu'à ces deux matières est venue s'ajouter la potasse, qui n'a pu être remplacée impunément par de la soude.

§ 142. — ON NE PEUT PAS CONCLURE DE LA COMPOSITION DES CENDRES D'UNE PLANTE LA NATURE DES ENGRAIS QU'IL FAUT LUI FOURNIR.

Si l'on se rappelle que les pommes de terre et les betteraves renferment dans leurs cendres des quantités notables de potasse, et que les sels de potasse ne favorisent pas leur développement, tandis que le froment n'est pas aussi riche en alcalis, et bénéficie cependant des engrais alcalins, on reconnaîtra qu'*il n'est pas possible de tirer de l'analyse des cendres d'une plante l'indication de la nature des engrais qu'il convient de lui donner* (1).

(1) Nous avons formulé cette conclusion, qui ressort nettement de nos expériences,

Cette conclusion est peu d'accord avec les idées généralement admises ; mais elle ressort cependant non-seulement de nos expériences, mais aussi de celles de MM. Lawes et Gilbert, ainsi qu'on l'a vu par la note ci-jointe, et encore des expériences de M. Isidore Pierre sur le développement du blé, qui montrent qu'il n'y a pas intérêt à donner au froment des silicates, malgré l'abondance de la silice qu'on rencontre dans les cendres de cette céréale. (Voy. chapitre IX, § 151.)

Il n'est pas impossible, au reste, d'interpréter ces résultats. Nous avons reconnu (voy. § 25) que les substances minérales peuvent se rencontrer dans les végétaux à plusieurs états différents. Elles y sont parfois simplement déposées par l'évaporation de l'eau chargée d'acide carbonique qui y a circulé : c'est ainsi, par exemple, que les arbres renferment une proportion très-notable de carbonate de chaux. Elles y sont combinées avec des principes immédiats, et ici encore il faut distinguer si le principe immédiat, dont la matière minérale fait partie, est nécessaire au développement de la plante, car ce sera seulement dans ce cas que l'abondance de cette matière minérale sera utile. Je ne serais pas étonné, par exemple, que le phosphate de potasse fût nécessaire à la constitution ou aux migrations des matières azotées, qui se transportent des feuilles vers les graines, et que ce fût là la raison de la réussite des engrais de potasse sur le froment ; mais si le principe immédiat est lui-même secondaire, s'il provient d'une oxydation, si c'est l'acide oxalique des betteraves ou l'acide citrique des pommes de terre, on conçoit que la base qui vient le saturer n'a par elle-même aucun intérêt.

Calciner une plante, analyser les cendres, et affirmer à priori que tous les éléments de ces cendres présentent une importance égale, c'est évidemment conclure sans aucune preuve ; c'est seulement par des essais directs de culture sur le sol qu'on pourra arriver à reconnaître celles de ces matières minérales qui ont une importance capitale.

devant la Société chimique, dans la séance du vendredi 21 février, et le lendemain nous avons trouvé dans la *Revue des cours scientifiques* (5° année, n° 12, 22 février 1868) une confirmation bien précieuse pour nous, car elle prouve que nous sommes arrivé aux mêmes conclusions que MM. Lawes et Gilbert. Nous trouvons en effet, dans le discours prononcé par le général Sabine à la dernière séance publique de la Société royale de Londres, une citation des deux célèbres agronomes ainsi conçue : « Il est surprenant de reconnaître que la tendance des recherches agricoles semble être de montrer la fausseté d'une science reposant sur l'analyse chimique de la composition d'une plante, pour se diriger dans le choix des matières qui doivent lui être données comme engrais... »

§. 143. — DES ENGRAIS DE POTASSE COMMERCIAUX.

Les agriculteurs qui jugeraient utile d'employer les engrais de potasse peuvent au reste aujourd'hui se les procurer facilement.

Les engrais de potasse sont préparés en Allemagne par plusieurs fabricants. MM. Vorster et Grüneberg offrent aux agriculteurs deux engrais à bon marché. Le premier, nommé *Kalisalz*, présenterait la composition suivante :

Sulfate de potasse...................... 18 à 20 p. 100.
Sulfate de magnésie.................... 15 à 20
Chlorure de sodium.................... 50 à 55

Le deuxième produit, désigné sous le nom de *Kalidünger* (engrais de potasse), provient de la calcination d'un mélange de sel qui se dépose dans les chaudières d'évaporation et de kiésérite brute. Il renferme :

Sulfate de potasse..................... 18 à 22 p. 100.
Sulfate de magnésie.................... 14 à 18
Sulfate de chaux. .... 20 à 24
Chlorure de sodium................... 12 à 18

Nous avons eu l'occasion d'analyser ce dernier sel à différentes reprises ; nous n'y avons trouvé en moyenne que 8 pour 100 de potasse. Ce sel vaut, à Stassfurt, 8 fr. 50 c. les 100 kilogrammes.

C'est celui qui, dans nos expériences, nous a donné les résultats les plus avantageux.

On peut aussi se procurer à Stassfurt des sels plus concentrés, notamment le sulfate de potasse raffiné, qui renferme 44 pour 100 d'alcalis, dont, d'après nos analyses, 30 seulement seraient de la potasse et 14 de la soude. Ce sel vaudrait 37 francs à Stassfurt ou à Cologne.

L'agriculture peut encore se procurer des engrais de potasse dans les salines du midi de la France. MM. H. Merle et C°, d'Alais, vendent un produit qui répond assez exactement à la formule

$$S^2O^6, KO, MgO, 6HO$$

au prix de 14 francs les 100 kilogrammes.

Enfin la potasse se rencontre dans toutes les cendres de bois et dans les salins de betteraves, mais à un prix plus élevé.

Les engrais ordinaires tels que le fumier de ferme n'en sont pas non plus absolument dépourvus ; il résulte au contraire, d'une étude faite par M. Boussingault sur la vigne, que le fumier qu'elle recevait lui rapportait une quantité de potasse égale à celle qui était enlevée au sol par la récolte des raisins. Nous ne croyons donc pas qu'il y ait lieu de se préoccuper outre mesure de la restitution par des engrais spéciaux de la potasse enlevé aux sols, et les sinistres prédictions qui reviennent si souvent dans les écrits du baron de Liebig, au sujet de la potasse ravie à la terre arable, sont pour le moins exagérées.

En finissant, nous rappellerons ce que nous avons dit déjà, à savoir, que malgré les efforts tentés par les industriels qui traitent les eaux mères des marais salants, ou ceux qui exploitent le gisement de Stassfurt, il a été impossible jusqu'à présent de donner au commerce des engrais de potasse une importance comparable à celle qu'a prise depuis longtemps le commerce des phosphates : c'est la preuve la plus forte, à notre avis, que les terres cultivées sont habituellement riches en potasse, et d'autre part que, dans beaucoup de cas, cette base n'a pas, au point de vue agricole, toute l'importance qu'on a voulu lui donner.

§ 144. — EMPLOI DU SEL MARIN.

Les agronomes ne sont pas encore fixés sur l'utilité du sel comme engrais ; son emploi a été tour à tour préconisé et décrié, et il est difficile de se faire une opinion au milieu d'affirmations contradictoires. Les travaux récents de M. Péligot (voyez le chapitre IV de la 1ʳᵉ partie) ont montré que la soude était beaucoup plus rare dans l'organisation végétale qu'on ne le supposait autrefois ; le chlore n'y est pas non plus très-abondant. Enfin nous avons insisté plusieurs fois sur l'erreur dans laquelle on se trouve quand on suppose à priori que toutes les substances qui existent dans les cendres des végétaux ont une importance capitale pour leur développement ; de telle sorte qu'il est très-vraisemblable que le sel qui se rencontre dans certaines plantes, et notamment dans les betteraves, n'a aucune utilité pour leur développement.

On sait qu'en outre, il oppose un puissant obstacle à la cristallisation du sucre, en favorisant la formation des mélasses (voy. chap. IX); de telle sorte que quand bien même il favoriserait le développement des betteraves, ce qui heureusement n'est pas, les cultivateurs qui sont en marché avec les sucreries devraient se l'interdire. On cite souvent l'exemple d'une sucrerie établie dans le voisinage de la mer, qui a dû

être abandonnée, parce que les betteraves que lui fournissaient les
terrains environnants renfermaient tellement de sel, qu'il était impossible de faire cristalliser le sucre.

En général, quand une quantité un peu considérable de sel se rencontre dans le sol, celui-ci devient stérile (voy. p. 360 et suiv.); toutefois il en est autrement dans le midi de la France. Dans la Camargue,
d'après M. P. de Gasparin, les terres labourables sont extrêmement
chargées de sel; elles blanchissent quand le temps est sec, par suite de
la formation de cristaux de chlorure de sodium : la sortie du blé n'est
assurée qu'en maintenant la terre dans un état constant de fraîcheur
à la surface au moyen d'une couche de litières.

« Il est possible, ajoute M. Péligot auquel nous empruntons les
considérations suivantes, que, sous l'influence d'une température plus
élevée, et probablement aussi en raison de l'existence ou de l'addition
de matières fertilisantes plus abondantes, les effets dus à la présence
du chlorure de sodium soient diminués ou amoindris. Cette opinion
se trouvait d'ailleurs en harmonie avec celle qui est énoncée par
Thaër dans ses *Principes raisonnés d'agriculture* (traduction de Crud,
1812). Lorsqu'on applique le sel commun au sol en trop grande quantité, la végétation en est complétement arrêtée; mais lorsque le sel
a été lavé par les pluies et que peut-être il a été en partie décomposé par l'humus, il donne pendant les années suivantes beaucoup de
force à la végétation. Lorsqu'on en répand une petite quantité sur un
terrain riche, il produit un effet très-sensible, mais de courte durée;
en revanche, cet effet est absolument nul lorsque cette petite quantité
a été étendue sur un terrain appauvri... »

« ... Je suis loin de conclure, dit encore M. Péligot, que, dans des
cas fort limités, le sel ne puisse produire sur les récoltes un effet avantageux. Ces bons résultats trouveraient peut-être leur explication dans
un fait qui, je crois, n'a pas encore été signalé, au moins en ce qui
concerne son application à l'agriculture : c'est la propriété que possèdent les chlorures, et en particulier le chlorure de sodium, de dissoudre des quantités très-sensibles de phosphate de chaux. C'est
peut-être à cette action dissolvante qu'il faut rattacher l'influence
heureuse qu'on attribue au sel sur les récoltes des terrains déjà pourvus de matières fertilisantes; cette propriété expliquerait l'habitude
qu'ont les fermiers anglais d'ajouter une certaine dose de sel au guano,
qu'ils consomment en si grande quantité. S'il est vrai, comme on l'assure, que le sel favorise le développement des plantes oléagineuses,
notamment du colza, son intervention serait justifiée par le transport

de phosphates terreux que ces graines contiennent en quantité notable, bien qu'elles ne renferment pas de soude. »

A l'appui de cette opinion émise par le savant professeur du Conservatoire, je ferai remarquer que dans les expériences sur l'emploi des engrais de potasse à la culture du froment, c'est toujours l'engrais de potasse ordinaire, très-riche en sel marin, qui m'a donné les meilleurs résultats, peut-être parce qu'il favorisait la solubilité des phosphates indispensables au développement des matières albuminoïdes qui se concentrent dans les graines.

M. Péligot rappelle, en finissant son importante communication, que les anciens ne reconnaissaient au sel qu'une déplorable influence sur la végétation. « Ce n'est qu'au commencement de ce siècle qu'on a préconisé pour la première fois les bons effets du sel comme amendement. Des causes multiples ont concouru à persuader aux agriculteurs que ce produit à bon marché était appelé à contribuer puissamment à l'amélioration de leurs terres. Le souvenir de l'ancienne gabelle ; les influences locales intéressées à la vente du sel à bas prix ; la demande incessante, au nom des besoins et des progrès de l'agriculture, de la suppression de l'impôt du sel, demande qui est devenue un moyen d'opposition contre le gouvernement, quel qu'il soit ; des essais plus ou moins bien dirigés dans le but d'affirmer son efficacité comme amendement ; l'existence prétendue des composés sodiques dans les plantes cultivées ; enfin les idées de substitution de substances équivalentes empruntées au sol par les végétaux : telles sont les causes principales qui ont donné au sel une importance agricole que les anciens lui déniaient absolument... Parmi ces causes, les unes ne sont pas étrangères à la politique, et leur discussion serait déplacée dans l'enceinte de l'Académie ; je demande néanmoins la permission de faire remarquer que, si la culture des terres est désintéressée dans la question du sel, l'impôt sur cette substance, malgré son impopularité, est peut-être encore l'un des impôts les moins vexatoires et les moins lourds à supporter. »

§ 145. — SUIES. — CENDRES DE PICARDIE.

La suie est connue depuis fort longtemps comme un engrais utile, elle renferme en effet une petite quantité de matières azotées. Sinclair conseillait de la répandre en couverture sur le seigle ou le froment à la dose de 18 hectolitres par hectare. En Flandre, c'est particulière-

ment sur les semis de colza destinés au repiquage qu'on applique cet
engrais, auquel on attribue la propriété de préserver les jeunes plants
de l'attaque des insectes. Schwarz attribue à la suie, et particulièrement à la suie provenant des appareils de chauffage dans lesquels on
brûle la houille, les effets les plus avantageux sur la culture du trèfle.

On donne le nom de cendres de Picardie au résidu de la combustion des tourbes pyriteuses qui s'échauffent et se consument lentement
au contact de l'air; ces cendres sont utilisées sur les prairies. Les
cendres vitrioliques, résidu du lessivage des lignites pyriteux et alumineux qu'on exploite pour la fabrication de la couperose, sont analogues aux cendres de Picardie, et employées avec un égal succès en
agriculture. A Forges-les-Eaux, les terres pyriteuses lessivées sont
mêlées avec un quart de leur poids de cendres de tourbe.

CHAPITRE VIII

DES PRODUITS CHIMIQUES CONSIDÉRÉS COMME ENGRAIS

---

§ 146. — EXPÉRIENCES DE MM. LAWES ET GILBERT.
SYSTÈME DE M. G. VILLE.

Nous avons insisté (§ 81) sur la théorie émise par M. J. de Liebig,
il y a une trentaine d'années, au sujet des engrais minéraux. Nous
avons vu que, frappé des quantités considérables de matières azotées
que renferme la terre cultivée, l'illustre chimiste de Munich avait
cru pouvoir professer que les engrais ne valaient que par les substances minérales qui y étaient contenues. La réfutation ne se fit pas
attendre, et les chimistes de Rothamsted, MM. Lawes et Gilbert, s'en-
gagèrent alors dans cette longue série d'expériences dans lesquelles
ils employèrent comme engrais différents produits chimiques : les
sels ammoniacaux, le nitrate de soude, des sels de potasse, des superphosphates.

MM. Lawes et Gilbert ont obtenu de ces expériences des résultats
très-importants au point de vue agricole, sur lesquels nous avons
déjà insisté ; mais ils n'ont jamais eu l'idée de fonder sur l'emploi de
ces matières un système de culture dont le fumier, considéré jus-

qu'à présent comme la base de tous les engrais, serait exclu ; c'est M. G. Ville qui s'est fait l'apôtre de ce nouveau système de culture, qu'il a préconisé par ses écrits et par son enseignement.

S'appuyant sur les résultats obtenus par M. Boussingault et par lui-même dans des sols stériles, M. G. Ville ne reconnaît d'utilité comme engrais qu'aux matières azotées, aux phosphates, aux combinaisons renfermant de la potasse ou de la chaux facilement solubles. Les matières carbonées ne lui paraissent pas avoir d'intérêt ; il suppose que la terre en est habituellement bien fournie, et que les débris qui restent accumulés dans le sol après l'enlèvement de la récolte sont suffisants pour y entretenir les combustions lentes qui y produisent l'acide carbonique.

Nous avons vu déjà que cette proposition n'est que partiellement exacte, et que si, en effet, MM. Lawes et Gilbert ont pu obtenir vingt récoltes de blé sur le même sol amendé avec des produits chimiques, il n'en a plus été ainsi pour les légumineuses, qui ont dépéri quand les matières ulmiques contenues dans le sol ont été épuisées, sans qu'il fût possible de rétablir la culture à l'aide des engrais chimiques.

Quoi qu'il en soit, M. G. Ville, voulant substituer les engrais chimiques au fumier de ferme, commence par rechercher quelle est la composition de celui-ci, et, admettant comme fumure habituelle pour un assolement triennal 40 000 kilogrammes, il établit la fumure en engrais chimiques qui doit lui équivaloir, sur les bases suivantes :

Produits chimiques équivalents à 40 000 kil. de fumier de ferme.			Dépense d'après les prix de 1860.	
Phosphate acide de chaux..	600 kil. à 16 fr. les 100 kil....		96 fr.	» c.
Nitrate de potasse........	320	à 66 —	211	20
Sulfate d'ammoniaque	560	à 46 —	257	60
Sulfate de chaux........	8 50 à 2 —		17	»
Prix de l'engrais équivalent à 40 000 kil. de fumier........			581 fr.	80 c.
Prix des 1000 kilogrammes................			14	55

Pour que la fumure à l'aide des engrais chimiques revienne au même prix que celle qui emploie le fumier de ferme, il faudrait que le prix de revient de celui-ci fût de 14 fr. 50 c. C'est là un prix excessif, qui n'est atteint que lorsque l'étable et la bergerie sont très-mal conduites (1).

(1) On sait qu'on établit le fumier de ferme en comptant ce que consomme les animaux en fourrages et en litières, et en retranchant le bénéfice qu'on en tire comme travail, lait, laine, croît et vente au boucher. Habituellement on compte aux animaux les fourrages et

Il est clair, par conséquent, que si les engrais chimiques ne produi-saient pas de meilleur effet que le fumier, il faudrait renoncer à leur emploi. M. G. Ville est trop habile pour n'avoir pas compris cette dif-ficulté; aussi assure-t-il que les engrais chimiques fournissent des rendements bien supérieurs à ceux qu'on peut atteindre avec le fu-mier. Avant de donner les chiffres fournis par M. G. Ville à l'appui de son opinion, il convient d'indiquer comment il entend répartir sa fumure (1).

Théorie des dominantes. — Ces engrais chimiques étant très-solubles, M. G. Ville a reconnu qu'il y avait grand avantage à ne pas employer en une seule fois toute la fumure qu'il destine à la rotation, mais qu'il fallait au contraire la fractionner, et varier la nature et la proportion des matières employées suivant la plante à cultiver. Nous avons vu plus haut que les agriculteurs anglais savent depuis longtemps qu'il convient de donner les phosphates solubles aux turneps; tous les culti-vateurs ont encore remarqué que les engrais azotés ne profitent guère aux prairies artificielles : ce sont ces données expérimentales que M. G. Ville a systématisées d'après le principe des *dominantes*. Il cher-che quel est celui des trois principes, azote, potasse, acide phospho-rique, qui réussit le mieux sur certaines cultures, et il divise la fumure totale en fractions successivement appliquées sur le sol cultivé à me-sure que les diverses plantes y apparaissent. Voici le tableau établi par M. G. Ville d'après cette manière de voir :

les litières au prix de revient; M. G. Ville les compte au prix de vente, et par conséquent élève assez la dépense des animaux pour que la différence entre ce qu'ils coûtent et ce qu'ils rapportent fasse ressortir le prix du fumier à 14 fr. 50 cent. la tonne. Cette ma-nière de procéder est irrégulière, car on ne peut compter au prix de vente les pailles de la litière, par exemple, qu'il est habituellement interdit aux cultivateurs de porter au mar-ché, d'après la teneur de leur bail, et qui dès lors ne sont pas une marchandise dont il leur soit loisible de disposer.

Comme le prix du fumier est essentiellement une différence, on conçoit que si l'étable et la bergerie sont bien conduites, le prix du fumier peut s'abaisser jusqu'à devenir nul ; s'il n'en est pas ainsi habituellement, il y a beaucoup d'exploitations dans lesquelles il ne ressort pas à plus de 6 à 7 francs le mètre cube. M. Boussingault calcule qu'à Bechelbronn il revenait à 5 fr. 20 cent. la tonne.

(1) Le lecteur trouvera résumés dans les pages suivantes les résultats obtenus par les cultivateurs qui ont adressé leurs renseignements à M. G. Ville, mais il devra consulter en outre les nombreuses publications insérées dans le *Journal d'agriculture pratique*, pen-dant les dernières années, 1868-1872.

NATURE DES CULTURES.	DOMINANTES.	PRODUITS CHIMIQUES correspondants.
Betteraves................. Colza...................... Froment.................... Orge....................... Avoine..................... Seigle..................... Prairie naturelle...........	Azote.	Sulfate d'ammoniaque. Nitrate de soude. Nitrate de potasse.
Pois....................... Haricots................... Féveroles.................. Trèfle..................... Sainfoin................... Vesces..................... Luzerne.................... Lin........................ Pommes de terre............	Potasse.	Nitrate de potasse. Potasse épurée. Silicate de potasse.
Turneps.................... Rutabagas.................. Maïs.......................	Phosphate.	Noir de raffineries. Cendres d'os. Superphosphate.

On comprend facilement que, sachant quelle végétation luxuriante les eaux d'égout communiquent à la prairie naturelle, M. G. Ville ait choisi pour sa *dominante* l'azote. Mais la dominante du lin, qui exige de si fortes fumures, est-elle bien la potasse? est-elle aussi celle des pommes de terre? Le lecteur a pu voir dans le chapitre précédent que les engrais de potasse n'ont généralement produit aucun effet sur la culture des solanées, tandis que le froment a au contraire singulièrement bénéficié des engrais de potasse; de telle sorte que placer la pomme de terre parmi les plantes à potasse nous paraît une erreur. Peut-on dire encore que la dominante du trèfle, du sainfoin, de la luzerne est la potasse, quand on se rappelle que ces engrais n'exercent aucune influence heureuse sur les légumineuses, quand le sol est épuisé de matières ulmiques? Enfin n'y a-t-il pas quelque inconvénient à mettre directement l'engrais azoté sur la céréale, au lieu de le donner à la plante sarclée qui commence la rotation.

Cette distinction entre les matières particulièrement utiles des engrais me paraît donc peu fondée; elle peut même singulièrement induire le cultivateur en erreur en cessant de lui faire concevoir nettement que, suivant l'expression de M. Chevreul, l'engrais est une matière complémentaire, et que, par suite, le guide le plus sûr de l'acheteur d'engrais est encore la connaissance de la composition de son sol et celle des besoins des plantes, que l'analyse des cendres est tout à fait impuissante à lui fournir.

Quant au choix que fait M. G. Ville des produits chimiques destinés à fournir aux plantes l'une ou l'autre des *dominantes*, il n'est pas toujours heureux. Sans doute il n'y a rien à dire sur le choix des phosphates; mais que penser des produits chimiques destinés à fournir la potasse? Comment choisir, pour appliquer sur des légumineuses, du nitrate de potasse dont le prix est exhorbitant, ou encore de la *potasse épurée*, c'est-à-dire sans doute du carbonate de potasse, d'un prix également excessif; enfin du silicate de potasse, produit fabriqué et qui renferme une partie de son poids en silice, dont avec raison M. G. Ville nie l'importance? Pourquoi ne pas indiquer plutôt les potasses de Stassfurt, ou celles des usines d'Alais? pourquoi surtout donner un nitrate à des plantes telles que les légumineuses, qui n'en tirent aucun profit?

Il est vrai que, depuis la publication du tableau précédent, M. G. Ville a conseillé d'employer le chlorure de potassium, qui se forme au reste naturellement dans les engrais cités plus haut qui renferment du sulfate de potasse et du sel marin.

Exemple de fumures à l'aide des engrais chimiques. — Pour faire concevoir comment M. G. Ville entend la répartition de ses engrais, nous citerons les exemples d'assolements suivants :

		À l'hectare.		
		Quantité.	Prix.	Dépense.
1re année. POMMES DE TERRE.	Phosphate acide de chaux. .	400	64 ⎫	
	Nitrate de potasse.........	300	186 ⎬ ...256 fr.	
	Sulfate de chaux.	100	6 ⎭	
2e année. BLÉ.	Sulfate d'ammoniaque.	300	120	120
3e année. TRÈFLE.	Phosphate acide de chaux...	400	64 ⎫	
	Nitrate de potasse.........	200	124 ⎬ ...196	
	Sulfate de chaux.	400	8 ⎭	
4e année. COLZA.	Sulfate d'ammoniaque......	400	160	160
5e année. BLÉ.	Sulfate d'ammoniaque.	300	120	120
	Cendres des pailles et des siliques de colza........	Mémoire		
	Dépense totale..............		852 fr.	
	Dépense par an..............		170 fr. 40 c.	

Assolement de quatre ans comprenant : betteraves, blé, trèfle, blé.

		Quantité.	Prix.	Dépense.
1re année. BETTERAVES.	Phosphate acide de chaux... Nitrate de potasse......... Nitrate de soude........... Sulfate de chaux...........	300 200 400 300	64 124 140 6	...334 fr.
2e année BLÉ.	Sulfate d'ammoniaque.....	300	120	120
3e année. TRÈFLE.	Phosphate acide de chaux... Nitrate de potasse......... Sulfate de chaux..........	400 200 400	64 124 8	196
4e année. BLÉ.	Sulfate d'ammoniaque.....	300	120	120

Dépense totale...............   770 fr.

Dépense par an...............   172 fr. 50 c.

§ 147. — INFLUENCE DES ENGRAIS CHIMIQUES ET DU FUMIER DE FERME SUR CERTAINES CULTURES.

Un grand nombre de cultivateurs ont employé pendant l'année 1868, d'après les indications précédentes, les engrais chimiques en comparaison avec le fumier de ferme, et leurs résultats ont généralement été plus avantageux avec ceux-là qu'avec celui-ci. Voici les chiffres résumés par M. G. Ville :

Récapitulation des résultats obtenus sur le froment.

	ENGRAIS CHIMIQUES.		FUMIER DE FERME.	
	Engrais.	Récolte.	Fumier.	Récolte.
	kil.	hectol.	kil.	hectol.
1re série.....................	1095	46,50	56 728	39,22
2e série.....................	1036	35,90	44 615	26,84
3e série.....................	941	31,20	35 000	19,31
4e série.....................	875	27,42	21 000	14,50
5e série.....................	843	22,44	41 500	14,50
6e série.....................	831	14,96	39 375	12,02

La moyenne générale de cent trente-huit expériences exécutées sur le froment se traduit ainsi :

	Hectol.
921 kilogrammes d'engrais ont produit	29,73
40 202 kil. de fumier de ferme......................	21,06
Excédant en faveur de l'engrais chimique............	8,67

Les correspondants de M. G. Ville ont fait en 1868 cent quatre-vingt-dix expériences sur les betteraves ; les résultats qu'ils ont obtenus sont résumés comme suit :

Récapitulation des résultats obtenus sur la betterave.

	ENGRAIS CHIMIQUE.		FUMIER DE FERME.	
	Engrais.	Récolte.	Fumier.	Récolte.
	Kil.	Kil.	Kil.	Kil.
1re série.................	1441	91 064	60 071	70 142
2e série...	1335	63 507	50 058	49 900
3e série.	1362	53 673	55 045	43 670
4e série.....................	1274	43 640	47 521	34 784
5e série.....................	1255	35 373	42 511	28 928
6e série..................	1294	24 433	48 692	23 453

MOYENNE GÉNÉRALE.

1326 kil. d'engrais chimique ont produit...........	51 948 kil.
50 650 kil. de fumier de ferme.................	41 811
Excédant en faveur de l'engrais chimique. ..	10 137 kil.

Les expériences sur les pommes de terre ont été au nombre de quatre-vingt-trois.

MOYENNE GÉNÉRALE PAR HECTARE.

1090 kil. d'engrais chimique ont produit.......	22 736 kil.	350 hectol.
39 946 kil. de fumier de ferme ont produit.....	18 559	285
Excédant en faveur de l'engrais chimique....	4 177 kil.	65 hectol.

Sur l'avoine, les résultats ne sont plus qu'au nombre de vingt-six ; l'excédant en faveur de l'engrais chimique est de 7hect,30. L'excédant est de 7 hectolitres pour la moyenne des vingt-six expériences faites sur l'orge, et dans les autres cultures nous voyons encore l'engrais chimique avoir l'avantage sur le fumier.

Expériences exécutées à Grignon. — Avant d'avoir eu sous les yeux les résultats que nous venons de dépouiller, nous gardions une grande réserve vis-à-vis des engrais chimiques; en effet, les cultures que nous avons entreprises en les employant, n'ont jamais présenté des résultats aussi avantageux. Si, en 1866 et 1867, ils nous avaient donné des résultats favorables sur le froment, ils n'avaient pas augmenté sensiblement les récoltes de pommes de terre et de betteraves; enfin, en 1868, nos cultures établies à Grignon sur une terre désignée sous le nom de *la Carrière*, nous avaient fourni des résultats tout à fait désavantageux.

Cette terre de la *Carrière* a présenté à l'analyse les résultats suivants :

Analyse physique.

Sable..........................	602
Argile et calcaire..................	498

Analyse chimique.

(On a dosé dans un kilogramme.)

Carbone des matières organiques...........	12,502
Azote...........................	0,302
Ammoniaque......................	traces
Acide nitrique....................	0,055
Acide phosphorique................	0,040
Alcali..........................	0,105
Chaux..........................	108,100

C'est donc une terre pauvre sur laquelle les engrais devaient marquer. On y a cultivé en 1868, du blé de printemps, de l'orge de printemps et des féveroles.

Deux carrés ont été conservés sans engrais pour la culture du blé : l'un a donné 18 hectolitres et l'autre 15 de grain à l'hectare; l'un 2100 kilogrammes de paille et l'autre 1900. Un carré avait reçu du phosphate de chaux et du nitrate de soude, il a donné 18 hectolitres et 2100 kilogrammes de paille; l'autre, qui avait reçu du nitrate de soude, de l'engrais de potasse et du phosphate de chaux, a fourni 15 hectolitres de grain et 1900 kilogrammes de paille, comme les témoins : l'engrais a été perdu. Les résultats ont été les mêmes sur les féveroles : le carré qui a reçu l'engrais complet a fourni 13 hectolitres et le témoin 15. Pour l'orge, le témoin a fourni 31 hectolitres, et le carré avec engrais complet 35; la différence a été insuffisante pour payer l'engrais.

En 1869, j'ai rétabli les cultures sur la terre des 26 arpents (voyez page 313), et l'on a cultivé du blé, des betteraves et des pommes de terre.

A l'hectare, nous avons obtenu les résultats suivants :

Froment.

10 000 kil. de fumier ont donné...	31,5 hectol. de grain et	5750 kil. de paille.
550 kil. d'engrais complet.....	33,75 —	6000
Rien	32,75 —	5600
Rien	29,25 —	6000

Pommes de terre.

15 000 kilogr. de fumier ont donné.......	410 hectol.
800 kilogr. d'engrais complet..........	370
Rien	317,5
Rien	405

Betteraves.

15 000 kilogr. de fumier ont donné...............	52 000 kil.
800 kil. d'engrais chimique..................	57 000
Pas d'engrais................................	40 000
Pas d'engrais................................	44 000

Ainsi, sur la culture du froment, les engrais chimiques nous ont donné 2 hectolitres de froment de plus que le fumier de ferme. MM. Lawes et Gilbert sont arrivés à un résultat analogue pendant leur longue culture répétée pendant vingt ans sur le même sol, qui, au moment où l'on commença les expériences, avait été épuisé par une rotation de cinq années depuis la dernière application d'engrais.

Sans engrais, le produit en grain fut, la première année, de 13 hectolitres à l'hectare, et dans le dernier de 14,4, en moyenne de 14,1.

En employant du fumier de ferme tous les ans, la première récolte donna 17 hectolitres et la dernière 34 ; la moyenne des vingt ans fut de 25,6.

Quand on fit usage d'engrais artificiels, le plus haut produit fut, dans la première année de 19^{hect},6, dans la dernière de 46^{hect},3, et en prenant la moyenne des vingt années, de 28^{hect},5, ou considérablement plus qu'on n'obtient habituellement dans la Grande-Bretagne, en suivant les méthodes ordinaires de culture, et aussi plus qu'en employant le fumier de ferme.

Les engrais minéraux employés seuls, même à l'état soluble, n'accrurent guère le produit, et ne rendirent pas les plantes plus aptes à assimiler l'azote ou le carbone qu'elles ne l'étaient dans la partie du champ qui n'avait pas reçu d'engrais.

Les engrais azotés employés seuls accrurent considérablement le produit; ainsi on en pouvait conclure que le sol, dans l'état d'épuisement où l'avaient mis les récoltes précédentes, était plus riche en principes minéraux assimilables qu'en produits azotés.

Les plus belles récoltes furent obtenues quand on employa simultanément les engrais minéraux et azotés, et, ainsi qu'il a été dit, les résultats furent plus favorables que lorsqu'on fit usage du fumier de ferme, qui renfermait cependant des matières carbonées et de la silice que ne fournissaient pas les engrais chimiques.

Ainsi à Rothamsted, comme à Grignon, on a réussi à obtenir des engrais chimiques quelques hectolitres de froment en plus de ceux qu'a donnés le fumier, et cela quand nous avons opéré sur notre excellente *terre des* 26 *arpents;* mais la culture de céréale n'a pas été améliorée sur le sol pauvre de la *Carrière*, peut-être parce que le terrain est en pente et que les engrais ont été entraînés par les pluies. Sur les betteraves et les pommes de terre, en 1867, les résultats pécuniaires ont été nuls; nous n'avons jamais couvert notre dépense.

Enfin, quand on a cultivé les pommes de terre à Grignon, en 1869, le fumier a eu un léger avantage sur les engrais chimiques, tandis que ceux-ci ont élevé de 5000 kilogrammes le rendement des betteraves, mais sans produire de bénéfice en argent.

Comment expliquer que les correspondants de M. G. Ville aient réussi habituellement, tandis que nous n'avons au contraire obtenu de bons résultats qu'exceptionnellement? Je crois d'abord que parmi les personnes qui ont essayé des engrais chimiques, il y a eu sans doute beaucoup de mécomptes qu'on n'a pas jugé à propos d'enregistrer. Autant on a de plaisir à publier une expérience réussie, autant au contraire on se soucie peu de raconter les essais négatifs; il est donc bien vraisemblable que partout et toujours on n'a pas réussi, et que les échecs que nous avons subis à Grignon ne sont pas uniques. A quoi pouvons-nous les attribuer?

A l'état d'excessive richesse du sol des *vingt-six arpents*, sur lequel ont porté les essais de 1867 et ceux de 1869. Nous avons donné la composition de ce sol, nous avons vu quelle épaisseur considérable il présentait; nous avons reconnu enfin que le fumier lui-même n'y produit pas grand effet, et que sans fumure on obtient déjà des rendements remarquables; et il est clair pour nous que les terres arrivées à ce degré de fécondité ne payent plus guère les fumures coûteuses.

Sans doute, il faut entretenir cette richesse dès longtemps acquise, mais il faut l'entretenir avec des fumures modérées; les engrais chimiques n'y sont pas habituellement rémunérateurs, et sur ces terres riches, les calculs qui supposent qu'en doublant la fumure on dou-

blera la récolte, sont absolument inexacts. Quand une terre produit
45 000 kilogr. de betteraves à l'hectare sans fumure, ou 300 hectolitres
de pommes de terre, il est clair qu'il n'y a plus avantage à dépenser
une fumure de 171 francs pour faire monter le rendement de quelques
mille kilogr. En est-il de même partout? Nous ne le pensons pas. Il est
vraisemblable, au contraire, que pour les terres mal fumées, appauvries
ou non encore arrivées à l'état de fertilité des sols sur lesquels le
fumier a été prodigué depuis trente ou quarante ans, sur les terres
produisant 10 ou 12 hectolitres de froment à l'hectare, la fumure énergique pourra devenir utile et l'emploi des engrais chimiques donnera
des résultats plus avantageux que ceux qu'on obtiendrait du fumier.

Imaginons, en effet, un sol dans lequel l'acide phosphorique fait
défaut; il est clair que la petite quantité qu'en recueille les fourrages
sera entièrement absorbée par les animaux, et sortira bientôt du
domaine sous forme de bétail vendu, de lait, etc., et par suite que le
fumier en renfermera très-peu. Or, si nous supposons qu'on cultive
exclusivement avec ce fumier manquant d'un des éléments principaux,
on n'obtiendra que des résultats médiocres, tandis que si l'on ajoute
au contraire les phosphates manquant, la récolte prendra tout à coup
un accroissement remarquable.

Analyse du sol à l'aide des engrais incomplets. — La difficulté
pour le cultivateur qui veut employer les engrais chimiques non plus
comme base absolue de culture, ce qui est matériellement impossible,
ainsi que nous le verrons bientôt, mais comme engrais complémentaire, est donc de connaître quels sont les éléments manquant dans le
sol qu'il s'agit d'ajouter sous forme d'engrais.

L'analyse chimique du sol arable est, comme nous l'avons vu, d'une
extrême difficulté, et ne saurait être recommandée aux cultivateurs;
mais ils ont cependant un moyen facile de reconnaître, à l'aide des
engrais incomplets, la nature des éléments qu'il convient d'employer.
Cette méthode, qui se présente naturellement à l'esprit, a été employée
depuis longtemps en Angleterre (voy. page 386), mais elle a été érigée
en principe par M. G. Ville, qui recommande aux cultivateurs d'installer de petits champs d'essais de 1 ou 2 ares, sur lesquels ils em-
ploieront successivement des engrais manquant de l'un des éléments
principaux de la production. Ils sèmeront, par exemple, sur un sol
destiné au froment, des phosphates et des sels de potasse pour reconnaître si ce sont les engrais azotés qui font défaut; des matières
azotées et des phosphates afin de constater par le déficit de la récolte
si la potasse est absente; des sulfates d'ammoniaque et du chlorure

de potassium, ou plus simplement de l'azotate de potasse, afin d'apercevoir le manque d'acide phosphorique. Enfin, on pourra faire comparativement encore trois autres essais, l'un avec du fumier, un autre avec des engrais chimiques renfermant azote, potasse, acide phosphorique et chaux, et enfin un dernier sans aucune fumure. On sera ainsi complétement renseigné, et l'année suivante on pourra employer telle fumure qu'on jugera convenable pour un sol déterminé; on évitera ainsi de lourdes dépenses d'engrais, souvent inutiles et par suite très-coûteuses.

§ 148. — IMPOSSIBILITÉ DE BASER UN SYSTÈME DE CULTURE SUR L'EMPLOI ABSOLU DES ENGRAIS CHIMIQUES.

En résumé, si dans certains cas les engrais chimiques donnent un supplément de récolte suffisant pour laisser un gain important entre les mains des cultivateurs, dans d'autres, au contraire, ils ne payent pas la dépense qu'ils occasionnent. Imaginons toutefois qu'un cultivateur ait réussi dans quelques essais à obtenir une récolte exceptionnelle et particulièrement rémunératrice, peut-il baser sa culture sur l'emploi des engrais chimiques, n'entretenir que le nombre d'animaux strictement nécessaire à ses travaux, et se livrer exclusivement à la culture des plantes destinées à être vendues au marché.

Oui, sans doute, exceptionnellement, très-exceptionnellement une semblable entreprise pourra réussir ; mais la masse des agriculteurs restera fatalement attachée à la culture au fumier de ferme. En effet, si l'on trouve facilement à acheter des sels de potasse et des phosphates, la quantité de matières azotées dont dispose le marché est extrêmement restreinte, et l'on ne voit pas en ce moment comment elle pourrait augmenter. Aujourd'hui que le guano azoté des îles Cinchas a été entièrement employé, il reste à utiliser l'azotate de soude du Pérou. Combien d'années durera ce gisement, si l'agriculture l'emploie sérieusement? Dix, quinze ou vingt ans, et naturellement son prix ira toujours en augmentant. Si nous supposons, en effet, que la masse des cultivateurs emploie chaque année une fumure de 2 ou 300 kilogr. à l'hectare, il faudra 1 tonne pour 5 hectares ; une ferme de 100 hectares prendrait 20 tonnes ; 10 fermes semblables emploieraient le chargement d'un bâtiment : et l'on reconnaît sans peine que ce qui s'est produit pour le guano se produira également pour l'azotate de soude, dont la quantité est très-limitée et ne se renouvelle pas.

On aura encore une ressource dans le sulfate d'ammoniaque, qu'on peut tirer de deux sources différentes, les eaux de lavage du gaz de l'éclairage, et les eaux vannes des dépotoirs.

La quantité d'azote contenue dans la houille est peu considérable ; cependant si toute celle qui est transformée en coke était traitée dans des appareils disposés de telle sorte qu'on pût recueillir les produits de distillation, on réunirait des quantités notables ; il n'en est malheureusement ainsi que dans un petit nombre d'usines (1). Les ingénieurs qui dirigent les hauts fourneaux assurent que le coke provenant de la distillation en vases clos n'a pas les qualités de celui qu'ils obtiennent dans les fours ouverts ; de telle sorte qu'actuellement on ne recueille que l'ammoniaque provenant de l'eau de lavage du gaz de l'éclairage, et la quantité est peu considérable ; il faut y ajouter celle qui provient du traitement des eaux du dépotoir. Or, ces quantités sont loin de suffire à la demande actuelle des cultivateurs, qui n'emploient cependant les engrais chimiques qu'à titre d'essai ou d'engrais complémentaires. Il semble même qu'aujourd'hui la fabrication du sulfate d'ammoniaque avec les eaux du dépotoir soit abandonnée, et que la compagnie qui a soumissionné l'exploitation des vidanges de Paris n'ait pas l'intention de la poursuivre. La quantité de sulfate d'ammoniaque mise à la disposition des cultivateurs va donc devenir singulièrement plus restreinte en même temps que son prix va s'élever de nouveau : de 40 francs, prix auquel M. G. Ville comptait les 100 kilogrammes en 1868, cette matière est déjà montée à 53 francs.

On le voit, l'azote combiné est en très-faible quantité, et quand bien même l'emploi des azotates ou des sels ammoniacaux serait infiniment plus avantageux qu'il ne l'est en effet, jamais on ne pourra s'en procurer des quantités suffisantes pour remplacer les masses de fumier qui sont actuellement produites dans toutes les exploitations agricoles. M. G. Ville le reconnaît probablement, puisqu'il conseille aujourd'hui d'employer les engrais chimiques comme complémentaires, et non plus comme bases d'une exploitation régulière.

Nous citerons, comme exemple de cette association des engrais chimiques au fumier, les exemples d'assolement suivant :

(1) J'ai appris récemment que quelques usines du bassin de la Loire avaient monté des fours à coke disposés de façon à recueillir les vapeurs ammoniacales obtenues pendant la distillation de la houille.

Assolement comprenant : pommes de terre, froment, trèfle, froment, avoine.

		A l'hectare.		
		Quantités.	Prix.	Dépense.
	Fumier.................	50 000	Mémoire	
1re année. POMMES DE TERRE.	ENGRAIS CHIMIQUES COMPLÉMENTAIRES.			
	Phosphate acide de chaux...	200	32	
	Nitrate de potasse.........	100	62	... 98 fr.
	Sulfate de chaux.........	200	4	
2e année. BLÉ.	Sulfate d'ammoniaque.	300	120	120
3e année. TRÈFLE.	Phosphate acide de chaux...	200	32	
	Nitrate de potasse (1)......	200	124	... 164
	Sulfate de chaux..........	400	8	
4e année. BLÉ.	Sulfate d'ammoniaque......	200	80	80
5e année. AVOINE.	Sulfate d'ammoniaque.	300	120	120

Dépense totale...................... 582 fr.

Dépense annuelle supplémentaire........ 116 fr. 40 c.

Assolement comprenant : betteraves, blé, trèfle, blé, avoine.

		A l'hectare.		
		Quantités.	Prix.	Dépense.
	Fumier.................	50 000	Mémoire.	
1re année. BETTERAVES.	ENGRAIS SUPPLÉMENTAIRES.			
	Phosphate de chaux.......	200	32	
	Nitrate de potasse........	200	124	... 230 fr.
	Nitrate de soude..........	200	70	
	Sulfate de chaux.........	200	4	
2e année. BLÉ.	Sulfate d'ammoniaque......	300	120	120
3e année. TRÈFLE.	Phosphate acide de chaux...	300	48	
	Nitrate de potasse (1)......	150	93	... 149
	Sulfate de chaux..........	400	8	
4e année. BLÉ.	Sulfate d'ammoniaque......	200	80	80
5e année. AVOINE.	Sulfate d'ammoniaque......	200	80	80

Dépense totale...................... 659 fr.

Dépense annuelle supplémentaire........ 131 fr. 80 c.

(1) Ainsi que nous l'avons dit plusieurs fois, le nitrate de potasse ne convient pas pour source de potasse à fournir au trèfle; on remplacera cette quantité avec avantage par 300 ou 400 kilogr. de *Kalidunger* de Stassfurt, ou de sulfate de potasse et de magnésie d'Alais, qui ne reviendront jamais à plus de 40 ou 50 francs.

Dans ces conditions, il n'est pas douteux que si les engrais chimiques restent à un prix abordable, ils joueront le rôle assigné depuis longtemps au guano, à la poudrette, au noir animal, aux phosphates fossiles ; réduite à ces termes, la doctrine des engrais chimiques cesse d'être une nouveauté, mais elle passe du domaine de l'utopie dans celui de la pratique.

§ 149. — RÉSUMÉ. — LA PROSPÉRITÉ AGRICOLE EST LIÉE AU SUCCÈS DES SPÉCULATIONS ANIMALES.

Nous touchons au terme de nos études sur les engrais, efforçons-nous d'indiquer, en finissant, dans quel sens doit incliner la production agricole pour réussir à donner à notre pays la somme de richesse que lui assurent sa situation géographique et la fertilité naturelle de son sol.

Pour aborder cette étude, il convient de la diviser en plusieurs parties : nous examinerons successivement ce qui est relatif à la culture du nord de la France, à celle du midi ; puis nous dirons en terminant comment nous comprenons que doivent être utilisés les engrais des villes.

Agriculture du nord de la France. — Il existe dans le nord de la France un certain nombre de contrées qui sont arrivées au maximum de production agricole : quand la saison est favorable, on trouve dans le Nord, dans le Pas-de-Calais, dans l'Aisne, des localités qui rendent 40 hectolitres de froment à l'hectare, 60 000 kilogr. de betteraves, 350 à 400 hectolitres de pommes de terre, comme nous les obtenons nous-mêmes dans le champ d'expériences de Grignon, et nous ne pensons pas qu'on puisse beaucoup aller au delà. A quelle cause faut-il attribuer cette admirable prospérité ? Dans certaines localités, à l'emploi de l'engrais flamand que les cultivateurs du Nord utilisent depuis des centaines d'années ; dans d'autres, où l'engrais humain n'est pas recueilli, à la culture de la betterave. On l'a répété sur tous les tons, on ne le répétera jamais assez, cette culture est celle qui a le plus contribué aux progrès agricoles : elle supporte très-bien les fortes fumures, elle exige de nombreuses façons ; de telle sorte qu'elle laisse la terre dans un parfait état de propreté pour la céréale qui suit ; elle donne enfin au bétail une alimentation substantielle. La masse de pulpe qui revient à la ferme, et qui renferme encore une partie des matières contenues dans la betterave, force d'entretenir un nombreux bétail, et par suite de confectionner une quantité de fumier considérable; les terres reçoivent donc 50 000, 60 000 kilogr. de fumier qui, en se brûlant dans le sol, déterminent la fixation d'une quantité notable d'azote atmosphérique, et amènent ainsi la terre à renfermer, comme le constatent nombre d'analyses, 2 millièmes à 2 millièmes 1/2 d'azote combiné.

En général, ces terres paraissent renfermer, en outre, une quantité suffisante de phosphates ou de potasse. Si même ces principes font défaut, la culture n'en sera pas privée, car ce sont là des matières qu'il est facile de se procurer.

Sans doute on exporte constamment du domaine de la potasse et de l'acide phosphorique, mais nous avons vu que l'alcali n'a pas toute l'importance qu'on a voulu lui donner, et quant à l'acide phosphorique, il est actuellement facile à remplacer; les mines s'épuiseront sans doute, mais nous touchons là à un problème analogue à celui de l'épuisement de la houille, qui reste une terrible menace pour un avenir éloigné, sans que le présent ait encore lieu de s'en préoccuper.

La prospérité de ces contrées, les plus riches de la France, bien que la culture essentiellement nationale, la culture de la vigne, n'y réussisse pas, nous enseigne la voie qu'il faut suivre dans des conditions analogues. C'est par l'établissement des sucreries et des distilleries que nos départements situés au-dessus du massif montagneux de l'Auvergne réussiront à atteindre le développement des régions septentrionales. On peut affirmer que les pays dans lesquels réussit la culture de la betterave sont destinés à acquérir dans un certain temps la prospérité des régions septentrionales de notre pays, et cela par le développement de l'élevage, par l'entretien d'un nombreux bétail qui n'est plus cantonné seulement dans les pays d'herbage, et qui, conduit avec discernement, donnera du fumier à des prix très-modérés. L'observation des faits agricoles récents démontre donc une fois de plus combien sont justes les idées émises déjà par nos devanciers, à savoir, que la prospérité de l'agriculture est liée au succès de l'élevage.

Avec du fumier de ferme additionné, quand l'expérience l'indique, de phosphate, parfois même de potasse, on peut arriver dans le Nord aux rendements maxima.

Agriculture du sud de la France. — Il n'en est pas de même malheureusement de nos contrées méridionales. Les conditions dans lesquelles elles se trouvent sont tout à fait différentes; les cultures arbustives y sont infiniment plus développées que toutes les autres; le bétail est rare, par suite les fumures peu abondantes. On a reconnu la nécessité de l'emploi des tourteaux, des matières fécales. L'exploitation du bétail ne peut être entreprise que dans des conditions tout à fait spéciales, ou dans les localités privilégiées adossées aux montagnes qui leur fournissent en abondance l'eau d'irrigation. Ailleurs, pendant l'été, l'herbe est rare dans la plaine brûlée du soleil, il faut conduire les animaux à la montagne où l'herbe persiste; de là la nécessité d'élever surtout les races ovines robustes, capables de supporter les longs voyages, mais en même temps osseuses, lentes à arriver à la boucherie.

Et cependant ce pays est admirablement disposé pour que la prairie s'y développe. En effet, tandis que le nord de la France, si heureusement fécondé par la pluie, est un pays de plaines, le Midi, desséché pendant l'été, est montagneux; par suite l'eau s'y accumule sur les cimes, elle est là suspendue à une hauteur considérable, et il suffit de la diriger au travers des plaines pour que celles-ci deviennent admirablement fécondes et se couvrent d'une végétation luxuriante. Dans les parties du Var qui sont arrosées, on peut faire quatre ou cinq coupes de luzerne par année; les vallées de la Haute-Garonne, celles des Hautes-Pyrénées, sont les plus riantes qu'on puisse voir, l'herbe semble y repousser sous la dent des animaux. Que les irrigations se multiplient dans nos départements du Midi, l'élevage y devient facile, le fumier abondant, et les rendements s'élèvent.

C'est l'ingénieur qui d'abord doit se mettre à l'œuvre pour assurer la prospérité du midi de la France; c'est à lui de conduire les eaux qui s'écoulent de la montagne; c'est à lui de féconder avec les neiges des Pyrénées tout le Languedoc, avec celles des Alpes la Provence, enfin avec celles d'Auvergne tous les pays qui s'étendent entre les montagnes du centre et la mer. La législation qui régit l'emploi des eaux doit être, pour que ces utiles travaux soient exécutés, complétement modifiée : s'il est intéressant de fournir aux usiniers une force motrice à un prix très-modéré, il l'est encore davantage de permettre à l'agriculture d'utiliser les eaux qui sont la condition même de son existence.

Quand la France aura réussi à recouvrer les provinces qu'elle a perdues, et que la paix pourra être considérée comme établie pour de longues années, elle pourra employer une partie du capital qu'un sage gouvernement la force de se constituer chaque année à ces utiles travaux; on verra les progrès s'engendrer les uns les autres : l'abondance de l'eau créera les prairies; les animaux deviendront plus nombreux, ils seront d'une meilleure conformation. Puisqu'on aura fait descendre l'herbe de la montagne, on n'aura plus besoin de recourir à la transhumance, l'animal ne perdra plus son fumier pendant une moitié de l'année, et là, comme dans le Nord, l'abondance du bétail amènera les forts rendements.

Culture maraîchère aux environs des villes. — Enfin, aux environs des villes, se concentreront les cultures maraîchères : l'exemple donné par la ville de Paris ne peut manquer d'être suivi ; on supprimera sans doute dans nombre d'autres cités l'établissement des fosses fixes ; on dirigera toutes les déjections des habitants dans les eaux d'égout, qui, élevées, si cela est nécessaire, par des machines, se répandront ensuite dans les jardins environnants et y développeront ces cultures luxuriantes de légumes, de fleurs à parfums qui couvrent aujourd'hui la plaine de Gennevilliers, naguère encore misérable et stérile.

La question des engrais nous paraît donc être sortie des longues études, des longues discussions auxquelles elle a été soumise pendant de nombreuses années ; elle en revient presque à ce que disaient nos devanciers. Mais la solution actuelle n'est plus seulement empirique ; elle s'appuie sur les connaissances solides que nous ont permis d'acquérir les travaux accumulés depuis soixante ans par Th. de Saussure, Davy, Liebig, Dumas, Boussingault, Thenard, Lawes et Gilbert ; elle se résume dans l'emploi du fumier comme source d'azote, additionné de phosphate et, dans quelques cas, de potasse. Dans le Nord, la culture de la betterave assure la production du fumier ; dans le Midi, celle-ci ne pourra prendre tout son développement qu'autant que l'irrigation sera assurée. Aux environs des villes, enfin, le jardinage, la culture maraîchère, acquerront un admirable développement quand les eaux d'égout chargées des déjections humaines arriveront sur le sol avec profusion.

CHAPITRE IX

DE L'INFLUENCE DES ENGRAIS SUR LE DÉVELOPPEMENT DES PRINCIPES IMMÉDIATS DES VÉGÉTAUX

On conçoit de quelle importance il serait pour le cultivateur de savoir favoriser dans les végétaux la production des principes immédiats qu'il se propose d'en extraire. Le problème est-il soluble ? et, s'il l'est, trouvera-t-on la solution dans l'emploi de tels ou tels engrais particuliers ? sera-t-il possible, en ajoutant au sol tel ou tel élément, d'agir sur les végétaux de façon à y accroître le développement d'un principe immédiat au détriment des autres ? S'il ne paraît pas impossible d'y réussir, il faut avouer que les connaissances que nous avons actuellement sur ce sujet sont encore peu étendues.

§ 150. — INFLUENCE DES ENGRAIS AZOTÉS.

Le froment développé sur un sol abondamment fumé avec des matières azotés paraît plus riche en gluten que celui qui s'est développé sur un sol pauvre.

En 1836, M. Boussingault a cultivé simultanément une même variété de blé en plein champ et dans une terre de jardin très-fortement fumée. Les grains récoltés ont été ensuite desséchés à 110 degrés ; les résultats obtenus ont été les suivants :

	FROMENT RÉCOLTÉ EN 1836.	
	En plein champ.	Dans une terre de jardin.
Carbone....................................	46,10	45,51
Hydrogène.................................	5,80	5,67
Oxygène....................................	43,40	43,00
Azote......................................	2,29	3,51
Cendres....................................	3,41	2,31
	100,00	100,00

On doit, d'autre part, à Hermstadt, quelques essais d'après lesquels on augmenterait singulièrement la proportion de gluten par des fumures très-riches ; mais ces derniers résultats paraissent singulièrement exagérés et ne semblent mériter que peu de confiance.

MM. Lawes et Gilbert ont donné le résultat de nombreuses analyses qu'ils ont exécutées sur du blé qu'ils ont cultivé pendant dix ans sur des terres non fumées, sur des terres qui avaient reçu des sels ammoniacaux, et sur des terres amendées avec des engrais minéraux seulement ; on verra, d'après le tableau suivant, que la proportion d'azote dans le blé n'est pas beaucoup plus grande quand le blé s'est développé sous l'influence des sels ammoniacaux.

Richesse en azote du grain sec (1).

ANNÉES.	non fumé.	DÉVELOPPÉ SUR UN SOL	
		amendé avec des sels ammoniacaux seulement.	amendé avec des sels ammoniacaux et des engrais minéraux.
1845........................	2,28	2,23	»
1846........................	2,11	2,19	2,16
1847........................	2,16	2,34	2,40
1848........................	2,34	2,42	2,41
1849........................	1,86	1,95	2,02
1850........................	2,08	2,13	2,23
1851........................	1,80	2,15	1,98
1852........................	2,41	2,48	2,36
1853........................	2,32	2,43	2,30
1854........................	2,01	2,30	2,12
Moyenne...............	2,13	2,26	2,22

M. Lawes a aussi déterminé la richesse en azote des racines de turneps développées sous l'influence de divers engrais.

Richesse en azote de racines de turneps cultivés sous l'influence de différents engrais.

(Les analyses ont été faites sur un produit sec.)

NOMBRE des parcelles en expériences.	NATURE DES ENGRAIS MINÉRAUX.	ENGRAIS minéraux seulement.	ENGRAIS minéraux et tourteaux.	ENGRAIS minéraux et sels ammoniacaux.	ENGRAIS minéraux, tourteaux et sels ammoniacaux.
9	400 livres de cendres d'os, et acide chlorhydrique équivalant à 268 livres d'acide sulfurique.....	1,46	1,93	2,82	2,22
22	Superphosphate de chaux.	1,58	1,89	2,89	2,44
	Moyenne.......	1,52	1,91	2,86	2,33

D'après M. Barral, la quantité d'azote contenu dans le blé s'accroîtrait en général avec celle qui est contenue dans l'engrais ; il fait remarquer particulièrement que la proportion d'azote dans le blé s'élève à mesure qu'augmente le rendement à l'hectare. « Ainsi, en prenant dans le tableau où il a résumé ses expériences (*le Blé et le Pain*, 1863, p. 505) la moyenne des dosages en azote relatifs aux quatre parcelles

(1) *On some points of the composition of wheat grain*, etc., by Lawes and Gilbert, 1857 (*Journ. of the Chem. Soc. London*, t. X, p. 1).

où le rendement a été le plus petit, on ne trouve que 1,898 d'azote pour 100 de blé sec; par comparaison, en prenant la moyenne des dosages relatifs aux quatre parcelles où le rendement a été le plus fort, on obtient, pour 100 de blé sec, 2,055 d'azote.

M. Lawes a constaté, dans du foin développé dans une terre non fumée, 13,08 pour 100 de matières azotées, et dans du foin qui avait reçu une proportion notable d'eaux d'égout, 18,67, 18,92 et 19,78 de matières azotées. M. Houzeau a aussi trouvé que l'herbe qui se développe sous l'influence des eaux du dépotoir de Paris était plus riche en azote que celle qui n'avait pas été fumée.

La proportion de nicotine contenue dans le tabac augmente, mais faiblement, avec la proportion des engrais azotés que reçoit celui-ci. M. Schlœsing, directeur de l'école d'application des manufactures de tabacs de l'État, a fait des essais sur cette question pendant plusieurs années : en 1861, les tabacs d'Alsace, du Pas-de-Calais et de la Havane, cultivés sans engrais, ont donné respectivement 3,73, 5,96, 5,31 de nicotine pour 100; quand ils ont reçu des engrais azotés, on a obtenu 4,01 et 3,71, 7,48 et 7,86, 6,71 et 7,29 : donc il y a eu augmentation. Le havane, en 1862, sans engrais, a donné 6,92 de nicotine, et 7,45 quand il a reçu l'engrais azoté; en 1863, les tabacs sans engrais 4,05, et 5,21 avec des engrais azotés. (*Le Tabac*, librairie agricole.)

§ 151. — INFLUENCE DE LA SILICE; VERSE DES BLÉS.

On sait que le blé, au moment de sa maturité, est sujet à verser, et que c'est là une source de pertes importantes. Différentes opinions ont été émises au sujet de la cause à laquelle il faut attribuer la verse des blés, mais le plus souvent on l'a attribuée au manque de silice assimilable dans le sol. Cette opinion s'appuyait sur la présence dans les pailles de froment d'une quantité notable de silice, et sur l'idée que cette silice contribuait à donner à la paille une rigidité qu'elle n'aurait pas atteinte sans elle.

M. Gueymard attribue notamment la verse du blé à l'absence de silice (*Compt. rend.*, 1869, t. XLIX, p. 546). D'après M. Élie de Beaumont, les laitiers des fourneaux au coke pourraient fournir facilement aux sols qui en manquent toutes les proportions de silice nécessaires à la formation de la paille des céréales. M. Bouquet (*Compt. rend.*, 1859, t. XLIX, p. 857) fait remarquer que dans le département de la Marne, où la verse est fréquente, on va chercher dans des localités éloignées des fumiers plus pauvres en matières azotées, mais probablement plus riches en silice que ceux du pays, parce qu'on a remarqué qu'en les employant la verse se produit plus rarement.

M. Isidore Pierre a beaucoup contribué à faire abandonner cette opinion. Il a fait remarquer qu'à poids égal, les feuilles du blé contiennent sept à huit fois plus de silice que les nœuds et quatre à cinq fois plus que les entre-nœuds; que les entre-nœuds les plus pauvres en silice sont ceux de la partie moyenne et de la partie inférieure de la tige.

C'est donc dans les feuilles surtout que se trouve accumulée la majeure partie de la silice de la paille, et non dans la tige proprement dite; on comprend alors comment on peut voir verser un blé dont la paille est plus riche en silice que celle d'un autre blé qui, dans des conditions analogues, ne verse pas.

Il est depuis longtemps reconnu que, toutes choses égales d'ailleurs, les blés exposés à verser sont ceux chez lesquels les feuilles ont acquis le plus grand développement. Si l'on fait un rapprochement entre ce fait et la plus grande accumulation de silice dans les feuilles, on ne sera plus surpris de voir que la paille d'un blé versé soit souvent plus siliceuse que celle d'un autre blé qui aura résisté aux causes de verse.

Les blés les plus feuillus sont plus sujets à la verse pour deux raisons principales: la première, c'est que le pied de la tige, moins aéré, reste plus longtemps mou; la seconde, c'est que les feuilles, plus développées, sont pour ces tiges molles un fardeau plus lourd à supporter, auquel viennent s'ajouter encore le poids de l'eau des pluies et la pression du vent.

Les feuilles du blé ont une forme particulière : elles se composent d'un *limbe* rubané qui flotte librement dans l'atmosphère, et d'une *gaîne* allongée qui, partant du nœud correspondant, enveloppe la tige sur une longueur d'environ 10 à 12 centimètres. Cette gaîne doit protéger la portion de la tige qu'elle entoure comme le fourreau d'une épée en protége la lame, et, à ce point de vue, la silice peut avoir dans la feuille où elle s'accumule une influence utile. Mais dans les blés exposés à la verse, le limbe, qui surcharge la tige par son poids, a subi un accroissement considérable, tandis que la gaîne protectrice de la tige n'a pas sensiblement varié dans ses dimensions; l'équilibre naturel tend donc à se rompre par suite de cette végétation luxuriante, malgré la présence d'une plus forte proportion de silice dans la plante. Il est remarquable, au reste, que le blé des terres pauvres ne verse presque jamais, et il est probable que, moins ombragé par ses feuilles, le pied de ses maigres tiges est mieux aéré, et par suite plus tôt dur et résistant. (Isidore Pierre, *Mémoire sur le développement du blé*, 1867.)

M. Velter, ex-répétiteur à Grignon, conclut aussi, des recherches qu'il a poursuivies à cette école, que la verse du blé n'a aucune liaison avec la quantité de silice que cette plante rencontre dans le sol. Ce chimiste a essayé directement sur le blé de printemps l'action du silicate de potasse et celle du carbonate de la même base : le blé ainsi amendé a versé aussi bien que celui de parcelles qui n'avaient pas reçu d'engrais alcalin, tandis que la verse a été beaucoup moindre dans une dernière parcelle où le blé avait été éclairci et divisé en petits carrés de $0^m,30$ de côté. Après la récolte, M. Velter a eu l'ingénieuse idée de déterminer par l'expérience la résistance à la rupture que présentent les tiges des diverses parcelles cultivées. Un faisceau de dix tiges fut fixé par son extrémité, et l'on détermina sa flexion, d'abord sous le poids de ses épis, et ensuite sous celui de poids ajoutés régulièrement jusqu'à la rupture : celle-ci arriva, pour le blé silicaté, quand il porta 77 grammes, tandis que le blé éclairci ne fléchit que sous un poids de 104 grammes. Enfin M. Velter détermina la composition des cendres des pailles sur lesquelles avaient porté ses expériences : le blé silicaté le plus facile à rompre, celui qui avait versé le plus complétement, renfermait 70 de silice dans 100 de cendres, tandis que le blé éclairci en renfermait 65. Il ressort donc clairement de ce travail, comme des analyses de M. Isidore Pierre, que la silice n'a pas, sur la verse des blés, l'influence que très-légèrement on lui avait attribuée.

§ 152. —INFLUENCE DE LA POTASSE SUR LA COMBUSTIBILITÉ DU TABAC.

D'après M. Schlœsing, les tabacs ne sont combustibles qu'autant qu'ils renferment une certaine quantité d'acides végétaux combinés avec la potasse. Il fait remarquer que les sels alcalins, malate, citrate, oxalate, pectate, tartrate, etc., exposés en vase clos à l'action de la chaleur, se boursouflent beaucoup, sans doute parce qu'ils fondent en se décomposant, et produisent un charbon volumineux, peu agrégé, très-poreux ; au contraire, les sels organiques de chaux, placés dans les mêmes conditions, ne changent pas de volume, et donnent un charbon plus compacte, plus agrégé. Or, tout le monde sait qu'un charbon peu agrégé s'enflamme plus aisément et demeure plus longtemps en ignition qu'un charbon doué d'une agrégation plus grande : de telle sorte qu'un cigare formé de feuilles riches en sels organiques à base de potasse se boursouflera en brûlant et gardera le feu ; un cigare, au contraire, formé de feuilles dans lesquelles les acides organiques sont combinés avec la chaux, charbonnera et s'éteindra aisément. Les études analytiques qui conduisirent à ces conclusions furent appuyées par des essais synthétiques. Du tabac fut cultivé sur un sol pauvre en potasse, fumé avec du terreau lavé et de la chair musculaire, des sels de potasse, de chaux et de magnésie ; le tabac fut séché après la récolte et servit à faire des cigares. On reconnut que les sols qui ne reçurent pas de potasse produisirent des tabacs incombustibles ; tandis que ceux, au contraire, qui reçurent des sels de potasse, donnèrent des tabacs combustibles à différents degrés. (*Compt. rend.* 1860, t. L, p. 642 et 1027.)

§ 153. — INFLUENCE DE LA POTASSE SUR LA SÉCRÉTION DU SUCRE DANS LES BETTERAVES.

Les chimistes allemands, à la suite de Liebig, ont toujours attribué une grande importance agricole à la potasse, et, après la découverte du gisement de Stassfurt, on fit en Allemagne des expériences assez nombreuses sur l'emploi des sels de potasse. Comme les betteraves laissent des cendres très-alcalines, on crut que la potasse qu'elles renferment avait une grande influence sur leur développement, et, par suite, sur la sécrétion du sucre.

Dans des expériences faites en 1864 sur les champs dépendant de la fabrique de sucre de Waldau, on remarqua que la quantité de sucre contenue dans les betteraves était plus considérable quand la terre avait reçu les engrais de potasse, et la production moyenne du sucre se trouva augmentée, dans une expérience, de 930 kilogrammes par hectare ; dans deux autres, de 356 kilogrammes, et dans une dernière, de 270 kilogrammes. D'après les expériences faites à l'école d'agriculture de Cœthen, en 1865, les betteraves amendées avec les sels de potasse étaient aussi plus riches en sucre : tandis que dans le champ non fumé les sucs renfermaient 13,5 pour 100 de sucre, le jus extrait des betteraves qui avaient reçu les sels de potasse renfermait 14 ou 15 pour 100 de sucre. Toutefois, les betteraves étant moins abondantes, la quantité de sucre n'avait pas sensiblement augmenté à l'hectare, et il est douteux qu'il y ait eu bénéfice à employer ces engrais.

Les résultats obtenus en Allemagne, qui tendaient à établir une certaine relation entre les quantités de sucre contenues dans les betteraves et la richesse en potasse des engrais qu'on leur fournit, n'ont pas été confirmés par les recherches entreprises en France. M. Corenwinder a fait notamment plusieurs essais à l'aide de différentes matières salines, et il a trouvé que la richesse saccharine moyenne des betteraves étant 8,59 quand elles n'avaient pas reçu d'engrais alcalin, elle était de 8,37 quand on leur donnait du salin brut de betteraves, de 8,57 quand on leur donnait du chlorure de potassium, de 8,50 et 8,07 quand elles avaient été amendées avec du sulfate de potasse et du carbonate de potasse. « Il résulte de ces essais, ajoute M. Corenwinder, que l'addition des sels de potasse dans les terres de l'arrondissement de Lille, où l'on cultive les betteraves, ne semble pas accroître la richesse en sucre de ces racines. Nous ajouterons que, d'après les pesées qu'on a faites, ces matières salines n'ont eu aucune influence sur le poids des récoltes.

» Du reste, les terres de cet arrondissement se prêtent mal à de semblables expériences. Abondamment pourvues de sels minéraux, de phosphates, etc., par suite des nombreuses fumures et des amendements qui leur sont prodigués depuis des siècles, un supplément de matières minérales n'ajoute rien à leur fertilité, et les plantes (les betteraves au moins) n'en ressentent pas l'influence. Ce n'est qu'en ajoutant aux matières salines des corps azotés ou des sels ammoniacaux, et réciproquement, c'est-à-dire en utilisant des engrais complets, qu'on améliore le sol. » (*L'Agriculture flamande à l'exposition universelle de* 1867, p. 75. Lille, 1868.)

On est aussi arrivé aux mêmes résultats dans les expériences qui ont été faites à l'école de Grignon (Dehérain, *Bull. de la Soc. chim.,* 1867, t. VIII, p. 22).

« Les expériences de 1866 démontrent que les engrais de potasse n'ont été en aucune façon favorables à la sécrétion du sucre. Ainsi, des quatre parcelles cultivées à la terre de *la Défonce,* on a obtenu des betteraves qui, lorsqu'elles ont reçu des engrais de potasse, ont accusé 10,1 — 9,1 — 10,0 de sucre pour 100 de jus, tandis que celles qui n'avaient pas reçu d'engrais alcalin ont donné 11,0 de sucre pour 100 de jus.

» Dans les terres de la 7ᵉ *division*, les trois parcelles amendées avec les sels de potasse ont donné des betteraves renfermant pour 100 de jus, 10,6, — 11,1, — 10,8 de sucre, et la parcelle où l'on n'avait pas mis d'engrais a porté des betteraves renfermant 10,8 de sucre pour 100 de jus. Les betteraves venues sur les engrais de potasse étaient plus riches en cendres que celles qui n'avaient pas reçu ces engrais ; or, on sait que c'est là une condition défavorable à l'extraction du sucre.

» Les cultures de 1867, établies sur une autre terre, celle des 20 *arpents*, ont donné des résultats à peu près semblables. La moyenne des parcelles qui ont reçu les engrais minéraux est de 10,1 de sucre pour 100 de jus, celle des témoins de 9,7, et il paraît impossible d'affirmer que ces 0,4 de différence sont dus à l'emploi des engrais alcalins. Si l'on réunissait les expériences des deux années 1866 et 1867, on trouverait que les parcelles qui n'ont pas reçu d'engrais de potasse présentent une richesse moyenne en sucre de 10,3, tandis que les betteraves amendées avec les engrais chimiques donnent 10,15. On conclura donc aisément que les sels de potasse n'ont eu aucune influence sur la production du sucre. »

Dans les expériences faites à Grignon, on n'a pas trouvé non plus que les engrais de potasse aient eu de l'influence sur la sécrétion de la fécule dans les pommes de terre.

Les agronomes allemands avaient cru trouver un remède à la terrible maladie qui ravage les cultures des pommes de terre, dans l'emploi des engrais de potasse (voyez notamment *les Lois naturelles de l'agriculture*, par le baron Justus de Liebig), mais les expériences faites à Grignon ne sont pas venues confirmer cette manière de voir. Après la récolte de 1866, les silos disposés à la fin d'octobre, et ouverts le 20 février 1867, ont donné, sur 100 kilogr. de tubercules, pour les lots provenant des parcelles amendées avec les engrais de potasse, $2^{kil},8$, — $2^{kil},5$, — $2^{kil},2$, — $3^{kil},3$, — $2^{kil},5$, — $2^{kil},6$ atteints de la maladie ; tandis que les lots provenant des parcelles qui n'avaient pas reçu d'engrais accusaient, pour 100 kilogr., 2 kilogr. et $2^{kil},2$ de pommes de terre malades.

En 1867, on avait cultivé la variété Marjolin, précoce et sujette à la maladie ; mais la maladie ne se déclara dans aucun des silos, de façon qu'il fut impossible de reconnaître l'influence qu'auraient exercée les engrais de potasse.

CHAPITRE X

ANALYSE DES ENGRAIS. — LEUR VALEUR COMMERCIALE

§ 154. — ANALYSE DES ENGRAIS COMMERCIAUX.

On est dans l'habitude de doser dans les engrais l'eau, la matière organique et les substances minérales ; on recherche ensuite l'azote, l'acide phosphorique total et l'acide phosphorique soluble, enfin la potasse. En attribuant à chacune de ces matières le prix généralement admis dans le commerce, on arrive à donner pour la valeur de l'engrais un chiffre approximatif qui sert de base aux transactions.

Prise d'échantillon. — Quand on reçoit une masse d'engrais un peu considérable, il est important de préparer d'abord un échantillon moyen, sur lequel portera l'analyse. Pour y réussir, il convient de choisir une place bien sèche, bien balayée, sous un hangar, d'y faire vider deux ou trois sacs ou tonneaux, et de faire remuer à la pelle l'engrais jusqu'à ce qu'il paraisse homogène ; on en relève alors quelques centaines de grammes qui servent à l'analyse.

Dosage de l'humidité, des matières organiques et des cendres. — Pour doser l'eau contenue dans les engrais, on procède exactement de la même façon que pour la rechercher dans une matière organique (§ 44).

Dix grammes de l'échantillon desséché sont ensuite placés dans une capsule de platine et calcinés au rouge ; la capsule est pesée avec les cendres, puis vide ; on trouve ainsi le poids des cendres, et par différence les matières organiques.

§ 155. — DOSAGE DE L'AZOTE.

Le dosage de l'azote doit être conduit différemment, suivant que l'engrais renferme des nitrates ou qu'il en est dépourvu ; aussi convient-il de rechercher d'abord les nitrates en lavant quelques grammes de l'échantillon, filtrant, et essayant si la liqueur mélangée à de l'acide chlorhydrique, et maintenue pendant quelques instants à l'ébullition, décolore quelques gouttes d'indigo. (Voy. page 298.)

Si l'engrais ne renferme pas de nitrates, on procédera au dosage de l'azote par la chaux sodée, ainsi qu'il a été dit plus haut (p. 142).

Si, au contraire, on a reconnu les nitrates, il faut doser l'azote à l'état gazeux. En effet, le dosage par la chaux sodée de l'azote des matières organiques, suivi du dosage de l'azote des nitrates par l'indigo, donne des résultats trop forts, une fraction inconnue de l'azote des nitrates étant toujours dans ces conditions métamorphosée en ammoniaque.

Le dosage de l'azote en volume exige une certaine dextérité, et bien qu'on le trouve décrit dans tous les ouvrages de chimie générale, nous croyons utile d'y revenir ici, car il est nécessaire que les chimistes agricoles le mettent actuellement régulièrement en pratique.

On emploie pour ce dosage un tube à analyse de $0^m,70$ à $0^m,50$, fermé à une extrémité à la lampe et bien nettoyé; on introduit au fond du tube 3 ou 4 centimètres de bicarbonate de soude, on fait glisser par-dessus une colonne de 5 ou 6 centimètres d'oxyde de cuivre préparé en grillant des tournures de cuivre à l'air, puis en les battant dans un mortier de bronze; on mélange ensuite la matière à analyser avec de l'oxyde de cuivre, et l'on l'introduit le tout dans le tube en évitant d'en perdre la moindre trace. On ajoute encore quelques centimètres cubes d'oxyde de cuivre, puis une colonne de 10 centimètres environ de tournures de cuivre d'abord grillées, puis réduites par l'hydrogène.

On finit de remplir le tube avec du verre pilé, et enfin on y adapte un bouchon. On entoure le tube de clinquant, et l'on remplace le bouchon par un autre muni d'un tube abducteur se rendant sous la cuve à mercure. Ce bouchon doit être percé et limé avec soin de façon à bien tenir les gaz et à ne pas présenter de fuite, malgré la pression du mercure. On introduit alors une dissolution de potasse concentrée sous une cloche remplie de mercure à l'aide d'une pipette courbe, en évitant d'y faire entrer la moindre bulle de gaz. Il est rare qu'une certaine quantité de potasse ne reste pas à la surface du mercure, et les manipulations deviendraient pénibles à cause de la causticité de la potasse, si l'on ne prenait la précaution de descendre la cuve à mercure dans une terrine remplie d'eau dans laquelle la potasse restée à la surface du mercure se diffuse bientôt. Cette précaution, indiquée récemment par M. Boussingault dans son cours d'analyse, facilite les manipulations. On commence à chauffer alors l'extrémité du tube qui renferme le bicarbonate de soude, de façon à déterminer un courant d'acide carbonique qui déplace l'air contenu dans le tube;

on laisse ainsi se dégager l'acide carbonique pendant une dizaine de minutes, puis on recueille une bulle dans la cloche. Si elle s'absorbe entièrement, c'est que l'air est complétement chassé, et l'on peut commencer le chauffage du tube par l'extrémité voisine du bouchon ; si, au contraire, il reste une petite bulle de gaz au-dessus de la potasse, c'est que le tube renferme encore de l'air ; il faut continuer à chauffer le bicarbonate de soude, vider la cloche, la remplir de nouveau de mercure et y faire pénétrer, comme il a été dit plus haut, de la potasse caustique ; puis recommencer une seconde fois l'épreuve précédente, quand on juge que l'acide carbonique a parfaitement chassé tout l'air du tube. Quand on a reconnu que le gaz reçu sous la cloche est complétement absorbé par la potasse, on cesse de chauffer le bicarbonate de soude ; on place la cloche au-dessus du tube abducteur, et l'on commence à chauffer le cuivre ; puis on allume successivement de nouveaux becs de gaz, de façon à porter au rouge peu à peu toute la partie du tube qui renferme la matière organique mêlée à l'oxyde de cuivre. La matière se brûle, son azote se dégage à l'état de pureté ; si les nitrates donnent des produits oxygénés, acide hypoazotique ou bioxyde d'azote, etc., ils sont réduits par la colonne de cuivre maintenue au rouge, et il ne passe que de l'azote pur sous la cloche. On continue à chauffer tant qu'il se dégage du gaz. Quand le dégagement a cessé, on porte les dernières parties du tube au rouge, puis on chauffe de nouveau le bicarbonate de soude pour chasser à l'aide de l'acide carbonique les dernières parties d'azote gazeux restées dans le tube ; quand on a continué pendant cinq ou six minutes ce dégagement d'acide carbonique, l'opération est terminée, et il ne reste plus qu'à mesurer l'azote obtenu.

Pour y réussir, on soulève légèrement la cloche, on fait ainsi tomber le mercure qu'elle renferme, qui est immédiatement remplacé par de l'eau ; on fait alors passer le gaz dans un tube de verre gradué rempli d'eau et muni à sa partie inférieure d'un petit entonnoir ; puis on descend le tube dans la cuve à eau de façon à mettre le niveau intérieur exactement à la même hauteur que l'eau extérieure. On lit le volume de gaz, on note la pression atmosphérique et la température de l'eau de la cuve. Avant de calculer le poids de l'azote d'après le volume ainsi obtenu, il faut s'assurer de la pureté du gaz recueilli, qui parfois est légèrement souillé de bioxyde d'azote, en introduisant dans le tube un morceau de sulfate de fer qui absorbe le bioxyde d'azote, on agite pendant quelques instants, puis on mesure le gaz de nouveau. Si le niveau est le même, l'azote est pur ; si, au contraire, il a diminué, c'est que l'azote renfermait du bioxyde qui a été absorbé par le sulfate de fer, et il faut alors ajouter au nouveau volume observé la moitié du volume du gaz disparu, puisque le bioxyde d'azote renferme la moitié de son volume d'azote.

Il ne reste plus qu'à calculer le poids de l'azote, ce à quoi on arrivera d'après la formule :

$$P = V \cdot 0{,}971 \cdot 0{,}0013 \cdot \frac{H-F}{760} \cdot \frac{1}{1+0{,}00367\, t},$$

dans laquelle P est le poids d'azote ; V, le volume en centimètres cubes observé à la température T et à la pression H du baromètre ; 0,971 est la densité de l'azote ; $0^{gr},0013$ est le poids d'un centimètre cube d'air ; F, la force élastique de la vapeur d'eau à la température t ; enfin 0,00367, le coefficient de dilatation des gaz.

On sait qu'un centimètre cube d'azote pèse $0^{gr},0012$. Or, les éprouvettes que l'on emploie habituellement ne peuvent guère contenir plus de 200 centimètres cubes de gaz, sans que leur stabilité sur la cuve à mercure immergée dans l'eau soit singulièrement diminuée ; de plus, si l'on a un grand volume de gaz à mesurer, il faut prendre des cloches un peu larges, et la lecture du volume n'est plus aussi sûre : de telle sorte qu'il y a avantage à ne pas employer à l'analyse une trop grande quantité d'engrais. S'il est annoncé pour contenir 5 pour 100 d'azote, on voit qu'en prenant 1 gramme, on aurait à peu près 5 centigrammes correspondant à 41 ou 42 centimètres cubes de gaz, ce qui est bien suffisant pour mesurer exactement.

§ 156. — DOSAGE DE L'ACIDE PHOSPHORIQUE.

On rencontre dans les engrais l'acide phosphorique à trois états différents ; il peut s'y rencontrer :

Soluble,

Précipité,

Insoluble.

Il est clair qu'on entend par acide phosphorique soluble, celui qui se dissout immédiatement dans l'eau ; sous le nom d'acide phosphorique insoluble, celui qui, résistant à l'action de l'eau, se dissout au contraire dans les acides minéraux énergiques, quelle que soit, au reste, la base à laquelle il est uni. Mais il convient d'expliquer ce qu'on entend par acide phosphorique précipité ou rétrogradé.

On se rappelle (voy. 545) qu'il arrive souvent, quand on a traité les phosphates par les acides, qu'une partie de l'acide phosphorique rendue soluble par l'action de l'acide sulfurique rentre en combinaison pendant la dessiccation; de telle sorte que si l'on fait le dosage de l'acide phosphorique au moment où est terminée l'action de l'acide sulfurique, on trouve en dissolution une quantité d'acide phosphorique plus grande que celle qui restera soluble quelques mois plus tard. Quand le produit est assez sec pour être mis en vente, cet acide qui a été dissous, puis qui s'est précipité de nouveau, est probablement dans un état semblable à celui que prend l'acide phosphorique soluble lorsqu'il est enfoui dans la terre arable (voy. page 277), de telle sorte qu'on le compte généralement au même prix que l'acide phosphorique soluble.

Il convient maintenant d'indiquer comment on recherchera l'acide phosphorique sous ses trois formes différentes.

Dosage de l'acide phosphorique soluble. — En général, les engrais ne renferment guère plus de 15 pour 100 d'acide phosphorique soluble; en prenant de 3 à 5 grammes de matière, on aurait donc à doser de $0^{gr},45$ d'acide phosphorique à $0^{gr},75$, ce qui est un poids bien suffisant pour doser exactement, et on les placera dans une capsule et on les épuisera par l'eau froide, puis par l'eau bouillante, jusqu'à ce que les eaux de lavage ne donnent plus de précipité par l'ammoniaque, ce qui a encore lieu quand les liqueurs ne rougissent plus sensiblement le papier de tournesol.

Quand la matière est humide, il faut une quantité d'eau peu considérable; mais quand au contraire elle est très-sèche, l'épuisement est long, et l'on est souvent obligé d'employer jusqu'à 2 litres de liquide pour 5 grammes de matière.

On doit éviter de faire bouillir au commencement de l'opération l'échantillon de dosage avec l'eau, parce qu'une certaine quantité d'acide phosphorique se précipiterait à l'état de phosphate bicalcique et serait dosée comme produit insoluble (Neubauer et Joulie). On procédera ensuite au dosage, en opérant sur une fraction du liquide filtré équivalente à $0^{gr},5$ ou 1 gramme de matière; on y ajoutera du citrate de magnésie, puis de l'ammoniaque, de façon à précipiter l'acide phosphorique à l'état de phosphate ammoniaco-magnésien que l'on dosera comme d'habitude (§ 77).

M. G. Ville a reconnu récemment (*Comptes rendus*, 1872, t. LXXV, p. 344) qu'en ajoutant dans la solution phosphorique un grand excès de chlorure de magnésium et d'acide citrique, puis de l'ammoniaque, on hâtait beaucoup la précipitation du phosphate ammoniaco-magnésien, et que de plus on annulait ainsi l'action dissolvante des citrates de chaux et d'ammoniaque sur le phosphate ammoniaco-magnésien. Le dosage de l'acide phosphorique n'exige alors que quelques heures. Cependant, pour éviter la calcination et la pesée du phosphate ammoniaco-magnésien, qui retient quelquefois un peu de citrate de magnésie, M. Joulie et M. G. Ville proposent de redissoudre le précipité après lavage à l'eau ammoniacale par quelques gouttes d'acide nitrique étendu, et de procéder ensuite au dosage de l'acide phosphorique à l'aide d'une solution d'acétate d'urane.

Pour cela, on ajoute dans la solution nitrique de l'ammoniaque jusqu'à ce qu'il se forme un léger précipité, que l'on redissout à l'aide de quelques gouttes d'acide nitrique au dixième, de façon à obtenir une liqueur légèrement acide; on verse dans le liquide 10 centimètres cubes d'une solution d'acétate de soude contenant 100 grammes d'acétate de soude dans un litre, on porte à l'ébullition, et l'on verse alors l'acétate d'urane jusqu'à ce qu'une goutte de liquide prise avec un agitateur colore en brun une autre goutte de ferrocyanure de potassium déposé sur une assiette de porcelaine.

On étend alors le liquide placé dans une capsule de porcelaine tarée jusqu'à ce qu'il occupe 100 centimètres cubes, et l'on reconnaît, en déposant une goutte de cette liqueur étendue sur le ferrocyanure, que la coloration n'apparaît plus; à ce moment, on ajoute alors goutte à goutte la liqueur d'urane contenue dans la burette, jusqu'à ce qu'on puisse colorer le ferrocyanure avec une goutte de liquide.

Le nombre ainsi trouvé est trop fort, on a ajouté trop de liqueur d'urane, car il faut que celle-ci présente une certaine concentration pour agir sur le ferrocyanure. Pour savoir de combien on a dépassé le titre réel, on fait, quand on emploie une liqueur d'urane pour la première fois, un essai sur 100 centimètres cubes d'eau renfermant 10 centimètres cubes de l'acétate de soude à 100 grammes par litre, et l'on compte le nombre de divisions de liqueur d'urane à employer pour que le liquide colore le ferrocyanure : c'est ce nombre qu'il faudra retrancher dans toutes les opérations où l'on emploiera cette même liqueur d'urane. On déduit le poids d'acide phosphorique du nombre de divisions d'urane employé, d'après le titre de la liqueur déterminé à l'avance à l'aide de pyrophosphate de magnésie pur.

On peut, au reste, vérifier le nombre obtenu à l'aide des liqueurs titrées en recueillant sur un filtre le phosphate ammoniaco-uranique obtenu, sachant qu'après calcination (1), on obtient du pyrophosphate d'urane, $PhO^5 2U^2O^3$, renfermant 20 pour 100 d'acide phosphorique.

Recherche de l'acide phosphorique précipité. — En faisant bouillir l'échantillon épuisé par l'eau avec une dissolution d'oxalate d'ammoniaque, on réussit à décomposer le phosphate insoluble de formation récente ; on filtre de façon à séparer l'oxalate de chaux formé, puis on dose dans la liqueur claire l'acide phosphorique dissous par les méthodes précédentes.

Recherche de l'acide phosphorique insoluble. — L'échantillon épuisé de phosphate soluble, de phosphate précipité, est enfin attaqué par l'acide chlorhydrique dilué à l'ébullition, et l'on procède au dosage dans la liqueur filtrée comme précédemment.

Enfin, il est bon de prendre un autre échantillon de l'engrais et de l'attaquer directement par l'acide chlorhydrique, puis de doser l'acide phosphorique total, dont le poids, si l'on a opéré régulièrement, doit être égal à la somme de l'acide phosphorique soluble, précipité et insoluble.

Nous avons indiqué plus haut (§ 78) comment on dose la potasse dans la terre arable, et nous n'avons pas à y revenir ici, le procédé indiqué convenant parfaitement.

§ 157. — VALEUR DES ENGRAIS.

Prix du kilogramme d'azote. — Le prix d'un engrais est difficile à établir, et nous avons vu déjà dans le cours de cet ouvrage que la valeur attribuée aux différentes matières varie singulièrement, suivant les auteurs et aussi suivant le cours des marchés. C'est ainsi que le sulfate d'ammoniaque, coté, il y a quelques années, à 40 francs, est monté aujourd'hui à 56 et à 60 francs ; en prenant ce dernier chiffre, nous ne sommes pas éloigné du prix auquel il se maintiendra pendant quelque temps, s'il ne le dépasse pas. Calculons l'équivalent du sulfate d'ammoniaque AzH^4O, SO^3, et nous trouvons 66 renfermant 14 d'azote. On voit donc que les 100 kilogr. renferment $\frac{1400}{66} = 21,3$ d'azote, et que le prix du kilogr. d'azote est dès lors $\frac{60}{21,3} = 2$ fr. 80 c.

(1) Après la calcination, il est bon de mouiller le précipité avec quelques gouttes d'acide nitrique, puis de calciner de nouveau ; on évite ainsi la réduction d'une faible quantité d'oxyde d'urane.

En comptant l'azote à 2 francs le kilogramme, ainsi qu'on le fait habituellement, on voit qu'on prend un prix aujourd'hui trop faible. Pour calculer la valeur de l'azote contenu dans un engrais, il faut donc doubler sa teneur en azote calculé pour 100 parties : l'azote contenu dans un engrais renfermant 5 pour 100 d'azote représentera au minimum, pour les 100 kilogrammes, 10 francs.

Valeur de l'acide phosphorique. — Le prix de l'acide phosphorique varie singulièrement, suivant que cet acide phosphorique est soluble ou non. Dans le commerce des engrais, on cote généralement l'acide phosphorique soluble de 1 franc à 1 fr. 20 c. le kilogramme, et l'on assigne souvent la même valeur à l'acide phosphorique précipité.

Quant aux phosphates insolubles, on peut le déduire du prix des nodules pulvérisés ; en général, ces engrais renferment 40 pour 100 de phosphate de chaux, et ils valent 5 francs les 100 kilogrammes. On a ainsi pour le prix de 1 kilogramme de phosphate :

$$\frac{5}{40} = 0,12.$$

On voit immédiatement que ce prix est beaucoup plus bas que celui auquel atteint le phosphate de chaux contenu dans le noir animal; celui-ci coûte habituellement 16 francs l'hectolitre de 80 kilogr., ou 20 francs les 100 kilogr. Or il renferme 60 pour 100 de phosphate de chaux; on en conclut que 60 kilogr. de phosphate coûtent 20 francs, ou 1 kilogr. $\frac{20}{60} = 0$ fr. 33 c. Sur les défrichements, des nodules réussissent aussi bien que le noir animal, et à égalité de poids de phosphate, la fumure coûtera dans un cas trois fois moins que dans l'autre.

Valeur de la potasse. — On estime généralement la potasse à 0 fr. 80 c. le kilogramme; le prix qu'on pourrait déduire de la valeur des potasses de Stassfurt, qui renfermaient 8 pour 100 de potasse et valaient 8 fr. 50 c. les 100 kilogrammes, est d'environ 1 franc.

Estimation de la valeur d'un engrais. — En employant les nombres précédents, il n'est pas difficile de calculer la valeur d'un engrais. Supposons qu'il faille fixer la valeur du guano renfermant :

Azote dosé......................	15,29
Phosphate de chaux soluble..........	6,76
Phosphate de chaux insoluble........	19,52

Nous compterons l'azote à 2 francs ; le phosphate de chaux soluble, renfermant la moitié de son poids d'acide phosphorique (1) à 1 franc, à 0 fr. 50 c., et le phosphate insoluble à 0 fr. 12 c., et nous aurons :

Azote............................	30 fr. 58 c.
Phosphate soluble.................	3 38
Phosphate insoluble.	2 34
	36 fr. 30 c.

Or, on sait qu'on vendait ce produit à 37 fr. 50 c. en petite quantité, et en parties plus fortes à 35 francs, chiffres qui comprennent entre eux celui que nous avons fixé plus haut.

Prix du fumier. — La valeur réelle du fumier est, ainsi qu'il a été dit plus haut, très-difficile à établir régulièrement. Si l'on admettait pour son prix d'achat les chiffres fixés pour les engrais commerciaux, on reconnaîtrait que généralement c'est le moins cher de tous les engrais. En effet, un fumier bien fait renferme 6 kilogr. d'azote par tonne et 6 kilogr. de phosphate de chaux analogue au phosphate précipité. Sa valeur serait donc de 12 francs pour l'azote et de 3 francs pour le phosphate de chaux, ou de 15 francs la tonne, en ne donnant aucune valeur aux autres matières qui y sont contenues. Or, il faut que l'élevage soit bien mal conduit pour que ses produits soient tellement en déficit, que la différence entre le prix des matières consommées par les animaux et la somme de leur travail, de leur croît, de leur laine, de leur lait et de leur viande, atteigne 15 francs par tonne de fumier produit. On sait que Mathieu de Dombasle fixait les 1000 kilogr. à 6 fr. 80 c. ; le comte de Gasparin donnait un chiffre analogue ; enfin M. Boussingault estimait qu'à Bechelbronn la tonne de fumier revenait à 5 fr. 20 c. Ce serait donc de tous les engrais celui qu'il serait le plus avantageux d'employer.

---

(1) Cette analyse est de M. Nesbitt, qui dose l'acide phosphorique soluble en le précipitant à l'état de phosphate de chaux tribasique, en saturant la liqueur provenant du lavage de l'échantillon par l'eau de chaux ; on métamorphose ainsi le phosphate soluble en phosphate tribasique PhO^53CaO, qui, sur 155 parties, renferme 71 d'acide phosphorique ou 47,5 p. 100. En prenant pour l'acide phosphorique la moitié du poids, on fait donc une erreur insignifiante pour des calculs approximatifs, comme ceux qui règlent la valeur des engrais.

FIN.

TABLE DES MATIÈRES

CHAPITRE VII.

FORMATION, MÉTAMORPHOSES ET MIGRATION DES PRINCIPES IMMÉDIATS DANS LES VÉGÉTAUX.

DEUXIÈME PARTIE.

LA TERRE ARABLE.

CHAPITRE PREMIER.

FORMATION DE LA TERRE ARABLE.

CHAPITRE II.

PROPRIÉTÉS PHYSIQUES DES TERRES ARABLES.

CHAPITRE III.

PROPRIÉTÉS ABSORBANTES DES TERRES ARABLES.

CHAPITRE IV.

ANALYSE CHIMIQUE DE LA TERRE ARABLE.

CHAPITRE V.

DE LA CONSTITUTION CHIMIQUE DE LA TERRE ARABLE.

CHAPITRE VI.

DE LA FERTILITÉ ET DE LA STÉRILITÉ DES TERRES ARABLES.

TROISIÈME PARTIE.

DES AMENDEMENTS.

CHAPITRE PREMIER.

DE LA JACHÈRE.

CHAPITRE II.

AMENDEMENTS CALCAIRES. — MARNES. — CHAUX. — TANGUES.

CHAPITRE III.

EMPLOI DES MATIÈRES FÉCALES.

CHAPITRE IV.

EMPLOI DES EAUX D'ÉGOUT.

CHAPITRE V.

FUMIER DE FERME.

CHAPITRE VI.

DES PHOSPHATES.

CHAPITRE VII.

ENGRAIS DE POTASSE, SEL MARIN ET AUTRES MATIÈRES MINÉRALES.

CHAPITRE VIII.

DES PRODUITS CHIMIQUES CONSIDÉRÉS COMME ENGRAIS.

CHAPITRE IX.

DE L'INFLUENCE DES ENGRAIS SUR LE DÉVELOPPEMENT DES PRINCIPES IMMÉDIATS DES VÉGÉTAUX.

CHAPITRE X.

ANALYSE DES ENGRAIS. — LEUR VALEUR COMMERCIALE.

FIN DE LA TABLE DES MATIÈRES.

ERRATA

Page 48, 1ᵉʳ tableau en descendant, expérience n° 3, deuxième colonne, *au lieu de* 0.240 *lisez* 1.240

Même page, 2ᵉ tableau, 3ᵉ colonne : acide carbonique décomposé en 24 heures, *au lieu de* ᵍʳ *lisez* ᶜᶜ (centimètres cubes).

Page 53, 1ʳᵉ formule à gauche de la note, *au lieu de* $Az\begin{cases} C^2H^2 \\ H \\ H \end{cases}$ *lisez* $Az\begin{cases} C^2H^3 \\ H \\ H \end{cases}$

Page 121, 14ᵉ ligne en remontant, *au lieu de* pectose *lisez* pectase

Page 131, 8ᵉ ligne en descendant, *au lieu de* $\dfrac{x9.0}{49}$ *lisez* $\dfrac{x.90}{49}$

Page 197, 2ᵉ ligne du tableau, 3ᵉ colonne, *au lieu de* 11 *lisez* 113

Page 302, 2ᵉ ligne en remontant, *au lieu de* 6KO *lisez* 6HO

Page 526. PHOSPHATES. — Nous ignorions, au moment où nous avons écrit ce chapitre, la découverte des phosphates fossiles en Russie. Le lecteur désireux de connaître l'importance de ces nouveaux gisements consultera avec fruit un article de M. Yermoloff (*Journal d'agriculture pratique*, 1872,.t. I, p. 660).

PARIS. — IMPRIMERIE DE E. MARTINET, RUE MIGNON. 2

www.ingramcontent.com/pod-product-compliance
Lightning Source LLC
Chambersburg PA
CBHW060840220326
41599CB00017B/2344